Mathematik Primarstufe und Sekundarstufe I + II

Reihe herausgegeben von

Friedhelm Padberg, Universität Bielefeld, Bielefeld, Deutschland
Andreas Büchter, Universität Duisburg-Essen, Essen, Deutschland

Die Reihe „Mathematik Primarstufe und Sekundarstufe I + II" (MPS I+II) ist die führende Lehrbuchreihe im Bereich Mathematik und ihre Didaktik für die Lehrämter aller Schulstufen. Sie wurde von Prof. Dr. Friedhelm Padberg als Herausgeber gegründet und mehrere Jahrzehnte lang von ihm gestaltet. Zielgruppen sind Lehrende und Studierende an Universitäten und Pädagogischen Hochschulen, Referendar:innen sowie Lehrkräfte, die nach neuen Ideen für ihren täglichen Unterricht suchen.

Die Reihe enthält eine große Anzahl weit verbreiteter und bekannter Klassiker sowohl bei den speziell für die Lehrkräftebildung konzipierten Mathematikwerken als auch bei den Werken zur Didaktik der Mathematik für die Primarstufe (einschließlich der frühen mathematischen Bildung), die Sekundarstufe I und die Sekundarstufe II. Aktuell werden mit weit über 50 lieferbaren sowie einer großen Zahl in Planung befindlicher Bände alle relevanten Themenfelder bedient.

Die schon langjährige Position als Marktführerin wird durch in regelmäßigen Abständen erscheinende, gründlich überarbeitete Neuauflagen ständig neu erarbeitet und ausgebaut. Ferner wird durch die Einbindung jüngerer Koautor:innen bei schon lange laufenden Titeln gleichermaßen für Kontinuität und Aktualität der Reihe gesorgt. Die Reihe wächst seit Jahren dynamisch und behält dabei die sich ständig verändernden Anforderungen an den Mathematikunterricht und die Lehrkräftebildung im Auge.

Friedhelm Padberg ist im deutschsprachigen Raum als einer der renommiertesten Autoren und Herausgeber mathematikdidaktischer und mathematischer Grundlagenwerke bekannt und geschätzt und hat selbst zahlreiche Bücher in dieser Reihe geschrieben. Nach seinem Tod führt Prof. Dr. Andreas Büchter, der schon seit über einem Jahrzehnt als Mitherausgeber und Autor fungiert, die Reihe in seinem Sinne weiter.

Konkrete Hinweise auf weitere Bände dieser Reihe finden Sie am Ende dieses Buches und unter http://www.springer.com/series/8296

Kathrin Akinwunmi · Anna Susanne Steinweg

Algebraisches Denken im Arithmetikunterricht der Grundschule

Muster entdecken – Strukturen verstehen

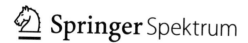 Springer Spektrum

Kathrin Akinwunmi
Fachbereich Mathematik
Universität Münster
Münster, Deutschland

Anna Susanne Steinweg
Didaktik der Mathematik und Informatik
Otto-Friedrich-Universität Bamberg
Bamberg, Deutschland

ISSN 2628-7412   ISSN 2628-7439 (electronic)
Mathematik Primarstufe und Sekundarstufe I + II
ISBN 978-3-662-68700-0   ISBN 978-3-662-68701-7 (eBook)
https://doi.org/10.1007/978-3-662-68701-7

Die Deutsche Nationalbibliothek verzeichnet diese Publikation in der Deutschen Nationalbibliografie; detaillierte bibliografische Daten sind im Internet über https://portal.dnb.de abrufbar.

Planung/Lektorat: Iris Ruhmann
Springer Spektrum ist ein Imprint der eingetragenen Gesellschaft Springer-Verlag GmbH, DE und ist ein Teil von Springer Nature.
Die Anschrift der Gesellschaft ist: Heidelberger Platz 3, 14197 Berlin, Germany

Wenn Sie dieses Produkt entsorgen, geben Sie das Papier bitte zum Recycling.

Hinweis des Herausgebers

Dieser Band von Kathrin Akinwunmi und Anna Susanne Steinweg thematisiert theoretisch fundiert und anhand zahlreicher Praxisbeispiele konkretisiert das Konzept des algebraischen Denkens für den Arithmetikunterricht der Grundschule. Der Band erscheint in der Reihe Mathematik Primarstufe und Sekundarstufe I + II, aus der Sie insbesondere die folgenden Bände unter mathematikdidaktischen oder mathematischen Gesichtspunkten interessieren könnten:

- P. Bardy/T. Bardy: Mathematisch begabte Kinder und Jugendliche
- C. Benz/A. Peter-Koop/M. Grüßing: Frühe mathematische Bildung
- A. Büchter/F. Padberg: Einführung in die Arithmetik – Primarstufe und Sekundarstufe I
- A. Büchter/F. Padberg: Arithmetik/Zahlentheorie – Primarstufe und Sekundarstufe
- M. Franke/S. Reinhold: Didaktik der Geometrie in der Grundschule
- M. Franke/S. Ruwisch: Didaktik des Sachrechnens in der Grundschule
- K. Hasemann/H. Gasteiger: Anfangsunterricht Mathematik
- K. Heckmann/F. Padberg: Unterrichtsentwürfe Mathematik Primarstufe, 2 Bände
- M. Helmerich/K. Lengnink: Einführung Mathematik Primarstufe – Geometrie
- F. Käpnick/R. Benölken: Mathematiklernen in der Grundschule
- G. Krauthausen: Digitale Medien im Mathematikunterricht der Grundschule
- G. Krauthausen: Einführung in die Mathematikdidaktik – Grundschule
- T. Leuders: Erlebnis Arithmetik
- F. Padberg/C. Benz: Didaktik der Arithmetik – fundiert, vielseitig, praxisnah
- E. Rathgeb-Schnierer/C. Rechtsteiner: Rechnen lernen und Flexibilität entwickeln
- E. Rathgeb-Schnierer/S. Schuler/S. Schütte: Mathematikunterricht in der Grundschule
- P. Scherer/E. Moser Opitz: Fördern im Mathematikunterricht der Primarstufe
- A. Schulz/S. Wartha: Zahlen und Operationen am Übergang Primar-/Sekundarstufe
- H-D. Sill/G. Kurtzmann: Didaktik der Stochastik in der Primarstufe

Essen, Deutschland
November 2023

Andreas Büchter

Vorwort

„Children who expect mathematics to make sense look for pattern." (Brownell et al., 2014, S. 84)

Algebraisches Denken ist im internationalen Kontext ein etabliertes Themengebiet des Mathematikunterrichts der Grundschule. Obwohl algebraisches Denken in deutschen Lehrplänen nicht explizit genannt wird, thematisiert es der alltägliche Mathematikunterricht der Grundschule in Deutschland tatsächlich auch bereits jetzt in vielen Aktivitäten – häufig ganz unbewusst. Es gilt, diesen Schatz an Möglichkeiten zu heben und sich die Grundideen algebraischen Denkens bewusst zu machen, um die Förderung algebraischen Denkens explizit im Unterricht anzuregen.

Algebraisches Denken in der Grundschule ist mehr als nur eine Vorbereitung einer Algebra der Gleichungen in symbolischer Formelsprache, welche in der Sekundarstufe thematisiert werden. Es ist eine besondere und gewinnbringende Denkweise, die den gesamten Grundschulmathematikunterricht durchzieht und insbesondere bereichernd für den Arithmetikunterricht sein kann. Schon Winter (1982) beschreibt, dass die Algebra der Arithmetik der Primarstufe mehr Einsicht und Tiefe verleihen kann und auch international wird diese sich gegenseitig bereichernde Wechselbeziehung zwischen Arithmetik und Algebra herausgestellt (z. B. Kieran, 2018; Blanton et al., 2019).

Mathematische Bildung im Grundschulunterricht bietet eine Einführung in die historisch gewachsenen Kulturtechniken des Rechnens und in die Welt der Zahlen und des Rechnens mit Zahlen, der geometrischen Formen, der Größen, des Umgangs mit Daten und Zufall. Diese Einführungen in mathematische Kenntnisse und Fertigkeiten ermöglichen mündige Teilhabe an gesellschaftlichen Prozessen. Mathematisch mündig zu sein, bedeutet jedoch nicht nur, die Grundkompetenzen nachvollziehend ausführen zu können, sondern Zusammenhänge und mathematische Hintergründe zu entdecken, sie zunehmend bewusst zu verstehen und sich selbst auf die Suche nach mathematischen Zusammenhängen zu begeben. Schließlich ist „Mathematik … keine Menge von Wissen. Mathematik ist eine Tätigkeit, eine Verhaltensweise, eine Geistesverfassung" (Freudenthal, 1982).

Kinder können, wie das Eingangszitat (Brownell et al., 2014) beschreibt, Mathematik als sinnvoll erleben, wenn sie sie als lebendige Suche nach Mustern verstehen. Muster machen aufmerksam auf spannende Zusammenhänge, bei denen sich die Warum-Frage lohnt.

Algebraisches Denken kann als Nachdenken über mathematische *Muster* und die Erforschung der hinter dem Muster liegenden mathematischen *Strukturen* verstanden werden.

Mathematik ist ein einzigartiges Fach, da die Strukturen im Fach verlässlich gegeben sind und sich in Mustern zeigen und erkennen lassen. So wie sich die Algebra in der Mathematik den allgemeinen Beschreibungen von mathematischen Strukturen widmet, so zeichnet sich das algebraische Denken im Unterricht dadurch aus, Muster und Strukturen jeglicher Art zu entdecken, zu beschreiben und zu begründen (Steinweg, 2013). Für die Arithmetik bedeutet dies, dass die zentralen Themen wesentlich mit einer algebraischen Perspektive der Lernenden zusammenhängen. Algebraisches Denken bedeutet, die arithmetischen Inhalte mathematisch zu hinterfragen und grundlegend zu erforschen. Auf der Suche nach sichtbaren, überraschenden und interessanten Regelmäßigkeiten in Mustern können die Eigenschaften, Relationen und Strukturen der Mathematik verstanden und *strukturelles Verständnis* aufgebaut werden.

Algebraisierung des Mathematikunterrichts bedeutet, Muster und Strukturen zu fokussieren. Muster und Strukturen und funktionale Zusammenhänge werden in diesem Sinne auch in den Bildungsstandards als grundlegender Fokus aller Inhalte verstanden werden (KMK, 2022).

Algebraisches Denken ist keine additive Ergänzung des bestehenden Arithmetikunterrichts und keinesfalls nur etwas für die vermeintlich leistungsstärkeren Lernenden. Musterentdeckungen und Beschreibungen der Strukturen können weitgehend auf Buchstabenvariablen verzichten und sind allen Kindern in alltäglicher Sprache und mit geeigneten Darstellungsmitteln möglich (Akinwunmi, 2012). Aktivitäten zu Mustern und Strukturen haben, wie z. B. Wijns et al. (2019) in ihrem Übersichtsbeitrag an diversen Studien am Beispiel Zahlenfolgen festmachen, empirisch nachgewiesen Effekte auf mathematische Kompetenzen (S. 140). Ebenso konstatieren auch Lüken und Sauzet (2021):

> „Kinder mit geringeren mathematischen Fähigkeiten profitierten besonders von solchen Interventionen, d. h. von einem Unterricht, der Muster und Strukturen explizit macht und die Fähigkeiten der Kinder stärkt, Muster bewusst zu erkennen, Strukturen zu interpretieren und Beziehungen herzustellen." (S. 28; übersetzt durch Autorinnen).

Das positive Zusammenspiel mathematischer Kompetenzen und Kompetenzen in Bereich Muster und Strukturen verwundert nicht, da die Suche nach Mustern und nach Begründungen durch zugrunde liegende mathematische Strukturen alle mathematischen Themen durchzieht und letztlich dem Wesenskern mathematischen Denkens entspricht. Mathematikunterricht bietet damit einen Spielplatz, um das Denken darin zu schulen, Muster zu sehen und die Strukturen zu verstehen.

In allen Aktivitäten ist der unmittelbare phänomenologische Zugang auf Musterebene der Schlüssel zum mathematischen Hinterfragen der Regelmäßigkeiten. Anschaulichkeit in diesem Sinne ist sowohl durch rein numerische wie auch figural-grafische oder materialbasierte Repräsentationen realisierbar. Zukünftig werden dabei auch digitale Optionen der Sichtbarmachung von Mustern eine zunehmende Rolle einnehmen. Unterricht, der vielfältige Aktivitäten zu funktionalen Mustern, Mustern in Gleichungen, Operationen oder Zahlen anbietet, regt zu Entdeckungen der strukturellen Beziehungen und Eigenschaften an und öffnet somit Türen zur Mathematik.

Zielsetzung

Ziel des Buches ist es, algebraisches Denken in der Grundschule ganz konkret an den Themen des Arithmetikunterrichts, an gängigen, neu entwickelten und wissenschaftlich erprobten Aktivitäten, Aufgaben und Schulbuchbeispielen aufzuzeigen.

Das Buch richtet sich dabei an Lehramtsstudierende, an angehende und bereits praktizierende Lehrkräfte sowie an in allen Phasen der Lehrerinnen- und Lehrerbildung tätigen Personen.

Angeboten werden:

- fachdidaktische Grundlegung algebraischen Denkens und algebraischer Grundideen im Arithmetikunterricht der Grundschule,
- Ein- und Überblick über den Forschungsstand zu algebraischem Denken,
- fachlich fundiertes Hintergrundwissen zur Mathematik des algebraischen Denkens,
- praxisnahe Beispiele und didaktisch aufbereitete Anregungen zur praktischen Umsetzung für den Mathematikunterricht in der Grundschule.

Der Forschungsbereich zum algebraischen Denken in der Grundschule ist ein relativ junges und sehr agiles Feld. Vielfältige neue Ansätze und empirische Befunde sind in den letzten Jahren gewachsen und haben die Theorien zum algebraischen Denken bereichert. Aus diesem Grund legen wir hier eine vollständige Neubearbeitung der Algebra in der Grundschule (Steinweg, 2013) vor, die konsequent den neuen, aktuellen Forschungsbefunden ebenso verpflichtet ist wie einer bewusst stärkeren Ausgestaltung der algebraischen Aktivitäten und Umsetzungsideen für den Arithmetikunterricht der Grundschule.

Da sich die theoretischen und forschungsbezogenen Grundlagen vielfach auf internationale Literatur beziehen, werden durchaus auch englischsprachige Zitate aufgegriffen. Diese Zitate ermöglichen, die ursprünglichen Ideen selbstständig nachzuvollziehen. Komplexere Textpassagen bieten wir an geeigneten Stellen auch in Übersetzungen an.

Gliederung

Das Buch ist in zwei Teile gegliedert. In Teil I (Kap. 1, 2, 3 und 4) wird algebraisches Denken grundlegend aus fachdidaktischer Perspektive erläutert. Teil II (Kap. 5, 6, 7 und 8) bietet, je orientiert an den im Teil I herausgearbeiteten Grundideen algebraischen Denkens, praxisnahe Beispiele und didaktisch aufbereitete Anregungen zur praktischen Umsetzung für den Mathematikunterricht in der Grundschule.

Teil I

Im *ersten Kapitel* werden auf Grundlage der fachdidaktischen Forschung die Spezifika algebraischen Denkens herausgearbeitet. Hierbei wird einerseits der enge Bezug zu Mustern und Strukturen aufgezeigt und andererseits eine Differenzierung der Begriffe Muster und Struktur vorgelegt. Muster werden als sichtbare Regelmäßigkeiten in Phänomenen den mathematischen Eigenschaften und Relationen als diese Muster begründende Strukturen gekennzeichnet. Diese Unterscheidung ermöglicht, algebraisches Denken in der von uns eingeführten Allegorie, d. h. bildlich umschrieben, als Durchschreiten einer Mustertür zu den hinter dem Muster liegenden Strukturen zu beschreiben.

Im *zweiten Kapitel* wird die enge Verwobenheit algebraischen Denkens zu Inhaltsbereichen thematisiert. Aus der Analyse von Forschungsliteratur, Standards und Lehrplänen erweist sich ein besonderes Zusammenspiel der Algebra der Grundschule mit der Arithmetik. Um die bewusste Thematisierung algebraischen Denkens in der Arithmetik zu ermöglichen, werden vier Grundideen des algebraischen Denkens ausgearbeitet.

Im *dritten Kapitel* wird die Bedeutung des algebraischen Denkens für das mathematische Darstellen, Kommunizieren und Argumentieren erläutert und ausdifferenziert. Algebraisches Denken in der Arithmetik ist nicht nur inhaltlich relevant, sondern auch für die Förderung von prozessbezogenen Kompetenzen fruchtbar.

Das *vierte Kapitel* adressiert fachdidaktische Hinweise für konkrete Unterrichtsgestaltung zum algebraischen Denken. Aufgabendesign, Lernanlässe und Interaktionsprozesse werden auf Grundlage vorliegender fachdidaktischer Ansätze in der Perspektive auf algebraische Lehr-Lern-Prozesse ausgeschärft.

Teil II

In den Kap. 5, 6, 7 und 8 werden auf Grundlage der ersten vier Kapitel Unterrichtsbeispiele und mögliche Aktivitäten zur Förderung des algebraischen Denkens entlang der im Teil I herausgearbeiteten vier Grundideen algebraischen Denkens vorgestellt und diskutiert.

Der Allegorie der Tür von Mustern zu Strukturen folgend,

- thematisiert das *fünfte Kapitel* spannende Muster zu strukturellen Eigenschaften von Zahlen.
- Das *sechste Kapitel* widmet sich Aktivitäten zu Mustern und Strukturen zu Operationen.
- Das *siebte Kapitel* schlägt verschiedene Musteraufgaben zu strukturellen Relationen der Gleichheit und Äquivalenz in Gleichungen vor.
- Im *achten Kapitel* werden strukturelle Eigenschaften von Funktionen anhand von entsprechenden Mustern dargelegt.

Diese Kapitel folgen dem Leitmotiv, Aktivitäten vorzustellen, die Lernenden Denkentwicklungen im Sinne des Leitmotivs *Muster entdecken* und *Strukturen verstehen* ermöglichen. Anhand der konkreten Aktivitäten für die direkte Umsetzung im Unterricht wird in diesen Kapiteln je entsprechend fachlich fundiertes Hintergrundwissen des algebraischen Denkens aufbereitet und zugänglich gemacht.

Die vorgeschlagenen Lernanlässe richten sich bewusst an alle Lernenden. Es gilt, die Gelegenheiten für algebraisches Denken im Arithmetikunterricht für alle Kinder aufzuschließen und im Sinne der natürlichen Differenzierung verschiedene Bearbeitungstiefen und vielfältige Ansätze zu würdigen und unterrichtlich aufzugreifen. So kann es natürlich differenziert gelingen, die jeweiligen Zonen der nächsten Entwicklung des Entdeckens von Mustern und insbesondere des eigenständigen, verständnisvollen Entwickelns von Begründungen durch mathematische Strukturen anzuregen.

Danksagung

Die Aufnahme in die Reihe des Springer Spektrums Verlags machte Prof. Dr. Friedhelm Padberg möglich, dem wir für all seine Unterstützung und Begleitung in diesem und anderen Projekten dankbar sind.

Wir danken unseren lieben Kolleginnen und Kollegen, mit denen wir in verschiedenen Zusammenhängen interessante und inspirierende Gespräche zu unserem Themengebiet führen durften. Für die konstruktiven Rückmeldungen und Kommentierungen zu Manuskriptfassungen danken wir Prof. Dr. Marcus Nührenbörger ganz herzlich.

Die Neuauflage einer Algebra für die Grundschule bot uns eine besondere Chance, unsere Ideen von Grund auf neu darzustellen und aufzubereiten, um das wichtige Themenfeld des algebraischen Denkens für Schulpraxis und Lehrerinnen- und Lehrerbildung attraktiv aufzuschließen. Für diese Gelegenheit sowie konstruktive Anregungen zum Manuskript bedanken wir uns bei dem Herausgeber Prof. Dr. Andreas Büchter.

Münster und Bamberg, Deutschland
November 2023

Kathrin Akinwunmi
Anna Susanne Steinweg

Inhaltsverzeichnis

Algebraisches Denken: Eine Grundlegung

„Structuring is a means of organising phenomena, physical and mathematical, and even mathematics as a whole." (Freudenthal, 1991, S. 20)[1]

Algebra thematisiert in ihren Teildisziplinen Strukturen, die mathematischen Phänomenen zugrunde liegen. Sie beschäftigt sich somit im wahrsten Sinne mit dem Kern der Mathematik. Die Denkobjekte (Konzepte) algebraischen Denkens sind die strukturellen, mathematischen Eigenschaften und Relationen. Eigenschaften und Relationen stiften Zusammenhänge, in denen das Räderwerk der Mathematik ineinandergreift und somit alle Denkweisen und Prozesse, z. B. auch in arithmetischen Berechnungen, mühe- und reibungslos gelingen.

Mathematische Strukturen entziehen sich zunächst der direkten Erfahrung. Sie können jedoch in Mustern entdeckt werden, die durch diese Strukturen erzeugt werden. Muster können in Zeichen, in Symbole oder in andere Darstellungen aktiv hineingedeutet werden; sie werden in diesem Sinne sichtbar. Eine spezifische Unterscheidung zwischen sichtbaren mathematischen Phänomenen und den systematischen, allgemeinen Strukturen der Mathematik kann somit den Begriffen Muster und Strukturen zugeordnet werden. Diese Differenzierung der Begriffe macht sie damit für algebraische Lehr-Lern-Prozesse fruchtbar. Der folgende Abschnitt verdeutlicht diese Zuordnung an Beispielen aus der Grundschulmathematik (Abschn. 1.1). Algebraisches Denken wird nachfolgend als besondere mathematische Denkweise gekennzeichnet und als das gedankliche Durchschreiten von Mustertüren zu den mathematischen Strukturen gedeutet (Abschn. 1.2). Etliche Forschungstheorien liegen bereits vor, die diesen Gedankenschritt durch theoretische Begriffsdefinitionen genauer fassbar ma-

---

[1] Übersetzung durch Autorinnen: „Strukturieren ist ein Mittel, um physikalische und mathematische Phänomene und sogar die Mathematik als Ganzes zu organisieren."

K. Akinwunmi, A. S. Steinweg, *Algebraisches Denken im Arithmetikunterricht der Grundschule*, Mathematik Primarstufe und Sekundarstufe I + II, https://doi.org/10.1007/978-3-662-68701-7_1

chen können (Abschn. 1.3). Darüber hinaus bietet die Forschung zu algebraischem Denken mögliche Modelle der Entwicklung dieses algebraischen Denkens an, die der letzte Abschnitt thematisiert (Abschn. 1.4).

1.1   Muster und Strukturen

Mathematische Strukturen werden in mathematischen Fachschriften oft in Symbolform dargestellt. Im Alltag wird in der Regel angenommen, dass so genannte Formeln wie z. B.

$$\sum_{i=1}^{n}\left(2i-1\right)=n^2$$

die eigentlich richtige Mathematik beschreiben und anschauliche oder verständliche Darstellungen weniger korrekt und damit weniger mathematisch seien. Mathematische Symbole bieten in der Tat eine wichtige Möglichkeit, sehr knapp und präzise und dennoch vollständig, mathematische Strukturen darzulegen. Der große Nachteil ist jedoch offensichtlich: Nur das mit ausreichend Fachkenntnissen geschulte Auge kann herauslesen, welche mathematischen Eigenschaften und Beziehungen in der Formel beschrieben werden.

Diese Notwendigkeit von derartigem Expertenwissen gilt nicht allein für mathematische Symbolnotationen, sondern ebenso z. B. für Notenpartituren in der Musik (Devlin, 1998):

> „Aber ein mit mathematischen Symbolen überflutetes Mathematikbuch *ist* noch keine Mathematik, ebensowenig, wie ein Buch mit Notenschrift schon Musik *ist*. Ein Notenblatt zeigt mir, was zu tun ist, damit ein bestimmtes Musikstück erklingen kann. Musik entsteht, wenn die Noten *gespielt* werden …. Das gleiche gilt für die Mathematik …. Und doch gibt es … einen sehr offensichtlichen Unterschied …. Man braucht keinerlei musikalische Ausbildung, um Musik anzuhören und zu genießen, wenn sie einem vorgespielt wird … aber die Menschen besitzen eben kein den Ohren äquivalentes Sinnesorgan, mit dem sie Mathematik einfach ‚wahrnehmen‘ könnten.“ (Devlin, 1998, S. 4–5)

Die Notation ist also nicht die Mathematik selbst; ebenso wenig wie die Notenblätter Musik sind. Erst das Verstehen und die Ausführung lassen die Noten erklingen und machen sie auch für ein Publikum ohne Expertenwissen erfahrbar. Unglücklicherweise haben Menschen jedoch keine mathematischen Ohren. Der Zugang zu mathematischen Strukturen kann aber gelingen, wenn die spannenden mathematischen Eigenschaften erfahrbar und sichtbar gemacht werden. Dies gelingt durch Muster. Muster können durch ihre oft als ästhetisch wahrgenommene Ordnung das mathematische Denken direkt anregen.

Die zu Beginn genannte abstrakte Formel beschreibt eine Eigenschaft von Quadratzahlen (n^2), die nun in einer anderen, nicht symbolischen Darstellung in den Blick genommen wird: Bildliche Abbildungen von Quadratzahlen, wie z. B. in Abb. 1.1 die fünfte Quadratzahl $5 \cdot 5$, können als Ausgangspunkt genommen werden, um Muster in ihnen zu entdecken. In dieser Bearbeitung eines Grundschulkindes werden die entdeckten Regelmäßigkeiten als Zahlengleichungen notiert und eine dieser Gleichungen auch in der Punkt-

Abb. 1.1   Muster in einer Quadratzahl. (© Springer: Steinweg, A. (2013). *Algebra in der Grundschule: Muster und Strukturen, Gleichungen, funktionale Beziehungen.* Springer Spektrum, S. 61)

darstellung als Muster eingefärbt. Durch die Zeichnung und die passende unterstrichene Gleichung macht dieses Kind ein Muster sichtbar und damit zugänglich für sich selbst und andere: Die Summe der ersten 5 aufeinanderfolgenden ungeraden Zahlen ist offensichtlich äquivalent zu $5 \cdot 5$.

Die Regelmäßigkeit des Musters, die durch die abwechselnde Farbwahl sichtbar gemacht wird, ist eindrücklich und regt zu weiteren Entdeckungen an. Richtet man den Blick auf die sukzessiv entstandene Färbung der Winkel beginnend beim blauen Punkt unten links, dann lässt sich in der Abbildung noch mehr entdecken. Das Muster bietet die Chance zu erkennen, dass $1 = 1$, $1 + 3 = 2 \cdot 2$, $1 + 3 + 5 = 3 \cdot 3$ und $1 + 3 + 5 + 7 = 4 \cdot 4$. Naheliegend ist es nun natürlich auch, das Muster (konkret) fortzusetzen und die sechste, siebte oder hundertste Quadratzahl zu analysieren. Dies kann in der Darstellung der Punkte oder auch auf Ebene der Gleichungen erfolgen. Zunehmend ist es möglich, eine begründete Hypothese zu entwickeln, welche allgemeine Eigenschaft von Quadratzahlen, d. h. welche mathematische Struktur, sich hier offenbart: Die Summe der ersten aufeinanderfolgenden ungeraden Zahlen ist immer eine Quadratzahl. Diese durch die musterhafte Färbung entdeckte, strukturelle Eigenschaft ist genau die, welche die Formel zu Beginn des Abschnitts widerspiegelt.

Selbstverständlich könnten auch die anderen Muster in Abb. 1.1, die hier von dem Kind nicht durch Farbgebung, sondern auf numerischer Ebene in den Gleichungen sichtbar gemacht werden, zu weiteren Forschungen anregen, Entdeckungen zu verallgemeinern und so andere mathematische Strukturen zu verstehen. Durch die dritte Gleichung $3 \cdot 5 + 2 \cdot 5 = 25$ verweist das Kind auf eine andere musterhafte Ordnung, die es in die Quadratzahl hineinsehen kann. Das $5 \cdot 5$-Punktefeld wird aufgeteilt in zwei Teile. Die Teile werden wieder als Produkte interpretiert und summiert. Auch dieser Umgang mit Punktefeldern als Produkte kann fortgesetzt und verallgemeinert werden und ist damit ein Zugang zu einer anderen mathematischen Struktur: der Distributivität (Kap. 6).

In der vorletzten Gleichung 1 + 2 + 3 + 4 + 5 + 4 + 3 + 2 + 1 werden die Punkte entsprechend der diagonal liegenden Reihen addiert. Jede Diagonale, z. B. beginnend beim blauen Punkt unten links, enthält einen Punkt mehr als die Diagonale davor. Bei der Diagonalen mit 5 Punkten angekommen, verringert sich anschließend die Punktanzahl pro Diagonale wieder, bis man am Punkt oben rechts ankommt. Quadratzahlen lassen sich offensichtlich auch immer als zwei Summen von aufeinanderfolgenden Zahlen zusammensetzen. Auch dieses Muster lässt sich untersuchen und verallgemeinern und führt zu weiteren spannenden strukturellen Eigenschaften von Quadratzahlen (Kap. 5).

Mathematische Strukturen können durch Muster sichtbar und auf der Ebene der Muster beispielhaft fortgesetzt und erforscht werden. Über Darstellungen in Ziffern oder anderen Anschauungsmitteln sind die mathematischen Eigenschaften der Erfahrung, dem Handeln und Denken zugänglich. Alle Darstellungsformen, ob Bilder, Texte, Symbole etc., müssen immer gedeutet werden. Für mathematische Entdeckungen ist es dabei wichtig, nicht die gegenständlich-dinglichen Merkmale zu betrachten, sondern die regelmäßigen Beziehungen zwischen den Elementen, die auf ein System und damit auch auf eine mathematische Struktur deuten können:

> „..., mathematische Kommunikations- und Darstellungsmittel können nicht aufgrund unterstellter ‚pseudo-dinglicher‘ Eigenschaften mathematische Symbole erklären. Erst wenn potenzielle ‚systemische‘ Strukturen zwischen den Elementen mathematischer Kommunikations- und Darstellungsmittel hergestellt und genutzt werden, wird eine angemessene Deutung mathematischer Symbole in Gang gesetzt." (Steinbring, 2017, S. 37)

Die Spur zu den allgemeingültigen, mathematischen Strukturen ist damit nicht nur gelegt, sondern kann durch die Erfahrung und Deutung der in diesem Sinne dann sichtbaren Muster auch begründet und verstanden werden. Die Idee des Zugangs über Muster findet sich schon bei Freudenthal (1973):

> „Wenn ich jemandem, der keine Mathematik kennt, erzählen will, dass

$$\sum_{i=1}^{n}\left(2i-1\right)=n^{2}$$

> ist, so zeige ich ihm, dass 1+3=4, 1+3+5=9, 1+3+5+7=16, usw. und hoffe, dass er nach dem ‚usw.‘ verstanden hat, wie es weitergeht." (Freudenthal, 1973, S. 589)

Auf anschaulicher und auf numerisch-beispielhafter Ebene der Muster spielt die konkrete und vor allem auch die gedankliche Fortsetzung der Regelmäßigkeiten eine besondere Rolle. So ist ein „seeing the general in the particular" (Mason & Pimm, 1984) möglich. Ein Muster ebnet den Weg, mathematische Strukturen zu verstehen, wenn es die Idee eines Immer-so-weiter zunehmend ermöglicht, die gegebenen Beispiele gedanklich zu verlassen und allgemeine Eigenschaften zu vermuten und zu begründen. Diese besondere Denkweise wird im Weiteren als algebraisches Denken bezeichnet und im Abschn. 1.2 genauer gekennzeichnet.

1.1.1 Sichtbare Muster und unsichtbare Strukturen

Der menschliche Verstand ordnet Ereignisse und Phänomene des Alltags immer ein. Die Erfahrungen aus jeglicher Form von alltäglichen Lernprozessen beeinflussen die Perspektive auf alle Phänomene der Realität. Die Erfahrungen prägen unsere Vorstellungen über die Welt, beeinflussen unsere Sprache und unsere Sicht auf Beziehungen zwischen den Dingen (z. B. Vester, 2021). Denk- und Erkenntnisprozesse, so Wittmann und Müller (2007), werden dabei notwendigerweise begleitet von der ständigen Suche nach musterhaften Regelmäßigkeiten innerhalb der Phänomene und nach Analogien zu bereits Bekanntem:

> „Das Denken in Mustern bedeutet eine entscheidende Steigerung der Denkökonomie, weil viele Einzelfälle mit einem Schlag gemeinsam erfasst werden können. Unser ganzes kognitives System ist auf Muster ausgerichtet, denn das Gehirn wäre nicht in der Lage, jeden Einzelfall gesondert zu behandeln. Erkennen basiert immer auf Musterbildung." (Wittmann & Müller, 2007, S. 48)

Umgekehrt beeinflussen diese in diesem Sinne abstrakten Muster nach Devlin (1998) wiederum unseren Alltag in allen Lebensbereichen:

> „Es gibt kaum ein Lebensgebiet, das nicht mehr oder weniger von der Mathematik als Wissenschaft von den abstrakten Mustern beeinflusst wird. Denn abstrakte Muster bilden die eigentliche Essenz der Gedanken, der Kommunikation, aller Berechnungen, der Gesellschaft und des Lebens schlechthin." (Devlin, 1998, S. 9)

Die Essenz der Gedanken, von der Devlin (1998) spricht, verweist auf das Strukturieren als Mittel zur (gedanklichen) Organisation von Phänomenen nach Freudenthal (1991) im Eingangszitat. Wahrnehmungen können, so Aebli (1980), als Handlungen des „In-Beziehung-Setzen[s]" (S. 169) betrachtet werden, die Beziehungen stiften und Strukturen erzeugen. Es ist eine besondere Denkfähigkeit des Menschen, Strukturen zu gestalten sowie Zusammenhänge zu analysieren, Systeme zu durchschauen oder kritisch zu reflektieren. Die Suche nach einer systematischen Struktur ist zunächst unspezifisch dem Denken in allen Bereichen der Erfahrungswelt zu eigen; damit aber auch und insbesondere dem mathematischen Denken.

In allen Situationen und insbesondere auch bei mathematischen Denk- und Lernprozessen ist eine verallgemeinernde Sicht auf Phänomene notwendig, da Menschen keine „super-computers" (Sfard, 1991, S. 28) sind und keine Möglichkeit hätten, alle denkbaren Einzelfakten auswendig zu erlernen, geschweige denn zu verstehen. Das Besondere an der Mathematik ist, dass sie selbst ein strukturelles System ist. Mathematisches Denken, Reflektieren über und Entdecken von musterhaften, mathematischen Phänomenen oder jede mathematische Problemlösung eröffnet einen kleinen Blick hinter die Kulissen des großen Zusammenspiels von mathematischen Strukturen. Diese Einblicke sind wesentliche Kennzeichen algebraischen Denkens, die in Abschn. 1.2 genauer herausgearbeitet werden.

Mathematisches und damit auch algebraisches Denken bezieht sich auf mathematische Objekte. Mathematische Objekte, wie beispielsweise Zahlen, sind keine gegenständlichen Objekte, sondern rein gedanklicher Natur (Mason, 1987, S. 4) und damit „noumena" (Freudenthal, 1983, S. 28). Sie entziehen sich also der direkten sinnlichen Erfahrung. Dies führt oft dazu, Mathematik und ihre Strukturen als abstrakt zu bezeichnen. Die mathematischen Objekte sind jedoch in Phänomenen „phenomena" (Freudenthal, 1991, S. 20) in unterschiedlichsten Darstellungsformen (Bilder, Texte, Symbole etc.) als Muster sichtbar und erfahrbar. In der denkenden und nachdenkenden Beschäftigung mit mathematischen Phänomenen können musterhafte Regelmäßigkeiten entdeckt und erkannt werden. Hierin liegt der Schlüssel, um Mathematik zu verstehen:

> „In order for students to understand mathematics, it is important that they become aware of mathematical patterns as early as possible. The ability to see something general in something particular is essential for appreciating and understanding mathematics at any level." (Wittmann, 2021, S. 233)[2]

Im Gegensatz zu vielen anderen Erfahrungsbereichen im Alltag sind die Regelmäßigkeiten und Ordnungen der Mathematik nicht willkürlich. Sie folgen im Allgemeinen der theoretischen Systematik, die mathematischen Objekten und Relationen eindeutig Eigenschaften zuordnet. Damit bietet die Mathematik einen idealen Bereich, um logische und funktionale Zusammenhänge zu erfahren und die für alle Lebensbereiche essenzielle Denkweise zu erproben und zu üben. Der Mensch wird durch mathematisches Denken in seiner Fähigkeit gefördert, ein „nachdenkendes, nach Gründen, Einsicht suchendes Wesen" (Winter, 1975, S. 116) zu sein.

Zurückgehend auf Devlin (1997, 1998) wird Mathematik als Wissenschaft von Mustern beschrieben. Wittmann (2004) identifiziert hier die „die wahre Natur des Faches Mathematik ...: Mathematik ist die Wissenschaft von Mustern, die im Prozess entwickelt, erforscht, fortgesetzt und verändert werden können" (S. 1). Muster durchziehen alle Themen- und Inhaltsbereiche. Schon bei Sawyer (1955) findet sich diese enge Kopplung der Beschreibung des Wesenskerns von Mathematik und Mustern:

> „Mathematics is the classification and study of all possible patterns. ... It is to be understood in a very wide sense, to cover almost any kind of regularity that can be recognized by the mind." (Sawyer, 1955, S. 12)[3]

---

[2] Übersetzung durch Autorinnen: „Damit Schülerinnen und Schüler Mathematik verstehen, ist es wichtig, dass sie sich so früh wie möglich mathematischer Muster bewusst werden. Die Fähigkeit, das Allgemeine im Besonderen zu sehen, ist essenziell, um Mathematik auf jedem Niveau wertzuschätzen und zu verstehen."

[3] Übersetzung durch Autorinnen: „Mathematik ist die Klassifizierung und Untersuchung aller möglichen Muster. ... Sie ist in einem sehr weiten Sinne zu verstehen, der nahezu jede Art von Regelmäßigkeit umfasst, die vom Verstand erkannt werden kann."

Muster in dieser umfassenden Interpretation lassen sich also nicht auf spezifische Themen oder Inhalte einschränken, sondern, so beschreibt es die Forschungsgruppe um Brownell et al. (2014), definieren in gewissem Sinne, was sich grundsätzlich unter Mathematik verstehen lässt:

> „Pattern is less a topic of mathematics than a defining quality of mathematics itself. Mathematics 'makes sense' because its patterns allow us to generalize our understanding from one situation to another. Children who expect mathematics to 'makes sense' look for patterns." (Brownell et al., 2014, S. 84)[4]

Brownell et al. (2014) verweisen auf den besonderen Mehrwert, den die Beschäftigung mit Mustern bereithält: Die Möglichkeit, Muster zu verallgemeinern, erlaubt es, Zusammenhänge zu entdecken und zu verstehen und Mathematik dadurch als sinnvoll zu erkennen.

In der deutschsprachigen Mathematikdidaktik ist eine Verwendung als Begriffspaar Muster und Strukturen gebräuchlich und die Begriffe werden teilweise synonym verstanden. Wie oben bereits aus der Grundlagenliteratur deutlich werden konnte, kann es für die Klärung von (algebraischen) Denk- und Lernprozessen fruchtbar werden, Muster und Strukturen bewusst voneinander abzugrenzen.

Muster

Mathematische Muster treten in vielfältigen Zusammenhängen auf. Muster können, wie auch am Beispiel Abb. 1.1 bereits gezeigt, als sichtbare Phänomene rein numerischer Natur sein, sich in visuellen Darstellungen von Figuren aus Punkten, Kästchen etc. zeigen oder eine Kombination aus Darstellungen auf Zahlen- und visueller Figurenebene nutzen. Der Alltagsgebrauch des Begriffs Muster geht dabei weit über mathematische Muster hinaus (Lüken, 2012). Muster können in realen oder auch erdachten Gegebenheiten erkannt werden, z. B. in einer Abfolge aus sich wiederholenden Handlungen, in Objektanordnungen oder auch im Rhythmus von Musik (Leuders, 2016). Überall dort lassen sich Muster mit verschiedenen Sinnen wahrnehmen und auch oftmals mathematisch untersuchen. In der Mathematik werden Darstellungen verwendet, um Phänomene verschiedenster Art greifbar und sichtbar zu machen. Sichtbarkeit verweist in allen Fällen auf die Option, in Darstellungen Muster hineinzudeuten und in diesem Sinne zu sehen.

Die Abb. 1.2 verdeutlicht die Vielfalt der Möglichkeiten in einer zunächst ungeordneten, exemplarischen Auswahl verschiedener Muster aus dem Themenfeld der Arithmetik. In nachfolgenden Kapiteln werden diese und weitere Muster systematisch aufgegriffen. Die Collage (Abb. 1.2) bietet nur kleine erste Illustration der facettenreichen Optionen: Es fin-

---

[4] Übersetzung durch Autorinnen: „Muster sind weniger ein Themenbereich der Mathematik als vielmehr eine definierende Eigenschaft der Mathematik selbst. Mathematik ‚macht Sinn', weil ihre Muster es uns ermöglichen, unser Verständnis von einer Situation auf eine andere zu verallgemeinern. Kinder, die von der Mathematik erwarten, dass sie ‚Sinn macht', suchen nach Mustern."

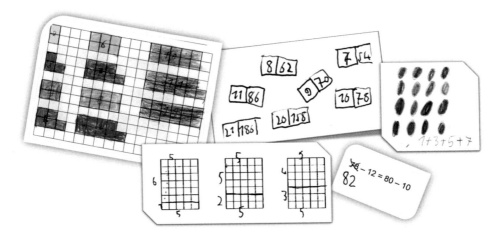

Abb. 1.2 Mathematische Muster

den sich z. B. Produkte als Kästchenfelder, die einem Muster folgend in zwei Teilfelder unterteilt werden und damit die Entdeckung der Eigenschaft Distributivität anbahnen (Kap. 6). Die Zahlen in farbigen Kästchen-Doppelreihen ermöglichen einen musterhaften Zugang zum Unterschied zwischen geraden und ungeraden Zahlen (Kap. 5). Auch eine einzelne Gleichung kann bereits ein Muster zur Entdeckung anbieten. Die Gleichung in der Abbildung unten rechts stellt Zahlen auf numerisch-symbolischer Ebene durch Operationen in Beziehungen und kann als Zugang zur Eigenschaft der Gleichwertigkeit dienen (Kap. 7). Zahl- und Partnerzahl im mittleren Kinderdokument verbinden zwei Zahlwerte durch eine musterhafte Regelmäßigkeit in numerischer Darstellung, die als funktionale Beziehung entdeckt werden kann (Kap. 8). Wie angegeben, finden sich genauere Erläuterungen zu diesen sowie weiteren Beispielen in nachfolgenden Kapiteln.

Muster sind immer im beschriebenen Sinne sichtbare Phänomene. Es gibt allgemein ein gutes Alltagsverständnis von der Idee, was als Muster anerkannt und bezeichnet wird. Muster auf Tapeten gehören dabei ebenso dazu wie Muster in Telefonnummern oder in einem bestimmten Datum oder eben auch bei Aufgaben aus dem Mathematikbuch. Muster unterliegen zunächst damit keinerlei Vorgaben und können ganz kreativ und individuell gestaltet werden:

> „Mathematische Muster dürfen nicht als fest Gegebenes angesehen werden, das man nur betrachten und reproduzieren kann. Ganz im Gegenteil: Es gehört zu ihrem Wesen, dass man sie erforschen, fortsetzen, ausgestalten und selbst erzeugen kann. Der Umgang mit ihnen schließt also Offenheit und spielerische Variation konstitutiv ein." (Wittmann, 2003, S. 26)

Die spielerischen Variationen begrenzen sich jedoch selbst dadurch, dass letztlich eine gewisse Ordnung oder Regelmäßigkeit auftreten oder beibehalten werden muss, um ein Muster erkennbar zu machen, das sich von völlig chaotisch oder ohne jegliche Regelmäßigkeit, also unabhängig zueinander angeordneten Elementen unterscheidet.

In der Literatur finden sich zum Begriff Muster einige Definitionen, die genau auf diesen Aspekt rekurrieren. Muster werden demnach als Ordnung, Regelmäßigkeit und Wiederholung aufgefasst (Rathgeb-Schnierer, 2007; Deutscher, 2012). Ähnlich beschreiben auch Akinwunmi und Lüken (2021) die Kennzeichen von Mustern als „regelmäßige Wiederholungen (sich wiederholende Muster: symmetrische Figuren, dekadisch strukturierte Anschauungsmittel, periodische Dezimalbruchentwicklungen etc.) oder auch regelmäßige Veränderungen (wachsende Muster: regelmäßige Folgen ähnlicher Figuren, figurierte Zahlen, schöne Päckchen etc.) von (mathematischen) Objekten" (S. 10, vgl. auch Lüken, 2012).

Mustern kann immer eine Vorhersagbarkeit bescheinigt werden (Rathgeb-Schnierer, 2007; vgl. auch Deutscher, 2012). Im internationalen Bereich findet sich die Beschreibung für Muster als „any predictable regularity, usually involving numerical, spatial or logical relationships" (Mulligan & Mitchelmore, 2009, S. 34). Die im Phänomen entdeckte Regelmäßigkeit erlaubt eine zuverlässige Hypothese, wie das Muster weitergeht bzw. wie eine dieser Ordnung entsprechende Erweiterung aussehen müsste (vgl. auch Steinweg, 2014). Muster verweisen auf eine grundsätzlich verallgemeinerbare Fortsetzbarkeit. Fortsetzungen können sich ganz konkret auf die Weiterführung einer Folge von Zahlen oder geometrischen Objekten (Kap. 8) beziehen. Dies ist aber nur eine Möglichkeit von vielen. Fortsetzbarkeit meint auch und gerade, dass eine Ordnung ganz grundsätzlich gedanklich (theoretisch) ordnungsgemäß im besten Sinne fortgeführt und auf weitere Beispiele erweitert wird, d. h., dass weitere Beispiele gefunden werden können, die diesem Muster entsprechen. Wenn das Muster z. B. darin liegt, bei Additionsaufgaben Tauschaufgaben als äquivalent zu identifizieren, dann sind jegliche, weitere Beispiele von Tauschaufgaben (z. B. auch aus großen Zahlräumen) eine derartige Fortsetzung. Die konkreten oder gedanklichen Fortsetzungen deuten die allgemeine musterhafte Beziehung der Beispiele (Repräsentanten) für eine ganze Klasse (von mathematischen Objekten) an.

Als Begriffsdeutung im Weiteren kann zusammenfassend festgehalten werden: Muster sind erforschbare, grundsätzlich fortsetzbare Regelmäßigkeiten, die sich auf Phänomenebene sichtbar zeigen.

Struktur

Der Begriff der Struktur scheint schwieriger zu fassen zu sein. Dies liegt im deutschsprachigen Raum u. a. an der sprachlichen Besonderheit, Denk- oder Handlungsweisen bei der Erforschung von musterhaften Ordnungen und Regelmäßigkeiten nicht mit einem passenden Musterbegriff sprachlich fassen zu können. Während es im Deutschen also passend zum Nomen Struktur das Verb strukturieren gibt, gibt es kein Verb zum Nomen Muster. Im englischsprachigen Raum ist dieses Denken und Handeln als *patterning* eindeutig den Mustern zuzuordnen und kann von *structuring* unterschieden werden. Die deutsche Alltagssprache nutzt hingegen das Verb strukturieren für genau dieses Denken und Handeln mit Mustern, der Gestaltung von Mustern bzw. der Identifikation des regelmäßigen Aufbaus von Mustern, da es kein Verb rund um den Umgang mit Mustern gibt. Das Verb mustern trägt im Deutschen eine ganz andere Bedeutung, die eher mit einer kritischen Begutachtung umschrieben werden könnte.

Werden in der deutschen Sprache mit der Tätigkeit des sogenannten „Strukturierens"
Handlungen bzw. Denkhandlungen beschrieben, die ein Muster in seine regelmäßig auftretenden Bestandteile gliedern und damit den Bauplan des Musters entdecken, so zeigt
sich das oben beschriebene Dilemma. Der Bauplan bzw. die Gliederung des Musters ist
zunächst eben genau die Regelmäßigkeit auf der sichtbaren Musterebene und damit jedoch noch nicht die mathematische Struktur, der das Muster folgt. Die entdeckte Ordnung
verweist als ein sichtbares Indiz des Musters auf dahinterliegende, mathematische Strukturen. Auch in der internationalen Literatur finden sich vereinzelt ähnliche Doppel-
deutungen des Begriffs der Struktur:

> „For me the key aspect of early algebra is that it is concerned with *structure*. This might be
> the structure of a specific object such as this particular arrangement of matchsticks, or the *ge-
> neral structure* of any such arrangement of matchsticks. Early algebra involves a shift from
> computational thinking to structural thinking. … it may take time for pupils to develop this
> vital new habit of mind." (Küchemann, 2020, S. 2)[5]

Der Bauplan des Musters auf der Ebene der Phänomene – wie hier im Zitat das spezifisch
musterhafte Arrangement von Streichhölzern – ist aber gerade noch nicht die mathematische Struktur, die aufgrund mathematischer Eigenschaften einem Muster genau diese eine
Ordnung aufprägt. Diese sprachliche Anlehnung einer Definition von Struktur an die
Handlung des Strukturierens führt nicht weiter.

Küchemann (2020) unterscheidet folglich zwischen einer konkreten Strukturiertheit
(eines Musters) und der allgemeinen Struktur (im Original spricht er von „general structure") für jedwede solcher Regelmäßigkeiten. Die Beschäftigung mit der allgemeinen
Struktur kennzeichnet strukturelles Denken. Early Algebra erfordert, so wird bei Küchemann (2020) deutlich, einen Wandel vom rechnerischen Denken zum strukturellen Denken (Abschn. 1.3). Die Entwicklung dieser Denkweise braucht Zeit und folgt ggf. einem
längeren Entwicklungsprozess (Abschn. 1.4).

Eine Differenzierung zweier Typen von Strukturen findet sich auch bei Kieran (1989):
Sie nennt die Oberflächenmerkmale „surface structure" und grenzt diese ab von der „sys-
temic structure": „systemisch in dem Sinne, dass sie sich auf das mathematische System
beziehen, von dem der Ausdruck seine Eigenschaften erbt" (S. 34; übersetzt durch Autorinnen). Die hier sogenannte Oberflächenstruktur wird von uns im Weiteren als Muster
(s. o.) bezeichnet, die systemische Struktur der mathematischen Relationen und Eigenschaften hingegen als Struktur.

---

[5] Übersetzung durch Autorinnen: „Für mich ist der Schlüsselaspekt der frühen Algebra, dass sie sich
mit *Struktur* befasst. Dabei kann es sich um die Struktur eines bestimmten Objekts handeln, wie
z. B. diese spezielle Anordnung von Streichhölzern, oder um die *allgemeine Struktur* einer solchen
Anordnung von Streichhölzern. Die frühe Algebra beinhaltet eine Verlagerung vom rechnerischen
Denken zum strukturellen Denken. … Es kann einige Zeit dauern, bis die Schülerinnen und Schüler
diese wichtige neue Denkgewohnheit entwickeln."

Mathematische Strukturen entziehen sich dem direkten Zugriff und müssen durch Darstellungen in Mustern vermittelt werden. Strukturen zu erkennen, bedeutet, Darstellungen als Mittel zum Zweck der Verdeutlichung der mathematischen Gedankenobjekte (der mathematischen Relationen und Strukturen) anzusehen und diese wiederum aktiv zu deuten:

> „... Strukturen kommen streng genommen in der Realität gar nicht vor, sondern sind theoretische Konstrukte, die in die Realität ‚hineingelesen' werden. ...Damit diese Strukturen für die mathematische Bearbeitung zugänglich werden, bedarf es künstlicher Verkörperungen ....“ (Wittmann & Müller, 2007, S. 50)

Zu diesen hier genannten Verkörperungen dienen Zeichen, Symbole, Anschauungsmaterialien etc., die jeweils wieder interpretiert und gedeutet werden müssen, um „letztlich Beziehungen und Strukturen, auf die die mathematischen semiotischen Mittel abzielen“ (Steinbring, 2017, S. 26), zu entschlüsseln.

Im Ausgangsbeispiel (Abb. 1.1) deutet die Farbgebung im Punktefeld und die passende Gleichung als solche eine Verkörperung auf eine generelle, systemische oder mathematische Struktur in diesem Sinn hin. Das Muster ist eine Exemplifizierung der allgemeinen Eigenschaft von Quadratzahlen, je die Summe von aufeinanderfolgenden ungeraden Zahlen zu sein. Diese strukturelle Eigenschaft der Quadratzahlen wurde schon von den Pythagoreern beschrieben. Der sogenannten Schule des Pythagoras wird zugeschrieben, die Erste gewesen zu sein, die Eigenschaften von Zahlen analysiert und solche zahlentheoretischen Überlegungen geführt und dokumentiert hat (Damerow & Lefèvre, 1981, S. 164).

Die antiken griechischen Mathematikschulen sahen mathematische Objekte, wie z. B. Zahlen, und damit auch ihre Eigenschaften als gegeben an (Platonismus; vgl. Davis & Hersh, 1994). Durch mathematisches Denken kann man in dieser Perspektive diesen bereits gegebenen Strukturen auf die Spur kommen. Demgegenüber geht der Konstruktivismus von Zahlen als gegebene Einheiten aus, „auf die alle sinnvollen mathematischen Begriffe aufbauen“ (Davis & Hersh, 1994, S. 416). Der Formalismus hingegen deutet Mathematik als Regelspiel des rein formalen logischen Schließens.

> „Wenn wir bereit sind, Platonismus, Konstruktivismus und Formalismus für den Augenblick zu vergessen, können uns diese beiden Tatsachen, die wir aus der mathematischen Erfahrung kennen, als Ausgangspunkt dienen:
> Erste Tatsache: Die Mathematik ist unser Geschöpf. Sie handelt von Ideen in unseren Köpfen.
> Zweite Tatsache: Die Mathematik ist eine objektive Realität in dem Sinne, daß [sic!] mathematische Objekte bestimmte Eigenschaften haben, die wir vielleicht entdecken können, vielleicht auch nicht.“ (Davis & Hersh, 1994, S. 433)

Mathematik im heutigen Verständnis ist ein Ideen- und Theoriekonstrukt. Diese Sichtweise folgt der Beschreibung, dass mathematische Objekte rein gedanklicher Natur sind und im eigentlichen Sinn damit nicht auf empirisch-naturwissenschaftlicher Erfahrung basieren. Diese sehr theoretische Perspektive auf Mathematik nimmt an, dass eine Menge von nicht weiter bestimmten Elementen zunächst völlig unzusammenhängend vorliegt bzw. erdacht wird und erst durch die bewusste Setzung einer Verknüpfung eine mathematische Struktur definiert wird. Diese Deutung mathematischer Strukturen geht insbesondere auf die Bourbaki-Gruppe und den Einfluss Hilberts zurück. Die Grundidee ist dabei, Mathematik stringent axiomatisch zusammenhängend zu begreifen. Auch Ott (2015) stützt „ihr Verständnis einer mathematischen Struktur … auf allgemeine mengentheoretische Überlegungen in Anlehnung an Rinkens (1973, S. 75 ff.). So kann eine mathematische Struktur durch eine Verknüpfung definiert werden, die einer zunächst amorphen Menge aufgeprägt wird. Die Menge trägt dann diese Struktur" (S. 167; vgl. auch Ott, 2016, S. 138).

In diesem theoretischen Gedankengerüst sind also alle mathematischen Elemente (Zahlen, Figuren etc.) erst einmal unbestimmt. Erst die definierten Relationen erzeugen die Eigenschaften. Bereits in Müller und Wittmann (1984) wird in der Darlegung der Zahlaspekte (Padberg & Benz, 2021, S. 5) dieser algebraische Rechenzahlaspekt ebenfalls in diesem Sinne definiert: Der algebraische Aspekt von Rechenzahlen bezieht sich nach Müller und Wittmann (1984, S. 172) auf die rein mathematische Struktur, die die Menge der natürlichen Zahlen bezüglich der Rechenoperationen bildet. Diese algebraische Struktur weist gewisse Eigenschaften auf, die im Unterricht wiederum als so genannte Rechengesetze auftreten (zum Verhältnis von arithmetischem zu algebraischem Denken vgl. auch Abschn. 1.2).

Algebraische Strukturen werden allgemein in der Mathematik untersucht. Die Eigenschaften sind ebenso selbstverständlich nicht zwingend nur an einen spezifischen Inhaltsbereich gebunden. Im Folgenden wird diese unspezifische und damit allgemeine Sicht auf Struktur am Beispiel des so genannten neutralen Elements verdeutlicht: Betrachtet man z. B. natürliche Zahlen als Objekte und gewisse definierte Relationen wie die Operation der Addition, so können bereits Kinder in der Grundschule erkennen, dass diese Addition wiederum strukturelle Eigenschaften besitzt (vgl. Kap. 6). Eine dieser schon Kindern durch die Muster von Beispielen zugängliche Struktur ist, dass die Addition von Null zu jeder anderen Zahl wiederum die Ausgangszahl ergibt. Die Null bewirkt nichts, würden Grundschulkinder beschreiben. Die Null ist das neutrale Element der Addition, ist für dieses Musterphänomen die mathematische Beschreibung der Struktureigenschaft. Solch ein neutrales Element findet sich aber durchaus nicht nur im Themenfeld der Zahlen und der Verknüpfung Addition, sondern z. B. auch bei Symmetrieabbildungen von geometrischen Figuren. Neutral verhält sich hier bei allen Verkettungen von Symmetrieabbildungen die Drehung um 0°. Sie ist also in dieser Struktur das neutrale Element. Die mathematische Disziplin, die sich damit beschäftigt, die Strukturen über die verschiedenen Gebiete der Mathematik hinweg zu vergleichen und zu beschreiben, wird auch als strukturelle Algebra bezeichnet.

Vor diesem Hintergrund verwundert es nicht, dass die Analyse von allgemeinen Strukturen im internationalen Kontext der Forschung zur Early Algebra als definierend für algebraisches Denken angesehen wird (Schifter, 2018, S. 309). Mathematische Strukturen, so Schifter (2018), beziehen sich auf Merkmale und Eigenschaften, die für jegliche Fälle konstant bleiben. Damit rekurriert ihre Definition von Struktur auf mathematische Eigenschaften wie z. B. auf die Kommutativität der Addition, die dauerhaft und allgemeingültig sind. Gleiches gilt auch für das oben genannte Beispiel des neutralen Elements Null, das allgemeingültig für die Addition jedweder Zahlen das neutrale Element bleibt.

Wenn die Relation, die an Einzelfällen konkret auftritt, als Ausprägung einer mathematischen Eigenschaft betrachtet wird, wird die Beziehung damit zu (einem Teil) einer Struktur:

> „We take *mathematical structure* to mean the identification of general properties which are instantiated in particular situations as relationships between elements. These elements can be mathematical objects like numbers and triangles, sets with functions between them, relations on sets, even relations between relations in an ongoing hierarchy. Usually it is helpful to think of structure in terms of an agreed list of properties which are taken as axioms and from which other properties can be deduced. Mathematically, the definition of a *relation* derives from set theory as a subset of a Cartesian product of sets. … When the relationship is seen as instantiation of a property, the relation becomes (part of) a structure." (Mason et al., 2009, S. 10)[6]

In Übereinstimmung mit Schifter (2018) und Mason et al. (2009) wird zusammenfassend der Begriff Struktur im Weiteren als mathematische Eigenschaften und Beziehungen (Relationen) verstanden, die als Beschaffenheitsmerkmale abstrakter Gedankenobjekte (Mason, 1987, S. 4) bzw. „noumena" (Freudenthal, 1983, S. 28) die Mathematik selbst definieren.

1.1.2   Muster als Türöffner zu Strukturen

Die Deutung und Bedeutung der Begriffe Muster und Strukturen, so zeigt die Literaturanalyse, weist Gemeinsamkeiten, Differenzen und Überschneidungen auf. Eine klare Differenzierung der Begriffe Muster und Strukturen, die bisher fehlte, kann ein tragfähiger Weg sein, um zu klären, was algebraisches Denken ausmacht. Darüber hinaus bietet die explizite Abgrenzung der Begriffe Muster und Strukturen Hinweise für die Unterrichtspraxis, die für algebraische Lehr-Lern-Prozesse fruchtbar gemacht werden können.

Muster und Strukturen werden im Folgenden durch je eine eigene Beschreibung definiert (Steinweg, 2020a, S. 40):

Muster und Strukturen
Muster sind Regelmäßigkeiten in sichtbaren Phänomenen.
Strukturen sind mathematische Eigenschaften und Relationen.

---

[6]Übersetzung durch Autorinnen: „Unter *mathematischer Struktur* verstehen wir die Identifizierung allgemeiner Eigenschaften, die in bestimmten Situationen als Beziehungen zwischen Elementen in Erscheinung treten. Bei diesen Elementen kann es sich um mathematische Objekte wie Zahlen und Dreiecke, um Mengen mit Funktionen zwischen ihnen, um Beziehungen auf Mengen und sogar um Beziehungen zwischen Beziehungen in einer fortlaufenden Hierarchie handeln. In der Regel ist es hilfreich, sich Struktur in Form einer vereinbarten Liste von Eigenschaften vorzustellen, die als Axiome gelten und aus denen andere Eigenschaften abgeleitet werden können. Mathematisch gesehen leitet sich die Definition *Relation* aus der Mengenlehre als Teilmenge eines kartesischen Produkts von Mengen ab. … Wenn die Beziehung als Verkörperung einer Eigenschaft betrachtet wird, wird die Relation zu (einem Teil) einer Struktur."

Die Sichtbarkeit der Muster weckt Neugier und erlaubt den konkreten Zugriff des Erkennens, Fortsetzens und Beschreibens. Die Entdeckung einer Regelmäßigkeit kann dann dazu anregen, dem Grund, d. h. der Struktur, der musterhaften Ordnung nachzuspüren.

Umgekehrt gilt, wie bei der obigen Beschreibung von Strukturen bereits deutlich wurde, dass die Muster sich gerade deshalb so in Zahlen oder anderen Darstellungen zeigen, weil die mathematischen Eigenschaften und Relationen genau diese Regelmäßigkeiten des Musters definieren und entstehen lassen. Damit ist eine mathematische Antwort bei der Suche nach dem Warum der musterhaften Ordnung grundsätzlich gesichert. Dies gilt auch dann, wenn die Begründung der Entdeckung die eigenen oder zur Verfügung stehenden mathematischen Mittel eventuell noch übersteigt. Die verlässlich begründende Struktur zeichnet Mathematik als ein besonderes Fach aus.

Eine Bewusstheit für Muster und Strukturen kann in Bezug auf die beiden Begriffe zwei Impulse für Denk- und Handlungsweisen setzen (Mulligan & Mitchelmore, 2009):

> „We thus consider AMPS [Awareness of Mathematical Pattern and Structure] to have two interdependent components: one cognitive (knowledge of structure) and one meta-cognitive (a tendency to seek and analyse patterns). Both are likely to be general features of how students perceive and react to their environment." (Mulligan & Mitchelmore, 2009, S. 38)[7]

Zum einen zeichnet sich die Bewusstheit durch das (natürliche) Bestreben aus, Regelmäßigkeiten zu suchen und zu analysieren (Mustererkennen und -wahrnehmen). Zum anderen zeigt sich die Bewusstheit darin, das zugrunde liegende System zu durchschauen und dabei Wissen über mathematische Strukturen zu nutzen und ggf. aufzubauen. In diesem Aspekt beinhaltet die Bewusstheit für Muster und Strukturen auch, die Warum-Frage zu klären. Beide Denkweisen werden hier von Mulligan und Mitchelmore (2009) als allgemeine Merkmale („features") der Reaktion von Lernenden auf die Umwelt und damit implizit auch auf Lernumgebungen verstanden.

Muster machen aufmerksam und lassen neugierig werden. Die Suche nach Begründungen des Musters erwartet, bildlich gesprochen, die Tür zu dahinterliegenden Strukturen zu öffnen und einen mathematischen Blick hinter die Kulissen des Musters zu werfen. Muster bieten damit in unterschiedlichsten Darstellungen erfahrbare und somit sichtbare Zugänge an. Die Strukturen, d. h. die mathematischen Eigenschaften und Relationen, bilden immer die Grundlage von Mustern und können somit zunehmend als ursächlich für die Regelmäßigkeit des Musters erkannt werden (Abb. 1.3).

Muster zu entdecken, ist die notwendige Bedingung, um mathematischen Strukturen auf die Spur zu kommen. Das Nachdenken über die Regelmäßigkeiten des Musters ist jedoch noch nicht hinreichend, um diese Besonderheiten zu begründen. Erst die übergeordnete Frage nach dem Warum, weshalb die Regelmäßigkeiten des Musters so sind wie

---

[7] Übersetzung durch Autorinnen: „Wir gehen daher davon aus, dass AMPS aus zwei voneinander abhängigen Komponenten besteht: einer kognitiven (Wissen über Strukturen) und einer metakognitiven (Tendenz zur Suche und Analyse von Mustern). Beide sind wahrscheinlich allgemeine Merkmale dafür, wie Schülerinnen und Schüler ihre Umwelt wahrnehmen und auf sie reagieren."

Abb. 1.3 Beziehungen zwischen Mustern und Strukturen

sie sind, öffnet die gedankliche Tür zu den mathematischen Eigenschaften und damit zu dem strukturellen Hintergrund.

> „Muster verzaubern und entzaubern die Mathematik. Mathematik wird erfahrbar in der Schönheit ihrer Strukturen und kann so faszinieren. Mathematik wird durchschaubar in der Logik ihrer Strukturen und kann deshalb hinterfragt werden." (Steinweg, 2001, S. 262)

Algebraisches Denken, welches im nächsten Abschnitt noch genauer charakterisiert wird, kann als bewusstes Durchschreiten der Mustertür verstanden werden. Das Denken rückt von den konkreten, nun als exemplarisch verstandenen Musterphänomenen ab und richtet seine Aufmerksamkeit auf die Ebene der allgemeingültigen, mathematischen Eigenschaften und Relationen, die die Grundlage des Musters bilden. Mason (1989) bezeichnet dies als eine Verschiebung der Aufmerksamkeit („shift of attention").

Während im Denken auf der Musterebene, d. h. wenn arithmetische, geometrische oder numerische Regelmäßigkeiten nur auf Phänomenebene fokussiert werden, die strukturellen Eigenschaften und Relationen nur implizit genutzt werden, stellt das algebraische Denken genau diese Eigenschaften explizit in den Mittelpunkt und weist die Strukturen als essenziell nach (Linchevski & Livneh, 1999). Mathematische Strukturen haben somit fundamentale Bedeutung „als zentrale Säule" der Entwicklung algebraischen Denkens: „Structure is clearly one of the central pillars in the development of early algebraic thinking" (Kieran et al., 2017, S. 423).

1.2 Algebraisches Denken: Muster entdecken – Strukturen verstehen

Mathematisches Denken spürt Zusammenhängen nach und deutet in mathematischen Phänomenen Muster, um den Eigenschaften und Relationen als Strukturen auf die Spur zu kommen. Dies gilt für alle Themenfelder und Bereiche der Mathematik.

Algebraisches Denken kann nicht als eine von mathematischem Denken abgegrenzte Denkweise gekennzeichnet werden, sondern ist dem mathematischen Denken wechselseitig inhärent. „So betrachtet ist Algebra mit vielen Denkhandlungen verbunden, die für die Mathematik kennzeichnend sind: Generalisieren, Abstrahieren, Analysieren, Strukturieren und Restrukturieren …" (Hefendehl-Hebeker, 2007, S. 150). Hefendehl-Hebeker (2007) bezweifelt, ob eine Differenzierung zwischen mathematischem und algebraischem Denken überhaupt möglich sei. Es kann jedoch gelingen, einige mathematische Denkweisen als spezifisch für algebraisches Denken herauszuarbeiten.

Der historische Ursprung der Bezeichnung Algebra geht auf den Titel des Werks von Al-Khwarizmi um 800 n. Chr. zurück: Die Schrift *al-kitāb al-muḫtaṣar fī ḥisāb al-ǧabr wa-ʾl-muqābala* heißt übersetzt: „Ein kurzgefasstes Buch über die Rechenverfahren durch Ergänzen und Ausgleichen" (Alten et al., 2003, S. 162). „Es handelt sich im Hauptteil … um eine Art Lehrbuch über das Auflösen von linearen und quadratischen Gleichungen" (Alten et al., 2003, S. 251). Durch Übersetzungen des Titels ins Lateinische entstand der Begriff Algebra, der bis ins 19. Jahrhundert die Gleichungslehre bezeichnete (Alten et al., 2003, S. 166; Hefendehl-Hebeker & Rezat, 2023, S. 126). Algebra in schulischen Kontexten wird – der Tradition der Begriffsherkunft folgend – oftmals auf Gleichungslehre begrenzt. Hierbei steht insbesondere das Lösen von Gleichungen und Gleichungssystemen im Vordergrund und nicht die Betrachtung der strukturellen Zusammenhänge, die diese und jene Umformung erlauben, um eine Lösung zu finden.

Wichtig ist anzumerken, dass Al-Khwarizmi selbst zu seiner Zeit noch keine Symbolnotation für Variablen, Terme oder Gleichungen nutzte. Algebraische Denkweisen haben erst „im Laufe der Geschichte die elementar-algebraische Formelsprache hervorgebracht" (Hefendehl-Hebeker & Rezat, 2023, S. 123). „Algebra als Formelsprache" (Weigand et al., 2022, S. 2) ist also nur eine Facette dessen, was unter Algebra verstanden werden kann. Zudem ist die Verfügbarkeit symbolischer oder formaler Notationen nicht notwendig, um algebraisch zu denken. Im Grundlagenwerk von Al-Khwarizmi (vgl. Übersetzung von Rosen, 1831) werden Problemstellungen an konkreten Beispielen mit Zahlen formuliert und dann in Form eines Fließtextes eine Beschreibung angegeben, wie diese Probleme gelöst werden können. Damit zeigt sich die Perspektive auf Algebra „als Werkzeug" (Weigand et al., 2022, S. 4) zur Problemlösung. Orientiert man sich bei der Charakterisierung des algebraischen Denkens allein an dieser Sichtweise, wird dies der aktuell breiten Bedeutung des algebraischen Denkens für alle Teilgebiete der Mathematik allerdings nicht gerecht. Das Verständnis von Algebra hat sich seitdem in vielerlei Hinsicht weiterentwickelt.

Die moderne Algebra betrachtet Strukturen mathematischer Bereiche in allen Teilgebieten. Es ist das Ziel der Algebra, Strukturen zu identifizieren und zu beschreiben, die in ganz verschiedenen mathematischen Gebieten auftreten und dennoch auf gleiche oder unterschiedliche Eigenschaften hin verglichen werden können. Gemeint sind hier so genannte algebraische Strukturen wie Gruppen, Ringe oder Körper (für genauere Erläuterungen siehe z. B. Büchter & Padberg, 2020). Die Suche nach und die Betrachtung von strukturellen Eigenschaften ist kennzeichnend für Algebra auf diesem theoretischen Niveau. Es ist eben dieses Verständnis der Algebra, welches es rechtfertigt, das spezifische Denken im Umgang mit Mustern und Strukturen als algebraisches Denken zu kennzeichnen.

> „So ist festzuhalten, dass ‚Algebra' bis etwa zu Beginn des 19. Jahrhunderts diejenige mathematische Disziplin war, bei der es darum ging, *wie* man Gleichungen unterschiedlichen Typs löst. Dann erfolgte insofern eine *Wende der Betrachtung,* als dass man zunehmend fragte, *ob* und vor allem: *unter welchen Bedingungen* Gleichungen *lösbar* sind, wobei das *Studium dieser Bedingungen* zugleich eine Untersuchung der zugrunde liegenden *Strukturen* bedeutete: Dies war also der *Beginn der strukturalistischen Sichtweise in der Mathematik …*" (Hischer, 2021, S. 52–53; Hervorhebungen i. O.)

Algebraisches Denken zeigt sich nicht zwingend in der Nutzung von Variablen oder einer Symbolsprache. Ebenso wenig ist jede Problemlösestrategie zwingend eine algebraische. Algebraisches Denken ist hingegen wesentlich gekennzeichnet durch ganz spezifische Denkhandlungen, wie u. a. dem Verallgemeinern, Abstrahieren, Deuten von Mustern, die auch in anderen Gebieten notwendig, in der elementaren Algebra aber unabdingbar sind (Akinwunmi, 2017; vgl. auch Weigand et al., 2022).

> „Beiden Denkhandlungen [Abstrahieren und Verallgemeinern] ist die Loslösung vom konkreten Einzelfall und damit ein Zug zur Dekontextualisierung gemeinsam. Die Abstraktion hebt gewisse Merkmale eines Sachverhaltes als wesentlich für die Art der Betrachtung hervor (lat. abstrahere: fortziehen, abziehen), sieht dabei von anderen, als unwesentlich erachteten Merkmalen ab und gelangt damit zu pointierten Kennzeichnungen. Die Verallgemeinerung zielt auf das allen Fällen einer Gesamtheit Gemeinsame." (Hefendehl-Hebeker & Rezat, 2023, S. 133)

Erst durch die algebraische Sichtweise können musterhafte Einzelfälle in ihren Strukturen als abstrakte Objekte in ihren konzeptionellen Gemeinsamkeiten erkannt werden. Freudenthal (1977) sieht die Fähigkeit zur Verallgemeinerung als ein so fundamental wichtiges Merkmal algebraischen Denkens an, dass er sogar den Begriff Algebra auf sie auszudehnen vorschlägt:

> „What is algebra? There is no Supreme Court to decide such questions. … This ability to describe relations and solving procedures, and the techniques involved in a general way, is in my view of algebra such an important feature of algebraic thinking that I am willing to extend the name 'algebra' to it, as long as no other name is proposed, and as far as I know no other name has been put forward. But what is in a name?" (Freudenthal, 1977, S. 193–194)[8]

Algebraische Denkprozesse werden eng assoziiert mit Prozessen des Verallgemeinerns, jedoch dazu untrennbar auch des Wahrnehmens, Vermutens, Darstellens, Kommunizierens und Begründens (vgl. Kieran et al., 2016, S. 1). Diese den allgemeinen Kompetenzen des Mathematikunterrichts sehr ähnlichen und mitunter wortgleichen Beschreibungen werden in Kap. 3 genauer betrachtet.

Algebraisches Denken nimmt mathematische Muster zum Ausgangspunkt, um die zugrunde liegenden Strukturen (Eigenschaften und Relationen) zu erkennen: „Mathematical relations, patterns, and arithmetical structures lie at the heart of early algebraic activity" (Kieran et al., 2016, S. 1). Algebraisches Denken beschreibt die Entdeckung von Mustern und die zunehmend verallgemeinernde Abstraktion der erkannten Regelmäßigkeiten. Dieses Denken zu entwickeln bedeutet, im Umgang mit konkreten Zahlen der Arithmetik all-

---

[8] Übersetzung durch Autorinnen: „Was ist Algebra? Es gibt kein oberstes Gericht, das über solche Fragen entscheidet. … Diese Fähigkeit, Beziehungen und Lösungsprozesse und die damit verbundenen Techniken allgemein zu beschreiben, ist meiner Ansicht nach ein so wichtiges Merkmal des algebraischen Denkens, dass ich bereit bin, den Namen „Algebra" auf sie auszudehnen, solange kein anderer Name vorgeschlagen wird, und soweit ich weiß, ist kein anderer Name vorgelegt worden. Aber was ist schon ein Name?"

gemeinen Ideen (Strukturen) auf die Spur zu kommen (Sawyer, 1964, S. 90). Early Algebra hat nach Schoenfeld (2008) die Aufgabe, diese besondere Denkweise, die als algebraisches Denken identifiziert werden kann, durch vielfältige Erfahrungen zu ermöglichen:

> „The fundamental purpose of early algebra should be to provide students with a set of expe-
> riences that enables them to see mathematics – sometimes called the science of patterns – as
> something they can make sense of, and to provide them with the habits of mind that will sup-
> port the use of the specific mathematical tools they will encounter when they study algebra.“
> (Schoenfeld, 2008, S. 506)[9]

Mathematik als Wissenschaft der Muster zu sehen und zu erfahren, erfordert besondere
Denkgewohnheiten. Diesen bestimmten Habitus des Denkens zu entwickeln und zu einer
Denkgewohnheit werden zu lassen, braucht erfahrungsbasierte Übung dieser besonderen,
algebraischen Denkweise. Nach Mason (1989) liegt ein Schlüssel im Prozess des Abstra-
hierens von den gegebenen Phänomenen ausgehend. In diesem Prozess verschiebt sich die
Aufmerksamkeit (Mason spricht von einem „shift of attention“) von der konkreten Handlung mit dem Gegebenen weg, hin dazu, sich ein sinnvolles Bild der Lage zu machen und
diese Erkenntnisse verallgemeinernd zu artikulieren. Die Aufmerksamkeit richtet sich insbesondere auf Ordnungsmöglichkeiten und Regelmäßigkeiten, die als Muster bezeichnet
werden können.

Algebraisches Denken stellt einen hohen Anspruch dar. Devlin (1997, S. 6) warnt, dass
die abstrakte Schönheit von logischen Strukturen nur von denen wahrgenommen und gewürdigt werden kann, die ausreichend mathematisch geschult sind. Das bedeutet jedoch
nicht, algebraisches Denken ausschließlich der höheren Mathematik zuzuweisen und Lernenden im Grundschulbereich nicht zuzumuten. Mason et al. (2005) ermutigen hingegen
dazu, vom Anfangsunterricht an algebraisches Denken anzuregen. Sie verweisen dabei
auf die bereits oben beschriebene, grundsätzliche Erfahrung aller Schulanfängerinnen
und -anfänger, Muster und ihre Verallgemeinerung auch im Alltag bereits vielfach genutzt
und sich somit in dieser Denkweise ausprobiert zu haben:

> „Everyone who gets to school has already displayed the powers needed to think algebraically
> and to make sense of the world mathematically. They have all generalised and expressed ge-
> neralities to themselves and others. … Furthermore, generalisation, being fundamental to
> mathematics, is a part of every mathematics topic.“ (Mason et al., 2005, S. iv)[10]

---

[9] Übersetzung durch Autorinnen: „Der grundlegende Anspruch der frühen Algebra sollte darin bestehen, den Schülerinnen und Schülern eine Reihe von Erfahrungen zu vermitteln, die es ihnen ermöglichen, die Mathematik – manchmal auch als Wissenschaft der Muster bezeichnet – als etwas zu
begreifen, das für sie einen Sinn ergibt, und ihnen die Denkgewohnheiten zu vermitteln, die sie bei
der Anwendung der spezifischen mathematischen Werkzeuge unterstützen, auf die sie beim Erlernen
der Algebra treffen werden.“

[10] Übersetzung durch Autorinnen: „Jedes Kind, das in die Schule kommt, hat bereits die nötigen Fähigkeiten entfaltet, um algebraisch zu denken und die Welt mathematisch zu erforschen. Sie alle haben
verallgemeinert und Allgemeinheiten für sich selbst und andere ausgedrückt. … Darüber hinaus ist die
Verallgemeinerung, die für die Mathematik grundlegend ist, Teil jedes mathematischen Themas.“

Verallgemeinerungen sind fundamental für jeden Bereich der Mathematik. Systemische Beziehungen zu verallgemeinern, heißt z. B. zu erkunden, warum diese oder jene Rechenstrategie sinnvoll und insbesondere warum sie mathematisch möglich ist. Das Warum erfordert den Blick hinter die reine Ausführung von mathematischen Operationen. Es gilt, die Warum-Frage zu kultivieren.

> „Mathematik ist keine Menge von Wissen, Mathematik ist eine Tätigkeit, eine Verhaltensweise, eine Geistesverfassung. ... Mathematik ist eine Geistesverfassung, die man sich handelnd erwirbt, und vor allem die Haltung, keiner Autorität zu glauben, sondern immer wieder ‚warum' zu fragen." (Freudenthal, 1982, S. 140)

Muster ermöglichen diesen Zugang zum mathematischen Hintergrund (Abb. 1.3; vgl. Steinweg, 2020b, S. 8). Alle hier genutzten Beschreibungen grenzen bewusst nicht weiter ein, an welchen Inhaltsbereichen oder Themen sich dieses Denken festmachen lässt. Vielmehr wird deutlich, dass diese Denkweise allen Themen und der Mathematik per se zugeordnet werden kann (für eine genauere Betrachtung von Inhalten algebraischen Denkens in der Grundschule Kap. 2).

Algebraisches Denken kann allegorisch gesprochen beschrieben werden als Schritt durch eine Tür, als Schritt von der Phänomenebene der Muster zur mathematischen Ebene der allgemeingültigen Strukturen. Die Entwicklung dieser besonderen Denkweise versucht die Forschung zu algebraischem Denken in verschiedenen Modellen genauer nachzugehen, auf die im folgenden Abschnitt eingegangen wird.

1.3 Denkschritte vom Muster zur Struktur: Begriffe und Theorien

Bei der Frage, was algebraisches Denken charakterisiert, steht man vor dem Problem, dass sich Denkweisen per se dem direkten Zugriff entziehen. „We have no direct access to what goes on in other people´s heads" (von Glasersfeld, 1991, S. xvi). Es bleiben jedoch zwei Möglichkeiten, dem Denken und der Denkentwicklung indirekt auf die Spur zu kommen. Zum einen können die Reaktionen von Lernenden auf mathematische Fragesellungen analysiert werden (induktiver Zugang), zum anderen ist es möglich, aufgrund von theoretischen Überlegungen mögliche Denkweisen oder auch für ein mathematisches Verstehen idealtypisches Denken zu beschreiben (deduktiver Zugang). Die Beschreibungen sind in beiden Fällen immer theoretische Modelle, die einen Versuch darstellen, die Besonderheit des algebraischen Denkens begrifflich zu fassen. Modelle, die Denkentwicklungen von Lernenden zu beschreiben versuchen, werden in Abschn. 1.4 genauer dargelegt. Im Folgenden wird zunächst die von uns genutzte Allegorie für algebraisches Denken als Durchschreiten einer Tür in vorliegende Forschungstheorien und -begriffe zum algebraischen Denkens eingebettet.

Auch die von uns entwickelte Allegorie (Abschn. 1.1.2) ist selbstverständlich ein theoretisches Modell. Sie ist bei Weitem nicht der erste und einzige Versuch, das besondere

Wesen des algebraischen Denkens zu beschreiben. Die Tür verbildlicht den Übergang des Denkens von der Ebene der Phänomene der Muster zu den mathematischen Strukturen, die die Muster begründen. Diese zwei Denkebenen bzw. Pole des Denkens können auch in der Literatur wiedergefunden und mit dem Muster-Struktur-Übergang in Beziehung gebracht werden. Zudem liegen bereits verschiedene Forschungsansätze vor, die versuchen, den Denkschritt des Wechsels zwischen den Ebenen oder Polen begrifflich zu fassen. Dabei zeigt sich ebenso eine erstaunlich gute Passung zum Bild der Mustertür. Aus der von uns eingeführten Grundperspektive heraus werden im Folgenden vorliegende Theorien zum algebraischen Denken eingeordnet und neu betrachtet.

Zugrunde liegt den differenten Beschreibungen und Begriffen der Modelle aus der Forschung dabei immer die Grundannahme, dass nicht die Problem- oder Aufgabenstellung selbst den Schritt vom Muster zu den mathematischen Strukturen definiert, sondern die Art und Weise der Denkhandlung (Abschn. 1.2), d. h. wie eine Aufgabe, die gegebenen Zahlen, Operationen und ihre Beziehungen wahrgenommen und individuell durchdacht und dem eigenen Denken zu eigen gemacht werden.

Ebenen und Pole des Denkens

Wie bereits dargelegt, kann algebraisches Denken nicht als eine von anderen mathematischen oder allgemeinen Denkweisen getrennt angesehen werden. Im Gegenteil liegen die algebraischen Denkweisen im Kern mathematischen Denkens. Letztlich ist das Ziel von Denkhandlungen dabei immer das Verstehen. Das Verstehen von Alltagsphänomenen sowie auch von mathematischen Ideen kann nach Freudenthal (1983) als Entwicklung von Vorstellungen (mentale Objekte) interpretiert werden:

> „I speak of the constitution of mental objects, which in my view precedes *concept* attainment and which can be highly effective even if it is not followed by *concept* attainment … The fact that manipulating mental objects precedes making *concept*s explicit seems to me more important than the division of representations into enactive, iconic, and symbolic." (Freudenthal, 1983, S. 33)[11]

Die Bildung dieser mentalen Objekte geht nach Freudenthal (1983) einer expliziten Bildung von gedanklichen Konzepten oder Begriffen voraus. Durch fortschreitende Abstraktion ähnlich aussehender mathematischer Phänomene werden diese nach Freudenthal (1983) unter einem Konzept zusammengefasst: „continuing abstraction brings similar looking mathematical phenomena under one *concept*" (S. 28). Diese (individuell) abstrahierten Konzepte kennzeichnen in diesem Theoriemodell eine gedankliche Einordnung und

---

[11] Übersetzung durch Autorinnen: „Ich spreche von der Bildung mentaler Objekte, die meines Erachtens der Konzeptbildung vorausgeht und auch dann sehr effektiv sein kann, wenn ihr keine Konzeptbildung folgt … Die Tatsache, dass die Manipulation mentaler Objekte der Konzeptbildung vorausgeht, scheint mir wichtiger zu sein als die Einteilung von Repräsentationen in enaktive, ikonische und symbolische."

damit Verstehen, das auch für Mathematik (und hierhin inkludiert für algebraisches Denken) angestrebt wird.

Diese ersten inneren Konzepte, die nach Freudenthal noch gar nicht zwingend explizit sein bzw. expliziert werden müssen, bezeichnen Tall und Vinner (1981) als Konzeptbilder:

> „We shall use the term *concept image* to describe the total cognitive structure that is associated with the concept, which includes all the mental pictures and associated properties and processes. It is built up over the years through experiences of all kinds, changing as the individual meets new stimuli and matures." (Tall & Vinner, 1981, S. 152)[12]

In diesem Zitat machen Tall und Vinner deutlich, dass ein gedankliches Konzeptbild auf Erfahrungen aufgebaut wird und zudem neben mentalen Bildern auch entsprechende Eigenschaften und passende Handlungen („processes") beinhaltet.

Ausgehend auch von dieser vielfach heute noch rezipierten Theorie eines *concept image* haben Tall et al. (2001) algebraisches Denken genauer in den Blick genommen und ein Modell der Denkentwicklung vorgelegt. In dieser Theorie schlagen sie die Unterscheidung von mindestens drei zunehmend anspruchsvolleren Denkweisen auf dem Weg zum algebraischen Denken vor. Sie unterscheiden dabei zwischen Prozeduren, Prozessen und Konzepten:

- Zunächst, so nehmen Tall et al. (2001) an, werden Aufgabenstellungen als *Prozeduren* gedacht, die korrekt und möglichst routiniert ausgeführt werden sollen. Dieses Denken wird als prozedural bezeichnet und weist einen noch geringen Grad an Komplexität und kultivierter Raffinesse („sophistication") auf. Für die Arithmetik bedeutet dieses Begriffsmodell (vgl. auch Thomas und Tall, 2001) beispielsweise, unter dem Begriff Prozeduren Rechenaufgaben als Handlungsimpuls zu interpretieren („to do routine mathematics").
- Eine andere Denkweise ist es, mathematische Problemstellungen effizient und vor allem flexibel zu bearbeiten. Diese Denkweise wird mit dem Begriff *Prozesse* assoziiert. Dies entspricht den Grundannahmen im deutschen Mathematikunterricht, bei denen das flexible Rechnen im Mittelpunkt steht. Das flexible Rechnen ist eine Ausführung von Prozessen zur Lösung von Aufgaben.
- In der Art des Denkens, die den ausgebildeten *Konzepten* zugeordnet wird, stehen letztlich die konzeptuellen Beziehungen der symbolischen Mathematik als Objekte der Denkhandlung im Vordergrund. Erst dann, wenn über die gegebene Mathematikaufgabe nachgedacht wird („to think about mathematics"), wechseln die Zahlen und Operationen ihre Rolle und werden selbst zu Objekten der Betrachtung. Dieses Denken führt, idealtypisch, letztlich zu (mathematischen) Konzepten.

---

[12] Übersetzung durch Autorinnen: „Wir werden den Begriff *concept image* verwenden, um die gesamte kognitive Struktur zu beschreiben, die mit dem Konzept verbunden ist und die alle mentalen Bilder und die damit verbundenen Eigenschaften und Prozesse umfasst. Es wird im Laufe der Jahre durch Erfahrungen aller Art aufgebaut und verändert sich, wenn das Individuum neuen Reizen begegnet und reift."

Auf dem Weg vom Denken und Handeln in Prozessen zum komplexen und ausgefeilten Denken in Konzepten prägen Tall et al. (2001) den Begriff des *procept* (als Wortschöpfung zur Beschreibung des Bindeglieds zwischen *process-* und *concept*-Denken). In dieser *procept*-Denkweise können auch Symbole und symbolisch verstandene Darstellungen bereits eine Rolle spielen. Wesentlich ist allerdings vor allem als Kennzeichen des *procept*-Denkens, über die Mathematik und die Fragestellung nachzudenken.

Diese Entwicklung von To do-Ausführungen hin zu To-think-about-Denkweisen charakterisiert den wesentlichen Unterschied zwischen arithmetisch geprägten Denkhandlungen und dem algebraischen Denken (Thomas & Tall, 2001). Mathematik, z. B. gegeben in Relationen zwischen Zahlen und Operationen, wird in der algebraischen Denkweise zu gedanklichen Konzepten und damit zum neuen Objekt der Denkhandlung.

Algebraisches Denken zielt auf mathematische Beziehungen („relations"). Als Schritt von Mustern zu den Strukturen erwartet dieses Denken somit relationales Denken (*relational thinking*):

> „Relational thinking involves using fundamental properties of number and operations to transform mathematical expressions rather than simply calculating an answer following a prescribed sequence of procedures." (Carpenter et al., 2005, S. 54)[13]

Beziehungen von grundlegenden Eigenschaften werden hier von Carpenter et al. (2005) abgegrenzt von der Berechnung von Antworten und von Prozeduren. Im Vergleich mit der Theorie von Tall et al. (2001) ist dieses relationale Denken den Konzepten (*concept*) zuzuordnen.

Die zwei verschiedenen Denkweisen werden auch in der deutschsprachigen Literatur aufgegriffen. Schwarzkopf (2019) stellt in seiner Theorie das „*empirische Faktenwissen*" auf der einen Seite dem „*relational allgemeinen Wissen*" auf der anderen als Pole gegenüber (S. 59). Faktenwissen als empirisches Wissen steht in dieser Sicht eng mit konkreten Erfahrungen in Lernsituationen in Beziehung. Das relationale Wissen hingegen bezieht sich auf Verständnis der mathematischen Grundlagen der Relationen (S. 59). Mit Fokus auf individuelle Lernprozesse verweist Schwarzkopf in Bezugnahme auf Steinbring darauf, dass Wissen sich unterschiedlich (d. h. auf beiden Ebenen) erweitern kann.

Jedes Denken über und mit mathematischen Fragestellungen erwartet eine Deutung der vorliegenden Darstellungen, die z. B. verbaler, symbolischer oder anschaulicher Natur sein können. Erfahrungswissen beginnt in der Auseinandersetzung mit und der Entdeckung von konkreten Eigenschaften:

> „Es wird an den Beispielen deutlich, dass mathematische kommunikative Mittel in anfänglichen Deutungsprozessen sich auf konkrete Dinge und Eigenschaften beziehen können. Wenn sich diese Deutungs- und Symbolisierungsprozesse weiterentwickeln, dann löst sich

---

[13] Übersetzung durch Autorinnen: „*Relational thinking* beinhaltet die Verwendung grundlegender Eigenschaften von Zahlen und Operationen, um mathematische Ausdrücke umzuwandeln, anstatt einfach eine Antwort nach einer vorgeschriebenen Abfolge von Prozeduren zu berechnen."

das mathematische kommunikative Mittel mehr und mehr vom realen Ding, es treten unterliegende Beziehungen hervor, die zum eigentlichen Ziel der mathematischen Symbolisierungen werden." (Steinbring, 2017, S. 39)

Einerseits kann Lernen also „auf der empirischen Ebene einer reinen Beobachtung des Phänomens [basieren] und die Wissenserweiterung ist dementsprechend der empirischen Situiertheit (Steinbring, 2000b) verhaftet." (Schwarzkopf, 2003, S. 232). Richtet sich Denken andererseits auf die – hier von Steinbring als „unterliegenden Beziehungen" bezeichneten – mathematischen Strukturen, so werden (mathematische) Relationen in den Blick genommen. Das relationale Wissen wird von Schwarzkopf (2003) auch als strukturell-mathematisch bezeichnet. Mit dem Fokus auf Interaktionen in Lehr-Lern-Situationen macht er deutlich, dass „Strukturell-mathematische Argumente … weitaus schwieriger zu verstehen und zu charakterisieren [sind], insbesondere weil sie sich sprachlich und auf den ersten Blick kaum von den empirisch gestützten Argumenten unterscheiden" (Schwarzkopf, 2003, S. 232). Erst, wenn mathematische Eigenschaften die Grundlage der Argumentation einnehmen, können diese als relational (Carpenter et al., 2005) bzw. strukturell erkannt werden (vgl. auch Strømskag, 2011, S. 246).

Begriffsvorschläge für den Wechsel zwischen den Denkebenen
In den beschriebenen Theorien werden die verschiedenen Ebenen des Denkens (Prozesse – Konzepte bzw. empirisches Faktenwissen – relationales Wissen) unterschieden und kontrastierend voneinander abgegrenzt. Offen bleibt dabei die Frage, ob und wie der Wechsel der Denkweisen genauer gefasst und beschrieben werden kann.

Zwei Theorien bieten hierfür Begriffe an: Zum einen *reification* nach Sfard (u. a. 1991), zum anderen *objectification* nach Radford (u. a. 2021). Wörtlich könnten beide Begriffe mit Verdinglichung oder Vergegenständlichung übersetzt werden. Diese semantische Nähe lässt auch enge inhaltliche Übereinstimmungen vermuten. Beide Theorien setzen jedoch eigene Schwerpunkte.

Wie bereits Davis und Hersh (1994) herausstellen, ist Mathematik immer als „Geschöpf" unserer Gedanken anzusehen (Abschn. 1.1.1). Mathematische Objekte sind damit stets Gedankenobjekte bzw. wie oben beschrieben Konzepte oder mentale Bilder. Sfard (2008) beschreibt in ihren Theorien mathematische Objekte als Metaphern. Erst diese Metaphern ermöglichen den Diskurs über mathematische Objekte und werden wiederum im Diskurs neu gefüllt und gedeutet. Auch Devlin (1997, 1998) verweist auf die enge Verknüpfung zwischen Sprache und Denkschritten des Erkennens von abstrakten Konzepten. Um eine abstrakte Struktur (Konzept) begrifflich zu fassen und mit Symbolen (Buchstaben, Bildern) zu bezeichnen, müssen die betrachteten Objekte als neue Ganze erkannt werden (Devlin, 1998, S. 5). „Having the symbol makes it possible to think about and manipulate the concept" (Devlin, 1997, S. 5). Die Symbole ermöglichen es, über mathematische Konzepte nachzudenken, sie gedanklich zu verarbeiten. Damit wird es auch möglich, Konzepte durch die Symbole vermittelt in der Kommunikation zu nutzen.

Denkprozesse sind bei Sfard (2008) als Form der Kommunikation und gleichzeitig durch Kommunikation beeinflusst zu verstehen. Mathematische Objekte sind dabei in ihrer Theorie stets persönliche Konstrukte, gleichwohl sie ihren Ursprung in öffentlichen Diskursen haben (Sfard, 2008, S. 166). Wird in dieser mathematischen Kommunikation die Beschreibung von Handlungen („action") ersetzt durch Objekte, so bezeichnet sie diesen Wechsel der genutzten Metaphern der Kommunikation als *reification* (Verdinglichung) (Sfard, 2008, S. 44). *Reification* zeigt sich in der Kommunikation als Einführung eines Substantivs oder Pronomens, mit dessen Hilfe Erzählungen über Prozesse an bestimmten Objekten nun als zeitlose Geschichten über Relationen zwischen Objekten erzählt werden können:

> „By reifying, that is introducing a noun or pronoun with the help of which narratives about processes on some objects can now be told as ‚timeless' stories about relations between objects." (Sfard, 2008, S. 170)

Sfard (1991) unterscheidet, wie auch die bereits beschriebenen Theorien, zwei wesentlich verschiedene Ebenen und damit Denkweisen:

- In der *operationalen* Vorstellung werden mathematische Objekte als Produkt von bestimmten Prozessen verstanden oder mit diesem Prozess selbst gleichgesetzt.
  Diese Denkweise wird als notwendig, aber nicht hinreichend für effektives Problemlösen und Lernen beschrieben.
- In der *strukturellen* Vorstellung werden mathematische Objekte als Struktur verstanden bzw. sie selbst werden vergegenständlicht zu einem neuen Objekt (*reification*).
  Die strukturelle Vorstellung ermöglicht, so Sfard (1991), alle kognitiven Prozesse des Lernens und Problemlösens.

Auf der Ebene der Prozeduren und Prozesse als Handlungsweisen treten Muster in Wiederholungen von Tätigkeiten auf. Das Umdrehen von Faktoren beispielsweise lässt stets das gleiche Produkt entstehen. Erst wenn die Operation der Multiplikation als (neues) Objekt vergegenständlicht wird (*reification*), wird es möglich, sich auf die Suche nach Eigenschaften dieses neuen Objekts zu begeben. In der mathematischen Gleichung signalisieren die Operationszeichen dann nicht mehr eine auszuführende Rechenhandlung („action"). Das Beziehungsgefüge der Operation wird nun zu dem Gegenstand (*reification*), über die eine, so Sfard wörtlich übersetzt, zeitlose Geschichte (allgemeingültige Eigenschaften) erzählt werden kann (Sfard, 2008, S. 170).

Reification ist damit der erste notwendige Schritt, um die Regelmäßigkeiten den Objekten selbst anhaftend zuzuschreiben, um diese dann auf die Eigenschaften der Objekte zurückzuführen. Die Denkhandlung des algebraischen Denkens agiert nun auf einer anderen bzw. höheren Ebene: „What is conceived as a process at one level becomes an object at a higher level" (Sfard & Linchevski, 1994, S. 194).

Algebraisches Denken ist auch nach Radford (2008, 2010b, 2021) ein aktiver Prozess der individuellen Aushandlung von Deutungen und Bedeutungen. Er nutzt *objectification* als Beschreibung für einen Transformations- und Erkenntnisprozess bei der individuellen (gedanklichen) Begegnung mit mathematischen Objekten: „It is the process of transforming a cultural object (*Objekt*) – in this case, a cultural-historical algebraic form of thinking about numerical sequences – into an object of consciousness (*Gegenstand*)" (Radford, 2021, S. 92, deutsche Begriffe im Original).

Ebenso wie Sfard legt auch Radford in seiner Theorie besonderen Wert darauf, dass mathematische Objekte niemals tatsächlich vorliegen oder gegeben sind, sondern in einem soziokulturellen und historischen Diskurs erst ausgehandelt wurden und weiterhin stetig werden. Mathematische Objekte werden bei Radford durch die *bewusste Deutung* zum Gegenstand des Denkens, d. h., sie werden als System aus Gedanken und Handlungen beschrieben. Die aktive Auseinandersetzung beeinflusst dabei wechselseitig den Bewusstseinsgegenstand und das Objekt selbst. Wie bereits bei Freudenthal und seinem Hinweis auf die Entwicklung von Konzepten ist es auch nach Radford (2008) von wesentlicher Bedeutung, Gemeinsamkeiten in gegebenen Phänomenen auszumachen. Diese können dann zu einer Hypothese führen und letztlich für eine allgemeine und verallgemeinerte Gleichung oder eine andere mathematische Darstellung für eine beliebige Stelle eines Musters aufgrund der angenommenen Struktur führen (S. 85).

Das Problem bei der Förderung dieser algebraischen Denkweise ist nach Radford (2008) nicht, dass Lernende keine Gemeinsamkeiten entdecken, sondern, dass diese individuellen Entdeckungen gegebenenfalls nicht zielführend sind. Den Lehrpersonen, so Radford, ist hingegen bewusst, weshalb sie diese oder jene Darstellung nutzen und welche Strukturen damit gezielt angesprochen werden sollen. Nach Radford (2008) ist es die wesentliche Aufgabe des Unterrichts und der Lehrperson, diese Gegenstände des Wissens auch den Lernenden bewusst zu machen: „I call *objectification* the process of making the objects of knowledge apparent" (Radford, 2008. S. 87). Gleichwohl macht er an anderer Stelle deutlich, dass sich algebraisches Wissen nicht linear entwickelt oder transmissiv weitergeben lässt, sondern Unterricht immer nur Möglichkeiten eröffnen kann, damit sich Verständnis aktiv in den beschriebenen Deutungsprozessen entwickelt (Radford, 2021).

Für die unterrichtliche Förderung algebraischen Denkens stehen nach Radford also Anregungen zu Deutungs- und Aushandlungsprozessen im Vordergrund. Die Theorie der *objectification* stellt für ihn einen Versuch dar, zu verstehen, wie sich die Lernenden schrittweise der historisch und kulturell konstituierten Formen des (algebraischen) Denkens und Handelns bewusst werden (vgl. auch Radford, 2021, S. 34):

„According to this theory, the basic problem of learning does not have to do with letting the students construct their own knowledge. It is not a question of the students being incapable of constructing knowledge. On the contrary, students are tremendously creative. However, nothing guarantees that their idiosyncratic procedures and ideas will necessarily converge with the cultural ones conveyed by the mathematics curriculum. The central educational problem is rather to have the students making sense of sophisticated cultural ways of reflecting about the world – in this case, algebraic ways of acting and reflecting – that have been constituted over the course of centuries." (Radford, 2008, S. 87)[14]

Der Prozess der *objectification* kann als Annäherung individueller Vorstellungen an die tradierten mathematischen Konzepte gelesen werden. Dieser Prozess der *objectification* wird durch verschiedenartige Zeichen wie Gesten, Verbalsprache, Zeichnungen, Formeln etc. begleitet und gleichzeitig mediiert (zur Bedeutung von Darstellungen Kap. 3).

Bewusstheit für mathematische Objekte (Strukturen) entsteht dabei nach Radford (2010b) nicht plötzlich, sondern nach und nach und durchläuft verschiedene Ebenen: „the objectification of the general goes through various layers of awareness. To get a better grasp of the structure behind the pattern" (S. 44).

Diese hier von Radford benannte Struktur hinter dem Muster passt zur der von uns genutzten Allegorie der Mustertür. Zudem deuten die genannten Bewusstseinsebenen („layers of awareness") an, dass die Deutungsprozesse mindestens andere ggf. auch höhere Ebenen durchlaufen. Dieser Weg zur höheren Ebene erwartet nach Sfard (1991, 1995) konkretisiert, Rechenprozesse nicht nur auf rein operative Weise darzustellen und zu diskutieren, da ansonsten die *reification*, d. h. die neue Betrachtung der Aufgaben als neue statische, abstrakte Objekte, nicht gelingt.

Auch Sfard (1991) spricht von einem durchaus anspruchsvollen und schwierigen Prozess, bei dem die *reification* und damit das relationale Verständnis jedoch ihrer Ansicht nach durchaus plötzlich erreicht werden kann: „The reification, which brings relational understanding, is difficult to achieve, it requires much effort, and it may come when least expected, sometimes in a sudden flash" (Sfard, 1991, S. 33).

Beiden Theorien ist gemein, dass sich eine strukturelle, relationale Denkweise nicht unmittelbar und direkt ergibt, sondern individueller Anstrengung bedarf und letztlich im Unterricht nur angeregt werden kann. Mathematisches (algebraisches) Denken entwickelt sich dabei bei Sfard (1991, 1995) im Wechselspiel zweier Denkweisen. Die Denkweisen wechseln zwischen der Idee, mathematische Objekte operational als Prozesse und Ergebnisse von (Rechen-)Prozessen zu behandeln, und der, die Objekte als mathematische Struktur, d. h. als Konzepte eines zeitlosen Narratives über die Eigenschaften, zu deuten. Bei Radford (2008, 2010b, 2021) entwickelt sich die strukturelle Denkweise durch die in-

---

[14] Übersetzung durch Autorinnen: „Nach dieser Theorie besteht das Grundproblem des Lernens nicht darin, die Schülerinnen und Schüler ihr eigenes Wissen konstruieren zu lassen. Es geht nicht darum, dass die Schülerinnen und Schüler nicht in der Lage sind, Wissen zu konstruieren. Im Gegenteil, die Schülerinnen und Schüler sind ungeheuer kreativ. Nichts garantiert allerdings, dass ihre idiosynkratischen Prozeduren und Ideen notwendigerweise mit den kulturellen übereinstimmen, die durch den Mathematiklehrplan vermittelt werden. Das zentrale pädagogische Problem besteht vielmehr darin, die Schülerinnen und Schüler dazu zu bringen, anspruchsvolle kulturelle Formen des Reflektierens über die Welt – in diesem Fall algebraische Formen des Handelns und Reflektierens – zu verstehen, die sich im Laufe der Jahrhunderte herausgebildet haben."

dividuelle Begegnung mit soziokulturell ausgehandelten, mathematischen Objekten, um diese zu eigenen Gegenständen des Denkens zu machen. Diese eigenen Gedankenobjekte enthalten dann im besten Fall die mathematischen Strukturen („the structure behind the pattern", Radford, 2010b, S. 44).

Eine algebraische Denkweise, die diese Strukturen in den Blick nimmt, ist gerade für die Bewältigung von komplexen Aufgaben unabdingbar. Es gilt dabei jedoch beide Denkweisen, die operationale und die strukturelle Perspektive, flexibel einnehmen zu können:

> „While tackling a genuinely complex problem, we do not always get far if we start with concrete operations; more often than not it would be better to turn first to the structural version of our concepts. These upper-level representations provide us with a ‚general view', so we can use our system of abstract objects just like a person looking for information uses a catalogue; or like anybody trying to get to a certain street consults a map before actually going there. In other words, in problem-solving processes the compact abstract entities serve as pointers to more detailed information. Thus, almost any mathematical activity may be seen as an intricate interplay between the operational and the structural versions of the same mathematical ideas: when a complex problem is being tackled, the solver would repeatedly switch from one approach to the other in order to use his knowledge as proficiently as possible." (Sfard, 1991, S. 27)[15]

Über die Wirkkraft für Problemlösungen hinaus verweist Sfard hier auf einen weiteren, insbesondere aus fachdidaktischer Perspektive wichtigen Aspekt der Idee der *reification*: Der Weg von Prozessen zu abstrakten Objekten verbessert das Verständnis von Mathematik und damit auch das Selbstvertrauen in die eigene mathematische Kompetenz (Sfard, 1991, S. 29). Das Verstehen der strukturellen Zusammenhänge schützt davor, dass Missverständnisse oder Unsicherheiten bei den Lernenden zu dem Fehlschluss führen, Mathematik an sich läge schlicht außerhalb ihrer eigenen Kompetenzen und Möglichkeiten: „Those who are not prepared to actively struggle for meaning (for reification) would soon resign themselves to never understanding mathematics" (Sfard, 1991, S. 33).

Das diskursive Ringen um Verständnis der diskursiv und soziokulturell gewachsenen mathematischen Objekte gehört zum Wesenskern des mathematischen Denkens. Der Denkschritt durch die Mustertür ist nicht immer einfach, aber lohnenswert.

---

[15] Übersetzung durch Autorinnen: „Wenn wir ein wirklich komplexes Problem in Angriff nehmen, kommen wir nicht immer voran, wenn wir mit konkreten Operationen beginnen; in den meisten Fällen wäre es besser, sich zunächst der strukturellen Version unserer Konzepte zuzuwenden. Diese übergeordneten Repräsentationen bieten uns einen ‚Überblick', sodass wir unser System abstrakter Objekte so nutzen können, wie ein Mensch, der nach Informationen sucht, einen Katalog benutzt; oder wie jemand, der eine bestimmte Straße erreichen will, eine Karte konsultiert, bevor er tatsächlich dorthin geht. Mit anderen Worten: In Problemlösungsprozessen dienen die kompakten abstrakten Einheiten als Wegweiser zu detaillierteren Informationen. So kann fast jede mathematische Tätigkeit als ein kompliziertes Wechselspiel zwischen der operativen und der strukturellen Version derselben mathematischen Ideen betrachtet werden: Bei der Lösung eines komplexen Problems würde die lösende Person immer wieder von einem Ansatz zum anderen wechseln, um ihr Wissen so effizient wie möglich zu nutzen."

Zusammenspiel der Theorien

Im Forschungsfeld der Early Algebra wird konstatiert, dass es eine Fülle von Versuchen gibt, den entscheidenden Denkprozess sprachlich und mit neuen Begriffsschöpfungen zu fassen (Mason, 1996, S. 65; vgl. auch Strømskag, 2011, S. 87). Die hier exemplarisch vorgestellten Begriffe der Denkkonzepte, Konzeptbilder, mentalen Bilder, der Vergegenständlichung, der Objektisierung oder des strukturell-relationalen Wissens bzw. relationalen Denkens setzen zwar etwas unterschiedliche Schwerpunkte, versuchen letztlich aber alle, den entscheidenden Unterschied des Denkens in lokalen Einzelfällen und Musterphänomenen im Gegensatz zum Verständnis einer allgemeingültigen Struktur greifbar zu machen.

Die Abbildung (Abb. 1.4) stellt die verschiedenen Ansätze der theoretischen Beschreibung des Denkschritts durch die Mustertür, d. h. von den Mustern zu den Strukturen, sehr stark vereinfacht, überblicksartig gegenüber. Die Übersicht intendiert keine Gleichsetzungen, sondern verweist im Gegenteil auf die Unterschiede. In dieser reflektierenden Rückschau auf die vorliegenden Theorien wird deutlich, dass jeweils Facetten unter verschiedenen Prämissen beschrieben werden.

Die Vielfalt der genutzten Begrifflichkeiten entspringt u. a. der Tatsache, dass all diese Vorgänge des Denkens nicht direkt beobachtbar und deshalb theoriegeleitete Beschreibungsversuche notwendig sind. Die Theorien versuchen aus ihren je spezifischen Perspektiven heraus, die wesentlichen Denkweisen und den Schritt von einer Art des gedanklichen Umgangs mit mathematischen Objekten zu einer anderen zu fassen. Allen Theorien ist gemein, die Denkweisen nicht getrennt voneinander zu betrachten, sondern immer als ein komplexes Zusammenspiel beider Ebenen des Handelns mit und Denkens über mathematische Objekte.

Wichtig ist zudem zu beachten, dass diese Ebenen des Denkens und die Wechsel zwischen ihnen keine singulären und abgeschlossenen Prozesse beschreiben. Nührenbörger und Schwarzkopf (2019) verweisen auf das wiederkehrende Wechselspiel der Denkweisen und verdeutlichen, dass beide Pole des Denkens bedeutsam sind. Für „fundamentale Lernprozesse" gilt es nach ihrer Sichtweise, eine *Balance* zwischen dem Erfahrungswissen und

in Anlehnung u.a. an			
Tall et al. (2001) Tall & Vinner (1981)	*to do mathematics* Routinen, Prozeduren, Prozesse		*to think about mathematics* concept images / Konzepte
Sfard (1991; 2008) Sfard & Linchevski (1994)	*operational* Objekte als Produkt von bestimmten Prozessen bzw. mit diesem Prozess selbst gleichgesetzt / *Erzählungen über Prozesse*	*reification*	*strukturell* mathematische Objekte vergegenständlicht zu einem neuen Objekt des Denkens / „zeitlose" Geschichten über Relationen zwischen Objekten
Radford (2008; 2010b; 2021)	mathematische Objekte als soziokulturell gewachsene, dynamische Objekte *system of thought and action*	*objectification* *Vergegenständlichung*	mathematische Objekte werden zu Gegenstand des eigenen Bewusstseins *mathematical structure behind a pattern*
Schwarzkopf (2019) Nührenbörger & Schwarzkopf (2019) Steinbring (2000)	situiert-erfahrenes (empirisches) Wissen und erlernte Regeln (Faktenwissen)		relational-strukturelles Wissen

Abb. 1.4 Vereinfachte Übersicht der Denkweisen von Mustern zu Strukturen

dem strukturellen Grundlagenwissen im Unterricht zu initiieren (vgl. Nührenbörger & Schwarzkopf, 2019, S. 25). Die Ausbildung von mathematisch tragfähigen Konzepten, z. B. zur Operation Multiplikation, wird niemals in einer einzigen Begegnung und Auseinandersetzung abgeschlossen sein. Mathematische Objekte werden durch verschiedene, wiederkehrende und jeweils spiralförmig erweiterte Auseinandersetzungen zunehmend zu neuen Gegenständen und konzeptuellen, mentalen Bildern.

Wesentlich geht es darum, sich mit mathematischen Objekten als Phänomenen, angeregt durch Muster, auseinanderzusetzen und sich dabei die mathematischen Objekte in ihren Eigenschaften zu eigen zu machen und damit relationales Wissen konzeptionell aufzubauen, also Strukturen zu verstehen.

Die Gedankenobjekte und Denkweisen können nur dann deutlich werden, wenn sie verbalsprachlich oder durch Gesten und Zeichen in den Unterricht eingebracht werden. In den Äußerungen können Beschreibungen und Argumente deutlich werden, die eher (Rechen-)Prozesse benennen und an Phänomenen des Musters verhaftet sind und solche, die allgemeine Eigenschaften und strukturelle Zusammenhänge argumentativ einbringen. Die genauere Betrachtung von Argumentationsprozessen im algebraischen Denken erfolgt ausführlich im Kap. 3. Darstellungen spielen dabei nicht nur als Kommunikations-, sondern auch als Denkmedium eine besondere Rolle und werden ebenso in Kap. 3 genauer in den Blick genommen.

1.4 Exemplarische Entwicklungsmodelle für algebraisches Denken

Muster zu sehen, ermöglicht es, zugrunde liegende mathematische Strukturen zu erkennen. Dieses Denken kann, wie ausgeführt, als algebraisches Denken definiert werden. Im vorherigen Abschn. 1.3 wird eine theoretische Klärung für diesen spezifischen Denkschritt durch die Zuweisung von Begriffen (wie *reification*, *objectification* etc.) vorgelegt. Zusätzlich bietet die internationale Forschung zu algebraischem Denken auch Modelle an, die die Entwicklung der Lernenden darstellen sollen. Diese Modelle ermöglichen es, Denk- und Handlungsweisen von Kindern bei der gemeinsamen Thematisierung von Muster- und Strukturaufgaben in Forschungsprojekten oder auch im alltäglichen Unterricht zu differenzieren, einzuordnen und damit bewusst wertzuschätzen.

Die hier exemplarisch vorgestellten Modelle basieren auf empirischen Untersuchungen im Themenfeld der Muster und Strukturen bzw. der Early-Algebra-Forschung mit Kindern aus der Frühförderung (Kindergarten) oder Grundschule. Die internationalen Vorschläge verweisen implizit oder explizit auf Entwicklungsschritte, die in algebraischen Denkprozessen möglich sind. Alle Modelle orientieren sich an den Reaktionen (konkreten Handlungen, Äußerungen, Vorgehensweisen) von Lernenden, die sie bei Aktivitäten zu Mustern zeigen. Durch die Modelle kann eine differenzierte Sicht auf die konkreten Reaktionen auf Muster oder auch die verbalen Äußerungen über erkannte Regelmäßigkeiten der Muster oder über darin erkannte Strukturen ermöglicht werden.

Die Differenzierungen bieten für Forschende und Lehrende eine Hilfe an, sich die Vielfalt der Denk- und Handlungsweisen einerseits bewusst zu machen. Sie erlauben andererseits im besten Fall durch möglichst trennscharfe Einordnungen auch empirische Auswertungen. Hierarchien der Schritte der Denkentwicklung und passende Kategorien können nicht nur in der Forschung, sondern auch in der Unterrichtspraxis fruchtbar gemacht werden. Sie stellen im Sinne der „Zone der nächsten Entwicklung" (Wygotski, 1987; Zankov, 1973) Hinweise bereit, welche angemessene Lernumgebungen, Impulse und Folgefragen angeboten werden können, um tieferes oder erweitertes Verstehen anzuregen.

Die in den Modellen genutzten Phasen, Kategorien oder Level sollten dabei immer als Optionen verstanden werden, die nicht zwingend Schritt für Schritt von jedem einzelnen Kind altersgemäß durchlaufen werden. Sie dienen auch nicht dazu, Kinder in ihren Kompetenzen als Person einer Phase des Modells zuzuordnen, sondern sie ermöglichen eine aufgefächerte und detaillierte Einordnung von Antworten und Reaktionen in je spezifischen Lehr-Lern-Situationen. Ein Kind kann also bei der einen Bearbeitung eine Denkweise der einen Phase und bei einer anderen Aufgabe durchaus eine völlig andere Denkweise und Modellphase zeigen.

Alle Modelle sind Beispiele aus aktuellen Forschungsprojekten. Es besteht kein Anspruch, eine vollständige Sammlung oder Zusammenführung verschiedener Entwicklungsmodelle vorzulegen. Vielmehr werden die Beispiele exemplarisch insbesondere daraufhin analysiert, ob und wie die von uns beschriebenen Ebenen des Denkens in und über Muster gegenüber dem relational-strukturellem Denken und somit erneut eine Passung zur Allegorie der Mustertür hergestellt werden kann.

Entwicklung von Bewusstsein für Muster und Strukturen
Eine grobe erste Unterscheidung von Denkentwicklungen und Denkweisen bietet das Modell von Venkat et al. (2019) an. Sie unterscheiden im Wesentlichen zwei verschiedene Arten des Bewusstseins, die sie an der jeweiligen Erkenntnis von Strukturen festmachen:

1. Emergente Strukturen
2. Mathematische Strukturen

Werden von Lernenden gegebene spezifische Fälle analysiert und lokale Beziehungen erkannt, kann dies zur Einsicht in emergente Strukturen führen. Emergenz bedeutet in diesem Fall eine Entwicklung im Sinne des aufstrebenden Entstehens, des ersten Auftauchens von Strukturen. Das Erkennen emergenter Strukturen besitzt grundsätzlich das Potenzial, von den Lernenden weiter verallgemeinert zu werden und so zur Erkenntnis von allgemeinen, mathematischen Strukturen zu führen.

Venkat et al. (2019) verweisen für die zweite Kategorie in Bezugnahme auf Mason et al. (2009) auf die Notwendigkeit, sich bei mathematischen Strukturen nicht nur der lokalen Beziehungen der vorliegenden Einzelbeispiele, sondern auch der allgemeinen Eigenschaften bewusst zu werden. Der Weg zum Verständnis mathematischer Strukturen kann gemäß Venkat et al. (2019) also darüber erfolgen, Einzelfälle bewusst zu verallgemeinern und somit generische oder allgemeine Fälle zu erkennen. In der Analyse der allgemeinen Fälle kann dann bewusst erkannt werden, dass Eigenschaften das implizite Verhalten und die internen Beziehungen einer bestimmten Klasse mathematischer Objekte definieren (Venkat et al., 2019, S. 14); somit wird letztlich also die allgemeine mathematische Struktur erkannt.

Dieses Modell (Venkat et al., 2019) analysiert vorliegende Theorien der Early Algebra in Bezug auf die Verwendung des Begriffs Strukturen. Es ermöglicht keine differenzierte Ein- oder Zuordnung von Denk- und Handlungsweisen, die ausschließlich auf Phänomenebene der Muster agieren, d. h. die Strukturen noch gar nicht bewusst einbeziehen. Kinderantworten, die noch keinen Schritt auf Strukturen zugegangen sind, werden hier also keiner der benannten Denkweisen zugeordnet.

Ein breiteres Spektrum an Kategorien bietet das Modell von Mulligan und Mitchelmore (2017). Es ist in fünf sogenannte Strukturkategorien („structural categories") der Bewusstheit für Muster und Strukturen (AMPS: Awareness of Mathematical Pattern and Structure) ausdifferenziert und basiert auf der Grundlage von empirischen Forschungsergebnissen (vgl. PASMAP Kap. 2). Die Kategorien ermöglichen es, Antworten („responses") von Kindern in Kindergarten und Grundschule bei der Auseinandersetzung mit algebraischen Aufgaben und die dabei gezeigten Denkweisen einzuordnen.

„Advanced structural	The response shows an accurate, efficient and generalised use of the underlying structure.
Structural	The response shows a correct but limited use of the underlying structure.
Partial structural	The response shows most of the relevant features of the pattern, but the underlying structural organisation is inaccurate or incomplete.
Emergent	The response shows some relevant features of the pattern, but these are not organised in such a way as to reflect the underlying structure.
Prestructural	If any response is given, it shows only limited and disconnected features of the pattern." (Mulligan & Mitchelmore, 2017, S. xi)

In diesen Kategorien wird wie auch bei Venkat et al. (2019) die Bezeichnung emergent genutzt; die Zuweisung der entsprechend kategorisierten Denkhandlung unterscheidet sich jedoch wesentlich. In den Erläuterungen der Kategorie „emergent" wird geklärt, dass einige relevante Merkmale des Musters in der Antwort genutzt werden, diese aber noch nicht zielführend so systematisch reflektiert werden, um die zugrunde liegende Struktur zu greifen. Es entwickelt sich in dieser Phase die Wahrnehmung von Mustern auf der Ebene der sichtbaren Regelmäßigkeiten. Das hier von Mulligan und Mitchelmore (2017) genutzte Bild der dahinter- oder zugrunde liegenden Struktur („underlying structure") passt zu der von uns genutzten Allegorie der Muster als Phänomene und der Mustertür zu den mathematischen Strukturen. Bemerkenswert ist also, dass in den erläuternden Beschreibungen der unteren beiden Kategorien (vor-strukturell und emergent) auf Muster Bezug genommen wird. Die Merkmale (Regelmäßigkeiten) von Mustern werden von den Lernenden gesehen und genutzt, aber der Zugang zu Strukturen als mathematische Eigenschaften ist in den Antworten noch nicht erkennbar. Gleichwohl werden auch diese Antworten und Aktivitäten in einer anderen Veröffentlichung dieser Forschungsgruppe (Papic et al., 2011) als algebraisches Denken gekennzeichnet: „Every pattern is a type of generalization in that it involves a relationship that is ‚everywhere the same.‘ Working with patterns therefore involves algebraic thinking" (S. 240).

In der Kategorie des sogenannten „partiell strukturierten" Denkens werden in diesem Model Antworten subsummiert, die Merkmale des Musters nutzen, die aber unvollständig oder ungenau bezüglich der Struktur sind. Die Differenzierung der beiden höchsten Kategorien, die hier benannt werden, ist letztlich vergleichbar zu den beiden Arten des Denkens nach Venkat et al. (2019): Strukturen spielen hier in der Kennzeichnung der Antworten der Kinder eine explizite Rolle. Die Limitierung des als „strukturell" gekennzeichneten Denkens wird nicht weiter ausgeführt, kann aber als lokale, an spezifischen Fällen ausgerichtete Antwort interpretiert werden, die Venkat et al. (2019) mit „emergent" bezeichnen würden. In den Reaktionen, die als „fortgeschritten strukturelle" Denkweise bezeichnet werden, werden von den Lernenden verallgemeinernde Argumente über die erkannte Struktur genutzt.

Mulligan und Mitchelmore (2017) formulieren ihr Modell der Entwicklung algebraischen Denkens für sehr junge Kinder vom Kindergarten bis zur Jahrgangsstufe 2. Es erklärt sich somit, weshalb die unteren Phasen, die wesentlich auf der Musterebene verbleiben, genauer ausdifferenziert werden, während die Nutzung von effizienten Verallgemeinerungen als fortgeschritten aufgefasst wird. Ein solcher Blickwinkel würdigt damit bereits die ersten Erkenntnisprozesse bei der Beschäftigung mit Mustern.

Verallgemeinernde oder auch analytische Denkweisen sind nach Radford (1996, S. 111) unabhängige und im Wesentlichen unveränderliche, strukturierte Formen des algebraischen Denkens. Demzufolge wird eine solche Denkweise, die mathematische Strukturen verallgemeinert betrachtet und erfasst, in der Literatur implizit oder auch explizit (wie in den obigen Modellen) als erstrebenswerte oder höchste Stufe der algebraischen Denkentwicklung verstanden.

Entwicklung von Bewusstsein und Beschreibungen

Die im oben beschriebenen Modell analysierten Antworten werden nicht genauer definiert. Es kann sich also z. B. auch um rein nonverbale Fortsetzungen von Mustern oder Handlungen an Material handeln. Reaktionen auf Aktivitäten zu Mustern und Strukturen unterscheiden sich jedoch auch ganz wesentlich in den verbalen Beschreibungen, die die Kinder begleitend zu konkreten Fortsetzungen oder Lösungsvorschlägen anbieten. Das Entwicklungsmodell von Twohill (2013, 2018) gibt Hinweise, wie sich Denkweisen und insbesondere auch Kompetenzen bei Beschreibungen entwickeln können. Twohill legt das Modell für den Inhaltsbereich des funktionalen Denkens vor, es bietet jedoch unabhängig von diesem Themenfeld ein tragfähiges Modell für Entwicklungsverläufe.

Twohill beschreibt algebraisches Denken insgesamt als Bereitschaft und Neigung („propensity"), mathematische Beziehungen und Strukturen zu erkennen, zu beschreiben und mit ihnen zu arbeiten (Twohill, 2020, S. 1). Die Rolle der Early Algebra sieht sie in der Förderung, Strukturen zu verstehen: „The role of Early Algebra is to nurture children's growing potential to understand structure" (Twohill, 2020, S. 2). Ihr Ansatz geht, wie bei Mulligan und Mitchelmore (2009), zum einen von einer natürlichen Neigung aus, algebraisch zu denken. Wie zu Beginn dieses Kapitels beschrieben, kann das Denkverhalten als allen Menschen zu eigen beschrieben werden, Muster zu suchen und für die Einordnung von Phänomenen zu nutzen. Zum anderen verweist Twohill (2020) aber auch darauf, dass die algebraische Denkentwicklung der Kinder gefördert werden muss.

In ihrem Entwicklungsmodell (Twohill, 2013, 2018) werden fünf sogenannte Wachstumspunkte („growth points in patterning") des Denkens über und Handelns mit Muster- und Strukturaufgaben identifiziert, die sich auch an jeweils spezifischen Kompetenzen des Beschreibens zeigen bzw. von Beschreibungen begleitet werden. Die Metapher des Wachstums deutet an, dass eine kognitive Entwicklung angenommen wird. Die Erläuterungen der Punkte geben zum einen an, welche Fortsetzungen eines gegebenen Musters diesem jeweiligen Punkt in der Denkentwicklung zugewiesen wird. Zum anderen wird dargelegt, welche Arten der Beschreibung der Entdeckungen an Mustern hier zugeordnet werden (Abb. 1.5). In ihrem Modell nutzt Twohill Reaktionen auf Muster und ihre möglichen Erweiterungen oder Fortsetzungen. Dabei unterscheidet sie zwischen der direkten Fortsetzung eines nächsten Elements, d. h. einer nächsten Zahl (in einer Zahlenfolge, einem schönen Päckchen etc.), eine nahe Fortsetzung, d. h. die Identifikation des 10. Elements im Muster, wenn das Muster z. B. mit den ersten 6 Elementen geben ist, und schließlich ferne Elemente, die z. B. andeuten, dass das 50. oder 100. Element in einer Musterfolge angegeben werden kann. Sie unterscheidet zudem, ob diese Identifikation begründet über Herleitungen („with reasoning") oder aber direkt erfolgt.

Erneut fällt auf, dass die ersten Wachstumspunkte dieses Entwicklungsmodells in der Benennung den Begriff Muster mitführen. Muster („pattern") und Aktivitäten mit Mustern

Wachstumspunkt (Growth Point)	Erkennen und Fortsetzen	Beschreiben
Pre-formale Muster	Keine Identifikation von sich wiederholenden Ausdrücken	-
Nicht formale Muster	Gemeinsamkeiten erkennen und Verständnis von visuellen, räumlichen, numerischen und sich wiederholenden Mustern zeigen (kopieren, erweitern, fehlende (nächste) Elemente eintragen)	Beschreibung einiger Aspekte des Musters
Formale Muster	Mit Begründung eine mögliche Fortsetzung eines nahen Elements herleiten	Verbale Beschreibung des Musters
Verallgemeinerung	Eine mögliche Fortsetzung eines nahen Elements identifizieren und mit Begründung eine mögliche Fortsetzung eines fernen Elements herleiten	Explizite Beschreibung des Musters
Abstrakte Verallgemeinerung	Ferne Elemente des Musters durch Anwendung der Regel erzeugen	Explizite Beschreibung der Regel des Musters in symbolischer Notation

Abb. 1.5 Entwicklung des Denkens über und Handelns mit Muster- und Strukturaufgaben. (Übersetzung des Modells von Twohill, 2013, S. 57; 2018, S. 62)

(„patterning") sind, so Twohill (2013), nicht notwendigerweise die einzig relevanten Fähigkeiten, aber die Diskussionen über die Einführung von Algebra in den ersten Jahren der Schulzeit beziehen sich genau auf diese:

> „The first three Growth Points are entitled Pre-formal Pattern, Informal Pattern and Formal Pattern. While there is no implication that the only skills relevant to these growth points are those of pattern solving, much discussion regarding extending algebra to the early years of schooling involves patterns and patterning." (Twohill, 2013, S. 57)

In den letzten beiden Wachstumspunkten wird abweichend von Mustern bei den Erläuterungen auf Verallgemeinerungen rekurriert. Diese offensichtlich wesentliche Änderung im Denken und Handeln mit Muster- und Strukturaufgaben geht bei Twohill einher mit einer so genannten expliziten Beschreibung des Musters. Dieser Begriff ist insbesondere bei funktionalen Beziehungen üblich. Hier kennzeichnet er die Form von Beschreibungen, die eine direkte Regel für alle Elemente eines Musters wiedergibt (Kap. 8). Diese allgemeine Regel für alle denkbaren Fortsetzungen an einer beliebigen Stelle (n) muss nicht zwingend eine symbolische Termnotation sein. Der letzte Entwicklungsschritt im Modell von Twohill sieht jedoch eine solche symbolische Notation vor. Im vorletzten Punkt der Verallgemeinerung macht auch Twohill hierzu keine weitere Aussage, welche Form diese Regel haben muss.

In der Early Algebra wird die Verallgemeinerung in Form von symbolischen Formeln nicht als ausschließlich mögliche Form dieser für Strukturerkenntnis und -verstehen notwendigen Abstraktion verstanden. So setzt sich z. B. auch Twohill (2020) für ein Verständnis der Algebra ein, der Zugang zum abstrakten Ausdruck mathematischer Ideen ermöglicht, indem Kinder ihre natürliche Sprache nutzen und geeignet erweitern, um ihre persönlichen Beobachtungen auszudrücken. Dieser Ansatz sei, so Twohill, sowohl leistungsfähiger als auch zugänglicher (2020, S. 8).

Die ausführlichen Erläuterungen der Entwicklung des Denkens und Handelns mit Mustern und Strukturen weisen nach Twohill (Abb. 1.5) auf mindestens drei verschiedene Arten von Denk- und Handlungsweisen hin. Identifiziert werden können das Erkennen („recognise"), das Fortsetzen („continue") und schließlich das Beschreiben („describe") (Twohill, 2013, 2018). Diese Elemente sind nicht nur in der Forschung für die Einordnung von Reaktionen und Antworten von teilnehmenden Kindern relevant, sondern können für den Unterricht zu Mustern und Strukturen und damit für die Förderung der Entwicklung algebraischen Denkens aufgegriffen werden.

Algebraisches Denken wird durch das Erkennen von Mustern („recognise") möglich und beginnt dann, wenn Verallgemeinerungen gesucht und erahnt werden:

> „Generalizations are the life-blood of mathematics. ... Generalizing starts when you sense an underlying pattern, even if you cannot articulate it." (Mason et al., 2010, S. 8)[16]

---

[16] Übersetzung durch Autorinnen: „Verallgemeinerungen sind das Lebenselixier der Mathematik. ... Verallgemeinern beginnt, wenn man ein zugrunde liegendes Muster entdeckt, auch wenn man es nicht ausdrücken kann."

Aufgrund der besonderen Bedeutung des Verstehens der zugrunde liegenden Strukturen wird im Folgenden das Begründen („explain") zu diesen drei zentralen mathematischen Denk- und Handlungsweisen noch ergänzt. Förderung algebraischen Denkens kann im Modell des ReCoDE („recognise, continue, describe, explain") beschrieben werden (Steinweg, 2020a, b). Ausführliche Darlegungen dieser unterrichtlichen Prinzipien der Förderung algebraischen Denkens u. a. im Modell des ReCoDE finden sich in Kap. 4.

Entwicklung von Beschreibungen als Verallgemeinerungen
Handlungen zu Muster- und Strukturaktivitäten werden von Beschreibungen begleitet, die wiederum Verstehens- und Bewusstseinsphasen in der Entwicklung aufzeigen können. Beschreibungen, die zunehmend die allgemeinen Strukturen aufgreifen und nutzen, werden z. B. von Twohill (2018) als Verallgemeinerungen gekennzeichnet.

Verallgemeinerungen sind eines der Wesenselemente algebraischen Denkens (Abschn. 1.2). Sie spielen beispielsweise in dem von Blanton et al. (2019) erarbeiteten konzeptuellen, theoretischen Rahmen für Early-Algebra-Angebote eine besondere Rolle. Im Gegensatz zu den anderen Entwicklungsmodellen, die eher implizit auf die Optionen der Entwicklungserweiterung verweisen, legen sie ein Modell für die explizite Planung von Lehr-Lern-Prozessen vor. Die Forschungsgruppe bietet eine differenzierte Detailsicht von verschiedenen Denkhandlungen mit und durch Verallgemeinerungen. Im vorgelegten Rahmenprogramm („framework") sind dabei Verallgemeinerungen charakteristisch für alle vier wesentlichen Praktiken algebraischen Denkens (Blanton et al., 2018, S. 30; Blanton et al., 2019, S. 194):

- Verallgemeinern (generalizing)
- Darstellen von Verallgemeinerungen („representing generalizations")
- Rechtfertigen von Verallgemeinerungen („justifying generalizations")
- Begründen mit Verallgemeinerungen („reasoning with generalizations")

Alle vier Arten des Denkens beziehen sich dabei jeweils durchgehend auf mathematische Strukturen und Relationen. Ein Hinweis auf Muster und eine Abgrenzung von Denkweisen auf Musterebene findet sich in diesem Modell nicht explizit. In den Beschreibungen wird der Begriff Muster nur im Kontext von funktionalen Beziehungen genutzt, aber nicht in anderen von Blanton et al. (2018, 2019) genannten Themenbereichen wie z. B. Gleichungen oder bei arithmetischen Operationen. Die hier genutzte Gleichsetzung von Verallgemeinerungen mit Argumenten über Strukturen ist genauer zu reflektieren. Eine detaillierte Analyse erfolgt in Kap. 3.

Bemerkenswert im Modell von Blanton et al. (2019) ist, dass in der Bezeichnung des ersten Prozesses die Handlung des Verallgemeinerns als substantiviertes Verb angegeben wird. Dies deutet an, dass hier genau eine solche gedankliche Handlung im Vordergrund steht, die als mentale Aktivität der Zusammenführung mehrerer, miteinander verbundener Fälle in eine einheitliche Form oder gemeinsame Struktur beschrieben wird (Blanton et al., 2019; vgl. auch Kaput et al., 2008) und somit etwas Allgemeingültiges erarbeitet.

Sobald dann eine Hypothese über eine mutmaßliche Verallgemeinerung gebildet wurde, kann diese in natürlicher Sprache, mit Variablen, Grafen oder Zeichnungen dargestellt werden (Blanton et al., 2019) und es gilt, diese zu begründen und zu rechtfertigen. Der wichtige Schritt der Darstellung entwickelt Mediatoren, die Kommunikation über die Erkenntnisse einer allgemeinen Struktur ermöglichen (vgl. Radford, 2010b). Die Darstellung der erkannten mathematischen Struktur erlaubt einen Zugang zu den Ideen der Lernenden. Die Suche und Nutzung von Darstellungen wirkt gleichsam auch wieder zurück auf die Entwicklung und Ausdifferenzierung des algebraischen Denkens (Blanton et al., 2019; vgl. auch Kaput et al., 2008; Morris, 2009). Letztlich wechselt die Verallgemeinerung in diesem Entwicklungsmodell dann die Rolle und wird selbst zum Mittel („object, concept") mit dem argumentiert und begründet werden kann (Abschn. 1.3).

Im Ansatz von Blanton et al. (2018) wird die Bewertung und Einordnung des Grads der Entwicklung des Denkens der Schülerinnen und Schüler untrennbar mit dem Lehrplan und dem eigenen Unterrichtskontext verbunden, in dem das Lernen angeregt und unterstützt wird (S. 35). Diese Verknüpfung von Lehr-Lern-Angebot und Entwicklung greift damit implizit auf, dass die Denkentwicklung nicht mit zunehmendem Alter der Kinder einfach automatisch zunimmt, sondern der bewussten Thematisierung und Förderung im Unterricht bedarf. Hinweise zu einer solchen unterrichtlichen Gestaltung werden, wie oben bereits beschrieben, in Kap. 4 erläutert.

Bemerkungen

Einige der aufgezeigten Theoriemodelle des Denkens und Beschreibungen der Entwicklungen weisen auf eine grundsätzliche Neigung oder Tendenz des menschlichen Denkens hin, Muster zu erkennen. Unter anderem auch Winter (1982) folgend, werden im Weiteren algebraische Argumentations- und Denkweisen grundsätzlich als erlernbar angesehen. Die Denkweisen des Verallgemeinerns, Beschreibens oder Begründens sind aber nicht einfach automatisch verfügbar. Algebraisches Denken, so warnt Winter, entwickelt sich „nicht kraft natürlicher Reifung" (Winter, 1982, S. 199). Die Entwicklung algebraischen Denkens bedarf fachlich geeigneter mathematischer Muster in Lernumgebungen (vgl. Wittmann, 1996, 2003), die für die Lernenden von Schulbeginn an Optionen bereithalten, algebraische Sichtweisen zu entwickeln und Strukturen zu verstehen (Kap. 4).

Für eine solche unterrichtliche Förderung und gezielte Unterstützung der algebraischen Denkentwicklung ist es notwendig, Themenfelder und Inhalte der Mathematik genauer in den Blick zu nehmen und somit Grundideen des Bereichs Muster und Strukturen auszuschärfen und zugänglich zu machen (Kap. 2).

Muster und Strukturen als Grundideen algebraischen Denkens

„Teachers need to work with learners on the fundamental ideas behind topics." (Mason, 2016, S. 45)[1]

Die Erläuterungen des ersten Kapitels haben algebraisches Denken in wechselseitiger Beziehung zu mathematischem Denken in allen Themenbereichen der Mathematik verdeutlicht (Kap. 1). Inhaltliche Schwerpunkte oder Eingrenzungen des algebraischen Denkens auf bestimmte Themenfelder und Objekte sind damit bewusst zunächst nicht erfolgt.

Im aktuellen Mathematikunterricht der Grundschule ist eine Vielzahl von Aufgaben üblich, die das Erkennen von Mustern ermöglichen: Zahlenhäuser, Zahlenfolgen oder auch geschickte Rechenstrategien sind hier nur einige typische Beispiele (Abb. 2.1). Diese Aufgaben regen ohne Zweifel zum Entdecken von Mustern an. In diesem Kapitel wird der Frage nachgegangen, ob sie damit ebenso die wesentlichen Grundideen algebraischen Denkens unterstützen und thematisieren.

Das Ziel dieses Kapitels ist es, entsprechende algebraische Grundideen im Themenfeld der Muster und Strukturen von den Inhalten her zu konkretisieren. Der Fokus auf algebraisches Denken setzt dabei zwei Schwerpunkte:

- Zum einen werden Lehr-Lern-Situationen der *Grundschule* adressiert. Dieses Feld firmiert international unter dem Begriff Early Algebra.
- Zum anderen lässt sich, wie in den nachfolgenden Abschnitten gezeigt wird, aus der Forschungsliteratur der Early Algebra sowie internationalen und nationalen Lehrplänen und Standards eine Fokussierung gezielt auf *Inhalte des Arithmetikunterrichts* als besonders tragfähig nachweisen.

---

[1] Übersetzung durch Autorinnen: „Lehrkräfte müssen mit den Lernenden an den fundamentalen Ideen hinter den Themen arbeiten."

© Der/die Autor(en), exklusiv lizenziert an Springer-Verlag GmbH, DE, ein Teil von Springer Nature 2024
K. Akinwunmi, A. S. Steinweg, *Algebraisches Denken im Arithmetikunterricht der Grundschule*, Mathematik Primarstufe und Sekundarstufe I + II,
https://doi.org/10.1007/978-3-662-68701-7_2

Abb. 2.1 Muster und
Strukturaufgaben

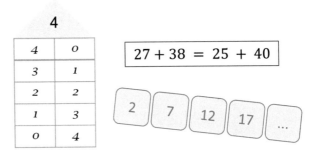

Zunächst erfolgt in diesem Abschnitt eine kurze Diskussion des in diesem Kapitel wesentlichen Begriffs Grundidee. In den folgenden Abschnitten wird erläutert, welche mathematischen Inhalte aus Sicht der Forschung zur Algebra in der Grundschule (Abschn. 2.1) und aus Perspektive der Lehrpläne und Standards (Abschn. 2.2) als Grundideen algebraischen Denkens identifiziert werden können und damit algebraische Potenziale bieten. Algebraisches Potenzial von Aktivitäten, Fragen und Aufgaben zeigt sich dann, wenn die mathematischen Strukturen geeignet sind, Lernenden Zugänge zu diesen mathematischen Eigenschaften und Relationen über Mustertüren zu erlauben (Kap. 1). Die Befunde werden in einer Übersicht von Grundideen insbesondere in Bezug auf den aktuellen Arithmetikunterricht verdichtet (Abschn. 2.3), dabei werden u. a. auch die Beispielaufgaben aus Abb. 2.1 aufgegriffen und aus der Perspektive der Grundideen diskutiert. In Abschn. 2.4 werden Gründe für die bewusste unterrichtliche Förderung von Algebra und algebraischen Denkweisen bereits in der Grundschule dargelegt.

Orientierung an Grundideen
Die Gestaltung von Unterricht gelingt nicht losgelöst von Inhalten, sondern adressiert je ausgewählte bzw. für ein bestimmtes Ziel geeignete Themen und Aufgaben. Grundideen können eine solche Orientierung für unterrichtliche Konkretisierungen anbieten, die im Eingangszitat von Mason (2016) als Notwendigkeit herausgestellt werden. Durch die Identifikation geeigneter Grundideen, so Mason (2016) weiter an dieser Stelle, profitiert die unterrichtliche Umsetzung, da Bewusstheit und Sensibilität für die neuralgischen, lernförderlichen Situationen ermöglicht wird, um Kindern zu ermöglichen Konzepte aufzubauen: „… to be paying explicit attention and taking time over what I would call core awarenesses, or threshold concepts." (Mason, 2016, S. 45)[2]

In der Literatur findet sich eine Vielfalt an Begriffen wie fundamentale Ideen, Themenstränge („strands"), Leitideen („trajectories"), wichtige große Ideen („big ideas") oder eben Grundideen („key ideas"), die diese inhaltliche Fokussierung im Blick hat. Grund-

---

[2] Übersetzung durch Autorinnen: „… explizit darauf achten und sich Zeit nehmen für das, was ich Kernbewusstsein oder Schwellenkonzepte nennen würde."

ideen bieten nicht nur für die Gestaltung von Unterricht, sondern auch für Lehrpläne und Forschung eine Orientierung.

> „Da die Unterrichtszeit begrenzt ist, muss der Stoff auf diejenigen inhaltlichen Grundideen konzentriert werden, die für die Umwelterschließung und für ein Verständnis der Fachstruktur unerlässlich sind. … Die mathematischen Grundideen der Inhaltsbereiche werden nach dem Spiralprinzip entwickelt, d. h. der Unterricht greift sie immer wieder auf, vertieft sie und führt sie in den folgenden Stufen weiter. Die Kinder können so Schritt für Schritt in die Mathematik hineinwachsen. Auf diese Weise wird nachhaltiges Lernen gesichert." (Wittmann et al., 2021, S. 168 und S. 170)

Grundideen wirken wie ein verlässliches Skelett eines lebendigen, flexiblen Körpers. Grundideen halten die Inhalte wie in einem Netzwerk zusammen und zeigen gleichzeitig Kernbereiche auf, die diesen Zusammenhalt wiederrum mitbegründen:

> „Die Inhalte des Mathematikunterrichts dürfen nicht in unzusammenhängende Gebiete zerfallen, sondern Lernende sollen Beziehungslinien oder rote Fäden und Beziehungsnetze im Mathematiklehrgang erkennen. Derartige Fundamentale Ideen sollen den Lernenden eine Orientierung in der Stofffülle einer Wissenschaft geben und die Grundzüge des Fachs unter einem bestimmten Aspekt aufzeigen. … In der internationalen Untersuchung PISA (Programme in Student Assessment) werden derartige fundamentale Ideen unter dem Begriff ‚big ideas' zusammengefasst." (Weigand, o. J., S. 2)

Jede Formulierung von Grundideen stellt sich der paradoxen Herausforderung, einerseits inhaltlich präzise sein zu wollen und gleichsam andererseits so offen, dass das oben aufgezeigte, lebendig-flexible Zusammenspiel der Inhalte deutlich wird. Gallin und Ruf (2011, o. S.) schlagen deshalb eine gewisse Vagheit vor: „Kernideen fangen ganze Stoffgebiete in vagen Umrissen ein".

Auch für genauere Darlegungen von Grundideen algebraischen Denkens ergibt sich folglich ein gewisses Dilemma (vgl. Steinweg, 2014). Einerseits bedeutet die konsequente Einnahme der Perspektive, Strukturen als Eigenschaften und Relationen aller Mathematikbereiche zu betrachten, dass es keine inhaltliche Eingrenzung geben kann. Alle mathematischen Themen können in irgendeiner Weise in Verbindung mit Mustern und damit Strukturen gesehen werden. Solch umfassende Beschreibungen klären damit aber für Lehrkräfte nicht, wie Unterricht den Fokus auf Muster und Strukturen richten und damit algebraisches Denken sinnstiftend initiieren kann. Die inhaltlich-allumfassende Perspektive könnte zur Beliebigkeit der Themenauswahl verführen und ist somit für Unterrichtsgestaltung und die Förderung algebraischen Denkens kaum hilfreich.

Geeignete Übersichten über fruchtbare Grundideen sind für die Entwicklung von Bewusstheit für algebraisch spannende Fragestellungen notwendig. Übersichten sind konkret und damit für die Forschung und Unterrichtspraxis hilfreich. Dabei muss beachtet werden, durch konkrete Beschreibungen von Grundideen nicht in das andere Extrem zu verfallen, unterrichtlich nur und ausschließlich die ausgewählten, meist prototypischen Inhaltsbeispiele zu integrieren. Übersichten können immer nur exemplarisch bleiben und müssen deshalb als Exemplifizierungen verstanden werden. Alle, auch hier in den weiteren Kapiteln genutzten Beispiele für Unterricht und Lehr-Lern-Situationen, sind in diesem Sinne stets paradigmatische, inhaltliche Beispiele.

Grundideen als Orientierung von Unterricht zu algebraischem Denken
Algebraisches Denken als Suche und Analyse von Mustern, um die mathematischen Hintergründe, d. h. die Strukturen aufzudecken, findet sich grundsätzlich in allen Bereichen der Mathematik (Kap. 1). Ohne also in Frage zu stellen, dass algebraisches Denken insbesondere in der Allegorie des Durchschreitens von Mustertüren zu mathematischen Strukturen über alle Themenfelder hinweg bedeutsam ist, wird im Folgenden dennoch versucht zu präzisieren, welche Inhalte und Themen insbesondere für den Mathematikunterricht in der Grundschule als solch orientierende Grundideen algebraischen Denkens identifiziert werden können.

Zu klären ist damit vor allem die Frage, in welchen Bereichen mathematische Strukturen identifiziert werden können, die bereits in der Grundschule zugänglich sind. Diese verweisen dann wiederum auf denkbare Musterphänomene, die hinreichend Potenzial bieten, diesen Strukturen nachzuspüren. Um algebraisches Denken adäquat vielfältig und dennoch gezielt und bewusst im Mathematikunterricht der Grundschule zu verankern, ist es fachdidaktisch relevant, herauszuarbeiten, welche thematischen Grundideen sich als besonders reichhaltig anbieten und dieses algebraische Potenzial bereithalten. Aus fachdidaktisch-unterrichtlicher Perspektive gilt es auch auszuloten, wie sich die Algebra der Muster und Strukturen zu den vermeintlich anderen Inhaltsbereichen (Arithmetik, Geometrie etc.) verhält.

2.1   Grundideen algebraischen Denkens in Forschungsbefunden

Seit einigen Jahrzehnten untersucht eine wachsende Gruppe von Forscherinnen und Forschern den Bereich der so genannten Early Algebra. Es geht dabei um Möglichkeiten der Förderung algebraischen Denkens von der Primarstufe oder sogar bereits der frühen Bildung an. Am Anfang dieser Forschungsrichtung stand die Analyse von spezifischen Schwierigkeiten in Lernprozessen bei der unterrichtlichen Einführung der Algebra, um Optionen für Zugänge zur Algebra zu erforschen, die Verstehen ermöglichen; „options that aim at giving meaning to algebra" (Bednarz et al., 1996, S. 4).
Die Literatur zur Early Algebra beschreibt diese als facettenreiches Gebiet. In etlichen Quellen zur Algebra und zum algebraischen Denken in der Grundschule bzw. der Early Algebra wird dabei immer wieder als grundlegende Orientierung auf Kaput (2008) verwiesen. Er identifiziert zwei Hauptaspekte:

A. Algebra als systematische, symbolisierende Verallgemeinerung von Regelmäßigkeiten und Bedingungen,

B. Algebra als sprachlich geleitetes Argumentieren über und Handeln mit Verallgemeinerungen, das in konventionellen Symbolsystemen ausgedrückt wird (Kaput, 2008, S. 11).

Als fundamental sieht Kaput (2008) systematische Verallgemeinerungen aber auch sprachliche bzw. symbolische Darstellungen an (zur Verwendung von Symbolen vgl. auch Abschn. 2.4). Verallgemeinerungen kommt damit eine doppelte Bedeutung zu: Entdeckte Muster auf Ebene der Phänomene werden durch algebraisches Denken systematisch erfasst und so dargestellt, dass sie nun wiederum neue Objekte des Denkens- und Handelns sein können (Kap. 1).

Obwohl diese Quelle (Kaput, 2008) in der Forschungsliteratur als wesentlich bezeichnet und immer wieder angeführt wird, grenzen die genannten Hauptaspekte keinerlei Inhalte ein und geben auch keine Hinweise auf Themenfelder oder Grundideen, sondern legen letztlich erneut die wesentlichen Prozesse algebraischen Denkens dar (Kap. 1).

Im Weiteren fächert Kaput (2008) die Aspekte in drei Stränge auf, in denen diese realisiert werden:

1. Untersuchungen von Strukturen und Systemen abstrahiert von Berechnungen und Relationen, die in der Arithmetik (Algebra als verallgemeinerte Arithmetik) und bei quantitativen Argumentationen auftreten,
2. Untersuchungen von Funktionen, Relationen, und Kovariationen,
3. innermathematische und außermathematische Anwendung eines Clusters zur Modellierung von Sprache (Kaput, 2008, S. 11).

Auch in den Strängen wird die Erwartung enttäuscht, man können aus ihnen direkt Grundideen von Themenfeldern ableiten. Bezüglich der Inhalte von algebraischen Themen wird Kaput (2008, vgl. auch 2000) nur bei *Funktionen* sehr konkret, verweist aber ansonsten eher allumfassend auf Arithmetik, Daten und sachbezogene (außermathematische) Anwendungen. Damit wird – außer der Geometrie – nahezu der gesamte Inhaltskanon der Mathematik in der Grundschule als potenzieller Suchraum für algebraische Denk- und Handlungsanregungen geöffnet.

Im Strang der Arithmetik wird explizit, diese als *verallgemeinerte Arithmetik* zu verstehen. Der Hinweis auf Untersuchung von Strukturen, die aus Berechnungen und Beziehungen abstrahiert werden, passt zur Allegorie der in Kap. 1 beschriebenen Mustertür zu den Strukturen. Letztlich wird hiermit also wieder diese spezifische Art des Denkens (algebraisches Denken) beschrieben.

Bis heute werden die Aspekte und Stränge in der Tradition von Kaput (2008) als gültig für Lehr-Lern-Situationen und auch Forschung angesehen. So beschreibt z. B. die Leitung der Algebra Arbeitsgruppe der europäischen Konferenz der Mathematikdidaktik (European Research in Mathematics Education): „Especially Kaput's model (2008) attracted researchers and proved to be a good basis for empirical research (with slight modification)" (Chimoni et al., 2019, S. 530).

Die erstaunliche Verwobenheit von Charakterisierungen algebraischer Denkweisen mit nur einigen wenigen Verweisen auf konkrete Themenfelder wird dabei nicht problematisiert oder in der Literatur mit Bezug auf Kaput aufgelöst. Im Gegenteil finden sich in etlichen anderen Listen vermeintlicher Inhalte der Early Algebra ganz ähnliche Mischformen. Als Schwerpunkte der Early Algebra attestieren z. B. Kieran et al. (2016, S. 5) als wesentlich:

I. Verallgemeinerung in Bezug auf die Musteraktivitäten,
II. Verallgemeinerung in Bezug auf Eigenschaften von Operationen und numerischer Struktur,
III. Darstellung von Beziehungen zwischen Mengen und
IV. Einführung alphanumerischer Notation.

Diese Auflistung greift zum einen erneut die allgemeinen Aspekte von Kaput (2008), Verallgemeinerungen und Notationen, auf. Darüber hinaus wird diese Liste in zwei Punkten inhaltlich nun konkreter, indem die Themen *Operationen, numerische Strukturen* und *Mengenbeziehungen* benannt werden. Wieder findet sich also eine Mischung aus Erläuterungen von inhaltlichen Themenfeldern und der Charakterisierung allgemeiner Denkprozesse. Die letzten beiden Punkte beschreiben Prozesskompetenzen im Darstellen bis hin zur Symbolsprache. Die ersten beiden verweisen einerseits auf Muster und andererseits auf Strukturen. In beiden Fällen wird zudem die Denk- und Handlungsweise der Verallgemeinerung diesen Inhalten zugeordnet.

Die im ersten Punkt von Kieran et al. (2016) genannten Musteraktivitäten sind im Original als „patterning activities" gekennzeichnet. Damit werden also gezielt Ordnungen in Mustern fokussiert, deren Regelmäßigkeiten verallgemeinert werden sollen. Eine genauere Beschreibung, aus welchen Themenfeldern diese Muster stammen, wird nicht angeboten. Erst im zweiten Punkt werden Eigenschaften und damit auch Strukturen adressiert (zur Unterscheidung zwischen Strukturieren und Struktur vgl. Kap. 1). Es wird in diesem Punkt also eindeutig auf Operationen und auf numerische Strukturen Bezug genommen.

Die Inhaltsbereiche *Zahlen, Operationen* und *Eigenschaften* werden auch an anderer Stelle von Kieran et al. (2016) aufgelistet. Im folgenden Zitat wird zudem deutlich, dass, wenn auch nicht abschließend explizit, zwischen Denkweisen und Themenfeldern durchaus unterschieden wird:

> „This research has yielded insights into approaches for developing students' early algebraic thinking, but has also signalled the need for teacher support in this area. It has produced theoretical frames for characterizing algebraic thinking, pattern generalization, and functional thinking, but more remains to be done, especially with respect to theorizing the algebraic aspects of students' work with number, operations, and properties." (Kieran et al., 2016, S. 31)[3]

---

[3] Übersetzung durch Autorinnen: „Diese Forschung hat Einblicke in Konzepte der Entwicklung von algebraischem Denken der Schülerinnen und Schüler ermöglicht, aber ebenso die Notwendigkeit der Unterstützung durch Lehrkräfte in diesem Bereich aufgezeigt. Sie hat einen Theorierahmen zur Charakterisierung algebraischen Denkens, der Verallgemeinerung von Mustern und funktionalen Denkens geschaffen, aber insbesondere in Bezug auf die theoretische Einordnung von algebraischen Aspekten in Aktivitäten von Schülerinnen und Schülern mit Zahlen, Operationen und Eigenschaften, bleibt noch mehr zu tun."

Zahlen, Operationen und Eigenschaften scheinen also erste Kandidaten für geeignete Inhalte algebraischen Denkens zu sein. Unklar bleibt, ob auch Eigenschaften von geometrischen Operationen (z. B. Geradentreue von Kongruenzabbildungen) mitgedacht werden.

Eine solche Ausweitung auf alle Inhalte des Mathematikunterrichts der Grundschule findet sich z. B. bei Mulligan und Mitchelmore (2017) in ihrem Projekt PASMAP (Pattern and Structure Mathematics Awareness Program). Neben Bezügen zu Zahlen und Operationen werden zusätzlich Themen der Geometrie und des Messens aufgegriffen. In PASMAP entstanden Unterrichtsmaterialien auf Basis eines durch das Australien Council of Educational Research geförderten Forschungsprojekts. Diese Materialien fokussieren die ersten drei Jahre der formalen Beschulung in Australien, die meist bereits mit einer Vorschule für Fünfjährige beginnt. Das Projekt legt in einer ausführlichen Beschreibung seine Grundideen, die als Pfade („pathways") gekennzeichnet werden, vor. Als Lernpfade im Kontext von Arithmetik werden multiplikative Muster, Partitionierung, Brüche und Stellenwerte benannt (Mulligan & Mitchelmore, 2017, S. xii). Neben diesen arithmetischen werden jedoch auch Pfade zu Formen, Daten, Winkel und Orientierung formuliert. Alle Unterrichtsideen orientieren sich durchgängig an konkreten Musterhandlungen.

Diese Handlungen mit und an Mustern fokussieren nach Mulligan und Mitchelmore (2017, S. viii) wiederum fünf verschiedene Strukturen: *Folgen, Formen* und *Anordnung, gleiche Abstände, strukturiertes Zählen, Auf- bzw. Unterteilung* (Partitionierung). Die Formen-Struktur bezieht sich, so die weiteren Erläuterungen, auf geometrische Eigenschaften wie z. B. Parallelität, Winkeleigenschaften, und die Abstände-Struktur. Diese letztgenannte wird als Vorbereitung auf Einheiten und Messvorgänge verstanden. Damit wird hier ein sehr breites Verständnis von Mustern und Strukturen in allen Bereichen der Mathematik, wie z. B. auch von Sawyer (1955) beschrieben (Kap. 1), erkennbar.

Ebenfalls in Australien haben Warren (2003b) sowie Cooper und Warren (2008) viele Unterrichtsideen in einem zu PASMAP differenten Theorierahmen erarbeitet und erprobt. In ihren frühen Veröffentlichungen versucht Warren (2003b) mathematische Strukturen – und damit Grundideen der Algebra – als Beziehungen (Relationen) zu fassen. Diese *Relationen* werden beschrieben als Beziehungen zwischen Größen (Mengen) (Äquivalenz oder Kleiner-Relation), zwischen Operationen (z. B. Distributivität) und über Mengen hinweg (z. B. Transitivität). Zudem werden die *Eigenschaften der Operationen* (inverses Element, Kommutativität etc.) von ihr als wesentlich aufgelistet (vgl. Warren, 2003b, S. 123–124). In späteren Darstellungen beschreiben Cooper und Warren (2008) als Rahmung ihrer empirischen Untersuchungen im Bereich des algebraischen Denkens drei Grundideen:

„This framework encompassed:

  (i) *pattern and functions*, study of repeating and growing patterns and of early functional thinking (focusing on change);
 (ii) *equivalence and equations*, study of equivalence, equations and expressions; and

(iii) *arithmetic generalisation*, the study of number that involves generalisation to principles."
(Cooper & Warren, 2008, S. 25)[4]

Als inhaltlich orientierte Grundideen finden sich hier neben *Äquivalenz* und *Gleichungen* erneut *Funktionen* (mit Fokus auf Änderungsverhalten bei sich wiederholenden und wachsenden Mustern) sowie die *verallgemeinerte Arithmetik*. Diese beiden Beschreibungen sind damit nah verwandt zu den auch bei Kaput (2008) aufgelisteten Inhalten in den so genannten Strängen.

 Es gibt also eine gewisse Einigkeit und Konsistenz wiederkehrend und von verschiedenen Forschungsgruppen genutzter Grundideen. So beschreiben Cai et al. (2005) diese Gemeinsamkeiten in Grundideen als „commonly identified algebraic ideas" (S. 6). Zu diesen zählen sie:

- Muster und Beziehungen (Relationen),
- Äquivalenz von Ausdrücken,
- Gleichungen und Lösen von Gleichungen,
- proportionales Denken,
- Veränderung,
- Variablen sowie Darstellungen (Repräsentationen) und
- Modellierung.

Erneut ist damit auch diese Liste wieder eine Mischung aus Denkweisen, Darstellungen und Inhalten.

 Aktuell in der Forschung zur Early Algebra viel beachtet werden die Ausführungen der US-amerikanischen Forschungsgruppe um Blanton (2019) und des Projekts LEAP (Learning through an Early Algebra Progression). Das Projekt stellt ein inhaltlich ausformuliertes und empirisch evaluiertes Programm vor. In einem langzeitlich über Jahrgang 3 bis 5 angelegten Forschungsprojekt weist die Gruppe um Blanton nach, dass die Kinder in den Klassen, die regelmäßig an den an Grundideen ausgearbeiteten LEAP-Unterrichtsstunden (Blanton et al., 2021a, b, c) teilnehmen, zu allen Testzeitpunkten signifikant bessere Leistungen zeigen als die Kontrollgruppenkinder. In den empirischen Forschungen zeigt sich, dass nicht nur die Zugehörigkeit zu einer der Gruppen Effekte aufweist („between-subject"), sondern auch innerhalb einer Gruppe über die Zeit („within-subject") Entwicklungseffekte nachgewiesen werden können (Blanton et al., 2018, S. 40). Die LEAP-Unterrichtsmaterialien (Blanton et al., 2021a, b, c) sind aus einem durch das U.S. Department of Education geförderten Forschungsprojekt hervorgegangen

---

[4]Übersetzung durch Autorinnen: „Dieses Rahmenkonzept umfasst (i) Muster und Funktionen, Untersuchung von sich wiederholenden und wachsenden Muster und frühes funktionales Denken (Fokus auf Änderungen); (ii) Untersuchung von Äquivalenz und Gleichungen, Äquivalenz, Gleichungen und Terme; und (iii) arithmetische Verallgemeinerung, Untersuchung von Zahlen, die Verallgemeinerungen zu Prinzipien beinhaltet."

und insbesondere in den Bundesstaaten Massachusetts, Texas und Wisconsin etabliert. Sie bieten konkret ausgearbeitete Unterrichtsstunden und Unterrichtsmaterialien für die Jahrgangsstufen 3 bis 5 an.

Grundgelegt werden in LEAP drei Grundideen (Big Ideas) (Blanton et al., 2019, S. 198):

I. *Equivalence, expressions, equations, and inequalities*
   z. B. ein relationales Verständnis des Gleichheitszeichens oder das Lösen von Gleichungen durch Analyse der Struktur der Gleichung
II. *Generalized arithmetic*
   z. B. die Eigenschaften der Rechenoperationen oder auch Zahleigenschaften (wie gerade/ungerade)
III. *Functional thinking*
   z. B. Korrespondenzbeziehungen (verbal und symbolisch) sowie insbesondere lineare Funktionen mitsamt Darstellung im Koordinatensystem und erste Überlegungen zur Umkehrbarkeit („actions of ‚doing and un-doing' on function rules")

Die Inhalte und Ideen entsprechen damit denen von Cooper und Warren (2008). Die Grundideen werden von der Forschungsgruppe Blanton et al. (2019) ausführlich ausdifferenziert und beschreiben neben Inhalten erneut auch algebraische Denkweisen wie z. B. Problemlösen, Darstellen, Begründen und Argumentieren. In früheren Publikationen (Blanton et al., 2015) sind neben diesen drei Grundideen zwei weitere angegeben: (IV) Variablen als linguistisches Werkzeug in differenten Rollen (Abschn. 2.4) und (V) Proportionale Argumentationen für Beziehungen zwischen zwei Größen mit Quotientengleichheit (Blanton et al., 2015, S. 43). Die Idee der Variablen wird nun aktuell als bereits in die anderen Grundideen integriert aufgefasst. Funktionen und proportionale Zuordnungen werden in aktuellen Veröffentlichungen zusammengefasst (Blanton et al., 2019).

Die drei Grundideen von Blanton et al. (2019) *verallgemeinerte Arithmetik (Eigenschaften von Operationen und Zahlen), Äquivalenz* und *Funktionen* werden wiederum von anderen Forschungsgruppen aufgegriffen oder auch neu kombiniert. So vereint Twohill die ersten beiden Bereiche als ein Themenfeld, d. h. Gleichungen werden von ihr der *verallgemeinerten Arithmetik* zugeordnet, und hiervon grenzt sie das *funktionale* Denken ab (Twohill, 2020).

Als zusammenfassende Darstellung der zitierten, vielfältigen Listen kann eine erste Übersicht über Grundideen aus Perspektive der Forschung versucht werden (Abb. 2.2). Wiederkehrend werden aus der Grundlagenliteratur und den Forschungsprojekten folgende Themenfelder als Grundideen der Early Algebra genannt: *Äquivalenz, verallgemeinerte Arithmetik* und *Funktionen*. Eine besondere Beziehung wird zwischen Arithmetik und Algebra angenommen. Gleichungen als einerseits arithmetische Themen, wenn es um numerische Lösungen geht, werden andererseits bei der Betrachtung von Operationseigenschaften und durch die Perspektive der Verallgemeinerung der Untersuchung ihrer Strukturen zu algebraischen Themen (nähere Ausführungen zum Verhältnis

Muster und Beziehungen (Relationen)	Strukturen und Systeme der Arithmetik und quantitativer Argumentationen / verallgemeinerte Arithmetik	Arithmetik Verallgemeinerungen	Verallgemeinerte Arithmetik	Verallgemeinerte Arithmetik und Gleichungen
Äquivalenz von Ausdrücken, Gleichungen und Lösen von Gleichungen		Äquivalenz und Gleichungen	Äquivalenz, Terme, Gleichungen und Ungleichungen	
Proportionales Denken	Funktionen	Muster und Funktionen	Funktionales Denken	Funktionales Denken
Veränderung				
Variablen	Inner- und außermathematische Anwendungen / Modellierung von Sprache			
Darstellung (Repräsentation) und Modellierung				
Cai et al., 2005	Kaput, 2008	Cooper & Warren, 2008	Blanton et al., 2019	Twohill, 2020

Abb. 2.2 Grundideen algebraischen Denkens gemäß Forschungsbefunden

Arithmetik und Algebra siehe Abschn. 2.3.1). Die Literatur verweist zudem darauf, dass strukturelle Verallgemeinerungen systematisch sprachliche oder symbolsprachliche Mittel als Darstellungs- und Kommunikationsmittel nutzen (Kap. 3).

In der Übersicht (Abb. 2.2) sind die in den Forschungsperspektiven jeweils explizierten Grundideen systematisch passend einander gegenübergestellt.

Auffällig ist, dass die Darlegungen zu Grundideen, abgesehen von Ausdifferenzierungen, insgesamt doch sehr vergleichbar und konsensual erscheinen. Lediglich in Einzelfällen (vgl. Mulligan & Mitchelmore, 2017) wird eine grundsätzlich andere Systematik verfolgt. Aus der Forschung zu algebraischem Denken können als orientierende Inhalte für Grundideen festgehalten werden:

- Verallgemeinerte Arithmetik (Eigenschaften von Zahlen/Eigenschaften von Operationen),
- Äquivalenz (Gleichungen) und
- Funktionen.

In den drei zu Beginn des Kapitels aufgeführten Beispielen (Abb. 2.1) können – je nach Aufgabenstellungen – diese Ideen angesprochen werden: Zahlenhäuser können z. B. Eigenschaften von Zahlen fokussieren, geschickte Rechenstrategien z. B. äquivalente Terme in Gleichungen und Zahlenfolgen können funktionale Beziehungen sichtbar machen. Ein Aufgabenformat kann durchaus unterschiedliche Grundideen gleichzeitig ansprechen wie in Abschn. 2.3.2 ausführlich erläutert wird.

Die Beispielaufgaben (Abb. 2.1) stehen exemplarisch dafür, dass der aktuelle Mathematikunterricht der Grundschule algebraische Grundideen – wenngleich oft unbewusst – bereits implizit thematisiert. Genauere Analysen des mathematischen Hintergrunds und Umsetzungsoptionen zur *bewussten* Förderung des algebraischen Denkens mithilfe dieser (und weiterer) Aufgaben werden an entsprechenden Stellen in Kap. 5, 6, 7 und 8 ausführlich dargelegt.

Zwei Trends zeichnen sich aus der Analyse der Grundlagenliteratur zudem ab: Zum einen werden Variablen, Sprache und Repräsentationen in jüngeren Veröffentlichen nicht mehr explizit als eigene Grundidee ausgewiesen, sondern von den Forschungsgruppen als algebraische Denkweisen (Kap. 1) gedeutet und dort ausführlich diskutiert. Zum anderen tendieren die aktuellen Veröffentlichungen zu einer zunehmend stärker komprimierten Auflistung als frühere Ansätze.

Der Arithmetik und einer spezifischen Perspektive auf arithmetische Grundideen kommt zusammenfassend betrachtet in der Forschung eine besondere Bedeutung zu. Im Arithmetikunterricht liegen Chancen, algebraisches Denken von Anfang an mit in den Blick zu nehmen und das Angebot an Aktivitäten auf algebraisches Potenzial abzuklopfen. Pointiert formulieren es Schliemann et al. (2007): „Arithmetic is a part of algebra .... This does not mean that every idea, concept, and technique from arithmetic is manifestly algebraic, however, each is potentially algebraic" (S. xii–xiii).

Um Grundideen noch genauer in ihren Potenzialen sowie für ihre bewusste Thematisierung (Mason, 2016) zu erfassen, können internationale und nationale Lehrpläne und Bildungsstandards (Abschn. 2.2) als eine weitere Quelle dienen.

2.2 Grundideen algebraischen Denkens in Lehrplänen und Standards

Musteraktivitäten (Kieran et al., 2016), Regelmäßigkeiten (Kaput, 2008) bis hin zur Untersuchung von Strukturen (Kaput, 2008) werden in der Grundlagenliteratur aus Forschungsperspektive als Charakteristika von Early Algebra deutlich und in Grundideen algebraischen Denkens in der Literatur zusammengefasst (Abschn. 2.1).

Forschungsbefunde sind oft nicht genug konkretisiert, um direkt auf Unterrichtspraxis zu wirken oder für diese umsetzbare Vorschläge anzubieten. Um sich ein detailliertes Bild davon zu machen, wie genau und an welchen Inhalten algebraisches Denken in Mustern und Strukturen im Mathematikunterricht aufgegriffen werden kann, eröffnen Lehrpläne oder Standards eine weitere bzw. ergänzende Perspektive. Diese Veröffentlichungen richten sich direkt an Lehrkräfte und bieten damit eine Chance, Aktivitäten und ganz konkrete Umsetzungsideen zu den Grundideen algebraischen Denkens kennenzulernen.

In diesem Abschnitt werden zunächst internationale Lehrpläne und Standards in den Blick genommen. Der Hintergrund ist, dass es international vielfach ganz selbstverständlich ist, Algebra als eigenen Bereich der Grundschulmathematik zu benennen und darzustellen. Die internationale Perspektive kann also einen Einblick in das Zusammenspiel der Begriffe Algebra, Muster und Strukturen geben und die möglichen Grundideen algebraischen Denkens in Aktivitäten ausschärfen.

Natürlich sind die internationalen Befunde dann auch mit nationalen Lehrplänen und Standards abzugleichen. In diesen wird der Begriff der Algebra oder des algebraischen Denkens traditionell nicht genutzt. Muster und Strukturen sind jedoch gemäß der KMK-Standards (2005, 2022) in alle Lehr- und Bildungspläne integriert. Dabei stellen sich im Vergleich durchaus inhaltliche Gemeinsamkeiten wie aber auch Unterschiede innerhalb der Bundesländer bzw. zu internationalen Standards heraus. So ist insbesondere die Ausweisung eines eigenen Bereichs Muster und Strukturen nicht durchgängig nachzuweisen. In diesen Fällen sind oft dennoch inhaltliche Ideen des algebraischen Denkens aufzufinden, die anderen Inhaltsbereichen zugeordnet sind.

Bezogen auf die algebraischen Grundideen stellt sich die Frage, ob die Lehrplaninhalte mit den Grundideen aus der Forschung übereinstimmen bzw. von diesen abweichen und ob algebraisches Denken als eigenständiger Inhaltsbereich ausgewiesen wird.

2.2.1 Internationale Lehrpläne und Standards: Exemplarische Einblicke

Lehrpläne, Rahmenrichtlinien oder Standards verdeutlichen, inwiefern die durch die Forschung ausgewiesenen Grundideen algebraischen Denkens (Abschn. 2.1) von den jeweiligen Behörden und Ministerien aufgegriffen, als relevant wahrgenommen und in Vorgaben für Unterrichtsinhalte implementiert werden. Einen Einblick in die Vielfalt der Systeme und die Lehrpläne zu erhalten, ermöglicht die im Projekt TIMSS erarbeitete Enzyklopädie (Mullis et al., 2015), die ein Kompendium der Bildungspolitik und Curricula in Mathematik zur Verfügung stellt. Die Verbindlichkeit der Vorgaben von Lehrplänen ist nicht einheitlich und pendelt im internationalen Kontext zwischen den Extremen regionaler oder sogar lokaler Lehrplangestaltung ohne landesweite Verordnungen (z. B. in den USA) bis hin zu national gültigen Lehrplänen (z. B. in Irland, 2021 oder der Schweiz, 2017). Dies gilt unabhängig für alle Grundideen oder Themenbereiche des Mathematikunterrichts.

Selbstverständlich können hier im Weiteren nicht alle global existierenden Lehrpläne genauer analysiert und dargestellt werden. Stattdessen bereichern einige exemplarische Beispiele den Blick auf mögliche Umsetzungen algebraischer Grundideen im Unterricht. Ausgewählt werden Beispiele von Lehrplänen dokumentiert, die Algebra explizit als Inhalte des Mathematikunterrichts der Grundschule ausweisen. Innerhalb der Dokumente finden sich große Unterschiede bezüglich der Ausführlichkeit der Darstellungen der Themen und der inhaltlichen Umsetzung: So finden sich Übersichtskataloge (z. B. Schweden, 2018) oder auch extrem detaillierte und für jedes Schuljahr genau ausdifferenzierte Vorgaben (z. B. Südafrika, 2011a; b).

Prozessbezogene Kompetenzen
Die internationalen Lehrpläne machen in Darlegungen von Kompetenzerwartungen keine explizite Unterscheidung zwischen prozessbezogenen und inhaltsbezogenen Kompetenzen.

Für Informationen zu möglichen inhaltsbezogenen Grundideen wird die Differenzierung zwischen den Kompetenzen nachfolgend künstlich herausgearbeitet.

Bezüglich der Prozesskompetenzen finden sich (in der Übersetzung in Begriffe nach deutschen Bildungsstandards KMK, 2022) insbesondere Hinweise auf mathematisches Darstellen, Kommunizieren und Argumentieren sowie darauf, mit mathematischen Objekten und Werkzeugen zu arbeiten. Die letztgenannte Kompetenz firmiert international auch unter dem Begriff des Modellierens, wie z. B. in den USA: „model problem situations with objects and use representations such as graphs, tables, and equations to draw conclusions" (NCTM, 2016). In dieser Kompetenz werden ebenso das Problemlösen sowie auch die verschiedenen Arten von Darstellungen angesprochen. Vergleichbar erwartet auch der Lehrplan in Südafrika die Darstellungen in Termen, Grafen und Tabellen: „Description of patterns and relationships through the use of symbolic expressions, graphs and tables" (Südafrika, 2011a, S. 9; 2011b, S. 10).

Die Beschreibung im irischen Rahmenplan verweist neben dem Übersetzungsprozess von Sachsituationen insbesondere auf Variablen: „When expressing real-life situations, symbols can be used to represent an unknown, a quantity that varies (variable), or every number (the general case)" (NCCA, 2022, S. 46). Der Schweizer Lehrplan ist ein Beispiel für deutschsprachige Lehrpläne, die explizit Algebra für den Mathematikunterricht der Primarstufe vorsehen (hier zitiert nach Kanton St. Gallen; wortgleich für die gesamte Schweiz gültig). Im so genannten Handlungsaspekt „Mathematisieren und Darstellen" beschreibt der Lehrplan zu Variablen:

> „In der Algebra werden zusätzlich zu den Zahlen Variablen verwendet, um Strukturen und Beziehungen zu verallgemeinern. Ein Grundverständnis für Zahlen, Variablen, Operationen und Terme ist notwendig, um sich in der Welt von heute zu orientieren und diese mitzugestalten." (St. Gallen, 2017, S. 6)

Diese umfassende Perspektive der Weltorientierung greift auch der Lehrplan von Südafrika auf und kennzeichnet Algebra als eine Sprache (Südafrika, 2011a, S. 9; b, S. 10). In Übereinstimmung mit allen Vorüberlegungen aus der Literatur wird hier darauf verwiesen, dass Algebra die Erforschung von und insbesondere auch die Kommunikation über (einen Großteil der) Mathematik ermöglicht.

In den sogenannten „aims", die als allgemeine Ziele verstanden werden können, verweist auch das irische Curriculum auf algebraische Denkweisen: „Adaptive Reasoning: The curriculum aims to support children's capacity for logical thought, reflection, explanation, and justification" (NCCA, 2022, S. 13). *Argumentationen* und Erklärungen und vor allem auch *Begründungen* sollen im Mathematikunterricht als ein Leitziel unterstützt und gefördert werden. Diese prozessbezogenen Kompetenzen werden auch im Schweizer Lehrplan der Algebra zugewiesen und im Handlungsaspekt „Erforschen und Argumentieren" als eine Kompetenzerwartung ausgeführt: „Aussagen zu arithmetischen Gesetzmässigkeiten [sic!] erforschen, begründen oder widerlegen" (St. Gallen, 2017, S. 16).

Zusammenfassend wird deutlich, dass das Finden von *Darstellungen*, Beschreibungen im Kontext des *Kommunizierens* und insbesondere das *Argumentieren* bis hin zu *Verallgemeinerungen* (auch mit formalen Symbolen) wiederkehrend international als wesentlicher Aspekt angesehen wird. Auch aus diesem Grund werden diese prozessbezogenen und allgemeinen Kompetenzen in einem gesonderten Kapitel genauer betrachtet (Kap. 3).

Inhaltsbezogene Kompetenzen
In den hier aufgeführten Beispielen internationaler Lehrpläne steht ein eigenständiger Inhaltsbereich der Algebra außer Frage. Die Durchsicht der exemplarischen Beispiele internationaler Lehrpläne zeigt, dass die Grundideen aus der Forschung (Abschn. 2.1) an etlichen Stellen aufgegriffen werden. Zudem ist, wie bereits in der Analyse der Forschungsliteratur und oben in diesem Abschnitt aufgezeigt, eine Mischung von einerseits Inhalten (z. B. Funktionen) und andererseits allgemeinen Denkweisen (z. B. Beschreiben, Darstellen, Variablen als Symbole) in den Ausführungen der Lehrpläne festzustellen.

Der Schweizer Lehrplan benennt Inhalte nicht in einer expliziten Auflistung, sondern nur implizit in den oben bereits erwähnten Ausführungen zu den so genannten Handlungsaspekten. Es finden sich an diversen Stellen Verweise auf *Muster* und insbesondere auch *Strukturen*:

> „Beim Erforschen und Argumentieren erkunden und begründen die Lernenden mathematische Strukturen. Dabei können beispielhafte oder allgemeine Einsichten, Zusammenhänge oder Beziehungen entdeckt, beschrieben, bewiesen, erklärt oder beurteilt werden." (St. Gallen, 2017, S. 8)

Passend zur hier genutzten und oben bereits aufgezeigten Differenzierung zwischen Mustern als Phänomene und Strukturen als mathematische Eigenschaften (Kap. 1) ist hier wahrzunehmen, dass Strukturen und argumentative Begründungen aus der Schweizer Sicht als zusammenhängend beschrieben werden. Gleichwohl werden Muster und Strukturen an etlichen anderen Stellen im Schweizer Lehrplan auch nahezu synonym genutzt. Im Kompetenzbereich „Zahl und Variable" wird genauer exemplifiziert, dass z. B. „Muster einprägen, abdecken und weiterführen" ebenso von den Kindern erwartet wird wie Aufgaben „systematisch variieren und Auswirkungen beschreiben" (St. Gallen, 2017, S. 15). Im Handlungsaspekt „Mathematisieren und Darstellen" wird als zentrale Tätigkeit die Übertragung oder Visualisierung von Zahlenmustern, Zahlenfolgen und figurierten Zahlen expliziert (St. Gallen, 2017, S. 8).

Um einen Einblick in die in den internationalen, englischsprachigen Curricula genannten Inhaltsbereiche zu ermöglichen, werden die für die Jahrgangsstufe 4 explizierten Inhalte überblicksartig in Abb. 2.3 dargestellt. Es handelt sich um jeweils national gültige Vorgaben – außer für die USA. Hier werden zwei Beispiele in die Übersicht aufgenommen: Zum einen die viel beachteten Standards des nationalen Lehrerinnen- und Lehrerverbandes NCTM (2016), zum anderen die Kernstandards (Common Core State Standards)

Irland *Algebra* (NCCA, 2022)	Schweden *Algebra* (2018)	Südafrika *Patterns,* *Functions and Algebra* (2011b)	USA *Algebra* (NCTM, 2016)	*Operationen und* *algebraisches Denken* (CCSSO, 2021)

• Muster, Regeln und
  Relationen
• Beziehungen, Trends,
  Verbindungen und Muster
• Terme und Gleichungen
• Ableitungsstrategien beim
  Rechnen
• Unbekannte in
  verschiedenen
  Darstellungen inkl.
  Buchstabensymbolen und
  Worten
	• Zahlenfolgen
	• Geometrische Muster
	• Terme und Gleichungen
	• Unbekannte und ihre
	  Eigenschaften
	• Symboldarstellungen
	• Algorithmen und
	  Programmieren
		• Terme und Gleichungen
		  (Zahlensätze)
		• Eigenschaften der
		  Kommutativität und
		  Assoziativität, Distributivität
		• Operationen und
		  Gegenoperationen
		• Differente, aber äquivalente
		  Darstellungen eines
		  Problems bzw. einer
		  Relation
		  (Operatordiagramme (Input-
		  Output-Werte), Tabellen,
		  Gleichungen)
		• Regelmäßigkeiten und
		  Änderungen in numerischen
		  und geometrischen Mustern
		• Konzept der Variablen,
		  Relationen und Funktionen
			• Muster, Relationen und
			  Funktionen
			• Numerische und
			  geometrische Muster
			• Muster und Funktionen
			  in Worten, Tabellen
			  und Graphen
			• Konstanten oder
			  Änderungsraten,
			  Kovariation
			• Eigenschaften der
			  Kommutativität und
			  Assoziativität,
			  Distributivität
			• Variablen als
			  Buchstabe oder
			  Symbol
			• Mathematische
			  Beziehungen als
			  Gleichungen
				• Problemlösen
				  mit den vier
				  Grundrechenarten,
				  inkl. Kommutativität
				  und Darstellung in
				  Gleichungen mit
				  Symbolen oder
				  Buchstabenvariablen
				• Vertrautheit mit
				  Faktoren und
				  Vielfachen entwickeln,
				  inkl. Primzahlen und
				  zusammengesetzten
				  Zahlen
				• Muster erzeugen
				  und analysieren
				  (z. B. gerade und
				  ungerade in einer
				  Zahlenfolge)

Abb. 2.3 Beispiele für Inhaltskataloge internationaler Lehrpläne: Algebra Jahrgang 4

der 2009 unter dem Namen Council of Chief State School Officers (CCSSO, 2021) ge-
gründeten Initiative, die einen Großteil der US-amerikanischen Bundesstaaten und einige
Einzeldistrikte vereint.

Die tabellarische Auflistung greift die als prozessbezogenen Kompetenzen identifizierten Elemente bewusst nicht erneut auf. An einigen Stellen wird jedoch explizit auf
symbolische Darstellungen hingewiesen. Die Nutzung von Symbolen ist mutmaßlich auch
der Grund, warum Schweden (2018) im Inhaltsbereich der Algebra Algorithmen und Pro-
grammieren auflistet.

Die internationalen Lehrpläne geben durch ihre Inhaltskataloge hilfreiche Hinweise,
um Grundideen des algebraischen Denkens greifbarer zu machen. Bei aller Unterschied-
lichkeit der Schwerpunktsetzungen sind bei den genannten, konkret inhaltlichen Ideen
grundsätzliche Gemeinsamkeiten auszumachen:

- *Muster* (Zahlenfolgen, geometrisch repräsentierte Muster) finden sich durchgängig,
  dabei werden Eigenschaften der Regelmäßigkeit und Änderungen manchmal zusätzlich
  benannt,
- Eigenschaften von *Zahlen* und Eigenschaften von *Operationen* werden in fast allen
  Beispielen expliziert,
- *Gleichungen* als Darstellungen von Sach- oder Problemsituationen sowie die *Gleichheit* von Termen oder anderen Darstellungen werden in allen Beispielen aufgeführt,
- *funktionale Beziehungen* und relationale Beziehungen zwischen Größen sind Bestandteil fast aller Listen.

Der exemplarische Einblick in internationale Lehrpläne bietet somit eine weitere Spur zur
inhaltlichen Konkretisierung von Grundideen algebraischen Denkens und wird im Weiteren nun mit den deutschen Bildungsstandards und Lehrplänen abgeglichen.

2.2.2   Nationale Lehrpläne und Standards: Exemplarische Einblicke

Deutsche Lehrpläne für Mathematik in der Grundschule setzen oft darauf, durch Beispiele bekannter Aufgabenformate direkt an Unterrichtsideen anzuknüpfen. Ein kurzer, wenn auch nicht umfassender Streifzug durch die nationalen Lehrpläne und Rahmenrichtlinien in Deutschland kann also eventuell deutlich machen, welche konkreten Unterrichtsinhalte für algebraisches Denken günstig sind. Gleichsam kann abgeglichen werden, ob die Grundideen der Forschung (Abschn. 2.1) und die international identifizierten Grundideen (Abschn. 2.2.1) wiederentdeckt werden können.

In Deutschland tritt der Begriff Algebra oder algebraisches Denken in der Regel gar nicht auf. Vielmehr wird in vielen Lehrplänen durchgängig Bezug genommen auf die 2005 vorgelegten, bundesweiten Bildungsstandards (KMK, 2005), die neben Zahlen und Operationen, Größen und Messen etc. einen eigenen Inhaltsbereich *Muster und Strukturen* benennen.

Die aktuellen Bildungsstandards (KMK, 2022) weisen fünf Leitideen auf. Algebraische Inhalte werden subsummiert unter der übergreifenden Idee „Muster, Strukturen und funktionaler Zusammenhang" (S. 13). Im Gegensatz zu den Erläuterungen in den vorangegangenen Bildungsstandards (KMK, 2005) wird nun explizit auf die besondere Beziehung zwischen Mustern und Strukturen (Kap. 1) Bezug genommen:

> „Die Leitidee zielt in besonderer Weise auf die fachlich fundierte Erkundung von mathematischen Beziehungen und Gesetzmäßigkeiten zwischen Zahlen, Formen und Größen sowie deren Darstellungen und Eigenschaften. Ein Muster gleicht dabei eher einem Phänomen, in dem man eine Struktur – den Kern eines mathematischen Beziehungsgefüges – erkennen kann. Bei der Auseinandersetzung mit mathematischen Mustern und Darstellungen werden mathematisch relevante Strukturen (z. B. funktionale Beziehungen, Sortierungen, Ordnungen) erfasst und beschrieben, die dann wiederum in verschiedenen mathematischen Kontexten genutzt werden können." (KMK, 2022, S. 15–16)

Die Bildungsstandards unterscheiden, wie auch in Kap. 1 erläutert, zwischen Mustern als Phänomenen und Strukturen als „Kern eines mathematischen Beziehungsgefüges", d. h. als mathematische Eigenschaften, die in der Auseinandersetzung mit Mustern „erfasst und beschrieben" werden können (KMK, 2022). Hinweise auf Verallgemeinerungen von Arithmetik bis hin zu Begründungen werden an dieser Stelle nicht expliziert.

In Bezug auf konkrete Inhalte benennen die Standards – ähnlich auch schon in der Version von 2005 – zwei inhaltliche Bereiche:

„Gesetzmäßigkeiten erkennen, beschreiben und darstellen
    Die Schülerinnen und Schüler

- verstehen und nutzen Strukturen in arithmetischen und geometrischen Darstellungen (z. B. in Zahldarstellungen, Anschauungsmitteln),
- erkennen und beschreiben Strukturen in geometrischen und arithmetischen Mustern (z. B. Zahlenfolgen, Pentominos) und nutzen diese in mathematischen Kontexten (z. B. Verschlüsselungen),
- erkennen, stellen Gleichheit von mathematischen Ausdrücken dar und nutzen diese (z. B. Zahlen durch verschiedene Terme ausdrücken, Terme vergleichen).

Funktionale Beziehungen erkennen, beschreiben und darstellen
Die Schülerinnen und Schüler

- erkennen und beschreiben funktionale Beziehungen in Sachsituationen (z. B. Menge – Preis),
- erkennen, beschreiben und stellen funktionale Beziehungen in Tabellen dar,
- lösen Sachaufgaben zu funktionalen Zusammenhängen (z. B. Proportionalität)."

(KMK, 2022, S. 16)

Der genutzte Begriff Gesetzmäßigkeiten wird in den aktuellen Standards in seiner Breite von Mustern bis hin zu Gleichheiten von Termen ausdifferenziert. In den erläuternden Beispielen zu funktionalen Beziehungen werden, wie in der Vorgängerversion KMK (2005), ausschließlich proportionale Relationen genannt.

In den erwarteten allgemeinen Handlungskompetenzen geriert sich in und durch die Standards der Dreiklang Erkennen – Beschreiben – Darstellen, der weitgehend auch mit den Ansprüchen in den internationalen Lehrplänen übereinstimmt, die Darstellen und Argumentieren herausarbeiten (Abschn. 2.2.1). Das besondere Zusammenspiel der allgemeinen Kompetenzen des Darstellens und Beschreibens bzw. Kommunizierens wird in Kap. 3 detailliert herausgearbeitet.

Die Verwobenheit zu den anderen inhaltlichen Leitideen wird in den aktuellen Bildungsstandards ausführlich dargelegt:

„Die Leitidee ‚Muster, Strukturen und funktionaler Zusammenhang‘ nimmt eine besondere Rolle unter den Leitideen ein. Sie greift den Wesenskern der Mathematik auf, grundlegende Regel- und Gesetzmäßigkeiten inhaltlich zu erfassen, zu erklären und zur Problemlösung zu nutzen. Zugleich hat das Erkennen von Mustern, Strukturen und funktionalen Zusammenhängen eine übergeordnete Bedeutung für die Leitideen ‚Zahl und Operation‘, ‚Raum und Form‘, ‚Größen und Messen‘ sowie ‚Daten und Zufall‘, denn Mathematik wird in der aktiven Erkundung von vielschichtigen Beziehungen in unterschiedlichen inhaltsbezogenen Bereichen gelernt. Muster, Strukturen und funktionale Zusammenhänge stehen deshalb beim Erwerb aller inhaltsbezogenen Kompetenzen regelmäßig im Mittelpunkt der Auseinandersetzung mit den Inhalten. Innerhalb der Leitideen ‚Zahl und Operation‘, ‚Raum und Form‘, ‚Größen und Messen‘ sowie ‚Daten und Zufall‘ werden deshalb inhaltsbezogene Kompetenzen mit einem engen Bezug zur Leitidee ‚Muster, Strukturen und funktionaler Zusammenhang‘ im Folgenden explizit ausgewiesen (gelbe Schattierung)." (KMK, 2022, S. 13)

Mit der hier beschriebenen Kennzeichnung finden sich dann den jeweiligen Leitideen (KMK, 2022, S. 14–18) zugeordnete, detailliertere Inhalte, die hier an entsprechenden Ausschnitten wiedergegeben werden:

- *Zahl und Operation: Rechenoperationen verstehen und beherrschen*
  erkennen, erklären und nutzen Rechengesetze (z. B. Kommutativgesetz: Tauschaufgaben)
- *Größen und Messen: Über Größenvorstellungen verfügen*
  kennen Standardeinheiten (zu Geldwerten, Längen, Zeitspannen, Hohlmaßen und zur Masse) und setzen diese im jeweiligen Größenbereich zueinander in Beziehung
- *Raum und Form: Geometrische Abbildungen erkennen, benennen und darstellen*
  erkennen und beschreiben geometrische Abbildungen in der Umwelt oder in Mustern (z. B. in Bandornamenten)

- *Daten und Zufall: Mit Daten umgehen*
  lösen einfache kombinatorische Fragestellungen durch systematisches Vorgehen (z. B. systematisches Probieren) oder mit Hilfe von heuristischen Hilfsmitteln (z. B. Skizze, Baumdiagramm, Tabelle)

Jegliche Arten von Beziehungen werden hier benannt, so z. B. auch dezimale Beziehungen zwischen Größen. Darüber hinaus auch Muster in der Geometrie, die in Bandornamenten sichtbar werden. Weniger deutlich ist der Bezug der Daten und Kombinatorik zu Mustern und Strukturen. Die Bildungsstandards versuchen durch die Kennzeichnung exemplarischer Anknüpfungspunkte bei allen inhaltbezogenen Kompetenzen, die zuvor eingenommene Perspektive (s. o.) abzubilden, Muster und Strukturen als Wesenskern aller Inhalte zu deuten. Die Konkretisierungen bergen die Gefahr, von Lehrkräften als abgeschlossener Katalog interpretiert zu werden. Das zu Beginn des Kapitels beschriebene grundsätzliche Dilemma von Inhaltskatalogen, die konkrete Beispiele benennen, ohne ausschließlich auf diese einzuschränken, wird hier greifbar. Das an anderer Stelle (s. o.) formulierte Grundverständnis, Muster als Phänomene und Strukturen als Kern des mathematischen Beziehungsgefüges zu deuten, wird in den Inhaltsbezügen zudem nicht explizit aufgegriffen. Gleichwohl wird die Palette möglicher algebraischer Themenfelder aus der Grundlagenliteratur (Abschn. 2.1) in den aktuellen Standards nunmehr weitgehend integriert. So werden nun z. B. auch Operationseigenschaften und Äquivalenz aufgeführt.

Die KMK-Gliederung (2005, 2022) in zwei Bereiche (Gesetzmäßigkeiten und funktionale Beziehungen) wird in etlichen deutschen Lehrplänen der Bundesländer nahezu wortgleich aufgegriffen. Allerdings wird vielfach nicht übernommen, Muster und Strukturen als einen von anderen Inhaltsbereichen getrennten Inhaltsbereich auszuweisen. Vielmehr wird Wert darauf gelegt, dass die Beschäftigung mit Mustern und Strukturen „ein übergreifendes Prinzip … in alle Leitideen integriert" (Baden-Württemberg, 2016) zur „Verdeutlichung zentraler mathematischer Grundideen" (NRW, 2021, S. 77) sei.

Die in Kap. 1 ausgeführte Perspektive der dezidierten Unterscheidung von Mustern als Phänomenen und Strukturen als zugrunde liegenden, mathematischen Eigenschaften und Relationen wird aktuell in etlichen Lehr- oder Rahmenplänen nicht eingenommen oder zugrunde gelegt. Muster und Strukturen treten hingegen in gleichzeitiger, gemeinsamer Nennung und als somit nicht weiter differenziertes Begriffspaar auf.

Am Lehrplan Bayern lässt sich exemplarisch das Ringen der Autorinnen und Autoren von Lehr- und Bildungsplänen ablesen, die einerseits Muster und Strukturen als wichtigen Bereich kennzeichnen möchten, andererseits aber verdeutlichen wollen, dass alle Bereiche Muster und Strukturen enthalten. Bayern (2014) differenziert zwischen so genannten Gegenstandsbereichen und inhaltlichen Lernbereichen. Alle anderen genannten Gegenstandsbereiche (Zahlen und Operationen, Raum und Form etc.) treten in Bayern (2014) wortgleich auch als Lernbereich auf (S. 109). Muster und Strukturen werden hingegen ausschließlich als Gegenstandsbereich beschrieben:

> „Eine Vielzahl unterschiedlicher mathematischer Fähigkeiten und Fertigkeiten beruht auf dem Verständnis zugrunde liegender Muster und Strukturen. Dieses Verständnis hilft den Schülerinnen und Schülern, größere Zusammenhänge zu erkennen und ihre Erkenntnisse auf

neue Inhalte und Anforderungen zu übertragen. Zudem ist das Erkennen, Beschreiben und Begründen von Mustern und Strukturen eine grundlegende Kompetenz, die bei der Lösung von mathematischen Problemen und Sachsituationen zur Anwendung kommt. Daher durchzieht dieser Gegenstandsbereich alle anderen Bereiche des Mathematikunterrichts als unerlässliches Prinzip." (Bayern, 2014, S. 107–108)

Im Unterschied zu den Bildungsstandards (KMK, 2005, 2022) greift der Lehrplan Bayern als Denk- und Handlungsweise neben dem Erkennen und Beschreiben nicht das Darstellen, sondern das Begründen explizit auf. Hier kann ein enger Bezug zur Kompetenz des Argumentierens vermutet werden (vgl. ausführliche Erläuterungen der Prozesskompetenzen in Kap. 3). Die Begriffe Muster und Strukturen werden im Lehrplan Bayern (2014) nicht weiter differenziert. Auch z. B. Baden-Württemberg (2016) unterscheidet nicht zwischen Mustern und Strukturen. Explizit Bezug genommen wird jedoch auf die so genannte *Strukturorientierung*, die bereits auf Winter (1995) zurückgeht:

„… ist es auch Aufgabe des Mathematikunterrichts in der Grundschule, den Kindern zu ermöglichen, auf ihrem Niveau mathematische Strukturen und Zusammenhänge zu entdecken, diese zu untersuchen und zu nutzen. Diese Strukturorientierung eröffnet den Kindern den Zugang zu ästhetischen Aspekten von Mathematik, die sich in arithmetischen und in geometrischen Mustern zeigen." (Baden-Württemberg, 2016, S. 3)

Strukturorientierung im Mathematikunterricht ermöglicht als eine wesentliche Grunderfahrung, „mathematische Gegenstände und Sachverhalte, repräsentiert in Sprache, Symbolen, Bildern und Formeln" als durch die Theorien der mathematischen Strukturen „deduktiv geordnete Welt eigener Art kennen zu lernen und zu begreifen" (Winter, 1995, S. 37). Es geht also in der eigentlichen Bedeutung um weit mehr als um die im baden-württembergischen Lehrplan beschriebenen ästhetischen Aspekte, die durch Musterordnungen zugänglich werden können. Vielmehr meint Strukturorientierung im Sinne Winters und der in Kap. 1 dargelegten Perspektive, über Muster Zugänge zu mathematischen Ordnungen (Strukturen) zu erlauben. Diesen Bezug zwischen der Strukturorientierung und Mustern und Strukturen stellt der Lehrplan von NRW (2021) her:

„Das Prinzip der Strukturorientierung unterstreicht, dass mathematische Aktivität häufig im Finden, Fortsetzen, Beschreiben und Begründen von Mustern besteht. So trägt der Mathematikunterricht zu einem Verständnis von Mathematik als die Wissenschaft der Muster und Strukturen bei." (NRW, 2021, S. 73)

In diesem Sinn formuliert z. B. auch der sächsische Lehrplan (Sachsen, 2019):

„Durch das Entdecken einfacher Symmetrien und Muster entwickeln die Schüler Vorstellungen im Bereich geometrischer und arithmetischer Strukturen." (Sachsen, 2019, S. 5)

Vom Anfangsunterricht an findet sich im sächsischen Lehrplan an mehreren Stellen der Auftrag, durch Arbeit an und mit Mustern, mathematischen Strukturen auf die Spur zu kommen, Vorstellungen aufzubauen und diese dann wiederum effektiv, z. B. „zum vorteilhaften Rechnen" (Sachsen, 2019, S. 26) zu nutzen.

Muster und Strukturen werden im Sinne der Strukturorientierung auch im Lehrplan Schleswig-Holstein (2018) sehr deutlich in den Mittelpunkt aller Inhalte und allgemeinen Kompetenzen des Mathematikunterrichts der Grundschule gestellt:

> „Mathematik ist die Wissenschaft von Mustern und Strukturen. Diese treten sowohl bei anwendungsorientierten als auch bei innermathematischen Fragestellungen auf. Das Erkennen und Nutzen solcher Muster führt zu einer Steigerung der Denkökonomie, da nicht jeder Einzelfall gesondert betrachtet werden muss, sondern sich wiederholende Strukturen wiedererkannt werden. Das führt zu einer Entlastung und effizienteren Nutzung der Gedächtnisleistung der Lernenden und verschafft eine Übersicht über mathematische Zusammenhänge.
>
> Grundsätzlich bringen bereits Schulanfängerinnen und Schulanfänger einen Sinn für Strukturen mit, der von Beginn der Eingangsphase an immanentes Unterrichtsprinzip ist. Daher sollte der wechselseitige Zusammenhang zwischen dem Nutzen von Mustern und Strukturen und effektivem Lernen im Mathematikunterricht bei der Förderung aller Schülerinnen und Schüler berücksichtigt werden. Durch die Beschäftigung mit Mustern und Strukturen tritt das einzelne Ergebnis eines Lösungsprozesses in seiner Bedeutung zurück und schafft Raum für eine konzeptionelle Sichtweise." (Schleswig-Holstein, 2018, S. 22–23)

Nicht nur in Schleswig-Holstein (2018), sondern z. B. auch im Bildungsplan Hamburg (2022) wird die allgemeine Denkentwicklung u. a. durch Erkunden von Mustern und Strukturen (Kap. 1) gekennzeichnet. In dieser Sicht wird Mathematikunterricht durchgängig in allen Inhaltsbereichen zu dem Fach, in dem systematisches Denken und Entdeckungen von Strukturen ermöglicht werden können.

Zusammenschau der nationalen Lehrpläne und Standards
In den meisten Lehr- und Rahmenplänen werden die Themenfelder zu Mustern und Strukturen an Beispielen oder zumindest Stichwortlisten konkretisiert:

* *Geometrische Muster, Bandornamente* und *Parkettierungen* treten fast durchgängig auf (u. a. Hamburg, 2022, S. 42; Baden-Württemberg, 2016, S. 19 und S. 31; Sachsen, 2012, S. 7).
* *Zahlenfolgen* werden als arithmetische Muster vielfach benannt (u. a. Bayern, 2014, S. 136; Baden-Württemberg, 2016, S. 13; Sachsen, 2012, S. 9).
* *Substantielle Aufgabenformate (Zahlenmauern, Rechenketten, Rechendreiecke)* und insbesondere *strukturierte Päckchen* und *operative Veränderungen* werden aufgelistet (u. a. Bayern, 2014, S. 283; Baden-Württemberg, 2016, S. 15; Berlin-Brandenburg, 2015, S. 53; Hamburg, 2022, S. 34).
* *Funktionale Zusammenhänge* werden meist in Bezug zu Alltags- und Sachbezügen zu Größen und *Proportionalität* beschrieben (u. a. Bremen, 2004, S. 21; Bayern, 2014, S. 108).
* *Operative Variationen* werden in Einzelfällen in ihrem funktionalen Charakter erkannt „einfache funktionale Zusammenhänge (zum Beispiel durch systematisches Verändern einer Aufgabe)" (Baden-Württemberg, 2016, S. 15).

Die im ersten Spiegelpunkt genannten Aufgabenbeispiele weisen über die Arithmetik hinaus auf geometrische Konkretisierungen – geometrische Folgen können in ihren mathematischen Strukturen jedoch auch breiter verstanden werden (Kap. 8). Die anderen Spiegelpunkte verdeutlichen die tiefe Verankerung potenziell algebraischer Aufgabenvorschläge in der Arithmetik. Diese Perspektive, die unter dem Spiegelpunkt funktionale Zusammenhänge auch operative Variationen in arithmetischen Aufgaben in den Blick nimmt, wird in der deutschen Fachdidaktik breit gestützt:

> „Funktionale Überlegungen zu Rechenoperationen finden bereits in der Grundschule statt – etwa im Rahmen des sog. ,produktiven Übens', also eines Übens, das neben reinen Übungseffekten auch strukturelle mathematische Einsichten fördert." (Greefrath et al., 2016, S. 39)

Funktionen, die wie die Algebra selbst, eher dem Mathematikunterricht der Sekundarstufe zugeschrieben werden, finden durch diese Sichtweise begründeten Einzug in die Unterrichtspraxis der Grundschulmathematik. Im Rahmenplan Berlin und Brandburg, der über die Grundschule hinaus für die Jahrgänge 1–10 erstellt wurde, treten Funktionen im Zusammenspiel mit Gleichungen als eine der inhaltbezogenen Leitideen explizit auf:

> „… Funktionen sind ein zentrales Mittel zur mathematischen Beschreibung quantitativer Zusammenhänge. Mit ihnen lassen sich Phänomene der Abhängigkeit und der Veränderung erfassen und analysieren. Damit sind Funktionen zur Bearbeitung einer Vielzahl von Realsituationen aus Natur, Wissenschaft und Gesellschaft als Modelle geeignet. Das Arbeiten mit Funktionen ist gekennzeichnet durch den Wechsel zwischen verschiedenen Darstellungsformen." (Berlin-Brandenburg, 2015, S. 9)[5]

In der Grundlagenliteratur (Abschn. 2.1) sind symbolsprachliche Systematisierungen ein wichtiger Aspekt dieser Abstraktion und Verallgemeinerung. *Variablen* werden, abgesehen von der Interpretation als Platzhalter (z. B. Sachsen, 2019), in den meisten Lehrplänen jedoch nicht erwähnt. Die in den Bildungsstandards in Deutschland (KMK, 2022) neu aufgenommene prozessbezogene Kompetenz „Mit mathematischen Objekten und Werkzeugen arbeiten" holt u. a. aber nun auch Symbole und symbolische Sprache ins Wort. Zukünftige Überarbeitungen der bundesdeutschen Lehrpläne werden vermutlich auch diese Beschreibungen ergänzen. Unabhängig von der Art der semiotischen Zeichen, also ob Verbal- oder Symbolsprachen, Buchstaben oder Zahlen, ist festzuhalten, dass mathematisches Darstellen, Kommunizieren und Argumentieren als Prozessziele über alle Bundesländer hinweg anerkannt sind. Somit kann das sprachliche, kommunikative Beschreiben und ar-

---

[5] Obwohl Bremen und Mecklenburg-Vorpommern mit Berlin-Brandenburg gemeinsam einen Rahmenplan vorgelegt haben, weichen sie von der im Zitat genannten Leitidee ab. Sie formulieren Kompetenzerwartungen ausschließlich für die ersten vier Jahrgänge. Für die Grundschule weisen sie so genannte Themenfelder aus, in denen Muster und Strukturen nicht gesondert genannt werden. Es wird aber darauf verwiesen, dass mathematisches Handeln „auf dem Erkunden von Zusammenhängen, auf dem Entwickeln und Untersuchen von Strukturen sowie auf dem Streben nach Abstraktion und Verallgemeinerung, nach Geschlossenheit und Einfachheit der Darstellung" (Mecklenburg-Vorpommern, o. J., S. 13) basiert.

gumentative Begründen sowie das Darstellen von Entdeckungen im Mittelpunkt aller Themenfelder erkannt werden (Kap. 3).

Beim Blick in die Forschungsliteratur, in exemplarische internationale Lehrpläne und Standards zeigt sich, dass Muster und Strukturen mit einer regelmäßigen Selbstverständlichkeit als Algebra verstanden bzw. in einem Atemzug genannt werden. Ebenso lassen sich in den nationalen Lehrplänen die Grundideen algebraischen Denkens aus der Forschung in den Beschreibungen zu Mustern und Strukturen wiederfinden.

> „Auch in den Bildungsstandards und Lehrplänen für die Primarstufe ist die Propädeutik der Algebra in Form des inhaltsbezogenen Kompetenzbereichs ‚Muster und Strukturen' fest verankert. Dennoch fehlt bislang ein klares curriculares Konzept zur aufbauenden Förderung algebraischen Denkens." (Hefendehl-Hebeker & Rezat, 2023, S. 147)

Eine durchgängig getragene Auswahl von Grundideen ist in Ansätzen implizit nachzuweisen, aber noch nicht hinreichend für Unterrichtsplanung und -gestaltung systematisiert. Eine systematische Übersicht von Grundideen algebraischen Denkens im Arithmetikunterricht der Grundschule wird im folgenden Abschnitt vorgelegt.

2.3   Grundideen algebraischen Denkens im Arithmetikunterricht

Grundideen der Algebra greifbar zu machen, ist, wie aus den vorangehenden Abschnitten deutlich werden konnte, stets ein Ringen um Konkretisierungen. Eine umfassende Charakterisierung des algebraischen Denkens stellt extrem hohe Ansprüche, falls eine mögliche Vollständigkeit der Darlegungen angestrebt würde. Aus verschiedenen fachinhaltlichen Blickwinkeln und bei differenten Bezügen auf Gruppen von Lernenden sind jeweils andere Darstellungen denkbar und sinnvoll.

Für die Lernenden der Grundschule bietet es sich an, Inhalte genauer zu betrachten, die im Bereich der Arithmetik in Lehrplänen und im Unterricht verankert sind. Diese Perspektive ist insbesondere deshalb lohnenswert, da sie durch die in der Forschung benannten inhaltlichen Grundideen (Abschn. 2.1) sowie den Vorgaben der Lehrpläne und Standards (Abschn. 2.2) gestützt wird. Eine dieser wesentlichen Grundideen ist die so genannte *verallgemeinerte Arithmetik* (z. B. Blanton et al., 2019; Cooper & Warren, 2008, Twohill, 2020). Gleichwohl unterscheidet sich arithmetisches Denken wesentlich von algebraischem Denken. Bevor also Grundideen algebraischen Denkens im Arithmetikunterricht vorgestellt werden, ist diese Differenzierung im Denken genauer auszuloten.

2.3.1   Arithmetisches Denken – Algebraisches Denken

Algebra in der Sekundarstufe ist insbesondere durch die Arbeit mit Gleichungen gekennzeichnet. Gleichungen treten auch in arithmetischen Fragestellungen auf. Nicht die Aufgabenstellung, sondern die Perspektive auf Gleichungen ist also aus arithmetischer und ebenso aus algebraischer Sicht möglich. Die besondere Beziehung zwischen Arithmetik und Algebra verdient somit spezifische Aufmerksamkeit (Drijvers et al., 2011, S. 8). In vielen in der Forschung entwickelten Grundideen wird der besondere Bezug algebraischen Denkens zur Arithmetik deutlich (Abschn. 2.1). Algebraisches Denken wird innerhalb der Arithmetik dann gefördert, wenn ein Schwerpunkt auf die Entwicklung einer Bewusstheit für die allgemeinen, zugrunde liegenden Strukturen von z. B. Zahlen und Operationen gelegt wird, statt die Ausführung von Rechenverfahren und Algorithmen zu fokussieren (Britt & Irwin, 2008, S. 51). Diesen Grundgedanken verfolgen auch Malara und Navarra (2003) im ArAl Project (Arithmetic pathways towards favouring pre-algebraic thinking). Sie gehen im Projekt davon aus, dass von den ersten Schulbesuchsjahren an, in denen die Kinder arithmetisches Denken kennenlernen, auch bereits algebraisches Denken und das Nachdenken über Arithmetik auf algebraische Weise („to think about arithmetic in an algebraic way") unterrichtet werden kann (Malara & Navarra, 2003, S. 9).

Kinder können im Arithmetikunterricht von Anfang an angeregt werden, über die Arithmetik auf algebraische Weise nachzudenken („to think about", Kap. 1). Der Zugang zu algebraischem Denken in der Arithmetik liegt in der spezifischen Betrachtung von Mustern, die die Türen zur mathematischen Strukturen öffnen können (Kap. 1). Arithmetikunterricht ist also nicht per se Unterricht, der algebraisches Denken fördert, aber er kann Optionen dafür bereithalten.

„In defense of a pattern approach to early algebra, it could be argued that there is something inherently arithmetic in algebra and something inherently algebraic in arithmetic, and that pattern activity brings these two aspects together. In other words, there are filiations between the two disciplines. But, since they do not coincide, there must also be differences between them. Finding these differences, I want to argue, is important from an educational viewpoint. Otherwise we might be teaching arithmetic while thinking that we are teaching algebra. In doing so, we might be failing to promote genuine elementary forms of algebraic thinking in the students. This is why the distinction between arithmetic and algebra is a task that cannot be dismissed in early algebra research." (Radford, 2012, S. 676)[6]

In der Natur von Aufgaben zu Mustern und Strukturen liegen beide Denkweisen, zum einen arithmetische und zum anderen algebraische. Wenn Algebra als verallgemeinerte

---

[6] Übersetzung durch Autorinnen: „Zur Verteidigung eines Zugangs über Muster zur frühen Algebra könnte man argumentieren, dass es in der Algebra etwas Arithmetisches und in der Arithmetik etwas Algebraisches gibt und dass die Musteraktivität diese beiden Aspekte zusammenbringt. Mit anderen Worten, es gibt Verflechtungen zwischen den zwei Disziplinen. Aber es muss auch Unterschiede geben, da sie nicht deckungsgleich sind. Diese Unterschiede herauszuarbeiten, ist, so möchte ich argumentieren, aus fachdidaktischer Sicht wichtig. Andernfalls unterrichten wir vielleicht Arithmetik, während wir denken, Algebra zu unterrichten. Dadurch könnten wir versäumen, bei den Lernenden genuine, wesentliche Formen des algebraischen Denkens zu fördern. Aus diesem Grund ist die Unterscheidung zwischen Arithmetik und Algebra eine Aufgabe, die in der Forschung zur frühen Algebra nicht vernachlässigt werden kann."

Arithmetik beschrieben wird, dann wird dabei diese Verwobenheit deutlich. Dennoch gibt es Wesensunterschiede des Denkens, die nicht nur für die Forschung, sondern, wie Radford (2012) auch einfordert, aus fachdidaktischer Perspektive für Unterricht bewusst dargelegt und genutzt werden sollten.

In der Arithmetik werden numerische Antworten auf Berechnungen gesucht, Zahlen werden in Gleichungen oder als Resultate von Zählprozessen bzw. der Anzahlerfassung von Mengen erfahren. Algebraisches Denken schaut nicht auf die Prozeduren, die unmittelbar durchführbar sind, sondern auf die Konzepte (Kap. 1), die sich z. B. in einer Gleichung als Beziehung zwischen Zahlen, Objekten oder Variablen darstellen. Algebraisches Denken ist überspitzt formuliert nicht an Ergebniswerten interessiert, sondern es geht vornehmlich um die Beziehungen zwischen den Elementen z. B. in einer Gleichung. Werden also nicht nur Muster und Regelmäßigkeiten auf einer Oberflächenebene beschrieben, sondern eine relational-strukturierte Sichtweise auf arithmetische Phänomene eingenommen, so wird nach Nührenbörger und Schwarzkopf (2019, S. 21) dieses „in arithmetischen Kontexten eingebettetes verallgemeinerndes Denken als algebraisches Denken verstanden".

Algebraisches Denken zeichnet sich dadurch aus, eine strukturelle Sicht einzunehmen und die gegebenen Beispiele als Repräsentanten der allgemeinen Eigenschaften von Zahlen, Operationen usw. und ihre mathematischen Relationen als neue Objekte des Denkens anzunehmen (Abb. 2.4).

Der Wechsel zwischen den Denkweisen wird in der Literatur oft mit einem Bild von Bewegung („move" or „shift") beschrieben (Mason et al., 2009, S. 12; Schliemann et al., 2007, S. 12). Für die Beschreibung dieser Bewegung bzw. des Schritts durch die Mustertür zu Strukturen in der von uns genutzten Allegorie liegen verschiedene Forschungstheorien und Begriffe vor (Kap. 1).

Trotz dieser Wesensunterschiede ist die Einbettung der beiden Perspektiven auf Zahlen, Operationen etc. im Sinne einer Algebraisierung der Arithmetik bzw. verallgemeinernden und verallgemeinerten Arithmetik im Unterricht sinnvoll. Eine strikte Trennung der unterrichtlichen Thematisierung von Arithmetik in der Grundschule und Algebra in der Sekundarstufe erschwert einen flexiblen und reflektierten Wechsel beider Sichtweisen. So

Abb. 2.4 Arithmetisches Denken – Algebraisches Denken

Arithmetisches Denken	Algebraisches Denken
Zahlen, Operationen, Gleichungen, Funktionen ...	Zahlen, Operationen, Gleichungen, Funktionen ...
als Prozesse, die unmittelbar durchführbar sind,	als Beispiele (Repräsentanten), die Muster für Entdeckungen anbieten,
um numerische Antworten und Ergebniswerte von Berechnungen zu ermitteln.	um strukturelle Eigenschaften und Relationen als allgemeingültige Konzepte (neue Objekte des Denkens) zu verstehen.
to do mathematics	to think about mathematics

konstatieren einige Forschungsstudien (z. B. Bills et al., 2003; Cerulli & Mariotti, 2001; Malara & Iaderosa, 1999) bei Kindern am Ende der Grundschulzeit eine sehr eingeschränkte Bewusstheit für mathematische Strukturen und wenig Erfahrung in Verallgemeinerungen:

> „… it seems that the majority of students are leaving primary school with limited awareness of the notion of mathematical structure and of arithmetic operations as general processes: from the instances they are experiencing in arithmetic, they have failed to abstract the relationships and principles needed for algebra." (Warren, 2003b, S. 133)[7]

Forschungsbefunde aus dem Sekundarbereich beklagen zudem, dass die Änderung des Denkens von arithmetischem zu algebraischem Denken unterrichtlich nicht bewusst thematisiert wird und so unausgesprochen die Lernenden geradezu überraschen und damit verunsichern kann (Malara & Iaderosa, 1999, S. 160).

Die Trennung und strikte Zuweisung der Denkweisen zu Schulstufen ist also nicht lernförderlich. Vielmehr wird gefordert, bereits den Arithmetikunterricht zu reformieren. Cai und Knuth (2011) ermutigen dazu, Kinder direkt mit algebraischen Ideen vertraut zu machen, während sie Rechenfertigkeiten in der Arithmetik entwickeln. Sie verweisen zudem ausdrücklich darauf, dass die besondere Denkweise des algebraischen Denkens nicht nur neue Werkzeuge bereithält, um mathematische Relationen zu verstehen, sondern auch das Denken selbst mit neuen Gewohnheiten („habits of mind") schulen kann. Als besondere Gewohnheiten des Denkens schult das algebraische Denken dabei z. B. die Analyse von Beziehungen, das Erkennen von Strukturen, das Verallgemeinern, Begründen, Beweisen und Vorhersagen (Cai & Knuth, 2011, S. vii).

Arithmetisches Tun und Rechenhandlungen schließen also algebraisches Denken nicht aus. Im Gegenteil bieten algebraische Sichtweisen auf Eigenschaften von Zahlen, Operationen, Gleichungen und funktionale Beziehungen einen Mehrwert für das Verstehen (Abschn. 2.4). Algebraische Themen und Denkweisen ausschließlich der Schulstufe der Sekundarstufe zuzuordnen, ist künstlich. Von Anfang an lässt der natürliche Umgang mit Zahlen, Operationen usw. arithmetisches und gleichzeitig algebraisches Denken zu; mehr noch, algebraisches Denken ist erforderlich, um letztlich Arithmetik zu verstehen:

> „Both algebra and arithmetic are natural outcomes of the application of human powers to counting and calculating. Algebraic thinking is required in order to make sense of arithmetic, rather than just performing arithmetic instrumentally." (Mason, 2008, S. 58)[8]

---

[7] Übersetzung durch Autorinnen: „… es scheint, dass die Mehrheit der Kinder die Grundschule mit einer begrenzten Bewusstheit für die Idee mathematischer Strukturen und der arithmetischen Operationen als allgemeine Prozesse verlassen: Es war ihnen nicht möglich, aus den gegebenen Beispielen, die sie im Arithmetikunterricht erlebt haben, allgemeine Beziehungen oder Prinzipen abzuleiten, die für Algebra notwendig sind."

[8] Übersetzung durch Autorinnen: „Algebra und Arithmetik sind natürliche Ergebnisse der menschlichen Fähigkeiten des Zählens und Rechnens. Algebraisches Denken ist notwendig, um Arithmetik Sinn zu verleihen, anstatt nur arithmetische Berechnungen durchzuführen."

2.3.2   Grundideen als Perspektiven auf Aufgaben: Ein Beispiel

Algebraisches Denken und arithmetisches Denken unterscheidet sich durch die Art und Weise der Herangehensweise an Aufgaben. Die Aufgabenstellung selbst ist somit kein eindeutiges Indiz für die eine oder andere Denkweise. Auch Grundideen beschreiben nicht Aufgabentypen, sondern einen gezielten Blick durch eine je zur Grundidee ausgewählten Brille bzw. einen ganz spezifischen Fokus auf Aufgaben.

Musteraufgaben erlauben durch verschiedene Perspektiven Zugänge zu ganz differenten mathematischen Strukturen. Der je eingenommene Fokus kann die vielfältigen algebraischen Potenziale hinsichtlich der in diesen sichtbaren Mustern grundliegenden Strukturen aufzeigen. Diese Potenzialsuche entlang von Grundideen wird im Folgenden exemplarisch an einem auf den ersten Blick einfachen Beispiel erprobt und verdeutlicht. Als Beispiel wird ein für den Anfangsunterricht typisches Rechenpäckchen gewählt (Abb. 2.5).

Unterricht in der Perspektive der Arithmetik nutzt diese Aufgabenstellung (Abb. 2.5), um die Kompetenz des Addierens zu üben. Die Aufgaben stehen jedoch in einem musterhaften Zusammenhang. Vom Anfangsunterricht an können Kinder diese Muster auf Ebene der sichtbaren Phänomene zunächst *entdecken* und *beschreiben*. Hier ist es nicht notwendig, Fachbegriffe wie Addition oder Summe bereits zu kennen. Mögliche Beschreibungen der Entdeckungen könnten sein:

- Das Ergebnis ist immer 5.
- Das Ergebnis ist immer gleich.
- Die Aufgaben sind alle Plusaufgaben.
- Die erste Zahl wird immer größer.
- Die erste Zahl ist wie Zählen.
- Die zweite Zahl wird immer kleiner.

Üblich sind auch Kinderantworten, die auf die Fortsetzbarkeit durch zwei weitere, hier durch Leerzeichen angedeutete Aufgaben, hinweisen bzw. gleich Zahlbelegungen für diese zwei Aufgaben vorschlagen.

All diese Beschreibungen beziehen sich auf erkannte Regelmäßigkeiten auf der Ebene der phänomenologischen Muster. Offen bleibt nun noch die Frage, wie, ausgehend von diesen Mustern, algebraische Grundideen in den Blick genommen werden können, d. h., welche mathematischen Strukturen sich hinter den jeweiligen Mustern verbergen und auf-

$$0 + 5 = 5$$
$$1 + 4 = \_$$
$$2 + 3 = \_$$
$$3 + 2 = \_$$
$$\_ + 1 = \_$$
$$\_ + \_ = \_$$

Abb. 2.5 Muster in einem Rechenpäckchen

decken lassen. Hier ergeben sich durch verschiedene Fokussierungen bzw. Grundideen-brillen mindestens vier Optionen:

Unterricht fokussiert bei Aufgabenserien dieses Typs in der Regel auf die verschiedenen Möglichkeiten, 5 in zwei Summanden zu zerlegen. Damit richtet sich der Blick also auf *Zahlen*, hier die Zahl 5, und ihre Eigenschaft der additiven Zerlegbarkeit, eine Zahl mathematisch als Partition in zwei Summanden darstellen zu können. Offensichtlich wird diese Grundidee in den Mittelpunkt gestellt, wenn das Päckchen beispielsweise nach und nach als Notation der Ergebnisse in der Aktivität „Plättchen werfen" (Kap. 5; hier mit 5 Wende-plättchen) entsteht oder in einer anderen typischen Darstellung als so genanntes Zahlen-haus der 5 (Kap. 5) von den Kindern erforscht werden soll. Die Frage richtet sich bei Zahlenhäusern meist darauf, wie viele Stockwerke, d. h. wie viele Partitionen in zwei Summanden, es geben kann. Weiterführende Fragen im Fokus auf die *Grundidee Zahlen* könnten z. B. das analoge Päckchen (Zahlenhaus, Plättchen werfen) der 6 oder 7 oder auch der 4 thematisieren und die Anzahl der jeweils gefundenen Aufgaben (Stockwerkanzahl, Anzahl der Möglichkeiten der Partition) vergleichen lassen (Kap. 5).

Mit einer ganz anderen Grundideenbrille betrachtet, können Kinder in der gegebenen Aufgabenreihe des Rechenpäckchens z. B. je zwei Aufgaben entdecken, bei denen die Reihenfolge der Summanden getauscht ist. Entdeckt werden können hier die Terme 1 + 4 und 4 + 1 oder 2 + 3 und 3 + 2 usw. Ein zu dieser Musterentdeckung passendes Unter-richtsgespräch adressiert damit eine spannende Eigenschaft der *Operation*, die als Kommutativität bezeichnet wird. Folgefragen in diese Fokusrichtung in der *Grundidee Operationen* könnten überprüfen, ob das Tauschen von Summanden immer so gelingt oder hier nur zufällig ist. Eine wesentliche unterrichtliche Rolle spielt dann in dieser Grundidee die Frage, wie man das Muster an Plättchen o. Ä. allgemein darstellen und damit die struk-turelle Eigenschaft der Operation Addition erkennen und verstehen kann (Kap. 6).

Eine wiederum andere Grundideenbrille nimmt das Muster der konstanten Summen unter die Lupe. Diese Regelmäßigkeit des Musters betrachtet *Gleichungen* als neue Grund-idee. Eine typische Reaktion von Kindern auf die Frage, was beim abgebildeten Rechen-päckchen auffällt, ist, dass das Ergebnis immer gleich bleibt. Die Muster der anwachsenden ersten und fallenden zweiten Summanden kann von den Kindern entdeckt und genutzt werden, um diese Gleichheit zu begründen. Begründungen, warum hier Äquivalenz der Terme durch die Struktureigenschaft der Konstanz der Addition nachgewiesen werden kann, folgen also wiederum Musterentdeckungen. Die Impulsfrage, warum das Ergebnis gleich bleibt, obwohl die Aufgaben doch zunächst unterschiedlich aussehen, verlangt von den Lernenden, die Gleichungen des Päckchens als Objekte zu erfassen und die Terme auf der jeweils linken Seite in eine Beziehung hinsichtlich der Gleichwertigkeit zu setzen. Die Terme, z. B. 0 + 5 und 1 + 4, sehen nur auf der Ebene der Phänomene völlig anders aus. In der *Grundidee Gleichungen* werden die Terme als äquivalent 0 + 5 = 1 + 4 betrachtet und es wird nach strukturellen Begründungen dieser Relation gesucht. Erst bei der gezielten Betrachtung der gegenläufigen Veränderungen der Summanden, die aufgrund der Konstanzeigenschaft gelingt, kann die Äquivalenz nicht nur für diese Beispiele, sondern als allgemeine Konzeptidee (als allgemeine Struktur) verstanden werden. Auch die dem

Muster und damit letztlich der Struktur der Konstanz folgenden, passenden Ergänzungen von fehlenden Summanden in die Leerstellen (Variablen als Unbekannte) stellen Gleichungen in den Mittelpunkt der Auseinandersetzung (Kap. 7).

Schließlich ist es auch in diesem einfachen Päckchen denkbar, die Musterfolgen der Summanden als Zahlenfolgen genauer zu thematisieren. Hier liegt der Fokus auf der Grundidee der *Funktionen*, da ein Änderungsverhalten (immer 1 mehr bzw. immer 1 weniger) und die jeweilige Ausgangszahl (0 bzw. 5) beschrieben werden können (Kap. 8). Zwischen den Summanden kann zudem eine Abhängigkeit angenommen werden: Der zweite Summand (b) ergibt sich in Abhängigkeit vom ersten Summanden (a) durch die Zuordnungsvorschrift $b = 5 - a$. Analog könnte man diese Beziehung hier allerdings auch umgekehrt formulieren. Zudem gilt diese Vorschrift hier natürlich nur in $\mathbb{N}$ mit der Einschränkung $a, b \geq 0$. Beide Summanden werden in diesem Fokus als Wertepaar wahrgenommen. Diese Perspektive erlaubt es, das Päckchen fortzusetzen bzw. die fehlenden Zahlen einzutragen. Bei Päckchen zur Subtraktion könnten die äquivalenten Terme $5 - 1$, $6 - 2$ usw. in $\mathbb{N}$ unendlich fortgesetzt werden. Der *Grundidee Funktionen* folgend kann Unterricht insbesondere weitere Folgen als wachsende oder fallende Folgen in den Mittelpunkt stellen. Auch die konstante Folge der Ergebniszahl bekommt durch diese Grundideenbrille betrachtet eine neue Rolle, da sie als besondere Funktion in ihren Eigenschaften erforscht werden kann (Kap. 8).

Im Unterricht ist es natürlich selten der Fall, alle vier denkbaren Grundideen algebraischen Denkens bei der Thematisierung eines solchen Rechenpäckchens ganz bewusst aufzugreifen. In der Unterrichtspraxis ist eine gleichzeitige oder in eine Stunde verdichtete Betrachtung sicher auch nicht ratsam. Das Beispiel sollte vielmehr verdeutlichen, welche Potenziale für die Anregung algebraischen Denkens bereits in scheinbar einfachen Aufgaben liegen (analog trifft dies z. B. auch für die Aufgaben aus Abb. 2.1 zu). Es ist von Anfang an enorm wichtig, gezielt die Entdeckung besonderer, struktureller Eigenschaften von *Zahlen, Operationen, Gleichungen* oder *Funktionen* durch einen jeweils ausgewählten Blick durch eine der Grundideenbrillen auf Muster in arithmetischen Aufgaben, wie in diesem Päckchen (Abb. 2.5) exemplarisch betrachtet, bewusst anzuregen.

Auch im arithmetischen Regelunterricht ist es zum Themenfeld Muster und Strukturen bereits üblich, zunächst vielfältige Musterentdeckungen der Kinder als Antworten auf die Frage, was auffällt, zu sammeln und als eine (individuelle) Art und Weise der Entdeckungen anzunehmen. Diese Vielfalt an Antworten wird dann jedoch meistens nicht systematisiert und auch nicht in der Diskussion auf Strukturebene geführt. Oftmals fehlt bisher auch die Unterrichtsroutine, bestimmte Entdeckungen durch passende Folgefragen tiefergehend zu fokussieren (Kap. 3 und 4). Die Potenziale algebraisches Denken im Arithmetikunterricht anzuregen, werden somit nicht bewusst wahrgenommen und Lernchancen für den Blick hinter die Mustertüren und auf die strukturellen Eigenschaften nicht voll ausgeschöpft.

Die konzeptionelle Unterrichtsidee, Grundideenbrillen bewusst aufzusetzen und sich somit fokussiert an *Grundideen algebraischen Denkens* zu orientieren, möchte die möglichen Potenziale für die Unterrichtspraxis aufschließen. Die Bewusstheit dafür, welche mathematischen Strukturen von Anfang an zugänglich gemacht werden könnten, kann Unterrichtsgestaltung durch den Fokus auf Grundideen ganz konkret unterstützen. Es wird insbesondere eine Orientierung bereitgestellt, um Musterentdeckungen der Kinder einzuordnen und zu systematisieren. Wie am obigen Beispiel (Abb. 2.5) deutlich wird, versteht es sich von selbst, dass eine Unterrichtsstunde dabei niemals alle denkbaren Grundideen in den Mittelpunkt stellen kann. Vielmehr ist es Aufgabe der Lehrpersonen, in der Unterrichtsvorbereitung und -gestaltung gezielt zu entscheiden, welche Entwicklungen in der jeweiligen Klasse durch angemessene und gleichzeitig anregende Impulse zu einer bewusst ausgewählten algebraischen Grundidee angestoßen werden können.

2.3.3 Grundideen algebraischen Denkens

Die in der Forschungsliteratur identifizierten Grundideen (vgl. Abb. 2.2) verweisen auf verallgemeinerte Arithmetik. Diese sehr unspezifische und eher allgemeine Kennzeichnung hilft noch nicht als Orientierung für unterrichtliche Konzepte und Kompetenzförderungen. Notwendig wird die Ausweisung von spezifischen Perspektiven, die konkret genug sind, um einen genaueren Blick auf Musterentdeckungen und Strukturen zu erlauben. Grundideen algebraischen Denkens können helfen, Aufmerksamkeit bewusst zu fokussieren.

Jede algebraische Grundidee fokussiert, wie exemplarisch an einem Rechenpäckchen (Abb. 2.5) beschrieben wurde, ganz spezifische Objekte der Betrachtung. Objekte sind dabei im Sinne der in Kap. 1 dargelegten Deutung der Theorien der *reification* (Sfard, 1991) und *objectification* (Radford, 2008) zu verstehen. Die fokussierten Objekte haben bestimmte Eigenschaften und Relationen, die ihre mathematische Struktur bilden. Diese Strukturen können sich, wie am Beispiel gezeigt, in Mustern als sichtbare Phänomene zeigen. In der Erforschung der jeweiligen Muster können Kinder damit Zugang zu grundliegenden, mathematischen Strukturen der je betrachteten spezifischen Objekte entdecken. Diese Entdeckungen ebnen den Weg, allgemeingültige Eigenschaften und Relationen zunehmend zu verstehen (Abb. 2.4).

Die eingangs geschilderte Herausforderung, einerseits greifbare und unterrichtlich einsetzbare Konkretisierungen anzubieten und gleichzeitig der umfassenden Deutung von Mustern und Strukturen gerecht zu werden, kann in (hierarchischen) Listen von Grundideen kaum adäquat begegnet werden. Zusammenhänge und Beziehungen sind ein Wesenselement algebraischen Denkens und der angesprochenen Muster und Strukturen. Listen erlauben Konkretisierungen, verinseln aber den jeweils genannten Aspekt. Die oben aufgeführten Spiegelstrichlisten aus Lehrplänen oder in der Grundlagenliteratur dürfen deshalb nicht als nacheinander im Unterricht auszuführende Themenlisten missverstanden werden. Eine Übersicht muss hinreichend konkret unterrichtliche Fokusfelder in Grundideen assoziieren und dennoch Zusammenhänge klären. Im besten Fall ermöglicht eine solche Übersicht dann informiertes und bewusstes, d. h. letztlich souveränes, Handeln und Gestalten von Lehr-Lern-Situationen in Forschung und Unterrichtspraxis.

In die folgende Übersicht fließen die oben aufgezeigten Hauptaspekte, Themengebiete und Grundideen aus den theoretischen Forschungsbefunden (Abschn. 2.1) sowie den Lehrplansynopsen (Abschn. 2.2) ein. In dieser Zusammenschau und kritischen Analyse sehen wir unsere Grundideen als Weiterentwicklung bereits vorgelegter Entwürfe (Steinweg, 2013, 2016, 2017, 2020a; Steinweg et al., 2018).

Im Arithmetikunterricht der Grundschule identifizieren wir vier miteinander zusammenhängende Grundideen als geeignete Fokusbereiche, in denen jeweils ganz spezifische Eigenschaften und Relationen von Objekten in den Mittelpunkt der Beschäftigung gestellt werden können (Abb. 2.6). Die mathematischen Objekte, die sich dabei jeweils in ihren strukturellen Eigenschaften in Mustern zeigen, sind *Zahlen, Operationen, Gleichungen* und *Funktionen*.

Für den unterrichtlichen Zugang bedeutet dies, Muster anzubieten, die durch passende Aufgabenstellungen und Impulse genau eine dieser Grundideen als Objekte der Auseinandersetzung fokussieren, um damit Zugang zur je eigenen mathematischen Struktur, d. h. zu den Eigenschaften und Relationen, zu ermöglichen (Abb. 2.6). Die Grundideen tragen im Namen die Objekte. Diese kennzeichnen eine algebraische Grundidee erst durch die spezifische mathematische Beschäftigung mit diesen Objekten und der Untersuchung ihrer Eigenschaften: *Muster entdecken – Strukturen verstehen*.

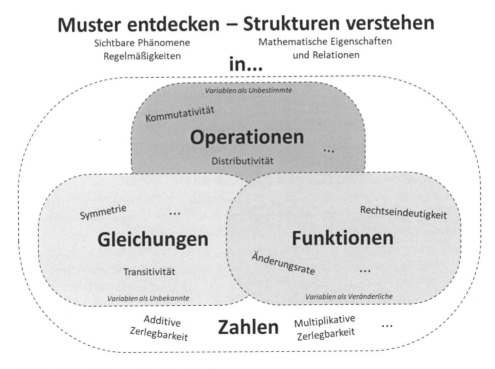

Abb. 2.6 Grundideen algebraischen Denkens

Selbstverständlich stehen die in der jeweiligen Grundidee betrachteten Objekte zu-einander in Beziehung. Die hier beschriebenen Grundideen algebraischen Denkens adres-sieren den Arithmetikunterricht der Grundschule. Alle Ideen sind damit wesentlich auf Zahlen und ihre Darstellungen angewiesen. Zahlen sind einerseits grundlegend und um-fassend für die anderen Grundideen, andererseits bietet der Fokus auf strukturelle Eigen-schaften von Zahlen auch ganz eigene Entdeckungen in Mustern. Operationen definieren Verknüpfungen von Zahlen. Sie stellen Zahlen damit zueinander in Beziehungen, die sich in Termen darstellen lassen. Auch Gleichungen sind ohne Zahlen im Arithmetikunterricht nicht zu thematisieren, gleichsam inkludieren Gleichungsbeziehungen auch immer Opera-tionen usw. Die Grafik symbolisiert diese Verwobenheit durch gezielte Überlappungen der Bereiche (Abb. 2.6). Die Überlappungen stellen jedoch nicht mengentheoretische Schnitt-, Unter- oder Obermengen dar, sondern sollen lediglich die Verflechtungen symbolisieren.

Zahlen

In der Fokussierung auf die *Grundidee Zahlen* werden Eigenschaften von natürlichen Zah-len adressiert. Diese Eigenschaften sind u. a. Teilbarkeiten als multiplikative Eigen-schaften, Partitionen als additive Eigenschaften oder Figuriertheit als Eigenschaft spezi-fischer Zahlen, die als Dreiecks-, Rechtecks-, Quadratzahlen etc. gekennzeichnet werden können (Kap. 5).

In der näheren Beschreibung wird bereits deutlich, dass der Fokus auf Zahlen mit Ope-rationen in Zusammenhängen steht. Teilbarkeit wird z. B. erst durch die Nutzung multi-plikativer Operationen mathematisch greifbar. Zahlen und ihre ganz spezifischen Eigen-schaften sind also in dieser Hinsicht verflochten zu weiteren Grundideen aufzufassen.

Operationen

In der *Grundidee Operationen* werden diese nicht als Werkzeug für numerische Be-rechnungen betrachtet, sondern selbst zu Objekten der Erforschung ihrer allgemein-gültigen, mathematischen Strukturen.

„Structural appreciation lies in the sense of generality, which in turn is based on basic proper-ties of arithmetic such as commutativity, associativity, distributivity and the properties of the additive and multiplicative identities 0 and 1, together with the understanding that addition and subtraction are inverses of each other, as are multiplication and division. By working on tasks which focus on the nature of the relation rather than on calculation, students' attention is drawn to structural aspects as properties which apply in many instances." (Mason et al., 2009, S. 15)[9]

---

[9] Übersetzung durch Autorinnen: „Strukturelles Verständnis basiert auf einem Gespür für Allgemein-gültigkeit, das wiederum Grundlage der Eigenschaften der Arithmetik wie Kommutativität, Assoziativität, Distributivität, der Eigenschaften der additiven und multiplikativen neutralen Ele-mente 0 und 1 sowie dem Verständnis von Addition und Subtraktion bzw. Multiplikation und Divi-sion als zueinander inverse (Gegen-)Operationen ist. Durch die Bearbeitung von Aufgaben, die den Schwerpunkt auf diese Art der Beziehungen und nicht auf Berechnungen legen, wird die Aufmerk-samkeit der Schülerinnen und Schüler auf die strukturellen Aspekte als Eigenschaften, die in vielen Fällen gültig sind, gelenkt."

Operationen können, wie im Zitat bereits aufgelistet, bezüglich eines Zahlbereichs besondere Eigenschaften wie Kommutativität, Assoziativität oder Distributivität besitzen. Weiter kann die Existenz neutraler oder inverser Elemente und das Verhältnis von Operation und Gegenoperationen als Reversibilität erforscht werden (Kap. 6).

Gleichungen

In der *Grundidee Gleichungen* liegt der spezifische Fokus auf strukturellen Zusammenhängen zwischen Termen. Werden die relationalen Beziehungen von Termen zueinander ausgenutzt, dann kann begründet werden, warum die Gleichwertigkeit (Äquivalenz) gültig ist. Äquivalenzrelationen in ihren Eigenschaften Reflexivität, Symmetrie und Transitivität definieren dabei die Äquivalenz und sind im Umgang mit Gleichungen implizit bedeutsam. Unterrichtliche Möglichkeiten erschließen sich durch interessante Muster zur Gleichwertigkeit von Zahlen und Gleichwertigkeit von Rechenhandlungen (die sich z. B. in Gleichheiten von Wirkungen gegebener Terme oder einem erreichten Endzustand zeigen) und den jeweiligen strukturellen Begründungen der Gleichwertigkeit (Kap. 7).

Funktionen

Mathematisch ausgewiesene Relationen sind neben den Gleichungen als Äquivalenzrelationen die Funktionen. In der *Grundidee Funktionen* öffnet ein algebraischer Fokus den Blick für neue mathematische Strukturen und charakteristische Eigenschaften von Funktionen; insbesondere können hier die strukturellen Eigenschaften der Rechtseindeutigkeit und Linkstotalität ausgezeichnet werden. Funktionale Relationen als Zuordnungen im Kovariationsaspekt und in ihrem Änderungsverhalten zu erforschen, kann auch bereits ab der Grundschule über geeignete Mustertüren ermöglicht werden. Insbesondere bieten vielfältige Darstellungsformen Aufgabenoptionen, um die Eigenschaften von Funktionen zu entdecken und funktionale Denkweisen der Lernenden zu fördern (Kap. 8).

Die Rolle von Zahlen und Variablen in den verschiedenen Grundideen

Wie in Abschn. 2.1 und 2.2 deutlich wurde, wird die Nutzung so genannter konventioneller Symbolsysteme durchaus als ein Hauptaspekt algebraischen Denkens benannt. Mathematische Zeichen, also auch Zahlen als Variablen, sind Symbole für Objekte und ihre Verknüpfungen und unterliegen grundsätzlich Deutungsprozessen (z. B. Dörfler, 2015; Radford, 2002; Steinbring, 2017). Eine genauere Analyse der verschiedenen Grundvorstellungen von Variablen und ihrer Rolle im algebraischen Denken folgt im Aspekt des Darstellens in Kap. 3.

In der Grafik der Grundideen algebraischen Denkens (Abb. 2.6) sind spezifische Variablenaspekte bzw. Grundvorstellungen von Variablen (Weigand et al., 2022, S. 35) den jeweiligen Grundideen zugeordnet. Diese Zuordnung zeigt an, dass sich durch den Fokus auf eine Grundidee im algebraischen Denken die Variablennutzung wesentlich unterscheidet. Es stehen jeweils bestimmte Variablenaspekte im Vordergrund:

- In der Erforschung von *Operationen* als Objekte in ihren Eigenschaften werden *Variablen als Unbestimmte* genutzt, um diese strukturellen Entdeckungen zu erfassen. So können die Zahlen in den Termen 4 + 1 und 1 + 4 (vgl. Abb. 2.5) und damit die Kommutativität in den Fokus gestellt werden. Dabei sind die Zahlen selbst hier Quasivariablen und stehen als pars pro toto für jegliche Summanden und damit alle natürlichen Zahlen. Erst ab der Sekundarstufe wird die Kommutativität der Addition in $\mathbb{N}$ formal in dieser Variablensicht als $a + b = b + a$ für alle $a, b \in \mathbb{N}$ symbolisiert. Unbestimmte bleiben, wie der Name des Variablenaspekts bereits sagt, unbestimmt und werden nicht berechnet, d. h., es ist „bei der Unbestimmten gerade Sinn und Ziel der Unbestimmtheit des Namens, eine Aussage allgemein zu halten und somit die Zahlen, auf welche die Aussage zutreffen soll, nicht näher einzugrenzen." (Akinwunmi, 2012, S. 10 f.) Unbestimmte verdeutlichen allgemeine Regeln, die für alle Zahlen eines bestimmten Zahlbereichs – Malle (1993) spricht hier vom Simultanaspekt – bezüglich bestimmter Operationen gelten (Kap. 6).

- In der Grundidee der *Gleichungen* hingegen sind auch ab der Grundschule bereits Variablen üblich. *Variablen als Unbekannte* können als Leerstellen, Platzhaltersymbole oder auch Buchstaben symbolisiert werden, wie z. B. in 3 + __ = 8. Unbekannte sind in der Regel nach einer passenden Berechnung oder durch systematisches Einsetzen bestimmter Werte nicht mehr unbekannt und können durch einen (oder mehrere) gültige Wert(e) ersetzt werden, die aus der Beziehung zwischen zwei Termen eine wahre Aussage machen (Kap. 7).

- In der Grundidee der *Funktionen* treten *Variablen als Veränderliche* auf. Dies bedeutet, dass sie nicht einen bestimmten (einzelnen) Wert annehmen, sondern einen definierten Bereich (Definitionsbereich) im wörtlichen Sinn variabel durchlaufen. Auch in dieser Rolle finden Einsetzungen statt, die allerdings im so genannten Veränderlichenaspekt systematisch nach und nach erfolgen. Im algebraischen Denken der Grundschule heißt dies, dass die natürlichen Zahlen von 0 oder 1 an der Zählzahlfolge gemäß durchlaufen werden. Für funktionale Beziehungen ist dabei typisch, dass diese Variable bei dem Durchlauf je eine andere, abhängige Variable in ihrem Wert beeinflusst (Kap. 8).

Bemerkungen

Grundideen erlauben eine Fokussierung auf je spezifische Ideen der Mathematik. Durch diese je eigene Perspektive werden jeweils passende mathematische Strukturen in den Mittelpunkt gestellt und können in angemessener Tiefe erarbeitet werden. Damit kann dem von Whitehead postulierten Gebot nachgekommen werden, bewusste Auswahlen darüber zu treffen, welche Inhalte unterrichtlich thematisiert werden, sowie diese Inhalte dann gründlich und tiefgehend zu unterrichten:

> „We enunciate two educational commandments, 'Do not teach too many subjects,' and again, 'What you teach, teach thoroughly.'" (Whitehead, 1929, S. 2)

Jede der vier *Grundideen algebraischen Denkens* fokussiert ganz eigene und spezifische mathematische Strukturen. Diese Strukturen zu erkennen, kann durch geeignete Musterphänomene möglich werden. Folglich liegen im Arithmetikunterricht Potenziale zur Förderung des algebraischen Denkens in der Grundschule. Der Zugang gelingt nicht über Definitionen, sondern über Muster in geeigneten Aktivitäten, Darstellungen und Aufgabenstellungen. Zu jeder der Grundideen wird diesen Impulsen für Unterricht in einem eigenen Kapitel unter dem Motto *Muster entdecken, Strukturen verstehen* genauer nachgespürt (Kap. 5, 6, 7 und 8). In diesen vier Kapiteln werden mathematische Grundlagen der je betrachteten Eigenschaften erläutert und jeweils vielfältige Aufgabenideen (u. a. auch die Eingangsbeispiele aus Abb. 2.1) dargelegt und diskutiert, die geeignete Muster für Entdeckungen bereithalten, um die je spezifischen, mathematischen Eigenschaften und Relationen (Strukturen) kennenzulernen und zunehmend zu verstehen.

2.4   Bedeutung der Förderung algebraischen Denkens in der Grundschule

In den vorangegangenen Abschnitten konnte herausgearbeitet werden, welche Grundideen algebraischen Denkens bereits in der Grundschule adressiert werden können. Algebra gehört in Deutschland typischerweise zum Standardkanon des Mathematikunterrichts in der Sekundarstufe. Der Algebraunterricht der Sekundarstufe ist vor allem durch die Gleichungslehre, das Umformen und Lösen von Gleichungen charakterisiert: „school algebra is solving linear and quadratic equations" (Freudenthal, 1977, S. 193, vgl. auch Kap. 1). Folglich steht erneut die Frage im Raum, warum es wichtig ist, diese auf den ersten Blick im deutschsprachigen Raum ungewohnt frühe Thematisierung algebraischer Ideen in den Arithmetikunterricht vorzusehen.

Algebraisches Denken als Kulturgut
Als einer der Gründe kann angeführt werden, dass Algebra ein wesentlicher Bereich der Mathematik und damit ein *Kulturgut* ist. Radford (2012) verweist auf die historische Entwicklung von Algebra, die die für Algebra typische, analytische Art und Weise des Umgangs mit unbestimmten, bekannten und unbekannten Zahlen hervorbrachte (Radford 2012, S. 690). Die Geschichte der Algebra reicht über 4000 Jahre zurück, in der zunächst verbale Beschreibungen von Lösungen pragmatischer Problemstellungen im Vordergrund standen und erst nach und nach verkürzte Notationsformen bis hin zur Symbolsprache entwickelt wurden (Alten et al., 2003). Erst die Vergegenständlichung (*reification, objectification*) bzw. Verkörperung – auch in symbolischen Darstellungen – ermöglicht ein Fortschreiten in die so genannte höhere Mathematik (Kap. 1). Unbestritten gehört also Algebra als ein Themenfeld zu den wesentlichen Kulturerrungenschaften der Mathematik und legitimiert sich damit auch für den schulischen Kontext. Der Zeitpunkt der ersten Begegnung mit algebraischen Ideen ist allerdings heikel:

> „There is a stage in the curriculum when the introduction of algebra may make simple things hard, but not teaching algebra will soon render it impossible to make hard things simple." (Tall & Thomas, 1991, S. 128)[10]

---

[10] Übersetzung durch Autorinnen: „Es gibt eine Phase im Lehrplan, in der die Einführung von Algebra einfache Dinge schwierig macht, aber Algebra nicht zu unterrichten wird es schon bald unmöglich machen, schwierige Dinge zu vereinfachen."

Pitta-Pantazi et al. (2022) weisen in ihrem Projekt in der unteren Sekundarstufe nach, dass die Kinder, die in der Lage sind, Strukturen in arithmetischen Aufgaben zu analysieren und zu nutzen, auch in der Lage sind, Strukturen in algebraischen Aufgaben zu analysieren und zu nutzen; selbst dann, wenn Letztere mit Buchstabensymbolen angeboten werden. Treten Musterphänomene und ihre strukturellen Grundlagen jedoch zu sehr in den Hintergrund, dann werden diese einfachen Dinge, wie im Zitat benannt, auf einmal schwer. Wird die Einführung der Algebra unterrichtlich als völlig neues Gebiet gerahmt und auch die neu eingeführte Darstellung in Buchstabenvariablen nicht sinnvoll an Erfahrungen angeknüpft, so suchen Lernende nicht selbstständig nach Anknüpfungspunkten zu bereits gelernten Themen, wie z. B. der Arithmetik (Bills et al., 2003, S. 105).

Die wechselseitige Beziehung zwischen verbalen Beschreibungen und Verallgemeinerungen von Mustern und der Symbolsprache ist eine Herausforderung, die durchaus auch im Erwachsenenalter auftritt. So wird in einem Forschungsprojekt mit Grundschullehramtsstudierenden in Kanada (Zazkis & Liljedahl, 2002) festgestellt, dass die Studierenden zwar zunehmend in der Lage sind, Muster verbal zu beschreiben und zu begründen, diese Beschreibungen aber eher nicht spontan mit algebraischen Symbolbeschreibungen ergänzt werden – obwohl die Studierenden sicherlich die symbolischen Repräsentationsformen kennen. Die Verbindung zwischen Verbalbeschreibung und Formel wird von den Studierenden im Test nicht selbstständig hergestellt und gleichsam schätzen die Studierenden ihre eigenen Lösungen ohne Formeln als inadäquat ein – selbst dann, wenn die Beschreibung vollständig und korrekt ist (vgl. Zazkis & Liljedahl, 2002, S. 379).

Gleichzeitig mahnen Tall und Thomas (1991) im Zitat, dass ohne Algebra keine Vereinfachungen von komplexen Zusammenhängen in der höheren Mathematik möglich werden. Unterricht muss sich folglich der Aufgabe stellen, Algebra und *algebraisches Denken als Kulturgut* geeignet zu thematisieren. Inhalte des Arithmetikunterrichts bieten sich an, die Idee der Beschreibung oder Verallgemeinerung von Entdeckungen in Symbolisierungen – sei es verbal, schriftsprachlich, durch Zeichen oder durch Buchstaben – zu erproben.

Konsequent adressieren auch die neuen Bildungsstandards in Deutschland (KMK, 2022) in der prozessbezogenen Kompetenz „Mit mathematischen Objekten und Werkzeugen arbeiten" explizit Symbole:

> „Diese Kompetenz beinhaltet den fachlich sicheren Umgang mit den im Mathematikunterricht der Primarstufe relevanten mathematischen Objekten (z. B. arithmetisch: u. a. Zahlen, Symbole, Terme, Gleichungen …). …
> Die Schülerinnen und Schüler … übersetzen symbolische und formale Sprache in Alltagssprache und umgekehrt." (KMK, 2022, S. 12)

Symbole werden hier zum einen aufzählend neben Zahlen und Termen benannt, zum anderen aber von Alltagssprache abgegrenzt. Gerade in der Beschäftigung mit Mustern ist eine verbale, alltagssprachliche Beschreibung jedoch oft der entscheidende Zugriff, um Entdeckungen und strukturelle Beziehungen zu beschreiben und zu begründen (Kap. 3).

Algebraische Grundideen für den Arithmetikunterricht bieten fruchtbare Ansätze bereits ab der Grundschule. Dabei kommt es darauf an, Algebra nicht auf Gleichungen, Terme und Funktionen in Darstellungen mit Buchstabenvariablen zu reduzieren, sondern als *besondere Denkweise* zu verstehen (Abb. 2.4). Die Arithmetik bietet von Anfang an viele Optionen, sich auf diese besondere Denkweise, auf den Blick hinter die mathematischen Kulissen der Musterphänomene, d. h. auf Eigenschaften und Beziehungen, einzulassen.

Trotz einer engen, oben aufgezeigten Verbundenheit der algebraischen Denkweisen zur Arithmetik entstehen adäquate Übergangsprozesse nicht ohne bewusste Thematisierung und „nicht kraft natürlicher Reifung" (Winter, 1982, S. 199). Die notwendigen gedanklichen Wechsel vom Prozess (einer numerischen Berechnung) zum Objekt werden, so Malara und Iaderosa (1999, S. 160), im Unterricht oft nicht ausreichend hervorgehoben und ein unausgesprochener Perspektivenwechsel stifte somit bei den Kindern große Irritation. In einer Studie hält auch Warren (2003b) fest, dass die Mehrheit der Schülerinnen und Schüler die Grundschule mit einem begrenzten Bewusstsein für den Begriff der mathematischen Struktur verlässt: Den Kindern ist es nicht gelungen, die in der Arithmetik erfahrenen und erlebten Beispiele so zu Objekten und Konzepten zu abstrahieren, wie sie für die Algebra benötigt werden (Warren, 2003b, S. 133).

> „In the traditional approach to algebra, it is implicitly assumed that students are familiar with these concepts from their work with arithmetic. From repeated classroom experiences in arithmetic it is assumed that students arrive at an understanding of the structure of arithmetic by inductive generalisation. Thus, knowledge of structure is considered to be at a meta level, derived from experiences in arithmetic." (Warren, 2003b, S. 124)[11]

Die wiederholten Erfahrungen aus der Arithmetik sind nur dann wertvoll für das Voranschreiten bis zum Strukturverständnis auf Metaebene, wenn nicht allein auf induktives Schließen gebaut wird. Vielmehr benötigen die Kinder neben vielen Beispielen von Beziehungen und Eigenschaften auch die explizite Thematisierung dieser Strukturen in alltäglicher Sprache (vgl. Warren, 2003b, S. 133).

Letztlich zeigt sich so ein Paradoxon, das zu einem gewissen unterrichtlichen Dilemma führt:

> „One important lesson to be learned from history may be somewhat at variance with the pedagogical beliefs of the modern teachers. The stories just told seem to imply that the reification that is needed for a deep understanding of a concept (say complex numbers) cannot be expected before some familiarity with secondary processes (e. g., operations on complex numbers) has been attained. On the other hand, without the reification these processes cannot

---

[11] Übersetzung durch Autorinnen: „Im traditionellen Zugang zur Algebra wird implizit angenommen, dass die Lernenden aus dem Arithmetikunterricht mit diesen Konzepten vertraut sind. Es wird davon ausgegangen, dass die Lernenden aufgrund wiederholter Unterrichtserfahrung in der Arithmetik durch induktive Verallgemeinerungen ein Verständnis der Struktur der Arithmetik aufbauen. Es wird folglich angenommen, dass sich das Strukturverständnis auf einer Metaebene aus den Erfahrungen in der Arithmetik ableitet."

be truly meaningful. The surprising pedagogical conclusion follows from here: Sometimes the teacher and the students must put up with the necessity of practicing techniques even before they are fully understood." (Sfard, 1995, S. 35)[12]

Die unterrichtliche Begleitung und Unterstützung algebraischen Denkens muss, so Sfard (1995), einerseits vorgreifen auf Elemente, die noch gar nicht vollständig verstanden bzw. zu neuen Objekten des eigenen Denkens (Sfard spricht von „reification"; Kap. 1) wurden. Andererseits ist gerade das Verstehen und Verinnerlichen ein Unterrichtsziel. Unterricht, der algebraisches Denken in den Blick nimmt, kann also nicht rein hierarchisch gliedern, wann ein Themenfeld zugänglich gemacht werden soll. Vielmehr ist eine implizite Über- bzw. Herausforderung in den Problemen und Aufgabenstellungen sogar notwendig, um den Lernenden zu ermöglichen, zunehmend in algebraische Denk- und Handlungsweisen hineinzuwachsen. In dieser Herausforderung hat Sfard (1991) die Selbsterfahrung des durchaus mühevollen Ringens um Verstehen im Blick. Sie sieht hier eine wesentliche Kompetente, Selbstwirksamkeit des eigenen Denkens zu erleben und damit Selbstvertrauen in die eigenen mathematischen Kompetenzen zu entwickeln (Sfard, 1991, S. 33).

Mehrwert für arithmetische Kompetenzen

Der besondere Umgang mit geeigneten arithmetischen Aufgabenstellungen, die Potenziale bieten, über rein numerisches Denken hinaus zu denken, bietet einen *Mehrwert für arithmetische Kompetenzen*. Wird beispielsweise in arithmetischen Rechenaufgaben das Gleichheitszeichen nicht als Schlusszeichen, sondern als Relationszeichnen der in der Gleichung gegebenen Zahlen und Operationen neu in den Blick genommen, so fördert dies nachweislich die späteren Kompetenzen in der Gleichungslehre (Knuth et al., 2006, S. 310). Der Blick auf allgemeine Beziehungen zwischen den beteiligten Zahlen und auf die Struktur trägt umgekehrt aber auch dazu bei, Rechenmethoden und -strategien besser zu verstehen oder sogar kreativ neue, elegante Rechenwege zu erfinden (Arcavi et al., 2017, S. 4). Die im deutschsprachigen Unterricht übliche Thematisierung von so genannten halbschriftlichen Strategien in der Arithmetik nutzt genau diese besondere Perspektive auf Zahlen (Zahlenblick, Zahlensinn) und Operationseigenschaften (Kap. 6). „Algebraisches Denken [ist] eine wesentliche Grundlage für die Entwicklung von flexiblen Rechenfähigkeiten" (Schwarzkopf, 2017, S. 22). Bei der Erkundung von

---

[12] Übersetzung durch Autorinnen: „Eine wichtige Lehre, die wir aus der Geschichte ziehen können, mag den pädagogischen Einstellungen einer modernen Lehrkraft in gewisser Weise widersprechen. Die soeben geschilderten Berichte implizieren, dass die für ein gründliches Verständnis eines Konzepts (z. B. komplexe Zahlen) notwendige ‚reification' nicht erwartet werden kann, bevor eine gewisse Vertrautheit mit [so genannten] Sekundärprozessen (d. h. Operationen mit komplexen Zahlen) erreicht wurde. Andererseits können diese Prozesse ohne ‚reification' nicht sinnvoll sein. Hieraus ergibt sich die verblüffende pädagogische Schlussfolgerung: Lehrende und Lernende müssen die Notwendigkeit akzeptieren, mitunter Techniken zu nutzen, bevor sie vollständig verstanden wurden."

Rechenstrategien und beim geschickten, flexiblen Rechnen geht es um mehr als die numerische Lösung selbst. Lehrende und Lernende können erfahren, dass Gleichungen weit mehr als Aufgaben mit einem Ergebnis sind, wie bereits Winter (1982) als gewinnbringend ausweist:

> „Es geht zum Beispiel nicht an, … die Aufgabe-Ergebnis-Deutung [des Gleichheitszeichens] allein zu entwickeln und gleichzeitig Gleichungen mit Variablen lösen lassen zu wollen. … Das Gleichheitszeichen ist das mathematische Zeichen, man kann nicht beliebig mit ihm umspringen. Wer ein begründetes und kreatives Rechnen in der Grundschule will, muß [sic!] sich darüber im klaren sein, daß [sic!] dies auch die Weiterentwicklung eines allzu alltäglichen Gebrauchs des Gleichheitszeichens erforderlich macht. Die algebraische Sicht stellt einen höheren Lernanspruch dar als die pure Aufgabe-Ergebnis-Deutung, die Common-sense-Deutung; aber sie verspricht auch höheren Lohn." (Winter, 1982, S. 210)

Die numerische Repräsentation von arithmetischen Aufgaben bietet ein Spielfeld, um über Mengen, Beziehungen und Transformationen zu argumentieren und dabei durch den Fokus auf Strukturen über die einzeln gegebene Aufgabe hinaus Verallgemeinerungen anzudenken (Subramaniam & Banerjee, 2011). Während im Fokus auf arithmetische oder numerische Bearbeitungen die Eigenschaften und Relationen eher nebenläufig genutzt werden, stellt der algebraische Zugang genau diese Eigenschaften in den Mittelpunkt und weist die Strukturen als essenziell nach (Linchevski & Livneh, 1999). Eine verallgemeinernde Sicht auf Aufgaben ist notwendig. Erst durch die algebraische Sichtweise können Einzelfälle in ihren Strukturen als abstrakte Objekte in ihren konzeptionellen Gemeinsamkeiten erkannt werden (Abb. 2.4). Die Bewusstheit für Strukturen hilft umgekehrt dann auch wieder, Rechenregeln und Prozeduren zu verstehen (Banerjee & Subramaniam, 2012; Sfard, 1991) und damit souveräner auszuführen. Aktivitäten, die Arithmetik und Algebra miteinander verbinden, haben nach Russel et al. (2011) eine doppelte Wirkkraft: Denjenigen, die sich auf schlecht verstandene Verfahren verlassen müssen, ermöglicht die algebraische Denkweise Zugang zum Verstehen der Zusammenhänge, und denjenigen, die in Mathematik brillieren, ermöglichen die herausfordernden Fragen über mathematische Beziehungen, sie zu faszinieren.

Natürlich darf Arithmetikunterricht zu algebraischem Denken nicht wiederum formale Aspekte überbetonen oder reines Regellernen (empirisches Faktenwissen; Kap. 1) thematisieren. Genau wie eine nicht verstandene Algebra dazu führen kann, z. B. Umformungen als beliebiges „Buchstabenschubsen" zu erleben, besteht ansonsten die Gefahr, eine ebenso als sinnlos empfundene Algebra im Kontext von Zahlen zu betreiben:

> „Of course, looking at numerical expressions from a structural viewpoint takes full advantage of the strength of the algebraic model. However, such an approach might lead to teaching that overstresses the formal aspects of the rules for operating with numbers. We have to be careful not to present children with activities which are not motivated by the numerical context and by the children's common sense. We should avoid artificial activities that will lead to mea-

ningless manipulations within the number system and as such will not fulfill the cognitive function of these activities. Otherwise, the children will be doing 'meaningless algebra' in the context of numbers." (Linchevski & Livneh, 1999, S. 193)[13]

Die Auswahl geeigneter Aufgabenstellungen muss auch im Kontext von Zahlen und Zahlbeispielen künstliche Aktivitäten vermeiden und solche nutzen, die durch interessante Zusammenhänge von den Lernenden als sinn- und bedeutungsvoll erkannt werden können, damit strukturelle Erkenntnisse möglich werden. Mathematische Bildung ist mehr als Rechnenkönnen und zudem sogar mehr als flexible Rechenkompetenz zu entwickeln.

Förderung prozessbezogener Kompetenzen

Förderung algebraischen Denkens ist immer auch *Förderung prozessbezogener Kompetenzen*. Wie bei der exemplarischen Analyse der nationalen Lehrpläne deutlich wurde, ist der in den Bildungsstandards (KMK, 2022) formulierte Dreiklang Erkennen – Beschreiben – Darstellen im Bereich der Muster und Strukturen und damit im algebraischen Denken von besonderer Bedeutung (Abschn. 2.2.2). Auch in internationalen Lehrplänen und Standards werden diese Kompetenzen herausgestellt (Abschn. 2.2.1). Es kann eine enge Verzahnung zu den prozessbezogenen Kompetenzen Probleme mathematisch lösen, mathematisch darstellen, mit mathematischen Objekten arbeiten, mathematisch kommunizieren und mathematisch argumentieren ausgemacht werden.

Die Förderung algebraischen Denkens orientiert sich an *problemhaltigen Aufgaben*, die explorative Zugänge erlauben und die Suche nach Analogien und strukturellen Gemeinsamkeiten fördern und damit die genannten „Lösungsstrategien (z. B. systematisches Probieren, Analogien nutzen)" (KMK, 2022, S. 11) adressieren.

Die Repräsentation der Aufgabe und möglicher Strategien durch die Kinder selbst ist für die phänomenologischen Muster und die Entdeckung der grundliegenden mathematischen Strukturen wesentlich. Die Eignung von *Darstellungen* kann ebenso hinterfragt werden wie die Potenziale der gewählten Repräsentation für Entdeckungen von Analogien und strukturellen Gemeinsamkeiten: „vergleichen Darstellungsformen miteinander und bewerten diese" (KMK, 2022, S. 11).

---

[13] Übersetzung durch Autorinnen: „Die Stärken eines algebraischen Modells kann man natürlich voll ausschöpfen, wenn man numerische Terme von einem strukturellen Blickwinkel betrachtet. Ein solcher Ansatz könnte dazu führen, die formalen Aspekte der Regeln für das Operieren mit Zahlen zu stark zu betonen. Wir müssen darauf bedacht sein, den Kindern keine Aktivitäten anzubieten, die nicht durch den Zahlenkontext und den gesunden Menschenverstand motiviert sind. Wir sollten künstliche Aktivitäten vermeiden, die zu sinnlosen Handlungen im Zahlensystem führen und damit keine erkenntnisleitende Funktion erfüllen. Andernfalls werden die Kinder ‚sinnlose Algebra' im Zusammenhang mit Zahlen betreiben."

Mathematische Muster und insbesondere mathematische Strukturen sind die Objekte algebraischen Denkens (Kap. 1). Die 2022 neu aufgenommene, prozessbezogene Kompetenz *Mit mathematischen Objekten und Werkzeugen arbeiten*, betont die Bedeutung, eines „flexiblen und sachgerechten Umgangs mit mathematischen Objekten" sowie „den fachlich sicheren Umgang mit den im Mathematikunterricht der Primarstufe relevanten mathematischen Objekten (z. B. arithmetisch: u. a. Zahlen, Symbole, Terme, Gleichungen …)" (KMK, 2022, S. 12).

Mathematikunterricht im Themenfeld algebraischen Denkens lebt von *kommunikativem Austausch* über Entdeckungen und Denkwege. Im Unterricht zu algebraischem Denken „erläutern [die Kinder] mathematische Zusammenhänge, vollziehen Lösungen und Lösungswege anderer nach, hinterfragen und entwickeln diese gemeinsam weiter" (KMK, 2022, S. 10).

Für den Schritt zur strukturellen Sichtweise in Verallgemeinerungen ist vor allem jedoch die Begründung der entdeckten Strukturen als Kompetenz des *Argumentierens* für algebraisches Denken notwendig, d. h., die Kinder „stellen Vermutungen zu mathematischen Zusammenhängen auf; formulieren Begründungen und vollziehen Begründungen anderer nach" (KMK, 2022, S. 10).

Zusammenschau der Begründungen
Zusammenfassend ergeben sich somit mindestens drei Gründe, warum die Förderung algebraischen Denkens im Arithmetikunterricht der Grundschule nicht nur in spezifischen Grundideen (Abschn. 2.3) möglich, sondern aufgrund der reichhaltigen Lernchancen für die Kinder empfehlenswert ist.

An algebraischen Grundideen orientierter Unterricht

- bietet Optionen, *algebraisches Denken als Kulturgut* kennenzulernen, algebraische Denkweisen in der Arithmetik zu erproben und als *Denkgewohnheit* (Muster entdecken – Strukturen verstehen) zu etablieren, an die der Algebraunterricht in der Sekundarstufe fruchtbar anknüpfen kann,
- eröffnet durch die besondere Fokussierung auf Muster und Strukturen einen spezifischen *Mehrwert für inhaltsbezogene arithmetische Kompetenzen*,
- bietet eine ideale *Förderung* nahezu aller *prozessbezogener Kompetenzen*, die insbesondere von „zentraler Bedeutung für eine erfolgreiche Nutzung und Aneignung von Mathematik" (KMK, 2022, S. 9) im aktuellen Mathematikunterricht sind.

Bevor konkrete Aufgabenvorschläge und ihre fachlichen Hintergründe den Grundideen folgend in vier Kapiteln (Kap. 5, 6, 7 und 8) angeboten werden, werden generelle Umsetzungsideen und grundsätzliche Prinzipien für Unterricht zu algebraischen Grundideen dargelegt (Kap. 4). Im nun anschließenden Kapitel werden zunächst die prozessbezogenen, allgemeinen Kompetenzen und ihr Zusammenspiel mit algebraischem Denken genauer in den Blick genommen (Kap. 3).

Algebraisch kommunizieren, darstellen, argumentieren

3

„Algebraic thinking is not about using or not using notations but about reasoning in certain ways." (Radford, 2011, S. 310)[1]

Die prozessbezogenen Kompetenzen gewinnen im Mathematikunterricht zunehmend an Bedeutung und werden in den Bildungsstandards als gleichwertig zu den inhaltsbezogenen Kompetenzen beschrieben (KMK, 2022). Das Ziel, dem Arithmetikunterricht der Grundschule eine algebraische Qualität zu verleihen (Winter, 1983), sollte folglich nicht nur für die inhaltsbezogenen, sondern auch für die prozessbezogenen Kompetenzen verstanden werden. Der Fokus liegt in diesem Kapitel auf den Kommunikations-, Darstellungs- und Argumentationsprozessen, die mit dem Blick auf Muster und Strukturen an algebraischer Qualität gewinnen können (Kap. 2). Über Muster und Strukturen zu kommunizieren, auf der Grundlage von Strukturen zu argumentieren bzw. Muster zu begründen, ist zentral und gleichzeitig herausfordernd. Diese Prozesse bringen mathematikspezifische Anforderungen, aber auch Chancen mit sich, auf die in diesem Kapitel eingegangen wird. Es soll folglich ein Blick aus der Perspektive des algebraischen Denkens auf die prozessbezogenen Kompetenzen geworfen und dabei beschrieben werden, wie diese algebraisch intensiviert werden können. Dies kann dann gleichwohl auch wiederum als Bereicherung für die Entwicklung der inhaltsbezogenen Kompetenzen gesehen werden (Kap. 2).

Zunächst wird in Abschn. 3.1 auf die eng miteinander verwobenen prozessbezogenen Kompetenzen des Kommunizierens und des Darstellens eingegangen und aus einer algebraischen Perspektive auf diese beiden Prozesse geblickt. Wenn im Unterricht allgemeine Zusammenhänge durch das Deuten und Nutzen von konkreten Darstellungen erkannt, be-

---

[1] Übersetzung durch Autorinnen: „Beim algebraischen Denken geht es nicht darum, Notationen zu nutzen oder nicht, sondern darum, auf eine bestimmte Art und Weise zu argumentieren."

K. Akinwunmi, A. S. Steinweg, *Algebraisches Denken im Arithmetikunterricht der Grundschule*, Mathematik Primarstufe und Sekundarstufe I + II, https://doi.org/10.1007/978-3-662-68701-7_3

schrieben und begründet werden sollen, verlangt dies nach der zentralen algebraischen Tätigkeit des Verallgemeinerns, die in Abschn. 3.2 erörtert wird. Dabei wird herausgestellt, weshalb die in Kap. 1 herausgearbeitete theoretische Unterscheidung zwischen Mustern und Strukturen bei der Betrachtung von Verallgemeinerungsprozessen wichtig ist und wie sie sich auch empirisch in Kinderäußerungen widerspiegelt. Diese Differenzierung ist grundlegend für algebraische Argumentationen, welche in Abschn. 3.3 genauer beschrieben werden. Zudem wird in diesem Abschnitt erläutert, wie Lernende der Grundschule mit Hilfe von operativen Beweisen allgemeine Zusammenhänge begründen können. Variablen – und damit sind nicht ausschließlich Buchstabenvariablen gemeint – nehmen beim algebraischen Kommunizieren, Darstellen und Argumentieren eine zentrale Rolle ein, die in Abschn. 3.4 beschrieben wird.

3.1 Algebraisch kommunizieren und darstellen

In diesem Abschnitt wird beschrieben, weshalb im Mathematikunterricht, in dem Muster und Strukturen im Zentrum stehen, Darstellungen auf allen Ebenen, d. h. symbolisch, ikonisch sowie enaktiv (Bruner, 1974), in einer besonderen algebraischen Art und Weise gedeutet werden müssen und wie dies die Kommunikation im Mathematikunterricht prägt. Darstellungen sind für die Mathematik und das Mathematiklernen von zentraler Bedeutung. Mathematische Begriffe, Objekte und ihre Beziehungen, d. h. Strukturen, sind nicht direkt zugänglich und gelten deshalb als abstrakt (Kap. 1). Um einen Zugang zu ihnen zu erhalten, ist es daher notwendig, eine Darstellung als „Verkörperung" (Wittmann & Müller, 2007, S. 50) zu nutzen. In Darstellungen können Regelmäßigkeiten sichtbar und kommunizierbar werden und so einen Zugang zu und einen Austausch über die abstrakten, mathematischen Hintergründe (Strukturen) bieten.

Zunächst sei an dieser Stelle ein kurzer Einblick gegeben, was die Bildungsstandards (KMK, 2022) unter den beiden Tätigkeiten des Kommunizierens und des Darstellens verstehen.

Mathematisch kommunizieren: „Beim mathematischen Kommunizieren verständigen sich Schülerinnen und Schüler mündlich oder auch schriftlich und mit Hilfe geeigneter Medien über mathematische Bearbeitungen, treffen darüber fachliche Absprachen und gehen inhaltlich aufeinander ein. Das Spektrum reicht vom Präsentieren, Beschreiben und strukturierten Darlegen eigener mathematischer Überlegungen bis hin zum verständlichen Erläutern von Zusammenhängen zwischen mathematischen Objekten und zum Nachvollziehen und kritischen Hinterfragen von Erläuterungen und Erklärungen anderer." (KMK, 2022, S. 10)

Mathematisch darstellen: „Diese Kompetenz umfasst das Auswählen von sowie das verständige Umgehen mit bildlichen, symbolischen, materiellen, verbal-sprachlichen sowie grafisch-visuellen und tabellarischen Darstellungen, die mathematische Objekte und Sachverhalte repräsentieren. Von besonderer Bedeutung ist das Vernetzen von mathematischen Darstellungen. Das Spektrum reicht von Anwenden, Interpretieren und Unterscheiden mathematisch bedeutsamer Darstellungen über das Erstellen von und Wechseln zwischen geeigneten mathematischen Darstellungen bis hin zu deren kritischen Reflexion." (KMK, 2022, S. 11)

Bereits in den Ausführungen der Bildungsstandards wird deutlich, dass die Prozesse des Kommunizierens und des Darstellens untrennbar miteinander verwoben sind. Sie werden aus diesem Grund in diesem Kapitel in ihren wechselseitigen Bezügen beschrieben. Jede Form der Äußerung, ob schriftlich, mündlich oder mit Medien, ist per se bereits eine Art der Darstellung; sie ist ein Zeichen, das in der Kommunikation von anderen wiederum zu deuten ist. Kommunikation basiert folglich auf dem Austausch von Darstellungen (Luhmann, 1997; Ott, 2016). Die angesprochenen Darstellungen in „bildlichen, symbolischen, materiellen, verbal-sprachlichen sowie grafisch-visuellen und tabellarischen" Formen zeigen die Bandbreite möglicher Darstellungsmittel auf, die immer auch Mittel des Kommunizierens, Argumentierens und Beweisens sind (Schulz & Wartha, 2021; Schulz, 2014; Krauthausen & Scherer, 2007).

3.1.1 Algebraische Perspektive auf das Kommunizieren

In Kap. 1 und 2 wurde die Bedeutung von Strukturen als wesentliche Grundlage aller mathematischen Inhalte beschrieben. Steinbring (2005) spricht von einem „relationalen Charakter", der die Besonderheit mathematischer Begriffe per se ausmacht. Dies sei an einem Beispiel für den Zahlbegriff verdeutlicht: Die Bedeutung der Zahl 6 kann nicht isoliert betrachtet werden, sie steht „nicht für etwas konkretes anderes, also nicht für sichtbare Gegenstände" (Steinbring, 2005, S. 30). Vielmehr wird sie durch ihre speziellen Eigenschaften konstituiert, sie ist der Nachfolger der Zahl 5, Vorgänger der 7, sie besitzt vier Teiler, lässt sich u. a. in 4 und 2 zerlegen usw. Sie kennzeichnet sich folglich durch Relationen zu anderen Zahlen (Nührenbörger, 2009, S. 151).

Diese besondere Natur der mathematischen Begriffe hat natürlich Auswirkungen auf die Art und Weise, in der sich Lernende diese Begriffe erarbeiten und wie sie über diese kommunizieren können. Deshalb spielt die algebraische Perspektive auf Darstellungen nicht nur bei der Deutung, sondern auch in ihrer Funktion als Kommunikationsmittel (Lorenz, 2007) eine Rolle, wenn Lernende über ihre entdeckten allgemeinen Zusammenhänge kommunizieren und diese darstellen. In der Mathematik besitzen Darstellungen die schwierige Aufgabe, auf Begriffe zu verweisen, die aufgrund ihres relationalen Charakters weder sichtbar noch empirisch erfahrbar sind (Duval, 1999, 2000). Für die Zahl 6 gibt es verschiedene Repräsentationsmöglichkeiten, als Zahlsymbol „6", als Zahlwort „sechs", als 6 Plättchen (die wiederum auf verschiedene Weisen angeordnet sein können), als Position auf dem Zahlenstrahl usw.

> „Für die Gestaltung mathematischer Lehr-Lernprozesse zeigt sich damit eine folgenreiche „Eigentümlichkeit" in der Beziehung von mathematischen Begriffen und ihrer visuellen Repräsentation. Auf der einen Seite steht das mathematische Wissen, das nicht empirisch fassbar ist. Seine mathematischen Beziehungen, Muster und Strukturen – als theoretisch relationale Begriffe – können nicht ohne ein darstellendes Medium existieren, sondern bedürfen einer Repräsentation. Diese Repräsentation, auf der anderen Seite, ist jedoch nicht mit den mathematischen Begriffen gleichzusetzen oder gar zu verwechseln, vielmehr handelt es sich um ein Symbol, das „lediglich" auf mathematische Inhalte *verweist*." (Söbbeke, 2005, S. 18)

Im Mathematikunterricht der Grundschule werden ganz konkrete Rechnungen, Bilder, Anschauungsmittel und Weiteres genutzt, deren Deutung und Beschreibung dazu beitragen sollen, ein mathematisches Verständnis zu entwickeln. Die Lehrkraft nutzt üblicherweise konkrete Beispiele, um einen allgemeinen mathematischen Zusammenhang zu erklären. Die Darstellung wird dabei zum exemplarischen Beispiel – zum speziellen Fall einer allgemeinen Aussage. Die verwendeten Zahlen sind gegen andere austauschbar, der beschriebene Sachverhalt aber gilt allgemein. Darstellungen bilden hier lediglich die wahrnehmbaren Phänomene, deren Regelmäßigkeiten hinterfragt und begründet werden müssen, um auf die Ebene der Strukturen zu gelangen.

Anhand eines typischen Lerngegenstands des Mathematikunterrichts der Grundschule soll im Folgenden herausgestellt werden, welche Besonderheiten und Herausforderungen der relationale Charakter von mathematischen Begriffen für den Lernprozess mit sich bringt. Betrachtet wird dazu die Entwicklung des Multiplikationsverständnisses. Wie oben angedeutet, wird in der Grundschule mit Beispielen und Veranschaulichungen sowie deren Verallgemeinerungen gearbeitet, aus denen die Lernenden ein allgemeines Verständnis dafür entwickeln sollen, was die Multiplikation mathematisch ausmacht. In der Schulbuchabbildung (Abb. 3.1) werden dazu verschiedene Situationen angeboten, in die von den Lernenden eine multiplikative Struktur hineingedeutet werden kann.

In einer gemeinsamen Unterrichtssequenz können die im Bild bereits notierten Gleichungen $5 + 5 + 5 = 15$ und $3 \cdot 5 = 15$ auf die rechteckige Anordnung der Fischbilder an der Klassenwand bezogen werden. Anhand dieses Beispiels und begleitenden sprachlichen Erläuterungen („Warum passt die Malaufgabe?" oder „Wie erkennst du drei Fünfer?") kann die räumlich-simultane Vorstellung der Multiplikation in einer rechteckigen

Erzählt. Findet Malaufgaben und schreibt sie auf.

Abb. 3.1 Einführung der Multiplikation. (© Klett: Nührenbörger, M., Schwarzkopf, R., Bischoff, M., Götze, D. & Heß, B. (2022). *Das Zahlenbuch 2*. Klett, S. 66)

Darstellung von den Lernenden aufgebaut und auf weitere Beispiele im Bild transferiert werden, wie die Fenstergläser, Teppichmuster, Gardinenpunkte oder Regalfächer usw. Das Bild ist so gestaltet, dass vielfältige Bedeutungen der Multiplikation in den Beispielen angesprochen werden können, wie der zeitlich-sukzessive Aspekt (Padberg & Benz, 2021) beim Einräumen der Kisten, gruppierte Darstellungen wie die Würfelaugen oder die Pinselbecher oder auch das wiederholte Addieren in der Zahlenraupe.

Durch die Thematisierung an mehreren Beispielen, die Verbalisierung von multiplikativen Deutungen und schließlich die eigenständige Übertragung wird erhofft, so eine tragfähige Grundvorstellung aufzubauen und ein allgemeines Verständnis der Multiplikation zu entwickeln. Nach Sawyer gehört gerade diese Verallgemeinerung zum Kern des algebraischen Denkens:

> „When we teach arithmetic, … our real aim is to teach algebra. For it is extremely unlikely that our children will ever meet in later life the exact numbers they had in any problem at school. When we give them any particular exercise, our hope is that they will see that the same method could be applied to many similar problems. So that even when we are dealing with the particular numbers of arithmetic, we are hoping to convey general ideas, which belong to algebra." (Sawyer, 1964, S. 90)[2]

In Sawyers Zitat wird deutlich, dass mit solchen allgemeinen Zusammenhängen und „Methoden" ebenso beispielsweise Rechenwege gemeint sind. In der bildlichen Situation der Abb. 3.1 ließe sich auch der Zusammenhang zwischen den numerischen Termen $5 + 5 + 5$ und $3 \cdot 5$ thematisieren, um den allgemeinen Zusammenhang zwischen der Addition und Multiplikation zu erarbeiten. Die Ablösung von Beispielen stellt eine enorme sprachliche Herausforderung dar. Für die rechteckige Darstellung der Multiplikation könnte eine grundschulgerechte Formulierung lauten: „Die erste Zahl zeigt, wie viele Reihen es gibt. Die zweite Zahl zeigt, wie viele Fischbilder in jeder Reihe sind." Götze und Baiker (2021) verdeutlichen ebenso wie zuvor Transchel (2020) in ihren Studien am Beispiel der Multiplikation, dass die sprachliche Förderung bei der Begriffserarbeitung und dabei insbesondere Ausdrücke (beispielsweise Gruppen oder Bündel oder Reihen) für die zusammengesetzten Einheiten (im Sinne des Multiplikanden) eine wichtige Rolle spielen.

Bei einer solchen Kommunikation im Mathematikunterricht stehen Schülerinnen und Schüler vor dem besonderen Deutungsproblem, den spezifischen Charakter mathematischer Begriffe in die gegebenen Darstellungen „hineinzusehen". Dazu sind sie bei der Deutung gezwungen, sich von der konkreten Situation zu lösen und „etwas anderes" – eine Struktur – zu fokussieren (Steinbring, 2005, S. 82). Dieses Deuten von Strukturen in

---

[2] Übersetzung durch Autorinnen: „Wenn wir Arithmetik unterrichten, … ist unser eigentliches Ziel, Algebra zu unterrichten. Denn es ist äußerst unwahrscheinlich, dass unsere Kinder jemals im späteren Leben auf exakt die gleichen Zahlen treffen werden, die sie in einer Problemstellung in der Schule hatten. Wenn wir ihnen eine bestimmte Aufgabe geben, ist unsere Hoffnung, dass sie erkennen, dass dieselbe Methode auf viele ähnliche Probleme angewendet werden kann. Selbst wenn wir uns also mit den besonderen Zahlen der Arithmetik beschäftigen, hoffen wir, allgemeine Ideen zu vermitteln, die zur Algebra gehören."

den gegebenen Darstellungen und konkreten Objekten verlangt nach der Tätigkeit des Verallgemeinerns, die Mason & Pimm (1984) auch mit dem Ausdruck *„Seeing the general in*
the particular" (Das Sehen vom Allgemeinen im Besonderen) bezeichnen. Dieses besondere „Sehen" spielt im Mathematikunterricht aller Schulstufen eine nicht zu unter-
schätzende Rolle. Es bezieht sich dabei auf mathematische Darstellungen auf allen Darstellungsebenen (enaktiv, ikonisch oder symbolisch). Wenn Lernende anhand eines gegebenen Beispiels allgemeines mathematisches Wissen konstruieren sollen, so müssen sie
in der Lage sein, den speziellen Charakter des verwendeten Beispiels von den allgemeinen
Inhalten der Aussage der Lehrkraft zu differenzieren (Mason, 1996). Gefordert wird von
den Kindern eine Sensibilität dafür, welche Eigenschaften auf welcher Ebene zwischen
allgemein und konkret zu deuten sind. Die Faktoren 3 und 5 sind im Fischbildbeispiel als
exemplarische, austauschbare Zahlen zu verstehen. Gleichzeitig ist auch das Fischbild
selbst ein Beispiel, das mit anderen Rechtecksbildern auf der Seite verglichen und in Beziehung gesetzt werden kann, um die Gemeinsamkeiten herauszuarbeiten, welche die
multiplikative Struktur über die Beispiele hinaus prägen. Im Unterricht können die Lernenden gefragt werden, wie sich die passende Malaufgabe verändern würde, wenn in jeder
Zeile noch ein weiteres Bild hängen oder es aber sogar eine ganze weitere Zeile an Fisch-
bildern geben würde, um diesen exemplarischen Charakter der Zahlen herauszustellen.
Die allgemeine musterhafte Regelmäßigkeit des additiven Terms (hier 5 + 5 + 5), aus jeweils gleichen Zahlen bestehend, ist unabdingbar für die Übersetzung in eine Malaufgabe
und somit nicht exemplarisch. Die als Summand genutzte Zahl 5 hingegen ist als exemplarisches Beispiel zu verstehen.

Mathematische Begriffe besitzen folglich eine besondere Mehrdeutigkeit zwischen
Situiertheit und Allgemeinheit, die einerseits Schwierigkeiten mit sich bringen kann,
andererseits aber die besondere Kraft mathematischer Begriffe ausmacht (Mason & Pimm,
1984). Steinbring (2000a, S. 43) spricht von einem Spannungsverhältnis zwischen „empirischer, situierter Kennzeichnung" und „struktureller, relationaler Allgemeinheit des mathematischen Wissens" (Abb. 3.2). Entsprechend befindet sich auch die Kommunikation
über Mathematik mit Hilfe von Zeichen und Symbolen in diesem Spannungsfeld, gleichzeitig auf konkrete, empirische Dinge und im Sinne einer Variablen (Abschn. 3.4) auf die
allgemeine Struktur zu verweisen.

	Balance zwischen *Situiertheit* und *Allgemeinheit*	
Epistemologische Charakterisierung des mathematischen Wissens	Empirische, situierte Kennzeichnung math. Wissens	Strukturelle, relationale Allgemeinheit math. Wissens
Rolle mathematischer Zeichen und Symbole	Namen für empirische Dinge und Eigenschaften	Verkörperung math. Beziehungen als exemplarische „Variable"

Abb. 3.2 Die epistemologische Kennzeichnung des mathematischen Wissens. (In Anlehnung an
Steinbring, 2000a, S. 43)

Die Anforderung an die Lernenden ist folglich von doppelter Natur: Die Kinder müssen bei der Deutung mathematischer Zeichen und Symbole sowohl das Allgemeine im Besonderen sehen, welches über die konkrete Situation hinausreicht, als auch das Besondere der vorliegenden Situation erkennen. Sie müssen also das Allgemeine vom Besonderen differenzieren können. In Abb. 3.1 sind die Zahlen 3 und 5 in der Malaufgabe $3 \cdot 5$ ganz konkrete Zahlen, die für dieses abgebildete Fischbild passen, sie stehen gleichzeitig als exemplarische Variablen für die beiden Faktoren, die allgemein die Anzahl an Reihen und die Anzahl an Elementen pro Reihe angeben.

3.1.2 Algebraische Perspektive auf das Darstellen

Darstellungen werden aus verschiedenen wissenschaftlichen Perspektiven immer wieder diskutiert (Ott, 2016). So wurde beispielsweise bereits herausgestellt, dass Darstellungen nicht eindeutig, sondern mehrdeutig (Lorenz, 1998; Schipper & Hülshoff, 1984); nicht nur Lernhilfe, sondern auch Lernstoff (Wittmann, 1993); nicht nur Erkenntnis-, sondern auch Kommunikationsmittel (Lorenz, 2007); nicht direkte Wissensvermittler, sondern aktiv zu deuten sind (Voigt, 1993). Die Kompetenz, flexibel zwischen Darstellungen zu wechseln, wird insbesondere als Indiz für Verstehensprozesse bzw. für das Verständnis ausgewiesen (Duval, 2000; Gerster & Schultz, 2004). Für eine ausführliche Übersicht zu den Funktionen von und den lerntheoretischen Blickwinkeln auf Darstellungen in der Mathematikdidaktik sei an dieser Stelle auf Ott (2016) und Söbbeke (2005) verwiesen.

Im Folgenden wird das Darstellen fokussiert aus der Perspektive des algebraischen Denkens betrachtet, denn Darstellungen und der Wechsel zwischen Darstellungen werden in der Forschung zur Entwicklung des algebraischen Denkens als besonders bedeutsam betont (u. a. Russel et al., 2011; Kieran et al., 2016; Cooper & Warren, 2008). Darstellungen bringen hier ihre eigenen spezifischen Deutungsanforderungen mit sich, die im Folgenden beschrieben werden. Insbesondere ist die elementare Algebra in der frühen Sekundarstufe verbunden mit neuen Zeichen und Symbolen (wie beispielsweise Buchstabenvariablen), mit denen die Lernenden als eine neue symbolische Repräsentationsform konfrontiert werden. In Kap. 1 wurde algebraisches Denken aus lerntheoretischer Perspektive betrachtet und die in der Forschungsliteratur häufig vertretene Sichtweise beschrieben, Algebra als verallgemeinerte Arithmetik aufzufassen. Bezüglich dieser Verallgemeinerungen nehmen Darstellungen eine spezifische Rolle ein, die in diesem Abschnitt beschrieben wird, da auch der Umgang mit Darstellungen, insbesondere das Deuten und das Nutzen, Prozesse des Verallgemeinerns verlangt.

Lernende können im Grundschulunterricht nur anhand von konkreten Darstellungen ein Verständnis für mathematische Begriffe (im Beispiel oben multiplikative Strukturen) entwickeln. Darstellungen wie Punktebilder stellen wahrnehmbare Phänomene dar, die bestimmte Regelmäßigkeiten (wie z. B. gleich lange Reihen) aufweisen. Um von der Muster- auf die Strukturebene zu gelangen, müssen Lernende in die Lage versetzt werden, mit Hilfe von Verallgemeinerungsprozessen die spezifischen Eigenschaften über mehrere Bei-

Welche Bilder passen zu der Aufgabe **3 · 4 = 12**? Kreise ein.

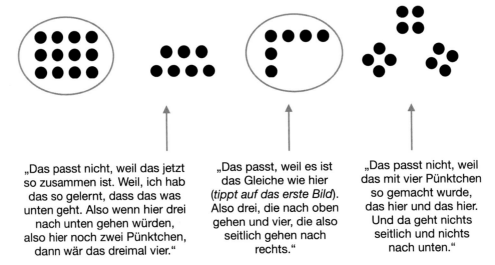

„Das passt nicht, weil das jetzt so zusammen ist. Weil, ich hab das so gelernt, dass das was unten geht. Also wenn hier drei nach unten gehen würden, also hier noch zwei Pünktchen, dann wär das dreimal vier."

„Das passt, weil es ist das Gleiche wie hier (*tippt auf das erste Bild*). Also drei, die nach oben gehen und vier, die also seitlich gehen nach rechts."

„Das passt nicht, weil das mit vier Pünktchen so gemacht wurde, das hier und das hier. Und da geht nichts seitlich und nichts nach unten."

Abb. 3.3 Belmins Deutung von Darstellungen zur Multiplikation. (In Anlehnung an Akinwunmi & Deutscher, 2014, S. 11)

spiele hinweg zu erforschen. Nicht immer nehmen Lernende von sich aus jedoch die in den Beispielen intendierten Strukturen wahr; insbesondere dann nicht, wenn die behandelten Beispiele Regelmäßigkeiten entstehen lassen, die sich auch mit Blick auf konkrete Einzelelemente (empirisch-situiert) erklären lassen. Solche möglichen Hürden, die im Unterricht zugleich als Lernchancen aufgegriffen werden können, werden im Folgenden exemplarisch am oben angesprochenen Inhalt der Multiplikation aufgezeigt.

Betrachtet wird hier ein Gespräch mit dem Sechstklässler Belmin (Abb. 3.3), dessen Verständnis der Multiplikation bei der Bearbeitung einer diagnostischen Aufgabe aus dem Projekt Mathe sicher können (Selter et al., 2014) deutlich wird. Das Projekt hat Diagnose- und Fördermaterialien zu mathematischen Basiskompetenzen (u. a. auch der Grundschule) für Lernende der frühen Sekundarstufe entwickelt und erprobt. Die Anforderung, der Malaufgabe 3 · 4 = 12 passende Punktebilder zuzuordnen, spricht grundlegende Kompetenzen des Primarbereichs an.

Im ersten Bild identifiziert Belmin das Punktefeld als passend, begründet dies in der Situation nicht weiter. Bei seinen Aussagen zum zweiten und dritten Bild wird deutlich, dass sich seine Deutung nicht auf die multiplikative Struktur bezieht. Belmin folgt einer individuell aufgestellten Regel, welche ihn bei klassischen Aufgabenstellungen zur erfolgreichen Zuordnung von rechteckigen Punktefeldern zu Malaufgaben befähigt. Unter Rückgriff auf seine Worte könnte man sein Verständnis der Multiplikation allgemein vielleicht so formulieren: „Das, was nach unten geht, und das, was seitlich nach rechts geht, muss zu den Zahlen der Malaufgabe passen." In seiner Aussage zum vierten Bild wird deutlich, dass er drei Gruppen („das …, das hier und das hier") mit je vier Punkten in das

Bild hineindeutet, drei Vierergruppen jedoch nicht in Verbindung zur Aufgabe $3 \cdot 4 = 12$ sieht. Belmins Aussagen lassen darauf schließen, dass im Unterricht die Bedeutung der Multiplikation (vielleicht u. a.) anhand von rechteckigen Punktefeldern erarbeitet wurde.

Das Beispiel zeigt eine typische Hürde im Erwerb des strukturellen Verständnisses: Belmin sieht im Punktefeld nicht wie intendiert ein Muster aus gleichmächtigen Mengen von Punkten, die in Reihen angeordnet sind. An die Stelle einer multiplikativen Deutung des gesamten Punktemusters tritt eine Orientierung an den beiden Rändern gefolgt von einer Notation der dort abzählbaren Anzahlen als Faktoren der Malaufgabe. Diese Regel führt ihn zur erfolgreichen Zuordnung von Punktefeldern zu Malaufgaben und wirkt sich somit prägend auf sein Verständnis der Multiplikation aus. Für die Arbeitsschritte muss er die beiden Zahlen nicht in Beziehung zueinander setzen (und als Multiplikator und Multiplikand verstehen) – er muss lediglich Anzahlen abzählen und übertragen.

Werden mathematische Darstellungen ausschließlich auf Phänomenebene gedeutet und verallgemeinert, können entsprechende Schwierigkeiten wie beispielsweise Fehlvorstellungen, nicht tragfähige Vorstellungen oder unverstandene Regeln entstehen. Bereits vor über 30 Jahren weist Steinbring (1993) darauf hin, dass eine solche Sichtweise auf mathematische Objekte mit Gefahren für das mathematische Lernen verbunden ist, wenn der Zugang zu den Strukturen dadurch in den Hintergrund gerückt wird.

Diese Szene von Belmins Multiplikationsverständnis macht die Bedeutung einer verallgemeinernden Sprache in der Interaktion deutlich, welche die wesentlichen Strukturen anspricht und diese expliziert.

> „Students not only need many instances of relationships, they also need to explicitly discuss these relationships in everyday language." (Warren, 2003b, S. 133)[3]

Im Unterricht sollten folglich die sprachlichen Mittel der Lernenden, auch im Sinne einer Alltagssprache, aufgegriffen und weiterentwickelt werden (Abschn. 3.2.1).

Zusätzlich macht diese Szene bewusst, dass multiplikative Strukturen nicht durch ein Bild und auch nicht durch viele Bilder an sich in irgendeiner Weise transportiert werden bzw. direkt in eigene Vorstellungen übergehen. Sie müssen in die Darstellung aktiv vom Lernenden hineingedeutet werden. Gerade bezüglich des Umgangs mit ikonischen Darstellungen und Anschauungsmitteln besteht bereits seit Langem Konsens darüber, dass diese mehrdeutig sind und keine direkte eindeutige Informationsentnahme aus beispielsweise einer Darstellung heraus möglich ist (u. a. Lorenz, 1998; Schipper & Hülshoff, 1984; Voigt, 1993). Stattdessen werden Darstellungen aktiv betrachtet und individuell vor dem Hintergrund des begrifflichen Wissens gedeutet (wie in Belmins Beispiel gut sichtbar wird). Entsprechend sind Darstellungen grundsätzlich offen für die flexible Deutung von unterschiedlichen Mustern, also für die Wahrnehmung von Regelmäßigkeiten auf Phänomenebene. In einem Hunderterpunktefeld beispielsweise können die Lernenden so-

---

[3] Übersetzung durch Autorinnen: „Die Lernenden brauchen nicht nur viele Beispiele für Beziehungen, sie müssen diese Beziehungen auch explizit in der Alltagssprache diskutieren."

wohl verschiedene dezimale sowie auch additive oder multiplikative Beziehungen in den Blick nehmen und zwischen verschiedenen Deutungen wechseln (Söbbeke, 2005, S. 25). Steinbring (1994) nennt diese Deutungsoffenheit „theoretische Mehrdeutigkeit".

Entscheidend ist an dieser Stelle die zunächst paradox wirkende Frage, wie denn die Lernenden Strukturen durch die Wahrnehmung von Mustern in den Darstellungen kennenlernen können, wenn sie dazu die relevanten mathematischen Eigenschaften und Beziehungen in die Darstellungen hineindeuten und somit (wieder-)erkennen müssen. Notwendig ist dafür eine diskursive Auseinandersetzung mit Darstellungen im Unterricht, um Deutungen auszuhandeln und um strukturelle Sichtweisen zu erweitern. Mögliche Unterrichtsanregungen dazu werden in Kap. 4 ausführlich erläutert.

Für diese empirische Erforschung von strukturellen Deutungen in mathematischen Anschauungsmitteln arbeitet Söbbeke (2005) das Konstrukt der *visuellen Strukturierungsfähigkeit* aus, dessen höchste Ebene durch „strukturorientierte, relationale Deutungen mit umfassender Nutzung von Beziehungen und flexiblen Umdeutungen" (Söbbeke, 2005, S. 139) charakterisiert wird. Die Strukturierungsfähigkeit umfasst dabei weit mehr als das, was umgangssprachlich oft unter dem Begriff Strukturieren verstanden wird (Kap. 1). Strukturieren wird im Alltag häufig synonym zu einem Gliedern eines Ganzen in einzelne Bestandteile verstanden. Unter einer strukturellen Deutung hingegen verstehen wir in Einklang mit Söbbeke (2005) eine *die Struktur betreffende Deutung*, folglich eine Deutung, welche verschiedene charakterisierende, mathematische Eigenschaften der dargestellten Objekte fokussiert.

Grafische Darstellungen können die wesentlichen strukturellen Merkmale von Objekten anschaulich machen. Im oben angesprochenen Beispiel der Multiplikation werden die gleich großen Teilmengen als besonderes Muster in Form von gleich langen Reihen wahrnehmbar. Diese Regelmäßigkeit verweist auch auf die Teilbarkeitseigenschaft der Zahl, denn es wird durch die Anordnung sichtbar, dass die Zahl 15, repräsentiert durch 15 Fischbilder, sowohl durch 5 (Anzahl der Bilder pro Reihe) also auch durch 3 (Anzahl der Reihen) restlos teilbar ist.

Auch die Teilbarkeit durch 2 (Parität), also die Eigenschaft einer Zahl, gerade oder ungerade zu sein, kann mit Hilfe von Plättchenkonfigurationen verdeutlicht werden (Abb. 3.4; siehe auch Kap. 5).

Eine gerade Zahl kann aufgrund ihrer Eigenschaft, durch 2 teilbar zu sein, als Doppelreihe bzw. als Rechteck mit der Seitenlänge 2 dargestellt werden. Analog lässt sich eine

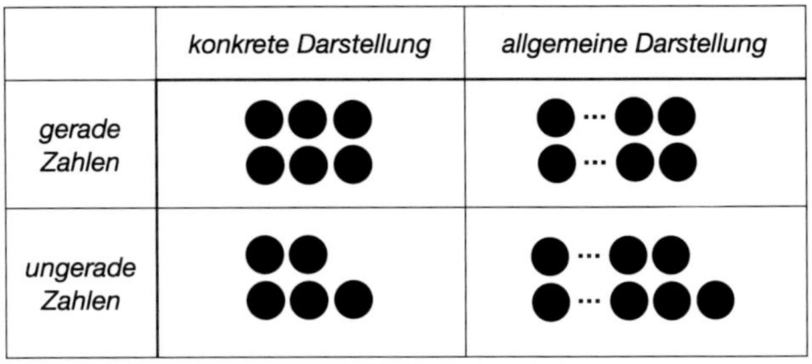

Abb. 3.4 Konkrete und allgemeine Darstellung von Paritäten mit Punktebildern

ungerade Zahl nur als Doppelreihe minus 1 bzw. Doppelreihe plus 1 veranschaulichen. Im Grundschulunterricht wird diese Zahleigenschaft an exemplarischen Beispielen thematisiert, indem konkrete Zahlen (hier 6 und 5) dargestellt werden und die Gemeinsamkeiten und Unterschiede sprachlich herausgearbeitet werden. Allen geraden Zahlen ist bei einer solchen Anordnung gemeinsam, dass die beiden übereinanderliegenden Reihen auf beiden Seiten rechts und links bündig abschließen und damit auf beiden Seiten *gerade* sind, während dies bei allen ungeraden Zahlen hingegen nur für genau eine Seite gilt und auf der anderen Seite ein Plättchen übersteht, das Ende also *ungerade* ist. Gerade Zahlen unterscheiden sich voneinander somit nur in der Anzahl der Plättchen, nicht in der spezifischen Form bei Anordnung als Doppelreihe. Dieses Muster bietet damit die Lerngelegenheit, die allgemeine Eigenschaft als Struktur zu erkennen. Die Regelmäßigkeit wird an dieser Stelle erst in der grafischen Darstellung der Zahlen sichtbar, denn in der symbolischen Notation von geraden Zahlen (2, 4, 6, …) werden keine Teilbarkeitseigenschaften deutlich. Während die Lernenden die charakteristischen Eigenschaften von geraden und ungeraden Zahlen mittels Deutung über verschiedene Beispiele hinweg verallgemeinern müssen, weist die Darstellung in der rechten Spalte bereits eine Ablösung von den konkreten Beispielen auf. Diese eher in der Sekundarstufe gebräuchliche Veranschaulichung stellt die wesentlichen strukturellen Merkmale in den Fokus. Die Beliebigkeit der Anzahl der Zweierspalten wird durch die Pünktchen zwischen den Reihen symbolisiert und wirkt dadurch zunächst abstrakter. Dabei ist die Anforderung aber ebenso anspruchsvoll, sich selbstständig von einem oder mehreren, gegebenen, konkreten Beispielen zu lösen und eine entsprechende Verallgemeinerung der strukturellen Eigenschaften vorzunehmen. Sicherlich ist es von der Lerngruppe abhängig, welche Darstellung die Lehrkraft zur Thematisierung zum jeweiligen Zeitpunkt als sinnvoll erachtet. Verschiedene Impulse können den Weg zu allgemeineren Darstellungen jedoch vereinfachen. So können beispielsweise Darstellungen sukzessiv erweitert werden, es kann sich so von Beispiel zu Beispiel gehangelt werden oder es können große Zahlen genutzt werden, bei denen nicht alle mittleren Plättchenspalten mehr gezeichnet werden. Auch Impulse, die auf die Versprachlichung der wesentlichen Regelmäßigkeiten in den Beispielen, wie z. B. den fortlaufenden Wechsel zwischen bündigen Zweierreihen und dem Einerrest, zielen, können hier die Verallgemeinerung unterstützen.

International gibt es verschiedene explorative Versuche, die Lernende vor oder bei der Einführung in die Algebra durch geeignete Unterrichtskontexte dahingehend fördern möchten, allgemeine Darstellungen zu erzeugen, die auch ohne konkrete Fälle auskommen. Russel et al. (2011) beschreiben beispielsweise Unterrichtsszenen, in denen Lernende der 5. Jahrgangsstufe aufgefordert werden, eigene Darstellungen als Beweis für die Allgemeingültigkeit der Konstanz des Produkts zu finden. Mit Hilfe einer geeigneten Darstellung sollen die Lernenden also erklären, warum bei der Multiplikation das Ergebnis konstant bleibt, wenn die beiden Faktoren gegensinnig multiplikativ verändert (also der eine vervielfacht und der andere geteilt) werden. Eine solche anschauliche Begründung findet sich in Kap. 6. Der Arbeitsauftrag für die Lernenden lautet bei Russel et al. (2011) dabei: „Can you come up with a representation that shows this will always be true, no matter what numbers you start with? Make a picture, draw a model, but don't use any particular numbers." (Russel et al., 2011, S. 58). Russel et al. (2011) zeigen anhand von Beispielen auf, dass Lernende mit unterrichtlicher Hinführung in der Lage sind, eine geeignete Darstellung auszuwählen und für eine allgemeingültige Begründung zu nutzen. Die Anforderung, die eine solche Ablösung von Beispielen mit sich bringt, darf jedoch nicht unterschätzt werden. Ungünstig ist, wenn die Kinder plötzlich damit konfrontiert werden. Stattdessen kann der Unterricht so gestaltet werden, dass Veranschaulichungen von Zahleigenschaften immer auch in ihrem exemplarischen Charakter thematisiert werden und so als Grundlage für anschauliche Beweise von mathematischen Zusammenhängen dienen. Dies stiftet Erfahrungen, die es auch den Kindern zunehmend ermöglichen, sich behutsam von konkreten Beispielen zu lösen (Abschn. 3.3.4).

3.2   Verallgemeinern als zentraler algebraischer Prozess

Das Verallgemeinern stellt eine zentrale Komponente des algebraischen Denkens dar. Es ist eine notwendige Denkweise für das Durchschreiten der Mustertür auf dem Weg zum Verständnis mathematischer Strukturen (Kap. 1). Das Verallgemeinern ist ebenso wesentlich für das Kommunizieren und Darstellen im Mathematikunterricht (Abschn. 3.1). Die Facetten des Verallgemeinerns sind folglich vielschichtig: Fischer et al. (2010) bezeichnen das Verallgemeinern als eine sowohl allgemein menschliche wie auch gleichzeitig spezifisch algebraische Denkhandlung. Akinwunmi (2012) verdeutlicht, dass es sich um eine kognitive wie auch sprachliche Tätigkeit handelt. Im Folgenden wird zunächst auf sprachliche Mittel zum Verallgemeinern in der Grundschule eingegangen (Abschn. 3.2.1), dann die Rolle des Verallgemeinerns beim Argumentieren beschrieben (Abschn. 3.2.2) und anschließend die Bedeutung der in diesem Buch herausgestellten Unterscheidung zwischen Mustern und Strukturen für das Verallgemeinern erläutert (Abschn. 3.2.3).

3.2.1   Sprachliche Mittel beim Verallgemeinern

Kinder stehen bereits in der Grundschule vor der Anforderung des Verallgemeinerns, wenn sie im Mathematikunterricht über Muster und Strukturen kommunizieren möchten (Abschn. 3.1). Im Vergleich zur Sekundarstufe sind zu diesem Zeitpunkt jedoch noch keine Variablen und Terme als symbolische Darstellungsmittel eingeführt, die es ermöglichen, die Regelmäßigkeiten über die sichtbaren Objekte hinaus ganz allgemein zu beschreiben. Verdeutlicht werden soll diese Problematik an der Figurenfolge „Blumenzahlen" (Abb. 3.5), welche die Viertklässlerin Kia im Rahmen der Lernumgebung Plättchenmuster erfindet (Akinwunmi, 2012). Kia gibt dabei die ersten drei Folgenglieder an und ihre Partnerin führt das Muster fort, indem sie die passende vierte Blume einzeichnet.

Eine typische Aufgabenstellung im Rahmen dieser Lernumgebung ist es in der Grundschule, benötigte Plättchenanzahlen für nahe und anschließend für fernere Folgeglieder

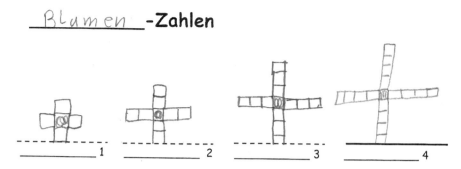

Abb. 3.5 Kias kreiertes Plättchenmuster „Blumenzahlen". (© Springer: Akinwunmi, K. (2012). *Zur Entwicklung von Variablenkonzepten beim Verallgemeinern mathematischer Muster.* Vieweg + Teubner, S. 1)

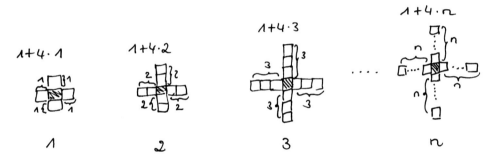

Abb. 3.6 Algebraische Beschreibung von Kias Plättchenmuster. (© Springer: Akinwunmi, K. (2012). *Zur Entwicklung von Variablenkonzepten beim Verallgemeinern mathematischer Muster.* Vieweg + Teubner, S. 3)

(z. B. das 10. Folgeglied) bestimmen zu lassen (Kap. 8). Weiterhin sollen Lernende ihren Lösungsweg sowie auch die Figur an einer bestimmten Stelle beschreiben. In der Sekundarstufe werden diese Aktivitäten weitergeführt und die Lernenden so an die Nutzung von Variablen und das Aufstellen von allgemeinen Termen herangeführt. Mit formalen Sprachmitteln lässt sich die Folge allgemein beschreiben und für die n-te Stelle der Term $1 + 4 \cdot n$ für die Anzahl der Plättchen angeben. Durch Beschriftungen oder Markierungen in der Figurenfolge kann der Zusammenhang zwischen Term und Position in der Folge sichtbar gemacht werden (Abb. 3.6).

Auch im Grundschulunterricht sollen Kinder solche Figurenfolgen bereits allgemein beschreiben, beispielsweise werden sie aufgefordert, ihre Ideen für andere darzustellen oder eine Regel anzugeben, mit der man die Plättchenanzahl schnell bestimmen kann. Bei diesen Aktivitäten stehen sie vor der Herausforderung, mit den ihnen verfügbaren Mitteln das Allgemeine im Besonderen zu sehen und zu beschreiben. Dazu müssen sie sich ein Stück weit vom Muster, d. h. von den konkreten sichtbaren Figuren, lösen und eine allgemeine Struktur in die Folge hineindeuten und beschreiben.

Wie aber kann Kia nun ihr selbst erfundenes Muster allgemein beschreiben, ohne dafür Variablen und Terme zu nutzen? Abb. 3.7 zeigt Kias Beschreibung, in der sie die ihr zur Verfügung stehenden sprachlichen Mittel nutzt, um ihre allgemeine Rechenweise anzugeben. In ihrem ersten Satz nutzt sie den allgemeinen Ausdruck „so viele Kästchen wie die Nummer", um damit auf die sich verändernde Anzahl an Plättchen an der jeweiligen Stelle („Nummer") zu verweisen. Hier trägt die Variable inhaltlich folglich die Rolle einer Veränderlichen (Abschn. 3.4.1; Kap. 8). Anschließend verdeutlicht sie diese Beziehung mit einem Beispiel für das dritte Folgeglied und gibt exemplarisch den passenden Term $4 \cdot 3 + 1$ an.

In einer Untersuchung zu Verallgemeinerungsweisen (Abb. 3.8) von Grundschulkindern (Akinwunmi (2012, S. 171) werden sprachliche Mittel für Verallgemeinerungen über verschiedene Aufgabenformate hinweg herausgestellt. Diese Verallgemeinerungsweisen sind als wiederkehrende Mittel bei der Beschreibung von Mustern und Strukturen vorzufinden. Sie dürfen weder als disjunkte Kategorien noch als hierarchisch gegliedert verstanden werden. Zudem können sie nur einzelnen Beschreibungsprozessen der Lernenden zugeordnet werden und beziehen sich nicht auf generelle sprachliche Kompetenzen

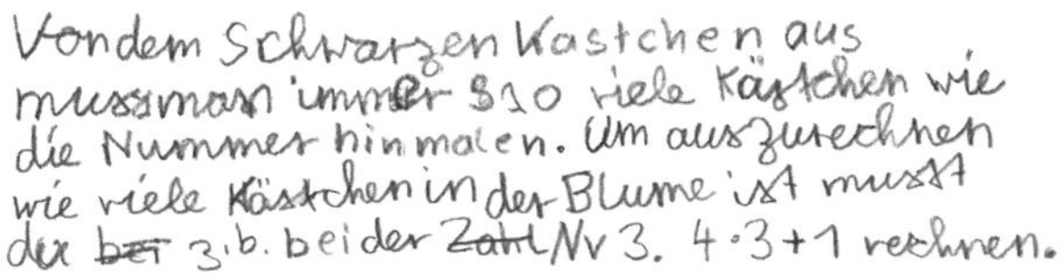
Vondem Schwarzen Kastchen aus
mussman immer so viele Kästchen wie
die Nummer hinmalen. Um auszurechnen
wie viele Kästchen in der Blume ist musst
der ~~bei~~ z.b. beider ~~Zahl~~ Nr 3. 4·3+1 rechnen.

Abb. 3.7 Kias Beschreibung ihres Plättchenmusters. (© Springer: Akinwunmi, K. (2012). *Zur Entwicklung von Variablenkonzepten beim Verallgemeinern mathematischer Muster.* Vieweg + Teubner, S. 290)

Verallgemeinerungsweise	**Beschreibung der Kategorie**	**Plakative Beschreibung für den Term x^2**
Angabe eines repräsentativen Beispiels	Lernende geben ein Beispiel an und kennzeichnen dieses dabei explizit als solches.	„Das ist zum Beispiel drei mal drei."
Aufzählung mehrerer Beispiele	Lernende zählen mehrere Beispiele auf und verweisen ggf. auf einen Fortlauf.	„Das ist ein mal eins, zwei mal zwei, drei mal drei und so weiter."
Bedingungssätze	Lernende verwenden Bedingungssätze.	„Wenn da drei steht, dann rechne ich drei mal drei."
Quasivariablen	Lernende verwenden konkrete Zahlen und verbinden diese mit sprachlich verallgemeinernden Elementen.	„Ich rechne immer drei mal drei."
Variablen	Lernende verwenden Wörter oder Zeichen mit Variablencharakter.	„Man muss die Zahl mal die gleiche Zahl rechnen."

Abb. 3.8 Verallgemeinerungsweisen. (In Anlehnung an Akinwunmi, 2012, S. 171)

oder Fähigkeiten der Kinder. So wie das Beispiel von Kia oben bereits aufzeigt, mischen die Lernenden diese Möglichkeiten durchaus oder verwenden mehrere Verallgemeinerungsweisen nacheinander.

Mit diesen sprachlichen Mitteln sind Lernende auch in der Grundschule bereits in der Lage, den allgemeinen Charakter des beschriebenen Musters zu verdeutlichen und so in der Unterrichtsinteraktion über Muster und Strukturen zu kommunizieren. Diese semiotische Perspektive unterstützen auch Studienergebnisse von Radford (2003, 2010a). Gleichzeitig zeigt die Studie (Akinwunmi, 2012) aus epistemologischer Perspektive auf, wie sich bei diesen Verallgemeinerungen Variablenkonzepte als Unbestimmte und Veränderliche (Abschn. 3.4.1) propädeutisch entwickeln.

3.2.2 Die Rolle des Verallgemeinerns beim Argumentieren

Beim Argumentieren wird der oben beschriebenen verallgemeinernden Sprache eine zentrale Rolle zugeschrieben (Wittmann & Müller, 1988; Götze, 2015), schließlich besteht hier die Notwendigkeit, sich von konkreten Fällen zu lösen, um die Allgemeingültigkeit eines Zusammenhangs zu erklären. So verdeutlichen Wittmann und Ziegenbalg (2004), dass es bei inhaltlich-anschaulichen Beweisen (Abschn. 3.3.4) darum geht, Handlungen, die immer nur exemplarisch an konkreten Objekten durchgeführt werden können, sprachlich zu beschreiben und dadurch ihren allgemeingültigen Charakter zu verdeutlichen. Ohne die sprachliche Begleitung würde sich der Beweis „nur in Handlungen erschöpfen und damit nicht zu einer sozial geteilten Sinnstruktur werden" (Krumsdorf, 2017, S. 60). Dies jedoch bedeutet paradoxerweise nicht, dass die Lernenden sich beim Argumentieren möglichst fachsprachlich ausdrücken müssen. Im Gegenteil sieht Krumsdorf (2017) keinen direkten Zusammenhang zwischen allgemeiner Sprache und der Nachvollziehbarkeit der Beweisidee:

> „Dabei kann Allgemeines konkret gesagt werden und umgekehrt, ohne dass dies als alleiniges Indiz für oder gegen die subjektive Realisierung des Allgemein(gültig)en gelten kann. ... Zu allgemein Gesagtes kann überdies auch falsch sein, oder nur eine übernommene oder stets wiederholte Sprechweise zur Darstellung eines operativen Kalküls sein. Umgekehrt kann Konkretes gesagt oder auf Konkretes gedeutet werden, aber allgemeiner gedacht werden, so dass die bloße, isoliert gesehene Explikation eines Schülers wenig Aussagekraft hat." (Krumsdorf, 2017, S. 349 und S. 351)

Zu einem ähnlichen Ergebnis kommt die Studie von Akinwunmi (2012), die der Rolle des Verallgemeinerns beim Begründen nachgeht. Auch dort kann festgestellt werden, dass „Verallgemeinerungen kein alleiniges Kriterium zum Nachvollzug der Beweisidee" sind (Akinwunmi, 2012, S. 266). In Bezug auf das in Abschn. 3.4.2 (siehe auch Kap. 6) dargestellte Aufgabenformat „Zaubertrick" von (Sawyer, 1964) werden Begründungen von Lernenden für das Gelingen des Tricks analysiert und darin die unter Abschn. 3.2.1 beschriebenen Verallgemeinerungsweisen rekonstruiert. So wie bekanntlich das Verwenden von typischen sprachlichen Elementen aus Begründungen (wie das Wörtchen „weil") noch keine mathematisch tragfähigen Argumentationen implizieren muss, zeigt sich hier, dass die Nachvollziehbarkeit der Beweisidee nicht direkt von den verwendeten Verallgemeinerungen der Kinder abhängt (Akinwunmi, 2012).

Lernende können auch anhand eines oder mehrerer konkreter Beispielzahlen den Kern des Zaubertricks, nämlich die Eigenschaft der Reversibilität der Operationen (der Addition und Subtraktion als Umkehroperationen), zum Ausdruck bringen. Auf diese Weise argumentiert z. B. Niklas in seiner Begründung zum selbst erfundenen Zaubertrick („Denke dir eine Zahl. Addiere 5. Addiere 8. Subtrahiere die gedachte Zahl. Minus 1"):

> „Also weil, ähm ich kann jetzt auch ´ne wieder ´ne Millionen nehmen und äh dann ähm, wenn ich dann weil dann hab ich ja nachher ähm, ne Million und dreizehn, ähm und dann muss ich ja ähm diese Million ähm wieder abziehen und dann sind da ja nur dreizehn und minus eins sind dann zwölf. Und da kann ich auch ´ne äh Zahl mit ähm hundertfünfzehn haben. Da komm' ja noch dreizehn dazu und wenn ich die hundertfünfzehn wieder abziehe, dann sind's wieder dreizehn … und minus eins sind wieder zwölf." (Akinwunmi, 2012, S. 270)

In anderen Kinderäußerungen hingegen lässt sich trotz Verwendung von Wortvariablen (wie „die gedachte Zahl") die Beweisidee nicht nachvollziehen, da die Lernenden die Umkehrung der Operationen nicht als zentrales Element in den Fokus stellen, sondern lediglich sukzessive die Rechenschritte verallgemeinert auflisten (z. B. „Du rechnest dann erst plus 4 und plus 8 und ziehst die gedachte Zahl ab und subtrahierst 2 und dann steht am Ende immer bei jeder Zahl die 10"). Prinzipiell bleibt in der Interpretation der Kinderaussagen immer eine gewisse Vagheit über das strukturelle Verständnis und über den Allgemeinheitsgrad, in welchem die Lernenden ihren Äußerungen Gültigkeit zusprechen (Krumsdorf, 2017). Diese Ergebnisse lassen sich wiederum auf die in Abschn. 3.1 dargelegte theoretische Sichtweise von Steinbring (2000a) und auf die Besonderheiten von Zeichen und Symbolen im Mathematikunterricht beziehen: Die Begründungen der Schülerinnen und Schüler bewegen sich im Spannungsfeld zwischen konkreten und allgemeinen Formulierungen und müssen im Unterrichtsdiskurs wiederum in diesem Spannungsfeld gedeutet werden. Es kann deshalb u. a. sinnvoll sein, die von den Kindern vermutete allgemeine Handlung an mehreren Beispielen ausprobieren zu lassen und dann Impulse zu setzen, um sprachlich zu verallgemeinern:

- Woher weißt du nun, dass es auch für andere Fälle gilt?
- Kann es eine Zahl geben, für die das nicht gilt?

Die verallgemeinernde Sprache ist eine wichtige Komponente des Argumentierens, aber kein Garant für ein strukturelles Verständnis. Aus diesem Grund lassen sich nicht einfach gegenstandsunabhängige Kriterien für eine gute Begründung finden, die nur von der sprachlichen Ebene abhängig gemacht werden können. Dennoch kann sich eine bewusste Sprachförderung positiv auf die Begründungen der Lernenden auswirken, so wie die Studie von Götze (2018) verdeutlicht. Auch sie kommt in ihren Untersuchungen zu schriftlichen Erklärungen von operativen Zusammenhängen zunächst zu dem Schluss, dass „die große Fachwortdichte in den Dokumenten … nicht als unmittelbares Indiz" für das strukturelle Verstehen gesehen werden darf, insbesondere dann nicht, wenn „Fachwörter zwar benutzt, aber nicht inhaltlich verstanden werden" (Götze, 2018; S. 118). Gleichzeitig zeigt sie, dass Lernende durch eine Verknüpfung von konzeptuellem mit lexikalischem Lernen sprachlich gefördert werden können. Insbesondere können sie so von einer „Musterbeschreibung" zu einer „Zusammenhangsbegründung" gelangen (Götze, 2018, S. 116). Förderungshinweise hierzu werden in Kap. 4 aufgezeigt. In Abschn. 3.3 wird genauer ausgeführt, was unter algebraischem Argumentieren verstanden wird und welche Rolle dies für das algebraische Denken spielt.

3.2.3 Verallgemeinerungen mit dem Fokus auf Muster oder auf Strukturen

Wenn es um das Verstehen, aber auch um das Anregen von kindlichen Verallgemeinerungsprozessen geht, wird die in Kap. 1 beschriebene Unterscheidung zwischen Mustern und Strukturen besonders bedeutsam. In einer Studie mit 45 Lernenden der 3. und 4. Jahrgangsstufe haben Akinwunmi und Steinweg (2022) Begründungen von Lernenden zu Operationseigenschaften untersucht und festgestellt, dass diese sich auch empirisch unterscheiden lassen.

Fokussierungen von Verallgemeinerungen
Verallgemeinerungen von Lernenden unterscheiden sich hinsichtlich

- ihres Fokusses auf die *Muster*, also die sichtbaren Regelmäßigkeiten, oder
- ihres Fokusses auf die *Strukturen*, also die zugrunde liegenden Eigenschaften und Relationen.

Im Folgenden werden exemplarische Einblicke in solche Verallgemeinerungsprozesse gegeben, um den Unterschied zu verdeutlichen.

Aufgabenserien in Form von Rechenpäckchen werden im Unterricht zur Thematisierung verschiedener mathematischer Zusammenhänge eingesetzt. Die Vielfalt der zu entdeckenden Muster kann auf verschiedene Strukturen in unterschiedlichen Grundideen verweisen (Kap. 2). Die Abb. 3.9 zeigt ein Päckchen, mit dem die Konstanz der Differenz (Kap. 6) angesprochen werden kann. Dieses Päckchen wird auf rein symbolischer Ebene dargestellt. Die Regelmäßigkeiten können fachsprachlich als simultane gleichsinnige Veränderung von Minuend und Subtrahend beschrieben werden.

Die dabei entstehende Konstanz der Differenz ist aus struktureller Perspektive eine Operationseigenschaft der Subtraktion (Kap. 6). Sie ergibt sich aufgrund der Reversibilität, also der Umkehrbarkeit, von Addition und Subtraktion. Durch den veränderten Minu-

Abb. 3.9 Rechenpäckchen
zur Konstanz der Differenz

$18 - 5 =$ ___
$17 - 4 =$ ___
$16 - 3 =$ ___
$15 - 2 =$ ___

enden entsteht eine Erhöhung der Differenz um 1, während eine Erhöhung des Subtrahenden die Differenz um 1 verringert. Werden Minuend und Subtrahend simultan gleichsinnig um denselben Wert verändert, führen gleichzeitige Erhöhung und Verminderung als Gegenoperationen somit zur Wirkung + 0 und, da die Null das neutrale Element der Addition ist, somit zum unveränderten Ergebnis.

In der Studie von Akinwunmi & Steinweg (2022) wird den Lernenden zunächst u. a. dieses symbolische Päckchen vorgelegt (Abb. 3.9). Alle teilnehmenden Kinder reagieren mit Beschreibungen von Regelmäßigkeiten in den Zahlen, so wie der Viertklässler Nils (N):

N   Hier wird beides minus eins gerechnet (*fährt den Minuenden und den Subtrahenden entlang*).
Wenn man beides minus eins nimmt, das ist ja nicht so wie bei Plus. Also bei beiden minus eins, kommt das gleiche Ergebnis raus, weil – ja, wie soll ich das jetzt erklären.

Nils betrachtet hier zwar bereits auch die vertikalen Beziehungen der Aufgaben, eine inhaltliche Erklärung für das gleichbleibende Ergebnis bei gleichsinniger Veränderung kann er jedoch nicht liefern, obwohl er dieses für ein spezifisches Charakteristikum der Subtraktion hält („das ist ja nicht so wie bei Plus"). In der Studie beziehen sich viele Lernende an dieser Stelle auf bereits sozial abgesichertes Wissen aus dem Unterricht (Akinwunmi & Steinweg, 2022). Nils Äußerungen können Verallgemeinerungen mit einem *Fokus auf Muster* zugeordnet werden. Dabei setzt er durchaus verschiedene Regelmäßigkeiten, die er auf phänomenologischer Ebene wahrnimmt, in eine regelhafte Beziehung. Das Muster im Ergebnis wird auf die Muster bei Minuend und Subtrahend zurückgeführt, ohne jedoch angeben zu können, warum eben diese Veränderungen der Zahlen als Auswirkung zu einer Konstanz führen. Ähnlich beschreibt auch Link (2012), dass in seiner Studie zur Beschreibung von operativen Zahlenmustern viele Lernende eine zu starke Perspektive auf die vertikalen Zusammenhänge legen.

Die Schulbuchabbildung Abb. 3.10 enthält zusätzlich zu einem symbolischen Päckchen eine Illustration als ikonischen Impuls, in der das abgebildete Mädchen gerade aus der zuvor gelegten Aufgabe 9 – 4 die Aufgabe 10 – 5 weiterentwickelt. Die sprachliche Begleitung „Jede Zahl ist um 1 größer. Das Ergebnis bleibt gleich." beschreibt das Muster auf Phänomenebene.

Diese Darstellung wird den Lernenden in der Studie direkt nach der Bearbeitung des symbolischen Päckchens vorgelegt (Akinwunmi & Steinweg, 2022). Nils Begründung verändert sich grundlegend bei der Beschäftigung mit der Schulbuchaufgabe. Er nimmt

Abb. 3.10 Bildimpuls zur Konstanz der Differenz. (© Klett: Nührenbörger, M., Schwarzkopf, R., Bischoff, M., Götze, D. & Heß, B. (2017). *Das Zahlenbuch 1*. Klett, S. 89)

nun Bezug auf die hier angedeutete Plättchenhandlung und stellt die Handlung des Mädchens im Bild nach. Danach wird er erneut zu einer Begründung aufgefordert:

> N Also wenn bei beiden was dazukommt, ist einer mehr (*legt ein weiteres zehntes Plättchen*), dafür muss man aber auch dafür einen mehr abziehen. Also kann man eigentlich diesen hier gleich wieder wegnehmen (*nimmt das zehnte Plättchen weg*) und die anderen 4 dazu auch noch (*nimmt die weiteren 4 Plättchen heraus*). Das wären ja dann 5 Plättchen.

Nils zweiter Begründungsansatz (Abb. 3.10) kann nun einer Verallgemeinerung mit einem *Fokus auf die Struktur* zugeordnet werden, da er nun nicht mehr nur die oberflächlichen Regelmäßigkeiten in den Blick nimmt. Er benennt die Eigenschaft von Addition und Subtraktion als Gegenoperationen, die für die Entstehung der Konstanz verantwortlich sind (Kap. 6). Diese Reversibilität stellt er durch seine Äußerung „ist einer mehr, dafür muss man aber auch dafür einen mehr abziehen. Also kann man eigentlich diesen hier gleich wieder wegnehmen" heraus. Im Vergleich zur ersten Szene wird nun eine Begründung deutlich, *warum* die regelmäßige Veränderung des Minuenden und Subtrahenden zu einem konstanten Ergebnis führt. Diese strukturelle Argumentation kann ebenso erklären, warum die gleichsinnige Veränderung eine spezifische Wirkung (Konstanz) bei der Subtraktion hat, während dieselben regelmäßigen Veränderungen bei einem „Pluspäckchen" zu einer ganz anderen Wirkung führen würden. Ein Darstellungswechsel kann potenziell dazu beitragen, Lernende durch die neue Deutungsanforderung zu einer Verallgemeinerung mit dem Fokus auf die Struktur anzuregen. Als hinreichendes Mittel darf der Darstellungswechsel allerdings nicht verstanden werden, denn es finden sich auch Lernende, die bei der Beschäftigung mit der Schulbuchaufgabe weiterhin bei Verallgemeinerungen auf Musterebene verharren (Akinwunmi & Steinweg, 2022).

Die hier am Beispiel verdeutlichte Unterscheidung zwischen Verallgemeinerungen mit dem Fokus auf Muster bzw. dem Fokus auf Struktur kann helfen, die kindlichen Verallgemeinerungsprozesse zu verstehen und insbesondere hinsichtlich eines strukturellen Verständnisses einzuordnen. Gleichwohl bleibt bei der Analyse von Kinderäußerungen, wie in Abschn. 3.2.2 beschrieben, immer eine gewisse interpretative Vagheit, sodass Lernenden aufgrund ihrer Verbalisierungen nicht vorschnell ein strukturelles Verständnis zu- oder abgesprochen werden darf. Eine Bewusstheit über die verschiedenen Ebenen von Verallgemeinerungen spielt in der Etablierung von Begründungsprozessen jedoch eine entscheidende Rolle für die algebraische Qualität des Mathematikunterrichts.

Diese Bedeutung für den Mathematikunterricht wird vertieft in Kap. 4 aufgegriffen und anhand von einigen typischen Aufgabenformaten erläutert. Aufgrund der hohen Relevanz des didaktischen Prinzips des produktiven Übens (Winter, 1984; Wittmann, 1992a) beinhalten gängige Lernmaterialien und Schulbücher beziehungsreiche Aufgaben, die reichhaltige Entdeckungen und deren Begründungen ermöglichen. Kinder müssen dabei befähigt werden, über das Wahrnehmen und Beschreiben von Mustern in Aufgaben hinauszugelangen, durch die Mustertür zu treten und die zugrunde liegenden Strukturen zu verstehen und für ihre Argumentationen zu nutzen. Um ihnen also tatsächlich „strukturiertes Üben" (Wittmann, 1992a) zu ermöglichen, ist für die unterrichtliche Begleitung und anregende Impulsgebung eine Bewusstheit über den Unterschied zwischen Verallgemeinerungen mit dem Fokus auf Muster und Verallgemeinerungen mit dem Fokus auf Strukturen auf Seiten der Lehrenden notwendig und hilfreich.

3.3   Algebraisch argumentieren

Das Argumentieren (KMK, 2022) ist als prozessbezogene Kompetenz wichtig für das Mathematiklernen in allen Jahrgangsstufen. Eine erste Orientierung, was unter Argumentieren in der Primarstufe verstanden werden kann, bieten die Bildungsstandards:

> „Beim mathematischen Argumentieren in der Primarstufe entwickeln Schülerinnen und Schüler ein Bewusstsein für strittige Fragen zu mathematischen Gegenständen und ein Bedürfnis, diese überzeugend aufzuklären. Hierzu hinterfragen und prüfen sie Aussagen ebenso wie sie Vermutungen und Begründungen zu mathematischen Zusammenhängen aufstellen. Das Spektrum reicht dabei vom beispielgebundenen Prüfen und Widerlegen von Vermutungen bis hin zum Nachvollziehen und Entwickeln von verallgemeinernden inhaltlich-anschaulichen Überlegungen zu mathematischen Zusammenhängen." (KMK, 2022, S. 10)

Insbesondere der hier genannte Aspekt des Begründens von mathematischen Zusammenhängen ist dabei von zentraler Bedeutung für das algebraische Denken, es ist aber für den Mathematikunterricht oftmals schwer zu fassen, denn „Lehrpersonen haben oft unterschiedliche Vorstellungen davon, was eine mathematische Begründung sein soll" (Schwarzkopf, 2001, S. 253). Unterschiedliche Vorstellungen können u. a. darüber bestehen, wann eine Begründung im Unterricht als vollständig akzeptiert werden sollte, wie auf Begründungen reagiert werden kann oder ob sich verschiedene Begründungsansätze von Lernenden aufeinander beziehen lassen (Schwarzkopf, 2001). In diesem Abschnitt soll es darum gehen, was das algebraische Begründen ausmacht und welche Funktion das Argumentieren für das algebraische Denken besitzt.

Für die Grundschule wird vielfach expliziert, dass es anstelle von formalen Beweisführungen vor allem auf Begründungen von einer „epistemologischen Natur" ankommt (Walther & Wittmann, 2004, S. 374). Diese Begründungen zielen darauf ab, nicht nur zu beweisen, *dass,* sondern auch *warum* ein Zusammenhang gültig ist. Sie liefern also eine strukturelle Erklärung für das Zustandekommen eines entdeckten Zusammenhangs (siehe auch Wittmann & Müller, 1988). Nührenbörger und Schwarzkopf (2019, S. 21) sprechen diesbezüglich von einer doppelten Funktion des Argumentierens, „zum einen mit Blick auf eine frühe Beweiskultur im Mathematikunterricht, zum anderen mit Blick auf einen Arithmetikunterricht von algebraischer Qualität, der auf die Erkundung allgemeiner mathematischer Strukturen mithilfe konkreter Zahlen abzielt".

Algebraisches Denken steht in einer engen Wechselbeziehung mit dem Argumentieren. Nührenbörger und Schwarzkopf (2019, S. 21) verstehen unter algebraischem Denken, „wenn eine argumentativ strukturierte Sichtweise auf arithmetische Phänomene eingenommen wird, die sich nicht in der bloßen Beschreibung einer oberflächlich erkennbaren Regelmäßigkeit erschöpft". Algebraisches Denken beinhaltet also wesentlich die prozessbezogene Kompetenz des Argumentierens, wenn Strukturen hinter den Mustern hinterfragt und begründet werden. Andersherum ist aber nicht jede Form des Argumentierens schon mit algebraischem Denken gleichzusetzen. In diesem Abschnitt werden die Charakteristika von Argumentationen herausgearbeitet, die eine algebraische Qualität besitzen und den Zugang zu mathematischen Strukturen ermöglichen.

3.3.1 Argumentieren und erklären: Eine Differenzierung

> „‚Ist das immer so?' ‚Warum ist das so?' ‚Erkläre!' Diese Impulse gehören zu den wichtigsten einer Mathematiklehrkraft. Sie helfen Kindern, zu hinterfragen, was sie entdeckt haben, und fördern die Argumentationskompetenz." (Pöhls-Stöwesand, 2021, S. 2)

Das *Erklären* steht ohne Zweifel in einem engen Zusammenhang zu dem in diesem Abschnitt erörterten Argumentieren. Auf der einen Seite umfasst das Erklären in manchen Fällen auch andere Sprachhandlungen: Wenn beispielsweise eine Person der anderen erklärt, wie (nicht warum) ein Verfahren funktioniert oder was ein bestimmtes Wort oder Zeichen bedeutet, so kann man dabei nicht von einer Begründung, sondern eher von einer Beschreibung sprechen. Auf der anderen Seite kann auch nicht bei jeder Begründung von einer Erklärung gesprochen werden. In der fachdidaktischen Literatur wird eine besondere Form des Erklärens (das Erklären-Warum), welche unten noch genauer erläutert wird, als eine spezifische Form des Begründens (Müller-Hill, 2015) bzw. als eine Funktion des Begründens (Meyer & Prediger, 2009) aufgefasst. Erklärprozesse gewinnen eine zunehmende Bedeutung in der empirischen mathematikdidaktischen Forschung (u. a. Maisano, 2019; Kunsteller, 2021) und werden aus diesem Grund im Folgenden vor dem Hintergrund des algebraischen Denkens genauer betrachtet.

Der Begriff *Erklären* findet sich in den Bildungsstandards (KMK, 2021) innerhalb der prozessbezogenen Kompetenzen ausschließlich unter der Kompetenz des mathematischen Kommunizierens. Dort heißt es: „Die Schülerinnen und Schüler beschreiben und erklären … Überlegungen zu mathematischen Sachverhalten, Lösungswege und Ergebnisse adressatengerecht" (KMK, 2021, S. 10). Im Bereich des Argumentierens findet sich hingegen die Nutzung des Begriffs *Begründen*. In den Formulierungen der inhaltsbezogenen Kompetenzen taucht das Erklären interessanterweise vereinzelt auf, während das Begründen an keiner Stelle genutzt wird. Die Operatoren „Erkläre" und „Begründe" scheinen – beispielsweise in Lehrwerken – für die Lernenden oftmals synonym verwendet zu werden.

Für eine Ausdifferenzierung von Erklärprozessen wird vielfach auf die Unterscheidung von Klein (2009) zurückgegriffen, der zwischen dem *Erklären-Wie, Erklären-Was* und *Erklären-Warum* differenziert. Ersteres bezieht sich auf das Nachvollziehen von Prozeduren wie z. B. Algorithmen, d. h. beispielsweise eine Anleitung, wie der schriftliche Additionsalgorithmus aufzuführen ist (Schmidt-Thieme, 2009). Beim Erklären-Was hingegen geht es hauptsächlich um ein Explizieren von Begriffs- oder Wortbedeutungen. Als Beispiel gibt Schmidt-Thieme (2009, S. 127) hier das Erklären an, was eine natürliche Zahl ist, wie diese beschrieben oder auch mathematisch definiert werden kann. Es ist an dieser Stelle nicht ganz einfach zu sagen, unter welche dieser beiden Erklärformen es nun fällt, wenn ein Kind einem anderen erklären will, welche Muster und Regelmäßigkeiten es bei der Betrachtung beispielsweise eines Rechenpäckchens entdeckt hat, da es sich bei einem Muster weder um eine Prozedur noch um einen Begriff handelt. Götze (2019) ordnet die Erklärung von operativen Mustern dem Erklären-Wie zu und begründet dies mit einer potenziell dynamischen und damit prozeduralen Sichtweise auf das Muster.

> „… die zugrundeliegenden operativen Veränderungen der Objekte [müssen] von den Schülerinnen und Schülern identifiziert werden, d.h. die (funktionalen) Zusammenhänge in diesem Muster müssen zunächst objektweise erkannt und die Fortführung des Musters bzw. die operative Handlung im Sinne des Erklären-Wie verdeutlicht werden: ‚Wie ist das Muster gebaut? Wie ist das Muster fortzusetzen?'" (Götze, 2019, S. 98)

Von einem Erklären-Wie kann man also vor allem dann sprechen, wenn die Lernenden auszuführendes Vorgehen beim Fortsetzen, Reparieren, Transferieren oder ähnlichen Handlungen (Kap. 4) ausführen. Klein (2009) selbst spricht in seinen Ausführungen beim *Erklären-Was* jedoch bereits u. a. von Erklärungen von Phänomenen. Die Beschreibung von Phänomenen, welche die Lernenden in einem Muster wahrnehmen, soll hier deshalb dem Erklären-Was zugeordnet werden.

> „ERKLÄREN-WAS bedeutet, über die wesentlichen Merkmale zu informieren, so dass das Phänomen zur erfüllten Gestalt … wird. Erfolgreich ist ERKLÄREN-WAS besonders dann, wenn Adressaten … am Ende die konstitutiven Relationen, die das Ganze prägen, begriffen haben – seien es funktionale, historische oder ästhetische Zusammenhänge." (Klein, 2009, S. 30)

Für den Mathematikunterricht ist das Erklären-Warum wichtig, welches Klein (2009, S. 30) auch als Explikation bezeichnet und das nach seiner Definition darin besteht „das Zustandekommen eines Sachverhaltes … in seinen entscheidenden Bedingungen … zu explizieren". Maisano (2019, S. 22) betont, dass dieses Explizieren für den Unterricht besonders bedeutsam ist, denn nur diese Form des Erklärens „umfasst die Anführung von kausalen Faktoren und beinhaltet somit Ursache-Wirkungs-Zusammenhänge".

Zusammenfassend könnte nun angenommen werden, dass es sich bei einer Deskription (Erklären-Was) immer um eine Verallgemeinerung mit dem Fokus auf Muster und bei einer Explikation (Erklären-Warum) immer um eine Verallgemeinerung mit dem Fokus auf die Strukturen handelt. Im Hinblick auf das algebraische Denken ist die Unterscheidung von Klein (2009) jedoch nicht immer ausreichend, um den so wichtigen Fokus auf die Struktur in Kinderäußerungen zu erkennen. Insbesondere führt nicht jedes Erklären-Warum per se zur strukturellen Ebene. In Abschn. 3.2.3 wurde erläutert, dass Kinder bei einem Fokus auf Muster auch kausale Bezüge zwischen verschiedenen sichtbaren Regelmäßigkeiten herstellen, ohne dass darin deutlich wird, inwiefern sie den strukturellen Hintergrund der Zusammenhänge erkannt haben. Dies bedeutet, dass die eingeforderten Ursache-Wirkungs-Zusammenhänge auch auf einer oberflächlichen Ebene bleiben können und nicht automatisch auf ein strukturelles Verständnis schließen lassen.

Als Beispiel soll erneut das Rechenpäckchen zur Konstanz der Differenz aus dem Abschn. 3.2.3 aufgegriffen werden. Dort findet sich eine Verallgemeinerung des Schülers Nils mit dem Fokus auf die zugrunde liegenden Strukturen, die als eine strukturelle Begründung aufgefasst werden kann (Abb. 3.10). Gleichzeitig lässt sich diese Aussage als ein Erklären-Warum einordnen, denn er schafft einen kausalen Ursache-Wirkungs-Zusammenhang: Als Ursache nennt er das gleichzeitige Hinzufügen und Wegnehmen eines Plättchens und somit die Beziehung zwischen Addition und Subtraktion als Umkehroperationen. Als Wirkung dieser Veränderungen ergibt sich die Konstanz der Differenz. Nicht jede Erklärung-Warum muss jedoch die strukturelle Ebene auf diese Weise betreffen. Eine denkbare Kinderäußerung, die ebenso ein Ursache-Wirkungs-Gefüge herstellt, kann lauten: „Das Ergebnis bleibt gleich, *weil* beide Zahlen um eins erhöht werden." Als Ursache wird an dieser Stelle ausschließlich auf sichtbare Phänomene verwiesen. Es wird erklärt, warum das Ergebnis gleich bleibt. Es wird aber nicht der mathematische bzw. strukturelle Zusammenhang begründet, warum das Ergebnis gleich bleibt, wenn beide Zahlen gleichsinnig verändert werden. Dass dieses Verständnis in Kausalformulierungen (weil …) nicht automatisch gegeben sein muss, lässt sich Nils erster Äußerung entnehmen (Abb. 3.9), in der er selbst angibt, den Zusammenhang nicht erklären zu können. Eine Formulierung mit Bezug zu den wahrnehmbaren Phänomenen als Ursache kann als wichtige Ausgangsbasis dazu dienen, die zu einer strukturellen Begründung hinleiten kann, wenn sie unterrichtlich aufgegriffen und weiterentwickelt wird.

Es zeigt sich am obigen Beispiel, dass nicht alle Kausalaussagen mit einem Ursache-Wirkungs-Zusammenhang, die nach Klein (2009) als Erklären-Warum-Äußerungen bezeichnet werden, per se die strukturelle Ebene betreffen. Beim Erklären soll es aber eigentlich genau darum gehen, „verstehbar [zu] machen, warum eine Behauptung gilt" (Meyer & Prediger, 2009). Soll dieses Verstehen einen Zugang zu den mathematischen Strukturen beinhalten, dann sind Argumentationen diesbezüglich noch weiter zu differenzieren. Ein Erklären-Warum kann zwar als Argumentation gesehen werden, aber diese Erklärform zeigt sich nicht als hinreichendes Charakteristikum für algebraisches Argumentieren.

3.3.2   Empirische und strukturelle Argumente

Ziel dieses Abschnitts ist es, herauszuarbeiten, welche spezifischen Charakteristika von Argumentationen ein algebraisches Argumentieren ausmachen. Im vorhergehenden Abschnitt wurde beschrieben, dass die Identifikation von Erklärungen, die nach Klein (2009) der Form Erklären-Warum zugeordnet werden, kein hinreichendes Kriterium darstellen.

Eine Differenzierung von Argumentationen, die für die Entwicklung und Förderung algebraischen Denkens geeigneter erscheint, entwickelt Schwarzkopf (2001, 2003). Ihm geht es explizit um die erkenntnistheoretische Dimension des Argumentierens, also den sich in den Argumentationen konstituierenden Lernprozessen. Diese Sichtweise ist deshalb für das algebraische Denken so fruchtbar, da wir eben solche Argumentationen als algebraisch bezeichnen, die den Lernenden ein Verstehen mathematischer Strukturen ermöglichen (Kap. 1). Zudem greift Schwarzkopf auf die bereits in Abschn. 3.1.1 verwendeten und dort als gewinnbringend beschriebenen Überlegungen von Steinbring (2005) zum besonderen Charakter des mathematischen Wissens zurück. Nach Steinbring (2005) steht das mathematische Wissen in einem Spannungsfeld zwischen empirischer Situiertheit einerseits und struktureller, relationaler Allgemeinheit andererseits. Den Blick auf mathematische Strukturen zu legen, bedeutet, sich immer ein Stück weit von den konkreten, gegebenen Fällen zu lösen, diese im besten Sinne als exemplarisch zu deuten und allgemeine Beziehungen darin zu sehen.

Dieses Spannungsfeld findet Schwarzkopf (2003) auch in Argumentationsanalysen wieder in der Qualität der Argumente, welche die Beteiligten im Diskurs entwickeln. Unter *Argumenten* versteht Schwarzkopf (2003, S. 212) die „inhaltlichen Zusammenhänge", die von den Beteiligten zur Begründung hervorgebracht werden und die somit in den Argumentationsprozessen enthalten sind. Seine Überlegungen werden auf das hier bereits verwendete Beispiel der Rechenpäckchen und auf die Kinderäußerungen zur Konstanz der Differenz übertragen (Abschn. 3.2.3). Die von ihm verwendeten Begriffe aus der funktionalen Argumentationsanalyse nach Toulmin (1975) werden hier nur ergänzend platziert, für nähere Erläuterungen wird auf Schwarzkopf (2003) verwiesen.

Muster begegnen Kindern als wahrnehmbare Phänomene. In dem Rechenpäckchen aus Abb. 3.9 werden Minuend und Subtrahend gleichsinnig um eins verringert. Diese Tatsache ist sichtbar und unbestreitbar und kann von allen Beteiligten somit unmittelbar akzeptiert werden (*Datum*). Bezüglich des Ergebnisses der Aufgaben kann im Unterricht schon während des Ausrechnens oder aber vor dem Fortsetzen des Päckchens gefragt werden: „Was vermutest du, was wird bei der nächsten Aufgabe herauskommen?" Vermuten die Kinder, dass die Ergebnisse gleich bleiben, so kann dies als Schlussfolgerung (*Konklusion*) verstanden werden. Üblicherweise wird dann von der Lehrkraft nach dem Ausrechnen des Päckchens nach Begründungen gefragt: „Warum bleibt das Ergebnis immer gleich?" Gefordert wird von den Lernenden an dieser Stelle, dass sie ihre Schlussfolgerung in eine Beziehung zu der sichtbaren Veränderung der Zahlen bringen. Eine solche Beziehung formuliert Nils in Abb. 3.9 in Form einer allgemeinen Regel (*Argumentationsregel*), wenn er sagt „Wenn man beides minus eins nimmt, … kommt das gleiche Ergebnis raus." Schwarzkopf

(2003, S. 218) betont, dass eine solche Regel jedoch selbst weiter hinterfragt werden kann: „Es ist noch ungeklärt, aus welchem Grund man sie als gültig akzeptieren kann und sie kann dementsprechend selbst begründungsbedürftig werden". Im Interview drückt Nils an dieser Stelle mit der Aussage „ja, wie soll ich das jetzt erklären" und anschließendem Schweigen aus, dass er keine passende Begründung angeben kann, die seine aufgestellte Regel stützen würde. Die Anwendbarkeit seiner Regel expliziert er dafür aber in seiner Aussage noch genauer mit dem Ausdruck „das ist ja nicht so wie bei Plus" (*Ausnahme-bedingung*) und gibt damit an, dass die Regel bei der Addition so nicht gültig wäre.

Argumente, die Nils an dieser Stelle hätte vorbringen können und die seine Regel durchaus hätten rechtfertigen können (*Stützung*), wären beispielsweise, dass es bei allen bislang im Päckchen vorkommenden Aufgaben auch so funktioniert hat oder dass diese Regel bereits im Unterricht oder durch die Lehrkraft als gültige Regel anerkannt wurde und das Gleichbleiben des Ergebnisses bei allen bisherigen Anwendungen bei Minusaufgaben so erzeugt werden konnte. Ein solches Argument würde Schwarzkopf als *empirisches Argument* bezeichnen.

> „*Empirisches Argument*: Es wird mit Hilfe einer geeignet großen Sammlung von Fakten jeder einzelne Fall überprüft, ohne dass ein struktureller Zusammenhang zwischen den Fakten gesehen werden müsste." (Schwarzkopf, 2003, S. 223)

Obwohl Nils im Interview von der Gültigkeit der Regel überzeugt zu sein scheint, gibt er keine solche empirischen Argumente als Begründung an. Vielleicht beurteilt er ein solches Argument auf der Grundlage seiner Unterrichtserfahrung selbst als nicht angemessen. Es ist die Etablierung einer entsprechenden Unterrichtskultur, die darüber entscheidet, ob Argumente als überzeugend anerkannt oder aber ablehnt werden (Schwarzkopf, 2003, S. 220). Empirische Argumente sind dabei nicht grundsätzlich kritisch zu betrachten, denn sie können eine erste Sicherheit bezüglich der Regel geben und eine Grundlage für dahinterliegende Verstehensprozesse bieten. Dazu müssen sie aber weiterentwickelt werden.

> „Solche empirischen Begründungen … sind nicht falsch – sie liefern allerdings kaum verallgemeinerbare Erkenntnisse und in ihnen treten die gewünschten, neu zu konstruierenden mathematischen Beziehungen in den Hintergrund." (Schwarzkopf, 2002, S. 567)

Diese erwünschten „verallgemeinerbare[n] Erkenntnisse" treten nicht in empirischen, sondern in *strukturell-mathematischen Argumenten* auf, die nach Schwarzkopf (2003, S. 230) „über Fakten hinausgehendes, strukturelles Wissen" beinhalten. Solche strukturellen Argumente können ganz im Einklang mit dem von uns dargelegten Verständnis von Strukturen gesehen werden (Kap. 1). In strukturellen Argumenten nehmen die Lernenden Bezug zu hinter den sichtbaren Phänomenen liegenden Eigenschaften und Relationen. Als strukturelles Argument kann Nils' Begründung der zweiten analysierten Szene in Abb. 3.10 verstanden werden. Er untermauert die aufgestellte Regel zur Konstanz der Differenz dort, indem er eine allgemeine inhaltliche Erläuterung anbringt (*Stützung*): „… ist einer mehr, dafür muss man aber auch dafür einen mehr abziehen. Also kann man eigentlich diesen hier gleich wieder wegnehmen …". Diese Erläuterung zielt auf die Umkehrbarkeit von Addition und Subtraktion und begründet die Konstanz auf der Grundlage dieser Eigenschaft (vgl. auch Abschn. 3.2.3).

Es zeigen sich bei den Unterscheidungen von empirischen und strukturellen Argumenten Parallelen zur Differenzierung von Verallgemeinerungen mit Fokus auf Muster bzw. Fokus auf Strukturen (Abschn. 3.2.3) in ihrer Bezugnahme zu den mathematischen Strukturen. Strukturelle Argumentationen sind jedoch nicht eins zu eins mit Verallgemeinerungen mit Fokus auf Strukturen gleichzusetzen, denn Verallgemeinerungen und Argumentationen sind zunächst einmal grundlegend verschiedene Sprach- und Denkhandlungen. Dennoch stellen beide Differenzierungen, d. h. das Verallgemeinern mit Fokus auf Strukturen sowie das strukturell-mathematische Argumentieren, das Verstehen von mathematischen Strukturen ins Zentrum. Beide Ansätze bieten also eine Möglichkeit, algebraische Denkweisen in Kinderäußerungen und Unterrichtsgesprächen zu identifizieren und zu fördern. Diese zueinander passenden Sichtweisen unterstreichen die Bedeutung von Strukturen für mathematische Lernprozesse.

Im Gegensatz zum Begriff des Erklärens, der im obigen Abschnitt mit Bezug auf Klein (2009) sehr weit gefasst wurde, engt Schwarzkopf das Argumentieren durch die folgende Definition ein, die sich auch in der Kompetenzbeschreibung der Bildungsstandards (KMK, 2022, S. 10; siehe oben) widerspiegelt.

> „Unter einem Argumentationsprozess wird ein spezieller interaktiver Prozess verstanden, der durch zwei Aspekte charakterisiert wird …:
>
> 1. Die am Unterricht Beteiligten fordern explizit eine Begründung für eine mathematische Aussage ein,
> 2. es werden Begründungen entwickelt." (Schwarzkopf, 2003, S. 212)

In seinem Verständnis von Argumentationen wird die Notwendigkeit von einerseits des Entstehens eines Begründungsbedürfnisses sowie andererseits das dadurch initiierte Explizieren von Begründungen deutlich.

Schwarzkopf (2003) weist darauf hin, dass Argumentationsprozesse für die Realisierung von mathematischen Lernprozessen relevant sind. Unter Bezugnahme auf Miller (1986) bezeichnet er Lernprozesse, in denen strukturelle Wissenskonstruktionen stattfinden, in denen die Beteiligten also strukturelle Argumente zur Befriedigung des Begründungsbedürfnisses hervorbringen, als *fundamentales Lernen*.

> „Fundamentales Lernen kann dann zustande kommen, wenn bereits bekannte Wissensstrukturen zur Beilegung der Strittigkeit nicht ausreichen, wenn also die Sichtweise auf das mathematische Problem strukturell modifiziert werden muss, um ein Argument zu entwickeln." (Schwarzkopf, 2003, S. 214)

Bei der Kennzeichnung neuen mathematischen Wissens ist in Abschn. 3.1 unter Rückgriff auf Steinbring (2005) beschrieben, dass dieses Wissen stets in einer Balance zwischen empirischen Fakten und strukturellem allgemeinen Wissen steht. Durch empirische Argumente kann nur eine Anreicherung von Faktenwissen stattfinden, welches Miller (1986) als *relatives Lernen* bezeichnet. Für die oben beschriebene Szene bedeutet dies, dass sich das von Nils bearbeitete Minuspäckchen auf Musterebene zunächst in die Menge seiner Erfahrungen, der von ihm bereits betrachteten Phänomene, einreiht und die empirische Basis für empirische Argumente festigt. An dieses Faktenwissen kann angeknüpft werden, es muss dann aber (durch die Entwicklung von strukturellen Argumenten) systematisch weiterentwickelt werden und so eine relationale, allgemeine Kennzeichnung gewinnen. Da diese strukturellen Argumente nur im Diskurs zur Beilegung einer sogenannten fachlichen Strittigkeit konstruiert werden, sind sogenannte kollektive Argumentationen (Miller, 1986) notwendig.

> „Nur ein sozialer bzw. kommunikativer Handlungstyp scheint diese Bedingung zu erfüllen, und dies ist der kollektive Diskurs oder, um einen etwas genaueren Terminus zu verwenden, die kollektive Argumentation." (Miller, 1986, S. 23)

Für den Mathematikunterricht in der Grundschule unterstreicht diese Perspektive auf fundamentale Lernprozesse die Bedeutsamkeit von Lernanlässen und einer Unterrichtskultur, die solche Argumentationen im oben beschriebenen Sinne fördern. In Kap. 4 werden unterrichtliche Möglichkeiten beschrieben, wie sich solche fachlichen Strittigkeiten erzeugen lassen und dadurch ein Begründungsbedürfnis geweckt werden kann. Nührenbörger und Schwarzkopf (2019) bezeichnen solche bewusst konzipierten Argumentationsanregungen als *produktive Irritationen*.

3.3.3 Begründungen von Strukturen oder anhand von Strukturen

Blanton et al. (2019) entwickeln ein Rahmenmodell für algebraisches Denken, dessen Kern sogenannte Praktiken des Verallgemeinerns bilden. Das Modell wurde in Kap. 1 beschrieben. Sie unterscheiden zwischen vier verschiedenen Praktiken: *Verallgemeinern* („generalizing"), *Darstellen von Verallgemeinerungen* („representing generalizations"), *Rechtfertigen von Verallgemeinerungen* („justifying generalizations") und *Begründen mit Verallgemeinerungen* („reasoning with generalizations"). Die letzten beiden Praktiken bilden eine interessante Differenzierung für Argumentationsprozesse und sollen deshalb im Folgenden näher erläutert werden.

Die hier als *justifying generalizations* bezeichnete Tätigkeit steht im Einklang mit den in Abschn. 3.2.3 beschriebenen Verallgemeinerungen mit Fokus auf die Strukturen, auch wenn Blanton et al. (2019) selbst diese Unterscheidung zwischen Mustern und Strukturen nicht explizieren. Im Kontext von verallgemeinerter Arithmetik (Kap. 2) beschreiben sie das Rechtfertigen u. a. als „Entwickeln einer Rechtfertigung oder eines Arguments zur Stützung der Gültigkeit einer Vermutung" (Blanton et al., 2019, S. 199; übersetzt durch Autorinnen). Sie sprechen in diesem Zusammenhang davon, dass die Lernenden verschiedene Arten von Argumenten (wie z. B. darstellungsbasierte oder aber empirische) kennenlernen und die Stärken und Schwächen dieser untersuchen sollen.

Im Gegensatz dazu verstehen sie unter dem *reasoning with generalizations* zwei Aspekte: „Verallgemeinerungen (z. B. Eigenschaften) identifizieren, die bei der Durchführung von Berechnungen genutzt werden" (Blanton et al., 2019, S. 199; übersetzt durch Autorinnen) meint die Verwendung der Verallgemeinerung während des flexiblen Rechnens. Für argumentativ geprägte Diskurse, die beim Rechnen den Blick auf die Aushandlung von strukturellen Zusammenhängen richten, etablieren Nührenbörger und Schwarzkopf (2019) den Begriff des „argumentierenden Rechnens". Die Eigenschaft Konstanz kann beispielweise für Rechenstrategien genutzt werden, wenn die Kinder 29 + 51 mit Hilfe der einfacheren Aufgabe 30 + 50 lösen, die Summanden also gegensinnig verändern (Padberg & Benz, 2021, S. 124). Die Konstanz wird dann als Argument für das Vorgehen genutzt, es wird aber nicht begründet, *warum* sie gilt. Diese Art von Argumentationen begründen keine mathematischen Regelmäßigkeiten, sondern beispielsweise Vorgehensweisen. Die Argumente nutzen dabei aber mindestens implizit Strukturen als Fundament, *warum* der Rechenweg so genutzt werden kann (im Gegensatz zu einer Aussage wie „weil mir der Rechenweg leicht fällt"). Werden Begründungen für Rechenstrategien unterrichtlich thematisiert, so können hier auch strukturell-mathematische Argumentationen gefördert werden.

Eine weitere Art des *reasoning with generalizations* tritt auf, wenn die Gültigkeit von neuen, auf diesen Strukturen aufbauenden Zusammenhängen erklärt werden („Nutzen von Verallgemeinerungen, um über neue Vermutungen zu argumentieren", Blanton et al., 2019, S. 199; übersetzt durch Autorinnen). Auch dieser Aspekt soll hier an einem Beispiel illustriert werden. Ein interessantes Muster entsteht bei der Addition von zwei aufeinanderfolgenden Zahlen. Hier lässt sich das Phänomen entdecken, dass alle Summen ungerade sind. Untersucht man die verwendeten Summanden genauer, lässt sich feststellen, dass in jedem Fall eine gerade und eine ungerade Zahl addiert werden, da sich die Parität in der Folge der natürlichen Zahlen abwechselt. Es treten also zwei Fälle auf: Der erste Summand ist gerade, dann ist der zweite ungerade oder aber der erste Summand ist ungerade, dann ist der zweite Summand gerade. An dieser Stelle kann nun die mathematische Eigenschaft als bekanntes Argument angeführt werden, dass eine ungerade und eine gerade Zahl addiert als Summe immer eine ungerade Zahl ergeben. Der strukturelle Zusammenhang selbst wird somit nicht begründet, er wird vielmehr als Basis für weitere Argumentationen genutzt. Es wird also anhand einer bereits bekannten Eigenschaft von Paritäten eine neue Regelmäßigkeit begründet. Auf diese Weise lassen sich auch komplexere Muster erklären. Wichtig ist dabei, dass die genutzten Argumente (wie in diesem Beispiel „gerade plus ungerade ergibt ungerade") auf einem strukturellen Verständnis fußen und eine – mit den Worten von Blanton et al. (2019) gesprochen – Rechtfertigung („justification") erfahren haben.

Im Zitat oben wird durch den Einschub („z. B. Eigenschaften") deutlich, dass sie unter den Verallgemeinerungen auch Eigenschaften verstehen, die von uns als Strukturen bezeichnet werden (Kap. 1). Die Unterscheidung von Blanton et al. (2019) zwischen *justifying generalizations* und *reasoning with generalizations* leitet auf der Basis der Theorie um Muster und Strukturen also zu dem Begriffspaar *Begründen von Strukturen* und *Begründen anhand von Strukturen*.

Diese Unterscheidung ist für den Arithmetikunterricht deshalb so wichtig, um die Intention und auch die Qualität von Argumentationen in der Interaktion einschätzen zu können. In Kap. 4 wird beschrieben, dass in vielen substantiellen Aufgabenformaten oftmals ein Begründen anhand von Strukturen gefordert ist. So tritt das oben genutzte Beispiel der Paritäten in vielen Aufgabenformaten bei Fragen auf, wie beispielsweise „Warum ist der Deckstein einer dreistöckigen Zahlenmauer mit drei ungeraden Basissteinen immer gerade?" oder „Warum kann es kein Rechendreieck mit drei ungeraden Außenzahlen geben?". In den Argumenten für solche auftretenden Regelmäßigkeiten innerhalb von Aufgabenformaten wird das Wissen um Paritäten (Kap. 5) genutzt, um daran neue Phänomene zu begründen. Dieses Wissen darf dabei aber nicht als gegeben vorausgesetzt oder als reines Faktenwissen vermittelt werden, sondern benötigt selbst eine strukturelle Verstehensbasis, die immer wieder hinterfragt und begründet werden muss.

3.3.4 Operative Beweise

Argumentieren im Mathematikunterricht der Grundschule geht einher mit einer „Etablierung des anschaulich-operativen Beweisens" in der Unterrichtskultur (Nührenbörger & Schwarzkopf, 2019, S. 21). Gemeint sind damit Argumentationen, die auf die Erklärung von strukturellen Zusammenhängen abzielen und auf einer ikonischen oder enaktiven Darstellungsebene durchgeführt werden. International wird dieser Beweisart (von Schifter, 2009 „representation-based proof" genannt) in der frühen Algebra eine bedeutsame Rolle für die Grundschule zugesprochen (Russell et al., 2011; Morris, 2009). Die verschiedenen Formen von anschaulich geprägten Beweisen werden in der Fachdidaktik seit Langem diskutiert. Auf diese Diskussion, wann ein Beweis als ein solcher in der Mathematik akzeptiert wird (Wittmann & Müller, 1988), soll an dieser Stelle nicht detailliert eingegangen und stattdessen für einen umfassenden Überblick auf Brunner (2014), Biehler & Kempen (2016) oder Krumsdorf (2017) verwiesen werden.

Aufgegriffen wird im Folgenden der von Wittmann geprägte Begriff des *operativen Beweisens* und für diese Beweisform herausgestellt, welche Rolle sie im Mathematikunterricht bei Erkenntnisprozessen und Einsichten in mathematische Strukturen spielt. Das operative Beweisen beruht, wie der Name schon verrät, auf dem für die Mathematikdidaktik zentralen *Operativen Prinzip* (Wittmann, 1985, S. 9). Dieses Prinzip steht in engem Zusammenhang zu Mustern und Strukturen und wird in Kap. 4 erläutert.

Im Folgenden werden die Besonderheiten des operativen Beweisens exemplarisch am Beispiel eines Beweises zur Addition von Paritäten verdeutlicht. Mit Hilfe von Punktebildern (in Anlehnung an Wittmann, 2014 und Söbbeke & Welsing, 2017) wird operativ bewiesen: *Die Summe zweier natürlicher ungerader Zahlen ist immer gerade.* In diesem Abschnitt wird das Beispiel genutzt, um vor allem die bedeutsamen Merkmale des operativen Beweises herauszustellen. Der genutzte Zusammenhang betrifft die besonderen Eigenschaften von Zahlen und wird deshalb erneut in Kap. 5 mit dem Fokus auf Zahleigenschaften aufgegriffen.

Anschaulich lassen sich gerade Zahlen als Doppelreihen von Plättchen darstellen und ungerade Zahlen entsprechend komplementär als Doppelreihe mit einem einzelnen überstehenden Plättchen (Abb. 3.4). Bei dieser Darstellung der Zahlen wird auf ihre besondere Struktur zurückgegriffen, die sich durch ihre Teilbarkeitseigenschaft bezüglich der Division durch 2 ergibt: Gerade Zahlen sind ohne Rest durch zwei teilbar, während ungerade Zahlen bei Division durch 2 den Rest 1 lassen. Diese Zahleigenschaft wird detaillierter in Kap. 5 beleuchtet. Im Zentrum des operativen Beweisens steht als Operation nun das Zusammenschieben der Plättchendarstellungen, welches auf der Grundvorstellung der Addition als Vereinigen (Padberg & Benz, 2021) beruht. Am Beispiel der Addition der beiden ungeraden Zahlen 5 und 7 lässt sich anschaulich darstellen, wie sich die beiden Plättchenreihen additiv zusammenfügen lassen (Abb. 3.11). Als Wirkung dieser Handlung kann beobachtet werden, wie sich durch das Zusammenschieben die beiden überstehenden Plättchen ergänzen und einen neuen Zweier formen. Die entstehende Summe bildet folglich wiederum eine Anordnung als Doppelreihe und nimmt so die strukturelle Eigenschaft einer geraden Zahl an.

Für den Beweis des allgemeinen Zusammenhangs ist nun von zentraler Bedeutung, dass die hier entstandene Wirkung sich nicht nur beim Zusammenschieben des exemplarisch verwendeten Zahlenpaars 5 und 7 ergibt, sondern, dass die gleiche Wirkung als wahrnehmbare Regelmäßigkeit bei Ausübung auf eine sogenannte ganze Klasse von Objekten mit gleichen strukturellen Eigenschaften (nämlich alle ungeraden Zahlen) erzielt wird. Für diesen Erkenntnisprozess ist die Tätigkeit des Verallgemeinerns (Abschn. 3.2) bedeutsam, denn die Lernenden sind hier aufgefordert, etwas Allgemeines in die Darstellungen zu deuten. Die hier relevante spezifische Eigenschaft, die alle Beispiele gemeinsam haben, lässt sich in der Darstellung an dem jeweils überstehenden Plättchen an einer Seite der Doppelreihe ausmachen. Da die konkrete Anzahl an Plättchen für das Zusammenschieben irrelevant ist, können die ungeraden Zahlen z. B. auch allgemeiner als beliebig lange Plättchendarstellung wie in Abb. 3.12 dargestellt werden. Ebenso kann der allgemeine Zusammenhang über die Nutzung verschiedener generischer Beispiele hinweg entwickelt werden.

Für die Allgemeingültigkeit des Beweises steht die Operation im Fokus, die allgemein bei allen Objekten mit den gleichen strukturellen Eigenschaften anwendbar ist und zur gleichen Wirkung führt.

Abb. 3.11 Die ungeraden Zahlen 5 und 7 lassen sich zur geraden Summe 12 zusammenschieben

Abb. 3.12 Bei der Addition zweier ungerader Zahlen entsteht immer eine gerade Summe

Abb. 3.13 Kein allgemeingültiger Beweis für die Kommutativität

Schifter (2009) arbeitet über verschiedene Interventionsstudien hinweg drei Kriterien heraus, denen Darstellungen für solche anschaulichen Beweise genügen müssen:

„1. The meaning of the operation(s) involved is represented in diagrams, manipulatives, or story contexts.
2. The representation can accommodate a class of instances (for example, all whole numbers).
3. The conclusion of the claim follows from the structure of the representation. " (Schifter, 2009, S. 76)[4]

Dass insbesondere der zweite hier genannte Aspekt in operativen Beweisen nicht selbstverständlich ist, soll an folgender typischen Schwierigkeit des operativen Beweisens dargestellt werden. Bei der Begründung der Kommutativität der Multiplikation könnte folgender Lösungsansatz vorgeschlagen werden (Abb. 3.13): In der abgebildeten Darstellung zur Malaufgabe 3 · 4 entferne man die letzte Spalte des Punktefelds und hänge diese Reihe nun um 90° gedreht als neue Zeile unten an das Feld. Auf den ersten Blick scheint auch diese Handlung möglich, um aus dem Feld 3 · 4 die Tauschaufgabe 4 · 3 entstehen zu lassen. Bei genauerer Betrachtung kann jedoch festgestellt werden, dass diese Handlung nicht auf alle Punktefelder (d. h. auf Produkte von beliebigen natürlichen Zahlen) übertragbar ist. Das Umsetzen einer Spalte ist genau dann möglich, wenn die Differenz der beiden Faktoren 1 beträgt. Diese Handlung ist also nur für ganz bestimmte Punktefelder verallgemeinerbar. Für andere Produkte muss die Idee entsprechend übertragen werden, d. h., es muss nun sukzessiv die jeweils letzte Spalte des Rechtecks abgetrennt und diese unten als neue unvollständige Zeile angelegt werden, bis das Rechteck der Tauschaufgabe entsteht. Ein solches sukzessives Vorgehen, bis das gewünschte Resultat entsteht, ist aber keine Handlung, die die Allgemeingültigkeit sofort ersichtlich werden lässt. Für Multiplikationen mit beliebigen natürlichen Zahlen und damit für alle denkbaren Rechtecksfelder sind andere Handlungen wie Umdeuten oder Drehen denkbar, die in Kap. 6 detailliert beschrieben werden.

Mit der Etablierung des operativen Beweisens im Unterricht können Lernende Einsichten in das Zustandekommen von mathematischen Mustern und Zusammenhängen auf der Basis der zugrunde liegenden Strukturen gewinnen. An einen Mathematikunterricht, der dem Prinzip des aktiv-entdeckenden Lernens folgt, wird der Anspruch erhoben, dass

---

[4]Übersetzung durch Autorinnen: „1. Die Bedeutung der jeweiligen Operation wird in Diagrammen, Arbeitsmaterialien oder Sachkontexten dargestellt. 2. Die Darstellung kann eine Klasse von Objekten abdecken (z. B. alle ganzen Zahlen). 3. Die Schlussfolgerung der Behauptung ergibt sich aus der Struktur der Darstellung."

die Lernenden solche operativen Beweise nicht nur an vorgemachten Handlungen der Lehrkraft an den Objekten nachvollziehen, sondern dass sie auch selbst befähigt werden, solche Argumentationen von sich aus zu entwickeln. Dazu muss das operative Prinzip fester Bestandteil des Unterrichts sein und die Lernenden müssen dazu angeregt werden, von sich aus Operationen und ihre Wirkungen in den Blick zu nehmen sowie ein Begründungsbedürfnis für die auftretenden Muster zu entwickeln. Kaput (2000) zeigt am Beispiel der Kommutativität der Multiplikation auf, dass Lernende von sich aus Beweisideen entwickeln, wenn sie mit passendem Material konfrontiert werden. Gleichzeitig zeigt Kaput (2000) auch in Beschreibungen von Unterrichtsszenen aus seinen explorativen Studien auf, dass es ertragreicher sein kann, die Lernenden zunächst in ihrem Begründungsbedürfnis zu stärken, als ihnen den Beweis durch ein Vormachen vorwegzunehmen. Hier ist eine Balance gefragt, unterrichtlich genügend Anregungen und geeignete Anschauung als Voraussetzungen zu schaffen, ohne dem Entdeckungsprozess vorzugreifen. „Einem Kind ein Geheimnis zu verraten, das es selber entdecken kann, ist schlechte Didaktik, es ist ein Verbrechen." (Freudenthal, 1973, S. 389).

Für eine Algebraisierung des Arithmetikunterrichts muss das operative Beweisen eine zunehmende Rolle im Mathematikunterricht einnehmen und Lernende müssen zu einer aktiveren Rolle in diesen Beweisprozessen geführt werden. Dies können sie aber nur, wenn sie Begründungsanlässe wahrnehmen bzw. ein Begründungsbedürfnis entwickeln. Dazu bedarf es eines argumentativ geprägten Unterrichts, in dem die prozessbezogenen Kompetenzen kontinuierlich gefördert werden, so wie ihn Nührenbörger und Schwarzkopf (2019) einfordern. Durch produktive Irritationen lassen sich operative Beweise anregen. Bewusst initiierte Gesprächsanlässe und passende gezielte Impulse können Verallgemeinerungen mit Fokus auf Strukturen ermöglichen. In den Kap. 5, 6, 7 und 8 werden zu den jeweiligen zentralen Strukturen der Arithmetik, den Grundideen algebraischen Denkens folgend, genau solche Anlässe vorgestellt.

3.4   Variablen beim Kommunizieren, Darstellen und Argumentieren

Variablen sind zentrale Mittel des Verallgemeinerns (Abschn. 3.2) und somit essenziell für das algebraische Kommunizieren, Darstellen und auch Argumentieren. Sie sind in der Grundschule nicht nur vorbereitend für die Sekundarstufe von Bedeutung zu verstehen, sondern in einem Unterricht der Muster und Strukturen als sprachliche Komponenten unabdingbar. Bereits in Abschn. 3.1 wurde die besondere Rolle von mathematischen Darstellungen in Bezug auf das algebraische Denken erläutert. Nach Steinbring (2000a; siehe auch Abschn. 3.1.1) nehmen mathematische Zeichen die Rolle von Variablen ein, wenn Lernende die konkreten Zahlen und Objekte als beispielhaft deuten, um einen allgemeinen Zusammenhang im Muster zu erkennen.

Mit Variablen sind nicht zwingend Buchstabenvariablen gemeint, denn es ist nicht die äußerliche Form, die eine Variable zu einer solchen macht. Ein Verständnis von Variablen kann bereits lange vor der Einführung von Buchstabenvariablen im Rahmen des regulären Arithmetikunterrichts angebahnt werden. Formen der systematischen Verallgemeinerung können auch ohne Nutzung konventioneller Symbole algebraischer Natur sein (Akinwunmi, 2012). Es besteht zwar eine gewisse Notwendigkeit, Objekte oder die erkannten Eigenschaften und Relationen durch Zeichen auszudrücken, diese Zeichen beschränken sich nicht auf Buchstaben:

> „…unknowns, variables and other algebraic objects can only be represented indirectly, through means of constructions based on signs …. These signs may be letters, but not necessarily. Using letters does not amount to doing algebra." (Radford, 2006, S. 3)[5]

Die Nutzung von Buchstabenvariablen ist, wie Radford anmerkt, für algebraische Denkweisen nicht notwendig. Vielmehr sind Verallgemeinerungen auch verbalsprachlich oder durch andere Repräsentationen von Anfang an möglich. Durch diese erweiterten sprachlichen Mittel öffnen sich Zugänge auch für den Grundschulunterricht. Algebra oder algebraisches Denken darf deshalb keinesfalls gleichgesetzt werden mit dem Auftreten von Buchstabenvariablen oder sogar synonym verstanden werden zu einem Rechnen mit Buchstaben. Vielmehr ist man sich in der Forschung einig, dass algebraisches Denken auch ganz ohne Buchstabenvariablen charakterisiert werden kann (Steinweg, 2013, S. 165). Auch historisch gesehen begann die Algebra bereits lange Zeit vor der Symbolsprache. Selbst Muhammad ibn Musa Al-Khwarizmi, auf dessen Grundlagenwerk (vgl. Übersetzung von Rosen, 1831) der Begriff Algebra zurückgeht, hat seine algebraischen Ideen rein mit Worten in Textform ausgedrückt, da die formale Symbolsprache erst später entstand (Kap. 1).

In den Bildungsstandards (KMK, 2022) wird durch die neue prozessbezogene Kompetenz *Mit mathematischen Objekten und Werkzeugen arbeiten* der Umgang mit Symbolen in der Arithmetik erstmals explizit angesprochen. Auch hier wird die Vernetzung mit der Sprache der Lernenden betont.

> „Diese Kompetenz beinhaltet den fachlich sicheren Umgang mit den im Mathematikunterricht der Primarstufe relevanten mathematischen Objekten (z. B. arithmetisch: u. a. Zahlen, Symbole, Terme, Gleichungen …. Hierzu verknüpfen die Schülerinnen und Schüler alltagsgebundene Sprechweisen mit symbolischen und formalen Ausdrucksweisen und nutzen diese fachlich angemessen. Das Spektrum reicht vom sicheren und adressatengerechten Verwenden mathematisch geeigneter Begriffe und Zeichen bis hin zum flexiblen und sachgerechten Umgang mit mathematischen Objekten …." (KMK, 2022, S. 12)

Die Bedeutungen und Funktionen von Variablen im Arithmetikunterricht stehen in engem Bezug zu den in Kap. 2 beschriebenen Grundideen des algebraischen Denkens. Dieser

---

[5] Übersetzung durch Autorinnen: „Unbekannte, Veränderliche und andere algebraische Objekte können nur indirekt repräsentiert werden, und zwar durch Konstruktionen, die auf Zeichen basieren …. Diese Zeichen können Buchstaben sein, müssen es aber nicht. Die Verwendung von Buchstaben bedeutet nicht, dass man Algebra betreibt."

Zusammenhang wird in Abschn. 3.4.1 detailliert erläutert. Anschließend werden in Abschn. 3.4.2 verschiedene symbolische Darstellungen als Repräsentationsmöglichkeiten für Variablen für die Grundschule diskutiert. Eine Bewusstheit für das Potenzial sowie mögliche Hürden und Chancen in der Verwendung von unterschiedlichen Symbolen kann dabei helfen, die Entwicklung des Variablenverständnisses und damit das algebraische Denken zu unterstützen.

3.4.1   Variablen: Bedeutung und Rolle in der Algebra

Variablen können verschiedene Bedeutungen besitzen, die sich durch den Kontext ergeben, in den sie eingebettet sind. Für einen adäquaten Umgang mit Variablen ist es wichtig, dass Lernende ein umfassendes und flexibles Verständnis von Variablen entwickeln, dass sie also angeregt werden, Variablen in verschiedenen Kontexten kennenzulernen, deuten und verwenden zu lernen. In der Mathematikdidaktik gibt es vielfältige Ansätze, zwischen den verschiedenen Bedeutungen zu differenzieren, die Variablen tragen können (u. a. Usiskin, 1979, 1988; Küchemann, 1978; Freudenthal, 1973, 1983; Malle, 1993; Ursini & Trigueros, 2001). Im Folgenden wird zwischen drei verschiedenen *Variablenkonzepten* nach Freudenthal (1973, 1983) unterschieden, welcher zwischen Variablen als

- Unbekannte,
- Unbestimmte und
- Veränderliche

differenziert. Der spezifische Zweck, für den Variablen jeweils genutzt werden, unterscheidet sich dabei auch durch die fokussierte Grundidee (Kap. 2). Die verschiedenen Variablenkonzepte werden im Folgenden deshalb mit Bezug auf die entsprechenden Grundideen erläutert. Die Darstellung der Variablen selbst gibt dabei keinen Aufschluss über das zugrunde liegende Variablenkonzept. Vielmehr werden die grundsätzlich verschiedenen Konzepte durch die spezifische Problem- bzw. Aufgabenstellung adressiert. Um dies zu verdeutlichen, wird in den folgenden Erläuterungen jeweils auf ein Beispiel des Aufgabenformats Zahlenmauer (Kap. 4) zurückgegriffen, in dem die (leeren) Felder der Mauer als Variablen betrachtet werden. Trotz des gleichen Erscheinungsbilds der Zahlenmauer werden je nach Aufgabenstellung verschiedene Grundideen und entsprechend auch unterschiedliche Variablenkonzepte angesprochen.

Die grundlegenden Objekte, mit denen sich die Arithmetik beschäftigt, sind die Zahlen. Auch in Zahlenmauern treten Zahlen auf, die in operational-arithmetischer Perspektive miteinander verrechnet werden können. In algebraischer Perspektive auf die Zusammenhänge der gegebenen und gesuchten Zahlen können diese auch als Variablen gedeutet werden. Leere Felder oder auch gegebene Zahlen verweisen je nach fokussierter Grundidee auf Variablen, die unbekannt, unbestimmt oder veränderlich sind.

Unbekannte

Im Fokus auf die *Grundidee der Gleichungen* nehmen Variablen die Rolle von *Unbekannten* ein. In der Gleichung $5 + x = 8$ beispielsweise steht x für eine noch nicht bekannte Zahl, die durch das Lösen der Gleichung konkret bestimmt werden kann. Man verwendet die Variable als Unbekannte hier „aus Unwissenheit, weil uns eben kein anderer, genauerer Name bekannt ist" (Freudenthal, 1973, S. 262). Variablen als Unbekannte werden auch in der Grundschule üblicherweise schon als Leerstellen, Platzhaltersymbole oder auch Buchstaben symbolisiert, wie beispielsweise $5 + \_\_ = 8$ (Abschn. 3.4.2). Genau betrachtet, stellt auch in einer typischen Rechenaufgabe $5 + 3 =$ die rechte Seite der Gleichung eine Unbekannte dar, da Lernende aus dem Unterricht wissen, dass das zu berechnende Ergebnis an dieser Stelle notiert werden soll.

In der Zahlenmauer (Abb. 3.14) fungieren die leeren Felder als Unbekannte, in welche die Lernenden die durch Subtraktion eindeutig bestimmbaren Zahlen eintragen können. Die Zahlenmauer ist eine mögliche Darstellung der Gleichung $\_\_ + 18 = 26$ oder $26 - 18 = \_\_$. Viele typische Zahlenmaueraufgaben adressieren also die Grundidee der Gleichungen, auch wenn dies vielleicht nicht direkt auf den ersten Blick erkennbar ist.

Unbekannte (wie die leeren Felder in der Zahlenmauer) sind in der Regel nach einer passenden Berechnung oder durch systematisches Einsetzen bestimmter Werte nicht mehr unbekannt und können durch einen (oder mehrere) gültige(n) Wert(e) ersetzt werden, die aus der Beziehung zwischen zwei Termen eine wahre Aussage machen (Kap. 7).

Unbestimmte

Im Fokus auf die *Grundidee der Operationen* können den Lernenden Variablen in einem zu dem der Unbekannten sehr konträren Konzept begegnen. Hier steht die Untersuchung und Anwendung von Operationseigenschaften im Vordergrund, die für alle natürlichen Zahlen gelten. In dieser Grundidee werden die Zahlen zu sogenannten *Unbestimmten*, wenn sich Lernende von den konkreten Zahlen lösen und diese allgemein betrachten. Es handelt sich gerade dann um eine allgemeine Eigenschaft einer Operation, wenn die Zahlen beliebig sind, d. h. die Beispielzahlen austauschbar werden.

Die Aufgabe in Abb. 3.15 greift die Operationseigenschaft der Kommutativität in dem substantiellen Aufgabenformat Zahlenmauer (Kap. 4) auf. In einer zweistöckigen Zahlenmauer lassen sich die Basissteine aufgrund der Kommutativität der Addition immer ver-

Abb. 3.14 Die leeren Felder werden in der Aufgabe zu Unbekannten

Trage die fehlenden Zahlen ein.

Abb. 3.15 In der Aufgabe werden die (leeren) Basissteine zu Unbestimmten

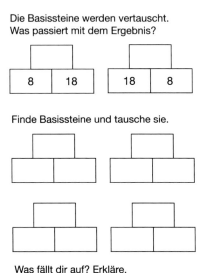

Die Basissteine werden vertauscht. Was passiert mit dem Ergebnis?

| 8 | 18 | | 18 | 8 |

Finde Basissteine und tausche sie.

Was fällt dir auf? Erkläre.

tauschen. Die leeren Felder der Basisreihe dienen als Platzhalter, in welche die Lernenden Zahlen eintragen und die Vertauschbarkeit überprüfen können. Als Muster zeigt sich in den Erkundungen, dass die Vertauschung bei allen natürlichen Zahlen zum gleichen Deckstein führt. Im Gegensatz zur Unbekannten (s. u.) können nicht nur die leeren, sondern insbesondere die mit Beispielzahlen gefüllten Felder als Variablen im Konzept der beliebig aus $\mathbb{N}$ gewählten Unbestimmten gedeutet werden. In Beschreibungen und Begründungen wie „Ich kann unten *alle Zahlen* eintragen." oder „Ich kann den linken und rechten Basisstein *immer* vertauschen. Das Ergebnis bleibt *immer* gleich." wird die Deutung der Felder im Konzept der Unbestimmten ersichtlich.

Zur Beschreibung von allgemeingültigen Operationseigenschaften wird das Konzept der Variablen als Unbestimmte genutzt. Die Kommutativität der Addition in $\mathbb{N}$ kann mit Buchstabenvariablen als $a + b = b + a$ für alle a, b $\in \mathbb{N}$ symbolisiert werden. Die Variablen werden hier verwendet, „weil es uns nicht interessiert, das Objekt genauer zu bezeichnen" (Freudenthal, 1973, S. 262). Da die Variable hier gleichzeitig auf verschiedene Zahlen eines bestimmten Bereichs verweist, spricht Malle (1993, S. 80) hier auch vom „Simultanaspekt".

Unbestimmte bleiben, wie der Name bereits sagt, nicht näher bestimmt und haben es auch nicht zum Ziel, berechnet zu werden. Vielmehr verdeutlichen sie allgemeine Regeln, die für alle Zahlen eines bestimmten Zahlbereichs bezüglich bestimmter Operationen gelten (Kap. 6). Da es sich, wie oben beschrieben, bei Variablen nicht zwingend um die symbolische Form eines Buchstabens handeln muss, kann die Unbestimmte stattdessen auch über ihre einzigartige Verweisfunktion erkannt werden:

„The only way a person can make a single statement that applies to multiple instances (i.e., a generalization), without making a repetitive statement about each instance, is to refer to multiple instances through some sort of unifying expression that refers to all of them in some unitary way, in a single form, some way to unify the multiplicity. Generalizing is the act of creating that symbolic object." (Kaput et al., 2008, S. 20)[6]

Ein Zeichen wird folglich zu einer Variablen als Unbestimmte, indem es mit Hilfe einer einzigen Darstellung, mag dies ein Wort oder ein Symbol oder anderes sein, auf mehrere Fälle verweist. Dabei hilft die verallgemeinernde Sprache, welche die von Kaput (2008) geforderte Verweisfunktion beispielsweise mit Wortvariablen leisten kann. Für den Arithmetikunterricht, in dem üblicherweise mit Beispielen gearbeitet wird, ist es wichtig zu betonen, dass Lernende sich während der Thematisierung von den konkreten Zahlbeispielen lösen bzw. diese Zahlen selbst als beliebig im Sinne von Variablen deuten. Die oben beispielhaft benannte Kommutativität der Addition kann dieser Idee folgend im Grundschulunterricht in Verbalbeschreibungen z. B. mit dem Satz „Bei Plusaufgaben kann man die erste und die zweite Zahl *immer* tauschen" beschrieben werden.

Veränderliche

Schließlich treten in der *Grundidee der Funktionen* die *Variablen als Veränderliche* auf. Dies bedeutet, dass sie nicht simultan, wie bei der Idee der Unbestimmten, auf eine Menge bzw. gesamten Zahlbereich verweisen, sondern einen definierten Bereich im wörtlichen Sinn variabel durchlaufen und dabei auch dynamisch gedacht werden. Für funktionale Beziehungen ist dabei typisch, dass eine Variable bei diesem Durchlauf je eine andere, abhängige Variable in ihrem Wert beeinflusst (Kap. 8).

Eine solche dynamische Sichtweise ist auch bei der Aufgabenstellung in Abb. 3.16 notwendig, in welcher der linke Basisstein als Veränderliche betrachtet und die Auswirkung der Veränderung auf das Ergebnis erkannt werden soll. Die Zahlenmauerfolge stellt damit eine funktionale Beziehung ($n \rightarrow n + 18$) dar, in welcher sich der linke Basisstein als unabhängige Variable und der Deckstein als abhängiger Wert deuten lässt. Die funktionale

Der linke Basisstein wird immer um eins erhöht.
Wie ändert sich der Deckstein? Setze fort und erkläre.

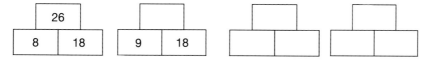

Abb. 3.16 In dieser Aufgabe werden die leeren Felder zu Veränderlichen

---

[6] Übersetzung durch Autorinnen: „Der einzige Weg, eine einzelne Aussage zu machen, die auf mehrere Fälle zutrifft (d. h. eine Verallgemeinerung), ohne eine sich wiederholende Aussage über jeden Fall zu machen, besteht darin, auf mehrere Fälle durch eine Art von vereinheitlichendem Ausdruck zu verweisen, der sich auf alle diese auf eine einheitliche Art und Weise bezieht, in einer einzelnen Form, ein Weg, die Vielzahl zu vereinheitlichen. Verallgemeinern ist der Akt der Erschaffung dieses symbolischen Objekts."

Beziehung ist unendlich fortsetzbar. Zudem können auch noch Zahlenmauern gefunden werden, die die Folge nach links erweitern (der linke Basisstein könnte in der Grundschule bei 0 oder 1 beginnen).

In der Grundschule kann die Veränderliche auch z. B. als Position bzw. Stelle in einer wachsenden Figurenfolge (siehe beispielsweise Abb. 3.5) auftreten, die inhaltlich einer Funktion ($n \rightarrow 4 \cdot n + 1$) entspricht. Bei Fragen wie „Wie verändert sich die Anzahl der Plättchen, wenn die Position wächst?" müssen die Variablen dynamisch betrachtet werden. Eine andere Option der Begegnung mit Variablen als Veränderlichen und einer solchen dynamischen Sichtweise auf Zahlen findet sich beispielsweise schon bei der Thematisierung von Einmaleinsreihen und Überlegungen, wie sich das Ergebnis in Abhängigkeit vom Multiplikator bzw. von der Position in der Malreihe verändert.

Bedeutung der verschiedenen Variablenkonzepte
Die Ausdifferenzierung der Variablenkonzepte macht deutlich, dass in der Grundschule nicht nur ein Verständnis von Variablen als Unbekannte, sondern ebenfalls als Unbestimmte und als Veränderliche entwickelt werden sollte. Dies ermöglicht dann auch in der Sekundarstufe, an das Vorwissen der Lernenden anzuknüpfen. Die beiden Variablenkonzepte als Unbestimmte und als Veränderliche können als zwei eng verbundene und nicht immer eindeutig trennbare Auffassungen betrachtet werden, die oftmals Schwierigkeiten in der Deutung mit sich bringen (siehe u. a. Radford, 1999). Die Variable als Unbekannte tritt hingegen als recht komplementäres Konzept auf, welches sich für die Lernenden als wesentlich zugänglicher zeigt (Akinwunmi, 2012) und auch oftmals bereits gängiger Bestandteil des Grundschulunterrichts ist (wie beispielsweise die Verwendung der Platzhaltersymbole __ für gesuchte Zahlen).

Die bewusste Unterscheidung und Beachtung aller drei Variablenkonzepte ist bereits vor und bei der Einführung von Variablen von Bedeutung. Eine zu enge Sichtweise auf das Variablenkonzept als Unbekannte ist nicht förderlich für algebraisches Denken. Die Variable als Ersatz für eine zu bestimmende Zahl verführt dazu, auch Leerstellen oder Buchstaben als konkrete Objekte misszuverstehen: „Diese ‚Buchstaben-als-Objekt'-Fehlvorstellung kann Schüler bei ihren Bemühungen, Gleichungen aufzustellen, während ihrer gesamten Algebra-Karriere beeinträchtigen" (Arcavi et al., 2017, S. 52; übersetzt durch Autorinnen). Es kann problematisch werden, wenn die Lernenden ein einseitiges Verständnis einer Variablen als Unbekannte entwickeln und nicht genug zwischen den verschiedenen Variablenkonzepten wechseln und unterscheiden können (Harper, 1987; Fujii, 2003). Für Beispiele mit Problemen des Variablenverständnisses sei an dieser Stelle auf Malle (1993), Radford (1999) sowie Akinwunmi (2012) verwiesen. Vor einer oberflächlichen Thematisierung von Variablen sei gewarnt, denn auch wenn Lernende Platzhalter oder sogar Buchstaben von sich aus als Unbekannte verwenden, können sie diese dennoch nicht automatisch in Kontexten verstehen, in denen Variablen als Unbestimmte auftreten. Bei der Unterscheidung sollte von den Lehrkräften zudem bewusst auf die fokussierte

Grundidee des algebraischen Denkens geachtet werden. Bei der Gleichung $5 + x = 8$ steht die Grundidee der Gleichungen im Fokus, während bei der Gleichung $a + b = b + a$ für alle a, b $\in \mathbb{N}$ auch die Grundidee der Operationen zentral ist. In Kap. 2 wurde die enge Verwobenheit der Grundideen beschrieben, die sich hier nun auch auf die notwendige Flexibilität in der Deutung der Variablen für das algebraische Denken auswirkt. Entsprechend müssen Lernende bei der Entwicklung des algebraischen Denkens letztlich dazu befähigt werden, je nach Situation zwischen den verschiedenen Variablenkonzepten wechseln zu können (Weigand et al., 2022).

3.4.2 Symbolische Darstellungen von Variablen

In Abschn. 3.4.1 wurden die verschiedenen Bedeutungen von Variablen erläutert, die sich nicht an der äußeren Gestalt der Erscheinungsbilder der Variablen festmachen lassen, sondern durch die jeweilige Einbettung des Zeichens und den jeweiligen Fokus auf die Grundidee bestimmt werden. Am Beispiel des Aufgabenformats Zahlenmauer wurde verdeutlicht, wie die Felder der Mauer als Variablen gedeutet werden können. Auch verbale Beschreibungen oder als Beispiel gedachte Zahlen können die Rolle von Variablen einnehmen.

In diesem Abschnitt werden drei Variablendarstellungen genauer betrachtet, die Symbole nutzen:

- Platzhalter (wie __ oder □)
- Buchstaben
- Säckchen, Boxen, Briefumschläge

Platzhalter
In Schulbüchern der Grundschule finden sich vielfältige Formen von Platzhaltern. Gleichungen der Form __ $+ 9 = 10$ oder □ $+ 9 = 10$, aber auch Felder in typischen Aufgabenformaten, wie beispielsweise Steine in Zahlenmauern, sind übliche Darstellungen. In diesen Kontexten scheinen die Lernenden auf ganz natürliche Weise mit solchen symbolisch repräsentierten Platzhaltern umzugehen und die gesuchten Zahlen einzutragen. Platzhalter verweisen in der Regel, wie in den oben beschriebenen Gleichungen (□ $+ 9 = 10$), auf unbekannte Zahlen, die beim Lösen der Aufgabe zu ermitteln und dann einzutragen sind. Sie sind meist in die Grundidee der Gleichungen eingebettet und sprechen das Variablenkonzept der Unbekannten an.

Buchstaben
Die Verwendung von Buchstabenvariablen in der frühen Algebra wird bereits seit Langem diskutiert, da Variablen für das algebraische Denken einerseits von zentraler Bedeutung sind (Kap. 2) und andererseits aber mit einigen Hürden für Lernende verbunden zu sein scheinen (Akinwunmi, 2012).

Die algebraische formale Sprache stellt ohne Frage ein bedeutsames mathematisches Kulturgut dar (Kap. 2). Sie überzeugt insbesondere in ihrer Effektivität als weltweit universelle Sprache und ist in allen mathematischen Disziplinen allgegenwärtig. Als besondere Stärken werden die Ablösung von der Vorstellungsgebundenheit und die Überwindung von Grenzen betont, denen sprachliche oder geometrische Darstellungen unterliegen, sowie damit einhergehend eine Entlastung des inhaltlichen Denkens und eine Erhöhung der operativen Reichweite (Hefendehl-Hebeker, 2001, 2003; siehe auch Akinwunmi, 2012). In der algebraischen Sprache werden Variablen und Zahlen zu Termen und Gleichungen verbunden, die dann im Sinne der *reification* (Kap. 1) nicht mehr (nur) als auszuführende Prozesse, sondern als Beziehungsgefüge gedeutet werden können (Hefendehl-Hebeker & Rezat, 2023). Gleichungen und Variablen werden so in ihren Eigenschaften und Beziehungen zu eigenständigen Objekten des Denkens und machen algebraisches Denken möglich.

Buchstabenvariablen im Kontext einer Unbekannten einzuführen und damit an die den Kindern bereits vertrauten Platzhaltersymbole anzuknüpfen (bzw. die Platzhalter einfach durch Buchstaben zu ersetzen), wirkt auf den ersten Blick verführerisch leicht. Problematisch kann dies werden, wenn die Lernenden ein einseitiges Variablenverständnis aufbauen, welches nicht tragfähig ist, um Variablen in ihren anderen Facetten deuten zu können (u. a. Radford, 1999). In der Sekundarstufe bemüht man sich bei der Einführung von Buchstabenvariablen darum, ein tragfähiges Verständnis aufzubauen, gerade weil in der Forschung zur Didaktik der Algebra vielfältige Probleme im Verständnis und im Umgang mit Variablen herausgearbeitet wurden (Malle, 1993). Bemängelt werden hier vor allem die Überbetonung des Kalküls und das verständnislose Operieren mit Variablen (Malle, 1993; Kieran, 1992; Kaput et al., 2008), aber auch fehlende oder einseitige Vorstellungen (Franke & Wynands, 1991; Vollrath & Weigand, 2007) sowie Fehlvorstellungen (Specht, 2009). Diese Schwierigkeiten sind deshalb so problematisch, weil den Variablen als Teil der algebraischen Sprache und der Formalisierung ein hoher Stellenwert für die Mathematik zugemessen wird.

In Deutschland ist man bei der Nutzung von Buchstabenvariablen in der Grundschule zurückhaltend, während es gerade in den USA durchaus auch Versuche gibt, formale Notationsweisen bereits an jüngere Lernende heranzutragen (u. a. Schliemann et al., 2007; Carraher et al., 2001; Brizuela & Schliemann, 2004; Blanton et al., 2021b). Verschiedene explorative Studien versuchen, Lernende an die Notation von symbolischen Termen mit Buchstabenvariablen durch die Beschreibung von Sachsituationen, in denen die Variable im Kontext einer Unbestimmten auftritt, heranzuführen (u. a. Schliemann et al., 2007; Carraher et al., 2001; Brizuela & Schliemann, 2004). Diese Ansätze werden zum Teil kontrovers diskutiert (Warren, 2002, 2003a; Kieran et al., 2016). Das „Sparschwein-Problem" (Blanton et al., 2018) zeigt eine typische Aufgabenstellung, die genutzt wird, um Buchstabenvariablen einzuführen.

Das Sparschwein-Problem

Tim und Angela haben beide jeweils ein Sparschwein. Sie wissen, dass ihre Sparschweine gleich viele Pennys beinhalten, aber sie wissen nicht, wie viele. Angela hat zudem noch 8 Pennys in ihrer Hand.

a. Wie würdest du die Anzahl von Pennys darstellen, die Tim hat?
b. Wie würdest du die Gesamtanzahl von Pennys darstellen, die Angela hat?
c. Angela und Tim legen all ihre Pennys zusammen. Wie würdest du die Anzahl an Pennys darstellen, die sie zusammen haben?

(Blanton et al., 2018, S. 41; übersetzt durch Autorinnen)

Als Lösungen sind von Blanton et al. (2018) Darstellungen in Termen mit Buchstabenvariablen intendiert: a) n; b) $n + 8$; c) $n + n + 8$. Den Studien zufolge gewinnen Lernende der 3.–5. Jahrgangsstufe durch unterrichtliche Interventionen an Sicherheit in diesen Termdarstellungen und verbessern ihre Kompetenzen dahingehend, diese selbstständig aufstellen zu können. In der Kontrollgruppe nutzen Kinder zu allen gemessenen Zeitpunkten kaum Buchstaben für die Darstellung der unbestimmten Mengen (Blanton et al., 2018).

Kritisch betrachtet werden solche Studien von Teppo (2001), Tall (2001) und Radford (2001) (siehe zusammenfassend Akinwunmi, 2012), da die Lernenden in solchen Aufgabenbearbeitungen (z. B. auch bei Carraher et al., 2001) sichtliches Unbehagen und fehlende Sinnstiftung bezüglich des Variablengebrauchs zeigen und ebenso ein Anknüpfen an die individuellen Denkweisen der Lernenden ausbleibt. Wie in Abschn. 3.2.1 aufgezeigt, nutzen die Lernenden von sich aus eine Bandbreite an Möglichkeiten, um auf unbestimmte oder sich verändernde Zahlen mit natürlicher Sprache, Wortvariablen oder anderen Darstellungen zu verweisen. Die symbolische Darstellung als Buchstabenvariablen ist somit für Verallgemeinerungen nicht zwingend notwendig.

In Kontexten wie dem oben dargestellten Sparschwein-Problem trägt die Variable die Bedeutung einer Unbestimmten, da eine bestimmte Beziehung zwischen zwei Mengen durch die Verwendung der Variablen allgemeingültig ausgedrückt werden soll. Für Kinder kann der Sinn zweifelhaft sein, warum die Beziehung zwischen den Pennys mit Buchstabenvariablen ausgedrückt werden soll – anstatt lieber in die Sparschweine zu schauen, um die konkrete Anzahl an Pennys herauszufinden. Allgemeine Aussagen mit Hilfe von Variablen auszudrücken, ist vor allem in der *Grundidee der Operationen* bei der Verallgemeinerung von Operationseigenschaften (Kap. 6) sinnstiftender zu kontextualisieren.

Einen weiteren, kontrovers diskutierten Ansatz verfolgte das Projekt Measure-Up (Dougherty & Slovin, 2004; Dougherty, 2008), welches auf die Ansätze von Davydov (1975) zurückgeht. Direkt mit Beginn des Mathematikunterrichts beschäftigen sich in diesem Projekt die Lernenden zu Schulbeginn damit, Verhältnisse (z. B. von mit Buchstaben benannten Streckenlängen) formal auszudrücken (Kap. 7). Numerische Erfahrungen mit

Zahlen werden den Kindern in diesem Projekt erst nachgeordnet und später während der Schulzeit ermöglicht. Auch zu diesem Projektansatz wird (u. a. von Bertalan, 2007) vor der Etablierung von Fehlvorstellungen und dem Aufbau von einseitigen Variablenkonzepten gewarnt sowie die Sinnstiftung für die algebraische Sprache kritisch hinterfragt (Steinweg, 2013). Auch van Ameron (2002) sieht eine verfrühte Formalisierung kritisch. Sie kann in ihren Studien aufzeigen, dass symbolische Schreibweisen mit Buchstaben, die Lernende von sich aus konstruieren, teilweise inkonsistent sind oder auch mathematisch festgelegten Konventionen widersprechen.

Steinweg (2018, 2019) konfrontiert in einer Studie Dritt- und Viertklässler mit Buchstabennotationen wie z. B. $2n + 2$ zu entsprechenden Figurenfolgen (Kap. 8). Obwohl die Kinder zunächst die Figurenfolgen selbst bearbeiten (fortsetzen, das 100. Folgeglied beschreiben), zeigt sich jedoch, dass die „korrekte Fortsetzung des Musters notwendig, aber nicht hinreichend für eine vollständige Terminterpretation" ist (Steinweg, 2018, S. 1737). Kindern gelingt es also nicht immer, den Term zu interpretieren, auch wenn sie selbst diese strukturellen Eigenschaften des Musters in ihren eigenen Berechnungen anwenden und auch beschreiben können.

Da die Variable als Unbestimmte und als Veränderliche auch ohne Buchstabenvariablen propädeutisch gefördert werden kann (Akinwunmi, 2012), sollte die Zeit in der Grundschule dafür genutzt werden, ein alle Variablenkonzepte umfassendes Verständnis anzubahnen und in der Sekundarstufe dann an dieses verbalsprachliche oder durch andere Darstellungen entwickelte Verständnis anzuknüpfen, statt die Symbolik von Buchstaben zu verfrühen.

Säckchen, Boxen, Briefumschläge
Die frühe Einführung von Buchstabenvariablen findet sich im europäischen Raum weniger, allerdings gibt es hier Versuche wie die z. B. von Sawyer (1964) vorgeschlagene Säckchendarstellung (Abb. 3.17) als Zwischenschritt auf dem Weg zur Buchstabenvariablen. Das Säckchen als Symbol beschreibt einen Container für eine beliebige, aber ggf. feste Anzahl von Objekten.

Neben den Säckchen werden auch andere sogenannte *Container*, d. h. symbolische Piktogramme von Behältnissen, für Variablen in ihren verschiedenen Variablenkonzepten genutzt (Steinweg, 2013). Radford (2022a, b) nutzt beispielsweise Briefumschläge für Variablen als Unbekannte, mit denen die Lernenden auch handelnd vorgehen können, um Gleichungen zu lösen, wie $2 \cdot x + 1 = 6 + x$ oder auch $3 \cdot x + 1 = 5 + x$ (Kap. 7). Dabei belegt er, dass sich bereits in der zweiten und dritten Klasse algebraische Lernprozesse ausfindig machen lassen, indem er die Vorgehensweisen der Kinder mit denen vergleicht, die bereits Al-Khwarizmi im 8. Jahrhundert verwendet (Oaks & Alkhateeb, 2007; Rosen, 1831). In den gegebenen Gleichungen treten die Variablen als Unbekannte auf, welche die Lernenden laut der explorativen Studie von Radford (2022a, b) in diesem Aufgabenformat intuitiv deuten und damit operieren können. Hier steht die Variable als Unbekannte für ein zu berechnendes numerisches Ergebnis und passt zum Kontext, indem Kinder die Anzahl an Karten im Briefumschlag herausfinden möchten. Im Konzept der Unbekannten

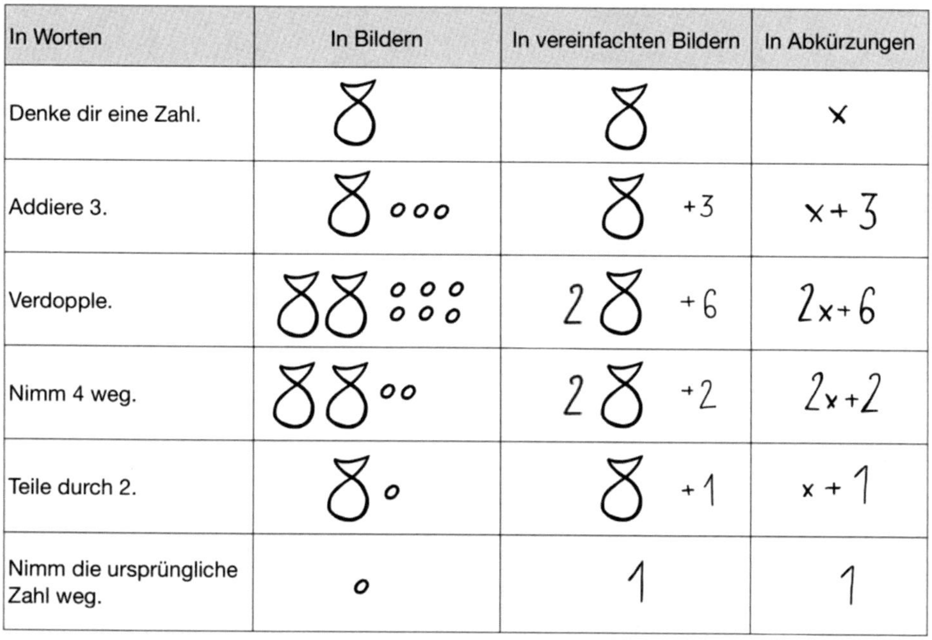

In Worten	In Bildern	In vereinfachten Bildern	In Abkürzungen
Denke dir eine Zahl.	(Säckchen)	(Säckchen)	x
Addiere 3.	(Säckchen) ooo	(Säckchen) $+3$	$x + 3$
Verdopple.	(2 Säckchen) oooooo	2 (Säckchen) $+6$	$2x + 6$
Nimm 4 weg.	(2 Säckchen) oo	2 (Säckchen) $+2$	$2x + 2$
Teile durch 2.	(Säckchen) o	(Säckchen) $+1$	$x + 1$
Nimm die ursprüngliche Zahl weg.	o	1	1

Abb. 3.17 Hinführung zu Buchstabenvariablen bei Sawyer. (In Anlehnung an Sawyer, 1964, S. 73)

und ggf. auch der Unbestimmten werden in der Forschung und in entsprechenden Unterrichtsvorschlägen Variablen als farbige Streichholzschachteln von Affolter et al. (2010, S. 32) oder als Boxen von Lenz (2021) symbolisiert. Mögliche Aktivitäten werden in Kap. 7 bei den Ausführungen zu der *Grundidee Gleichungen* ausführlicher diskutiert.

Im Folgenden wird die symbolische Darstellung als Säckchen im Konzept der Variablen als Unbestimmte genauer vorgestellt (z. B. Affolter et al., 2008, S. 64; Wittmann & Müller, 1992, S. 83; https://primakom.dzlm.de/node/559). Das Säckchen soll von Lernenden als Symbol für eine beliebige Anzahl an Plättchen gedeutet werden und so anschließend durch Verkürzung zu Termen mit der Variablen x führen (Sawyer, 1964).

Die mit Säckchen symbolisch dargestellte Aufgabenstellung des Zaubertricks (Abb. 3.17) bietet die Möglichkeit, die Eigenschaft der Umkehrbarkeit von Rechenoperationen zu thematisieren, worauf in Kap. 6 eingegangen wird. Im Fokus auf die Deutung der symbolischen Variablendarstellung werden im Folgenden Ergebnisse einer empirischen Erprobung (Akinwunmi, 2012) dokumentiert. Es zeigen sich verschiedene Schwierigkeiten, die Lernende der 4. Jahrgangsstufe im Umgang mit dieser Darstellung (Abb. 3.17) haben können, selbst wenn ihnen zusätzlich auch Säckchen und Plättchen zum Nachstellen der Situationen zur Verfügung gestellt werden:

> „Leistungsschwächere Kinder, für welche die Visualisierung dienlich wäre, können keinen Zusammenhang zwischen den Darstellungen und den Zwischenergebnissen beim Ausführen des Zaubertricks herstellen. Die Visualisierung macht die Beweisidee des Zaubertricks nicht greifbarer. Es bleibt den Kindern unverständlich, warum die hinzugefügten Plättchen nicht

auch mit in das Säckchen gesteckt werden können. Für die Schülerinnen und Schülern ist nicht leicht nachvollziehbar, warum die zu subtrahierende Startzahl durch das Wegnehmen des Säckchens geschehen muss und nicht direkt von den offenliegenden Plättchen weggenommen werden kann." (Akinwunmi, 2012, S. 144)

Die Bearbeitung von Verena und Timo (Abb. 3.18) gibt exemplarisch einen Einblick in typische Schwierigkeiten, die entstehen, wenn sich die Lernenden zur mentalen Unterstützung beispielsweise eine konkrete Zahl (hier 10) auswählen und sich dann nicht in notwendiger Weise von ihr lösen können. Auf der rechten Seite notieren die beiden Kinder den erfundenen Zaubertrick, der ihrer Annahme nach für alle Zahlen zum gleichen Ergebnis 6 führen soll. Auf der linken Seite nutzen die Lernenden wie aufgefordert die Säckchendarstellung. Sowohl beim Rechenschritt „Plus 4" als auch beim Schritt „Minus zehn" orientieren sich Verena und Timo zu stark an ihrer exemplarisch gedachten Zahl 10, wodurch der Zaubertrick seine Allgemeingültigkeit verliert. So verändern sie den Term $x + 6$ bei der Addition mit 4 zu $2 \cdot x$ und erhalten in der letzten Zeile bei der Subtraktion von 10 vom Term $x + 6$ das Ergebnis 6.

Die Deutungsschwierigkeiten liegen hier nicht in der Darstellung als Säckchen. Vielmehr ist es das dahinterliegende Variablenkonzept der Unbestimmten (Abschn. 3.4.1), das die Anforderungen an die Lernenden mit sich bringt.

Das Säckchens als konkretes oder vorgestelltes Objekt lässt im Kontext des Zaubertricks eher die Bedeutung einer Unbekannten assoziieren. Der geheime Inhalt lädt ja geradezu dazu ein, über die enthaltene Anzahl nachzudenken und sie aufdecken zu wollen. Im Kontext des Aufgabenformats (Abb. 3.17) tritt das Säckchensymbol jedoch im Sinne einer Unbestimmten auf, die nicht näher ermittelt, geschweige denn eingetragen werden soll. Hier dient das Säckchen gerade als Darstellung der beliebigen, nicht näher zu bestimmenden Zahl, um über die Allgemeingültigkeit des Zusammenhangs argumentieren zu können. Obwohl in diesem Aufgabenformat die Variable in dem bereits schwer zu fas-

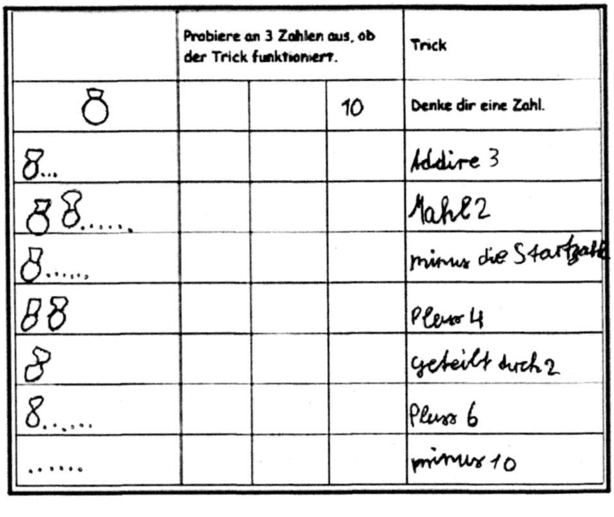

Abb. 3.18 Probleme bei der Verwendung der Säckchendarstellung. (© Springer: Akinwunmi, K. (2012). *Zur Entwicklung von Variablenkonzepten beim Verallgemeinern mathematischer Muster.* Vieweg + Teubner, S. 143)

	Probiere an 3 Zahlen aus, ob der Trick funktioniert.		Trick
⛄		10	Denke dir eine Zahl.
8...			Addire 3
88.....			Mahl 2
8......			minus die Startzahl
88			Plus 4
8			geteilt durch 2
8.....			Plus 6
......			minus 10

senden Konzept einer Unbestimmten auftritt, müssen die Lernenden diese nicht nur deuten, sondern gleichzeitig auch noch mit dem neuen Symbol kalkülhaft operieren. Statt sich mit der geheimen Anzahl im Säckchen zu beschäftigen, werden sukzessiv Plättchen hinzugefügt und abgezogen, das Säckchen muss ignoriert und darf nicht mit den anderen Zahlen verrechnet werden, bis es schließlich durch den letzten Schritt (Subtraktion/Wegnahme) verschwindet. Anschließend muss aber gerade über das Säckchen als allgemein gedachte Zahl argumentiert werden, obwohl es in der Darstellung nicht mehr existiert. In diesem von Sawyer vorgeschlagenen Kontext führt eine Säckchendarstellung die Lernenden folglich nicht so behutsam an Variablen heran, wie es auf den ersten Blick erscheint.

Insgesamt zeigt sich, dass eine sorgsame Nutzung der symbolischen Ausdrucksweisen wichtig ist, um es den Lernenden zu ermöglichen, die Wirkkraft von symbolischen Zeichen zu erkennen. Dies gelingt insbesondere dann, wenn sich die Symbole aus Aktivitäten stimmig ergeben und als konkrete Unterstützung für die Notation von Verallgemeinerungen und Entdeckungen von den Lernenden genutzt werden:

> „Algebraic symbolism should be introduced from the very beginning in situations in which students can appreciate how empowering symbols can be in expressing generalizations and justifications of arithmetical phenomena … algebraic symbols are not introduced as formal and meaningless entities with which to juggle, but as powerful ways to solve and understand problems, and to communicate about them." (Arcavi, 1994, S. 33)[7]

---

[7] Übersetzung durch Autorinnen: „Die algebraische Symbolik sollte von Anfang an in Situationen eingeführt werden, in denen die Lernenden wertschätzen können, wie wirksam Symbole sein können, um Verallgemeinerungen und Begründungen arithmetischer Phänomene auszudrücken … algebraische Symbole werden nicht als formale und bedeutungslose Gebilde eingeführt, mit denen zu jonglieren ist, sondern als kraftvolle Mittel, um Probleme zu lösen und zu verstehen und über sie zu kommunizieren."

Algebraisches Denken anregen

4

> „Die Gefahr besteht nämlich, daß [sic!] dann das formale Hantieren in den Vordergrund des Interesses gerät und dabei die Auseinandersetzung mit den Zahlen und ihren Eigenschaften ins Hintertreffen gerät. In der Grundschule soll ja die algebraische Komponente im Dienst der Arithmetik und des Sachrechnens stehen, sie soll das arithmetische Prozessieren zu mehr Durchsichtigkeit und größerer Reichhaltigkeit führen." (Winter, 1982, S. 196)

In Kap. 1 wurde algebraisches Denken aus fachdidaktischer Perspektive betrachtet, die verschiedenen Facetten von Denkprozessen im Umgang mit Mustern und Strukturen genauer charakterisiert und in Kap. 2 als Grundideen algebraischen Denkens inhaltlich ausgeschärft. In Kap. 3 wurden Spezifika des algebraischen Denkens der Kinder im Hinblick auf Prozesse des Darstellens, Kommunizierens und Argumentierens herausgearbeitet.

Für den Unterricht bleibt die entscheidende Frage, wie sich das algebraische Denken gezielt und vor allem systematisch fördern lässt. Dazu bedarf es der Entwicklung einer Unterrichtskultur, die algebraisches Denken nicht nur punktuell fördert, sondern als den Unterricht beständig durchziehende Denk- und Haltungsweise versteht (Steinweg et al., 2018). Die Implementierung des algebraischen Denkens wird international auch als *Algebraisierung* (Algebraification oder Algebraization) des Unterrichts bezeichnet. Die Entfaltung einer Entdeckerhaltung für mathematische Muster, aber auch die Entwicklung eines Begründungsbedürfnisses sind dabei wesentliche Aspekte. Vor allem die Arbeitsgruppen um Kaput und Blanton entwickeln seit Beginn des 21. Jahrhunderts grundlegende Ideen, wie eine solche Unterrichtskultur in der Primarstufe geschaffen und algebraisches Denken in den bestehenden Arithmetikunterricht integriert werden kann (siehe u. a. Kaput & Blanton, 1999, 2001). Auch in der nationalen Literatur spricht Winter bereits 1982 von der Notwendigkeit, dem Arithmetikunterricht konsequent eine „algebraische Qualität" zu verleihen (Winter, 1982).

Eine Algebraisierung des Unterrichts muss in verschiedene Dimensionen entfaltet werden, die in der Literatur der Early Algebra oftmals gemeinsam betrachtet werden. Entlang von vier identifizierten Dimensionen werden in diesem Kapitel Möglichkeiten zur Entwicklung einer algebraischen Unterrichtskultur aufgezeigt, wobei für die erste Dimension der Curriculumsentwicklung an dieser Stelle auf das Kap. 2 verwiesen wird.

1. *Dimension der Curriculumsentwicklung:* Bildungsstandards und Lehrpläne bilden die erste Bezugsquelle für die Gestaltung des Mathematikunterrichts. Eine detaillierte, exemplarische Durchsicht nationaler und internationaler Curricula erfolgt in Kap. 2. Das Themengebiet Algebra spielt international auch im Grundschulunterricht eine zunehmende Rolle. Im deutschsprachigen Raum hängt die Forderung algebraischen Denkens eng mit der Etablierung eines Fokusses auf Muster und Strukturen zusammen, da Muster und Strukturen und funktionale Zusammenhänge als übergeordneter und alle anderen Bereiche durchziehender Bereich verstanden wird (Kap. 2; KMK, 2022). Auch Muster und Strukturen bedürfen einer systematischen Integration in den Unterricht, da eine punktuelle Thematisierung der Bedeutung nicht gerecht wird (Steinweg, 2014). Aktuell stehen Muster und Strukturen als Inhaltsbereich in einem Spannungsfeld zwischen den national gültigen Bildungsstandards und den Lehrplänen der Länder (Kap. 2; Steinweg, 2014, 2020a; Akinwunmi & Lüken, 2021).

Curricula haben nur begrenzten Einfluss auf die Unterrichtskultur (Schifter, 2016, S. 6; Steinweg, 2013, S. 228) und Veränderungen bedürfen eines Zugriffs auf die Ebene des Unterrichts. In den drei weiteren Dimensionen spielt die Lehrkraft eine entscheidende Rolle. Der Lehrkraft eröffnen sich entlang dieser drei Dimensionen Möglichkeiten, die Förderung des algebraischen Denkens im eigenen Unterricht gezielt zu implementieren.

2. *Dimension des Aufgabendesigns***: Ein algebraisierter Unterricht beginnt mit geeigneten algebraischen Lernanlässen. In Abschn. 4.1 wird beschrieben, wie Aufgaben ausgewählt und ggf. verändert werden können, sodass sie algebraisches Denken anregen können.
3. *Dimension der Unterrichtsgestaltung:* Ein geeigneter algebraischer Lernanlass ist kein hinreichendes Element, um algebraische Lernprozesse zu initiieren. In Abschn. 4.2 werden Hinweise zur Gestaltung des Unterrichts gegeben, die orientiert am ReCoDE-Modell (Steinweg, 2014, 2020a) einzelne Phasen der Beschäftigung mit Mustern und Strukturen in den Blick nehmen.
4. *Dimension der Unterrichtsinteraktion und Diskursanregung:* In Abschn. 4.3 wird die Ebene der Unterrichtsinteraktion und die Förderung von algebraisch-produktiven Diskursen beschrieben. Obwohl die Unterrichtsinteraktion immer situativ ist und damit weniger im Voraus geplant werden kann, besitzt sie doch als umgebender Rahmen die größte Bedeutsamkeit für die Entstehung algebraischer Lernprozesse.

Die Etablierung einer algebraischen Unterrichtskultur ist ein langfristiger Prozess, der sich in kontinuierlichen Veränderungen des Unterrichts realisiert. Lehrkräfte sind herausgefordert, ihren Unterricht immer wieder auf algebraische Lernanlässe hin zu reflektieren und sie zunehmend bewusst einzuplanen. Auch auf Seiten der Lernenden braucht die Entwicklung algebraischen Denkens Zeit. Es kann deshalb sicherlich nicht erwartet werden, dass das Potenzial von algebraischen Lernanlässen von heute auf morgen vollständig ausgeschöpft werden kann. Die Umsetzung erfordert eine kontinuierliche Arbeit an einer algebraischen Unterrichtskultur. Die im Folgenden aufgezeigten fachdidaktischen Hinweise – sowie auch die konkreten Vorschläge für Aktivitäten entlang der Grundideen (Kap. 5, 6, 7 und 8) – können diesen Entwicklungsprozess unterstützen.

4.1 Aufgabendesign für algebraische Lernanlässe

Geeignete Aufgaben auszuwählen oder diese zu entwickeln bzw. weiterzuentwickeln ist eine bedeutende Komponente für die Förderung des algebraischen Denkens; schon allein weil „gute Aufgaben" ein wichtiges Instrument der Qualitätsentwicklung im Mathematikunterricht sind (Walther, 2004).

> „Unabdingbar für die Entwicklung allgemeiner Kompetenzen ist die Verwendung substanzieller Aufgaben. Es gilt, nach dem bewährten Grundsatz ‚multum, non multa' zu verfahren: Lieber *wenige gute* Aufgabenfelder bzw. Lernkontexte ausführlich und über die verschiedenen Schuljahre hinweg mit unterschiedlichen Fragestellungen immer wieder zu behandeln als *viele isolierte* Aufgaben abarbeiten zu lassen. Substanzielle Aufgaben sind Aufgaben, bei denen sowohl die inhaltsbezogenen als auch die allgemeinen Kompetenzen – auf unterschiedlichen Leistungsniveaus und mit unterschiedlich ausgeprägten Interessensgraden – angesprochen werden." (Walther et al., 2008, S. 39)

In der fachdidaktischen Literatur findet sich eine Vielzahl von genutzten Begriffen wie „gute Aufgaben" (z. B. Ruwisch, 2003) oder „substantielle Lernumgebungen" (z. B. Wittmann, 1995) sowie „substantielle Aufgabenformate" (Scherer, 1997) mit je eigenen, aber sich oft überschneidenden Merkmalen. Im Zentrum steht dabei stets die Förderung von prozessbezogenen Kompetenzen in Verbindung mit inhaltsbezogenen Kompetenzen (Walther, 2004, S. 10). Die enge Verbindung dieser Kompetenzen mit dem algebraischen Denken wird in Kap. 3 herausgestellt. Insofern ist es nicht verwunderlich, dass die in der Literatur vorliegenden Kriterien für sogenannte gute Aufgaben bereits eine geeignete Grundlage für die Einschätzung und Beurteilung von Aufgaben zur Förderung des algebraischen Denkens darstellen. Trotz dieser bereits fruchtbaren Basis bleibt es aber notwendig, Aufgaben explizit aus der Perspektive des algebraischen Denkens zu betrachten, denn die notwendigen Elemente für die Förderung des algebraischen Denkens gehen nicht automatisch in den bekannten Merkmalen guter Aufgaben auf. Im Folgenden sprechen wir deshalb von Merkmalen *algebraischer Lernanlässe* im Arithmetikunterricht.

Algebraische Lernanlässe …

- initiieren Verallgemeinerungen der Lernenden und behandeln Problemstellungen auf allgemeiner Ebene (Abschn. 4.1.1),
- stellen Vorgehensweisen und Termstrukturen in den Fokus anstelle des Ergebnisses (Abschn. 4.1.1),

- bieten differenzierte Zugänge, um die Erkundung von Mustern (in strukturierten Übungs- und substantiellen Aufgabenformaten) bis zu deren Begründung anhand der zugrunde liegenden Strukturen zu führen (Abschn. 4.1.2),
- nutzen Darstellungen wie beispielsweise Bildimpulse, um Einsichten und Argumentationen auf verschiedenen Darstellungsebenen zu ermöglichen (Abschn. 4.1.3),
- initiieren Argumentationen (Abschn. 4.1.4) und
- regen die Lernenden dazu an, ihre Denk- und Vorgehensweisen zu artikulieren und fördern Unterrichtsdiskurse (Abschn. 4.1.5).

Gute Aufgaben allein machen natürlich noch keinen guten Unterricht (Nührenbörger & Schwarzkopf, 2018). Sie sind aber notwendiger Ausgangspunkt und sollen folglich in diesem Abschnitt zuerst explizit thematisiert werden. Anschließend wird in den Abschnitten (Abschn. 4.2 und 4.3) auf den Einsatz der Aufgaben im Unterricht eingegangen.

4.1.1   Aufgaben verändern

Blanton und Kaput (2002) arbeiten Merkmale für Aufgaben heraus, die explizit algebraisches Denken im Grundschulunterricht fördern und über eine isoliert arithmetische Bearbeitung hinausgehen. Sie sprechen diesbezüglich von „algebraisierten" Aufgaben und drücken aus, dass es möglich ist, bestehende, vorrangig auf Prozeduren und Rechenfertigkeiten ausgelegte arithmetische Aufgaben so zu verändern, dass diese den von ihnen formulierten Designprinzipien genügen können. Es bedarf folglich keiner langwierigen Entwicklung völlig neuer Aufgaben, sondern einer Weiterentwicklung von bestehenden Aufgaben, die bereits Teil des aktuellen Mathematikunterrichts sind und in Lehrwerken und Unterrichtsmaterialien vorliegen. In einer Langzeitstudie begleiten Blanton und Kaput (2002) Lehrkräfte in der Entwicklung solcher Aufgaben und auch bei deren Umsetzung im Unterricht. Ihre Ideen verdeutlichen sie am Beispiel des sogenannten Handshake-Problems:

Aufgaben verändern
- *Arithmetische Formulierung der Aufgabe:*
  Wenn sich in einer Gruppe von 5 Personen alle jeweils einmal die Hände schütteln, wie viele Händedrücke („handshakes") gibt es dann?
- *Algebraisierte Version der Aufgabe*:
  Wenn sich in einer Gruppe von 5 Personen alle jeweils einmal die Hände schütteln, wie viele Händedrücke („handshakes") gibt es dann? Was ist, wenn es 6 Personen in der Gruppe sind? Sieben Personen? Acht Personen? Zwanzig Personen? Schreibt einen Term („number sentence"), der euer Ergebnis zeigt. Zeigt, wie ihr zu eurer Lösung gekommen seid.

Für die Anregung des algebraischen Denkens besitzt die erweiterte Version des Handshake-Problems nach Blanton und Kaput (2002) folgende Merkmale einer guten Aufgabe.

- *Das Problem wird zunehmend allgemein betrachtet*
  In der erweiterten Aufgabe lösen sich die Lernenden von der Berechnung einer konkreten Aufgabe und nehmen zunehmend die Berechnungsweise des Problems für verschiedene Personenanzahlen in den Blick. Auf diese Weise entstehen Regelmäßigkeiten in den analog aufgebauten Rechentermen, die in Beziehung gesetzt und aufeinander bezogen werden können.

$$\text{Für 5 Personen}: 4+3+2+1 \text{ oder } 5 \cdot 4 : 2$$

$$\text{Für 6 Personen}: 5+4+3+2+1 \text{ oder } 6 \cdot 5 : 2$$

$$\text{Für 20 Personen}: 19+18+17+\ldots+1 \text{ oder } 20 \cdot 19 : 2$$

Die Anforderung, die Anzahl der Händedrücke auch für 6, 8 und 20 Personen zu berechnen, dient der Verallgemeinerung und zielt auf den zugrunde liegenden funktionalen Zusammenhang. Erst durch Erweiterungen, wie Blanton und Kaput (2002) sie vorschlagen, wird eine ganze Gruppe von analogen Problemen behandelt, sodass die allgemeinen Vorgehensweisen thematisiert werden können.

Allen Berechnungen ist in Abhängigkeit von der Gruppengröße gemein: Die erste Person gibt allen die Hand (außer sich selbst), jede weitere dann einer Person weniger, bis am Schluss die vorletzte Person nur noch der Letzten die Hand gibt (additiv gedacht). Wenn man so zählt, dass jede Person allen anderen (außer sich selbst) die Hand gibt, dann werden dabei alle Handschläge doppelt gezählt und man muss durch 2 dividieren, um das zu korrigieren (multiplikativ gedacht).

Die analoge Bearbeitung der Aufgaben lässt in den Rechentermen Muster entstehen, die im Vergleich entdeckt und hinterfragt werden können.

Die Beispiele von Blanton und Kaput (2002) sind oftmals auf Weiterentwicklungen von Sachkontexten bezogen. Sachaufgaben thematisieren häufig singuläre und damit isolierte Aufgabenstellungen. Während in Rechenpäckchen oder substantiellen Aufgabenformaten bereits Beziehungen zwischen den Aufgaben bestehen, enthalten Sachaufgaben durch die isolierte Problemstellung oftmals noch keine Muster. Sie bieten sich damit für die hier vorgeschlagene eigene Weiterentwicklung von Aufgaben an. Auch Winter empfiehlt eine Algebraisierung insbesondere in Bezug auf das Sachrechnen (Winter, 1982, S. 209).

- *Rechenwege und Termstrukturen stehen im Fokus anstelle der Ergebnisse*
  Als weiteres wichtiges Merkmal stellen Blanton und Kaput (2002) heraus, dass die Aufgabenstellung nicht nur nach dem Ergebnis, sondern auch nach den Termen und Vorgehensweisen fragt, sodass die Lernenden angehalten sind, beim Anblick der Terme innezuhalten und diese miteinander zu vergleichen. Gleichzeitig sollen Aufgaben

weiterhin arithmetisch reichhaltig bleiben (Blanton & Kaput, 2002), um auch arithmetisches Üben während der Entdeckungsprozesse zu ermöglichen.

Diese Ideen lassen sich durch Umformulierungen und Erweiterungen auf bestehende, arithmetische Aufgaben anwenden und aus diesen so Lernanlässe mit algebraischem Potenzial entwickeln.

4.1.2 Strukturierte Übungsformate

Aufgaben, die das Entdecken und Begründen von Mustern anregen, sind ein Schlüsselelement für die Entwicklung des algebraischen Denkens. Die Beschäftigung mit Mustern öffnet den Lernenden Türen zu den dahinterliegenden Strukturen (Kap. 1). Das Erkennen von Mustern ist nur dann möglich, wenn Aufgaben nicht „willkürlich ausgewählt" werden und nicht isoliert nebeneinander stehen, sondern wenn sie in einem „ganzheitlichen Strukturzusammenhang aufeinander bezogen" sind (Wittmann, 1992a, S. 179). Winter (1984a; 1987) und Wittmann (1992a) prägen hier den Begriff des *strukturierten Übens*, welches in den 1980er-Jahren einen Paradigmenwechsel, weg von einer Unterrichtstradition, in der Lernen und Üben als zwei getrennte, aufeinanderfolgende Tätigkeiten aufgefasst werden, hin zu einer verbindenden Sichtweise, in der Entdecken und Üben als „integrale Bestandteile des Lernprozesses" (Krauthausen, 2018, S. 178) verstanden werden. Winter bezeichnet diese Tätigkeiten treffend mit dem Begriffspaar *entdeckendes Üben* und *übendes Entdecken* (Winter, 1984b). Seitdem zählt die Konzeption des *produktiven Übens* zu den zentralen mathematikdidaktischen Prinzipien (für eine detaillierte Beschreibung der Entwicklung und Charakterisierung siehe Krauthausen, 2018). Lehrwerke und -materialien bieten eine Fülle an Aufgaben, die strukturiertes Üben ermöglichen sollen und somit entsprechend auch algebraisches Denken anregen können. Bereits die Bezeichnung als *strukturiertes Üben* lässt den Zusammenhang zu Mustern und Strukturen anklingen, der im Folgenden genauer ausdifferenziert wird.

Operativ-strukturierte Übungen

Einen möglichen Zugang zu Mustern bieten *operativ-strukturierte Übungen* (Wittmann, 1992a), die auf dem operativen Prinzip basieren. Das *operative Prinzip* hat sich mittlerweile in der deutschsprachigen Mathematikdidaktik als eines der zentralen Prinzipien fest etabliert und nimmt einen festen Platz in der Lehrkräfteaus- und -weiterbildung, vor allem aber auch in der Entwicklung von Aufgaben ein (siehe z. B. Krauthausen & Scherer, 2007; Schipper, 2009). Wittmann (1998, S. 150) stellt dieses Prinzip bewusst ins Zentrum der ihm elementar erscheinenden Lehr- und Lernprinzipien, da es alle anderen Prinzipien, welche epistemologischer, psychologischer oder sozialer Natur sind, verbindet und so eine integrierende Funktion besitzt. Wittmann (1985) konkretisiert das operative Prinzip, das in seinen Grundzügen auf Piaget (1971) zurückgeht und von dort aus Erweiterungen von Fricke (1970), Aebli (1983, 1985) und Wittmann (1976, 1985) erfuhr, für die Mathematikdidaktik wie folgt:

„Objekte erfassen bedeutet, zu erforschen, wie sie konstruiert sind und wie sie sich verhalten, wenn auf sie Operationen (Transformationen, Handlungen, …) ausgeübt werden. Daher muß [sic!] man im Lern- oder Erkenntnisprozeß [sic!] in systematischer Weise

- untersuchen, welche Operationen ausführbar und wie sie miteinander verknüpft sind,
- herausfinden, welche Eigenschaften und Beziehungen den Objekten durch Konstruktion aufgeprägt werden,
- beobachten, welche Wirkungen Operationen auf Eigenschaften und Beziehungen der Objekte haben (Was geschieht mit …, wenn…?)" (Wittmann, 1985, S. 9)

In diesem Zitat wird deutlich, dass Wittmann den mathematischen Objekten festgelegte Eigenschaften zuspricht, die zu erforschen sind. Dies steht ganz in Einklang zu den hier dargelegten begrifflichen Ausführungen von Strukturen in Kap. 1. Diese Eigenschaften lassen sich erkennen, wenn die Objekte bestimmten Operationen unterzogen werden.

Um Erkenntnisprozesse im Mathematikunterricht möglich zu machen, fordert Wittmann (1985), den Stoff hinsichtlich operativer Herangehensweisen didaktisch zu analysieren. Es kann behauptet werden, dass das von Wittmann formulierte operative Prinzip mittlerweile die von ihm eingeforderte Bedeutung in der Mathematikdidaktik gewonnen hat. Während er 1985 noch schreibt „Eine Durchmusterung des Lehrstoffs in der Linie dieses Abschnitts [gemeint ist das operative Prinzip] ist eine lohnende didaktische Aufgabe, die m. W. noch nicht systematisch in Angriff genommen worden ist" (Wittmann, 1985, S. 10), finden sich heute zahlreiche operative Aufgaben in Lehrwerken und Unterrichtsmaterialien. Die Abb. 4.1, entnommen aus Link (2012, S. 121 und S. 122), zeigt die beiden prototypischen operativ-strukturierten Aufgaben *Schöne Päckchen* (auch *Strukturierte Päckchen* oder *Entdeckerpäckchen* genannt) und *Zahlenmauern* mit ebenso üblichen Aufgabenstellungen, die im deutschen Mathematikunterricht und vielen Forschungen seit den 1990er-Jahren etabliert sind (u. a. Link, 2012).

Bei diesen beiden Aufgabenformaten ergeben sich im Sinne des operativen Prinzips Fragestellungen nach den Auswirkungen der systematischen Veränderungen auf die Objekte. Das Muster im Päckchen initiiert die Frage „*Was passiert mit der Summe, wenn der*

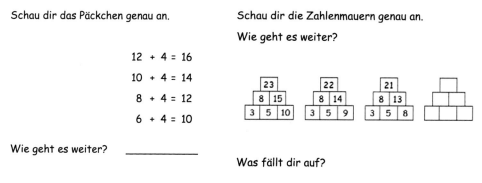

Abb. 4.1 Operativ-strukturierte Aufgaben (© Springer: Link, M. (2012). *Grundschulkinder beschreiben operative Zahlenmuster.* Springer Spektrum, S. 121 und S. 122)

erste Summand um zwei verringert wird und der zweite Summand unverändert bleibt?"'.
Das Muster der Zahlenmauern führt zur Frage *„Wie ändert sich der Deckstein der Mauer,*
wenn der rechte Basisstein um eins verringert wird?".

In solchen Aufgaben ist es die bewusste, didaktische Intention, mit Hilfe der Übungsaufgaben Denkprozesse im Sinne des operativen Prinzips anzuregen und die hinter den
Mustern liegenden Strukturen (als den Objekten zugeschriebene Eigenschaften) zu erforschen. Eine ähnliche Bedeutung des operativen Prinzips beim Üben lässt sich auch
schon bei Winter (1984a) finden:

> „Gleichartige Übungsaufgaben sollten im Sinne des operativen Prinzips als systematische Va-
> riation der Daten erzeugt werden, um dadurch Gesetzmäßigkeiten zu erkennen und somit
> Kenntnisgewinn zu erzielen." (Winter, 1984a, S. 97)

Üblicherweise übernimmt die Lehrkraft bereits im Aufgabendesign das hier von Winter
angesprochene „Erzeugen" der Variation, sodass an die Lernenden ein Muster mit gegebenen Regelmäßigkeiten herangetragen wird. In Abb. 4.1 werden die Lernenden zunächst durch die typische, recht offene Frage „Was fällt dir auf?" zu einem analysierenden
Blick angeregt. Für eine stärkere Orientierung können Fragen wie „Erkennst du ein Muster?" oder auch durch die Aufforderung „Wie geht es weiter? Setze fort." noch gezielter
anregen, die systematischen Variationen zu identifizieren (Abb. 4.1). Durch diese Veränderungen eines Objektes im Sinne des operativen Prinzips entstehen Muster, welche die
Lernenden zur Erforschung der verwendeten Strukturen einladen. Dabei ist, wie in Kap. 2
beschrieben, das Bilden des Musters ein freier, kreativer Akt – ein Rechenpäckchen hätte
analog z. B. auch mit anderen Zahlen gebildet oder die Zahlen mit einer ganz anderen Veränderung variiert werden können. Allerdings hätte die gleiche Veränderung der Zahlen im
Päckchen eine völlig andere Wirkung und würde ein anderes Muster im Ergebnis entstehen lassen, wenn multipliziert statt addiert würde, wenn also eine andere Operation im
Spiel ist, da jede Operation spezifische Eigenschaften besitzt. Die Struktur legt als mathematische Grundlage das Muster fest, das entsteht. Die strukturellen Eigenschaften können
wiederum durch die Untersuchung des Päckchens beim Durchschreiten der Mustertür angeregt durch die Erkundung des Musters entdeckt werden.

Forschungsergebnisse legen nahe, dass das Anbieten von operativ-strukturierten Aufgaben kein Garant ist, um Erkundungsprozesse im Sinne des operativen Prinzips anzustoßen und dass der gewünschte Einblick in die Eigenschaften und Beziehungen der Objekte stattdessen ausbleiben kann. Link (2012) untersucht, wie Grundschulkinder Auffälligkeiten in operativ-strukturierten Aufgabenformaten beschreiben und wie sich diese
Beschreibungen im Rahmen eines Entwicklungsforschungsprojekts fördern lassen. Er zeigt
auf, dass die Lernenden durch gezielte Lernanlässe (Abschn. 4.2.3) in ihren Beschreibungen
der Muster gefördert werden können (Link, 2012). Während im Zentrum des operativen
Prinzips eigentlich das bedingte Miteinandervariieren der Größen steht, beschreibt er allerdings, dass Auffälligkeiten (z. B. in den Zahlenfolgen) von den Lernenden auch isoliert

voneinander betrachtet werden. Die Kinder beschreiben auch nur einzelne Veränderungen und nehmen bei den Päckchen nicht die Gleichungen als Objekte in den Blick.

> „Andererseits zeigte sich während dieser Stunde in beiden Klassen auch, dass die Aufmerksamkeit der Kinder im Verlauf der Unterrichtsreihe sehr stark auf die vertikalen operativen Zusammenhänge in den Päckchen fokussiert wurde und der horizontale Zusammenhang zwischen Summanden und Ergebnis aus dem Blick geraten ist, wie Beschreibungen wie *Vorne werden es immer 20 mehr. In der Mitte werden es 20 mehr. Das Ergebnis bleibt gleich.* zeigen. Es war zwar in der Konzeption der Unterrichtsaktivitäten beabsichtigt, den Fokus auf das Beschreiben operativer Zusammenhänge zu legen, es war aber nicht beabsichtigt, dass die Kinder den Zusammenhang zwischen Summanden und Ergebnis völlig außer Acht lassen." (Link, 2012, S. 250)

Zu ähnlichen Ergebnissen kommen auch weitere Studien. Steinweg (2013, S. 53) beschreibt für Zahlenmauern, dass die Lernenden „oftmals zunächst bei einer Beschreibung der Veränderung stehen [bleiben]". Dabei ist es ja eigentlich gerade die Intention solcher strukturierten Aufgabenformate, den Lernenden eine Möglichkeit anzubieten, strukturelle Beziehungen wahrzunehmen, die sie von selbst nicht untersuchen würden.

Nehmen Lernende Veränderungen nur isoliert in den Blick und betrachten Auffälligkeiten im Sinne einer musterhaften Zahlenfolge, dann fragen sie nicht nach der Auswirkung von Veränderungen und können so auch kein strukturelles Verständnis über die Objekte im Sinne des operativen Prinzips erwerben. Auch Häsel-Weide (2016) zeigt auf, dass gerade zählende Rechner bei operativen Aufgabenserien nur Zahlbeziehungen betrachten und dass dies auch nicht ausreicht, um den Zusammenhang zwischen Aufgaben z. B. auch für Berechnungen auszunutzen. Die Beziehungen zwischen den Aufgaben nehmen die Lernenden oftmals nicht in den Blick.

> „Zusammenfassend zeigt sich, dass für das Nutzen von Strukturen der Fokus auf die Beziehung zwischen Zahlen nicht ausreicht, sondern die Aufmerksamkeit über diese hinaus auf die Bedeutung dieser Veränderung im Hinblick auf die Operation gerichtet werden muss. Die Relation „einer mehr" hat zwischen Summanden eine andere Auswirkung auf die Ergebnisse als die gleiche Relation zwischen Subtrahenden. Das Betrachten der Auswirkungen der erkannten Zahlbeziehung scheint – vor allem bei der Subtraktion – entscheidend für das erfolgreiche Nutzen der Strukturen." (Häsel-Weide, 2016, S. 141)

Das Ziel des strukturierten Übens ist es, den Lernenden durch die Zusammenhänge, die als Phänomene erkannt und hinterfragt werden können, Erkenntnisse bezüglich der zugrunde liegenden Strukturen zu ermöglichen. Für ein Durchschreiten der Mustertür bedarf es unterrichtlicher Fragestellungen und Impulse, die den Blick auf die Strukturen lenken. Gerade diese Ebene ist von besonderer Bedeutung, um das Begründungsbedürfnis der Lernenden zu fördern und kein Stehenbleiben auf der Musterebene zu etablieren. Im Unterricht muss es immer darum gehen, *warum* das Muster entsteht. Aus diesem Grund werden in Abschn. 4.2 konkrete Umsetzungsvorschläge und in Abschn. 4.3 förderliche Impulse genauer beleuchtet.

Für die unterrichtliche Umsetzung fordert Steinweg (2020a), dass solche Aufgaben ausgewählt werden müssen, die für die Lernenden eine zugängliche Struktur besitzen (Abschn. 4.2). Dies ist deshalb zu betonen, da viele ergiebige Lernaufgaben (wie Zahlenmauern, Zahlengitter, Zahlenketten etc.) durch die gegebenen Rechenvorschriften oftmals komplexer Natur sind. Sie lassen zwar vielfältige Muster zu, deren mathematische Begründung aber nicht immer einfach ist. Solche Aufgabenformate erfordern deshalb eine gute unterrichtliche Aufbereitung und eine gute Vorbereitung von passenden Impulsfragen, sodass ein Zugang für alle Kinder geschaffen werden kann. Am Beispiel von Zahlenmauern wird dies im Folgenden genauer erläutert, weiterhin werden Hinweise zum Aufgabendesign herausgestellt.

Operativ-strukturiertes Üben am Beispiel von Zahlenmauern
Das Aufgabenformat Zahlenmauern ist eines der typischsten Beispiele für das strukturierte Üben und aus dem Mathematikunterricht sowie aus Schulbüchern nicht mehr wegzudenken. Innerhalb einer Zahlenmauer werden die Zahlen zweier nebeneinanderstehender Steine addiert und die Summe in den darüberliegenden Stein eingetragen. Für das strukturierte Üben bieten sich Zahlenmauern an, da Zahlbeziehungen sowohl zwischen verschiedenen Zahlenmauern als auch zwischen den Zahlen innerhalb einer Mauer erkundet werden können.

Analog zum bereits beschriebenen Beispiel (Abb. 4.1) finden sich auch bei PIK AS (https://pikas.dzlm.de/node/693) und primakom (https://primakom.dzlm.de/node/428) Aufgabenstellungen, die das strukturierte Üben mit Zahlenmauern ansprechen.
In der Zahlenmauerserie in Abb. 4.2 wird zunächst der linke äußere Basisstein systematisch von Mauer zu Mauer um 1 erhöht, während die anderen beiden Basissteine nicht verändert werden. So lässt sich die Auswirkung der Erhöhung des linken Basissteins auf den darüberliegenden und dann infolgedessen auch auf den Deckstein der Zahlenmauer betrachten. Die Fragestellung „Was passiert mit dem Deckstein, wenn der linke Basisstein um 1 erhöht wird?" ist ganz im Sinne des operativen Prinzips gestellt. Als Muster können die Lernenden entdecken, dass sich auch diese Zahlen um jeweils 1 erhöhen. Ebenso for-

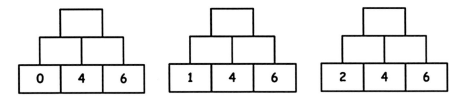

Was passiert mit dem Deckstein, wenn der linke Basisstein um 1 erhöht wird?
Begründe, warum das so ist!

Abb. 4.2 Operativ-strukturierte Übung mit Zahlenmauern. (© DZLM: *Prozessbezogene Kompetenzen fördern.* https://primakom.dzlm.de/node/428)

dert die Aufgabenstellung eine Begründung für die entdeckte Veränderung des Decksteins ein. An dieser Stelle ist die Unterscheidung zwischen Muster- und Strukturebene bedeutsam, die sich auch empirisch in den Beschreibungen und Begründungen der Lernenden widerspiegeln bzw. in den Kinderäußerungen identifiziert werden kann (Kap. 3). Lehrkräfte müssen sich deshalb bereits in der Vorbereitung der Thematisierung solcher Aufgabenformate bewusst machen, welche strukturellen Erkenntnisse innerhalb der Lernumgebung erzielt werden sollen und durch welche Impulse oder Veranschaulichungen diese erreicht werden können. Bei *Verallgemeinerungen mit dem Fokus auf Muster* (Kap. 3) lassen sich auch Formulierungen von Lernenden finden, in denen zur Begründung einer wahrgenommenen Regelmäßigkeit an einer Stelle (hier der Deckstein) eine andere entdeckte Regelmäßigkeit (hier z. B. im Basisstein) herangezogen wird, ohne dabei auf die zugrunde liegenden Strukturen zu blicken. Eine solche Begründung, die sichtbare Phänomene in eine kausale Beziehung setzt, könnte bei Zahlenmauern lauten „Der Deckstein wird um 1 größer, *weil* der Basisstein um 1 größer wird." Die Verwendung des Ausdrucks „weil" deutet zwar eine kausale Beziehung zwischen Basis- und Deckstein an, jedoch lässt eine solche Äußerung nicht zwingend auf ein strukturelles Verständnis schließen.

In der Unterrichtskommunikation sollte dem Verstehen der strukturellen Basis der entdeckten Muster genügend Zeit und Aufmerksam gewidmet werden (Abschn. 4.2). Eine genaue Analyse der zugrunde liegenden Strukturen ist für jedes angebotene Muster zentral.

Aus mathematischer Perspektive entsteht die Erhöhung des linken Steins in der mittleren Reihe, der die Summe des linken und mittleren Basissteins bildet, auf der Grundlage der Assoziativität der Addition. Im Vergleich zwischen den ersten beiden Zahlenmauern gilt für die Berechnung des linken Steins der mittleren Reihe folglich

$$4 + (0 + 1) = (4 + 0) + 1$$

(wobei hier die Summanden für die Lesbarkeit bereits kommutativ vertauscht wurden). Die Erhöhung des linken Basissteins schlägt sich also im darüberliegenden Stein einmal nieder. Kinder können diese Zusammenhänge mit ihren eigenen Worten begründen und verallgemeinern (Kap. 3): Wird ein Summand um einen bestimmten Wert verändert, dann verändert sich auch die Summe um eben diesen Wert. Soll die Assoziativität selbst als Eigenschaft von Summen erforscht werden (im Sinne eines „Rechtfertigens von Verallgemeinerungen"; siehe Kap 3), dann bedarf es einer detaillierten Thematisierung, so wie sie in Kap. 6 unter Einbezug von Darstellungen beschrieben wird. Hier in der Zahlenmauer werden von den Lernenden Argumente verwendet, die diese Eigenschaft der Assoziativität ausnutzen (siehe „Begründen mit Verallgemeinerungen" Kap. 3). Eine Visualisierung der Summanden mit Plättchen in der Zahlenmauer kann dabei unterstützend wirken und den Fokus auf die Assoziativität lenken (Kopp, 2001; Abschn. 4.1.3). Wird der Zusammenhang zwischen Basisstein und Deckstein betrachtet, dann ist die Assoziativität sogar in doppelter Anwendung für die Erhöhung des Decksteins verantwortlich. Der Deckstein erhöht sich um 1, weil sich der linke Stein in der mittleren Reihe wie oben begründet um 1 erhöht und diese Erhöhung wiederum ist Resultat der Erhöhung des linken Basissteins. Formal lässt sich dies für die mittlere Mauer durch die Rechnung

$$10+\big(4+(0+1)\big)=10+\big((4+0)+1\big)=\big(10+4+0\big)+1$$

ausdrücken. Noch komplexer wird die Thematisierung, wenn der mittlere Basisstein erhöht und nach der Auswirkung auf den Deckstein gefragt wird, da sich die Erhöhung hier gleichzeitig auf beide Steine der mittleren Reihe und damit auch in doppelter Weise auf die Erhöhung des Decksteins auswirkt. Die Variation der Erhöhung des mittleren Basissteins und das so entstehende Muster kann als produktive Irritation wirken (Abschn. 4.1.4), da die Lernenden bei einer ähnlichen Handlung (Erhöhung eines Basissteins um 1) auch dieselbe Wirkung (Erhöhung des Decksteins um 1) erwarten. Genau diese Erwartungshaltung wird gestört, da der Deckstein sich um 2 erhöht. Die unerwartete Wirkung regt im besten Fall zum Hinterfragen an.

An diesem Beispiel wird ersichtlich, dass die Begründung von einfachen Mustern in Zahlenmauern komplexer ausfallen kann, als es auf den ersten Blick erscheint. Selbiges gilt für andere typische Aufgabenformate wie u. a. für Rechendreiecke (Wittmann & Müller, 2017), Zahlengitter (Selter, 2004; Walther et al., 2008) oder für Zahlenketten (Selter & Scherer, 1996). Bei genauerer Betrachtung mit einem Fokus auf Strukturen können über verschiedene Aufgabenformate hinweg wiederkehrende Gesetzmäßigkeiten als zugrunde liegende Eigenschaften erkannt werden. So basieren beispielsweise Muster mit systematischen Veränderungen von Zahlen wie im obigen Beispiel oftmals auf der Assoziativität, ein Vertauschen von Zahlen hingegen thematisiert die Eigenschaft der Kommutativität (Kap. 6). Aber nicht nur Operationseigenschaften können in den Blick genommen werden. Aufgabenformate wie Zahlenmauern bieten sich zur Erzeugung von Mustern an, die auf verschiedene Grundideen verweisen. Beispielsweise können Paritäten oder Teilbarkeiten als Zahleigenschaften behandelt werden, wenn entsprechende Zahlen verwendet werden (z. B. „Warum ist der Deckstein einer dreistöckigen Zahlenmauer mit drei ungeraden Basissteinen immer gerade?") (Kap. 5). Eine Zahlenmauer stellt gleichzeitig aber auch ein System mehrerer Gleichungen dar, die untersucht werden können (Kap. 7) und die Folge von Zahlenmauern kann ebenso als funktionaler Zusammenhang (Kap. 8) betrachtet und fortgesetzt werden (z. B. „Wird es in dem Muster der Zahlenmauern auch eine Mauer mit Deckstein 20 geben? Die wievielte Mauer wird es sein?"). Substantielle Aufgabenformate wie Zahlenmauern erlauben jeweils Erforschungen von Zusammenhängen in den verschiedenen algebraischen Grundideen.

Problemstrukturierte Übungen

In enger Verbindung zu operativ-strukturierten Übungen stehen sogenannte *problemstrukturierte Übungen*. Diese definiert (Wittmann, 1992a) wie folgt:

> „Bei einer *problemstrukturierten Übung* sind die gleichartigen Aufgaben der Serie im Umkreis eines Problems oder einer übergeordneten Fragestellung angesiedelt, so daß [sic!] die Lösung einzelner Aufgaben den Bogen für die Untersuchung dieser übergeordneten Struktur bereitet." (Wittmann, 1992a, S. 180)

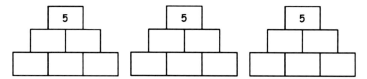

Finde möglichst viele Zahlenmauern mit dem Deckstein 5.

Abb. 4.3 Problemstrukturierte Übung mit Zahlenmauern. (© DZLM: *Prozessbezogene Kompetenzen fördern*. https://primakom.dzlm.de/node/428)

Für das oben beschriebene operativ-strukturierte Aufgabenbeispiel der Zahlenmauern (Abb. 4.2) lautet eine typische passende problemstrukturierte Aufgabenstellung, alle Zahlenmauern zu einer gegebenen Zahl im Deckstein zu finden (Abb. 4.3).

Im Vergleich der beiden Übungstypen fällt auf, dass das Muster hier nicht bereits durch die Lehrkraft erzeugt und den Lernenden vorgelegt wird, sondern erst durch das systematische Probieren und Ordnen von Lösungen entsteht. Da das Muster selbstständig entwickelt und mögliche Variationen in den Blick genommen werden müssen, kann der systematische Umgang mit Lösungen eine zusätzliche Hürde darstellen. Eine übliche und didaktisch sinnvolle Reihenfolge ist es deshalb, innerhalb eines Formats wie beispielsweise Zahlenmauern zunächst operativ-strukturierte Aufgaben zu verwenden, sodass die daraus erzielten Erkenntnisse dann bei problemstrukturierten Aufgaben genutzt werden können (Krauthausen, 2018). Im obigen Beispiel kann das Wissen um die Veränderungen des Decksteins dabei helfen, diese Veränderungen durch systematische Variation der Basissteine bewusst zu erzeugen.

Krauthausen (2018, S. 192) beschreibt, dass operativ-strukturierte und problemstrukturierte Aufgabenstellungen eng zusammenhängen, da sich der operative Zusammenhang und damit das Muster während der Bearbeitung einer Aufgabe mit einer übergeordneten Problemstellung herausbildet. Beachtet werden muss, dass das Finden aller Möglichkeiten (bei Zahlenmauern, aber auch bei anderen typischen Aufgabenformaten) zunächst nur nach der Anzahl an Lösungen als inhaltsbezogenes Ziel fragt. Für die explizite Thematisierung der Muster und Strukturen muss eine solche Aufgabenstellung immer verbunden sein mit der Frage nach den verwendeten Vorgehensweisen und Strategien. Eine übliche Vorgehensweise ist die systematische Veränderung von Zahlen, zunächst in der mittleren Mauerreihe und dann anschließend für jede dieser Zerlegungen ebenso in der Basisreihe. Die Lernenden können dann auf die Auswirkungen der Veränderung von Zahlen verweisen, die sie bei den operativ-strukturierten Übungen entdeckt haben. Auf diesem Wege können wiederum die der Systematik zugrunde liegenden Strukturen (in diesem Fall die oben bereits angesprochene Assoziativität sowie die additive Zerlegbarkeit von Zahlen) thematisiert werden.

Es sei an dieser Stelle an das in Kap. 3 beschriebene Begriffspaar „justifying generalizations" (Begründen von Strukturen) und „reasoning with generalizations" (Begründen anhand von Strukturen) von Blanton et al. (2019) erinnert, dessen Bedeutung hier besonders anschaulich wird. Substantielle Aufgabenformate, wie Zahlenmauern, fordern oftmals ein *reasoning with generalizations*, da innerhalb der Aufgaben *anhand* der Verallgemeinerungen argumentiert wird. Wenn Kinder z. B. Begründungen hervorbringen, warum sie sicher sind, für die Aufgabe in Abb. 4.3 alle Zerlegungen der Zahl 5 für die mittlere Zahlenmauerreihe gefunden zu haben, dann können sie sich ggf. auf die Konstanz der Summe beziehen, indem sie beispielweise erläutern: „Mehr Zerlegungen gibt es nicht. 0 + 5, 1 + 4, 2 + 3, 3 + 2, 4 + 1, 5 + 0. Die erste Zahl wird größer, die zweite Zahl wird kleiner. Dann bleibt das Ergebnis 5". In dieser Begründung wird die Konstanz der Summe als bereits gesichertes Wissen für das Argument genutzt. Die Konstanz wird in dieser Situation aber nicht als Operationseigenschaft gerechtfertigt. Dazu sind unter Umständen zusätzliche Aufgabenstellungen sinnvoll, wie sie in Kap. 6 unter Ausnutzung von Darstellungsmitteln beschrieben werden. Zur Begründung der Konstanz können beispielsweise 5 Plättchen vorgelegt und dann systematisch in die möglichen Teilmengen zerlegt werden. Solche Begründungen, *warum* die Konstanz gilt, werden von Blanton et al. (2019) als *justifying generalizations* bezeichnet. Wichtig wird deshalb für das algebraische Denken, bei der Nutzung von substantiellen Übungsformaten, immer wieder auch zurück zu den *Begründungen für die Strukturen* zu gehen, um die Basis für die *Begründung mit den Strukturen* zu sichern. Dies kann bestenfalls auch innerhalb der Aufgabenformate geschehen, hier z. B. durch das sukzessive Verschieben von Plättchen in der Mauer innerhalb der zweiten Reihe.

Strukturierte Übungsformate erlauben es den Lernenden, Muster zu entdecken und diese dann zu hinterfragen und zu begründen. Der kontinuierliche Einsatz solcher Aufgabenformate kann eine Entdeckerhaltung bei den Lernenden entwickeln und die Augen für Muster und Strukturen öffnen. Dabei ist es wichtig, die Thematisierung auch bis zur strukturellen Ebene zu führen (Abschn. 4.2) und das Begründungsbedürfnis der Lernenden für die Durchdringung der Muster aufrechtzuerhalten bzw. zu entwickeln.

4.1.3 Bildimpulse und Darstellungswechsel

Darstellungen und Darstellungswechsel sind zur Anregung des algebraischen Denkens wichtig (Kap. 3). Insbesondere für Verallgemeinerungen zeigen sich Bildimpulse oder die Verknüpfung symbolisch dargestellter Rechenaufgaben mit Anschauungsmitteln als fruchtbare Elemente, um den Fokus der Lernenden auf die Strukturen zu richten, die den Mustern zugrunde liegen. Akinwunmi und Steinweg (2022) (Kap. 3) dokumentieren, dass die in der Studie beteiligten Lernenden als Reaktion auf symbolische Muster in Form von Rechenpäckchen (Abb. 3.11) die Auffälligkeiten zu den Zahlveränderungen auf der Phänomenebene beschreiben und diese nur auf der Grundlage ihres empirischen Wissens um die im Unterricht bereits thematisierte Konstanzeigenschaft begründen. Bei der Auseinandersetzung mit Bildimpulsen (Abb. 3.12) und dem Nachlegen der dort dargestellten Handlung mit Plättchen gelingt es vielen – wenn auch nicht allen Kindern –, sich bei ihren Begründungen auf die Operationseigenschaften der Addition und Subtraktion als Umkehroperationen zu beziehen und so strukturelle Argumente für die Konstanz im Rechenpäckchen zu finden. Die Bildimpulse und der so eingeleitete Darstellungswechsel erweisen

Abb. 4.4 Visualisierung der operativen Veränderung mit Plättchen

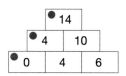

sich als fruchtbarer, aber nicht hinreichender Moment für die Anregung von *Verallgemeinerungen mit dem Fokus auf Strukturen* (Kap. 3). Bei der Verwendung solcher Bildimpulse eignen sich Fragen wie „Kannst du mit Hilfe der Plättchen erklären, warum das Ergebnis gleich bleibt?".

Verschiedene Darstellungen und ihre Beziehungen untereinander einzubeziehen, ist bereits bei der Entwicklung eines algebraischen Lernanlasses zu berücksichtigen. Besonders gewinnbringend kann dieser dann in der Unterrichtphase des Begründens (Abschn. 4.2.4) sein, in der die Lernenden die Muster auf der Grundlage von Strukturen begründen sollen. So kann der Einsatz von Plättchen im Aufgabenformat *Zahlenmauern* dazu beitragen, ein Verständnis für die Assoziativität der Addition aufzubauen. In Abb. 4.4 wird mit Hilfe der Plättchen deutlich, weshalb der Deckstein in einer dreistöckigen Zahlenmauer sich um 1 verändert, wenn der linke Basisstein um 1 erhöht wird. Durch das Plättchen kann die Auswirkung der Erhöhung sichtbar gemacht werden. Der Darstellungswechsel kann somit eine Argumentation fördern. Ebenso könnte an dieser Stelle aber auch eine symbolische Markierung „+1" die Auswirkung der Erhöhung in der Zahlenmauer nachvollziehbar machen. Verallgemeinernd lässt sich die Argumentation dann für ein Plättchen, zwei Plättchen usw. fortführen. Kopp (2001) schlägt vor, die abhängige Erhöhung durch farbige Plättchen als Variablendarstellungen (Kap. 3) für beliebige Zahlen zu verdeutlichen.

Darstellungen, die für den Fokus auf die intendierten Strukturen geeignet sind, müssen von der Lehrkraft sorgsam ausgewählt und den Lernenden zur Verfügung gestellt werden. Sie sind in allen Phasen des Unterrichts (Abschn. 4.2) eine wichtige Komponente von algebraischen Lernanlässen.

4.1.4 Produktive Irritationen

Argumentationsprozesse (Kap. 3) gezielt zu initiieren, ist eine wichtige Aufgabe des Mathematikunterrichts und der Förderung algebraischen Denkens, da Lernende von sich aus nicht immer einen Begründungsbedarf verspüren (Schwarzkopf, 2003, Steinweg, 2001; Mayer, 2019). Insbesondere sollen Lernende eine aus der Mathematik heraus intrinsisch motivierte Neugier entwickeln, indem sie mit Problemen konfrontiert werden, in denen sie eine fachliche Notwendigkeit für die Erklärung eines Phänomens sehen (Mayer, 2019). Erzeugt werden können solche Begründungsanlässe durch sogenannte „produktive Irritationen" (Nührenbörger & Schwarzkopf, 2019; Schwarzkopf, 2019).

„Eine produktive Irritation ist letztlich nichts anderes als die klärungsbedürftige Abweichung von einer eingenommenen Erwartung: Bisherige Ansichten, Zugangsweisen, Vorstellungen oder Erwartungen an eine Aufgabenstellung und -bearbeitung erscheinen plötzlich nicht mehr ausreichend, so dass die Lernenden neue Ideen zum Verständnis der strukturellen Zusammenhänge generieren und sich mit verschiedenen zugänglichen Darstellungen einer Operation oder eines Objekts näher auseinandersetzen." (Nührenbörger & Schwarzkopf, 2019, S. 27)

Auch wenn die produktive Irritation immer als ein Aushandlungsprozess in der Interaktion verstanden wird, handelt es sich nicht ausschließlich um einen zwischen den Gesprächspartnern entstehenden Dissens oder einen von der Lehrkraft motivierten Impuls, sondern sie folgt nach Nührenbörger und Schwarzkopf (2019, S. 27) im Kern dem folgenden Schema:

1. Erwartungshaltung aufbauen durch routinierte Aktivitäten
2. Erwartung enttäuschen durch Störung der Routine
3. Argumente hervorbringen zur Auflösung der Irritation

In einer Studie zum algebraischen Gleichheitsverständnis (Kap. 7) differenziert Mayer (2019) die Möglichkeiten aus, eine bestimmte Erwartungshaltung in diesem Themengebiet zu erzeugen und zu stören.

„Die Aufgaben müssen so gestaltet sein, dass die Kinder bei der Bearbeitung dieser zunächst irritiert sind, da ihre Erwartungen, beispielsweise das Ergebnis der Aufgabe betreffend, nicht erfüllt werden und sie somit vorerst erstaunt oder gar irritiert sind. Gleichsam müssen die Aufgaben den Lernenden die Möglichkeit bieten, anknüpfend an ihre zuvor enttäuschten Erwartungen, neue Deutungen der Situation entwickeln zu können. Im Kontext der Entwicklung eines algebraischen Gleichheitsverständnisses kann für die Lernenden eine irritierende Entdeckung die Tatsache sein, dass scheinbar unterschiedlich aussehende Aufgaben zu demselben Ergebnis führen (oder andersrum können gleich erscheinende Aufgaben zu unterschiedlichen Ergebnissen führen)." (Mayer, 2019, S. 79–80)

Ein Beispiel für ein solches Aufgabenformat stellen Rechenketten (Abb. 4.5, siehe auch Mayer & Nührenbörger, 2016) dar, die je für sich genommen schon bemerkenswerte Regelmäßigkeiten beinhalten. Im Vergleich zwischen den zwei geschickt gewählten Rechenketten (individuell bearbeitet von unterschiedlichen Kindern vor der Partnerarbeit) weisen sie jedoch zusätzliche erklärungsbedürftige Gleichheiten auf.

In diesem Aufgabenformat erstaunt hier die Gleichheit der jeweils letzten Rechenkettenglieder, die sich als Regelmäßigkeit von zunächst ganz unterschiedlich aussehenden Aufgaben ergibt, sodass Lernende beim Rechnen zunächst auch unterschiedliche Ergebnisse erwarten können. Zur Auflösung der Irritation muss dem strukturellen Hintergrund zur Entstehung der Gleichheit (bzw. allgemein des Musters) auf den Grund gegangen und dieser dann argumentativ ausgehandelt werden. Mayer (2019, S. 170, Hervorhebungen im Original) gibt einen Einblick in solche Argumentationsprozesse,

Jens' Rechenketten   Noahs Rechenketten

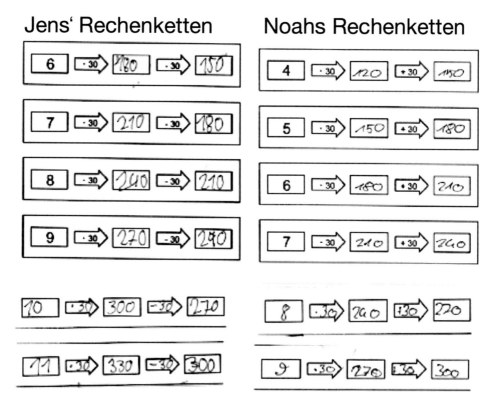

Abb. 4.5 Jens und Noahs Bearbeitungen des Aufgabenformats Rechenketten. (© Springer: Mayer, C. (2019). *Zum algebraischen Gleichheitsverständnis von Grundschulkindern: Konstruktive und rekonstruktive Erforschung von Lernchancen.* Springer Spektrum, S. 170)

die hier exemplarisch an einem Transkriptausschnitt der Viertklässler Jens (J) und Noah (N) dargestellt werden:

J   Oh. Du hast tiefere Zahlen. Du hast 4 mal, 5 mal, 6 mal, #7mal, 8 mal (*zeigt auf Noahs Startzahlen*).
N   # Weil du da minus hast, da <u>musst</u> du ja höhere haben, damit das Ergebnis gleich bleibt.
    …
J   Ich krieg' zwei mehr, also <u>mehr</u>, und damit am Ende das bei uns beiden gleich ist, muss ich ab, 30 abziehen und er 30 plus rechnen (.) weil wir hierbei glaube ich (.) ja 60 mehr in der Mitte haben, ich 60 mehr als der Noah, und ich muss dann minus 30 rechnen, dann ist der Noah nur noch 30 von mir weg, von meiner Zahl und er rechnet plus 30 dann sind wir auf derselben Zahl.

Mayer (2019) zeigt in ihrer Studie durch die Analyse solcher Argumentationsprozesse die Lernchancen durch produktive Irritationen auf. Diese Irritation zeigt sich direkt in Jens' erster Aussage. Er ist erstaunt, dass sich auf Noahs Arbeitsblatt andere Startzahlen befinden als auf seinem eigenen, obwohl beide Schüler dieselben Zielzahlen erreichen. Noah antwortet direkt darauf mit einer Begründung, die auf eine Auflösung der Irritation zielt. Mit Bezug auf die in Kap. 3 beschriebene Unterscheidung von Verallgemeinerungen mit dem Fokus auf Muster bzw. auf Strukturen verdeutlicht dieser Ausschnitt, wie Jens und Noah über die Phänomenebene hinausgehen, um ihre Entdeckungen zu begründen. Jens bezieht sich in seiner Erklärung auf Addition (+30) und Subtraktion (−30) als Gegenoperationen, die er ordinal als gegensätzliche Richtungsbewegungen auf einem gedachten Rechenstrich versteht („dann ist der Noah nur noch 30 von mir weg, von meiner Zahl"). Das gleiche Ergebnis entsteht in dieser Vorstellung als ein Erreichen der gleichen Zahlposition aus verschiedenen Richtungen (Mayer, 2019) (zur Reversibilität von Addition und Subtraktion siehe Kap. 6). Die zuvor entstehende Differenz von 60 in der Mittelzahl wird von Jens nur implizit auf die um zwei erhöhte Startzahl zurückgeführt. Dem Muster liegt eine distributive Struktur zugrunde, durch die sich die Erhöhung der Startzahl 4 um 2 bei Multiplikation mit 30 in einer Erhöhung des Produktes um 60 auswirkt, da $(4 + 2) \cdot 30 = 4 \cdot 30 + 2 \cdot 30 = 120 + 60$.

Die Ergebnisse in der Studie von Mayer (2019) zeigen Lernchancen für die Entwicklung eines algebraischen Gleichheitsverständnisses (Kap. 7) auf (siehe auch Schwarzkopf et al., 2018). Deutlich wird hier zudem, dass Argumentationen, die durch solche produktiven Irritationen angeregt werden, auf spannenden Mustern zum Aufbau und Aufbrechen der Erwartungshaltung basieren. Die Muster der Mathematik ermöglichen, Begründungsbedarf hervorzurufen, weil sie einerseits unerwartet auftreten und zum Staunen anregen und gleichzeitig durch ihre Schönheit faszinieren und hinterfragt werden können (Steinweg, 2001). Gleichzeitig sind diskursive Argumentationsprozesse unabdingbar, um das Verstehen der strukturellen Zusammenhänge zu ermöglichen (Abschn. 4.3). Dies verdeutlicht einmal mehr die Wechselbeziehung zwischen dem Argumentieren und algebraischem Denken.

4.1.5   Aufgaben mit diagnostischem Potenzial

Um systematisch an das Wissen der Lernenden anknüpfen und dieses weiterentwickeln zu können, den Unterricht entsprechend zu planen und einen Überblick in die individuellen Kompetenzen der Lernenden zu behalten, sind diagnostische Aufgaben als kontinuierlich eingesetztes Element im Unterricht besonders wichtig. Sundermann und Selter (2006) bezeichnen solche Aufgaben auch als „informative Aufgaben", da die Lehrkraft Informationen über die Denkweisen der Lernenden erhält (siehe auch https://kira.dzlm.de/node/87). Sie benennen u. a. als Möglichkeiten, Aufgaben informativ zu gestalten, explizit nach den Vorgehensweisen zu fragen und auch zur Darstellung von Rechnungen zu ermutigen. Für den Mathematikunterricht können sogenannte Standortbestimmungen zu Beginn oder zum Abschluss einer Unterrichtsreihe genutzt werden, um die Lernstände einschätzen und den weiteren Unterricht darauf aufbauen zu können bzw. um abschließend die Entwicklung der Kompetenzen greifbar zu machen (Voßmeier, 2012). In diese Einschätzung der Entwicklungen können die Lernenden auch einbezogen werden, indem sie zum Vergleich der eigenen Eingangs- und Abschlussstandortbestimmung aufgefordert werden, beispielsweise durch die Fragen wie „Vergleiche deine Rechenwege. Welche Unterschiede

Aufgaben mit diagnostischem Potenzial aus Blanton et al. (2021b, S. 3, 11 & 20):

Aufgabenbeispiel zur Grundidee der Gleichwertigkeit:
Wie würdest du beschreiben, was dieses Symbol bedeutet? =

Aufgabenbeispiele zur Grundidee der Operationen (hier neutrale Elemente und Kommutativität)**:**

1) Sind diese Gleichungen richtig oder falsch? Erkläre.

$$24 = 24 + 0 \qquad 0 = \frac{1}{2} - \frac{1}{2} \qquad 54 + 18 = 18 + 54$$

2) Was passiert, wenn du null zu einer Zahl addierst? Schreibe deine Vermutung in Worten auf.
   Für welche Zahlen stimmt deine Vermutung? Stimmt sie für alle Zahlen? Benutze Zahlen, Bilder oder Wörter, um zu beschreiben, was du denkst.

erkennst du? Was hast du dazugelernt?" (Höveler & Akinwunmi, 2017, S. 148). Für das algebraische Denken existieren Vorschläge aus dem Algebra-Projekt LEAP von Blanton et al. (2021b), wie mit Hilfe von sogenannten „Jumpstarts" jeweils zu Beginn eines Unterrichtsthemas die Denkweisen der Kinder erhoben werden können.

Steinweg (2013) zeigt, wie in Lernendendokumenten unterschiedliche Sichtweisen der Kinder zur Frage nach der Bedeutung des Gleichheitszeichens deutlich werden (Abb. 4.6).

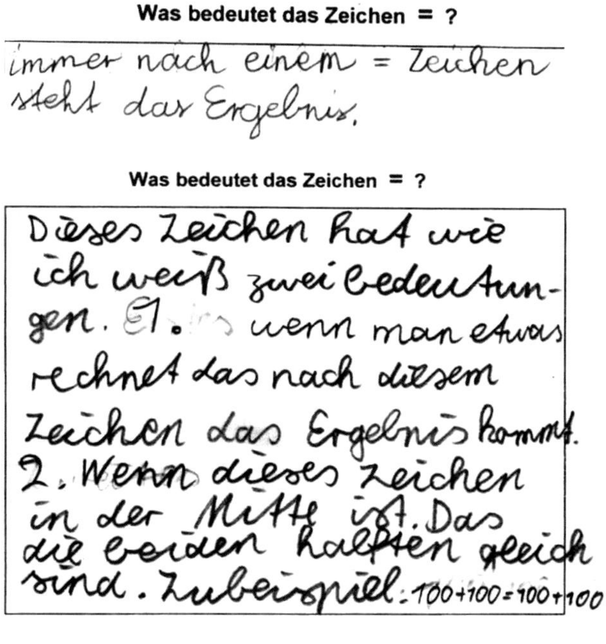

Abb. 4.6 Dokumente zur Bedeutung des Gleichheitszeichens. (© Springer: Steinweg, A. (2013). *Algebra in der Grundschule: Muster und Strukturen, Gleichungen, funktionale Beziehungen.* Springer Spektrum, S. 75 und S. 76)

Was bedeutet das Zeichen = ?

immer nach einem = Zeichen steht das Ergebnis.

Was bedeutet das Zeichen = ?

Dieses Zeichen hat wie ich weiß zwei Bedeutungen. 1. wenn man etwas rechnet das nach diesem Zeichen das Ergebnis kommt. 2. Wenn dieses Zeichen in der Mitte ist. Das die beiden hälften gleich sind. Zubeispiel: 100+100=100+100

In den Antworten lassen sich verschiedene Interpretationen des Gleichheitszeichens erkennen, auf die der Unterricht zu algebraischem Denken entsprechend eingehen sollte (vgl. weitere Ausführungen zu Gleichheiten in Kap. 7).

Solche informativen Aufgaben dienen nach Blanton et al. (2021b) nicht nur zur Diagnose der Denkweisen, sondern sie bilden dabei gleichzeitig auch einen Gesprächsanlass für die Unterrichtsinteraktion. Für die Lernenden können sie eine unterrichtliche Zieltransparenz schaffen. Die Lernenden werden dabei und in den folgenden Unterrichtseinheiten zur Diskussion über die angesprochenen Grundideen angeregt. Da die Lernenden ihre Sichtweisen auf die Eigenschaften von mathematischen Objekten im gemeinsamen Diskurs erweitern, entfalten solche informativen Aufgaben gerade als Gesprächsanlässe ihr Potenzial zur Förderung der Kompetenzen des Kommunizierens und Argumentierens und des algebraischen Denkens (Kap. 3). Die Art der hier dargestellten Fragestellungen fordert explizit sowohl Verallgemeinerungen als auch Erklärungen heraus.

4.2   Unterrichtsgestaltung für algebraische Lernanlässe

Ein geeignetes Aufgabendesign ist wesentlich für algebraische Lernanlässe (Abschn. 4.1). In diesem Abschnitt werden nun Aufbereitungsmöglichkeiten für den Unterricht dargestellt, da nur durch einen angemessenen Einsatz das algebraische Potenzial der Aufgaben ausgeschöpft werden kann.

> „Die Qualität einer Aufgabe ist in der Regel nicht bereits durch ihren Aufgabentext festgelegt, sondern wird durch den Umgang des Lehrers und der Schüler mit der Aufgabe mit bestimmt." (Walther, 2004, S. 3)

Um die verschiedenen bedeutsamen Prozesse rund um die Beschäftigung mit Mustern und Strukturen differenzierter in den Blick nehmen zu können, entwickelt Steinweg (2014, 2020a) das ReCoDE-Modell (Abb. 4.7), welches zur „Orientierung für unterrichtliches Handeln und gleichzeitig zur Überprüfung von Aufgabenstellungen" dienen kann. Die Explizierung der verschiedenen Prozesse soll es der Lehrkraft ermöglichen, einzelne Phasen jeweils bewusst zu planen, ihnen genügend Zeit einzuräumen und auch über den Einsatz passender Sozialformen und Methoden zu reflektieren.

Abb. 4.7 Das ReCoDe-Modell. (In Anlehnung an Steinweg, 2020a, S. 43)

Re	*recognise*	erkennen, sehen, hineindeuten, bemerken …
Co	*continue*	fortführen, replizieren, nutzen, fortsetzen, Analogien erkennen, transferieren …
D	*describe*	beschreiben, mündlich oder schriftlich kommunizieren …
E	*explain*	begründen, argumentieren, erklären, verallgemeinern …

Die in Abb. 4.7 dargestellte Reihenfolge der Phasen kann als mögliche Orientierung für die Unterrichtsplanung dienen. Das Modell ist nicht so zu verstehen, dass die hier dargestellten Prozesse im Denken der Kinder in einer strikten Reihung auftreten müssten. So können Lernende beispielsweise auch mathematische Phänomene entdecken und diese hinterfragen, ohne sie vorab fortgesetzt zu haben. In der Studie von Akinwunmi (2012) zeigt sich darüber hinaus, dass das Beschreiben nicht immer ein der Entdeckung nachgelagerter Prozess sein muss, sondern dass die Lernenden durchaus auch noch während des Beschreibens Entdeckungen machen sowie vorherige Erkenntnisse umstrukturieren.

> „Das Erkennen und das Beschreiben mathematischer Muster stellen sich als zwei sich wechselseitig bedingende Prozesse bei der Verallgemeinerung mathematischer Muster dar, sodass das Beschreiben nicht als der Deutung nachrangiger Prozess verstanden werden darf." (Akinwunmi, 2012, S. 280)

Vor diesem Hintergrund sind die im ReCoDE-Modell benannten Phasen nicht als den Unterricht hierarchisch oder chronologisch gliedernde, sondern vielmehr als eng verbundene und ineinandergreifende Prozesse zu verstehen. Das Modell will Bewusstheit für verschiedene Unterrichtsmomente schaffen, um deren Lernchancen für das algebraische Denken vollständig ausschöpfen zu können. Im Folgenden soll genauer auf die einzelnen Phasen des ReCoDE-Modells eingegangen und Merkmale eines algebraisch geprägten Unterrichts zusammentragen werden.

Eine algebraisch geprägte Unterrichtsgestaltung…
- stellt die Erkundung von Mustern explizit ins Zentrum des Mathematikunterrichts (Abschn. 4.2.1) und dabei das Hinterfragen und Begründen ins Zentrum der Thematisierung von Mustern (Abschn. 4.2.4),
- gibt allen Lernenden ausreichend Gelegenheit für individuelle Mustererkundungen, aber fördert ebenso den Diskurs und würdigt die Sichtweisen aller Lernenden (Abschn. 4.2.1),
- nutzt vielfältige Musteraktivitäten, wie das Fortsetzen, Replizieren, Nutzen, Analogienbilden oder Transferieren von Mustern (Abschn. 4.2.2),
- regt zum Beschreiben und Verallgemeinern von Mustern an und bietet dazu sprachliche Unterstützung, fördert weiterhin die Reflexion und Weiterentwicklung von Beschreibungen (Abschn. 4.2.3),
- bleibt nicht auf der Ebene oberflächlicher Beschreibungen von Musterphänomenen stehen, sondern fördert Argumentationen und Verallgemeinerungen mit Fokus auf Strukturen (Abschn. 4.2.4) und
- initiiert Begründungsbedarf durch produktive Irritationen und geeignete Impulse (Abschn. 4.2.4).

4.2.1 Erkennen

Das Erkennen bzw. Wahrnehmen von Regelmäßigkeiten und Beziehungen ist in der Auseinandersetzung mit Mustern immer ein erster, notwendiger Schritt, der in Kap. 3 als aktiver und komplexer Prozess der Lernenden beschrieben wird.

> „Der erste Schritt ist eine rein mentale Tätigkeit, die sich dem beobachtenden Zugriff ent-
> zieht. Dennoch ist dieser Schritt wesentlich. Er kann nur dann allen Lernenden ermöglicht
> werden, wenn genügend Zeit für die individuelle Beschäftigung mit dem Muster eingeräumt
> wird." (Steinweg, 2020a, S. 43)

Im vorherigen Abschn. 4.1 finden sich unterschiedliche Möglichkeiten beschrieben, wie
Aufgaben ausgewählt oder (weiter-)entwickelt werden können, die spannende Muster für
die Lernenden bereithalten. Zusätzlich muss der Blick der Lernenden aber auch gezielt auf
die Muster gelenkt werden, wozu sich Fragestellungen wie „Erkennst du ein Muster?" eignen. Zur Motivierung wird im Unterricht oftmals von *Entdeckungen* gesprochen, wie beispielsweise bei Entdeckerpäckchen (https://pikas.dzlm.de/node/554). Durch die feste Etablierung solcher Fragestellungen im Unterricht können Lernende zunehmend einen Muster-
blick entwickeln und entsprechend eine Entdeckerhaltung aufbauen. Diese Entwicklung
einer eigenständigen Musterbrille kann noch einmal verstärkt gefördert werden, indem
auch gegenüber den Lernenden transparent gemacht wird, dass es im Mathematikunterricht
wesentlich um die Suche und Erklärung von Mustern geht. Die Suche nach Mustern sollte
deshalb auch explizit als Lernziel formuliert und der Begriff des Musters selbst im Unterricht verwendet, statt nur als didaktischer Begriff für die Lehrkraft verstanden werden.

Da das Erkennen ein mentaler und somit individueller Prozess ist, ist es hier von besonderer Bedeutung, dass jedem Kind eine (zeitlich ausreichende) eigenständige Auseinandersetzung mit den Mustern ermöglicht wird, ohne dass es zu vorschnell mit Deutungen und Sichtweisen anderer Kinder konfrontiert wird und ohne dass sich die Lernenden
gegenseitig in den Entdeckungsprozessen stören. Dazu sind folglich zuerst individuelle
Phasen der Einzelarbeit wichtig und in einem zweiten Schritt dann Phasen des Austauschs
über die verschiedenen Deutungen der Lernenden (Götze, 2007). Für den Unterricht bieten sich hier Methoden an, die einen solchen Wechsel der Sozialformen beinhalten, wie
beispielsweise die „Weggabelung" (Häsel-Weide, 2013, 2016) oder „Mathekonferenzen"
(Sundermann & Selter, 2006).

Da Muster nicht immer eindeutig sind und die Lernenden vielfältige Aspekte wahrnehmen und für bedeutsam erachten können (Kap. 3), ist es im gemeinsamen Austausch
wichtig, die erkannten Muster der Kinder zu würdigen, auch dann, wenn sie nicht dem intendierten Unterrichtsfokus entsprechen. Für das Muster der Zahlenmauer in Abb. 4.2 können Lernende beispielsweise ebenso gut auf die mittlere Reihe der Zahlenmauer achten und
hier Regelmäßigkeiten in den Blick nehmen („Der rechte Stein bleibt immer 10."), statt auf
Basis- und Decksteine einzugehen und deren Abhängigkeit zu beschreiben, so wie es in der
Aufgabenstellung gefordert ist. Solche Äußerungen sollten dann nicht als unwichtig ab-
getan werden, da sie für die Begründung der Veränderung des Decksteins genutzt werden

können. Ebenso können Kinder auch Zahleigenschaften wie beispielsweise Paritäten (Kap. 5) betrachten und erkennen, dass sich die Decksteine in ihrer Parität regelmäßig abwechseln (ungerade – gerade – ungerade …). Selbst wenn solche Entdeckungen im aktuellen Fokus des Unterrichtsgesprächs nicht zum intendierten Ziel führen, sollten sie nicht ignoriert, sondern gewürdigt und ggf. an späterer Stelle aufgegriffen werden. Nur auf diese Weise können sich Lernende mit ihren verschiedenen Sichtweisen auf Muster ernst genommen fühlen und ein Bild der Mathematik als lebendiger Wissenschaft von Mustern entwickeln. Es gibt weder richtige noch falsche Muster und die Suche nach Mustern ist frei und kreativ und nicht eine Suche nach der intendierten Perspektive der Lehrkraft.

4.2.2 Fortsetzen

Während das Erkennen eines Musters sich der Beobachtung entzieht, können Tätigkeiten wie das Fortsetzen erste Handlungen sein, die einen Einblick in die Deutungen der Lernenden bieten.

> „Als sichtbares und der Kommunikation zugängliches Ergebnis der Phase dient die Tätigkeit des Nutzens und Fortsetzens. … Selbst, wenn die Beschreibung also nicht oder noch nicht verbal erfolgen kann, zeigt die selbstständige Fortsetzung des Musters an, dass es als solches in seiner Regelmäßigkeit erkannt worden ist." (Steinweg, 2020a, S. 44)

Steinweg (2001) fasst unter diese Phase Tätigkeiten des Fortsetzens, Replizierens, Nutzens, Analogienbildens und des Transferierens und beschreibt diese als Musteraktivitäten, die ohne sprachliche Mittel auskommen und deshalb insbesondere sprachlichen Schwierigkeiten begegnen können. So kann Lernenden ein Fortsetzen des Musters gelingen, obwohl sie vielleicht beim Beschreiben nur wenige Auffälligkeiten ansprechen, wie sich in der Studie von Link (2012) zu operativen Zahlenmustern zeigt.

Bei einer Fortsetzung wird die im Muster erkannte Regelmäßigkeit weitergeführt. So kann z. B. bei einem Rechenpäckchen (Abb. 4.1) die systematische Veränderung der Zahlen weitergeführt werden. Diese Anforderung wird oft durch Platzhalter angedeutet (im Rechenpäckchen durch eine zusätzliche Zeile) und durch die Frage „Wie geht es weiter?" oder die Aufgabenstellung „Setze fort." initiiert.

Nicht immer ist eine Fortsetzung eindeutig, manchmal erfordert sie auch eine Analogiebildung. Beispielsweise besteht bei Aufgabenpärchen wie den Gleichungsduetten (Kap. 7) oder Partnerzahlen (Kap. 8) eine Beziehung zwischen jeweils zwei Zahlen oder Aufgaben. Soll das Muster übertragen werden, so kann ein analoges Pärchen mit derselben Beziehung konstruiert werden. Die Aufgabenstellung kann hier lauten, eigene passende Aufgaben, Muster o. Ä. zu finden. Diese Aufforderung zur Eigenproduktion von Mustern bietet Möglichkeiten einer natürlichen Differenzierung, da der Zahlenraum und die Komplexität gerade aufgrund der Vielfältigkeit von Mustern variabel sind.

Lüken und Sauzet (2021) verwenden Aufgaben mit verschiedenen Aktivitäten zu Mustern in empirischen Studien mit sehr jungen Kindergartenkindern, um deren Musterkompetenzen aufzudecken. Sie legen den Kindern Muster aus farbigen Würfeln vor, die in einer Reihe angeordnet sind (sich wiederholende Muster; Kap. 8). Als Tätigkeiten nutzen sie dabei *Kopieren (mit Sicht auf das Muster), Kopieren (ohne Sicht auf das Muster), Reparieren, Fortsetzen, Letztes Element benennen, Übersetzen* sowie *Grundeinheit identifizieren.* Auch wird das *Beschreiben* des Musters als eine Aktivität genannt wird, die aufgrund ihrer Bedeutsamkeit im nächsten Abschnitt als eigene Phase betrachtet wird. Ähnliche Anregungen für den Vorschulbereich lassen sich bei Benz et al. (2015) finden.

4.2.3   Beschreiben

Das Erkennen und das Beschreiben von Mustern sind eng miteinander verwoben und dürfen nicht als zwei getrennte, aufeinanderfolgende Prozesse verstanden werden. Sie werden hier dennoch in zwei Teilkapiteln separat in den Blick genommen, um jeweils auf die spezifischen Charakteristika zu fokussieren. Akinwunmi (2012) zeigt anhand epistemologischer Analysen von Beschreibungsprozessen, dass Lernende während des Beschreibens neue Regelmäßigkeiten in den Blick nehmen oder Muster umdeuten und umstrukturieren können, d. h. ggf. neue Muster oder etwas Neues im Muster erkennen. Dies lässt sich auf die besondere Rolle der Sprache auch in ihrer kognitiven Funktion (Prediger, 2020) zurückführen, denn bereits beim Denken und so auch bei der Mustererkundung spielen Begriffe eine zentrale Rolle. Beim Sprechen können die dabei verwendeten Begriffe zu neuen Fokussierungen auf Regelmäßigkeiten führen. Gerade für das algebraische Denken betont Hewitt (2016, S. 168), „notation is not an afterthought, but rather an inherent part of mathematical activity".

Wie oben schon für das Erkennen von Mustern verdeutlicht, ist es auch für das Beschreiben wichtig, Kindern eine individuelle Phase einzuräumen. Dies ist zum einen durch das oben beschriebene Argument zu begründen, dass die Beschreibungen Einfluss auf die Entdeckungen der Lernenden haben, zum anderen aber auch, weil nur so die Ausdrucksfähigkeit der Kinder entwickelt werden kann, wenn sie kontinuierlich zum Versprachlichen angeregt werden (Götze, 2015; Prediger, 2020). Dabei können kontextspezifische Unterstützungsangebote (Verboom, 2008; Götze, 2015) bereitstehen. Für das algebraische Denken sind besonders diejenigen sprachlichen Mittel wichtig, die das Verallgemeinern von Mustern weiterentwickeln. In Kap. 3 wird beschrieben, dass die Kommunikation über Muster und Strukturen spezifische Besonderheiten besitzt. Besonders relevant sind dabei die Begriffe, welche im jeweiligen Kontext die Rolle von Variablen einnehmen können. Für eine Förderung des algebraischen Denkens sollte daher schon in der Unterrichtsplanung und Aufgabengestaltung beachtet werden, welche Ausdrücke für die thematisierte Aufgabe relevant sind und welche z. B. auf sich verändernde Zahlen verweisen. Verweismöglichkeiten auf sich verändernde Zahlen können beispielsweise im Rechenpäckchen Ausdrücke wie „die erste Zahl" oder „der erste Summand" sein oder in substantiellen Aufgabenformaten die Benennung einzelner Felder wie „der Basisstein" in Zahlenmauern sein. In geometrischen Kontexten oder Figurenfolgen (Kap. 8) sowie auch bei Nutzung von Anschauungsmitteln können geometrische Begrifflichkeiten wie „die Seite",

„die Reihen" oder „die Länge des Rechtecks" die Rolle von Variablen einnehmen und somit zur Verallgemeinerung dienen. Neben Variablen sind verallgemeinernde Mittel und Satzphrasen für operative Veränderungen (Kap. 3) notwendig wie u. a. „wird immer um eins größer", „wird immer zwei mehr", „werden vertauscht", „bleibt gleich", „wird erhöht" oder „wird verringert".

Damit Lernende in ihren Beschreibungen die konkret gegebenen Zahlen und Beispiele zunehmend als exemplarisch für weitere Beispiele verstehen und verallgemeinern, kommt der konkreten Aufgabenstellung eine bedeutende Rolle zu. So verdeutlicht Götze (2015) eindrücklich, dass der Allgemeinheitsgrad der Beschreibung stark von der gestellten Fragestellung abhängt. Aufforderungen wie „Wie bist du (bei dieser Aufgabe) vorgegangen?" beziehen sich eher auf konkrete Zahlen und werden auch anhand dieser beantwortet. Hingegen werden Sprech- oder Schreibanlässe, die mit einem verallgemeinernden Charakter formuliert sind, wie „Erkläre, wie du solche Aufgaben löst." oder „Schreibe eine Tippkarte für deine Mitschüler, wie sie solche Aufgaben lösen können.", von den Lernenden auch allgemeiner verstanden und unter Zuhilfenahme von Fachbegriffen beschrieben.

Nach der ersten individuellen Phase, in der individuelle Beschreibungen gefunden werden, ist ein Austausch der Beschreibungen zwischen den Lernenden wichtig, sodass sich auch hier wieder Unterrichtsmethoden eignen, die verschiedene Sozialformen miteinander kombinieren (z. B. „Mathekonferenzen", Sundermann & Selter, 2006). Insbesondere kommt in der Phase des Austauschs der Lehrkraft die Rolle zu, geeignete Ausdrücke positiv zu stärken oder in das Plenumsgespräch einzubringen und selbst konsequent als Sprachvorbild zu agieren.

Beschreibungsanlässe

Neben den typischen Beschreibungsaufforderungen („Was fällt dir auf?", „Erkennst du ein Muster? Beschreibe."), die oft direkt an die Aufgabenstellung gebunden sind (Abschn. 4.1.2), lassen sich u. a. in der Sprachförderung für den Mathematikunterricht gelungene Umsetzungsideen finden, die auch für algebraische Lernanlässe fruchtbar erscheinen.

In einem Entwicklungsforschungsprojekt kreiert Link (2012) drei Beschreibungsanlässe zu operativ-strukturierten Aufgabenformaten (Abb. 4.1) und zeigt, wie Lernende durch diese in ihren Kompetenzen gefördert werden können. Er beschreibt diese als exemplarische Möglichkeiten für die Entwicklung der Beschreibungskompetenz, die nicht als einmalige Durchführung zu verstehen sind, sondern „integraler Teil einer Unterrichtskultur im Mathematikunterricht werden" müssen (Link, 2012, S. 291). Die Ideen lassen sich auf unterschiedliche Musteraktivitäten übertragen und sollen deshalb im Folgenden vorgestellt werden.

Markieren und schreiben: Lernende markieren die von ihnen entdeckten Regelmäßigkeiten im Muster zunächst farbig und werden aufgefordert, zu jeder Markierung einen Satz zu schreiben.

„Damit soll einerseits der in den Augen der Kinder komplexe Vorgang der Verschriftlichung eines Musters strukturiert werden, und andererseits sollen die farbigen Markierungen als nonverbale Ausdruckshilfe fungieren, mit deren Hilfe die Kinder Teilaspekte des Musters festhalten können, für deren Beschreibung ihnen noch die sprachlichen Mittel fehlen." (Link, 2012, S. 290)

Nicht nur farbige Markierungen, sondern auch andere nonverbale Instrumente können Lernende darin unterstützen, ihre Entdeckungen für andere darzustellen. Diese werden auch als sogenannte *Forschermittel* bezeichnet (Selter, 2017). Dieser Begriff soll den Kindern vermitteln, dass es sich bei Forschermitteln nicht nur um kurzzeitige Behelfsmittel handelt, solange keine anderen sprachlichen Möglichkeiten zur Verfügung stehen, sondern um in der Mathematik gängige, hilfreiche Werkzeuge zum Beschreiben, aber auch zum Begründen. Passende Forschermittel sind natürlich vom jeweiligen Inhalt abhängig, dennoch können zeichnerische Hervorhebungen wie *mit Farben markieren, einkreisen, unterstreichen, Pfeile nutzen* typische Forschermittel darstellen sowie auch der Einsatz passender Anschauungsmittel und Materialien wie *Rechenstrich, Plättchen* oder auch *Diagramme* (Selter, 2017, S. 16). Ein Plakat im Klassenraum kann den Kindern eine Übersicht bieten und an die Verwendung von Forschermitteln erinnern.

Finde das Päckchen: Muster werden von den Lernenden wechselseitig aufgrund von Beschreibungen eines Zahlenmusters konstruiert. Ein Kind beschreibt ein vorliegendes oder selbst erfundenes Muster und das andere Kind rekonstruiert dieses, d. h. notiert es (u. a. in Form von Termen, Gleichungen oder Tabellen), zeichnet es auf oder legt es mit Material (siehe auch Verboom, 2008).

„In dieser Unterrichtsaktivität ergibt sich die Beachtung von Qualitätskriterien von Beschreibungen direkt aus der Aufgabenstellung: Um ein Muster rekonstruieren zu können, muss die Beschreibung vollständig, hinreichend genau und verständlich formuliert sein." (Link, 2012, S. 290)

Beschreibungen verbessern: Lernende werden für Qualitätskriterien (Umfang, Genauigkeit und Verständlichkeit) von Beschreibungen sensibilisiert, indem sie sich mit vorgegebenen Beschreibungen auseinandersetzen und diese analysieren und bewerten.

Im Unterricht können Lernende anhand solcher Bewertungen gemeinsam Kriterien für gute Beschreibungen entwickeln (Götze, 2015). Akinwunmi (2015) bezieht diesen Ansatz auf die Erarbeitung von Kriterien für gute Verallgemeinerungen. Abb. 4.8 zeigt ein exemplarisches Arbeitsblatt für die Beschreibungen von Figurenfolgen (Kap. 8). Dabei werden bewusst verschiedene Verallgemeinerungsweisen (Kap. 3) eingebunden, die es den Lernenden ermöglichen, diese nicht nur auf ihre Genauigkeit, sondern auch auf ihren exemplarischen Charakter hin zu verstehen.

Nach der Bearbeitung sollten anschließend gemeinsam Gründe für die Passung herausgearbeitet und Kriterien für gute allgemeine Beschreibungen aufgestellt werden. Die Beschreibung „Die Mauer wird immer eins höher." kann als zu ungenau für die Berechnung identifiziert werden und die beiden Ausdrücke „Bei Mauer 10 musst du 2 · 10 rechnen." und „Man muss 2 · 4 rechnen." als nur lokale Beschreibung, d. h. nur für bestimmte Folge-

Mauerzahlen

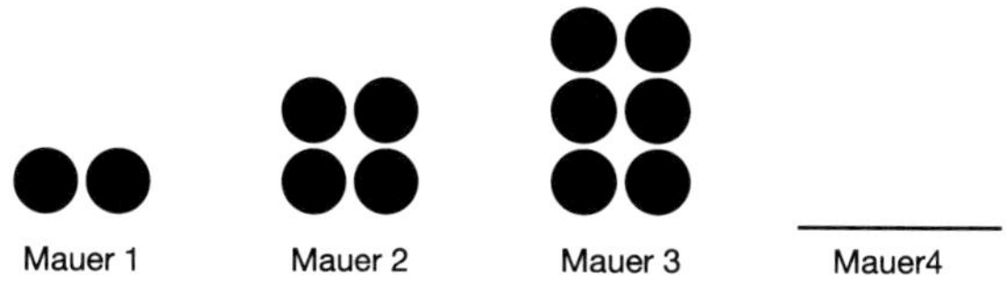

| Mauer 1 | Mauer 2 | Mauer 3 | Mauer4 |

Beschreibungen der Mauerzahlen

1) Die Mauer wird immer eins höher.	☐ Passt gut.	☐ Passt nicht so gut.
2) Die Plättchenanzahl ist das Doppelte der Nummer der Mauer.	☐ Passt gut.	☐ Passt nicht so gut.
3) Bei Mauer 10 musst du 2 · 10 rechnen.	☐ Passt gut.	☐ Passt nicht so gut.
4) Es werden immer zwei mehr.	☐ Passt gut.	☐ Passt nicht so gut.
5) Du musst zweimal die Zahl hinter dem Wort Mauer rechnen.	☐ Passt gut.	☐ Passt nicht so gut.
6) Man muss 2 · 4 rechnen.	☐ Passt gut.	☐ Passt nicht so gut.

Abb. 4.8 Beschreibungen bewerten. (Nach Akinwunmi, 2015)

glieder zutreffend. Für die rekursive Formulierung „Es werden immer zwei mehr." kann festgehalten werden, dass diese zwar allgemein und verständlich ist, sich zur Berechnung aber weniger gut eignet, da die Ermittlung von weiteren Folgegliedern auf die Bestimmung des Folgevorgängers angewiesen ist (Kap. 8). Die expliziten Formulierungen 2 und 5 schließlich nutzen mit den Ausdrücken „die Nummer der Mauer" und „die Zahl hinter dem Wort Mauer" kontextspezifische allgemeine Begriffe mit Variablencharakter und sind deshalb allgemeingültig (Kap. 8). Diese durchaus komplexen Beschreibungen auf dem Arbeitsblatt sind in Anlehnung an Originaläußerungen in Kinderdokumenten aus einer vierten Jahrgangsstufe (Akinwunmi, 2012) erstellt worden. Für die umständlichen Formulierungen können sich Lernende auf die Suche nach passenden Alternativen begeben und die Lehrkraft kann dabei auch bereits nützliche Begriffe wie „Position" oder „Stelle" sinnstiftend einführen, sodass für dieses Aufgabenbeispiel Sätze wie „Du musst zweimal die Stelle rechnen." möglich werden (Kap. 8).

Weitere Anregungen für solche „Sprachspiele" bzw. besser gesagt sprachförderliche Aktivitäten finden sich bei Götze (2021) für sich wiederholende Muster (Kap. 8) aufbereitet. Sie fokussieren in den Beschreibungen von Mustern besonders auf die Herausarbeitung eines „Grundmusters" und dessen Wiederholung. Auf arithmetische Muster lassen sich diese Aktivitäten deshalb nur mit leichten Abwandlungen übertragen:

Passendes Muster finden: Lernende werden aufgefordert, unter einer Reihe von angebotenen Mustern dasjenige zu identifizieren, welches von der Lehrkraft (oder auch einem anderen Kind) beschrieben wird. Nachdem die Zuordnung erfolgt ist, kann das Muster gemeinsam fortgesetzt werden.

Muster und Beschreibungen zuordnen: Werden mehrere ähnliche Muster und gleichzeitig deren Beschreibungen dargeboten, können Lernende aufgefordert werden, diese einander zuzuordnen. Götze (2021) schlägt u. a. ein Bewegungsspiel vor, bei welchem Kinder mit je einer ihnen zugeteilten Karte mit einem Muster durch die Klasse gehen und ihren Partner mit der dazu passenden Beschreibung suchen. Anschließend bearbeiten die so zusammengefundenen Kinderpaare gemeinsam Arbeitsaufträge wie das Legen oder Fortsetzen des Musters (Abschn. 4.2.2).

Die hier dargestellten Beschreibungsanlässe sind als Anregungen zu verstehen, die den Blick für die Unterrichtsphase der Beschreibung von Mustern intensivieren können. Sie lassen sich auf verschiedene Aufgaben und Muster übertragen, die in Abschn. 4.1 vorgestellt wurden.

4.2.4 Begründen

Der Phase des Begründens sollte im Unterrichtsverlauf eine hohe Gewichtung zukommen. In Kap. 3 werden Charakteristika des algebraischen Argumentierens herausgestellt. In diesem Abschnitt soll es um solche Unterrichtsprozesse gehen, die ein Begründen auf einer strukturellen Basis anregen.

Bezold (2010) beschäftigt sich mit dem Argumentieren von Grundschulkindern und arbeitet dafür vier sogenannte Bausteine als „grundschulspezifische Komponenten des Argumentierens" heraus (Bezold, 2010, S. 3): 1. Entdecken, 2. Beschreiben, 3. Hinterfragen, 4. Begründen. Durch diese Bausteine gliedert sie das Argumentieren in aufeinander aufbauende Teilprozesse, die mit Kompetenzen rund um Muster und Strukturen eng zusammenhängen, und gibt diesen eine chronologische Reihung. Ähnlich differenziert auch Brunner (2019) Argumentationsprozesse für die Erforschung in vier aufeinanderfolgende Teilprozesse (1. Erkennen, 2. Beschreiben, 3. Begründen, 4. Verallgemeinern). Wie zu Beginn des Abschn. 4.2 dargelegt, sind die verschiedenen Prozesse, beispielsweise die des Erkennens und Beschreibens, eng miteinander verbunden und lassen sich im Denken der Lernenden gerade nicht in einer chronologischen Abfolge festlegen.

Eine Begründung der Entdeckungen kann Bezold (2009) in ihrer Studie nur bei etwa einem Drittel der Lernenden in der 3. Jahrgangsstufe rekonstruieren (vgl. auch Bezold, 2010, S. 4). Die herausgearbeiteten Bausteine können eine Würdigung der ersten Teilschritte des Argumentierens schaffen. Aus der Perspektive des algebraischen Denkens und der Unterscheidung zwischen Mustern und Strukturen kann festgehalten werden, dass die ersten drei Bausteine auch *auf der Musterebene* verbleiben könnten und ggf. erst nach dem Hinterfragen der Entdeckungen im vierten Baustein der Schritt *auf die Strukturebene* stattfindet, mit deren Hilfe die entdeckten Muster erklärt werden (Kap. 3).

Steinweg (2020a) betont im ReCoDE-Modell, dass gerade das Begründen für das algebraische Denken wesentlich ist und fordert diese Phase ein, damit den Lernenden der Zugang zu den dahinterliegenden Strukturen nicht verwehrt bleibt.

> „Die in der jeweiligen Altersgruppe angebotenen Muster sollten immer einer argumentativen Verallgemeinerung und damit Begründung zugänglich sein, d. h. alle ReCoDE-Phasen ermöglichen." (Steinweg, 2020a, S. 43)

Nur wenn die Lernenden regelmäßig angeregt werden, die Muster auch zu hinterfragen und die ihnen zugrunde liegenden Strukturen zu erkunden, kann vermieden werden, dass sich eine Unterrichtskultur etabliert, in der sich die Beschäftigung mit Mustern auf der Ebene der wahrnehmbaren Phänomene erschöpft. Obwohl die Phase des Begründens im Unterricht zuletzt auftritt, so muss diese bei der Aufgabenauswahl folglich von Anfang an berücksichtigt werden. Es müssen zugängliche Muster bereitgestellt werden, die durch passende Elemente im Aufgabendesign so aufbereitet werden, dass den Lernenden ein Zugang zur Struktur auf unterschiedlichem Niveau und ggf. mit unterschiedlichen Darstellungen ermöglicht wird. Die algebraische Qualität wird im Unterricht nicht ausgeschöpft, wenn Muster nicht hinterfragt und begründet werden.

Für das Zahlenmauerbeispiel (Abschn. 4.1.2) könnte eine solche oberflächliche Erklärung lauten „Der Deckstein wird um 2 größer, weil der mittlere Basisstein um 1 größer wird." In dieser Aussage werden zwei wahrnehmbare Phänomene als Auffälligkeiten in eine kausale Beziehung gesetzt, die zwar korrekt ist, aber den wichtigen strukturellen Hintergrund der Beziehung zwischen Basis- und Decksteinen nicht aufdeckt. Dazu wäre es notwendig, herauszustellen und auch zu veranschaulichen, dass die Zahl im mittleren Basisstein als Summand in beide Summen der mittleren Zahlenmauerreihe eingeht und sich somit die Erhöhung dieses Summanden (aufgrund der Assoziativität) auch in beiden Summen niederschlägt. Aus diesen beiden um 1 erhöhten Summen wird anschließend durch Addition der Deckstein gebildet, sodass dieser insgesamt also eine Erhöhung um 2 aufweist. Diese Begründung erklärt, wieso sich die sichtbare Veränderung des Basissteins in doppelter Weise auf den Deckstein auswirkt und nimmt dabei Bezug auf die Operation der Addition und deren Eigenschaft der Assoziativität (Kap. 6: Wird bei der Addition ein Summand verändert, dann verändert sich auch die Summe um genau diesen Wert).

Um sich des Unterschieds zwischen Beschreibungen und Begründungen im jeweiligen Aufgabenkontext bewusst zu werden, kann es für die Lehrkraft, aber auch für die Lernenden hilfreich sein, die Phasen des Beschreibens und Begründens explizit voneinander abzugrenzen. Aufgrund der Verwobenheit bei den anderen Phasen des Erkennens, Fortsetzens und Beschreibens sind diese Bezeichnungen des ReCoDE-Modells insbesondere für die Lehrkraft als Unterstützung der Unterrichtsplanung zu verstehen. In Übereinstimmung mit den verschiedenen Formen der Verallgemeinerung und des Argumentierens (Kap. 3) kann eine Unterscheidung zwischen Beschreibungen und Begründungen nicht nur für die Unterrichtsplanung relevant sein. Die Differenzierung kann auch den Kindern Transparenz über die Anforderungen bei den Operatoren „Beschreibe." und „Erkläre." bzw. „Begründe." verschaffen.

Damit sich Lernende (und Lehrende) nicht mit oberflächlichen Begründungen zufriedengeben, können in der Phase des Beschreibens zunächst alle Beobachtungen gesammelt und besprochen werden. Darauf aufbauend können die kausalen Beziehungen der musterhaften Regelmäßigkeiten detailliert hinterfragt werden, um den strukturellen Begründungen auf die Spur zu kommen. Im Folgenden werden mögliche Impulse vorgestellt, wie ein Begründungsbedürfnis der Lernenden angeregt werden kann.

Begründungsbedürfnis anregen

Ein Begründungsbedürfnis der erkannten Muster stellt sich nicht automatisch von allein ein und ergibt sich auch nicht aus den substantiellen Aufgabenformaten. Im Gegenteil verlangt die Verwendung von strukturierten Übungen oft kein Hinterfragen, sondern ein bloßes Anwenden der entdeckten Beziehungen. Wie am Beispiel der Zahlenmauern in Abschn. 4.1.2 oder Abb. 4.3 deutlich wird, reicht dazu allerdings aus, das Muster selbst erkannt zu haben. Ein Verstehen der strukturellen Basis des Musters ist für dessen Verwendung nicht notwendig. Im Unterricht sind daher Momente erforderlich, in denen ein explizites Begründungsbedürfnis der erkundeten Zusammenhänge entsteht.

> „Kollektive Argumentationen ergeben sich in unserem Verständnis also nicht bereits in den sozialen Versuchen von Kindern, sich die Rationalität ihrer Handlungen im Zuge der interaktiven Herstellung und Aushandlung von Bedeutungen gegenseitig anzuzeigen …. Sie zeigen sich vielmehr in diskursiven Prozessen, in denen explizit ein Begründungsbedarf angezeigt und zu befriedigen versucht wird." (Nührenbörger & Schwarzkopf, 2019, S. 24)

Produktive Irritationen (Nührenbörger & Schwarzkopf, 2019) sind ein möglicher Auslöser solcher Begründungsbedürfnisse (Abschn. 4.1.4). Diese entstehen im Mathematikunterricht dadurch, dass Lernende durch routinierte Aktivitäten (z. B. des Ausrechnens) Erwartungshaltungen aufbauen, die dann enttäuscht werden, sodass eine Argumentation notwendig wird, um die so entstandene Irritation aufzulösen (Nührenbörger & Schwarzkopf, 2019, S. 27).

Muster können einerseits bestimmten Erwartungen entsprechen, wenn (intuitives) Wissen um die Eigenschaften und Zusammenhänge vorhanden ist oder bereits passende Erfahrungen gesammelt wurden. Andererseits können Muster aber auch irritieren, wenn sie den Erwartungen widersprechen. Für das in diesem Kapitel verwendete Zahlenmauerbeispiel kann eine Erwartung der Lernenden auf der Grundlage von Erfahrungen zur Assoziativität bei der Addition sein, dass der Deckstein sich um 1 erhöht, wenn einer der Basissteine um 1 vergrößert wird. Die tatsächliche Erhöhung um 2 bei einer Veränderung des mittleren Basissteins widerspricht dann dieser Erwartung und erweist sich somit als erklärungsbedürftig. Wenn Kinder allerdings gewohnt sind, entstehende Muster hinzunehmen, auch wenn diese den Erwartungen widersprechen, dann bleibt die Irritation wirkungslos und somit verliert sich die Lernchance, den Strukturen auf den Grund zu gehen.

Da bei produktiven Irritationen Vermutungen und Erwartungen aufgebrochen werden sollen, kann es sich im Unterricht als förderlich erweisen, diese Vermutungen der Lernenden vor der Berechnung zu erfragen und damit verbalisieren zu lassen und zu würdigen. Eine solche Fragestellung könnte folglich lauten: „Was vermutest du, wie wird sich der Deckstein verändern?" Werden Vermutungen kontinuierlich eingefordert, regt dies dazu an, Vermutungen als Routine bei der Bearbeitung von substantiellen Aufgaben zu verstehen und je selbstständig Erwartungen oder Hypothesen zu formulieren.

Oftmals wird bei strukturierten Aufgabenstellungen (wie beispielweise Abb. 4.1) das Muster bereits beim Ausrechnen in der individuellen Bearbeitungsphase sichtbar und die Mustersuche bereits durch die Aufgabenstellung „Was fällt dir auf?" oder „Erkennst du ein Muster?" angeregt, sodass eine Sammlung von Vermutungen nicht immer möglich ist.

Wenn die Lernenden sich dann durch die entstehenden Regelmäßigkeiten nicht irritiert zeigen, kann es unterstützend wirken, alternative Sichtweisen oder auch fiktive Kinderaussagen vorzulegen, die eine Erwartungshaltung imitieren. Für das in diesem Kapitel verwendete Zahlenmauerbeispiel könnten solche Impulse lauten:

- Lisa vermutet: Der Deckstein wird um 1 größer, weil auch der mittlere Basisstein um 1 größer wird. Was meinst du, wie kommt Lisa auf diese Vermutung? Was hat sie sich wohl dabei gedacht?
- Erkläre: Warum wird der Deckstein um 2 (und nicht um 1) größer, obwohl der mittlere Basisstein nur um 1 größer wird?

Durch die im Impuls verwendete Konjunktion *obwohl* wird ein gewisser Widerspruch zu einer Erwartung impliziert, der die Lernenden zu einer Argumentation anregen kann. Detaillierte Ausführungen zu Möglichkeiten, produktive Irritationen direkt im Aufgabendesign zu berücksichtigen, finden sich in Abschn. 4.1.4. Zur Ausschöpfung von produktiven Irritationen im Unterricht sollten sich Lehrkräfte vorab mögliche Erwartungshaltungshaltungen von Lernenden antizipieren und entsprechende Impulse bereithalten.

4.3   Unterrichtsinteraktion und Diskursanregungen

In den vorherigen Abschnitten werden mit dem Aufgabendesign von algebraischen Lernanlässen (Abschn. 4.1) und der Gestaltung von Unterrichtsphasen (Abschn. 4.2) zwei zentrale Komponenten für die Anregung des algebraischen Denkens im Unterricht aufgeführt. Lehrkräfte können sich für eine Algebraisierung des Unterrichts mit der Planung der Aufgaben und des Unterrichtsablaufs detailliert auseinandersetzen. Ganz im Gegenteil dazu ist die tatsächlich stattfindende Interaktion im Unterricht nicht vorab planbar. Alle Beteiligten, also nicht nur die Lehrkraft, nehmen Einfluss auf den in der konkreten Situation entstehenden Diskurs. Unterrichtsdiskurse sind aber die entscheidende Komponente für die Lernprozesse der Kinder. Diskurse sind notwendig für die sogenannten *fundamentalen Lernprozesse* (Nührenbörger & Schwarzkopf, 2018), in denen neues Wissen in der Interaktion konstruiert und Deutungen ausgehandelt und erweitert werden.

Zwar sind gute Aufgaben (Abschn. 4.1) und eine gute Planung des Unterrichts (Abschn. 4.2) ebenfalls notwendige Bedingungen für algebraische Lernchancen, ob diese tatsächlich realisiert werden, hängt aber entscheidend von der Unterrichtsinteraktion ab.

> „Kurz formuliert bestimmt also nicht die substantielle Lernumgebung die Interaktion im Lehr-Lernprozess, sondern umgekehrt entsteht die mathematische Substanz einer Lernumgebung erst durch die interaktiven Aushandlungen der beteiligten Personen." (Nührenbörger & Schwarzkopf, 2019, S. 19)

An einem eindrücklichen Beispiel zum substantiellen Aufgabenformat der Rechendreiecke (zum Aufgabenformat vgl. Kap. 5, 6, 7 und 8) zeigen Nührenbörger und Schwarzkopf (2018) anhand der Analyse einer Unterrichtsszene auf, dass entstehende Lernchancen auch „verpasst" werden können, wenn der Unterrichtsdiskurs, z. B. durch die Gesprächs-führung der Lehrkraft, das Potenzial der Situation nicht ausschöpft. In der analysierten Szene wird eine fruchtbare Kinderäußerung in der gemeinsamen Unterrichtsdiskussion im Klassenplenum nicht aufgegriffen, da die Lehrkraft den mathematischen Gehalt in der Situation scheinbar nicht erkennt und die Idee deshalb nicht weiterverfolgt.

> „Die Unterrichtsszene soll an dieser Stelle verdeutlichen, dass eine substantielle Lernumgebung auch substantielle Wissenskonstruktionen auslösen kann – sie verdeutlicht aber ebenso, dass letztlich nicht die gute Aufgabe, sondern vielmehr der soziale Kontext ihrer Behandlung darüber entscheidet, ob die Wissenskonstruktion[en] zu wirklich produktiven Lernchancen ausgebaut werden oder ob sie schlicht verpuffen." (Nührenbörger & Schwarzkopf, 2018, S. 18)

Missverständnisse zwischen den Lernenden oder zwischen Lernenden und Lehrkraft in der Interaktion sind nicht vermeidbar. Die algebraische Qualität der Unterrichtsinteraktion lässt sich aber dennoch verbessern, wenn gewisse Diskursmerkmale etabliert werden, die im Folgenden beschrieben werden.

In algebraisch geprägten Unterrichtsdiskursen…
- werden Lernende zu Äußerungen von Entdeckungen, Vermutungen, Verallgemeinerungen und Begründungen ermutigt,
- werden diese unterschiedlichen Entdeckungen, Vermutungen, Verallgemeinerungen und Begründungen von Lernenden stets gewürdigt und
- erhalten Lernende Gelegenheit, den Diskurs mit zu lenken und Verantwortung für diesen zu tragen.

Für die Algebraisierung wird insbesondere der wertschätzende Umgang mit den Lernenden und die Bedeutsamkeit der Orientierung am Denken und an den Ideen der Kinder betont (u. a. Blanton et al., 2021b; Hunter et al., 2018). Nach Mason (2008) zeichnet sich algebraisch geprägter Unterricht durch eine „Vermutungsatmosphäre" aus, in der die Lernenden beständig ermutigt werden, Vermutungen zu äußern, die dann im Unterricht gemeinsam widerlegt oder verifiziert werden. Im LEAP-Projekt formulieren Blanton et al. (2021b) konkrete Anweisungen für die Lehrkräfte für eine algebraische Unterrichtskultur:

> „Develop a classroom environment where all students are:
>
> - Encouraged to share their ideas as well as build their thinking off of each other's ideas.
> - Encouraged to listen to each other's ideas respectfully and provide mathematical reasons as to why they agree or disagree with someone else's thinking.
> - Positioned as central to and responsible for solving problems.
> - Held to high expectation that are communicated to them explicitly.

Expectations such as these are essential for discourse that can foster deep algebraic understanding." (Blanton et al., 2021b, S. X)[1]

Mathematikdidaktische Unterrichtsprinzipien im Lichte des algebraischen Denkens
Viele dieser von Blanton et al. (2021) beschriebenen, an den Kompetenzen der Kinder
orientierten Perspektiven sind in der deutschsprachigen Mathematikdidaktik bereits seit
geraumer Zeit fest etabliert (z. B. Spiegel & Selter, 2003). Da Muster und Strukturen als
Kern des Mathematikunterrichts gesehen werden, ist es kein Wunder, dass viele der Lehr-
und Lernprinzipien in der Mathematikdidaktik bereits darauf ausgerichtet sind, sich mit
der Anregung und Förderung von Denkprozessen rund um Muster und Strukturen zu beschäftigen. Die Förderung des algebraischen Denkens steht nicht nur im Einklang mit den
existierenden mathematikdidaktischen Prinzipien, sondern gibt diesen einen verbindenden
Rahmen. Steinweg et al. (2018) betonen den gut bereiteten Boden, der durch die nationalen, mathematikdidaktischen Prinzipien bereits für die Implementierung algebraischen
Denkens gelegt ist.

So wird beispielsweise die Etablierung einer Entdeckerhaltung und einer veränderten
Rolle der Lehrkraft, welche diese Entdeckungsprozesse und insbesondere die Selbst-
ständigkeit der Lernenden im Unterricht fördert, im deutschsprachigen Raum bereits seit
den 1980er-Jahren im Unterrichtsprinzip des *aktiv-entdeckenden Lernens* gefordert. Hier
beschreibt Winter u. a. als Rolle für die Lehrkraft, dass diese „die Schüler zum Beobachten,
Erkunden, Probieren, Vermuten, Fragen" ermutigt, „Hilfen als Hilfen zum Selbstfinden"
gibt, „auf die Neugier und den Wissensdrang der Schüler" setzt und „die Schüler als Mit-
verantwortliche im Lernprozeß [sic!]" sieht (Winter, 1984b, S. 26). Unterricht, der den
Grundsätzen des aktiv-entdeckenden Lernens folgt, besitzt folglich eine tragfähige Grundlage für die Implementierung der Förderung des algebraischen Denkens.
Dennoch bringt die Berücksichtigung des algebraischen Denkens auch neue Perspektiven auf die bekannte Didaktik mit sich. Das aktiv-entdeckende Lernen hatte in den
1980er-Jahren u. a. das Ziel, einer Kalkülorientierung, also dem Lernen und Anwenden von
unverstandenen Regeln, entgegenzuwirken. Der Fokus auf algebraisches Denken schärft
den Blick dafür, dass diese unverstandenen Regeln nicht durch unverstandene Muster ersetzt werden dürfen. Bleiben die Lernenden bei ihren Entdeckungen auf der Phänomenebene stehen und hinterfragen diese nicht, dann hat das Auswendiglernen von Wirkungen
bei bestimmten Veränderungen des Musters keinen Mehrwert und verbleibt kalkülhaft.
Auch die Sprachförderung im Mathematikunterricht, die in den letzten Jahren zunehmend an Bedeutung gewonnen hat (Prediger, 2020; Götze, 2019), ist untrennbar mit
der Entwicklung einer algebraischen Unterrichtskultur verbunden (Verboom, 2008).

---

[1] Übersetzung durch Autorinnen: „Entwickeln Sie eine Unterrichtsumgebung, in der alle Lernenden: – ermutigt werden, ihre Ideen mitzuteilen und ihre Argumente auf den Ideen der anderen aufzubauen. – ermutigt werden, den Äußerungen der anderen respektvoll zuzuhören und mathematisch
zu begründen, warum sie mit den Gedanken der anderen übereinstimmen oder nicht übereinstimmen. – sich als wichtig und verantwortlich für die Lösung von Problemen sehen. – vor hohe Erwartungen gestellt werden, die ihnen explizit als solche genannt werden. Diese Unterrichts-
erwartungen sind wichtig für einen Diskurs, der das tiefe Verständnis für die Algebra fördert."

„Sprachentwicklung kann nur dann erfolgreich und nachhaltig gelingen, wenn im Mathematikunterricht eine lebendige, intensive Kommunikationskultur herrscht. Dabei sollte der Austausch der Kinder untereinander strukturiert gestaltet werden, um den schüchternen Kindern und den Kindern mit Ausdrucksschwierigkeiten Gelegenheit zu geben, sich einzubringen. Soziale Interaktion muss regelmäßig initiiert werden. Sprachfreien Mathematikunterricht darf es nicht geben!" (Verboom, 2008, S. 102)

Möglichkeiten zur unterrichtlichen Umsetzung werden dazu in Abschn. 4.2 vorgestellt.

Die Rolle der Lehrkraft

Die Lehrkraft ist der zentrale Angelpunkt für die Entwicklung von gehaltvollen Unterrichtsdiskursen, denn sie kann eine Algebraisierung unterstützen, wenn sie entsprechend geschult wird, ihre „Augen und Ohren" für algebraische Lernchancen in der Grundschule zu öffnen (Kaput & Blanton, 1999).

„Teachers take a critical role in reforming classroom practice by the use of pedagogical actions that facilitate algebraic reasoning and through the development of norms that support classroom and mathematical practice." (Hunter et al., 2018, S. 381)[2]

Die Lehrkraft organisiert das Unterrichtsgespräch in weiten Teilen und gibt Kinderäußerungen Gewicht durch entsprechendes Aufgreifen und Vertiefen oder Verwerfen von Ideen. Lehrplanvorgaben und ähnliche Faktoren haben immer nur „einen begrenzten Einfluss auf das, was im Unterricht passiert. Die Entwicklung der frühen Algebra im Grundschulunterricht erfordert eine professionelle Entwicklung" (Schifter, 2016, S. 21; übersetzt durch Autorinnen). Blanton und Kaput (2002) beschreiben dabei verschiedene, miteinander verbundene Professionalisierungsdimensionen:

„(1) building opportunities for algebraic thinking from teachers' available instructional resources;
(2) building teachers' capacity to identify spontaneous opportunities for algebraic thinking in the classroom through a focus on student thinking; and
(3) building teachers' capacity to create a classroom culture that can support active student generalization and formalization within the context of purposeful conjecture and argumentation." (Blanton & Kaput, 2002, S. 106)[3]

---

[2] Übersetzung durch Autorinnen: „Die Lehrkräfte spielen eine entscheidende Rolle bei der Reformierung der Unterrichtspraxis, indem sie pädagogische Maßnahmen ergreifen, die das algebraische Denken erleichtern, und indem sie Normen entwickeln, die Unterrichts- und die mathematische Praxis unterstützen."

[3] Übersetzung durch Autorinnen: „(1) Entwicklung von Gelegenheiten für algebraisches Denken aus den verfügbaren instruktiven Ressourcen der Lehrkräfte; (2) Entwicklung der Fähigkeit der Lehrkräfte, spontane Gelegenheiten für algebraisches Denken im Unterricht zu erkennen, indem sie auf das Denken der Lernenden fokussieren und (3) Entwicklung der Fähigkeit der Lehrkräfte, eine Unterrichtskultur zu schaffen, die aktive Verallgemeinerungen und Formalisierungen durch die Lernenden im Rahmen von zielgerichteten Vermutungen und Argumentationen unterstützen kann."

Insbesondere das spontane Wahrnehmen von algebraischen Lerngelegenheiten, welches Blanton und Kaput (2002) im zweiten Punkt ansprechen, erfordert einen aufmerksamen und sensiblen Umgang mit den Kinderäußerungen im Diskurs. Die Lehrkraft kann immer nur vor dem Hintergrund des eigenen Verständnisses der Situation handeln. Für die Förderung des algebraischen Denkens muss sie deshalb zunächst selbst die strukturellen Hintergründe der Muster verstehen und diese dann in den Äußerungen der Lernenden identifizieren können. Weiterhin muss sie die Verallgemeinerungsansätze in den Verbalisierungen der Lernenden und insbesondere den entstehenden Fokus auf Muster bzw. auf Strukturen unterscheiden und erkennen. Zusätzlich muss sie wissen, wie sie Verallgemeinerungen im Diskurs gewinnbringend aufgreifen und Lernende anregen kann, diese bis hin zu strukturellen Argumenten weiterzuentwickeln. Für die Ausbildung dieser komplexen Kompetenzen sind Angebote mit expliziter Fokussierung auf das algebraische Denken für die Lehrerinnen- und Lehrerbildung und Fortbildung wichtig (Huethorst, 2022). Die nachfolgenden Kap. 5, 6, 7 und 8 unterbreiten ein solches Angebot für den Unterricht in der Grundschule und stellen didaktisch aufbereitete Anregungen zur praktischen Umsetzung aller vier algebraischen Grundideen jeweils mit entsprechendem Hintergrundwissen vor.

Bereits das kontinuierliche Ausbilden einiger der in diesem Kapitel genannten Aspekte kann dem Mathematikunterricht zu mehr algebraischer Qualität verhelfen. Wie oben beschrieben, ist die Entwicklung einer algebraischen Unterrichtskultur ein langfristiger Prozess, dem einerseits mit Geduld gegenüber der eigenen Professionalisierung begegnet werden muss und bei dem andererseits auch den Lernenden ausreichend Zeit für die Entfaltung des algebraischen Denkens gegeben werden sollte. Eine kontinuierliche Arbeit an einer algebraischen Unterrichtskultur wird sich langfristig in der Qualität des Unterrichts auszahlen.

Zahlen erforschen

5

„Algebra mit zugehörigen Denkweisen beginnt bereits dort, wo der Blick auf Beziehungen zwischen Zahlen gerichtet wird." (Hefendehl-Hebeker & Rezat, 2023, S. 148)

Es ist unbestritten eines der Hauptziele des Arithmetikunterrichts, dass Lernende im Laufe der Grundschule ein tragfähiges und flexibles Verständnis von Zahlen aufbauen sollen (KMK, 2022). Oftmals spricht man auch von einer Entwicklung tragfähiger *Zahlvorstellungen* (u. a. Lorenz, 1992; Ruwisch, 2015) und führt Schwierigkeiten im Mathematiklernen auf zu einseitig ausgeprägte Vorstellungen zurück (Gaidoschik, 2010; Häsel-Weide, 2016). Zahlen richtig zu „verstehen", ist aber kein einfaches Ziel, wenn man sich vor Augen führt, wie vielschichtig, komplex und auch abstrakt Zahlen sind, obwohl sie Kindern schon von früh auf im Alltag ganz natürlich zu begegnen scheinen. Kinder lernen Zahlen in verschiedenen Kontexten kennen und müssen diese der Situation entsprechend deuten und mit ihnen adäquat umgehen können. Die Vielfältigkeit entsteht schon allein dadurch, dass Zahlen zunächst einmal auf ganz unterschiedliche Dinge verweisen und dort verschiedenste Bedeutungen tragen können. In der Didaktik werden sechs verschiedene sogenannte *Zahlaspekte* unterschieden: Kardinalzahl-, Ordinalzahl-, Maßzahl-, Operator-, Rechenzahl- und Codierungsaspekt (Krauthausen & Scherer, 2007). Lorenz (2012) benennt zusätzlich den relationalen Zahlaspekt und betont mit diesem, dass Zahlen in Beziehungen zu anderen Zahlen stehen. Diese strukturellen Beziehungen besitzen Zahlen in verschiedenen Zahlaspekten (Padberg & Benz, 2021). Die Entdeckung und Begründung solch relationaler Beziehungen (u. a. von Zahlen) charakterisiert algebraisches Denken (Kap. 1). Für eine ausführliche Erläuterung der verschiedenen Zahlaspekte sei an dieser Stelle auf Krauthausen und Scherer (2007) oder auch Padberg und Benz (2021) sowie für das relationale Zahlverständnis auf Tubach (2019) verwiesen. Zahlaspekte fließen bei der

© Der/die Autor(en), exklusiv lizenziert an Springer-Verlag GmbH, DE, ein Teil von Springer Nature 2024
K. Akinwunmi, A. S. Steinweg, *Algebraisches Denken im Arithmetikunterricht der Grundschule*, Mathematik Primarstufe und Sekundarstufe I + II, https://doi.org/10.1007/978-3-662-68701-7_5

inhaltlichen Interpretation von Zahlen und ihren Strukturen immer mit ein und werden an vielen Stellen in diesem Kapitel entsprechend aufgegriffen.

Im Rahmen einer Fortbildungsreihe des DZLM (2017) befragten Lehrkräfte ihre Schülerinnen und Schüler unterschiedlicher Klassenstufen zu ihren Vorstellungen zur Zahl 6. Die Abb. 5.1 zeigt eine kleine Auswahl von Dokumenten, die gerade in der Zusammenschau die Vielfältigkeit von Zahlaspekten und -deutungen aufzeigt. Sicherlich kann man von den Dokumenten nicht direkt auf die kindlichen Vorstellungen und Kompetenzen schließen, sind es doch nur Momentaufnahmen und spontane Assoziationen. Dennoch gewähren die Dokumente einen Einblick in das Denken der Kinder.

Unter den Dokumenten finden sich beispielsweise unten links Zeichnungen von 6 Objekten: 6 Punkte, 6 Äpfel, 6 Seiten auf einer Gitarre und eine Würfelsechs. Diese Darstellungen spielen auf die Bedeutung der Zahl 6 als Repräsentant für eine Anzahl einer Menge von 6 Objekten an (Kardinalzahlaspekt). Das Dokument unten rechts gibt die Zahl 6 als Vorgänger der aufgeführten Zahlen 7, 8, 9, 10 an und verweist somit auf die Position der Zahl 6 in der Zählzahlfolge (Ordinalzahlaspekt).

Auf der linken Seite der Abb. 5.1 finden sich zwei Dokumente mit Gleichungen. Diese zeigen zwar keine bildlichen Vorstellungen der Zahl, sind deshalb aber nicht weniger bedeutsam. Ein Kind listet mögliche Plusaufgaben (also additive Zerlegungen der Zahl 6 in zwei Summanden) auf. Es notiert die drei Terme 3 + 3, 5 + 1 und 4 + 2 und zeigt damit sogleich, dass die 6 drei solcher Zerlegungen (ohne 0 und ohne Berücksichtigung von Tauschaufgaben) besitzt. Ein anderes Dokument mit der besonderen Plusaufgabe 3 + 3

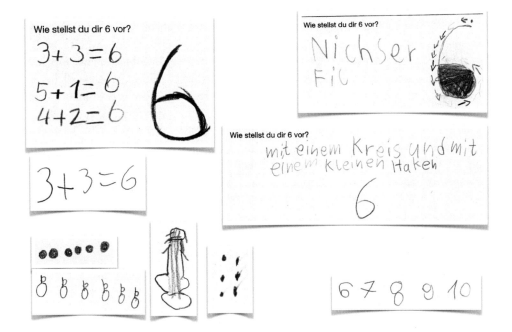

Abb. 5.1 Vorstellungen zur Zahl 6 von Grundschulkindern

verweist darauf, dass man zur Zahl 6 eine Verdopplungsaufgabe finden kann. Dies gelingt, da die Zahl 6 gerade und das Doppelte der Zahl 3 ist. Auch in diesen Dokumenten werden folglich Eigenschaften und Beziehungen der Zahl 6 angesprochen, die mit Hilfe von Gleichungen ausgedrückt werden.

Bei der Betrachtung der schriftlichen Beantwortung einer solchen Aufgabe sollten, wie oben beschrieben, keinem Kind gewisse Zahlvorstellungen abgesprochen werden. Dennoch sollten Lehrkräfte aufmerksam werden, wenn Kinder (wie bei den beiden Dokumenten rechts oben) lediglich auf die Form der Ziffer 6 eingehen und diese beschreiben oder mit Pfeilen die Schreibrichtung angeben. Offen bleibt hier, ob und welche inhaltliche Bedeutung diese Kinder mit der Zahl 6 verbinden – das Kind im oberen Dokument kommentiert zudem, dass es sich „nicht sehr viel" unter der 6 vorstellt.

Die offen gestellte Aufgabe „Wie stellst du dir 6 vor?" kann sowohl zu einem diagnostischen Gespräch mit den Lernenden über ihr Zahlverständnis einladen (vgl. auch ähnliche Unterrichtsideen von Sundermann & Selter, 2006) als auch im Unterricht einen Diskurs über die verschiedenen Bedeutungen von Zahlen initiieren.

Eine weitere Aufgabenstellung, die Lernende zum Nachdenken über und zugleich zur Benennung und zum Vergleich von Zahleigenschaften anregt, findet sich bei Krauthausen und Scherer (2014) (Abb. 5.2).

Die Lösung kann bei dieser Aufgabe nicht eindeutig ausfallen, denn jede der Zahlen 15, 20, 23, 25 besitzt eigene Eigenschaften, welche die anderen Zahlen nicht besitzen und die als Grund für eine Wahl angeführt werden können. Verschiedene Argumentationen sind möglich, u. a.:

Die Zahl …

- 20 passt nicht, weil sie die einzige glatte Zehnerzahl ist.
- 20 passt nicht, weil sie die einzige gerade Zahl ist.
- 23 passt nicht, weil sie nicht in der Fünferreihe vorkommt.
- 23 passt nicht, weil sie die einzige Primzahl ist.
- 15 passt nicht, weil sie als einzige Zahl keine 2 als Zehner besitzt.
- 25 passt nicht, weil sie die einzige Quadratzahl ist.

Die Kinderdokumente, die Krauthausen und Scherer (2014) von Lernenden einer vierten Klasse präsentieren, gehen auf verschiedene Zahleigenschaften der vermeintlich nicht passenden Zahlen ein. Im Blick der Lernenden sind insbesondere Paritäts- und Stellen-

Abb. 5.2 Zahleigenschaften erkunden. (In Anlehnung an Krauthausen & Scherer, 2014, S. 106)

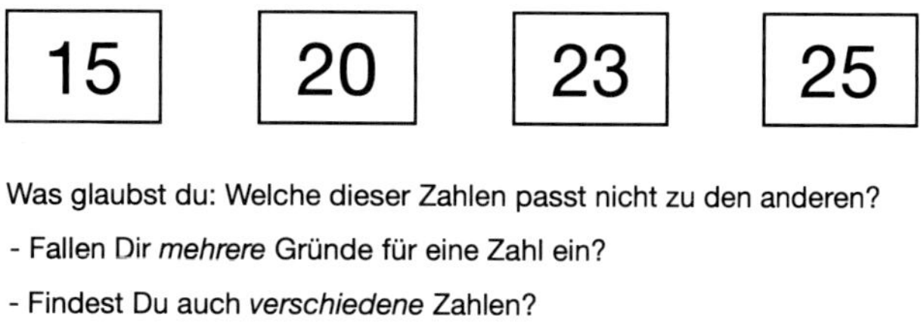

| 15 | 20 | 23 | 25 |

Was glaubst du: Welche dieser Zahlen passt nicht zu den anderen?

- Fallen Dir *mehrere* Gründe für eine Zahl ein?

- Findest Du auch *verschiedene* Zahlen?

wertbeziehungen, aber auch besondere multiplikative Beziehungen und Teilbarkeitsbeziehungen. Zuweilen wird sogar auch erkannt, dass eine Zahl verschiedene Eigenschaften besitzen kann: Die Zahl 20 ist gerade und durch 5 sowie durch 10 teilbar und sie
besitzt 2 Zehner und keine Einer.

Zahlen sind also strukturelle Gefüge (Steinbring, 2005) und besitzen unterschiedliche
spezifische Eigenschaften. Sie können nicht isoliert betrachtet werden, sondern sind gerade durch Beziehungen zu anderen Zahlen charakterisiert. Diese Eigenschaften können
nicht der symbolischen Repräsentation der Zahlen, wie sie hier auf dem Arbeitsblatt gegeben ist, entnommen werden. Die Lernenden deuten in die symbolische Ziffernschreibweise Eigenschaften der Zahlen hinein und geben mit ihren Antworten ihre vorhandenen
Vorstellungen zu den ihnen bekannten Zahleigenschaften preis. Möchte man herausfinden,
ob eine Zahl z. B. durch 3 teilbar ist oder ob die Zahl vielleicht eine Primzahl oder aber
eine Quadratzahl ist, kann man dies der Notation in arabischen Ziffern nicht ansehen. Vielmehr müssen Zahlen auf ihre strukturellen Merkmale hin untersucht werden.

Für solche Untersuchungen sind Zahlen nur über andere Repräsentationen (Darstellungen; Kap. 3) zugänglich. Obwohl Zahlen strukturelle Objekte sind, scheinen sie uns
in der Welt ganz natürlich zu umgeben – jeweils aber immer nur in einer konkreten Repräsentation, gegeben als phänomenologisch wahrnehmbare Darstellung, sei diese numerisch, sprachlich oder bildlich. Duval (2006) beschreibt, dass mathematische Begriffe
einerseits nur über Zeichen zugänglich sind, aber andererseits nicht mit ihnen gleichgesetzt werden dürfen. Dies gilt insbesondere auch für die natürlichen Zahlen:

> „The understanding of mathematics requires not confusing the mathematical objects with the
> used representations. This begins early with numbers which have not to be identified with di-
> gits, numeral systems (roman, binary, decimal …). … [They] are just representations with
> particular values that are not relevant." (Duval, 1999, S. 21)[1]

Jede neue Darstellung und insbesondere jedes semiotische System (Zeichensystem) bietet
andere Möglichkeiten, Erkenntnisse über Zahlen zu gewinnen (Duval, 1999).

Strukturierte Darstellungen
In der bildlichen oder materialgestützten Darstellung werden von der Frühförderung im
Kindergarten an oftmals sogenannte *strukturierte Darstellungen* genutzt. Diese sind da-
durch gekennzeichnet, bestimmte ausgewählte Anordnungen von Punkten, Kästchen,
Steinchen oder Ähnlichem zu nutzen. Genau auf diese Weise untersuchte man Zahlen auch
schon in der griechischen Antike, in der die elementare Zahlentheorie, die sich mit den
Eigenschaften von Zahlen beschäftigt, ihren Ursprung fand (Damerow & Schmidt, 2004;
Damerow & Lefèvre, 1981). Die Pythagoreer erzielten allgemeine Erkenntnisse über

---

[1] Übersetzung durch Autorinnen: „Das Verstehen von Mathematik verlangt, dass die mathematischen Objekte nicht mit den verwendeten Darstellungen verwechselt werden. Das beginnt schon
früh bei den Zahlen, die nicht mit Ziffern, Zahlsystemen (römisch, binär, dezimal ...) gleichzusetzen
sind. ... [Sie] sind nur Darstellungen mit bestimmten Werten, die nicht relevant sind."

mathematische Zusammenhänge, indem sie solche Anordnungen von konkreten Zahlen untersuchten und verallgemeinerten. Auf ähnliche Weise kann es auch Lernenden gelingen, allgemeine Erkenntnisse über Zahleigenschaften anhand von strukturierten Darstellungen zu erkunden. Der Begriff strukturiert wird genutzt, um Anschauungsmittel und Material in strukturiert vs. unstrukturiert einzuteilen. Hier ist die Frage lohnenswert, warum solche Darstellungen als strukturiert bezeichnet werden und ob dies im Einklang mit dem von uns in der Allegorie der Mustertür verwendeten Strukturbegriff (Kap. 1) verstanden werden kann. Im Folgenden wird anhand eines einführenden Beispiels der Gebrauch des Begriffs *strukturiert* in der Perspektive der Differenzierung zwischen Mustern und mathematischen Strukturen erläutert, die für das algebraische Denken wesentlich ist.

Die Zahl 15 kann durch verschiedene Konstellationen von Plättchen unterschiedlich angeordnet werden, die üblicherweise als „strukturiert" bezeichnet werden (Abb. 5.3). Eine solche strukturierte Anordnung zeichnet sich dadurch aus, dass die Plättchen im Gegenteil zu einer zufälligen Verteilung (wie beim Auskippen aus einem Behälter auf den Tisch) nun mit einer (An-)Ordnung platziert werden und somit Regelmäßigkeiten in Anzahl und Lagebeziehungen – also Muster – entstehen. Konsequenterweise müsste diese Art der Darstellungen folglich eigentlich eher *gemustert* genannt werden (Kap. 1). Die Denk- und Handlungsweise, Regelmäßigkeiten zu identifizieren, hat im deutschsprachigen Raum jedoch keine passende Verbform, die den Begriff des Musters aufgreift. Das *Mustern* eines Alltagsphänomens oder eines Gegenstands wird zumeist synonym für eine kritische Betrachtung genutzt. Das Partizip *gemustert* hingegen verweist auf Farben, Linien oder Ornamente, die eine Fläche von einer einfarbigen Fläche unterscheiden. In der fachdidaktischen Literatur ist der Begriff der strukturierten Darstellung auch überall dort etabliert, wo das Verb oder Partizip von Muster angebracht wäre.

Ähnlich wie es Duval (2006) für das Spannungsfeld zwischen mathematischen Zeichen und ihren Repräsentationen formuliert, ist es wesentlich, den Gebrauch der Bezeichnungen Muster und Strukturen, die zwar untrennbar miteinander verwoben sind, aber nicht miteinander verwechselt werden dürfen, genauer zu analysieren. Wie in Kap. 1 erläutert, verstehen wir unter Strukturen die Eigenschaften und Relationen von mathematischen Objekten. Das zugehörige Partizip „strukturiert" kennzeichnet folglich eine diese *Eigenschaften*

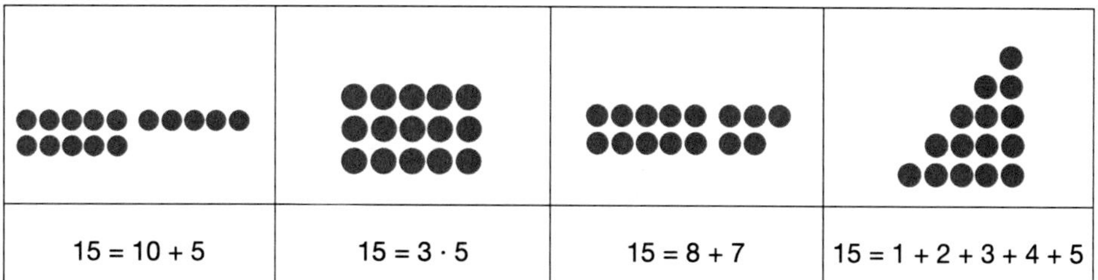

| 15 = 10 + 5 | 15 = 3 · 5 | 15 = 8 + 7 | 15 = 1 + 2 + 3 + 4 + 5 |

Abb. 5.3 Verschiedene Anordnungen von 15 Plättchen

und Relationen betreffende Beschreibung. Die verschiedenen Muster zur Zahl 15 (Abb. 5.3) verweisen in ihren sichtbaren Regelmäßigkeiten nur auf die spezifischen Eigenschaften (Strukturen) der Zahl. Die Eigenschaften sind der Zahl 15 inhärent, ganz unabhängig von ihrer Repräsentation, und werden allenfalls durch die verschiedenen Anordnungen in den Fokus gerückt. Prinzipiell sind solche Darstellungen offen für verschiedene Deutungen der Lernenden (Kap. 3), sodass es sich in den folgenden Beschreibungen bei den ausgewählten Mustern nur um Beispiele handelt.

Die erste Darstellung in Abb. 5.3 der Zahl 15 zeigt eine typische Anordnung von Plättchen, wie sie beispielsweise auch im Zwanzigerfeld dargestellt werden kann. An dieser Darstellung lässt sich gut die Eigenschaft der Zahl 15 erkennen, additiv in die Bestandteile 10 und 5 zerlegbar zu sein. Die 15 ließe sich auf verschiedene Arten ganz flexibel in zwei oder mehrere Teilmengen zerlegen. Die Einsicht in diese grundlegende Eigenschaft der *additiven Zerlegbarkeit* (Abschn. 5.1) von natürlichen Zahlen ist ein zentraler Bestandteil eines tragfähigen Zahlbegriffs (das Teil-Ganzes-Verständnis).

Dass der Zerlegung der 15 in ihre Stellenwerte, also in einen Zehner und fünf Einer, eine besondere Rolle zugeschrieben wird, liegt an der historischen Entwicklung unseres Dezimalsystems. Auch das *Dezimalsystem* hat spezifische strukturelle Eigenschaften, die aber auf festgelegten Konventionen beruhen, die wiederum die in diesem Kapitel beschriebenen Zahleigenschaften ausnutzen (Abschn. 5.7).

Die dekadische Darstellung lädt gleichzeitig dazu ein, Beziehungen der Zahl 15 zu anderen Zahlen zu betrachten. Die untere Reihe ließe sich durch Hinzufügen von 5 Plättchen vervollständigen (da $15 = 20 - 5$) oder aber durch Wegnehmen von 5 Plättchen leeren (da $15 = 10 + 5$), wodurch die Nachbarzehner 10 bzw. 20 erreicht würden. Die direkten Nachbarn der Zahl 15 sind die Zahlen 14 und 16. Auf diese Weise besitzt jede Zahl spezifische Ordnungseigenschaften (*Nachbarschafts- und Differenzbeziehungen*) zu anderen Zahlen, die genauer in Abschn. 5.2 erläutert werden.

In der zweiten Darstellung in Abb. 5.3 finden sich die 15 Plättchen in Form eines Rechtecks angeordnet, welcher man auch die additive Zerlegbarkeit der 15 in drei Teilmengen $5 + 5 + 5$ entnehmen kann. Die Anordnung erscheint hier als ästhetisches Muster, da alle Reihen gleich lang und somit die Teilmengen der Zerlegung gleich groß sind. Rechtecke deuten durch die Gleichmächtigkeit der Teilmengen noch auf eine weitere Eigenschaft von Zahlen, nämlich die multiplikative Zerlegbarkeit hin. 15 Plättchen lassen sich in Form eines Rechtecks mit den Seitenlängen 3 und 5 legen, also in 3 Fünferreihen bzw. 5 Dreierreihen. Auf diese Weise wird die *Teilbarkeit* der Zahl 15 sichtbar Abschn. 5.3). Sowohl die Zahl 5 als auch die Zahl 3 zeigen sich hier als Teiler der Zahl 15, da sie jeweils eine Seitenlänge des Rechtecks ausmachen. Neben $3 \cdot 5 = 15$ könnten zum Bild auch die passenden Gleichungen $15 : 5 = 3$ oder $15 : 3 = 5$ notiert werden.

In Abschn. 5.4 wird die Eigenschaft der *Teilbarkeit* von Zahlen durch den besonderen Teiler 2 detailliert aufgeschlüsselt. Diese besondere Eigenschaft der *Parität* von Zahlen (die Eigenschaft, gerade oder ungerade zu sein) wird für die Zahl 15 im dritten Bild der Abb. 5.3 deutlich. Die Zahl 15 lässt sich nicht als Verdopplungsaufgabe ($7 + 7$) bzw. nicht als Doppelreihe von Plättchen und somit nicht als ein Rechteck mit der Seitenlänge 2 darstellen, sie ist also ungerade. Bei der Division durch 2 bleibt ein Rest, symbolisch lässt sich dies mit Gleichungen wie $15 : 2 = 7R1$ oder $15 = 2 \cdot 7 + 1$ ausdrücken.

Ähnlich wie bei additiven Zerlegungen mit mehr als 2 Summanden kann auch die multiplikative Zerlegung in mehr als 2 Faktoren in den Fokus der Betrachtung gerückt werden. Für die 15 wird man dabei allerdings feststellen, dass diese das Produkt von zwei *Primzahlen* 3 und 5 ist und somit außer $1 \cdot 15 = 15$ (lineare Anordnung von 15 Plättchen) keine weiteren Zerlegungen mehr möglich sind. Eine systematische Untersuchung von Teilbarkeiten und die Thematisierung von Teilern und Vielfachen gewährt Lernenden auch schon in der Grundschule einen Zugang zu der Einsicht, dass Primzahlen die multiplikativen Bausteine von Zahlen sind und als solche die multiplikative Zerlegbarkeit von Zahlen bestimmen. Primzahlen und die Primfaktorzerlegung werden in Abschn. 5.5 thematisiert.

Abschließend zeigt die letzte musterhafte Anordnungsmöglichkeit in Abb. 5.3 die Besonderheit der Zahl 15 auf, sich als sogenannte Dreieckszahl, als Summe der ersten 5 natürlichen Zahlen, darstellen zu lassen. Solche Zahlen, welche die besondere Eigenschaft besitzen, sich mit Hilfe von beispielsweise Plättchen als eine besondere Form, wie Dreiecke, Quadrate oder Rechtecke legen zu lassen, werden als *figurierte Zahlen* bezeichnet und bieten Anlässe für spannende Untersuchungen im Grundschulunterricht (Abschn. 5.6).

Ersichtlich wird in diesem Beispiel, dass die Zahl 15 viele verschiedene strukturelle Eigenschaften besitzt, die in den unterschiedlichen Darstellungen in musterhaften Anordnungen hervorgehoben werden. Kaum eine dieser Eigenschaften kann der Zahl 15 bei bloßem Anblick in der symbolischen Schreibweise 15 oder dem geschriebenen oder gesprochenen Zahlwort fünfzehn entnommen werden. Lediglich die dezimale Struktur (15 kann in 1 Zehner und 5 Einer zerlegt werden) wird durch die Art und Weise, wie wir die Zahlen benennen und schreiben, direkt deutlich. Erst die verschiedenen Anordnungen von Punkten (Plättchen oder Material) in der Darstellung lassen jeweils unterschiedliche Regelmäßigkeiten entstehen und sichtbar werden, die von den Lernenden entdeckt und hinterfragt werden können. In Kap. 3 wird beschrieben, dass solche Deutungen ein konstruktiver und individueller Akt der Lernenden sind. Bei der expliziten Thematisierung der Muster als Regelmäßigkeiten können die Lernenden im Unterricht die zugrunde liegenden *Strukturen* als Zahleigenschaften aufspüren und verallgemeinern. Der Begriff *strukturiert* ist innerhalb der Grundidee Zahlen infolgedessen immer dann für Darstellungen gerechtfertigt, wenn durch bestimmte Muster (wie Plättchenanordnungen) Eigenschaften und Relationen von Zahlen erkannt werden können und die Struktur betreffende Deutungsweisen von Lernenden in Beschreibungen und Begründungen möglich werden.

Muster treten natürlich nicht nur in kardinalen Zahldarstellungen in Plättchenkonstellationen auf, sondern können auch beispielsweise über andere Zahldarstellungen erzeugt werden, denen eher der ordinale oder der Maßzahlaspekt zugrunde liegt, und so weitere Zugänge zu den Strukturen bieten (siehe insbesondere Abschn. 5.2 Ordnungseigenschaften). In den folgenden Abschnitten werden die verschiedenen Eigenschaften von Zahlen fachlich und didaktisch erläutert und jeweils beispielhafte Zugänge über Mustererkundungen zu diesen Eigenschaften dargestellt.

> **Checkliste für die Thematisierung der Eigenschaften von Zahlen**
> * Welche Eigenschaft der Grundidee *Zahlen* soll im Mittelpunkt des Unterrichts stehen?
> * Welche Darstellungen (Repräsentationen, Materialen) bieten ein passendes Muster für Entdeckungen an?
> * Welche Fragen und Impulse unterstützen das Entdecken, Beschreiben und Verallgemeinern der Regelmäßigkeiten auf Musterebene?
> * Welche Fragen und Impulse unterstützen das Verstehen, Begründen und Verallgemeinern der Regelmäßigkeiten auf Strukturebene?

5.1   Additive Zerlegbarkeit von Zahlen

Die additive Zerlegbarkeit ist eine der zentralsten Eigenschaften von Zahlen. Den Einstieg dieses deshalb so wichtigen Abschnitts bildet ein anschauliches Beispiel, das aufzeigt, wie Kinder durch die Beschäftigung mit Mustern im Rahmen eines geeigneten, algebraischen Lernanlasses (Kap. 4) Zugang zu dieser wesentlichen strukturellen Eigenschaft erhalten können.

Das Aufgabenformat *Plushäuser* ist eine beliebte strukturierte Übung, um in der Grundschule die Zerlegung von Zahlen zu thematisieren. Gegeben ist eine Dachzahl, zu der dann (alle) Plusaufgaben mit zwei Summanden in die einzelnen Stockwerke des Hauses eingetragen werden sollen. Abb. 5.4 zeigt Dokumente von Kindern (StePs-Projekt, 2022) bei der Beschäftigung mit der Frage, wie viele Zerlegungen es zu einer bestimmten Zahl geben kann. Im ausgefüllten Plushaus zur Zahl 8 auf der rechten Seite lässt sich ein Muster erkennen: Der erste Summand wird hier von dem Kind sukzessiv um eins verringert und der zweite Summand gleichzeitig um eins erhöht. Bei Erreichen der 0 im ersten Summanden wird klar: Es kann keine weitere Aufgabe mehr gefunden werden und die Auflistung der Zerlegungen ist somit vollständig. Auf der linken Seite (Abb. 5.4) werden zwei schriftliche Antworten verschiedener Kinder angegeben. Es findet sich oben der Versuch einer Verallgemeinerung, die über die Bearbeitung mehrerer Plushäuser mit verschiedenen Dachzahlen entstanden ist: Man kann immer eine Zerlegung mehr finden, als die Dachzahl

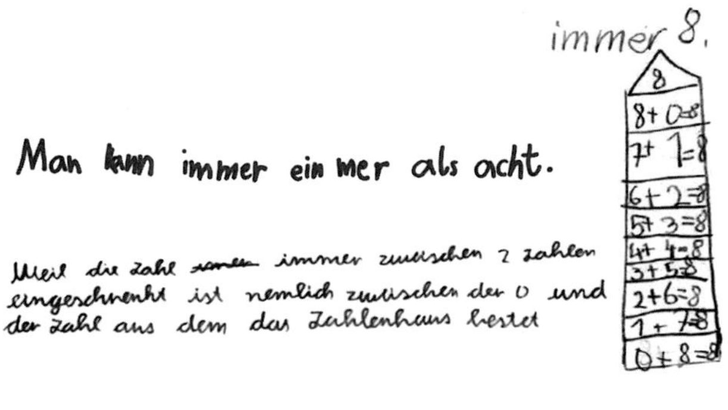

Abb. 5.4 Begründung der Zerlegungsmöglichkeiten am Beispiel des Plushauses zur Zahl 8

angibt. Darunter findet sich eine Begründung: Die Summanden sind jeweils „zwischen der 0 und der Zahl, aus dem das Zahlenhaus besteht" eingeschränkt. Die Zahl Null kann der kleinstmögliche und die Dachzahl selbst der größtmögliche Summand sein. Die Anzahl der Zerlegungen wird somit fest durch die Dachzahl bestimmt.

Die Eigenschaft der additiven Zerlegbarkeit, welche die Lernenden hier im Rahmen des Aufgabenformats Plushäuser auf Musterebene entdecken und dann verallgemeinern, ist von zentraler Bedeutung für ein tragfähiges Zahlverständnis. Die Kinder erhalten über die entstehenden Muster einen Zugang zu grundlegenden strukturellen Einsichten, indem sie die Muster hinterfragen und Begründungen suchen. Die notierten Plusaufgaben laden zunächst dazu ein, die Regelmäßigkeiten rein phänomenologisch zu betrachten: Die linke Zahl wird immer eins kleiner und die rechte Zahl wird immer eins größer. Wie in Kap. 4 prinzipiell für strukturierte Übungsformate beschrieben, muss auch bei den Plushäusern darauf geachtet werden, dass die Lernenden nicht bei der Beschreibung von Mustern stehen bleiben. Es könnte an dieser Stelle (und bei allen weiteren vorgestellten Aktivitäten zu Zahlzerlegungen) auch die Gleichheit der notierten Gleichungen aufgegriffen werden (Kap. 7). In diesem Abschnitt werden die grundlegenden Zugänge zur Struktur der Zahlzerlegung und Einsichten in strukturelle Zahleigenschaften in den Blick genommen.

> **Zerlegungsmöglichkeiten in zwei Summanden**
> Jede natürliche Zahl n lässt sich (unter Berücksichtigung der Reihenfolge der Summanden) auf n + 1 verschiedene Weisen als Summe von zwei natürlichen Zahlen (≥ 0, also Null zugelassen) darstellen.

Nachfolgend wird zunächst die Bedeutung von Zahlzerlegungen erläutert und anschließend werden verschiedene Lernanlässe vorgestellt. Dabei werden Hinweise zur unterrichtlichen Gestaltung gegeben, um das algebraische Potenzial der Lernanlässe (wie u. a. der Plushäuser) ausschöpfen zu können.

Fachdidaktische Bedeutung des Verständnisses von Zahlzerlegungen

Es ist ein zentraler Aspekt in der Entwicklung des Zahlverständnisses, dass sich Zahlen in Bestandteile zerlegen lassen und ein Zusammenfügen dieser Bestandteile wiederum die Zahl als Ganzes ausmacht (Steffe et al., 1983, 1988; Langhorst, 2014). Man spricht hier auch vom Teil-Ganzes-Konzept („part-whole-schema") (Resnick, 1983, 1989). Die Bedeutsamkeit dieser Einsicht in die Eigenschaft additiver Zerlegung von Zahlen für das Mathematiklernen wurde in den letzten Jahren zunehmend in den Fokus gerückt, insbesondere auch in der Förderung bei Schwierigkeiten beim Mathematiklernen (Fritz & Ricken, 2008; Gaidoschik et al., 2021).

„Mit Blick auf die *Prävention* von besonderen Schwierigkeiten beim Mathematiklernen gehören zu den in diesem Bereich [Zahlvorstellungen und Zahlbeziehungen] wesentlichen Inhalten des Mathematikunterrichts das Zerlegen von Anzahlen in zwei oder mehrere Teilanzahlen, das Vergleichen von Anzahlen, die Quantifizierung des Unterschieds zwischen zwei Anzahlen, die Nachbarzahl- und Verdopplungsrelationen sowie Bezüge zur 5 und 10. Dafür grundlegend sind das Identifizieren und Benennen von Strukturen auch in kleineren, simultan erfassbaren Mengen (≤ 5) und das quasi-simultane Erfassen größerer Mengen auf Basis von Strukturierungen bzw. (gedanklicher) Aufteilung in simultan erfassbare Teilmengen." (Gaidoschik et al., 2021, S. 6)

Benz (2018) unterscheidet bei der Erfassung von Mengen zwischen Prozessen der *Mengenwahrnehmung* und Prozessen der *Anzahlbestimmung*, die entweder nacheinander ablaufen oder aber auch zusammenfallen können. Sie beschreibt, dass Kinder Mengen entweder als einzelne Elemente, als Ganzes oder aber auch in Teilmengen wahrnehmen können. Beim Wahrnehmen von einzelnen Elementen kann die Anzahl natürlich ausschließlich zählend bestimmt werden. Aber auch, wenn Kinder eine Menge als Ganzes oder in Teilmengen wahrnehmen, greifen sie mitunter für die Anzahlbestimmung dennoch auf zählende Strategien zurück (Sprenger, 2021). Für eine Mengenwahrnehmung in Teilmengen, die einhergeht mit einer Anzahlbestimmung durch Faktenwissen, führt Sprenger (2021, S. 30) den Begriff *strukturelle Simultanerfassung* ein. Für diese ist die Eigenschaft der Zerlegbarkeit in bzw. Zusammensetzbarkeit aus Teilmengen eine grundlegende Voraussetzung.

> „Mit dem Begriff Structural Subitizing wird ausschließlich das Zusammenfallen der beiden Prozesse der strukturierenden Mengenwahrnehmung und der Anzahlbestimmung anhand von Faktenwissen … beschrieben …. Eine strukturierende Mengenwahrnehmung mit den Teilmengen drei und vier fällt beispielsweise mit dem Wissen, dass das insgesamt sieben sind, zusammen. Die Anzahl kann demnach unmittelbar benannt werden." (Sprenger, 2021, S. 30)

Erläuterungen des Teil-Ganzes-Verständnisses werden zumeist auf der Basis von kardinalen Zahlvorstellungen formuliert, da es um das Zerlegen einer Gesamtmenge in Teilmengen geht. Wenn Lernende noch nicht über ein Anzahlverständnis von Zahlen verfügen, wird von einem sogenannten protoquantitativen Teil-Ganzes-Konzept gesprochen: Lernende quantifizieren weder die Mengen, deren Teile oder Differenzen präzise, aber sie besitzen schon ein Verständnis dafür, dass Mengen bei Veränderungen von Teilmengen gleichsam variieren. So ändert sich eine Menge beispielsweise beim bloßen Zerlegen nicht, während sie aber größer wird, wenn eine der Teilmengen vergrößert wird (Gerster & Schultz, 2004, S. 75). Dieses Verständnis schafft eine wichtige Grundlage für Eigenschaften der Addition und Subtraktion, auf die in Kap. 6 eingegangen wird.

Schäfer (2013) beschreibt, dass Lernende dann im Laufe der Entwicklung eines Anzahlverständnis von Zahlen zu einem numerischen Teil-Ganzes-Konzept gelangen, in welchem sie Beziehungen zwischen Teilen und dem Ganzen quantifizieren und flexibel betrachten und nutzen können:

> „Im Lauf des Erstrechnens erweitern die meisten Kinder ihr Zahlverständnis dahingehend, dass sie ihre vorzähligen mengenbezogenen Teil-Ganzes-Vorstellungen nun auch auf Anzahlen beziehen. Das heißt, sie verstehen, dass auch (An-)Zahlen Teile anderer Anzahlen sind (8 ist ein Teil von 10) und selbst wieder in Teilanzahlen zerlegt werden können (8 ist 3 und 5)." (Schäfer, 2013, S. 84–85)

Verschiedene Studien beschreiben Zusammenhänge zwischen den kindlichen Wahrnehmungskompetenzen von strukturierten Mengen und den arithmetischen Fähigkeiten von Schulanfängern (Lüken, 2014; Mulligan & Mitchelmore, 2013). Ein Teil-Ganzes-Verständnis wird ebenso in Bezug zum Operationsverständnis der Addition und Subtraktion gesetzt (Benz et al., 2015) oder als „Vorübungen" (Hasemann & Gasteiger, 2020, S. 110) verstanden. Das Vereinigen von zwei Teilmengen ist eine zentrale Vorstellung der Operationen (vgl. Padberg & Benz, 2021, S. 113 für die Addition und S. 133 für die Subtraktion).

Im Folgenden werden verschiedene Aktivitäten vorgestellt, anhand derer im Mathematikunterricht bereits ab der 1. Jahrgangsstufe die additive Zerlegbarkeit explizit thematisiert werden kann. Grundsätzlich ergeben sich wesentliche verschiedene und sich wechselseitig ergänzende Möglichkeiten, die Zerlegung einer Menge in zwei oder mehr Teilmengen in der Darstellung zu verdeutlichen. Im Unterricht kann eine Plättchenmenge durch ein Auseinanderziehen in Teilmengen dynamisch dargestellt werden. Dies verdeutlicht den Vorgang des Zerlegens als Handlung eindrücklich. Gleichzeitig haben auch statische Darstellungen von Zerlegungen ihre Vorteile. Es lassen sich Plättchen beispielsweise voneinander durch Einkreisen separieren, ohne die Lage der Plättchen zu verändern. Auf diese Weise kann ersichtlich werden, dass die Menge beim Zerlegen invariant bleibt. Möglich ist weiterhin, Mengen in separaten Feldern zu trennen (Schüttelboxen), bei linearen Anordnungen von Plättchen oder Fingern eine Trennlinie einzufügen (Plushäuser) oder auch die Teilmengen durch verschiedene Farben voneinander abzugrenzen. Der Fokus auf die additive Zerlegbarkeit sollte bei allen genutzten Darstellungen stets expliziert werden.

Zahlzerlegungen schnell sehen

In Lehrwerken und Unterrichtsanregungen haben sich Zahlzerlegungen mittlerweile als fester Bestandteil etabliert, ebenso wie das damit verbundene „Schnelle Sehen", also Lernanlässe, die simultane und quasisimultane Mengenwahrnehmung (Benz, 2018) und damit auch eine Anzahlerfassung fördern. Um Lernende zu einer flexiblen Interpretation der Zerlegungsmöglichkeiten anzuregen, bietet es sich an, die Deutungsvielfalt von figuralen Anordnungen in Darstellungen explizit zu thematisieren, wie im Beispiel (Abb. 5.5) durch die Frage initiiert „Wo kannst du noch schnell Zahlen sehen?". Entscheidend ist der

Abb. 5.5 Zahlen schnell sehen. (© Klett: Nührenbörger, M., Schwarzkopf, R., Bischoff, M., Götze, D. & Heß, B. (2022). *Das Zahlenbuch 1*. Klett, S. 18)

Umgang und die explizite Thematisierung von Zahlzerlegungen im Unterricht. Häsel-Weide und Nührenbörger (2012) sowie Häsel-Weide (2016) nutzen zur Förderung solcher Deutungen von Plättchenanordnungen ein kooperatives Setting, in denen Lernende ihre verschiedenen Deutungen derselben Anordnung einkreisen und aushandeln (z. B. ein Kind nennt eine Zerlegung, ein anderes Kind (oder mehrere) kreist Plättchen ein – anschließend wird verglichen). Dabei beschreiben Häsel-Weide und Nührenbörger (2012, S. 28) jedoch, dass es „nach einer Phase des freien Deutens auch wichtig [ist], mit den Kindern darüber zu sprechen, welche Deutungen besonders schnell erkannt werden können und langfristig mathematisch tragfähig sind".

Zahlzerlegungen in Schüttelboxen

Ein bekanntes Aufgabenformat für Zahlzerlegungen sind die sogenannten Schüttelboxen (Abb. 5.6), in denen Zerlegungen durch Schütteln einer Schachtel mit kleinen Kugeln entstehen (Anders, 2015; Hasemann & Gasteiger, 2020). Die Kugeln landen zufällig in einem der beiden durch eine halbhohe Trennung separierten Kästchen. In Abb. 5.6 wird die gegenständliche Zerlegung mit der symbolischen Notation in Form einer Plusaufgabe verbunden.

Nach einer Phase des Vertrautwerdens mit dem Material und der Notationsweise sind Muster, d. h. die Suche nach Regelmäßigkeiten und damit verbunden eine systematische Betrachtung, besonders bedeutsam. Diese ermöglichen eine explizite Thematisierung und insbesondere Verbalisierung von Zerlegungen, denn die zufälligen Zerlegungen durch das Schütteln der Boxen folgen zunächst keinem Muster. Erst durch eine Systematisierung entstehen Muster, die hinterfragt werden und auf der Grundlage der additiven Zerlegbarkeit erklärt werden können. Um beispielsweise Zerlegungen systematisch zu verändern, ist ein sukzessives Verschieben von jeweils einer Kugel von einem Kästchen ins andere hilfreich. Bei der Verwendung von Schüttelboxen ist es aus diesem Grund

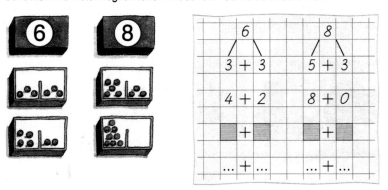

Schüttle. Wie viele Möglichkeiten findest du? Schreibe in dein Heft.

Abb. 5.6 Zahlzerlegungen mit Schüttelboxen. (© Cornelsen: Betz, B., Bezold, A., Dolenc-Petz, R., Hölz, C., Gasteiger, H., Ihn-Huber, P., Kullen, C., Plankl, E., Pütz, B., Schraml, C. & Schweden, K.W. (2016). *Zahlenzauber 1*. Cornelsen, S. 10)

wichtig, dass das Material es auch erlaubt, die Kugeln per Hand einzeln von der einen zur anderen Seite zu schieben, da sonst keine operativen Handlungen möglich sind. Für einen Fokus auf Muster und Strukturen muss an dieser Stelle der ursprüngliche Kontext des Schüttelns aufgegeben und zugunsten systematischer Betrachtungen verändert werden. Auch eine Notation der zunächst zufälligen Zerlegungen auf Kärtchen kann dazu anregen, diese anschließend so ordnen zu lassen, dass durch die Anordnung ein Muster entsteht. Eine typische Aktivität im Rahmen von Zerlegungen wird in Abb. 5.7 dargestellt, die im Lehrwerk auf den oben abgebildeten Aufgaben zu den Schüttelboxen aufbaut. Hier sind die Lernenden aufgefordert, die Anzahl aller Zerlegungsmöglichkeiten für die Gesamtmenge von 4 bis 6 und später sogar bis zu 20 Kugeln zu finden. Diese Frage regt die Kinder zum Verallgemeinern an, ist aber andererseits kaum mehr mit dem Material sinnvoll durchführbar. Bei zu vielen Kugeln kann die Anordnung innerhalb einer Box das oben angesprochene schnelle Sehen verhindern und eher ein Abzählen der Kugeln verstärken (z. B. bei 8 Kugeln in Abb. 5.6).

Muster ergeben sich erst durch eine systematische Ordnung der Schüttelergebnisse innerhalb eines entstehenden Päckchens zu einer bestimmten Kugelmenge als auch über die verschiedenen Anzahlen hinweg im Vergleich der Päckchen. Innerhalb eines Päckchens entsteht eine Musterfolge der ersten Zahl (die immer um 1 kleiner wird) und der zweiten Zahl (die immer um 1 größer wird). Die Gesamtanzahl bleibt in den Schüttel-

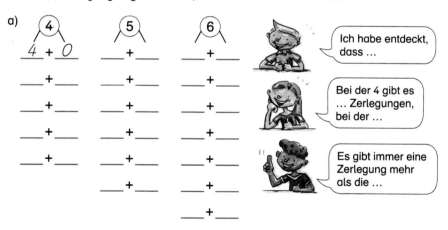

Abb. 5.7 Systematische Betrachtung von Zahlzerlegungen. (© Cornelsen: Betz, B., Bezold, A., Dolenc-Petz, R., Hölz, C., Gasteiger, H., Ihn-Huber, P., Kullen, C., Plankl, E., Pütz, B., Schraml, C. & Schweden, K.W. (2016). *Zahlenzauber 1*. Cornelsen, S. 19)

kästen invariant, d. h., die Konstanz der Summe wird hier bereits erfahren und angebahnt und kann später als Eigenschaft der Addition (Kap. 6) genauer thematisiert werden. Wichtig ist hierbei, dass das Material einen handelnden Umgang erlaubt (also ein Verschieben der Kugeln per Hand ermöglicht), bei dem die Lernenden für solche systematischen Betrachtungen die Möglichkeit haben, die Kugeln per Hand zu verschieben und nicht nur zufällige Zerlegungen durch Schütteln erzeugen zu können. Zur Begründung der in der Aufgabe entstehenden Muster kann die operative Handlung des Verschiebens von Kugeln dienen. Auf der Grundlage, dass die Gesamtmenge an Kugeln in der Schüttelbox konstant bleibt, folgt aus der Handlung des sukzessiven Verschiebens einer Kugel von einer auf die andere Seite, dass die eine Teilmenge um eins, nämlich eben um diese Kugel, kleiner wird und gleichzeitig die andere Teilmenge um eins vergrößert wird. Das Muster der gegensinnigen Veränderung der Summanden ist folglich ein Resultat aus dieser Verschiebung.

Der hier (Abb. 5.7) genutzte Impuls in der letzten Sprechblase „Es gibt immer eine Zerlegung mehr als die …" deutet auf eine weitere Einsicht hin, die durch einen Vergleich der Zerlegungen der sukzessiv wachsenden Gesamtanzahlen (zwischen den Päckchen) angeregt wird und auf die zu Beginn des Abschnitts bereits erwähnte Entdeckung der Beziehung zwischen Zahl und Anzahl an Zerlegungsmöglichkeiten zielt, da jede natürliche Zahl n sich (unter Berücksichtigung der Reihenfolge der Summanden) auf $n + 1$ verschiedene Weisen als Summe von zwei natürlichen Zahlen ≥ 0 (also Null zugelassen) darstellen lässt.

Hasemann und Gasteiger (2020, S. 110) schlagen für die Thematisierung von Zahlzerlegungen die Lernumgebung „Plättchen werfen" (Nührenbörger & Schwarzkopf, 2017a, S. 31) vor, in der eine ausgewählte Anzahl von Wendeplättchen in einen (Würfel-)Becher gelegt und dann geworfen wird. Durch die Zweifarbigkeit der Wendeplättchen ergibt sich somit analog zu den Schüttelboxen eine zufällige Zerlegung der Gesamtmenge (hier in rote und blaue Plättchen). Anschließend notieren die Lernenden mögliche Ausgänge der Würfe und die Häufigkeiten der Farbverteilung und vergleichen diese. Durch die zufällig entstehenden Zerlegungen mit unterschiedlichen Wahrscheinlichkeiten bietet die Lernumgebung erste Erfahrungen zu Wahrscheinlichkeitserkundungen (Nührenbörger & Schwarzkopf, 2017b, S. 39). Das Plättchenwerfen richtet den Blick ähnlich wie die Schüttelboxen zunächst nicht auf das Ordnen und Vergleichen, sondern auf das zufällige Zustandekommen von Zerlegungen. Erst eine geeignete systematische Dokumentation der Ereignisse ermöglicht es, auch hier den Fokus auf die Vollständigkeit aller denkbaren additiven Zerlegungen zu legen.

Zahlzerlegungen in Plushäusern

Eine weitere Form der Darstellung von Zahlzerlegungen ist, wie im Einstiegsbeispiel bereits erwähnt (Abb. 5.4), das Aufgabenformat der sogenannten Plushäuser bzw. Zahlenhäuser (Abb. 5.8), das auch u. a. von Häsel-Weide (2016, S. 100) oder auch Rasch und Schütte (2004) empfohlen wird. Neben dem Plushaus wird hier die betrachtete Anzahl als Plättchenstreifen dargestellt. Durch das sukzessive Verschieben eines Stiftes als Trennung des gegebenen Ganzen wird die systematische Betrachtung der Zerlegungen besonders greifbar. Plushäuser stellen eine strukturierte Übung (Kap. 4) dar und laden die Kinder durch die im Aufgabenformat erzeugten Muster zum Nachdenken über Zahlzerlegungen

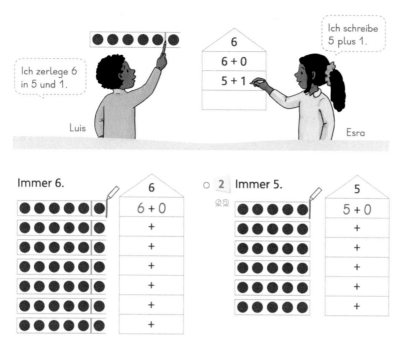

Abb. 5.8 Zahlen zerlegen mit Plushäusern. (© Klett: Nührenbörger, M., Schwarzkopf, R., Bischoff, M., Götze, D. & Heß, B. (2022). *Das Zahlenbuch 1*. Klett, S. 26)

ein. Kinder können hier die Beziehungen zwischen Mengen und ihren Teilmengen in den Blick nehmen. So lässt sich ganz im Sinne des operativen Prinzips (Kap. 3) ein visueller Einblick erhalten, wie sich die Handlung des systematischen Versetzens des Trennstiftes in einer Vergrößerung der ersten Teilmenge und gleichzeitig in einer Verringerung der zweiten Teilmenge auswirkt.

Auch in dieser Aufgabe wird der Vergleich zwischen verschiedenen solcher Häuser angeregt, der fruchtbar für Einsichten in die oben genannten Zusammenhänge von Zerlegungen ist. Diese können dann bis zu einer Verallgemeinerung zur Zerlegungsanzahl von beliebigen Dachzahlen geführt werden, so wie es in den Begründungen der Kinder in Abb. 5.4 zu sehen ist. Unterstützt werden können die Begründungsprozesse durch das Ordnen von Zerlegungen mit Hilfe von Plättchenstreifen (vgl. Ministerium für Schule und Bildung NRW, 2020, S. 23) oder zudem durch das konkrete Zerschneiden und Aufkleben dieser Streifen oder das Notieren der Plusaufgaben auf Notizzetteln mit anschließendem Ordnen. Solche und weitere Anregungen finden sich z. B. auch bei Mathe inklusiv mit PIKAS ausgeführt (https://pikas-mi.dzlm.de/node/634). Die Sortierungen der Zerlegungen können dabei verschiedenen Strategien der Lernenden folgen, wie auch beispielsweise das Ausnutzen von Tauschaufgaben. Insbesondere das Begründen der Vollständigkeit birgt Chancen für die Versprachlichung der additiven Zerlegbarkeit als strukturelle Zahleigenschaft hinter den entstehenden Mustern. Das Aufgabenformat bietet ebenfalls Optionen, die

Grundidee der Gleichheit (Kap. 7) aufzugreifen, beispielsweise indem Terme exemplarisch aus dem Aufgabenformat in Beziehung gesetzt und diskutiert werden, z. B. $5 + 1 = 4 + 2$.

Zerlegungen in substantiellen Aufgabenformaten
Zerlegungen spielen in vielen substantiellen Aufgabenformaten wie beispielsweise Zahlenmauern Abb. 5.9) oder Rechendreiecken eine Rolle, in denen sie durch Material gestützt oder auch nur rein auf symbolischer Ebene zu finden sind. Verbunden mit der Aufgabenstellung, verschiedene (oder alle) Zerlegungen zu finden und begleitet mit Impulsen zum Ordnen, zum Offenlegen der verwendeten Strategien und zur Begründung der Vollständigkeit, können diese Formate wertvoll für das strukturelle Verständnis der additiven Zahlzerlegung sein.

Wichtig ist dabei der prozessorientierte Fokus auf das Beschreiben des Vorgehens beim systematischen Generieren von Lösungen anstelle einer Konzentration auf die Anzahl an Lösungen. Um den Fokus vom Muster zu lösen und Verallgemeinerungen mit dem Fokus auf Strukturen anzuregen, ist es wichtig, den Lernenden Anschauungsmittel (wie z. B. Plättchen, Abb. 5.8) zur Verfügung zu stellen, anhand derer sie über die Zerlegungsmöglichkeiten von Mengen in Teilmengen begründen können.

Weitere Anregungen zu Zerlegungen
Für einen ersten spielerischen Zugang in der frühen mathematischen Bildung wird in diesem Zusammenhang auch das bekannte Gesellschaftsspiel „Halli Galli" genannt (Benz et al., 2015, S. 158), welches das schnelle Sehen und quasisimultanes Anzahlerfassen in den Fokus rückt. Von den Spielenden werden reihum Karten mit Früchten aufgedeckt. Sobald ein Kind auf den Karten in der Summe 5 Früchte der gleichen Sorte erkennt, darf es eine Glocke betätigen und gewinnt die Karten. Ziel des Spiels ist es entsprechend, am Ende die meisten Karten erhalten zu haben. Weiterhin findet sich auch die Idee, Zahlzerlegungen und schnelles Sehen in Partnerarbeit zu thematisieren, indem ein Kind Finger auf dem Tisch ausgestreckt und ein anderes Kind mit einem Stift zwischen die Finger deutet, um eine Zerlegung anzugeben. Die Zerlegung muss dann wiederum vom ersten Kind genannt werden (Schipper, 2005; Sommerlatte et al., 2009).

Natürlich lassen sich in der Grundschule nicht nur Zerlegungen in zwei, sondern auch in mehrere Summanden untersuchen. Auch hierfür eignen sich die oben beschriebenen Lernanlässe, z. B. Schüttelboxen mit drei Fächern oder Plushäuser mit drei Summanden. Für drei Teilmengen bzw. Summanden ergeben sich als Anzahlen möglicher Zerlegungen

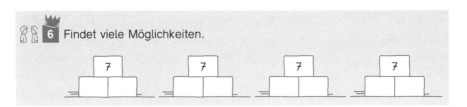

Abb. 5.9 Zahlzerlegungen mit Zahlenmauern. (© Westermann: Rottmann, T. & Träger, G. (2021). *Welt der Zahl 1.* S. 35)

(inkl. 0) interessanterweise Dreieckszahlen (Abschn. 5.6). Bei mehr als drei Summanden wird die systematische Suche schnell müßig. Sehr wohl aber kann in der Grundschule thematisiert werden, dass Zahlen sich nicht in unendlich viele Teilmengen zerlegen lassen, sondern die längste Zerlegung der natürlichen Zahl n aus genau n Einsen besteht.

Wenn die Reihenfolge und Anzahl der Summanden keine Rolle spielen, so spricht man auch von Partitionen einer Menge. Die Menge 5 besitzt so beispielsweise 7 Partitionen: 5, 1 + 4, 2 + 3, 1 + 1 + 3, 1 + 2 + 2, 1 + 1 + 1 + 2 und 1 + 1 + 1 + 1 + 1. Für die Aufgabe, eine natürliche Zahl in eine bestimmte Anzahl an Summanden zu zerlegen, gibt es eine eindeutige Anzahl an Partitionen (Steger, 2007), die von Lernenden in der Grundschule zumindest für kleinere Zahlen durch systematisches Probieren und damit Variieren der Summanden und entsprechendes Auflisten (Selter & Spiegel, 2004) bestimmt werden kann.

5.2 Ordnungseigenschaft von Zahlen

Natürliche Zahlen lassen sich in eine eindeutige Reihenfolge bringen. Dies lernen Kinder schon beim Zählen, wenn sie lernen, in welcher Reihenfolge die Zahlen aufzusagen sind. Jedes Zahlwort darf nur einmal genannt werden, und zwar genau an der richtigen Stelle. Beim Zählen ist die stabile Ordnung der Zahlen also ein wichtiges Zählprinzip (Gelman & Gallistel, 1986; siehe auch Benz et al., 2015).

Es ist eine bedeutsame Eigenschaft von natürlichen Zahlen, dass sie durch diese Reihenfolge jeweils in einer festgelegten Ordnungsbeziehung zu allen anderen natürlichen Zahlen stehen. Als Kompetenz formulieren die Bildungsstandards „Die Schülerinnen und Schüler … orientieren sich im Zahlenraum bis 1.000.000 (z. B. Zahlen der Größe nach ordnen, Nachbarzahlen bestimmen)" (KMK, 2022, S. 14). Diese Beziehung kann zunächst einmal durch ein Relationszeichen (<, >, =) oder auch sprachlich mit den Ausdrücken *kleiner, größer, gleich* angegeben werden. Quantitativ betrachtet lassen sich feste Differenzen zwischen Zahlen u. a. in der Zählzahlfolge oder in Mengenvergleichen ausmachen. Diese *Differenzbeziehungen* zwischen Zahlen werden unten detaillierter erläutert. Zunächst wird im folgenden Abschnitt auf *Nachbarschaftsbeziehungen* von Zahlen eingegangen.

Ordnungseigenschaften von natürlichen Zahlen
- Jede natürliche Zahl besitzt eine eindeutige Position in der Zählzahlfolge.
- Jede natürliche Zahl besitzt genau einen Nachfolger und jede natürliche Zahl außer der Null besitzt genau einen Vorgänger, sodass Nachbarzahlen eindeutig angegeben werden können.
- Natürliche Zahlen besitzen durch ihre feste Position in der Zählzahlfolge eindeutige Differenzen.

Im dezimalen Stellenwertsystem
- besitzt jede natürliche Zahl außer 0 genau zwei Nachbarzehner, Nachbarhunderter usw. aus den natürlichen Zahlen.

Nachbarschaftsbeziehungen

Jede natürliche Zahl besitzt genau einen eindeutigen Nachfolger und jede Zahl (außer Null) auch einen eindeutigen Vorgänger. Diese theoretische Grundlegung der natürlichen Zahlen findet sich in den sogenannten Peano-Axiomen, die nach dem italienischen Mathematiker Giuseppe Peano benannt sind. Diese sollen hier nicht in Ausführlichkeit beschrieben, sondern dafür auf Padberg und Benz (2021) oder Büchter und Padberg (2019) verwiesen werden. Die Peano-Axiome geben der Menge der natürlichen Zahlen, denen durch die Existenz eines jeweiligen eindeutigen Nachfolgers eine eindeutige Reihenfolge aufgeprägt wird, eine mathematische Fundierung als eine unendliche Menge. Diese Eigenschaft ist ein besonderes Charakteristikum von natürlichen Zahlen (und wird u. a. beim Beweisen durch vollständige Induktion genutzt). Zwar lassen sich beispielsweise auch rationale Zahlen der Größe nach ordnen, aber ein Bruch besitzt keinen eindeutigen Nachfolger, eine Bruchzahl kann durch verschiedene Brüche repräsentiert werden (z. B. ein Halbes ist das Gleiche wie zwei Viertel) und zwischen zwei verschiedenen Brüchen lassen sich immer noch weitere Brüche einordnen.

Die Ordnungseigenschaft, dass jede natürliche Zahl einen eindeutigen Nachfolger hat, offenbart sich bereits Lernenden der Grundschule u. a. in der Tatsache, dass Vorgänger und Nachfolger einer gegebenen Zahl nach festen Regeln des dezimalen Stellenwertsystems eindeutig bestimmt werden können; theoretisch sogar dann, wenn sich die Zahlen dem bekannten Zahlenraum entziehen und somit weder inhaltlich gedeutet noch ausgesprochen werden können. Beispielsweise könnte der Nachfolger der Zahl 987.654.321.987.654.321 durch eine schematische Behandlung eindeutig aufgeschrieben werden, indem die Ziffer in der Einerstelle auf 2 erhöht und die restlichen Ziffern einfach kopiert werden. Diese immer gegebene Möglichkeit der konkreten Bestimmung macht es greifbar, dass jede beliebige noch so große Zahl einen eindeutigen Nachfolger hat.

Solche Ordnungsrelationen können der arabischen Zahlnotation aber natürlich nur dann direkt entnommen werden, wenn die Konventionen des dezimalen Stellenwertsystems bekannt sind und insbesondere ein Verständnis der Positionen von Ziffern in der Zahl als Verweise auf Stellenwerte (Abschn. 5.7) vorhanden ist. Auch dem Schriftbild der Ziffernsymbole 0 bis 9 selbst können keine Relationen entnommen werden, da alle Ziffern völlig verschieden aussehen (anders als es beispielsweise im babylonischen Sexagesimalsystem der Fall war). Bereits 2010 warnen Scherer und Moser Opitz (2010, S. 111) vor (bis heute noch immer wieder auftretenden) Ansätzen, in denen die Zahlsymbole „aufsteigend nach Wert in größerer räumlicher Ausdehnung" dargestellt werden. Ebenso kritisch zu betrachten sind Förderansätze, in denen beispielsweise Zahlsymbolen aus Holzmaterial durch die Höhe des Materials eine Ordnung und auch Differenzbeziehungen aufgeprägt werden.

> „Was macht ein Kind in anderen Kontexten, in der diese Größenverhältnisse anders sind, etwa wenn alle Zahlsymbole die gleiche Größe haben oder wenn auf einem Preisschild das Symbol 2 zufällig größer ist als das der 4? Welches ‚gelernte' Merkmal (räumliche Ausdehnung oder Mächtigkeit) ist jetzt dominant?" (Scherer & Moser Opitz, 2010, S. 111–112)

Für eine Erkundung von Zahlbeziehungen bedarf es stattdessen anderer Darstellungen, die im Weiteren genauer aufgegriffen werden.

Der oben hergestellte Bezug der Ordnungseigenschaften zu der Zählzahlfolge stellt den ordinalen Zahlaspekt in den Fokus der Betrachtung, bei dem jeder Zahl eine eindeutige Position in dieser Zählzahlfolge zugewiesen wird. Nachbarschaftsbeziehungen zwischen Zahlen sind aber in verschiedenen Zahlaspekten zentral, die oben zu Beginn des Kapitels beschrieben werden (Schipper, 2009). Zu den Zahlaspekten werden entsprechend unterschiedliche Darstellungen relevant. Die direkte Vorgänger-Nachfolger-Beziehung zwischen den Zahlen 5 und 6 lässt sich beispielsweise wie folgt ausdrücken:

- Die 6 kommt (in der Zählzahlfolge) eins nach der 5 (Ordinalzahlaspekt).
- Die 6 ist einer (z. B. ein Plättchen) mehr als 5 (Kardinalzahlaspekt).
- Die 6 besteht aus (ist zerlegbar in) 5 (z. B. Plättchen) und 1 weiteren (Kardinalzahlaspekt).
- Die 6 ist eins (z. B. ein cm) größer als die 5 (Maßzahlaspekt).

Nachbarschaftsbeziehungen werden zumeist im Rahmen der Orientierung in neuen Zahlenräumen angesprochen. Die Schulbuchabbildung (Abb. 5.10) zeigt eine mögliche Thematisierung im dritten Schuljahr. Nachfolger und Vorgänger zu bestimmen, ist besonders dann herausfordernd, wenn dabei ein Stellenwertübergang stattfindet. Diese Nachbarschaftsbeziehungen erfordern einen sicheren Umgang mit dem dezimalen Stellenwertsystem und im Unterricht deshalb ein besonderes Augenmerk. In der Aufgabe 5 der Schulbuchabbildung lassen jeweils zwei aufeinanderfolgende Teilaufgaben musterhafte Regelmäßigkeiten beim Finden der Nachbarzahlen erkennen, die im Unterricht auch explizit aufgegriffen und versprachlicht werden sollten. Bereits die in der Aufgabenstellung angedeutete potenzielle sprachliche Schwierigkeit in den Begriffen, dass man sich „zurück zum Vorgänger, vorwärts zum Nachfolger" (Abb. 5.10) bewegt, verdeutlicht, dass „sich die umgangssprachliche Bezeichnung von Vorgänger und Nachfolger in Alltagssituationen von den mathematischen Begriffen unterscheiden kann" (Padberg & Benz, 2021, S. 63).

5 Nachbarzahlen. Zurück zum Vorgänger, vorwärts zum Nachfolger.
a) 500 − 1   b) 800 − 1   c) 999 − 1   d) 599 − 1   e) 777 − 1   f) 444 − 1
500 + 1   800 + 1   999 + 1   599 + 1   777 + 1   444 + 1

6 Nachbarzehner. Zeige und schreibe auf.
a) 348, 654, 754, 854, 94

6 a) 3 4 0,   3 4 8,   3 5 0

b) 630, 635, 640, 645, 650

c) Schreibe Zahlen mit Nachbarzehnern.

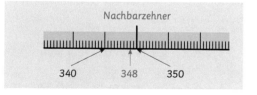

Abb. 5.10 Nachbarschaftsbeziehungen am Zahlenstrahl. (© Klett: Nührenbörger, M., Schwarzkopf, R., Bischoff, M., Götze, D. & Heß, B. (2017). *Das Zahlenbuch 3*. Klett, S. 34)

Im Arithmetikunterricht spielen nicht nur direkte Nachbarzahlen eine Rolle, sondern gerade für das flexible Rechnen oder u. a. das Überschlagsrechnen auch die Nachbarschaft zur nächsten Stufenzahl, d. h. im Dezimalsystem zur vollen Zehner-, Hunderter- oder auch Tausenderzahl. Im Gegensatz zu den allgemeingültigen Vorgänger-Nachfolger-Beziehungen ist diese Beziehung einer natürlichen Zahl zu ihren Nachbarstufenzahlen immer vom jeweils genutzten Stellenwertsystem abhängig. In Abschn. 5.7 wird diese besondere Rolle der strukturellen Eigenschaften des Dezimalsystems näher erläutert.

Das Bestimmen solcher Nachbarzehner wird ebenso in der Schulbuchaufgabe 6 (Abb. 5.10) angesprochen und hier der Zahlenstrahl als Veranschaulichung genutzt. Dieser ist ein zentrales Darstellungsmittel für Ordnungseigenschaften und kann verhindern, dass die Bestimmung von Nachbarzahlen auf schematischer Ebene der Veränderung von Ziffern nach gegebenen Regeln verbleibt. Thematisiert werden sollte im Grundschulunterricht auch bereits die Besonderheit, dass die Beziehung zwischen gegebener Zahl und den Nachbarzehnern, -hundertern usw. nicht mehr so eineindeutig existiert wie bei der Vorgänger-Nachfolger-Beziehung. Zwar können zu der Zahl 56 eindeutig die beiden Nachbarzehner 50 und 60 bestimmt werden, andersherum kann aber eine ganze Reihe von weiteren Zahlen (nämlich genau 8) angegeben werden, deren Nachbarzehner ebenso 50 und 60 sind. Die Aufgabe „Finde Zahlen mit den Nachbarzehnern 50 und 60." kann folglich Anlass für fruchtbare Diskurse über Nachbarschaftsbeziehungen im Unterricht sein.

Differenzeigenschaften

Zwei natürliche Zahlen lassen sich zunächst einmal hinsichtlich ihrer Größe vergleichen und ordnen. Durch die eindeutige Zahlreihenfolge besitzen Zahlen aber auch feste *Differenzen* voneinander, die angeben, wie viel von einer Zahl weiter- oder zurückgezählt werden muss, um eine andere Zahl zu erreichen. „Zwischen den Zahlenpaaren ist der Unterschied bzw. Abstand in der Zahlenreihe immer gleich" (Padberg & Benz, 2021, S. 10). So besitzen die Zahlen 10 und 13 die Differenz 3, da von der 10 drei Schritte weiter bzw. von der 13 drei Schritte zurückgezählt werden muss.

Weitere gebräuchliche Begriffe für die Differenzen zwischen zwei Zahlen sind *Unterschied* oder *Abstand*. Die verschiedenen Begrifflichkeiten bringen teilweise unterschiedliche Konnotationen mit sich, denn die Assoziationen und Vorstellungen zu einem Zahlaspekt hängen stark von der verwendeten Sprache ab. Auch Differenzeigenschaften lassen sich inhaltlich in den verschiedenen Zahlaspekten und damit unterschiedlichen Darstellungen denken (Padberg & Benz, 2021, S. 10). Auf diese Weise kann die Beziehung von 10 und 13 beispielsweise wie folgt beschrieben werden:

- 13 liegt 3 (Zähl-)Schritte weiter als 10; 13 kommt 3 nach der 10; die Differenz (in der Zählzahlfolge) zwischen 10 und 13 beträgt 3 (Zählschritte). (Ordinalzahlaspekt)
- 13 sind 3 (Plättchen) mehr als 10. Die (Mengen-)Differenz zwischen 10 und 13 ist 3. (Kardinalzahlaspekt)

- 13 besteht aus 10 und 3. 10 ist ein Teil von 13, der andere Teil beträgt 3. (Kardinalzahlaspekt)
- 13 ist 3 (cm) größer (z. B. länger) als 10; die (Längen-)Differenz zwischen 10 und 13 beträgt 3 (cm). (Maßzahlaspekt)

Da die 3 hier nicht absolut (beispielsweise als Menge, Position oder Größe) zu verstehen ist, sondern als Differenzbeziehung eine Relation zwischen zwei Zahlen ausmacht, wird in diesem Zusammenhang auch von einem *relationalen Zahlverständnis* gesprochen (Krajewski & Ennemoser, 2013; Tubach, 2019). Der flexible Umgang mit Differenzen zwischen Zahlen über die verschiedenen Zahlaspekte hinweg spielt auch beim flexiblen Rechnen eine bedeutsame Rolle. Die Aufgabe 42 + 18 lässt sich nur in die einfache Aufgabe 40 + 20 verändern, wenn diese relationalen Zahlbeziehungen zwischen 40 und 42 bzw. 18 und 20 wahrgenommen werden.

Mit Hilfe von Darstellungen können Differenzeigenschaften sichtbar gemacht werden. In der Abb. 5.11 werden in Anlehnung an Padberg und Benz (2021, S. 10) zwei Möglichkeiten vorgestellt, die Zahl 3 als Unterschied zwischen 10 und 13 wahrzunehmen. Mit dem Fokus auf einen Mengenvergleich, also kardinal betrachtet, lassen sich Differenzen zwischen Zahlen gut durch linear angeordnete Punkte oder Plättchen darstellen.

Genauso gut lassen sich Differenzen auch mit Hilfe des Zahlenstrahls oder der Zahlenreihe visualisieren. Abb. 5.11 zeigt die beiden Zahlen 10 und 13 als Positionen auf dem Zahlenstrahl eingetragen und die Differenz 3 als räumlichen Abstand bzw. Zwischenraum zwischen diesen beiden Positionen. Eine typische Schwierigkeit kann dabei darstellen, dass sich in diesem Zwischenraum zwischen den beiden Zahlen zwar 3 Abschnitte, aber nur zwei weitere Zahlen (nämlich 11 und 12) befinden und vier Striche (nämlich 10, 11, 12 und 13) vom Bogen gerahmt werden.

Gaidoschik (2020) macht auf die Problematik aufmerksam, dass Schwierigkeiten in der Deutung des Zahlenstrahls auftreten können, wenn dieser als rein ordinales Anschauungsmittel verstanden wird. Für eine rein ordinale Deutung ist der Zahlenstrahl mit den gleich langen Abständen zwischen den Zahlen allerdings nicht ausgelegt.

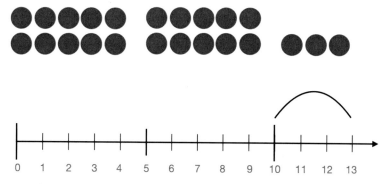

Abb. 5.11 Veranschaulichungen des Unterschieds zwischen 10 und 13. (In Anlehnung an Padberg und Benz (2021, S. 10)

„[Die ordinale Deutung] erfasst ja auch nicht, dass Zahlenstrahle aus gutem Grund in der Regel so gezeichnet werden, dass gleiche Unterschiede gleichen Differenzen entsprechen. Das lässt sich aus dem ordinalen Zahlaspekt nicht ableiten. Diesem wäre auch Genüge getan, wenn die Unterschiede zwischen zwei natürlichen Zahlen beliebig variieren, solange nur alle Zahlen im gewählten Abschnitt in der richtigen Reihenfolge eingetragen werden." (Gaidoschik, 2020, S. 315)

Bei der Betrachtung von Abständen auf dem Zahlenstrahl wird entsprechend eine Deutung im Maßzahlaspekt benötigt. Gaidoschik (2020) plädiert deshalb für eine Betonung der Messdeutung direkt bei der Einführung des Zahlenstrahls. Auf dem Zahlenstrahl kann die Differenz zwischen zwei Zahlen als fester Abstand visualisiert und darauf aufbauend als Objekt (Längenmaß) wahrgenommen werden. Diese Vorstellung ist wiederum tragfähig, wenn es beispielsweise um das Ausmessen von Zahlen mit gleich großen Abständen bei der Behandlung von Teilbarkeit (Abschn. 5.3) geht. Aus diesen Gründen ist es wichtig, dass Differenzen nicht nur als Zählprozess von einer Position zur anderen verstanden werden.

Die hier beschriebenen Eigenschaften rund um Zahlbeziehungen sollten von Anfang an bei der Erarbeitung von Zahlvorstellungen berücksichtigt werden. In den beiden abgebildeten Lernanlässen „Wer hat mehr?" (Abb. 5.12) und „Zahlen treffen" (Abb. 5.13) werden Lernende zunächst im Rahmen eines Frühförderprogramms mit Differenzbeziehungen konfrontiert und diese im Sinne einer sogenannten „komplementären Lerngelegenheit" (Tubach, 2019; Nührenbörger & Tubach, 2012) im ersten Schuljahr erneut aufgegriffen und vertieft. Bei dem Spiel „Wer hat mehr?" (Abb. 5.12) wird die Differenz ähnlich wie in Abb. 5.11 als Mengenunterschied zwischen Plättchenanzahlen thematisiert.

Die Schulbuchabbildung (Abb. 5.13) zeigt einen Ausschnitt aus dem Spiel „Zahlen treffen", bei dem die Zahl 2 als Differenz auf der Zahlenreihe genutzt wird. Während des Spiels können Differenzen hier als Abstände zwischen den Positionen in der Zahlenreihe

Abb. 5.12 Wer hat mehr? (© Klett: Nührenbörger, M., Schwarzkopf, R., Bischoff, M., Götze, D. & Heß, B. (2022). *Das Zahlenbuch 1*. Klett, S. 29)

Abb. 5.13 Trefft die Zielzahl. (© Klett: Nührenbörger, M., Schwarzkopf, R., Bischoff, M., Götze, D. & Heß, B. (2022). *Das Zahlenbuch 1*. Klett, S. 47)

wahrgenommen und verglichen werden. In beiden Spielen werden Differenzen explizit in den Fokus der Spielregeln gerückt und mit entsprechenden Versprachlichungen begleitet.

Weitere Anregungen zum Vergleichen und Ordnen von Anzahlen finden sich in Padberg und Benz (2021, S. 63–64) sowie Benz et al. (2015, S. 150).

5.3   Teilbarkeit (multiplikative Zerlegbarkeit) von Zahlen

Zahlen lassen sich nicht nur additiv, sondern auch multiplikativ zerlegen. Anders als bei der additiven Zerlegung lässt sich die Suche nach multiplikativer Zusammensetzung von Zahlen bzw. das sukzessive Zerlegen in Produkte mit mehr als zwei Faktoren jedoch nur an geeignet angeordneten Mengen kardinal veranschaulichen (vgl. Kap. 6 Ausführungen zum Assoziativgesetz der Multiplikation). Die multiplikative Zusammensetzung ist deshalb auf den ersten Blick nicht so intuitiv einsichtig wie die additive, bei der man z. B. eine Plättchenmenge nach und nach auseinanderschieben kann, um die Zerlegung in mehrere Summanden darzustellen oder einzelne Plättchen verschieben kann und dadurch sofort neue Plusaufgaben erhält.

Die Teilbarkeitsbeziehung zwischen zwei Zahlen bedarf aufgrund ihrer Bedeutsamkeit eine explizite Thematisierung im Unterricht. Bei der Einführung der Division könnten Kinder beispielsweise direkt die Erfahrung machen, dass nicht alle Divisionsaufgaben „aufgehen", da der Quotient nicht mehr im bekannten Bereich der natürlichen Zahlen liegt (in der strukturellen Algebra ist dies auch eine bedeutsame Eigenschaft, die Division wird in den natürlichen Zahlen deshalb als „nicht abgeschlossen" bezeichnet). Dies ist eine neue Erfahrung im Vergleich zur Addition und Multiplikation, die immer ausführbar sind und im Vergleich zur Subtraktion, bei welcher die notwendige Beziehung im Zahlbereich der natürlichen Zahlen (der Minuend muss größer sein als der Subtrahend) direkt zu erkennen ist. Würden Kinder selbst Divisionsaufgaben frei erfinden und dazu zwei beliebige Zahlen aus den natürlichen Zahlen auswählen, so wäre die Wahrscheinlichkeit groß, dass diese eben nicht in einer Teilbarkeitsbeziehung stehen. Im Unterricht wird dieses besondere Verhältnis mitunter oftmals gar nicht so offensichtlich, da Schulbuchaufgaben fast immer problemlos lösbar sind und Divisionsaufgaben so ausgewählt werden, dass sie je-

weils restlos aufgehen. Meist erfolgt die Thematisierung der Darstellung in Restschreib-
weise (14 : 3 = 4R2) zeitlich versetzt zur Einführung und ermöglicht es den Lernenden erst
dann, solche Aufgaben dennoch (eindeutig) zu lösen (zur Eindeutigkeit der Division mit
Rest vgl. Padberg & Büchter, 2015, S. 28).

Falls Divisionen restlos aufgehen, stehen Dividend und Divisor in einer besonderen
Teilbarkeitsrelation. Diese können Grundschulkinder z. B. mit Hilfe bereits erlernten
Faktenwissens der Multiplikation begründen: 12 ist durch 4 restlos teilbar, weil die Malaufgabe 4 · 3 das Ergebnis 12 besitzt oder weil „die 12 in der Viererreihe vorkommt“. Solche Begründungen der Kinder sollten im Unterricht als Chance explizit aufgegriffen werden, denn sie liegen bemerkenswert nah an der fachlichen Definition der Teilbarkeitsrelation. Die Definition beschreibt die notwendige Existenz einer Malaufgabe.

> **Definition von Teilern und Vielfachen (Padberg & Büchter, 2015, S. 17):**
> Die natürliche Zahl *a* heißt genau dann ein *Teiler* der natürlichen Zahl *b*, wenn (min-
> destens) eine natürliche Zahl *n* existiert mit *n · a = b*. Dann heißt gleichzeitig *b Viel-*
> *faches* von *a*.

Die Ausbildung eines tragfähigen Verständnisses der Multiplikation ist nicht Voraussetzung, sondern kann vielmehr mit den Untersuchungen der multiplikativen Zerlegbarkeit von Zahlen in Wechselbeziehung entstehen und weiterentwickelt werden. Es ist also
nicht zwingend notwendig, das Faktenwissen aller Einmaleinsaufgaben bereits abrufbar
zu haben, sondern die Erarbeitung des Einmaleins kann ebenso immer wieder die Idee der
Teilersuche von spezifischen Zahlen als Ausgangspunkt nehmen.

Die Idee von Teilbarkeit als Existenz einer Malaufgabe kann übersetzt werden in verschiedene Arten der Veranschaulichung von Produkten, mit denen in der Grundschule gearbeitet wird. Kuhnke (2013, S. 116) unterscheidet zwischen *gruppierten*, *flächigen* und
linearen Repräsentationen für die Multiplikation. Insbesondere bei der Einführung der Division wird zunächst oftmals handlungsorientiert im Rahmen von Kontexten ein Verteilen
oder Aufteilen einer Gesamtmenge an Objekten in gleichmächtige Gruppen genutzt (vgl.
Padberg & Benz, 2021, S. 174–175), wobei entweder die Gruppenanzahl (Verteilen) oder
die Gruppengröße (Aufteilen) bereits vorgegeben ist. Ein auftretender Rest muss im Kontext jeweils angemessen interpretiert werden (Selter, 2001).

Rechtecksdarstellungen und Punktefelder
In Abb. 5.3 wurde die Teilbarkeit der Zahl 15 durch 5 an einer flächigen Darstellung visualisiert, indem 15 Punkte als Rechteck mit den Seitenlängen 3 und 5 (also drei Fünferreihen bzw. fünf Dreierreihen) angeordnet wurden. Solche flächigen Darstellungen in
Form von Punktefeldern stellen ein zentrales Anschauungsmittel bei der Erarbeitung
multiplikativer Strukturen dar (Transchel, 2020). Der Teiler 5 stellt sich in diesem Beispiel
hier als Seitenlänge des Rechtecks dar. Gleichzeitig kann dieser Repräsentation auch der
zugehörige Ko-Teiler (der in der obigen Definition mit n bezeichnet wird) als die andere
Seitenlänge des Rechtecks entnommen werden.

Die Untersuchung der multiplikativen Zerlegbarkeit von Zahlen kann mit Hilfe von gegebenen Plättchen so beispielsweise mit dem Legen und Finden von Rechtecken verknüpft werden (Steinweg, 2005). Systematisch kann erkundet werden, ob sich ein Rechteck ergibt, wenn eine gegebene Plättchenanzahl in Reihen zu je 2, 3, 4 usw. Plättchen angeordnet wird. Dabei führt diese Handlung zu der Erfahrung, dass sich einige Plättchenanzahlen auf vielfältige Weisen als Rechtecke legen lassen; sie besitzen also viele Teiler. Andere Zahlen hingegen können sogar nur als Rechteck mit einer Seitenlänge von eins gelegt werden und lassen sich dadurch als Primzahlen (Abschn. 5.5) identifizieren. Wiederum nur bei einigen Zahlen kann die besondere Eigenschaft festgestellt werden, dass diese sich als Quadrate, also mit zwei gleichen Seitenlängen, legen lassen (Quadratzahlen Abschn. 5.6).

Die roten Plättchen in Abb. 5.14 zeigen alle Möglichkeiten, 12 Plättchen in Form von Rechtecken anzuordnen, sodass alle 6 Teiler von 12 erkennbar werden. Bei weiterer systematischer Betrachtung können Kinder nun sogar zu weiteren, zahlentheoretischen Erkenntnissen gelangen, wie beispielsweise, dass aufeinanderfolgende Zahlen immer teilerfremd sind. Für die nachfolgende Zahl 13 muss ein weiteres Plättchen dazukommen. Dieses (hier blaue) Plättchen kann nun aber an kein bestehendes Rechteck (außer genau an Rechtecke mit der Seitenlänge 1) so angelegt werden, dass sich wiederum ein Rechteck bilden lässt, da durch ein einzelnes Plättchen keine neue Reihe vervollständigt werden kann. Stattdessen kann nur die Suche nach neuen Rechtecken mit anderen Seitenlängen weitere Zerlegungsmöglichkeiten liefern. Für die multiplikative Zerlegbarkeit der betrachteten Zahl kommen folglich nur andere Teiler in Frage. Nachbarzahlen haben also keine Teiler gemeinsam und sind somit durch die Rechtecksmuster als teilerfremd nachgewiesen.

So wie Pulshäuser bei den additiven Zerlegungen eine Möglichkeit zur numerischen Notation aller additiven Zerlegungen anbieten (Abschn. 5.1), können sogenannte Malhäuser Anlass sein, um die Anzahl von Teilern von Zahlen gezielt in den Blick zu nehmen und zu systematisieren (Abb. 5.15). In jede Etage wird eine zur Dachzahl passende Malaufgabe geschrieben, sodass die Etagenanzahl der Teileranzahl der Zahl entspricht. Die abgebildete Kinderlösung (Abb. 5.15) (StePs-Projekt, 2022 (Melcher)) macht sich die Kommutativität der Multiplikation (Kap. 6) zunutze und notiert nach einer gefundenen Malaufgabe direkt die Tauschaufgabe. Kinder stellen gern Vermutungen darüber an, wie die Anzahl der Teiler mit den Zahlen wachsen können und stellen bei ihren Erprobungen dann aber fest, dass die Teileranzahl nur durch gezielte Untersuchung der Teilbarkeit an-

Abb. 5.14 Teilerfremdheit von aufeinanderfolgenden natürlichen Zahlen

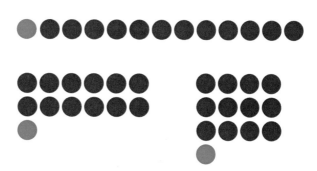

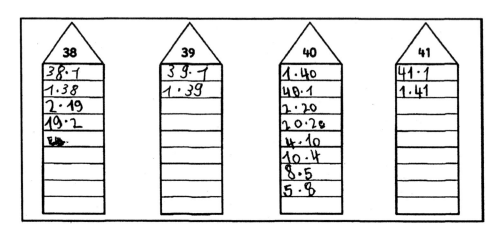

Abb. 5.15 Systematische Untersuchungen von Teileranzahlen in Malhäusern. (StePs-Projekt, 2022 (Melcher))

gegeben werden kann und nicht durch sukzessive Änderung um 1 – wie es bei additiven Zerlegungen der Fall ist. Dieses Phänomen kann anhand der Punktefelder (analog zu Abb. 5.14) begründet werden: Werden z. B. 40 Plättchen unterschiedlich als Rechteck angeordnet, können diese Rechtecke nicht für den Nachfolger 41 genutzt werden, um daraus multiplikative Zerlegungen abzuleiten.

Das Malhaus ist – analog zum Plushaus (Abb. 5.8) – eine numerische Notationsmöglichkeit, die insbesondere für Begründungen entdeckter Musterbeziehungen mit anschaulichen Darstellungen verknüpft werden muss. Das Malhaus bietet die Möglichkeit der Dokumentation von mit Darstellungen gefundenen Lösungen, indem beispielsweise verschiedene rechteckige Punktefelder zu einer gegebenen Plättchenanzahl dargestellt und im Malhaus festgehalten werden. Allerdings können – anders als im Zahlenhaus – die Muster auf Zahlebene nicht so einfach über die Zahlenfolge wahrgenommen werden. Die entstehenden Muster bedürfen einer genaueren Untersuchung. Anhand von Plättchenkonfigurationen lässt sich beispielsweise nachvollziehen, warum bei Quadratzahlen eine ungerade Etagenanzahl entsteht bzw. alle Quadratzahlen also eine ungerade Anzahl an Teilern besitzen. Ebenso können Beziehungen zwischen Teilern verdeutlicht werden, wenn man beispielsweise das Rechteck zur Aufgabe 2 · 20 aus dem zuvor gelegten Rechteck 4 · 10 entstehen lässt, indem man das Rechteck zunächst halbiert (2 · 10 + 2 · 10) und den unteren Teil dann z. B. rechts an das obere Rechteck anfügt. Die Einsicht, dass auf diese Weise ein Teiler halbiert und der andere gleichzeitig verdoppelt wird, führt zur Konstanz des Produktes, das in Kap. 6 genauer beschrieben wird.

Primzahlen werden im Malhaus durch das Muster erkennbar, dass es jeweils nur 2 Etagen mit je einer Malaufgabe mit dem Faktor 1 gibt. Bei Primzahlen (vgl. Abschn. 5.5) ist eine einzigartige und faszinierende Besonderheit, dass sie in ihrem Vorkommen in der Folge der natürlichen Zahlen keinem Muster folgen (im Gegensatz zu beispielsweise figu-

rierten Zahlen, vgl. Abschn. 5.6). Dies kann zu fruchtbaren Irritationen bei der unterrichtlichen Behandlung der multiplikativen Zerlegbarkeit führen. So wirkt es zunächst
erstaunlich, dass die Zahl 40 acht Teiler besitzt, der direkte Nachfolger 41 jedoch wider
Erwarten nicht mehr, sondern nur zwei (analog bei 12 und 13, vgl. Abb. 5.14). Systematische Untersuchungen von Teileranzahlen lassen sich auch bereits in der Grundschule anbahnen. Malhäuser bieten einen Zugang über die Muster, die in den Etagen wahrnehmbar
werden, müssen aber mit Aktivitäten des Ordnens und mit entsprechenden Darstellungen
oder Materialhandlungen verbunden werden.

In der Rechtecksdarstellung zeigen sich Reste der Division als unvollständige Reihen
(Abb. 5.14). Werden die natürlichen Zahlen sukzessiv auf eine bestimmte Teilbarkeit
untersucht, entstehen sichtbare Muster (Abb. 5.16), die zur Suche nach dahinterliegenden
Strukturen einladen. Wird in entsprechenden Punktefeldern z. B. die Teilbarkeit durch 5
von aufeinanderfolgenden Zahlen betrachtet, so erweist sich jede fünfte Zahl als teilbar.
Anders gesagt, jede fünfte Zahl hat bei Division durch 5 den Rest 0. Die weiteren möglichen Reste bei der Division durch 5, die sich wie in Abb. 5.16 erkennbar regelmäßig ergeben, sind 1, 2, 3 und 4. Die Menge der natürlichen Zahlen lässt sich bezüglich der Teilbarkeit durch 5 somit in fünf Klassen einteilen. Man spricht auch davon, dass genau fünf
Restklassen existieren (Padberg & Büchter, 2018). Allgemein ergeben sich bei Teilbar-
keitsuntersuchungen durch eine Zahl n immer jeweils genau wieder n mögliche Reste (0,
1, 2 …, $n - 1$) und damit n Restklassen.

Lineare Darstellungen für Teilbarkeitserkundungen

Auch in linearen Darstellungen kann der Teilbarkeit auf den Grund gegangen werden. Die
Frage des linearen Ausmessens von Zahlen mit anderen Zahlen am Zahlenstrahl stellt eine
bedeutsame Grundlage für weiterführende Erforschungen von Teilbarkeiten (wie beispielsweise zum größten gemeinsamen Teiler oder dem kleinsten gemeinsamen Vielfachen) dar (Padberg & Büchter, 2015, 2018). Die Teilbarkeitsbeziehung zwischen Zahlen
wird dann sichtbar, wenn sich eine Zahl durch eine andere am Zahlenstrahl restlos ausmessen lässt. Das Ausmessen legt eine Interpretation der Darstellung im Maßzahlaspekt
nahe (Abschn. 5.2). Eine gewinnbringende Darstellung sind Plättchenstreifen (Transchel,

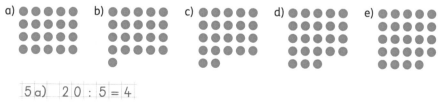

Abb. 5.16 Reste bei der Division durch 5. (© Klett: Nührenbörger, M., Schwarzkopf, R., Bischoff,
M., Götze, D. & Heß, B. (2022). *Das Zahlenbuch 2*. Klett, S. 125)

Deckt auf dem Einmaleinsplan ab.

Welche Mal- und Geteiltaufgaben findet ihr?

a) Deckt 24 ab.

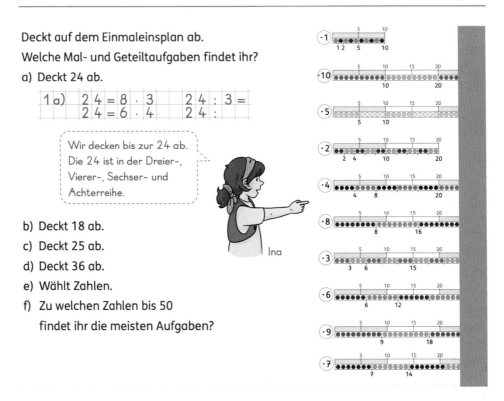

|1a)| 2 4 = 8 · 3 | 2 4 : 3 = |
| 2 4 = 6 · 4 | 2 4 : |

Wir decken bis zur 24 ab. Die 24 ist in der Dreier-, Vierer-, Sechser- und Achterreihe.

b) Deckt 18 ab.

c) Deckt 25 ab.

d) Deckt 36 ab.

e) Wählt Zahlen.

f) Zu welchen Zahlen bis 50 findet ihr die meisten Aufgaben?

Abb. 5.17 Lineare Darstellung von Teilbarkeit. (© Klett: Nührenbörger, M., Schwarzkopf, R., Bischoff, M., Götze, D. & Heß, B. (2022). *Das Zahlenbuch 2.* Klett, S. 100)

2020), so wie sie auch in Abb. 5.17 im Einmaleinsplan genutzt werden. Die Zahl 24 kann in 8 · 3 zerlegt werden, da sich die 24 restlos mit 8 Dreierstreifen ausmessen lässt. Durch geeignete Farbwechsel bei den Plättchenstreifen wird das Ausmessen mit der Maßzahl 3 als gewählter Einheit sichtbar. Lineare Darstellungen eignen sich, um Beziehungen zwischen Teilern in den Blick zu nehmen oder sogar zu Fragen nach Teileranzahlen einer Zahl hinzuleiten. Wird ein Abdeckstreifen, wie in Abb. 5.17, angelegt, so können die Teilbarkeiten bis zum Divisor 10 wahrgenommen und auch miteinander verglichen werden.

Bei allen Formen der anschaulichen Darstellung von Teilbarkeitsbeziehungen einer Zahl a sind immer die Teiler 1 und a (also der Zahl selbst) mit zu berücksichtigen. Jede Zahl ist immer auch durch 1 und sich selbst teilbar und lässt sich mit den Rechtecksseitenlängen oder als Längen von Plättchenstreifen 1 und a darstellen. Diese Eigenschaft kann den Lernenden insbesondere im Rahmen von Kontextaufgaben ggf. zunächst befremdlich vorkommen. An dieser Stelle kann ein Rückbezug auf die oben beschriebene mathematische Definition der Teilbarkeit helfen, die im Unterricht mit Kindern dem Finden einer möglichen Malaufgabe entspricht.

5.4   Teilbarkeit durch 2 im Fokus: Parität

Der Begriff *Parität* bezeichnet die Eigenschaft einer Zahl, gerade oder ungerade zu sein. Es wird also eine bestimmte Teilbarkeitseigenschaft von Zahlen, die Teilbarkeit durch 2 betrachtet. Paritäten verdienen im Mathematikunterricht besondere Aufmerksamkeit, da sie in vielen arithmetischen Zusammenhängen eine Rolle spielen. Insbesondere werden sie auch oft zum Gegenstand von Erkundungen in substantiellen Aufgabenformaten.

Spezifisch für die Division durch 2 ist, dass nur zwei Reste entstehen können: entweder der Rest 0 oder der Rest 1. Eine nicht durch 2 teilbare Zahl besitzt folglich immer den Rest 1. Man spricht auch davon, dass genau zwei Restklassen existieren (Padberg & Büchter, 2018; Abschn. 5.3). Die Menge der natürlichen Zahlen kann also in zwei Klassen unterteilt werden. Diese Klassen besitzen nur bei der Teilbarkeit durch 2 eigenständige Bezeichnungen: gerade bzw. ungerade.

Ikonisch können gerade Zahlen als Doppelreihe dargestellt werden. In Abschn. 5.3 wurde beschrieben, dass sich Teiler einer Zahl auf anschaulicher Ebene durch Anordnungsmöglichkeiten von Plättchen als Rechtecke untersuchen lassen. Eine Doppelreihe kann entsprechend als ein Rechteck mit der Seitenlänge 2 interpretiert werden. Gleichzeitig ist eine Darstellung einer geraden Zahl aber auch in einer Verteilvorstellung als additive Zerlegung der Menge in zwei gleich große Teilmengen denkbar. Eine solche Vorstellung wird angeregt, wenn Paritäten im Rahmen des Verdoppelns und Halbierens (Abb. 5.18) eingeführt werden. So können z. B. unterschiedliche Farben der Plättchenreihen eine Deutung von zwei gleich großen Teilmengen anregen. Eine spaltenweise Deutung, in welcher jeweils zwei übereinanderliegende Plättchen eine Zweiergruppe bilden, wäre ebenso geeignet, um ein Verständnis einer geraden Zahl zu erarbeiten.

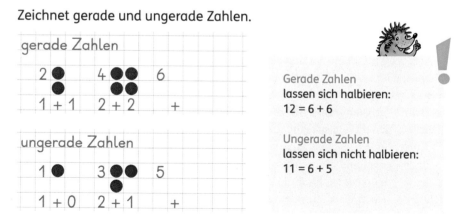

Abb. 5.18 Gerade und ungerade Zahlen. (© Klett: Nührenbörger, M., Schwarzkopf, R., Bischoff, M., Götze, D. & Heß, B. (2022). *Das Zahlenbuch 1*. Klett, S. 123)

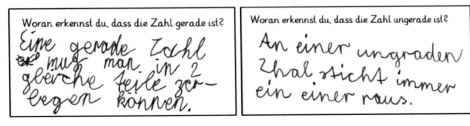

Abb. 5.19 Allgemeine Beschreibung von geraden und ungeraden Zahlen. (StePs-Projekt, 2022 (Eckey))

An den konkreten Beispielen lassen sich auf diese Weise Handlungserfahrungen im Halbieren der Zahlen erlangen, die anschließend verallgemeinert werden können (Kap. 3). Die Darstellungsmöglichkeit, gerade Zahlen als Doppelreihe legen zu können und ungerade Zahlen hingegen nicht, lässt sich im Diskurs mit Lernenden als allgemeine Paritätseigenschaft herausarbeiten, die unabhängig von den konkreten Zahlen gültig ist (Abb. 5.19). Detaillierte empirische Analysen von Deutungsprozessen der Kinder von solchen Darstellungen finden sich bei Welsing (2019).

Da bei der Teilbarkeit durch 2 nur die beiden Restklassen gerade und ungerade existieren, gibt es auch bezüglich der Addition nur drei zu untersuchende Fälle: gerade + gerade, ungerade + ungerade, gerade + ungerade (da die Restklassenaddition kommutativ (zur Kommutativität siehe Kap. 6) ist, muss der Fall ungerade + gerade nicht gesondert überprüft werden).

Additive Zerlegungen von Zahlen bezüglich ihrer Parität
- Gerade Zahlen lassen sich in zwei gerade oder in zwei ungerade Zahlen zerlegen.
- Ungerade Zahlen lassen sich in eine gerade und eine ungerade Zahl zerlegen.

Die Abb. 5.20 zeigt eine zusammenfassende Übersicht der Möglichkeit, die Parität der entstehenden Summen ikonisch darzustellen und somit zu begründen. Für die ausführlichen Begründungen sei auf Kap. 3 verwiesen.

Das Thema Paritäten kann dafür genutzt werden, Kinder bereits im ersten oder zweiten Schuljahr an inhaltlich-anschauliche Beweise heranzuführen. Anhand dieser Beweise können Kinder lernen, solche Punktmusterdarstellungen wie in Abb. 5.20 in Begründungskontexten zu deuten und die spezifischen visuellen Merkmale als besondere strukturelle Eigenschaften zu erkennen, für ihre Erklärungen zu nutzen und zu verallgemeinern.

Wichtig ist, wie in Kap. 3 bei den operativen Beweisen beschrieben, darauf zu achten, welche Grundidee des algebraischen Denkens (Kap. 2) im Zentrum des Beweises stehen. Anders als in Kap. 6 geht es hier nicht um Operationseigenschaften, sondern um Zahl-

Abb. 5.20 Addition von geraden und ungeraden Zahlen. (In Anlehnung an Söbbeke & Welsing, 2017, S. 37)

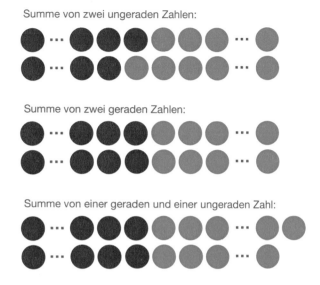

eigenschaften. Im Fokus stehen die Eigenschaften der Zahlen im Hinblick auf ihre Parität und wie sich diese bei additiven Zerlegungen verhalten.

> „Sollen diese konkreten Materialien für die Kinder als Mittel zur Begründung und Verallgemeinerung von Gesetzmäßigkeiten bei der Addition zweier ungerade Zahlen genutzt werden, dürfen nicht die konkreten Eigenschaften der Kärtchen im Mittelpunkt stehen (z. B. die genaue Punkteanzahl). Vielmehr sind die Beziehungen und Strukturen zwischen den Punkten wichtig. … Durch das konkrete Material kann somit ein erstes allgemeingültiges Argumentieren initiiert werden, da allen Additionen zweier ungerader Zahlen diese strukturelle Gestalt auferlegt werden kann." (Söbbeke & Welsing, 2017, S. 37)

Die Schulbuchabbildung Abb. 5.21 zeigt eine unterrichtliche Umsetzungsmöglichkeit für die Untersuchung von Zerlegungen bezüglich der Parität von Zahlen. Zunächst werden die Lernenden zur Beobachtung und Formulierung von Regelmäßigkeiten auf rein numerischer und verbaler Ebene angeleitet, bevor sie im nächsten Schritt auch Begründungen für diese Regelmäßigkeiten finden sollen. Diese Begründungen greifen auf ikonische Darstellungen zurück und ermöglichen gerade dadurch Verallgemeinerungen und die Deutung von Beispielen als exemplarisch. Die Darstellung in Doppelreihen, die gerade bzw. ungerade enden und bei der Zusammenführung von ungeraden Enden ineinandergreifen, kann so als strukturell gültig für alle Zahlen dieser Klasse erkannt werden.

Prinzipiell lässt sich das Verhalten der Paritäten natürlich auch bezüglich der Multiplikation von Zahlen untersuchen. Anschaulich können dazu gerade Zahlen (2n) und ungerade Zahlen (2m+1) als lineare Anordnung der Zweier (bzw. Zweier + 1) als Seitenlängen eines Punktefelds aufgespannt werden und dessen Fläche als Produkt interpretiert und untersucht werden. So lässt sich erarbeiten, dass das Produkt gerade ist, sobald eine der beiden Seitenlängen (Faktoren) gerade ist. Das Produkt zweier gerader Zahlen ist somit stets gerade, das Produkt zweier ungerader Zahlen ist ungerade und das Produkt von einer geraden und einer ungeraden Zahl immer gerade (Padberg & Büchter, 2015).

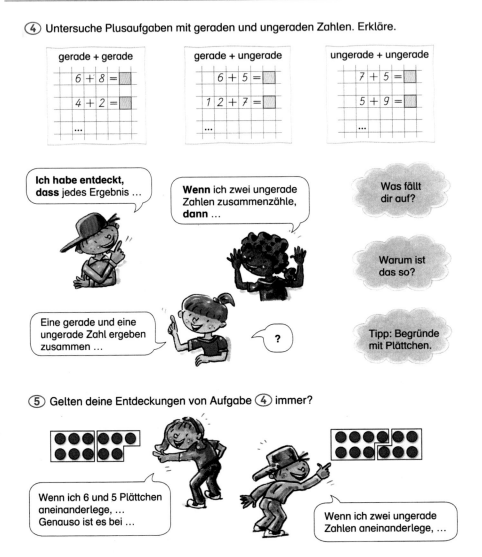

Abb. 5.21 Entdeckungen bei Summen aus geraden und ungeraden Zahlen. (© Cornelsen: Betz, B., Bezold, A., Dolenc-Petz, R., Hölz, C., Gasteiger, H., Ihn-Huber, P., Kullen, C., Plankl, E., Pütz, B., Schraml, C. & Schweden, K.W. (2018). *Zahlenzauber 2*. Cornelsen, S. 17)

Paritäten spielen häufig eine Rolle in substantiellen Aufgabenformaten. Die Abb. 5.22 (Krauthausen & Scherer, 2010a, S. 55) zeigt beispielhaft eine Aufgabe zur Erkundung von Paritäten in sogenannten Rechendreiecken. Anregungen wie diese können wertvolle Ausgangspunkte zur Beschäftigung mit Paritäten darstellen. Krauthausen und Scherer (2010a) zeigen in einem Einblick in Erprobungen der dargestellten Aufgabe auf, wie Lernende beschreiben und begründen, weshalb es keine Rechendreiecke mit drei ungeraden Außenzahlen geben kann. Dabei können die Lernenden die oben beschriebenen Gesetzmäßigkeiten bei der Addition von Paritäten als Argumentationsgrundlage nutzen. Allerdings ist

Lisa behauptet: „*Es gibt keine Rechendreiecke mit drei geraden Außenzahlen.*"

Mehmet behauptet: „*Es gibt keine Rechendreiecke mit drei ungeraden Außenzahlen.*"

Wer hat recht? Probiere aus und erkläre!

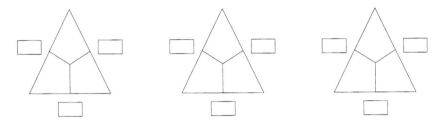

Abb. 5.22 Erkundung von Parität in Rechendreiecken. (In Anlehnung an Krauthausen & Scherer, 2010a, S. 55)

es wichtig, sich dabei vor Augen zu führen, dass für die beschriebenen strukturellen Einsichten eine Begründung an und mit Darstellungen, so wie sie weiter oben in diesem Abschnitt beschrieben, bedeutsam ist. Das so erworbene Verständnis kann dann wiederum im Rahmen der Rechendreiecke aufgegriffen werden. Umgekehrt kann die Aufgabe der Rechendreiecke auch als Anlass genommen werden und eine unterrichtliche Erkundung von Summen in Darstellungen initiieren.

5.5   Primzahlen als multiplikative Bausteine der Zahlen

Das multiplikative Zerlegen von Zahlen kann in der Grundschule als das Finden passender Malaufgaben zu einer gegebenen Zahl thematisiert werden (Abschn. 5.3). Zerlegungen beschränken sich dabei oftmals auf Malaufgaben mit zwei Faktoren, während sich Zahlen aber natürlich prinzipiell auch in mehrere Faktoren zerlegen lassen bzw. aus diesen multiplikativ zusammengesetzt sind. Solche Zerlegungen sind kardinal nicht mehr einfach darzustellen. Bei drei Faktoren ist eine dreidimensionale Veranschaulichung mit Würfeln als Quader möglich, bei mehr als drei Faktoren ließen sich flächig dargestellte Rechtecke sukzessiv vervielfachen. Bei solchen Veranschaulichungen ist die multiplikative Interpretation der Darstellung natürlich schwieriger als bei der Addition, bei welcher sich Plättchenmengen nach und nach auseinanderschieben lassen, um die Zerlegung in mehrere Summanden herzustellen.

Da kardinale Veranschaulichungen von multiplikativen Zerlegungen schnell Grenzen aufweisen, können Zerlegungsbäume (Abb. 5.23; vgl. auch Padberg & Büchter, 2015, S. 62) als Diagramme auf symbolischer Ebene dabei helfen, Zerlegungen systematisch zu untersuchen.

In Zerlegungsbäumen erfolgt die multiplikative Zerlegung sukzessiv von Stufe zu Stufe, in denen die entdeckten Teiler jeweils fortlaufend weiter zerlegt werden. In Abb. 5.23 zeigt Metin auf die Zahl 2, die sich nicht mehr als Produkt einer Malaufgabe notieren lässt

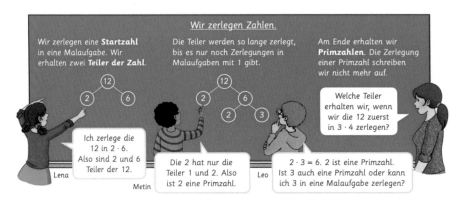

Abb. 5.23   Zerlegungsbäume. (© Klett: Nührenbörger, M., Schwarzkopf, R., Bischoff, M., Götze, D. & Heß, B. (2017). *Das Zahlenbuch 4*. Klett, S. 111)

und somit ein Astende des Zerlegungsbaums darstellt. Aus der Eigenschaft, dass die 2 nur die Teiler 1 und 2 hat, folgert Metin, dass die 2 eine Primzahl ist. Die Primfaktoren, deren besondere Rolle in Metins und Leos Aussagen angedeutet wird, stellen die multiplikativen Bausteine der natürlichen Zahlen dar (Padberg & Büchter, 2018, S. 38). Darüber hinaus lässt sich im Rahmen von Zerlegungsbäumen mit den Lernenden thematisieren, warum die Eins nicht als Primzahl zugelassen wird, da das Diagramm sonst unendlich fortgesetzt werden müsste (vgl. Prediger et al., 2009). Die in Abschn. 5.3 beschriebenen anschaulichen Zugänge zur Teilbarkeit können für die Untersuchung von Primzahlen herangezogen werden. Lernende können dann feststellen, dass sich Primzahlen als Rechtecke ausschließlich mit der Seitenlänge 1 darstellen lassen bzw. bei einer linearen Veranschaulichung nur mit Bögen (oder Plättchenstreifen) der Länge 1 oder der Zahl selbst ausgemessen werden können.

Es ist durchaus angebracht, die Begriffe *Teiler, Vielfache* und *Primzahl* auch bereits in der Grundschule explizit zu nutzen, um den Lernenden Sprachmittel (Kap. 3) für die Untersuchung der Zahleigenschaften an die Hand zu geben. Gerade bei Primzahlen behelfen sich Lernende bei Beschreibungen ansonsten oft – mit einem Rückgriff auf andere bekannte Begriffe wie z. B. „ungerade Zahl" – mit unpassenden Bezeichnungen (StePs-Projekt, 2022 (Lizan)).

Charakterisierungen von Primzahlen
- Zahlen, die *genau zwei* Teiler besitzen, nennen wir Primzahlen. Die Eins ist keine Primzahl, da sie nur einen Teiler besitzt.
- Primzahlen sind nicht multiplikativ zerlegbar. Die Primfaktorzerlegung besteht nur aus der Zahl selbst.
- Auf anschaulicher Ebene lassen sich Primzahlen nur als Rechtecke mit der Seitenlänge 1 darstellen.

Die vollständige multiplikative Zerlegung einer Zahl führt zu deren *Primfaktorzerlegung*. Dazu können die Zahlen der Astenden aus Zerlegungsbäumen auch als Malaufgabe notiert werden, sodass sich z. B. für die in Abb. 5.23 gewählte Zahl 12 die Zerlegung $12 = 2 \cdot 2 \cdot 3$ ergibt. Dass jede natürliche Zahl größer 1 genau eine (bis auf die Reihenfolge der Faktoren) eindeutige Primfaktorzerlegung besitzt, wird auch als Fundamentalsatz der Arithmetik oder aber auch als Hauptsatz der Zahlentheorie bezeichnet. Diese zentrale Eigenschaft von Zahlen begegnet den Kindern zunächst als Muster im Zerlegungsbaum, bei dem die Astenden zu einer gegebenen Zahl immer die gleichen Zahlen aufweist, unabhängig davon, wie die Ausgangszahl auf den anderen Stufen zerlegt wird. Diese Entdeckung bietet Potenzial zum Durchschreiten der Mustertür und somit der Erkundung der zugrunde liegenden Strukturen, wie im Rahmen des Algebraprojekts (StePs-Projekt, 2022) mit Lernenden der 4. Jahrgangsstufe erprobt. Entsprechende Aufgabenstellungen und exemplarische Bearbeitungen der Kinder werden im Folgenden dargestellt.

Wer zerlegt zuletzt?

Die Spielidee „Wer zerlegt zuletzt?" aus dem Schulbuch Neue Wege 6 (Lergenmüller & Schmidt, 2001, S. 34) für die Sekundarstufe kann in Lernumgebungen zu Zerlegungsbäumen von PIKAS (https://pikas.dzlm.de/node/1075) für die Grundschule nutzbar gemacht werden. Zwei Spieler zerlegen abwechselnd Zahlen und notieren diese im Zerlegungsbaum. Spieler A beginnt mit dem Nennen einer Startzahl, Spieler B notiert die erste Zerlegung. Abwechselnd nehmen die Spieler Zerlegungen vor, bis sich nur noch Primzahlen an den Astenden befinden, die sich nicht mehr zerlegen lassen. Wer zuletzt eine Zerlegung vornehmen kann, gewinnt das Spiel. Die Beobachtung, dass der Gewinner des Spiels bereits mit der ausgewählten Startzahl festgelegt wird und die sich ergebenden Primzahlen unabhängig von der Reihenfolge der Zerlegungen ist, lassen die Lernenden eine Einsicht in die Eindeutigkeit der Primfaktorzerlegung gewinnen (Prediger et al., 2009).

Der Viertklässler Nico (N) erläutert der Interviewerin (I) im Rahmen eines diagnostischen Gesprächs (StePs-Projekt, 2022 (Lizan)) den Zusammenhang zwischen Startzahl und möglichen Zerlegungen am Beispiel:

I   Bei welchen Zahlen gewinnst du und bei welchen Zahlen verlierst du denn?
N   Ehm, jetzt eh, zum Beispiel die 35. Da wusste ich schon am Anfang, die ehm teile ich durch 7 und 5 und die 7 und 5, die kann man nicht mehr teilen.

In solchen Argumentationen wie der von Nico kann deutlich werden, wie die Lernenden die Teilbarkeit als feste, den Zahlen inhärente Eigenschaft zuschreiben bzw. diese als strukturelle Eigenschaft erkennen. Dabei spielt das Faktenwissen von Multiplikationsaufgaben eine Rolle, wenn die Teilbarkeit über die Existenz von bekannten Malaufgaben – entsprechend der Teilerdefinition – abgeleitet wird.

Erkundungen von Zerlegungsbäumen

Ähnliche Entdeckungen wie beim Spiel „Wer zerlegt zuletzt?" können die Lernenden auch bei der systematischen Suche nach verschiedenen Zerlegungsbäumen zu einer

Abb. 5.24 Zerlegungsbäume
von Stufenzahlen

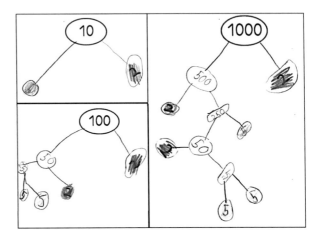

gegebenen oder selbst gewählten Startzahl (z. B. 24) machen. Die ersten Stufen der Zerlegungsbäume können ganz unterschiedlich aussehen: Je nachdem mit welchem Produkt mit zwei Faktoren auf der ersten Stufe gestartet wird, sind zunächst unterschiedliche Teiler im Zerlegungsbaum ablesbar. Dennoch ergibt sich als Muster auf der Grundlage der Eindeutigkeit der Primfaktorzerlegung, dass an den Astenden stets die gleichen Primfaktoren sichtbar sind. Dieses Muster kann von den Lernenden hinterfragt und begründet werden. Dabei ist es jedoch wichtig, explizit den Zusammenhang zwischen Startzahl und den Astenden (als deren Primfaktorzerlegung) zu thematisieren, um nicht auf der Musterebene, dem bloßen Wahrnehmen von gleichen Astenden, stehenzubleiben (StePs-Projekt, 2022 (Lizan)). Lernende können hierfür beispielsweise angeregt werden, neben der Darstellung im Zerlegungsbaum auch eine Malaufgabe aus allen Astenden zu notieren ($24 = 2 \cdot 2 \cdot 2 \cdot 3$) und das Produkt zu bestimmen. So kann die Startzahl als Produkt aller Primfaktoren verstanden werden.

Mit Hilfe von Zerlegungsbäumen lassen sich auch Zahlen mit besonderen Eigenheiten bezüglich ihrer Primfaktorzerlegung betrachten. So besitzen beispielsweise die Zehnerpotenzen (10, 100, 1000, …) als sogenannte Stufenzahlen Primfaktorzerlegungen, die ausschließlich aus den Primfaktoren 2 und 5 bestehen. Ähnlich lassen sich auch Zweierpotenzen als besondere Zahlen thematisieren. Diese Besonderheiten, die sich durch spezielle Primfaktorzerlegungen der Zahlen ergeben, zeigen sich als spannende Muster in den Astenden von Zerlegungsbäumen (Abb. 5.24, StePs-Projekt, 2022 (Lizan)).

5.6   Figuriertheit von Zahlen

Es waren vor allem die Pythagoreer, von denen erste Aufzeichnungen über die Entdeckung von Paritäten als besondere Zahleigenschaften vorliegen. Genauso wie es in den zu Beginn des Kapitels diskutierten Darstellungen (Abb. 5.3) angeregt wird, nutzte auch schon die griechische Mathematik etwa 500 v. Chr. geometrische Anordnungen (von Rechensteinchen statt Plättchen), um daran Erkenntnisse über besondere Zahleigenschaften zu erlangen (Damerow & Schmidt, 2004).

Die Pythagoreer untersuchten Zahlen auch auf weitere Eigenschaften, die sich durch Anordnungen in Legeprozessen mit Steinchen o. Ä. zeigen. So erkannten und benannten sie solche Zahlen, die sich mit Steinchen als besondere geometrische Formen, als sogenannte *figurierte Zahlen* (oder auch Polygonalzahlen) legen lassen (Schubring, 2021, S. 53). Die bekanntesten unter diesen Formen sind Quadrate (Quadratzahlen), Rechtecke (Rechteckszahlen) und Dreiecke (Dreieckszahlen). Es handelt sich folglich um Zahlen, deren geometrische Visualisierung eine besondere ästhetische Gestalt besitzen. Aus dieser Perspektive handelt es sich bei der „Figuriertheit" um eine Zahleigenschaft, die auch schon für Kinder in der Grundschule zugängliche spannende und vor allem ästhetische Muster entstehen lässt (Steinweg, 2002, 2005).

> „… – die Muster dienen letztendlich als Veranschaulichung der arithmetischen Beziehungen, das heißt, sie haben eine epistemologische Funktion in dem Sinne, dass ihre geometrischen Regelmäßigkeiten zum Aufspüren, Formulieren und Begründen der algebraischen Strukturen genutzt werden sollen." (Nührenbörger & Schwarzkopf, 2010, S. 196)

Die Abb. 5.25 gibt eine Übersicht über die anschauliche Gestalt und die expliziten Termstrukturen von Quadrat-, Dreiecks- und Rechteckszahlen.

Die besondere geometrische Figur von Quadrat- und Rechteckszahlen lässt sich arithmetisch auf die spezifischen Teilbarkeitseigenschaften zurückführen, die in den expliziten Termstrukturen dieser Zahlen deutlich werden. Quadratzahlen sind genau jene Zahlen, die sich als Produkt von zwei gleichen Faktoren (n) und somit als Plättchenkonfiguration eines Quadrats (n^2) darstellen lassen. Als Rechtecke lassen sich genau die Zahlen legen, die zwei aufeinanderfolgende Teiler besitzen ($n \cdot (n + 1)$).

Quadratzahlen	Rechteckszahlen	Dreieckszahlen
Explizite Betrachtung: Die n-te Quadratzahl hat die Form eines Quadrats mit den Seitenlängen n. $$Q_n = n^2$$	*Explizite Betrachtung:* Die n-te Rechteckszahl hat die Form eines Rechtecks mit den Seitenlängen n und (n+1). $$R_n = n \cdot (n + 1)$$	*Explizite Betrachtung:* Die n-te Dreieckszahl hat die Form eines Dreiecks und ist die Hälfte der n-ten Rechteckszahl. $$D_n = \frac{n \cdot (n + 1)}{2}$$

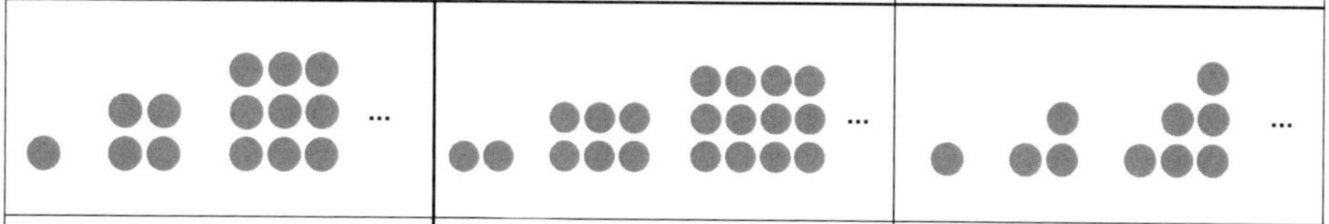

Abb. 5.25   Quadratzahlen, Rechteckszahlen und Dreieckszahlen

Rechnet mit Dreieckszahlen und vergleicht.

a) 1 + 1   b) 3 + 3
   1 · 2   2 · 3

c) 6 + 6   d) 10 + 10
   3 · 4   __ · __

e) 15 + 15   f) __ + __
   __ · __   6 · 7

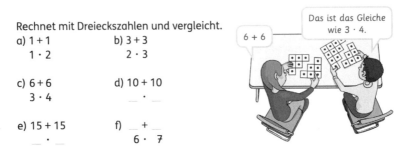

Abb. 5.26 Anschauliche Herleitung von Dreieckszahlen. (© Klett: Nührenbörger, M., Schwarz-kopf, R., Bischoff, M., Götze, D. & Heß, B. (2017). *Das Zahlenbuch 2*. Klett, S. 131)

Die Figur der Dreieckszahlen ergibt sich nicht direkt aus Teilbarkeiten bzw. einer Produktdarstellung. Die explizite Formel kann über die Beziehung zu Rechteckszahlen hergeleitet werden: Halbiert man Rechteckszahlen bzw. verdoppelt man eine Dreieckszahl wie in der Schulbuchabbildung (Abb. 5.26), so zeigt sich diese interessante Relation. Jede Dreckszahl ist die Hälfte der entsprechenden Rechteckszahl und jede Rechteckszahl ist das Doppelte der Dreieckszahl. Auf diese Weise kann der explizite Term $\frac{n \cdot (n+1)}{2}$ für die Dreieckszahlen anschaulich durch das Halbieren von Rechteckszahlen hergeleitet werden.

Auch Dreieckszahlen können auf Teilbarkeiten hin untersucht werden und lassen spannende Entdeckungen zu. Jede Dreieckszahl kann beispielsweise durch einen geraden Schnitt an der passenden Stelle in zwei Teile zerlegt werden und dann durch Umlegen des einen Teilstücks ein Rechteck entstehen lassen. Bei diesen Teilungs- und Umlegehandlungen ergeben sich für Dreieckszahlen zwei Fälle:

- Für jede Dreieckszahl D_n mit ungeradem n, also D_1, D_3, D_5 usw., entsteht ein Rechteck, dessen eine Seitenlänge der Dreieckszahl entspricht. So wird z. B. aus D_3 durch Umlegen das Rechteck 3 · 2. Allgemein ergibt sich damit: $n \cdot \frac{(n+1)}{2}$.
- Bei geradem n hingegen, also D_2, D_4, D_6 usw., besitzen die durch Umlegen entstehenden Rechtecke jeweils eine Seitenlänge, die der Hälfte der Dreiecksseite entspricht, und eine Seitenlänge, die dem Nachfolger von n entspricht. Aus D_4 wird so beispielsweise 2 · 5. Allgemein gilt damit: $\frac{n}{2} \cdot (n+1)$. Die Bedeutung von solchen verlustfreien Umlegeprozessen vor dem Hintergrund der Gleichwertigkeit wird in Kap. 7 genauer beschrieben.

Eine funktionale Perspektive auf figurierte Zahlen erlaubt weitere spannende Entdeckungen, die in Kap. 8 unter der Grundidee der Funktionen aufgegriffen und deshalb hier nur kurz angedeutet werden. Betrachtet man den sukzessiven Aufbau von z. B. Quadratzahlen von der ersten Q_1 (1 · 1), zur zweiten Q_2 (2 · 2) usw., so wird neben der Eigenschaft, eine besondere geometrische Figur zu besitzen, außerdem eine weitere spezielle Eigenschaft figurierter Zahlen sichtbar: Figurierte Zahlen lassen sich als Summation von besonderen

Zahlenfolgen interpretieren. Dreieckszahlen sind Summen von natürlichen Zahlen, Quadratzahlen die der ungeraden und Rechteckszahlen die der geraden Zahlen (Kap. 8).

Figurierte Zahlen begegnen den Lernenden in verschiedenen Kontexten auch außerhalb der Thematisierung von Folgen: Quadratzahlen werden als besondere Aufgaben oder Kernaufgaben beim Erlernen des Einmaleins gekennzeichnet, Dreieckszahlen finden sich beispielsweise beim Lösen von kombinatorischen Fragestellungen wieder (z. B. Wie viele Möglichkeiten gibt es, n Plättchen in eine dreispaltige Stellentafel zu legen? Wie viele Möglichkeiten gibt es, 2 aus n Farben auszuwählen?), Dreieckszahlen lassen sich auch in Untersuchungen des Pascalschen Dreiecks wiederentdecken (Steinweg & Benz, 2007).

Zusammenhänge zwischen figurierten Zahlen
Nicht nur die figurierten Zahlen selbst, sondern auch die Beziehungen und Zusammenhänge zwischen ihnen bieten reichhaltige Möglichkeiten für spannende Erkundungen. Für die Herleitung des expliziten Terms der Dreieckszahlen wurde im vorangehenden Absatz bereits der Zusammenhang genutzt, dass sich eine Rechteckszahl in zwei gleiche Dreieckszahlen zerlegen lässt. Auch weitere Zusammensetzungen bzw. Zerlegungen von figurierten Zahlen halten interessante Beziehungen für die Lernenden bereit. Dies soll hier anhand eines exemplarischen Beispiels verdeutlicht werden.

Auf Musterebene können Lernende in der abgebildeten Aufgabe (Abb. 5.27) entdecken, dass die Summe von zwei benachbarten Dreieckszahlen stets eine Quadratzahl ergibt ($D_n + D_{n+1} = Q_{n+1}$). Die bildlichen Impulse regen zu konkreten oder mentalen Materialhandlungen an und bieten eine Möglichkeit, hinter die Musterkulisse zu blicken und die Eigenschaften der figurierten Zahlen zur Argumentation der Zusammenhänge zu nutzen. Kinder können anhand von konkreten Beispielen erkennen, wie die sichtbaren „Treppen" ineinandergreifen und diese Erkenntnisse dann verallgemeinern. Solche und ähnliche Zusammenhänge (vgl. Neubrand & Möller, 1999) können mit Hilfe von operativen Beweisen (Kap. 3) bereits in der Grundschule anschaulich begründet werden.

Figurierte Zahlen und Paritäten
Figurierte Zahlen bieten sich ebenfalls an, um sie auf die Eigenschaft der Parität (Abschn. 5.4), also der Teilbarkeit durch 2, zu untersuchen. Auch hier ergeben sich spannende Muster zur Erforschung und zur strukturellen Begründung.

Addiert immer benachbarte Dreieckszahlen.
Was fällt euch auf?

1 + 3	15 + 21
3 + 6	21 + 28
6 + 10	28 + 36
10 + 15	36 + 45

Abb. 5.27 Zusammenhänge zwischen figurierten Zahlen. (© Klett: Nührenbörger, M., Schwarzkopf, R., Bischoff, M., Götze, D. & Heß, B. (2017). *Das Zahlenbuch 2*. Klett, S. 131)

Zunächst lässt sich auf rein phänomenologischer Musterebene feststellen, dass alle Rechteckszahlen ausschließlich gerade sind, die Parität sich bei den Quadratzahlen immer abwechselt und bei den Dreieckszahlen jeweils zwei gerade Dreieckszahlen auf zwei ungerade Dreieckszahlen folgen usw. Diese Paritäten lassen sich mit den jeweiligen expliziten Termen begründen.

- *Rechteckszahlen sind immer gerade (g, g, g, …):* Rechteckszahlen lassen sich als Produkt von zwei aufeinanderfolgenden Zahlen, also mit dem Term $n \cdot (n + 1)$, darstellen (Abb. 5.25). Da sich die Parität in der Folge der natürlichen Zahlen abwechselt, ist stets einer der beiden Faktoren gerade (der andere stets ungerade), und damit müssen auch Rechteckszahlen als deren Produkt immer gerade sein.
- *Quadratzahlen sind abwechselnd ungerade und gerade (u, g, u, g, …):* Quadratzahlen sind das Produkt zweier gleicher Zahlen und durch den Term n^2 bestimmt. Die Parität wechselt gemäß der Folge natürlicher Zahlen ab. Da sich bei Quadratur die Parität nicht ändert, lässt sich dasselbe Muster auch bei den Quadratzahlen wiederfinden.
- *Dreieckszahlen wechseln ihre Parität im Zweierrhythmus (u, u, g, g, u, u, g, g, …):* Dreieckszahlen lassen sich mit dem Term $\frac{n \cdot (n+1)}{2}$ darstellen. Das Produkt zweier aufeinanderfolgender Zahlen n und $(n + 1)$ wird stets halbiert. Damit das Ergebnis gerade bleibt, muss das Produkt folglich durch 4 teilbar sein. Dies ist nur der Fall, wenn einer der beiden Faktoren durch 4 teilbar ist (der andere Faktor ist ungerade, da es sich um aufeinanderfolgende Zahlen handelt). Es gibt also wiederum zwei Möglichkeiten bzw. Fälle. 1. Fall: $n + 1$ ist ein Vielfaches von 4, d. h., n ist der Vorgänger eines Vielfachen von 4. 2. Fall: n ist ein Vielfaches von 4. Dreieckszahlen sind gerade für alle n mit $n = 4 \cdot k - 1$ und für alle $n = 4 \cdot k$ (mit k $\in \mathbb{N}$). Die ersten geraden Dreieckszahlen ergeben sich somit für n = 3 (d. h. $\frac{3 \cdot 4}{2} = 6$) und $n = 4$ (d. h. $\frac{4 \cdot 5}{2} = 10$), also die dritte und vierte Dreieckszahl.

5.7   Zahlen im dezimalen Stellenwertsystem

Ein wichtiger Bestandteil des Grundschulunterrichts ist die Erarbeitung des dezimalen Stellenwertsystems. Ein tragfähiges Stellenwertverständnis wird von Gaidoschik et al. (2021) als wesentliches Ziel in der Prävention und Förderung von Kindern mit Schwierigkeiten beim Mathematiklernen genannt. In den Bildungsstandards wird als zentrale Kompetenz formuliert: „Die Schülerinnen und Schüler … erkennen, erklären und nutzen den Aufbau des dezimalen Stellenwertsystems (z. B. Bündelungsprinzip, Stellenwertprinzip)" (KMK, 2022, S. 14). Das dezimale Stellenwertsystem ermöglicht die Schreibweise von Zahlen mit Ziffern. In dieser Ziffernschreibweise stecken wesentlich mehr Informationen, als auf den ersten Blick deutlich wird. Die Kennzeichnung einer Zahl als 473 beinhaltet die Information, dass 3 Einer, 7 Zehner und 4 Hunderter diese Zahl ausmachen. Die Zahlnotation ist damit also eine verkürzte Darstellung der sogenannten Potenzschreibweise von Zahlen $473 = 4 \cdot 10^2 + 7 \cdot 10^1 + 3 \cdot 10^0$.

Oftmals wird auch in diesem Themenfeld von der *Struktur des Dezimalsystems* gesprochen, der sich Lernende durch Arbeit an der Stellentafel oder mit an Dekaden orientiertem Material (wie Mehrsystemblöcken usw.) annähern. Im Gegensatz zu den in den vorherigen Abschnitten beschriebenen Zahleigenschaften, die sich direkt als mathematisch festgelegte Eigenschaft von natürlichen Zahlen zeigen, ist das dezimale Stellenwertsystem (und damit verbunden auch seine spezifischen Eigenschaften) im Laufe einer langen historischen und kulturellen Entwicklung entstanden. Die Dezimalschreibweise ist also eine Konvention.

Dass wir Zahlen so notieren und aussprechen, wie wir es heute tun, liegt neben kulturell bedingten Prozessen gerade daran, dass die besonderen Eigenschaften des dezimalen Stellenwertsystems sich als Vorteile im Umgang und beim Rechnen zeigten und sich so gegenüber anderen Zeichensystemen durchsetzten. Diese Vorzüge des Rechnens mit der indisch-arabischen Schreibweise von Zahlen überzeugten gerade in den Algorithmen und lösten so das Rechnen mit dem Abakus ab (Damerow & Schmidt, 2004). Dabei sei nur nebenbei angemerkt, dass die Bezeichnung Algorithmus auf den Namen des Mathematikers Muhammed ibn Musā al-Khwārizmī zurückgeht (die Bezeichnung Algebra hingegen auf den Titel eines seiner Werke; Kap. 1). Da es sich beim Stellenwertsystems und der Zahlschreibweise in Ziffern um historisch entwickelte Konventionen handelt, ist es nachvollziehbar, dass die wichtigen Eigenschaften und Relationen für Kinder nicht leicht ersichtlich sind und Schwierigkeiten bereiten können (Fromme, 2017).

Der Unterschied zu den vorherigen Abschnitten wird besonders gut durch den Vergleich mit den bisher beschriebenen Zahleigenschaften deutlich, die sich als unabhängig von der Notation der Zahl in einem Stellenwertsystem erweisen. Wird beispielsweise die im Eingang des Kapitels betrachtete Zahl 15 im Fünfersystem als $(30)_5$ ziffernweise notiert, so wird deutlich, dass sie aus drei Fünfern besteht ($15 = 3 \cdot 5^1 + 0 \cdot 5^0$). Diese nun im Stellenwertsystem zur Basis 5 notierte Zahl kann weiterhin auf vielfältige Weise additiv zerlegt werden und sie ist weiterhin ungerade, also nicht durch 2 teilbar. Ebenfalls steht sie in derselben Teilbarkeitsbeziehung zur 5 wie oben aufgeführt und lässt sich auch weiterhin als die Summe der ersten 5 natürlichen Zahlen legen. Muster, die hingegen auf Eigenschaften des dezimalen Stellenwertsystems basieren, verändern sich mit der Notation im jeweiligen Stellenwertsystem: So gelten beispielsweise andere Teilbarkeitsregeln (wie Endstellen und Quersummenregeln). Die Zahl $(30)_5$ ist nicht durch 2 teilbar, obwohl die letzte Ziffer eine 0 ist, da im Fünfersystem keine Endstellenregel für die Teilbarkeit durch 2 existiert. Eine Quersummenregel ließe sich hier nicht mehr für die Teilbarkeit durch 9 oder 3, sondern für die Teilbarkeit durch 4 und 2 formulieren (zu Teilbarkeitsregeln siehe Padberg & Büchter, 2015).

Es sind allerdings gerade die Zahleigenschaften der additiven und multiplikativen Zerlegbarkeit, die die Freiheit geben, Zahlen in unterschiedlichen Stellenwertsystemen zu

schreiben, und es auch möglich machen, die Zahl 10 als konventionelle Basis festzulegen.
Gerade weil sich eine Menge additiv beliebig in Teilmengen zerlegen lässt (Abschn. 5.1),
können diese Teilmengen so gewählt werden, dass jede davon wiederum die entsprechende
Teilbarkeitsbeziehung zu den Potenzen der gewählten Basis besitzt. Für das Dezimalsystem bedeutet dies, dass sich jede Zahl in Vielfache von 10 bzw. ihrer Stellen Einer, Zehner, Hunderter usw. zerlegen lässt, z. B.

$$1234 = 1T + 2H + 3Z + 4E = 1 \cdot 10^3 + 2 \cdot 10^2 + 3 \cdot 10^1 + 4 \cdot 10^0.$$

In einem anderen Stellenwertsystem lässt sich jede Zahl entsprechend ebenso an der jeweiligen Basis orientiert zerlegen. Diese Zerlegungen unter Nutzung der größtmöglichen
Bündelungen sind in jeder Basis nicht nur möglich, sondern auch eindeutig. Da das dezimale Stellenwertsystem mathematisch auf der Grundlage additiver und multiplikativer
Zahleigenschaften beruht, werden diese in der fachdidaktischen Literatur wiederum als
wichtige Voraussetzung für die Entwicklung eines tragfähigen Stellenwertverständnisses
benannt (Resnick, 1983; Ross, 1989; Wartha & Schulz, 2011). Für eine detaillierte Beschreibung der mathematischen Grundlagen und Besonderheiten im Vergleich zu anderen
Stellenwertsystemen und anderen Zahlschriften sei an dieser Stelle auf Padberg & Benz
(2021) sowie Schulz & Wartha (2021) verwiesen.

Die besondere Effizienz unserer Zahlschrift erlaubt es, allein durch die Position der Ziffern die Mächtigkeit der Bündelungseinheit angeben zu können, ohne diese explizit notieren zu müssen. Die besondere Herausforderung des Stellenwertverständnisses ist es folglich, den Ziffern einer Zahl auch die entsprechende Bedeutung ihres Stellenwerts zuzuordnen, der durch ihre Position bestimmt ist. Zahlen dürfen nicht als reine Aneinanderreihung
von Ziffern verstanden werden, mit denen nach bestimmten Regeln zu hantieren ist (Gaidoschik et al., 2021). Selbst wenn Kinder beim Zählen einer Menge die Anzahl korrekt bestimmen und sie symbolisch als Zahl notieren, so muss dies nicht zwangsläufig auf ein
tragfähiges Stellenwertverständnis schließen lassen.

> „Bevor Kinder ein Stellenwertkonzept erwerben, gründet ihr Zahlverständnis auf einer-
> weisem Abzählen einer ansonsten ungegliederten Menge diskreter, gleicher Elemente. Die
> schwierigste Erkenntnis beim Erwerb von *Stellenwertverständnis* ist, dass die Zahl auch eine
> durch Zehnergruppen und Einzelne strukturierte Menge symbolisiert. Zehnergruppen müssen
> mit einerweise abgezählten Mengen verknüpft werden." (Gerster & Schultz, 2004, S. 82)

Diese Verknüpfung lässt sich in *strukturierten* Darstellungen der Zahl erkennen (Wartha &
Schulz, 2011, S. 10; siehe auch Gerster & Schultz, 2004, S. 83). In diesen Fällen können
sie deshalb als strukturiert auch im von uns verwendeten Sinn der Struktur bezeichnet
werden, da sie die spezifischen Eigenschaften der Zahl hervorheben.

Dass sich Lernende Zahlen teilweise nicht als Vereinigung von verschiedenartigen Einheiten, sondern als Vielzahl isolierter Einzelner vorstellen, bestätigt auch die Studie von
Fromme (2017). Gruppierte Darstellungen, wie von Gerster und Schultz (2004) eingefordert, finden sich auch in Lehrwerken und sollten zur expliziten Thematisierung der

36 **Einer**. Wie bündeln die Kinder? Erzählt.

Abb. 5.28 Darstellungen von Zahlen im Dezimalsystem. (© Klett: Nührenbörger, M., Schwarz-kopf, R., Bischoff, M., Götze, D. & Heß, B. (2022). *Das Zahlenbuch 2*. Klett, S. 27)

Bedeutung von Stellenwerten genutzt werden. In der hier dargestellten Schulbuch-abbildung (Abb. 5.28) findet sich insbesondere die Idee der dekadischen Zerlegung auf verschiedenen Darstellungsebenen (Bündel, Stellenwerttafel, Zehnerstangen bzw. -strei-fen und Einerpunkte, sprachliche Beschreibung) wieder, die miteinander verknüpft wer-den sollen.

Die Thematisierung des Dezimalsystems lässt sich bereits frühzeitig mit der in Abschn. 5.1 erläuterten additiven Zerlegbarkeit von Zahlen verknüpfen. Bereits im ersten Schuljahr sollte Zerlegungen der 10 (und der 5) sowie Zerlegungen von Zahlen in Zehner und Einer ($14 = 10 + 4$) besondere Beachtung geschenkt und die besondere Rolle der 10 an-gesprochen werden (Gaidoschik, 2010). Im größeren Zahlenraum spielen dann weiterhin Zerlegungen in die Stellenwerte der Zahl sowie insbesondere das fortgesetzte Bündeln und Entbündeln eine Rolle. Gaidoschik et al. (2021, S. 6) benennen dabei auch für mehrstellige Zahlen „das konsequente Einfordern des Begründens und Rückführens von Regeln auf die zuvor erarbeiteten Prinzipien des dezimalen Stellenwertsystems" als bedeutsam.

Die Zehnerbündelung, die im Zahlenraum bis 1000 noch gut mit Anschauungsmitteln dargestellt werden kann, ist im größeren Zahlenraum schwieriger zu verdeutlichen, aber nicht weniger wichtig, da erst hier die Regelmäßigkeit der sukzessiven Verzehnfachung er-kannt werden kann. Die strukturelle Beziehung zwischen den Wertigkeiten der Stellen-werte zeigt sich erst hier als Muster „immer mal zehn". Für Visualisierungen dieser wich-tigen Beziehungen können die flächigen Veranschaulichungen auf Millimeterpapier weitergeführt werden.

„Die dabei entstandenen kardinal strukturierten Vorstellungsbilder folgten bis zum Tausen-der einem alternierenden Muster aus Streifen und Quadraten: 10 Einer werden zu einem Zehnerstreifen, 10 Zehnerstreifen zu einem Hunderterquadrat und 10 Hunderterquadrate zu einem Tausenderstreifen gebündelt. Dieses Muster zieht sich wie ein roter Faden durch die

Erweiterungen des Zahlenraums: Ein Quadrat aus 10 Tausendern ist ein Zehntausender, ein Streifen aus 10 Zehntausendern ist ein Hunderttausender und ein Quadrat aus 10 Hunderttausendern ist eine Million." (Nührenbörger & Schwarzkopf, 2017c, S. 38)

Ebenso sind räumliche Veranschaulichungen mit Hilfe von Mehrsystemblöcken möglich, die eine Wiederholung von Würfel-Stange-Platte sichtbar werden lassen (vgl. Padberg & Benz, 2021, S. 95; Schulz & Wartha, 2021).

Ziffernmuster im Dezimalsystem

Es gibt eine Vielzahl von Mustern, die auf den Besonderheiten des Dezimalsystems beruhen und so beispielsweise bei der Behandlung der schriftlichen Rechenverfahren beim strukturierten Üben (Kap. 4) genutzt werden. Es ist nicht verwunderlich, dass solche Zahlenmuster den Lernenden besonders zugänglich sind und sie faszinieren, da sie sich direkt auf symbolischer Ebene in Form von schönen Ziffernkonstellationen wahrnehmen lassen (Steinweg, 2001; Steinweg & Schuppar, 2004). Anregungen finden sich in Lehrwerken und Unterrichtsvorschlägen zuhauf. Ausgangspunkt ist meistens, Zahlen aus besonders gewählten Ziffern zu bilden (beispielsweise sich wiederholende Ziffern bei ANNA-; MIMI-, UHU-Zahlen oder aufeinanderfolgenden Zahlen usw.), diese nach einer bestimmten Vorschrift anzuordnen und dann Operationen damit auszuführen. In den Ergebnissen lassen sich dann wiederum spannende Ziffernmuster entdecken, die sich auch für Erkundungen von Gleichwertigkeiten anbieten (Kap. 7).

Um diese Phänomene als erstaunlich wahrzunehmen, ist oft eine größere Zahl von Berechnungen notwendig. Geeignet ist deshalb die Idee, dass jedes Kind mindestens 5 Zahlen bildet und die entsprechenden Aufgaben berechnet und dann alle entstandenen Ergebnisse der gesamten Klasse an der Tafel zusammengetragen werden. In ersten Reaktionen beschreiben Lernende dann zumeist sichtbare Muster, die sie in diesen Ergebniszahlen erkennen.

Die hinter den Mustern liegenden Strukturen hingegen sind oftmals komplex. Entsprechend ist es hier umso wichtiger, bewusst den Schritt zur Erforschung und Begründung des Musters, also auf die Strukturebene zu gehen, einzufordern und sich nicht mit dem Benennen der schönen Muster zufriedenzugeben. Gerade bei Ziffernmustern ist es aufgrund der Diskrepanz zwischen leicht erkennbarem Muster und komplexer Struktur besonders verführerisch, auf der Musterebene stehen zu bleiben.

Umkehrzahlen

Eine beliebte Ziffernaktivität, die hier exemplarisch für die oben genannten Ziffernmuster beschrieben wird, stellt die Subtraktion von Umkehrzahlen (vgl. Steinweg, 1997) dar, die sich ideal für produktive Übungen und gleichzeitig für das Erkunden von Strukturen des dezimalen Stellenwertsystems eignet.

Die Aufgabenvorschrift lautet für dreistellige Umkehrzahlen wie folgt: Man wähle drei Ziffern und bilde daraus eine dreistellige Zahl (z. B. aus den Ziffern 1, 3 und 4 die Zahl

431). Anschließend subtrahiere man von dieser deren Umkehrzahl (also 134). Die entstehenden Differenzen (hier 431 − 134 = 297) bieten eine Fülle an Mustern, welche sich mit Hilfe gezielter Impulse erforschen lassen:

- Es sind nur 9 verschiedene Ergebnisse möglich (99, 198, 297, 396, 495, 594, 693, 792, 891).
- In der Mitte der dreistelligen Ergebniszahlen (also im Zehner) steht immer die 9, während Einer- und Hunderterziffer sich jeweils zu 9 ergänzen.
- Werden die Ergebnisse sortiert aufgeschrieben, erhöht sich die Hunderterstelle jeweils um eins, während die Einerstelle gleichzeitig um eins verringert wird.
- Die Ergebnisse sind Vielfache der Zahl 99, nämlich 1 · 99 bis 9 · 99, wobei der Multiplikator von der Zifferndifferenz zwischen Hunderter- und Einerstelle der Ausgangszahl abhängt.

Bei all diesen Entdeckungen handelt es sich um Muster, die hinterfragt und begründet werden können. So betonen Wittmann und Müller, dass geeignete Impulse zur Erforschung notwendig sind:

> „Wie kommt es, daß [sic!] bei den Ergebnissen in der Mitte immer eine 9 steht? Warum ergeben Einerziffer und Hunderterziffer zusammen immer 9? Warum nimmt die Einerziffer in den Ergebnissen von Stockwerk zu Stockwerk immer um 1 zu?" (Wittmann & Müller, 1992, S. 40)

Für die Begründung von solchen Mustern aus Ziffernaufgaben ist es durchgängig wichtig, die Ziffernnotation, d. h. die Stellenwertdarstellung, einzubeziehen und den Blick dadurch explizit auf das dezimale Stellenwertsystem zu legen. Um der strukturellen Basis der beschriebenen Muster auf die Spur zu kommen, ist in der Grundschule die Verwendung einer Stellentafel unabdingbar, in der die Beziehungen der Stellen expliziert werden können. Für einen anschaulichen Zugang bietet es sich typischerweise an, die beteiligten Ziffern für handlungsorientierte Begründungen der Struktur als Plättchen oder Punkte in der Stellentafel darzustellen (Abb. 5.29). Eine hierbei geeignete Heuristik ist es, von einem Beispiel mit kleinstmöglichen Ziffern bzw. Zifferndifferenzen auszugehen. Die hieran erkannten mathematischen Beziehungen können dann verallgemeinert werden.

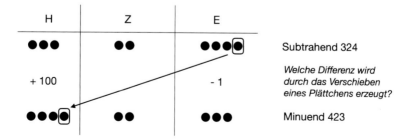

Abb. 5.29 Differenzen von Umkehrzahlen in der Stellentafel

Für eine erste Untersuchung der Differenzen aus Umkehrzahlen eignet sich ein Zahlenbeispiel, in welchem der Unterschied zwischen Hunderter- und Einerstelle 1 beträgt (hier im Beispiel 423 − 324). In der Stellentafel kann die Differenz im Sinne des Auffüllens (Padberg & Benz, 2021) als Ergänzung vom Subtrahenden 324 zum Minuenden 423 behandelt werden. Damit wird die Differenz als Bilanz der Veränderung positiv. Beim Vergleich von Subtrahend und Minuend kann festgestellt werden, dass die Zehnerziffer gleich bleibt, während Einer- und Hunderterstelle ihre Plätze tauschen. Für die Differenzbildung werden in der Stellentafel entsprechend der Zifferndifferenz (hier 1) Plättchen aus der Einerspalte in die Hunderterspalte geschoben.

Die Wirkung dieser Verschiebung lässt sich systematisch untersuchen und nun auf die Besonderheiten des dezimalen Stellenwertsystems als zugrunde liegender Struktur zurückführen. Bei der Verschiebung eines Plättchens aus der Einerspalte (−1) in die Hunderterspalte (+100) ergibt sich eine Differenz von Stufenzahlen (100 − 1 = 99). Werden bei einer Zifferndifferenz von 2, z. B. bei 543–345, zwei Plättchen verschoben, muss diese Handlung doppelt durchgeführt werden und es ergibt sich in der Bilanz der Differenz entsprechend das Doppelte $(2 \cdot (100 − 1) = 200 − 2 = 2 \cdot 99 = 198)$ usw. Solche operativen Beweise lassen sich für analoge Ziffernspielereien nutzen (vgl. z. B. Steinweg & Schuppar, 2004, S. 23 für ANNA-Zahlen).

Als eine weiterführende Erfahrung, die ggf. über verschiedene Ziffernspielereien wie Umkehrzahlen, ANNA-Zahlen usw. hinweg gewonnen werden kann, ergibt sich, dass durch ein Verschieben von Plättchen in der Stellentafel ausschließlich Vielfache von 9 als Differenzen entstehen können. Aus dieser Erkenntnis (und auf der Grundlage der Differenzregel zu Teilbarkeiten) kann (zumindest später in der Sekundarstufe) erarbeitet werden, dass sich die Teilbarkeit durch 9 beim Bilden der Quersumme nicht verändert (Büchter & Padberg, 2019), denn das Bilden einer Quersumme stellt mit der Interpretation aller Ziffern der Zahl als Einer nichts anderes dar als ein Verschieben aller Plättchen in die Einerspalte.

Auch die anderen Muster in den Differenzen der dreistelligen Umkehrzahlen können mit der besonderen Beziehung der Basis 10 zur 9 als größtmöglicher Ziffer erklärt werden, u. a. warum sich im Zehner immer die Ziffer 9 ergibt. In diesem Stellenwert werden immer zwei gleiche Ziffern voneinander subtrahiert, sodass das Ergebnis eigentlich 0 sein müsste. Da durch die Aufgabenregel jedoch die Ziffer im Einer des Subtrahenden immer größer ist als die des Minuenden, entsteht stets ein Übertrag an der Zehnerstelle, welche die Differenz im Zehner 9 begründet und einen weiteren Übertrag in die Hunderterstelle erforderlich macht.

Die 9 besitzt im Dezimalsystem eine besondere Rolle: Sie ist die größte Ziffer im Dezimalsystem − eine Eigenschaft, die wiederum stellenwertsystemspezifisch ist. Im Fünfersystem fällt diese Eigenschaft der Ziffer 4 zu, d. h., dass sich beim Verschieben von Plättchen in einer Stellentafel im Fünfersystem stets Differenzen bilden, die Vielfache von 4 sind. Infolgedessen ist es nicht verwunderlich, dass auch die Ziffernmuster in Aufgabenformaten wie Differenzen von Umkehrzahlen sich in anderen Stellenwertsystemen verändern würden: Im Fünfersystem wären die Differenzen von dreistelligen

Umkehrzahlen z. B. immer Vielfache von $(44)_5$ und nur die Ergebnisse $(44)_5$, $(143)_5$, $(242)_5$ und $(341)_5$ möglich, die wiederum analoge, aber stellenwertsystemspezifische Beziehungen und Muster aufweisen.

Durch diese Unterschiede wird deutlich, dass im Gegensatz zu den in den Abschn. 5.1, 5.2, 5.3, 5.4, 5.5 und 5.6 beschriebenen Zahleigenschaften die auftretenden Muster und die zur Begründung wesentlichen Strukturen je nach Basis veränderlich sind. Anders ausgedrückt: Ziffernmuster, die auf den Strukturen des Dezimalsystems beruhen, sind von den Konventionen unserer Zahlschrift abhängig, wohingegen beispielsweise die Parität oder die Figuriertheit einer Zahl keinen Konventionen unterliegt und völlig unabhängig ist.

Das Beispiel der Differenzen von Umkehrzahlen zeigt auf, dass sich durch solche Ziffernspielereien interessante Muster ergeben können, welche von den Kindern auf Ziffernebene leicht erkannt werden können. Die Begründungen sind jedoch nicht direkt offensichtlich. Für verallgemeinernde und allgemeine Begründungen ist je das Stellenwertsystem bzw. Dezimalsystem als strukturgebend zu beachten. Im Unterricht sind deshalb Darstellungen wichtig, in denen die systematischen Zusammenhänge der Stellenwerte ausgenutzt und für Begründungen genutzt werden können. Nicht nur im Bereich der Grundschule sind Handlungen an der Stellenwerttafel hier besonders tragfähig. Auch wenn hier Konventionen die Struktur bestimmen, sollte die Thematisierung solcher Aufgabenformate nicht auf der Musterebene stehen bleiben, sondern durch gezielte Impulse, Darstellungen und Anregungen strukturelle Begründungen vorbereiten, um die intendierten Einsichten in das Stellenwertsystem zu ermöglichen.

Rechenoperationen erforschen

„A focus on the behavior of addition, subtraction, multiplication, and division helps students come to see an operation not exclusively as a process or algorithm, but also as a mathematical object in its own right .... As the operations become salient, seen as objects with a set of characteristics unique to each, students are positioned to recognize and apply their distinct structures." (Schifter, 2018, S. 310)[1]

Operationen besitzen, genau wie Zahlen, strukturelle Eigenschaften, die im Arithmetikunterricht im Sinne der Förderung algebraischen Denkens erforscht werden können. Für die Addition kann beispielsweise festgestellt werden, dass die Reihenfolge der Summanden ohne Auswirkung auf das Ergebnis vertauscht werden kann, sich die Addition also kommutativ verhält. Andersherum formuliert ist die Kommutativität also eine Eigenschaft, die der Addition zugeschrieben werden kann. Solche Operationseigenschaften zu erfassen, ist ein wesentlicher Bestandteil des Operationsverständnisses.

Die Bildungsstandards benennen für den Inhaltsbereich *Zahlen und Operationen* unter dem Schwerpunkt *Rechenoperationen verstehen und beherrschen* die Kompetenzformulierung *„erkennen, erklären und nutzen Rechengesetze"* (KMK, 2022, S. 14). Diese Kompetenz ist gleichzeitig (in den Standards durch eine gelbe Färbung markiert) dem Inhaltsbereich Muster und Strukturen zugewiesen. Auch in den Lehrplänen werden Operationseigenschaften, genau wie in den Bildungsstandards, oftmals unter dem Begriff

---

[1] Übersetzung durch Autorinnen: „Der Fokus auf das Verhalten von Addition, Subtraktion, Multiplikation und Division hilft den Lernenden, eine Operation nicht ausschließlich als Prozess oder Algorithmus zu verstehen, sondern als eigenständiges mathematisches Objekt .... Wenn Operationen in den Vordergrund treten und als Objekte mit einer Reihe von je spezifischen Eigenschaften betrachtet werden, sind die Lernenden in der Lage, ihre unterschiedlichen Strukturen zu erkennen und anzuwenden."

K. Akinwunmi, A. S. Steinweg, *Algebraisches Denken im Arithmetikunterricht der Grundschule*, Mathematik Primarstufe und Sekundarstufe I + II, https://doi.org/10.1007/978-3-662-68701-7_6

der *Rechengesetze* gefasst. Tatsächlich handelt es sich bei den Rechengesetzen um grundlegende Eigenschaften, die nicht verhandelbar, sondern als Strukturen der Mathematik eindeutig bestimmt sind. Insofern wurde nicht einfach festgelegt, dass beispielsweise die Addition und Multiplikation die Eigenschaft der Kommutativität besitzen und die Subtraktion und Division hingegen nicht, sondern diese Struktur kann durch eine Erforschung von Mustern zu Rechenoperationen erkannt werden.

Diese Eigenschaften, wie beispielsweise die Kommutativität, lassen sich nicht nur in der Arithmetik, sondern in ganz verschiedenen mathematischen Gebieten finden und können deshalb auf einer abstrakten Ebene betrachtet und miteinander verglichen werden. Die Algebra ist die mathematische Disziplin, die sich mit den Eigenschaften von Verknüpfungen – in der Arithmetik sind dies die Rechenoperationen – beschäftigt und untersucht, wie diese sich verhalten, wenn sie auf bestimmte Mengen angewendet werden. Für den mathematischen Hintergrund zu diesen sogenannten *algebraischen Strukturen* (z. B. *Gruppen, Ringe* oder *Körper*) sei an dieser Stelle auf T. Leuders (2016b) sowie auf Padberg und Büchter (2015) verwiesen, für einen historischen Einblick auf Hischer (2021). Für das algebraische Denken in der Grundschule ist wichtig, dass Eigenschaften von Operationen stets im Hinblick auf eine bestimmte Menge beschrieben und erforscht werden. In der Arithmetik der Grundschule ist diese betrachtete Menge der Zahlbereich $\mathbb{N}$ der natürlichen Zahlen (inklusive der 0).

Um eine Operation auf eine bestimmte Eigenschaft hin zu untersuchen, wird in der Algebra eine Annahme für die Gültigkeit der Eigenschaft für alle natürlichen Zahlen formuliert und anschließend bewiesen (für verschiedene Beweisarten der Rechengesetze vgl. Padberg & Büchter, 2019, S. 230–231 oder Walther & Wittmann, 2004). Im Unterricht der Primarstufe können die Operationen natürlich nicht auf abstrakte Weise an sich in den Blick genommen werden, sondern es wird auf Aufgaben- und Darstellungsebene kommuniziert und es werden Begriffe wie etwa Tauschaufgabe oder Umkehraufgabe eingeführt. Formal-logische Beweisführungen stehen somit nicht im Vordergrund, sondern es sollen Einsichten bzw. Begründungen „*epistemologischer* Natur" (Walther & Wittmann, 2004, S. 374) für die Lernenden ermöglicht werden. Aus diesem Grund spielen für die Grundschule die in Kap. 3 beschriebenen operativen Beweise eine bedeutsame Rolle. Die Untersuchungen der Operationseigenschaften werden an Beispielen durchgeführt, die gleichzeitig den Lernenden allgemeine Einsichten in die Gültigkeit für alle Zahlen in $\mathbb{N}$ erlauben.

Eine große Bedeutung besitzt an dieser Stelle die Unterscheidung zwischen Muster- und Strukturebene, die aus diesem Grund im Folgendem bei jeder Operationseigenschaft explizit aufgeführt wird: Lernende sind oftmals in der Lage, Muster zu erkennen und zu beschreiben, die sich durch die Anwendung von im Unterricht erlernten Rechengesetzen (Faktenwissen) ergeben (Häsel-Weide, 2016, S. 209) (z. B. „Das Ergebnis ist gleich, weil Tauschaufgaben immer das gleiche Ergebnis haben."). Das für die Arithmetik bedeutsame Ziel, ein strukturelles Verständnis der Operationseigenschaften zu entwickeln, kann hingegen eine große Herausforderung darstellen. Gerade deshalb liegt „der Schlüssel … in der bewussten und damit expliziten Thematisierung der Eigenschaften der Operationen" (Steinweg, 2013, S. 124) und insbesondere ihrer Allgemeingültigkeit. Da bei einigen

Kindern durchaus ein „letzter Funke Unglaube an die Beweiskraft von paradigmatischen Zahlenbeispielen bleibt" (ebd., S. 130), lohnt es sich, durch geeignete Nachfragen, durch Wechsel der Darstellungsebenen (numerisch und anschaulich) oder durch interessante weitere Muster ein Hinterfragen der eigenen Begründungsideen zu initiieren.

Viele Entdeckungen der Operationseigenschaften basieren auf einem Verständnis der Anzahlinvarianz (Walther & Wittmann, 2004, S. 370), also der Einsicht, dass die Mächtigkeit einer Menge sich nicht verändert, wenn bestimmte Handlungen oder gedankliche Umdeutungen an Anschauungsmaterialien vorgenommen werden. Für die Einsicht dieser Invarianz sind Vorstellungen von Mengen bedeutsam, d. h., Zahlen und Terme müssen kardinal als Mengen dargestellt werden (Padberg & Benz, 2021, S. 6), da Handlungen dann über ein räumliches Umdeuten oder Umordnen erfolgen und die Anzahlgleichheit erkannt werden kann (Kap. 5). Dies bedeutet jedoch nicht, dass es bei anderen Anschauungsmitteln, wie beispielsweise bei ordinalen Darstellungen, unmöglich ist, daran Erkenntnisse zu gewinnen.

Checkliste für die Thematisierung der Eigenschaften von Operationen
- Welche Eigenschaft der Grundidee *Operationen* soll im Mittelpunkt des Unterrichts stehen?
- Wie kann mit Materialhandlungen der Zusammenhang von Handlungen und Wirkungen thematisiert werden?
- Wie gelingt durch Muster die Anbahnung der Idee der Variablen als Unbestimmte?
- Welche Darstellungen (Repräsentationen, Materialen) bieten ein passendes Muster für Entdeckungen an?
- Welche Fragen und Impulse unterstützen das Entdecken, Beschreiben und Verallgemeinern der Regelmäßigkeiten auf Musterebene?
- Welche Fragen und Impulse unterstützen das Verstehen, Begründen und Verallgemeinern der Regelmäßigkeiten auf Strukturebene?

Der Nutzen der Operationseigenschaften entfaltet sich u. a. beim flexiblen Rechnen. Eigenschaften der Operationen bilden die Grundlage für Rechenstrategien, aber auch für die schriftlichen Algorithmen. Gerade lernschwächere Schülerinnen und Schüler profitieren von der verständnisvollen Anwendung der Rechengesetze beim Rechnen (Gaidoschik, 2014). So wird z. B. auch die Automatisierung der Einspluseins- und Einmaleinsaufgaben im heutigen Mathematikunterricht nicht mehr, wie traditionell üblich, über das Auswendiglernen von isolierten Reihen, sondern über das verständige Ableiten von schwierigen Aufgaben aus den Kernaufgaben ($\cdot 2$, $\cdot 5$, $\cdot 10$) erlernt. Diese Ableitungsstrategien beruhen auf den hier thematisierten Operationseigenschaften. Als Beispiel führen Gerster und Schultz (2004, S. 400) an, dass allein schon durch das selbstständige Anwenden der Kommutativität die Anzahl der im kleinen Einspluseins und Einmaleins zu lernenden Aufgaben fast halbiert werden. Ausgehend von den Kernaufgaben bewegen sich die Lernenden beim Rechnen mit Hilfe der Operationseigenschaften in einem beziehungshaltigen

Netz (Lamprecht & Steinweg, 2017). Der Zusammenhang zwischen der bewussten Strategienutzung in der Arithmetik und dem algebraischen Denken, welches sich hier im Entdecken, Beschreiben und Begründen von Rechengesetzen und im Ausnutzen der Operationseigenschaften zeigt, bleibt jedoch oftmals zu vage.

> „In der Schulpraxis ist den Lehrpersonen oft weniger geläufig, dass alle bei uns als halb-schriftliche Strategien schon nahezu fest etablierten Handlungsweisen direkt als algebraisch verstanden werden können. In der internationalen Literatur zeigt sich, dass solche Strategien gerade nicht bei Forschungen zu Rechenkompetenzen, sondern im Rahmen von Unter-suchungen zur frühen Algebra auftreten. Auch hier ist der wichtige Hinweis für den Unter-richt im deutschsprachigen Raum, die Strategien noch bewusster als solche zu thematisieren, d. h. als tragfähige und grundlegende Ideen, die über die reine Rechenkompetenzförderung hinausweisen." (Steinweg, 2013, S. 163)

Operationseigenschaften zeigen sich in vielen arithmetischen Mustern, die von Lernenden z. B. im Rahmen von substantiellen Aufgabenformaten oder strukturierten Aufgabenserien entdeckt und in ihren Strukturen (den Eigenschaften) begründet werden können. Im Fol-genden werden die verschiedenen Operationseigenschaften detailliert betrachtet und je-weils zunächst Mustertüren sowie daran anschließend Möglichkeiten der Untersuchung und Begründung der strukturellen Eigenschaften dargestellt.

6.1   Kommutativität

Die Kommutativität wird auch als Vertauschungsgesetz bezeichnet und besagt, dass die Summanden bei der Addition bzw. die Faktoren bei der Multiplikation in der Reihenfolge vertauscht werden dürfen, ohne dass sich das Ergebnis ändert.

> **Kommutativität**
> *Kommutativität der Addition:* Für alle natürlichen Zahlen a und b gilt: $a + b = b + a$
> *Kommutativität der Multiplikation:* Für alle natürlichen Zahlen a und b gilt: $a \cdot b = b \cdot a$

Beim vorteilhaften Rechnen kommt das Vertauschen von Summanden vor allem dann zum Tragen, wenn der größere Summand an die erste Stelle gesetzt wird. So ist die Auf-gabe 9 + 2 leichter zu rechnen als 2 + 9 (Wittmann & Müller, 2017, S. 72). Für die Multi-plikation gilt dieses Argument genau andersherum. Einige Kinder nutzen die Kommutativi-tät der Addition schon selbstständig bei Schuleintritt (Gaidoschik, 2012).

Kommutativität in Mustern und substantiellen Aufgabenformaten
Dass sich das Ergebnis bei der Addition und der Multiplikation beim Vertauschen der Zah-len nicht ändert, können Lernende z. B. beim Bearbeiten von Aufgabenserien wie in

Abb. 6.1 Muster zur
Kommutativität. (© Klett:
Fiedel-Gellenbeck, N. &
Tamborini, A. (2012).
Matherad 1. Klett, S. 37)

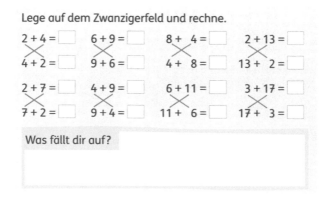

Abb. 6.1 erfahren. Die Kommutativität begegnet den Lernenden hier auf Zahlenebene als Muster und die Frage „Was fällt dir auf?" fordert zu einer Explizierung des Musters auf. Bedeutsam ist an dieser Stelle aber ein weiteres Hinterfragen und eine genauere Erforschung des Musters über die Phänomenebene hinaus.

Das Gleichbleiben des Ergebnisses wird von Lernenden im Unterricht oftmals über die ihnen bekannte Regel zur Tauschaufgabe begründet („Die Ergebnisse sind gleich, weil es Tauschaufgaben sind"). Eine solche Begründung beruht auf empirischen Erfahrungen des Rechnens im Unterricht und orientiert sich an im Unterricht etablierten Regeln (Faktenwissen, vgl. auch Kap. 1 und 3). Warren (2003) zeigt in einer Studie auf, dass auch Lernende am Ende der Grundschulzeit das Vertauschen von Zahlen bei allen vier Rechenoperationen, also auch für die Subtraktion und Division, als gültig ansehen. Nachdem die Lernenden auf der Musterebene phänomenologische Erfahrungen mit dem Vertauschen von Zahlen sammeln konnten, ist deshalb ein inhaltliches Verstehen der Eigenschaft mit Hilfe von Anschauungsmitteln wichtig. Erst ein Durchschreiten der Mustertür zur strukturellen Ebene macht es den Lernenden möglich, eine inhaltliche Begründung für die Kommutativität zu finden. Im Folgenden wird zunächst in Abschn. 6.1.1 für die Addition und dann anschließend in Abschn. 6.1.2 für die Multiplikation aufgezeigt, wie dies angeregt werden kann.

6.1.1 Kommutativität der Addition

Das Verständnis der Kommutativität der Addition basiert wie viele andere Operationseigenschaften auf der Anzahlinvarianz (Walther & Wittmann, 2004, S. 370) sowie auf einem Teil-Ganzes-Konzept (Resnick, 1983; Kap. 5) und kann deshalb, wie bereits geschildert, sehr gut mit Hilfe von kardinalen Darstellungen unter Rückgriff auf die Grundvorstellung des Vereinigens (Padberg & Benz, 2021, S. 113) entwickelt werden. Dabei sind verschiedene Begründungsansätze möglich, die im Folgenden vorgestellt werden.

Abb. 6.2 Begründung der Kommutativität der Addition. (© Westermann: Buschmeier, G., Hacker, J., Kuß, S., Lack, C., Lammel, R., Weiß, A. & Wichmann, M. (2017). *Denken und Rechnen 1*. Westermann, S. 43)

Begründung der Kommutativität durch Perspektivwechsel

Zur Veranschaulichung eines Begründungsansatzes kann ausgenutzt werden, aus verschiedenen Blickrichtungen auf eine additive Konstellation von zwei Teilmengen zu schauen (Abb. 6.2). Die auf dem Tisch liegende Menge von Steckwürfeln wird von zwei gegenübersitzenden Kindern betrachtet. Sie notieren jeweils eine Plusaufgabe, die zu der unterschiedlichen Färbung der roten und blauen Würfel passt, wobei für sie jeweils der erste Summand die Anzahl der links liegenden Plättchen darstellt. Auf diese Weise notiert der Junge die Aufgabe 6 + 3. Das gegenübersitzende Mädchen sieht in der gleichen Darstellung die Aufgabe 3 + 6.

Die Summanden vertauschen ihre Reihenfolge in den von den Kindern notierten Aufgaben hier folglich durch ihre veränderte Lage abhängig vom Betrachter. Während die blauen Steckwürfel für den Jungen rechts liegen und so den 2. Summanden ausmachen, liegen sie aus Perspektive des Mädchens links und bilden so den ersten Summanden. Auf diese Weise wird deutlich, dass sich durch den Perspektivwechsel die Anzahl der Steckwürfel nicht verändert (siehe auch Padberg & Büchter, 2019, S. 219) und damit die Eigenschaft der Kommutativität auch über das Beispiel hinaus allgemein gilt. Eine solche inhaltliche Betrachtung geht über die Musterebene hinaus, die sich bei ausschließlicher Betrachtung der symbolischen Notation auf der rechten Bildseite ergeben würde. Dort werden Tauschaufgaben als Veränderung der Reihenfolge der auftretenden Zahlen in der Aufgabe thematisiert. Durch die verbindenden Striche wird der Platzwechsel der Summanden zusätzlich betont (vgl. Abb. 6.1).

Begründung der Kommutativität durch Bewegen der Darstellungen

Auf ähnliche Weise kann die Kommutativität auch über eine enaktive Handlung des Drehens einer passenden Veranschaulichung begründet werden. Dabei wird die Summe als zwei farbig unterscheidbare Mengen (an Plättchen oder Steckwürfeln oder Ähnlichem) dargestellt und diese Darstellung anschließend um 180° gedreht, sodass die Summanden die Reihenfolge tauschen. Die Idee basiert auf der Grundvorstellung des Vereinigens und auf der Einsicht, dass durch die Handlung des Drehens die Gesamtmenge invariant bleibt. Im Unterricht sollten die Lernenden diese Erfahrung an mehreren Beispielen sammeln, bevor dann im Diskurs der exemplarische Charakter der Beispiele und die allgemeine Idee herausgearbeitet werden können. Die grundsätzliche Idee ist damit als verallgemeinerbar für alle natürlichen Zahlen in Beschreibungen und Begründungen (Kap. 3) kenntlich zu machen, um die Eigenschaft als allgemeingültig ins Wort zu holen.

Im Vergleich der beiden dargestellten Begründungen (Perspektivwechsel oder Drehen der Darstellung) kann keine generelle Aussage darüber getroffen werden, welche Idee sich für die Entdeckung der Operationseigenschaft besser eignen würde. Da die Thematisierung von Operationseigenschaften nicht auf eine einmalige Behandlung im Unterricht reduziert werden darf, bietet es sich an, in verschiedenen Unterrichtssituationen auch unterschiedliche Begründungsansätze aufzugreifen. Dabei können situative Umsetzungsmöglichkeiten berücksichtigt werden. So mag sich der Perspektivwechsel beispielsweise gut im Sitzkreis nachvollziehen lassen, wenn die Darstellung in der Mitte aufgebaut und von sich gegenübersitzenden Kindern beschrieben werden kann. In einer anderen Unterrichtssituation kann sich das Drehen der Darstellung um 180° hingegen vielleicht besser frontal an der Tafel rekonstruieren lassen. Dabei muss jedoch unbedingt darauf geachtet werden, dass die gesamte Darstellung (z. B. Plättchen auf einer Unterlage wie dem Zehnerfeld) gedreht werden, da das sukzessive Bewegen von einzelnen Plättchen nicht der Handlung des Drehens entspricht. Dieses Beispiel verdeutlicht, dass den verschiedenen Begründungsideen, die in diesem Kapitel dargestellt werden, keine didaktische Hierarchie beizumessen ist. Für Erläuterungen, weshalb sich ordinale Veranschaulichungen, beispielsweise am Rechenstrich, nicht für die Einsicht in die Kommutativität eignen, sei auf Steinweg (2013) verwiesen.

6.1.2 Kommutativität der Multiplikation

Auch für ein strukturelles Verständnis der Kommutativität der Multiplikation wird eine anschauliche Ebene benötigt, auf deren Grundlage die Eigenschaft der Operation als gültig eingesehen werden kann (Lamprecht, 2020; Lamprecht & Steinweg, 2017). Dazu bietet sich eine kardinale Darstellung der Multiplikation als Punktefeld oder Rechteck an, also eine räumlich-simultane Vorstellung der Multiplikation (Padberg & Benz, 2021, S. 150; Padberg & Büchter, 2019, S. 230). Ein rechteckiges Punktefeld lässt sich (hier durch Einkreisen) in gleichmächtige disjunkte Teilmengen zerlegen (Abb. 6.3). Dabei hat sich als übliche Konvention etabliert, das Feld zeilenweise zu zerlegen, sodass die Anzahl der Zeilen dem Multiplikator entspricht und die Anzahl der Punkte in jeder Zeile den Multiplikanden ausmacht.

Eine strukturelle Deutung eines Punktefeldes ist eine notwendige Voraussetzung für die Einsicht in die Eigenschaft der Kommutativität der Multiplikation. Studien (Kuhnke,

Abb. 6.3 Darstellung der
Aufgabe 3·4 am Punktefeld

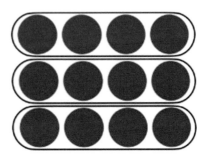

2013; Schäfer, 2005) zeigen jedoch auf, dass Lernende oftmals Schwierigkeiten mit dieser
strukturellen Deutung haben und sich beispielsweise eher an der Länge der Seiten des Feldes orientieren und Einzelelemente eher additiv in den Blick nehmen (vgl. auch Kap. 3).

Auf der Grundlage einer strukturellen Deutung kann ein Verständnis der Kommutativität erreicht werden, indem anschließend das Punktefeld umgedeutet wird. Dafür können
wiederum verschiedene Ideen genutzt werden, die im Folgenden anhand von Schulbuchbeispielen beschrieben werden. Die Schulbuchabbildungen sind jeweils als Gesprächsanlass für die Lernenden zu verstehen, mit deren Hilfe die Kommutativität am Beispiel erarbeitet werden kann. Lernende müssen sich jeweils von den konkreten Beispielen lösen
und die allgemeine Struktur der Multiplikation über die exemplarischen Beispiele hinaus
betrachten. Dabei können sie mit entsprechenden Impulsen unterstützt werden, die im Folgenden exemplarisch aufgezeigt werden.

Begründung der Kommutativität anhand eines Perspektivwechsels
In der dargestellten Schulbuchabbildung (Abb. 6.4) wird die Idee aufgegriffen, dass sich
ein und dasselbe Punktebild aus verschiedenen Perspektiven betrachten lässt. Während das
vor dem Punktefeld sitzende Mädchen 4 Zeilen mit jeweils 7 Punkten sieht und so zur
Malaufgabe 4 · 7 gelangt, sieht der an der anderen Tischkante sitzende Junge 7 Zeilen mit
jeweils 4 Punkten und stellt so den Term 7 · 4 auf.

Durch die veränderte Sichtweise auf das Punktefeld werden Zeilen zu Spalten und umgekehrt, sodass sich auch die Rollen der Faktoren verändern und diese entsprechend in der
symbolischen Notation ihre Reihenfolge tauschen. Auf diese Weise kann herausgearbeitet
werden, dass sich beim bloßen Umdeuten durch den Perspektivwechsel die Anzahl der
Punkte nicht verändern kann und somit konstant bleiben muss.

Die Lehrkraft kann den Nachvollzug des Perspektivwechsels durch Impulsfragen zur
Deutung unterstützen:

- „Beschreibe das Bild. Was passiert?"
- „Was meint das Mädchen? Warum sieht sie 4 · 7 im Punktefeld?"
- „Was meint der Junge? Warum sieht er 7 · 4 im Punktefeld?"
- „Was meint die Lehrerin? Was ist eine Tauschaufgabe?"

Tauschaufgaben. Zeigt mit dem Malwinkel und rechnet. Was fällt euch auf?

Ich sehe 4 Siebener, also 4 mal 7.

Ich sehe 7 Vierer, also 7 mal 4.

Das ist die Tauschaufgabe.

Anton

Eva

Abb. 6.4 Begründung der Kommutativität der Multiplikation. (© Klett: Nührenbörger, M., Schwarzkopf, R., Bischoff, M., Götze, D. & Heß, B. (2022). *Das Zahlenbuch 2.* Klett, S. 70)

Ebenso können weitere Impulsfragen auch Verallgemeinerungen herausfordern:

- „Erkläre mit Hilfe des Punktefeldes, warum Tauschaufgaben immer das gleiche Ergebnis haben."
- „Würdest du wetten, dass $24 \cdot 312$ das gleiche Ergebnis hat wie $312 \cdot 24$? Warum kannst du dir sicher sein?"

Analoge Impulse können auch die Begründung der Kommutativität der Addition (s. o.) unterstützen.

Begründung der Kommutativität durch Bewegen der Darstellungen

In der Schulbuchabbildung (Abb. 6.5) wird eine ähnliche Begründung aufgegriffen. Hier ändert sich durch das Drehen einer Rechtecksdarstellung um 90° die Rolle von Multiplikator und Multiplikand. Im Unterricht kann die hier nur ikonisch dargestellte Handlung des Drehens enaktiv umgesetzt werden, allerdings sollte darauf geachtet werden, immer direkt das gesamte Malfeld zu drehen und nicht beispielsweise nacheinander einzelne Plättchen. Auch hier kann die Schulbuchabbildung lediglich als Gesprächsanlass für den Unterricht dienen. Herausgearbeitet werden muss mit den Lernenden, dass sich durch das Drehen des Punktefeldes die Anzahl der Felder nicht verändert und deshalb das Ergebnis bei beiden Malaufgaben gleich bleibt. Dabei müssen die Lernenden das Drehen als eine allgemeine Handlung verstehen, die auf beliebige Punktefelder angewendet werden kann und dort dieselbe Wirkung erzielt (Kaput, 2000).

Die hier beschriebene Idee zur Begründung der Kommutativität kann als operativer Beweis aufgefasst werden (Kap. 3). Durch die festgelegte Operation des Drehens des Mal-

Schreibe zu den Malfeldern immer Aufgabe und Tauschaufgabe. Rechne.

a)   3 · 5 =

      5 · 3 =

Abb. 6.5 Begründung der Kommutativität der Multiplikation durch Drehen. (© Oldenbourg: Ba-lins, M., Dürr, R., Franzen-Stephan, N., Gerstner, P. Plötzer, U., Strothmann, A., Torke, M. & Ver-boom, L. (2014). *Fredo 2 Mathematik – Ausgabe Bayern*. Oldenbourg, S. 87)

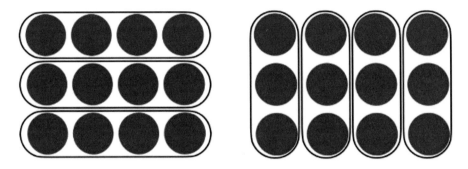

Abb. 6.6   Jedes Punktefeld lässt sich sowohl zeilen- als auch spaltenweise zerlegen

feldes um 90° wird bei beliebigen Punktefeldern dieselbe Wirkung erzielt: Multiplikator und Multiplikand vertauschen ihre Rolle und die Anzahl der Felder bleibt konstant.

Begründung der Kommutativität durch Umdeuten der Darstellung
Als weitere Möglichkeit zur Einsicht in das Kommutativgesetz bietet es sich an, herauszu-arbeiten, dass jedes Punktefeld sich grundsätzlich sowohl zeilen- als auch spaltenweise in Reihen mit gleich vielen Punkten zerlegen lässt (Abb. 6.6; vgl. auch Kuhnke, 2013). Da-durch entfällt das Drehen des Feldes bzw. der Positionswechsel des Betrachters.

Über eine solche Umdeutung eines Punktefeldes argumentiert auch die Viertklässlerin Romina (Abb. 6.7), die eine eigene Zeichnung entwickelt (SteMs-Projekt, 2022 (Soboc-zynski & Rohloff)). Dabei nutzt Romina verschiedene verallgemeinernde Mittel, um die Allgemeingültigkeit der Kommutativität zu verdeutlichen und sich vom Beispiel zu lösen. Auf der ikonischen Ebene verwendet sie dafür farbige Linien, die die Beliebigkeit der Punkteanzahl pro Reihe andeuten. Darunter finden sich zwei Gleichungspaare, die je mit Hilfe von Variablen auf die unbestimmte Anzahl an Plättchen verweisen, denn sowohl „r" als auch „rot" stehen für die unbestimmte Anzahl der Plättchen pro Spalte so, wie „b" und „blau" für die Anzahl pro Zeile stehen. Auch in der Erläuterung von Romina finden sich

„Also du musst erstmal gucken, wie viele,
du stellst dir das jetzt mal als Punkte vor.
Das sind dann immer ja drei Punkte
(*streicht alle Spalten entlang*).
Dann musst du diese drei Punkte [...]
dann zählst du mal wie oft die da sind.

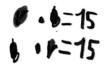

Fünfmal sind die da (*tippt auf die Spalten*), [...]
also kannst du dir ja denken,
dass das vielleicht 5 · 3 sein soll und das sind ja dann 15.
Weil du fünfmal diese drei Striche,
also diese drei Punkte gerechnet hast.

Dann rechnest du das Gleiche einfach nochmal nur halt
umgekehrt. Also dann dreimal, das sind ja drei Striche,
dreimal diese 5 Striche. Das sind ja auch 15.
Und dann kannst du dir ja denken, weil das ja auch
identisch ist, dann kannst du dir ja denken, dass das 15 ist.“

Abb. 6.7 Erklärung der Kommutativität einer Viertklässlerin. (StePs-Projekt, 2022 (Soboczynski & Rohloff))

sprachlich verallgemeinernde Elemente (wie „dann zählst du mal wie oft die da sind"), welche über das verwendete Beispiel 3 · 5 hinausweisen.

Durch Rominas Erläuterungen wird ersichtlich, wie sich anhand eines exemplarischen Punktefeldes eine allgemeine Argumentation für die Kommutativität entwickeln kann bzw. unterrichtlich entwickeln lässt. Gemeinsam lässt sich mit den Lernenden herausarbeiten, dass eine solche Umdeutung für jedes Punktefeld möglich ist.

Ein Vergleich zwischen den anschaulichen Begründungsmöglichkeiten bei der Addition und Multiplikation verdeutlicht deren Analogien. Jeweils ist eine geeignete Darstellung notwendig, die durch konkrete oder mentale Handlungen verschiedene Deutungen zulässt. Für beide Operationen ist ein Perspektivwechsel der Betrachtung und Beschreibung ein und derselben Darstellung möglich. Da sich die Darstellung nicht ändert, muss die Anzahl der Punkte also invariant bleiben; nur die unterschiedliche Betrachtung lässt veränderte Terme oder andere Beschreibungen entstehen. Ebenso kann auch durch Drehen einer Darstellung eine solche Verallgemeinerung gelingen. Bei der Addition werden die Teilmengen von sich gegenüberliegenden Seiten betrachtet bzw. um 180° gedreht, während bei der Multiplikation eine zweite seitliche Betrachtung bzw. ein Drehen um 90° notwendig ist.

Eine ordinale Darstellung ist für die Einsicht der Kommutativität weder bei der Addition noch bei der Multiplikation geeignet, da hier nicht über die Invarianz von Mengen (an Plättchen oder Feldern) argumentiert werden kann (Gerster & Schultz, 2004, S. 330). Ordinal lassen sich Malaufgaben als eine lineare Anordnung gleich langer Bögen auf dem Rechenstrich darstellen, wobei der erste Bogen am Startpunkt 0 beginnt und das Ende des letzten Bogens das Produkt angibt. Die Gleichheit des Ergebnisses kann hier folglich als gleiches Ziel auf dem Rechenstrich erkannt werden, es lässt sich aber für diesen gleichen Zielpunkt keine direkte Begründung über die Darstellung angeben (vgl. Steinweg, 2013, S. 134; Lamprecht & Steinweg, 2017).

6.2   Assoziativität

Die Assoziativität wird auch als Verbindungsgesetz bezeichnet und besagt auf formaler
Ebene, dass Summanden bei der Addition bzw. Faktoren bei der Multiplikation in be-
liebiger Reihenfolge zusammengefasst oder zerlegt werden dürfen, ohne dass sich das Ergebnis ändert.

> **Assoziativität**
>
> *Assoziativität der Addition:* Für alle natürlichen Zahlen a, b und c gilt:
> $(a + b) + c = a + (b + c)$
> *Assoziativität der Multiplikation:* Für alle natürlichen Zahlen a, b und c gilt:
> $(a \cdot b) \cdot c = a \cdot (b \cdot c)$

Wie auf symbolischer Ebene schon deutlich wird, treten hier drei Zahlen auf, die sich
auf ikonischer Ebene für die Addition z. B. als Plättchen in drei verschiedenen Farben darstellen lassen (Abb. 6.8). Bei der Multiplikation, bei der die beteiligten Faktoren nicht einzeln dinglich dargestellt werden können, besitzt diese farbliche Kennzeichnung jedoch bereits ihre Grenzen.

Diese Darstellung der drei Summanden, die natürlich nicht zwangsweise linear gewählt
werden muss, lässt nun erkennen, dass die Reihenfolge, in der Anzahlen beim Vereinigen
miteinander verbunden werden, für die Gesamtanzahl irrelevant ist. Symbolisch können
u. a. die beiden Terme (2 + 5) + 3 wie auch 2 + (5 + 3) aufgestellt werden. Grundlegend ist
hier ein Teil-Ganzes-Konzept, auf dessen Basis auch noch weitere Zerlegungen der Plättchen möglich sind, wie beispielsweise (2 + 3) + (2 + 3), wenn man sich zusätzlich zur
Farbe an der Zäsur des Zehnerstreifens orientiert. Es zeigt sich an dieser Stelle die in
Kap. 2 beschriebene enge Verwobenheit zwischen den Grundideen, da hier die Eigenschaften der additiven Zerlegbarkeit von Zahlen (Kap. 5) und die Assoziativität als
Operationseigenschaften Hand in Hand gehen.

Im Gegensatz zur Kommutativität spielt die Assoziativität in Schulbüchern meist nur
implizit in ihrer Anwendung beim geschickten Rechnen eine Rolle – dort aber eine fundamentale, sodass Begründungen durch explizite Impulse eingefordert werden müssen, um
die Eigenschaft als Struktur unterrichtlich zu thematisieren (Schwätzer, 2013). Ebenso
gibt es für die Anwendung der Assoziativität keine eindrückliche Alltagsbenennung für die
Lernenden (nur den nicht oft verwendeten Begriff „Verbindungsgesetz") wie vergleichs-

Abb. 6.8 Assoziativität: Die drei Teilmengen 2, 5 und 3 können beliebig zusammengefasst werden

weise der Begriff der Tauschaufgaben bei der Kommutativität. Expliziert werden kann im Unterricht stattdessen, dass die Addition die Freiheit erlaubt, die beteiligten Summanden beliebig zu zerlegen oder zusammenzufassen.

Assoziativität in Mustern und substantiellen Aufgabenformaten

Aufgabenserien zum Einspluseins (Abb. 6.9) sprechen die Interpretation des Assoziativgesetzes (einen Summanden variieren) an. Die Lernenden können hier die Auffälligkeit entdecken, dass die Summe um eins größer wird, wenn auch einer der Summanden um eins erhöht wird. Solche Aufgabenserien, die auf der systematischen Erhöhung oder Verringerung einer Zahl beruhen, basieren auf der Eigenschaft der Assoziativität, denn die Aufgabe 3 + 2 kann deshalb aus der Aufgabe 3 + 1 = 4 abgeleitet werden, da aufgrund der Assoziativität der Zusammenhang 3 + (1 + 1) = (3 + 1) + 1 gilt. Bei der geschickten Bestimmung des Ergebnisses ermöglicht die Assoziativität folglich, auf die zuvor bereits berechnete Aufgabe zurückzugreifen und deren Ergebnis lediglich um 1 zu erhöhen.

Um die Assoziativität beim flexiblen Rechnen eigenständig anwenden zu können, müssen die Auswirkungen der Veränderungen von Zahlen in Aufgaben durchdrungen werden. Durch die Erkundung von strukturierten Aufgabenformaten wie beispielsweise den hier abgebildeten „starken Päckchen" wird eben dies ermöglicht. Lernende müssen dazu aber die phänomenologisch beobachtbaren Wirkungen in den Mustern hinterfragen und gewinnen dann Einsichten in die zugrunde liegenden Strukturen. Studien zeigen jedoch auf, dass Lernende die Veränderungen viel zu oft auf Zahlebene anstelle der bedeutsamen Aufgabenebene betrachten (Häsel-Weide, 2016; Transchel, 2020) und die vertikalen Zusammenhänge zu stark in den Fokus rücken (Link, 2012).

Auch hier ist folglich die Unterscheidung von Muster- und Strukturebene wieder von immenser Bedeutung. Wenn Lernende auf der Zahlenebene an der Oberfläche des Musters stehen bleiben, gewinnen sie kein strukturelles Verständnis der Operationseigenschaft. Für das Beispiel (Abb. 6.9) ist die Aussage „Die erste Zahl bleibt gleich. Die zweite Zahl wird um eins größer. Das Ergebnis wird um eins größer." eine typische Entdeckung auf Muster-

Abb. 6.9 Assoziativität beim Rechnen nutzen (© Westermann: Buschmeier, G., Hacker, J., Kuß, S., Lack, C., Lammel, R., Weiß, A. & Wichmann, M. (2017). *Denken und Rechnen 1*. Westermann, S. 46)

1 Vergleicht die Rechenketten.

a) Immer mal 6.

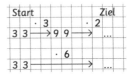

Abb. 6.10 Muster zur Assoziativität der Multiplikation. (© Klett: Nührenbörger, M., Schwarzkopf, R., Bischoff, M., Götze, D. & Heß, B. (2017). *Das Zahlenbuch 3*. Klett, S. 118)

ebene. Um die Mustertür zu durchschreiten und ein strukturelles Verständnis der Assoziativität zu entwickeln, werden Verallgemeinerungen mit dem Fokus auf die Strukturen benötigt, die in den folgenden Abschnitten dargestellt werden.

Das Schulbuchbeispiel (Abb. 6.10) thematisiert die Assoziativität der Multiplikation, die hier im Zusammenhang $12 \cdot (3 \cdot 2) = (12 \cdot 3) \cdot 2$ genutzt wird. Auch hier können die Lernenden durch den Vergleich der Rechnungen entdecken, dass das Ergebnis sich nicht verändert (zur Gleichheit der Rechenhandlungen Kap. 7). Diese Idee führt zur Strategie des schrittweisen Multiplizierens, bei dem ein Faktor multiplikativ zerlegt wird (vgl. auch multiplikativ zusammengesetzte Zahlen; Kap. 5).

Diese Idee ist insbesondere bei der Thematisierung des sogenannten Stelleneinmaleins (mit Vielfachen) von Stufenzahlen gewinnbringend: Soll z. B. $3 \cdot 400$ berechnet werden, so erklärt die Assoziativität die Äquivalenz der Rechnung $3 \cdot (4 \cdot 100)$ und auch $(3 \cdot 4) \cdot 100$. Die Einmaleinsaufgabe und anschließende Multiplikation mit der entsprechenden Stufenzahl gelingt für alle derartigen Beispiele. Eine Beschreibung des Rechenwegs nur mit Faktenwissen und ein Anhängen von Nullen führt hingegen nicht zu einer strukturellen Begründung. Auch für die Multiplikation wird in Abschn. 6.2.2 erläutert, wie ausgehend von Mustern die Assoziativität explizit thematisiert und anschaulich begründet werden kann.

6.2.1 Assoziativität der Addition

Das Assoziativgesetz findet in der Regel beim vorteilhaften Rechnen Anwendung und wird damit eher implizit genutzt. Explizierungen und Begründungen müssen deshalb durch gezielte Impulse eingefordert werden.

Wittmann und Müller (2017) leiten drei „Interpretationen" der Assoziativität für Rechenwege bei der Addition ab.

1. *Einen Summanden zerlegen:* „Eine Summe kann schrittweise berechnet werden, indem man den zweiten Summanden zerlegt und zuerst den einen Teilsummanden, dann den anderen addiert" (ebd., S. 72).

2. *Einen Summanden erhöhen oder verringern:* „Wenn ein Summand einer Summe um einen bestimmten Wert erhöht (oder vermindert) wird, dann erhöht (bzw. vermindert) sich die Summe genau um diesen Wert" (ebd. S. 73).

3. *Beide Summanden gegensinnig verändern:* „Wenn von einem Summanden etwas weggenommen und dem anderen zugeschoben wird, bleibt die Summe gleich (Gesetz von der Konstanz der Summe)" (ebd. S. 73).

In diesen drei Fällen lassen sich strukturelle Einsichten in die Assoziativität initiieren. Diese Interpretationen werden bei den Begründungen der Assoziativität der Addition im Folgenden entsprechend aufgegriffen und anhand von Schulbuchbeispielen verdeutlicht. Die Konstanz wird in Abschn. 6.6.1 genauer beschrieben.

Viele geschickte Rechenwege basieren Wittmann und Müller (2017) zufolge auf der Assoziativität; bei anderen spielen Kommutativität und Assoziativität gemeinsam eine Rolle. Analog lassen sich mathematisch auch die Rechenwege der Subtraktion auf die Assoziativität der Addition in den ganzen Zahlen (für die Grundschule eher in Verbindung mit der Umkehrbarkeit (Abschn. 6.4) der Addition durch die Subtraktion zurückführen, vgl. Schwätzer, 2013), wie beispielsweise, dass eine Differenz schrittweise berechnet werden kann, indem der Subtrahend zerlegt und dann sukzessive subtrahiert wird (Wittmann & Müller, 2017, S. 90).

Begründung der Assoziativität durch Zerlegen und Zusammenfassen
Oft wird die Assoziativität im ersten Schuljahr beim geschickten Rechnen (Abb. 6.9) insbesondere bei der Behandlung des sogenannten Zehnerübergangs thematisiert (Abb. 6.11).

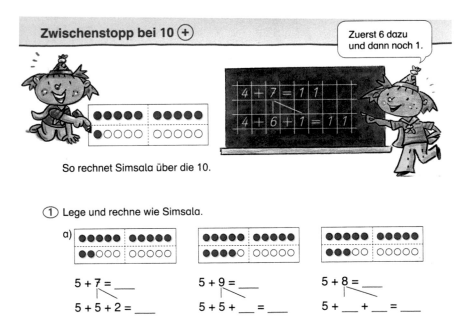

Abb. 6.11 Summanden beim Zehnerübergang zerlegen. (© Cornelsen: Betz, B., Bezold, A., Dolenc-Petz, R., Hölz, C., Gasteiger, H., Ihn-Huber, P., Kullen, C., Plankl, E., Pütz, B., Schraml, C. & Schweden, K.W. (2016). *Zahlenzauber 1.* Cornelsen, S. 86)

Hier werden Aufgaben mit einem Ergebnis über 10 schrittweise berechnet, indem der zweite Summand zerlegt und sukzessive zum ersten Summanden addiert wird.

In der Termdarstellung $4 + (6 + 1) = (4 + 6) + 1$ wird die implizite Anwendung der Assoziativität deutlich. Zerlegungen müssen natürlich nicht zwingend einen Zwischenschritt bis 10 beinhalten. So ist die Aufgabe $6 + 7$ z. B. über den Rückgriff auf die Verdoppelung von 6 als Kernaufgabe lösbar: $6 + 7 = 6 + (6 + 1) = (6 + 6) + 1$. Für Begründungen dieser schrittweisen Strategien wird auf die erste der oben beschriebenen Interpretationen des Assoziativgesetzes von Wittmann und Müller (2017, S. 72) „*einen Summanden zerlegen*" zurückgegriffen.

In der Grundschule wird (je nach Klassenstufe und Bundesland (siehe Kap. 7) auf eine Nutzung von Klammern verzichtet und auf andere Mittel zur Verdeutlichung der Zusammenfassung (z. B. Einkreisen oder siehe verbindende Striche wie in Abb. 6.11 im Term) zurückgegriffen. Notwendig bleibt es in jedem Fall, Notationen mit mehr als zwei Summanden im Arithmetikunterricht zu nutzen und bewusst einzusetzen. Erst durch symbolische oder bildliche Darstellung der drei Teilmengen können verschiedene Zusammenfassungen aufeinander bezogen und die Assoziativität so expliziert werden:

> „Traditionell ist die Auseinandersetzung mit den vier Grundrechenarten in der Grundschule dadurch geprägt, dass man sich auf die Verknüpfung von *zwei* Zahlen beschränkt. Dies hat aber zur Folge, dass assoziative Beziehungen der Addition oder Multiplikation kaum gezielt von den Kindern aufgegriffen, geschweige denn formuliert werden kann – obwohl die geschickte Zerlegung von Summanden und anschließende deren neue Zusammensetzung zentral für Rechenstrategien der Addition sind." (Nührenbörger & Schwarzkopf, 2014, S. 22)

Die Deutung der Plättchen auf dem Zwanzigerfeld (Abb. 6.11) macht ein strukturelles Verständnis der Assoziativität möglich. Die drei Teilmengen entstehen hier nicht allein durch farbliche Kennzeichnung, sondern zusätzlich durch die räumliche Zerlegung des zweiten Summanden in zwei Zeilen. Lernende können bei der Thematisierung die Einsicht gewinnen, dass die Gesamtanzahl der Plättchen sich nicht durch eine andere Reihenfolge beim Verbinden der Teilmengen verändert und somit invariant bleibt.

Auch im größeren Zahlenraum bietet der halbschriftliche Rechenweg *schrittweise* Gelegenheit für die Thematisierung der Assoziativität, während für die Strategie *stellenweise extra* zusätzlich noch die Kommutativität von Bedeutung ist (Padberg & Benz, 2021, S. 200).

Begründung der Assoziativität durch systematische Veränderung einer Teilmenge
Die von Wittmann und Müller (2017) an zweiter Stelle genannte Interpretation des Assoziativgesetzes „*Einen Summanden erhöhen oder verringern*" hat eine größere Tragweite, als man auf den ersten Blick vermuten mag. Natürlich ist diese Nutzung der Eigenschaft der Assoziativität zunächst einmal beim vorteilhaften Rechnen von Bedeutung und kommt beispielsweise bei der halbschriftlichen Strategie *Hilfsaufgabe* zum Tragen.

So kann, wie oben bei Abb. 6.9 beschrieben, eine Erhöhung eines Summanden um einen bestimmten Wert direkt auf das Ergebnis der einfachen Aufgabe aufgeschlagen werden.

In dem Schulbuchbeispiel (Abb. 6.12) wird die Veränderung der Summanden durch eine Plättchendarstellung ergänzt, anhand derer die Wirkung auf die Summe erklärt werden kann. Die Verdopplungsaufgabe in der Mitte stellt eine einfache Aufgabe dar, von der aus jeweils verschiedene Veränderungen durch Hinzufügen oder Wegnehmen von Plättchen einer Teilmenge betrachtet und die Nachbaraufgaben so abgeleitet werden können. Die abgebildeten Sprechblasen sollen von den Lernenden ergänzt werden und regen auf diese Weise zu Beschreibungen an. Begründungen und Verallgemeinerung können die symbolische Termdarstellung, aber insbesondere auch die Plättchendarstellung aufgreifen und für Argumentationen nutzen.

Die Erhöhung oder Verringerung eines Summanden spielt aber nicht nur beim geschickten Rechnen, sondern auch in einer Vielzahl an substantiellen Aufgabenformaten eine Rolle. In den Aufgabenformaten können Lernende operative Veränderungen von Zah-

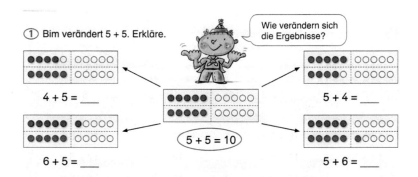

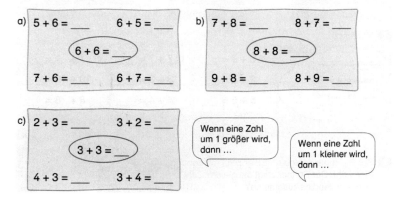

Abb. 6.12 Anwendungen der Assoziativität bei Nachbaraufgaben. (© Cornelsen: Betz, B., Bezold, A., Dolenc-Petz, R., Hölz, C., Gasteiger, H., Ihn-Huber, P., Kullen, C., Plankl, E., Pütz, B., Schraml, C. & Schweden, K.W. (2016). *Zahlenzauber 1*. Cornelsen, S. 84)

Immer ein Plättchen mehr. Wie ändern sich die Außenzahlen?

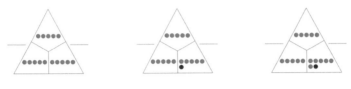

Abb. 6.13 Assoziativität in Rechendreiecken. (© Klett: Nührenbörger, M., Schwarzkopf, R., Bischoff, M., Götze, D. & Heß, B. (2022). *Das Zahlenbuch 1.* Klett, S. 111)

len vornehmen und die entstehende Wirkung auf weitere Mengen untersuchen, die durch den Aufbau des Formats mit der veränderten Zahl verknüpft sind. Dies soll im Folgenden am Aufgabenformat der Rechendreiecke (Abb. 6.13) erläutert werden, welches hier nur stellvertretend für eine Fülle an ähnlichen ergiebigen substantiellen Lernumgebungen steht (u. a. Zahlenmauern (Wittmann & Müller, 1990), Zahlengitter (Selter, 2004), Zahlenketten (Scherer & Selter, 1996) usw.).

Rechendreiecke stellen eine reichhaltige, substantielle Lernumgebung für den Mathematikunterricht der Grundschule dar (Wittmann, 1995, 2001). In die drei inneren Felder des Dreiecks werden Zahlen geschrieben oder Plättchen gelegt (Abb. 6.13). Die Summe von je zwei benachbarten Feldern wird berechnet und in den dafür vorgesehenen Platz für die Außenzahl notiert. Mit diesem grundlegenden Aufbau lassen sich viele strukturierte Übungsaufgaben mit unterschiedlichem Bearbeitungsniveau erstellen (vgl. z. B. Krauthausen & Scherer, 2010b).

In der hier dargestellten Aufgabenserie (Abb. 6.13) wird die Innenzahl rechts unten systematisch um eins erhöht und die Lernenden nach der Veränderung der Außenzahlen (folglich nach dem zu beobachtenden Muster) gefragt. Die hier zu entdeckende Erhöhung der beiden Außenzahlen unten und rechts basiert auf der Assoziativität der Addition. Durch das hinzugefügte rote Plättchen wird aus der Aufgabe $5 + 5 = 10$ die Aufgabe $5 + (5 + 1)$, die aufgrund des Assoziativgesetzes nicht neu berechnet werden muss, sondern dem Term $(5 + 5) + 1$ entspricht. Die zuvor bereits berechnete Summe erhöht sich also um 1. Die Begründung der Veränderung vom zweiten zum dritten Rechendreieck ist analog. Zwar lässt sich von den Lernenden bereits anhand der Zahlen begründen, dass „sich die beiden Außenzahlen um 1 vergrößern, wenn eine Innenzahl um 1 größer wird", auf ikonischer Ebene kann diese Erhöhung allerdings besonders deutlich mit dem Assoziativgesetz verknüpft werden, denn hier läuft die Begründung nun auf Irrelevanz der Reihenfolge beim Vereinigen der Plättchen hinaus. Im Unterricht sollte die Begründung für die Veränderung der Außenzahlen durch geeignete Impulse, wie beispielsweise „Erkläre." (Kap. 3), angeregt werden.

Solche Argumentationen können bei operative Veränderungen in vielen ähnlichen substantiellen Aufgabenformaten angeregt werden. Die in den Aufgabenformaten entstehenden Muster können so einen Zugang zur Assoziativität schaffen. Jedoch ist zu beachten, dass diese schnell durch die mehrfache Anwendung, wie beispielsweise in Zahlenmauern, komplexer werden als in diesem Beispiel. Es ist deshalb von enormer Bedeutung,

dass die Thematisierung der Operationseigenschaften von der Lehrkraft sorgfältig vorbereitet werden. Hierbei kann die Checkliste vom Kapitelanfang helfen.

6.2.2 Assoziativität der Multiplikation

Die Assoziativität der Multiplikation tritt erst im dritten und vierten Schuljahr in den
Vordergrund, wenn mit größeren Zahlen multipliziert wird, die dann schrittweise verrechnet und dabei multiplikativ zerlegt werden. Dies ist insbesondere bei der Multiplikation von Stufenzahlen, wie zu Beginn des Abschn. 6.2 beschrieben, von Vorteil. So
lässt sich beispielsweise die Aufgabe $4 \cdot 600$ als $4 \cdot (6 \cdot 100)$ und dies wiederum als
$(4 \cdot 6) \cdot 100 = 24 \cdot 100$ zusammenfassen.

Sollen in Analogie zur Addition ebenso Interpretationen der Assoziativität für das Zerlegen und Verändern von Faktoren angegeben werden, so bedarf es besonderer Vorsicht, da
die Faktoren hier immer multiplikativ und nicht additiv zerlegt bzw. verändert werden.
Additive Zerlegungen würden stattdessen zum Distributivgesetz und entsprechend zu anderen Auswirkungen auf das Produkt führen.

1. *Einen Faktor zerlegen:* Ein Produkt kann schrittweise berechnet werden, indem ein
   Faktor multiplikativ in Faktoren zerlegt und der andere Faktor dann mit diesen sukzessiv verrechnet wird.
2. *Einen Faktor vervielfachen (oder teilen):* Wenn ein Faktor um einen bestimmten Wert
   vervielfacht (oder geteilt) wird, dann vervielfacht sich das Produkt genau um diesen Wert.
3. *Beide Faktoren gegensinnig verändern:* Wenn ein Faktor vervielfacht wird und der andere durch denselben Wert geteilt wird, bleibt das Produkt gleich (Gesetz von der Konstanz des Produkts).

Die hier zuletzt genannte Interpretation des Assoziativgesetzes führt zur halbschriftlichen
Strategie des *Vereinfachens* (Padberg & Benz, 2021, S. 208–209).

Die Assoziativität der Multiplikation mit Darstellungen zu begründen, um den Lernenden
ein strukturelles Verständnis zugänglich zu machen, ist herausfordernd. Zwei zentrale Ideen
werden hier vorgestellt: Das Produkt aus drei Faktoren lässt sich entweder dreidimensional
als Quader oder aber als eine flächige Zusammensetzung von mehreren Rechtecken veranschaulichen. Für eine weitere Idee sei auf die Handbücher produktiver Rechenübungen
(Wittmann & Müller, 2017, S. 203, 2018, S. 139–140) verwiesen, in welchen Zahlenfelder
in unterschiedlicher Reihenfolge zusammengefasst werden.

**Begründung der Assoziativität durch Umdeuten einer dreidimensionalen
Darstellung**
Eine naheliegende Interpretation einer Multiplikation mit drei Faktoren ist eine drei-
dimensionale Veranschaulichung als Quader. Sie basiert auf einer räumlich-simultanen
Grundvorstellung der Multiplikation (Padberg & Benz, 2021, S. 150). Die Faktoren werden

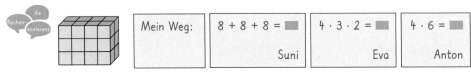

Abb. 6.14 Darstellung der Multiplikation mit drei Faktoren. (© Westermann: Buschmeier, G., Hacker, J., Kuß, S., Lack, C., Lammel, R., Weiß, A. & Wichmann, M. (2019). *Denken und Rechnen 4.* Westermann, S. 8)

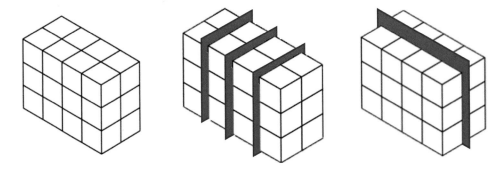

Abb. 6.15 Verschiedene multiplikative Zerlegungen des 4·3·2-Quaders

als drei Dimensionen gedeutet, sodass diese Länge, Breite und Höhe des Quaders angeben. In der abgebildeten Schulbuchaufgabe (Abb. 6.14) wird die Assoziativität der Multiplikation angedeutet und kann durch geeignete Impulse explizit herausgearbeitet werden.

Die Zerlegung des Quaders in Teilprodukte kann an konkretem Material (Quader aus Einheitswürfeln) als Trennungen von Würfelebenen gedeutet werden (Abb. 6.15). So lässt sich je nach Deutung des Quaders mit insgesamt 4 · 3 · 2 Würfeln bei Zerlegung in 4 Ebenen mit jeweils 6 Würfeln der Term 4 · (3 · 2) aufstellen und wie in Antons Rechnung (Abb. 6.14) zu 4 · 6 zusammenfassen, bei Zerlegung in zwei Ebenen mit je 12 Würfeln ergibt sich der Term (4 · 3) · 2, also 12 · 2. Natürlich ließen sich die Ebenen auch horizontal wählen, in der symbolisch notierten Rechnung 3 · (4 · 2) müssten dann nur die Faktoren im Vergleich zum hier ursprünglich notierten Term getauscht werden, was aufgrund der Kommutativität möglich ist.

Begründung der Assoziativität durch Umdeuten einer zweidimensionalen Darstellung

Eine andere Begründung der Assoziativität der Multiplikation greift anstelle eines Quaders auf die Umdeutung eines zweidimensionalen Punktebilds zurück (Schwarzkopf, 2017; Steinweg, 2013). Ein Punktebild (Abb. 6.16) kann auf zwei verschiedene Weisen gedeutet werden. In der ersten Interpretation bilden die Punkte ein großes Rechteck, das 3 · 2 Punkte hoch und 5 Punkte lang ist, also als Feld mit (3 · 2) · 5 Punkten erkannt werden kann. Andererseits lassen sich auch 3 Rechtecke von je 2 · 5 Punkten erkennen, die

Abb. 6.16 Umdeuten von
Punktefeldern. (In Anlehnung
an Schwarzkopf, 2017, S. 22)

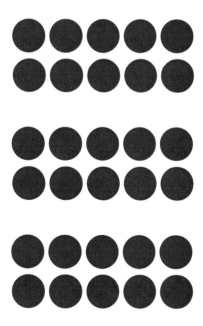

folglich insgesamt 3 · (2 · 5) Punkte beinhalten. Die Einsicht, dass die Menge von (3 · 2) · 5
folglich der Menge von 3 · (2 · 5) entsprechen muss, kann durch die Anzahlinvarianz beim
Umdeuten gewonnen werden.

6.3   Distributivität

Die Distributivität wird oft auch als Verteilungsgesetz bezeichnet und ist eine Eigenschaft
der Verknüpfung von Multiplikation und Addition. Sie kann für verschiedene Fälle formuliert werden, je nachdem, ob ein Faktor oder mehrere Faktoren additiv (oder subtraktiv)
zerlegt werden. Wird eine Zahl mit einer Summe (bzw. Differenz) multipliziert, so können
zunächst die Produkte der Zahl mit beiden Summanden (bzw. die Produkte mit dem
Minuenden und mit dem Subtrahenden) einzeln berechnet und die beiden so gewonnenen
Produkte dann anschließend addiert (bzw. subtrahiert) werden. Ebenso kann aber auch zuerst die Summe (Differenz) und dann das Produkt berechnet werden.

Distributivität
Für alle natürlichen Zahlen a, b und c gilt:

$$a \cdot (b + c) = a \cdot b + a \cdot c$$
$$(a + b) \cdot c = a \cdot c + b \cdot c$$

(Varianten mit Subtraktion anstelle von Addition analog.)

Von einer distributiven Zerlegung lässt sich auch dann sprechen, wenn zwei (oder mehrere) Faktoren additiv zerlegt werden. Für alle natürlichen Zahlen a, b, c und d gilt beispielsweise

$$(a+b)\cdot(c+d) = a\cdot c + a\cdot d + b\cdot c + b\cdot d$$

Solche Zerlegungen spielen insbesondere beim halbschriftlichen und auch beim schriftlichen Rechnen eine Rolle, da sich die Faktoren in ihre Stellenwerte zerlegen und dann auf einfache Weise sukzessiv miteinander verrechnen lassen. Die Aufgabe 15 · 125 lässt sich so in die Teilprodukte (10 · 100 + 10 · 20 + 10 · 5) + (5 · 100 + 5 · 20 + 5 · 5) zerlegen. Für das halbschriftliche Rechnen ist hier das Malkreuz (Wittmann & Müller, 2017) eine sinnvolle Notationshilfe. Bei den halbschriftlichen Strategien liegt das Distributivgesetz entsprechend dem *schrittweisen* und *stellenweisen Multiplizieren* sowie der *Hilfsaufgabe* zugrunde. Auch das *schrittweise Dividieren* beruht auf der Distributivität, ebenso wie die schriftlichen Verfahren von Multiplikation und Division.

Die Distributivität findet in vielen Rechenwegen der Multiplikation Anwendung und ist als Grundlage für alle Ableitungsstrategien beim Erlernen des Einmaleins von enormer Bedeutung (Transchel, 2020). Das Einmaleins wird im Unterricht nicht mehr durch das Auswendiglernen von einzelnen Reihen behandelt, sondern durch eine flexible Nutzung von Aufgabenbeziehungen (Gaidoschik, 2014; Padberg & Benz, 2021, S. 159). Hierbei spielen die sogenannten Kernaufgaben eine bedeutsame Rolle, aus denen wiederum mit Hilfe der Distributivität alle Aufgaben des Einmaleins abgeleitet werden können. Lamprecht (2020) zeigt in einer Studie mit heterogenen Lernenden, dass auch für Kinder mit Förderbedarf ein Verständnis für Distributivität möglich und hilfreich ist.

Die Idee der Ableitung von Nachbaraufgaben fußt bei der Addition auf der Assoziativität, beispielsweise kann die Aufgabe 5 + 6 aus der Nachbaraufgabe 5 + 5 abgeleitet werden (Abschn. 6.2.1). Dieses assoziative Vorgehen kann von Lernenden in Analogie fälschlicherweise auf die Multiplikation übertragen und somit übergeneralisiert werden. Kuhnke (2013, S. 251) stellt in einer Studie heraus, wie Lernende auf Einzelelemente fokussieren und beispielsweise aus 3 · 4 die Aufgabe 4 · 4 ableiten, indem sie lediglich 1 addieren bzw. auch auf anschaulicher Ebene zu drei Vierern nur ein Element hinzufügen. Viele Ableitungsstrategien bei der Multiplikation benötigen hingegen die Distributivität. Um diesen Unterschied bei der Nutzung von Nachbaraufgaben zu explizieren, bedarf es einer unterrichtlichen Thematisierung, die geeignete Darstellungen anbietet und damit Verstehen der Struktureigenschaft ermöglicht.

Distributivität in Mustern bei substantiellen Aufgabenformaten
Auf symbolischer Ebene zeigt sich die Distributivität als Muster. Zwei Malaufgaben lassen sich immer dann zusammenfassen, wenn eine Zahl in zwei zu addierenden Produkten doppelt vorkommt. Dann bildet diese doppelt vorkommende Zahl den einen Faktor und die Summe der anderen beiden Zahlen den anderen. In einer Studie zeigt Umierski (2020)

auf, dass Lernende der dritten Klasse solche Regeln verallgemeinern können, teilweise aber auch Übergeneralisierungen vornehmen oder den Gültigkeitsbereich einschränken (z. B. der hintere Faktor muss gleich sein). Muster können einen ersten Anlass darstellen, um die Distributivität zu erforschen, bedürfen dann aber wiederum einer strukturellen Begründung, um solche Regeln inhaltlich zu füllen.

Im Arithmetikunterricht kann die Distributivität an die Lernenden mit Hilfe von Aufgabenserien und substantiellen Aufgabenformaten wie beispielsweise dem „Mal-Plus-Haus" (Verboom, 2002; Valls-Busch, 2004) herangetragen werden. In diesem Aufgabenformat werden in der untersten Etage die nebeneinanderstehenden Zahlen multipliziert und in der zweiten Etage dann addiert, wodurch ein distributiver Zusammenhang entsteht. Dieser Zusammenhang kann im Rahmen von operativ-strukturierten Übungsaufgaben (Abb. 6.17) untersucht und hinterfragt werden.

Für das Verstehen der Distributivität ist eine kardinale flächige Vorstellung am Punktefeld vorteilhaft, welche auf der räumlich-simultanen Grundvorstellung der Multiplikation basiert (Padberg & Benz, 2021, S. 150). Im Aufgabenbeispiel (Abb. 6.17) sind diese Darstellungen begleitend zu den Mal-Plus-Häusern je darunter gezeichnet. Die Färbungen symbolisieren hier die zwei additiv verbundenen Produkte. Gesetzmäßigkeiten werden sichtbar durch das Zerlegen eines Punktefeldes in Teilfelder und

Abb. 6.17 Das Aufgabenformat „Mal-Plus-Haus. (© DZLM: Mal-Plus-Haus. https://pikas. dzlm.de/026)

damit Teilprodukte (Kap. 5). Auf inhaltlicher Ebene beschreiben Wittmann und Müller (2017, S. 203) diese Erkenntnis in Worten wie folgt:

> „Jedes größere Punktfeld kann durch eine vertikale bzw. horizontale Linie in zwei kleinere Felder zerlegt werden und durch eine vertikale und eine horizontale Linie in vier kleinere Felder. Die kleineren Felder haben zusammen genauso viele Punkte wie das größere Feld." (Wittmann & Müller, 2017, S. 203)

Begründung der Distributivität durch Zerlegen und Zusammenfassen
Zerlegungen werden oftmals im Rahmen der Erarbeitung des kleinen Einmaleins thematisiert, da sich Malaufgaben aufgrund der Distributivität aus einfachen Aufgaben ableiten lassen. Dabei spielt das Zusammensetzen von Feldern eine ebenso große Rolle wie das Zerlegen (Abb. 6.18).

Die Zerlegungen lassen sich dabei auf unterschiedliche Weise veranschaulichen, wie beispielsweise durch farbliche Kennzeichnung, Einkreisen von Teilfeldern, Trennung von Feldern durch Linien oder auch durch Zerschneiden und Zusammenlegen. Für das flexible Rechnen ist ebenso die Anwendung der Distributivität bei Subtraktionen bedeutsam, da beispielsweise die Aufgabe $4 \cdot 7$ aus Kernaufgaben geschickt als Differenzprodukt von $5 \cdot 7 - 1 \cdot 7$ berechnet werden kann (Lamprecht, 2020, S. 262).

In der abgebildeten Aufgabe (Abb. 6.19) aus Steinweg (2013, S. 147) werden die Lernenden nach einer beispielhaften Zerlegung des Rechtecks $7 \cdot 5$ in die Teilfelder $3 \cdot 5 + 4 \cdot 5$ aufgefordert, drei weitere verschiedene distributive Zerlegungen und passende Rechenwege zu finden. Die Bearbeitung des Schülers Philipp zeigt, wie er zunächst sukzessiv die Faktoren variiert und dann unaufgefordert sogar noch eine weitere vierte Möglichkeit aufstellt, indem er nicht nur den Faktor 7 wie im Beispiel zerlegt, sondern diesmal durch eine vertikale Linie den Faktor 5, sodass der Term $2 \cdot 7 + 3 \cdot 7$ entsteht. Hierbei verzichtet er sogar auf das Einzeichnen der einzelnen Kästchen und signalisiert so, dass er die wesent-

6 a) Lege $8 \cdot 5$ mit den Malfeldern der Fünferreihe.
  Finde verschiedene Möglichkeiten. Lege, schreibe und rechne.

  $8 \cdot 5 =$

  $5 \cdot 5 = 25$

  $3 \cdot 5 = 15$

  $8 \cdot 5 =$

  $4 \cdot 5 = 20$

  $4 \cdot 5 = 20$

  b) Finde verschiedene Möglichkeiten zu $10 \cdot 5 =$ ____ . Lege, schreibe und rechne.
  c) Vergleiche mit deinem Partner. Habt ihr die gleichen Möglichkeiten gefunden?

Abb. 6.18 Distributive Zerlegung von Malfeldern. (© Oldenbourg: Balins, M., Dürr, R., Franzen-Stephan, N., Gerstner, P. Plötzer, U., Strothmann, A., Torke, M. & Verboom, L. (2014). *Fredo 2 Mathematik – Ausgabe Bayern*. Oldenbourg, S. 85)

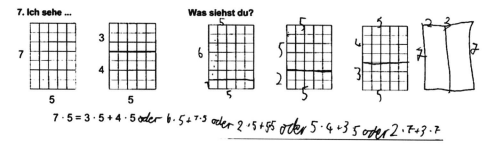

Abb. 6.19 Distributive Zerlegungen des Malfeldes 7 · 5. (© Springer: Steinweg, A. (2013) *Algebra in der Grundschule: Muster und Strukturen, Gleichungen, funktionale Beziehungen.* Springer Spektrum, S. 147)

liche Idee der Zerlegung (unabhängig vom konkreten Beispiel) erkannt hat. Die Bearbeitung zeigt eindrücklich, wie offene Aufgaben mit kreativem Spielraum das algebraische Denken der Lernenden nicht nur anregen, sondern auch offenlegen (vgl. Steinweg, 2017).

6.4   Reversibilität (Umkehrbarkeit)

Operationen zu verstehen, bedeutet auch, Zusammenhänge zwischen den Operationen herzustellen und anwenden zu können. Aus diesem Grund betonen bereits Fricke (1970) und Aebli (1983, 1985) die Bedeutung einer „operativen" Gesamtbehandlung, die notwendig ist, um Beweglichkeit im Umgang mit den Operationen zu gewinnen. Sowohl Addition und Subtraktion als auch Multiplikation und Division werden im Mathematikunterricht jeweils als Umkehroperationen (Gegenoperationen) zueinander in Beziehung gesetzt und zusammenhängend erarbeitet. Ist eine Handlung oder auch eine Denkhandlung durch eine andere umkehrbar, so nutzt Piaget (1971) hierfür den Begriff der Reversibilität. Im Rahmen des Arithmetikunterrichts der Primarstufe lernen die Schülerinnen und Schüler diese algebraische Eigenschaft der Operationen unter dem Begriff *Umkehraufgaben* kennen.

> **Reversibilität**
> *Reversibilität der Addition und Subtraktion:* Für alle natürlichen Zahlen a, b gilt:
> $(a - b) + b = a$ (mit a > b) sowie $(a + b) - b = a$
> *Reversibilität der Multiplikation und Division:* Für alle natürlichen Zahlen a, b gilt:
> $(a \cdot b) : b = a$ sowie $(a : b) \cdot b = a$ (mit b ist ein Teiler von a)

Zum Verständnis des inhaltlichen Zusammenhangs zwischen Operation und Gegenoperation bedarf es im Unterricht einer expliziten Thematisierung, damit Umkehraufgaben nicht auf das bloße Vertauschen von Zahlen und Rechenzeichen auf symbolischer Ebene reduziert werden. Unter dem Begriff der Aufgabenfamilie werden Lernende oftmals aufgefordert, zu drei gegebenen Zahlen vier Aufgaben zu finden, indem sie sowohl Tausch- als auch Umkehroperationen notieren. Um eine inhaltliche Begründung für das vermeintliche Tauschen von Zahlen zu ermöglichen, bedarf es dabei einer Veranschaulichung, die über die symbolische Notation der Aufgaben hinausgeht.

Die Reversibilität findet ihre Anwendung beim flexiblen Rechnen nicht nur beim Nutzen von Umkehraufgaben, sondern vor allem in der Möglichkeit, die Wirkung einer Rechenoperation durch die Gegenoperation auszugleichen. Wird beispielsweise zur Rechnung $15 + 19$ in der Strategie *Hilfsaufgabe* der zweite Summand um eins erhöht, so erhöht sich aufgrund der Assoziativität auch das Ergebnis um eins (Abschn. 6.2.1). Diese Wirkung kann durch anschließende Subtraktion von eins aufgrund der Beziehung zwischen Addition und Subtraktion als Gegenoperationen wieder ausgeglichen werden. Auf einer solchen Ausnutzung der Reversibilität basieren sowohl die Rechenstrategien *Hilfsaufgabe* (Padberg & Benz, 2021) als auch das *Vereinfachen*.

Für die Addition und Subtraktion besitzen die Lernenden vielfach schon ein intuitives Verständnis der Reversibilität. „Wenn ich etwas wegnehme, kann ich das Tun ungeschehen machen, indem ich das gleiche Etwas wieder zurücklege" (Steinweg, 2013, S. 125). Mit Lernenden kann diese Erkenntnis erarbeitet werden, indem eine Operation und ihre Gegenoperation nacheinander ausgeführt und die Wirkung betrachtet werden.

Eine weitere Möglichkeit zur Thematisierung der Umkehrbarkeit bietet das Aufgabenformat „Zaubertrick" (Sawyer, 1964; Akinwunmi, 2012; Steinweg, 2013, S. 183), welches international auch als THOAN „Think of a number" (vgl. Mason et al., 1985, 2005) bekannt ist. In einer einfachen Variante (Akinwunmi, 2012; 2016) führen die Lernenden mit einer selbst gewählten Startzahl folgende Rechenschritte aus:

Denke dir eine Startzahl. Addiere 4. Addiere 8. Subtrahiere deine Startzahl. Subtrahiere 2. Du erhältst die Zielzahl 10.

Um dem Rätsel auf den Grund zu gehen, untersuchen die Lernenden die Wirkungen und Beziehungen der einzelnen Rechenschritte und nutzen die Beziehung zwischen Addition und Subtraktion als Gegenoperation für ihre Begründungen. Der „Zaubertrick" führt in diesem Beispiel immer zur Zielzahl 10, da durch die Subtraktion der gedachten Zahl das anfängliche Auswählen der Startzahl aufgehoben wird. In komplexeren Varianten kann ebenso mit Multiplikation und Division als Gegenoperationen gespielt werden oder es lassen sich verschiedene Operationen verketten. Sawyer (1964) nutzt dieses Aufgabenformat zur Einführung von symbolischen Buchstabenvariablen (Kap. 3).

Begründung der Reversibilität durch Umdeuten von Darstellungen
Für eine Thematisierung von Umkehroperationen eignen sich mehrdeutige Darstellungen von Mengen von Objekten, in die gegensätzliche Handlungen hineingedeutet werden kön-

Abb. 6.20 Umkehraufgaben in mehrdeutigen Darstellungen. (© Klett: Nührenbörger, M., Schwarzkopf, R., Bischoff, M., Götze, D. & Heß, B. (2022). *Das Zahlenbuch 1.* Klett, S. 100)

Ein Bild, vier Aufgaben.

Abb. 6.21 Ein Bild, vier Aufgaben. (© Klett: Nührenbörger, M., Schwarzkopf, R., Bischoff, M., Götze, D. & Heß, B. (2022). *Das Zahlenbuch 1.* Klett, S. 104)

nen. In Abb. 6.20 wird der Zusammenhang mit einem Alltagskontext verdeutlicht, das Hinzufügen und Wegnehmen der Blumenbilder sind in ein und derselben Darstellung interpretierbar. Die geschickte Anordnung in 2 Reihen mit je 5 Bildern unterstützt zudem das schnelle Sehen der jeweiligen Anzahlen (Kap. 5).

Die Reversibilität wird in Schulbuchaufgaben thematisiert, die nach allen denkbaren Aufgaben zu einer Darstellung (Abb. 6.21) oder aus drei gegebenen Zahlen (z. B. 3, 10 und 13) fragen. Es wird beispielsweise ein Plättchenbild gezeigt und die Lernenden sollen vier passende Aufgaben dazu notieren. Welche Teilmengen hier für die Zerlegung betrachtet werden soll, wird im Bild durch die unterschiedlichen Farben der Plättchen dargestellt.

In einer Unterrichtssituation können passende Handlungen, die hier im Bild von den Kindern sprachlich dargeboten werden, auch durchgeführt werden. Mit einem Zusammensetzen bzw. eines Dazulegens werden Additionsaufgaben verbunden, mit dem Zerlegen von Mengen bzw. dem Wegnehmen (oder alternativ Abdecken) von Plättchen Subtraktionsaufgaben. Die Betrachtung von möglichen Handlungen sprechen dynamische Vorstellungen der Addition und Subtraktion an, aber auch statische Interpretationen (Padberg & Benz, 2021) (z. B. von den 13 Plättchen sind 10 rot, wie viele sind blau?) sind möglich. Statt einzelne Interpretationen isoliert anzubieten, nimmt die dargestellte Aufgabe direkt die Beziehungen von verschiedenen Aufgaben in den Blick. Die zwei Plusaufgaben lassen sich notieren, da die Reihenfolge beim Zusammenfassen irrelevant ist (Kommutativität der Addition, Abschn. 6.1.1). Ebenso sind immer zwei Subtraktionen möglich. In der Darstellung Abb. 6.21 kann die Subtraktion u. a. als (mentales) Wegnehmen einer der Teilmengen interpretiert werden.

Ein expliziter Fokus auf die Eigenschaft der Reversibilität ist wichtig, damit die Lernenden nicht auf der Phänomenebene stehen bleiben und nur die Muster in der symbolischen Notation betrachten: Bei allen Aufgaben sind die Zahlen 3, 10 und 13 beteiligt, die in den notierten Aufgaben jeweils ihre Plätze tauschen. Systematische Variationen und Impulse bieten sich an, um den Blick auf die Verallgemeinerungen zu stärken: Wie verändern sich die Aufgaben, wenn man ein rotes Wendeplättchen umdreht (und so zu einem blauen werden lässt)? Wie verändern sich die Aufgaben, wenn man ein blaues Plättchen dazulegt? Wieso lassen sich in jedem Bild immer vier Aufgaben finden?

Genau wie Addition und Subtraktion stehen auch Multiplikation und Division als reversible Operationen in Beziehung zueinander. Die Division wird oft direkt bei der Einführung mit der Multiplikation verbunden. Ein strukturelles Verständnis der Umkehrbarkeit lässt sich auch hier über Umdeutungen von Darstellungen erarbeiten. Oberflächlich betrachtet, passen die beiden Gleichungen $3 \cdot 4 = 12$ und $12 : 4 = 3$ auf symbolischer Ebene zusammen: Die Zahlen werden nur in der Reihenfolge vertauscht und die Zahl 4 steht jeweils in der Mitte. Sie könnte dann als Operator interpretiert werden: Wenn die Zahl 3 vervierfacht wird, dann ist die Umkehrung dieser Operation, das Ergebnis durch 4 zu dividieren, um wieder zur Ausgangszahl zu gelangen. Üblicherweise wird im deutschsprachigen Raum (im englischsprachigen ist es z. B. genau andersherum) im Term $3 \cdot 4$ jedoch die 3 als Multiplikator und die 4 als Multiplikand verstanden, d. h., die Zahl 4 wird in diesem Fall verdreifacht. Eine inhaltliche Deutung an Darstellungen ist notwendig für die Erarbeitung eines strukturellen Verständnisses.

Wie bei den Erläuterungen zur Kommutativität (Abschn. 6.1.2) am Beispiel $3 \cdot 4$ bereits verdeutlicht, kann ein Produkt auch als Punktefeld dargestellt und sowohl zeilen- als auch spaltenweise gedeutet werden (Abb. 6.6). Die zeilenweise Zerlegung in 3 Zeilen mit je 4 Punkten kann gleichzeitig als Multiplikation $3 \cdot 4 = 12$ und in der Grundvorstellung einer Division als Aufteilen (Padberg & Benz, 2021) $12 : 4 = 3$ gedeutet werden. Analog erschließt sich die spaltenweise Betrachtung in 4 Spalten mit je 3 Punkten als $4 \cdot 3 = 12$ und ebenso als Aufteilung $12 : 3 = 4$. Damit bietet die Punktfelddarstellung die Option, in einem Bild vier passende Aufgaben hineinzudeuten, von denen je zwei in einer Umkehrbeziehung zueinander stehen. Die Invarianz der Menge ist durch die gleichbleibende Darstellung hierbei gesichert und kann so unterstützen, die strukturelle Beziehung der Umkehrbarkeit im Beispiel und über das Beispiel hinaus für jegliche solcher Punktefelddarstellungen argumentativ zu fassen.

Neben solchen statischen Darstellungen, in die die Operationen und entsprechenden Gegenoperationen gedanklich hineingedeutet werden, lassen sich auch Bilderserien nutzen, um die Reversibilität dynamisch als Handlung zu verdeutlichen und mit den ausgeführten Rechenoperationen zu verknüpfen. So wird in der Schulbuchabbildung (Abb. 6.22) das Abwerfen und Umfallen von Dosen durch den darunter notierten Term mit der Subtraktion verbunden und das Aufstellen der Dosen wird mit zugehöriger Addition beschriftet als gegensätzliche Handlung, welche (als Gegenoperation) die Ausgangssituation wiederherstellt. Der Begriff der „Umkehraufgabe" muss dabei auf das Umkehren, also Rückgängigmachen der Operation verweisen, um als Operationseigenschaft verstanden werden zu können. Eine Beschreibung, wie hier im Merkkasten zu sehen, greift zu kurz, da sie ausschließlich auf Änderungen der Rechenzeichen verweist und eine algebraische Begründung ausbleibt. Solche Handlungsanweisungen können zwar von den Lernenden auf die genutzten Zeichen „plus" und „minus" in der symbolischen Gleichung bezogen werden, aber sie fördern kein strukturelles Verständnis der Beziehung der Operationen.

Eine multiplikative Umkehrbeziehung zwischen den beiden Gleichungen $4 \cdot 5 = 20$ und $20 : 5 = 4$ herzustellen, kann auch in Bilderserien inhaltlich durch eine aufteilende Grundvorstellung der Division (Padberg & Benz, 2021) wie in Abb. 6.23 gelingen. Das linke Bild zeigt eine Handlung der Division als Aufteilen, da 20 Würfel in Türme mit je 5 Würfeln aufgeteilt werden. Die Anzahl der Würfel pro Turm ist also bekannt und die Anzahl der Türme soll bestimmt werden. Die Handlung wird durch die unter dem Bild stehenden Gleichung $20 : 5 =$ mit der Divisionsaufgabe verknüpft. Im rechten Bild sind die vier Türme zu sehen, die als Ergebnis der Divisionsaufgabe und als Antwort auf die im linken Bild gestellte Frage zu interpretieren sind. Die gegebene Gleichung __ $\cdot 5 = 20$ und die Sprechblase schaffen einen Bezug zur Multiplikation. Die Handlung in den Bildern kann ebenso multiplikativ gedeutet werden, da sukzessiv 4 Türme mit je 5 Würfeln gebaut werden. Eine solche Thematisierung richtet den Fokus auf den Inhalt und verhindert so, dass die Umkehraufgabe als bloßes Austauschen von Zahlen in der Gleichung verstanden wird,

$$10 - 4 = 6 \qquad\qquad 6 + 4 = 10$$

Abb. 6.22 Umkehraufgaben in Bilderserien. (© Oldenbourg: Balins, M., Dürr, R., Franzen-Stephan, N., Gerstner, P. Plötzer, U., Strothmann, A., Torke, M. & Verboom, L. (2014). *Fredo 1 Mathematik – Ausgabe Bayern*. Oldenbourg, S. 52)

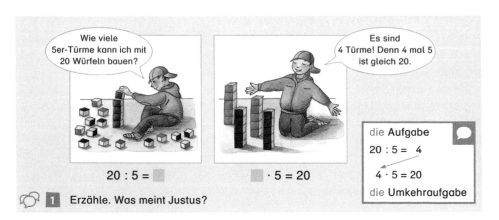

Abb. 6.23 Multiplizieren und Dividieren als Umkehroperationen. (© Cornelsen: Betz, B., Bezold, A., Dolenc-Petz, R., Hölz, C., Gasteiger, H., Ihn-Huber, P., Kullen, C., Plankl, E., Pütz, B., Schraml, C. & Schweden, K.W. (2016). *Zahlenzauber 1*. Cornelsen, S. 109)

wie bei bloßer Betrachtung des Merkkastens zur Umkehraufgabe denkbar wäre. In diesem wird die Umkehraufgabe mit Hilfe des Pfeils als ein Verschieben von Zahlen dargestellt.

Am Beispiel der Turmaufgabe Abb. 6.23) kann ersichtlich werden, weshalb eine aufteilende Vorstellung der Division vorteilhaft ist. Für die Deutung eines entsprechenden Gleichungspaares $5 \cdot 4 = 20$ und $20 : 4 = 5$ (mit jeweils der 4 in der Mitte der Gleichung) müssten im Kontext der dargestellten Turmaufgabe in der Malaufgabe die Rollen von Multiplikator und Multiplikand ausgetauscht werden. Die Division zur Aufgabe $20 : 4 = 5$ lautet in einer Verteilsituation „Aus 20 Würfeln werden 4 Türme gebaut. Wie viele Würfel je Turm?". Für die Malaufgabe $5 \cdot 4 = 20$ müsste die hintere Zahl 4 dann an dieser Stelle die Rolle des Multiplikators, also des Vervielfachers übernehmen: „Es sind 5 Würfel und davon 4 Stück."

Durch solche inhaltlichen Auseinandersetzungen mit den Bedeutungen der Gleichungen von Umkehraufgaben (über das oberflächliche Vertauschen von Zahlen und Rechenzeichen hinaus) kann die Division als Gegenoperation der Multiplikation und das Teilen als reversible Handlung des Vervielfachens verstehensorientiert erarbeitet werden.

Begründung der Reversibilität mit linearen Darstellungen
Die Zusammengehörigkeit von Addition und Subtraktion als Umkehroperationen lässt sich auch an linearen Darstellungen veranschaulichen (Abb. 6.24), indem die Operationen am Zahlenstrahl oder Rechenstrich dargestellt werden. Dabei wird die Addition als Vorwärtsspringen gedeutet, welches die Subtraktion als Zurückspringen desselben Abstands wieder umkehrt, sodass man abschließend wieder am Ausganspunkt ankommt.

Während Addition und Subtraktion durch einen Operatorpfeil zwischen den beteiligten Zahlen auf dem Rechenstrich veranschaulicht werden können, ist dies für die Multiplikation und Division nicht zielführend. Grundsätzlich bieten Operatorschreibweisen, wie $4 \overset{\cdot 5}{\rightarrow} 20$ und $4 \overset{: 5}{\leftarrow} 20$, die als Notationsform verwendet werden, keinen Zugang zu

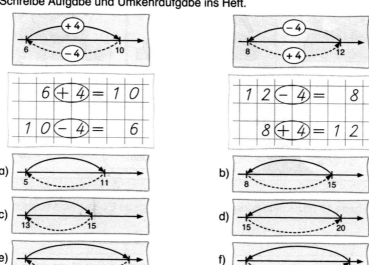

Umkehren: Springe vor und zurück zur Startzahl.
Schreibe Aufgabe und Umkehraufgabe ins Heft.

Abb. 6.24 Umkehraufgaben am Rechenstrich. (© Cornelsen: Balins, M., Dürr, R., Franzen-Stephan, N., Plötzer, U., Strothmann, A. & Torke, M. (2021). *Fredo 2 Mathematik.* Cornelsen, S. 100)

einer argumentativen Klärung, warum die Beziehungen zwischen den Operationen gelten, sondern können allenfalls auf diese Beziehungen aufmerksam machen.

Für die Beziehung zwischen Multiplikation und Division lässt sich auf lineare Darstellungen wie beispielsweise den Einmaleinsplan (Abb. 5.17) zurückgreifen, die in Kap. 5 im Kontext der Teilbarkeit beschrieben wurden. Durch das Legen von 4 Plättchenstreifen der Länge 5 wird die Zahl 20 erreicht ($4 \cdot 5 = 20$). Die Division lässt sich umgekehrt als Ausmessen der Zahl 20 durch Fünferstreifen verstehen ($20 : 5 = 4$). Erneut sei auf die bereits in Kap. 5 herausgestellte Problematik hingewiesen, dass für eine Erarbeitung an linearen Darstellungen eine rein ordinale Betrachtung nicht ausreicht, sondern eine Deutung im Maßzahlaspekt notwendig ist (Gaidoschik, 2020), insbesondere da bei der Thematisierung der Reversibilität die gleich großen Abstände im Fokus der Argumentation stehen.

6.5 Neutrale Elemente

Eine strukturelle Eigenschaft von Rechenoperation ist die Existenz eines neutralen Elements. Wie in der Wortbedeutung schon impliziert, wird mit dem neutralen Element diejenige Zahl bezeichnet, die bei der Durchführung einer spezifischen Rechenoperation die Zahl nicht verändert, sich also neutral verhält. In den natürlichen Zahlen ist dies für die Addition die Null, für die Multiplikation die Eins.

Inhaltlich gesehen ist diese Eigenschaft auch für den Arithmetikunterricht von Bedeutung (u. a. für Konstanzeigenschaften, Abschn. 6.6). Es hat sich jedoch keine eigene Bezeichnung für das Vorhandensein eines neutralen Elements im deutschsprachigen Unterricht etabliert. Es gibt kein entsprechendes Adjektiv (und entsprechend auch keine Substantivierung dieses Adjektivs wie *Kommutativität*), sodass neutrale Elemente im Unterricht oft eher nur implizit bleiben.

Dabei gilt in der Algebra die Überprüfung, ob eine Menge mit einer Verknüpfung ein neutrales Element besitzt oder nicht, als fester Bestandteil der Untersuchung von algebraischen Strukturen. Gerade für die algebraische Durchdringung der Arithmetik ist es von besonderer Bedeutung, ob und welches neutrale Element eine Rechenoperation besitzt, denn es ist gerade die Existenz eines neutralen Elements, welche die Anwendung vieler Rechenwege erlaubt.

> **Neutrale Elemente**
> Für alle natürlichen Zahlen a gilt: $a + 0 = a$ und $0 + a = a$ sowie $a - 0 = a$
> Für alle natürlichen Zahlen a gilt: $a \cdot 1 = a$ und $1 \cdot a = a$ sowie $a : 1 = a$

Die Idee des neutralen Elements wird bei Rechenwegen implizit ausgenutzt. Jede beliebige Rechnung kann durch einen neutralen Term ergänzt werden, ohne das Ergebnis zu verändern. So ist z. B. der Term $3 \cdot 5$ äquivalent zu $3 \cdot 5 + 0$ oder auch zu $3 \cdot 5 \cdot 1$. Diese Eigenschaften werden in der Grundschule insbesondere bei halbschriftlichen Strategien ausgenutzt: Für die Rechenstrategie *Hilfsaufgaben* (Padberg & Benz, 2021) kann das angefügte neutrale Element auf der Grundlage der in Abschn. 6.4 beschriebenen Reversibilität durch den Term $a - a$ oder $a : a$ substituiert werden. Bei einer multiplikativen Rechnung kann das neutrale Element 1 ausgenutzt werden, z. B. bei der Rechnung $24 \cdot 25 = 24 \cdot 25 \cdot 4 : 4 = 24 \cdot 100 : 4$. Statt mit 25 zu multiplizieren, kann mit 100 multipliziert und anschließend durch 4 dividiert werden. Eine additive Aufgabe, wie $64 + 99$, kann geschickt gelöst werden, indem das neutrale Element Null in der Form des Terms $1 - 1$ additiv ergänzt wird. Auf diese Weise entsteht die Rechnung $64 + 99 + 1 - 1$, die dann aufgrund der Assoziativität wiederum durch $64 + 100 - 1$ berechnet werden kann. Statt 99 zu addieren, können also 100 addiert und anschließend 1 wieder abgezogen werden (zur weiteren Diskussion der Gleichwertigkeit Kap. 7). Die additive Ergänzung neutraler Elemente wird in der Sekundarstufe bei der quadratischen Ergänzung wieder aufgegriffen, z. B. kann $x^2 + 10x + 20$ durch eine passende Nullergänzung in den Term $x^2 + 10x + 20 + 5 - 5$ und somit in den Term $(x + 5)^2 - 5$ überführt werden (Weigand et al., 2022).

Für die Addition und Multiplikation, die beide kommutativ sind, existiert in den natürlichen Zahlen je ein neutrales Element (0 bzw. 1), während die Subtraktion sowie die Division nur rechtsneutral sind, die 0 also nur als Subtrahend und die 1 nur als Divisor keine Änderung der verknüpften Zahl a bewirkt. Der Unterschied in den Rechenoperationen kann für Lernende genau dann zu Schwierigkeiten führen, wenn die Auswirkungen von

Null und Eins bei den Rechenoperationen nur regelhaft und nicht verständnisorientiert gelernt werden. Die Multiplikation besitzt zudem nicht nur ein neutrales, sondern ebenso ein sogenanntes *absorbierendes Element*. Die Null verhält sich neutral gegenüber additiven Verknüpfungen, bei multiplikativen Operationen jedoch nicht: $a \cdot 0 = 0$ bzw. eine Zahl mit Null multipliziert, ergibt immer null. Um hier die Elemente bei den Operationen nicht zu verwechseln, bedarf es einer verständigen Behandlung.

Der sichere Umgang mit neutralen Elementen ist auch für arithmetische Rechenfertigkeiten relevant. So zählen beispielsweise die Aufgaben $a \cdot 1 = a$ bzw. $1 \cdot a = a$ zu den Kernaufgaben beim Einmaleins, aus denen sich schwierige Aufgaben distributiv zusammensetzen lassen (Abschn. 6.3).

Soll die Null als neutrales Element der Addition verstanden werden, so ist eine Verwendung der Null als Rechenzahl von Bedeutung (Padberg & Benz, 2021, S. 69), da bei einer reinen kardinalen Interpretation der Null als *nichts* gerade auch in Bezug auf die Rechenoperation Probleme entstehen können (Schipper, 2009; Hasemann & Gasteiger, 2020, S. 115).

> „Ursache für viele Schwierigkeiten ist ein sehr frühzeitig entwickeltes magisches, nicht numerisches Verständnis der Null, etwa im Sinne von „nichts", „nicht…", „kein". Hinzu kommt, dass der Null manchmal weder bei der Entwicklung des Begriffs noch bei den Anwendungen in Rechenoperationen genügend Aufmerksamkeit geschenkt wird." (Schipper, 2009, S. 152)

In Sachkontextabbildungen, wie sie bei der Einführung einer Rechenoperation typisch sind (z. B. drei Kinder sind auf dem Spielplatz, zwei kommen dazu. 3 + 2 = 5), lässt sich die Null ikonisch nicht darstellen.

Strukturierte Aufgaben (Abb. 6.25) bieten eine Chance, die Addition und Subtraktion mit Null sinnstiftend für die Lernenden zu thematisieren (Schipper, 2009), denn dort tritt die Null eingebettet im operativ-strukturierten System auf. Sie kann so als Zahl in Beziehung zu anderen Zahlen gesehen werden (Transchel, 2020, S. 81). Es sind hier wiederum die entstehenden Muster in den Ergebnissen, die Gespräche über die neutralen Elemente initiieren können (Hasemann & Gasteiger, 2020). Bei der Multiplikation lassen sich durch operative Aufgabenserien mit analogem Aufbau zu Abb. 6.25 die Bedeutung der Eins als neutrales Element und kontrastierend dazu die Null als absorbierendes Element der Multiplikation behandeln.

Abb. 6.25 Aufgabenserien mit neutralen Elementen

$$5 + 3 = 8 \qquad 5 - 3 = 2$$
$$5 + 2 = 7 \qquad 5 - 2 = 3$$
$$5 + 1 = 6 \qquad 5 - 1 = 4$$
$$5 + 0 = 5 \qquad 5 - 0 = 5$$

6.6   Konstanzeigenschaften

Die Konstanzeigenschaften basieren auf einer Verknüpfung der bereits beschriebenen Operationseigenschaften und lassen sich aus diesen ableiten (Wittmann & Müller, 2017; Schwätzer, 2013). Während hier im Folgenden nun auf der Basis der bereits erläuterten Eigenschaften der Operationen argumentiert werden kann, entwickeln sich Erkenntnisse und Erfahrungen zu den grundlegenden Operationseigenschaften im Unterricht auch gerade in der Beschäftigung mit Mustern zur Konstanz. Die auftretenden Muster (Abb. 6.26) sind für die Lernenden oftmals unerwartet. Aus Erfahrung mit der Assoziativität wissen die Lernenden, dass sich beispielsweise die Summe gleichmäßig mit der Veränderung eines Summanden verändert (Abschn. 6.2.1). Da erscheint es verblüffend, dass sich eine Variation beider Zahlen nicht auch in zweifacher Weise auf das Ergebnis auswirkt, sondern dieses konstant bleibt.

An den Konstanzeigenschaften zeigt sich in besonderer Weise die Bedeutung der von uns verwendeten Differenzierung von Mustern und Strukturen. Bewusst müssen die Beziehungen zwischen den verschiedenen Aufgaben in den Blick genommen werden, da hier Erkenntnisse von Operationseigenschaften und Äquivalenzen (Kap. 7) gewonnen werden sollen. Dieses Ziel wird verfehlt, wenn im Unterricht lediglich auf die Beziehungen zwischen den sichtbaren Zahlen (Muster) fokussiert wird. In einer Studie verdeutlicht Häsel-Weide (2016) die Problematik, wenn Lernende solche Zahlbeziehungen anstelle von Aufgabenbeziehungen ins Zentrum der Aufmerksamkeit rücken.

> „Zusammenfassend zeigt sich, dass für das Nutzen von Strukturen der Fokus auf die Beziehung zwischen Zahlen nicht ausreicht, sondern die Aufmerksamkeit über diese hinaus auf die Bedeutung dieser Veränderung im Hinblick auf die Operation gerichtet werden muss. Die Relation „einer mehr" hat zwischen Summanden eine andere Auswirkung auf die Ergebnisse als die gleiche Relation zwischen Subtrahenden. Das Betrachten der Auswirkungen der erkannten Zahlbeziehung scheint – vor allem bei der Subtraktion – entscheidend für das erfolgreiche Nutzen der Strukturen." (Häsel-Weide, 2016, S. 141)

Deshalb ist auch hier wichtig, sich um eine epistemologische Begründung zu bemühen. Für ein Verständnis der Konstanz wird folglich ebenso ein Durchschreiten der Mustertür mit Hilfe von Veranschaulichungen und der Anwendung von algebraischen Denkprozessen wichtig. „Die Veränderung muss ausführlich am Material und an der Anschauung durchgeführt, verbalisiert und zunehmend mental vorgestellt werden" (Häsel-Weide, 2016, S. 214). Alle Konstanzeigenschaften lassen sich mit kardinalen Darstellungen veranschaulichen, für einige bieten sich auch ordinale Darstellungen an.

$20 + 20 = 40$	$55 - 30 = 25$	$4 \cdot 100 = 400$	$100 : 10 = 10$
$21 + 19 = 40$	$54 - 29 = 25$	$8 \cdot 50 = 400$	$400 : 40 = 10$
$22 + 18 = 40$	$53 - 28 = 25$	$16 \cdot 25 = 400$	$1200 : 120 = 10$

Abb. 6.26 Rechenpäckchen mit konstanten Ergebnissen

Im Unterricht ist die Anwendung der Konstanzeigenschaften vor allem beim vorteilhaften Rechnen von Bedeutung. Bei der halbschriftlichen Strategie des *Vereinfachens*, die es für alle Grundrechenarten gibt, erlaubt es die Konstanz, eine Aufgabe durch eine andere mit gleichem Ergebnis zu ersetzen. In den Aufgabenserien (Abb. 6.26) ist jeweils die zuerst genannte Aufgabe leicht zu rechnen. Von dort ausgehend können die weiteren Aufgaben durch systematisches, gleichsinniges bzw. gegensinniges Verändern der Zahlen abgeleitet werden. Die Konstanz der Differenz liefert ebenfalls die Basis für das Erweitern, eines der schriftlichen Subtraktionsverfahren (vgl. Padberg & Benz, 2021, S. 269).

6.6.1 Konstanz der Summe

Um bei der Addition eine Konstanz der Summe zu erhalten, werden beide Summanden gegensinnig um den gleichen Wert verändert. Bereits auf der symbolischen Ebene lässt sich das Zusammenspiel der beschriebenen Operationseigenschaften gut erkennen. Zunächst lässt sich aus dem Term $(a + c) + (b - c)$ auf Grundlage der Assoziativität (durch Auflösen der Klammern) und der Kommutativität (durch Vertauschen der Summanden) der Term $a + b + c - c$ gewinnen. Neutrale Änderungen von Gleichungen setzen neutrale Elemente (Abschn. 6.5) geschickt ein. Dies gelingt durch passende Verknüpfung zueinander inverser Elemente $c + (-c)$, die stets zum neutralen Element (hier 0) führt. Diese Begründung nutzt allerdings den Bereich der ganzen Zahlen. Auch in der Grundschule lässt sich vor dem Hintergrund der strukturellen Beziehung von Addition und Subtraktion als Gegenoperation (Abschn. 6.4) der Ausdruck $a + b + 0$ erklären. Da es sich bei der 0 um das neutrale Element bezüglich der Addition handelt, bleibt letztendlich der Term $a + b$ als Ergebnis übrig.

> **Konstanz der Summe**
> Für alle natürlichen Zahlen a, b und c gilt:
> $(a + c) + (b - c) = a + b$ (mit b > c)
> $(a - c) + (b + c) = a + b$ (mit a > c)

Eine solche formale Verkettung von Anwendungen der Rechengesetze wird von den Lernenden nicht erwartet. Vielmehr bieten erneut Darstellungen Zugänge zu Entdeckungen der Muster und zum Verstehen der Strukturen. Durch eine kardinale Darstellung, die auf der Grundvorstellung des Vereinigens (Padberg & Benz, 2021, S. 113) basiert, kann eine Einsicht an Handlungen mit Plättchen nachvollzogen werden. Wittmann und Müller (2017) schlagen eine lineare Anordnung von Plättchen vor (Abb. 6.27), in welcher die Summanden durch die farbliche Unterscheidung gekennzeichnet sind. Durch das Umdrehen des mittleren Plättchens wird die Aufgabe 5 + 5 in den Term 6 + 4 verändert. Die Summe als Gesamtanzahl der Plättchen bleibt konstant, da weder Plättchen hinzugefügt

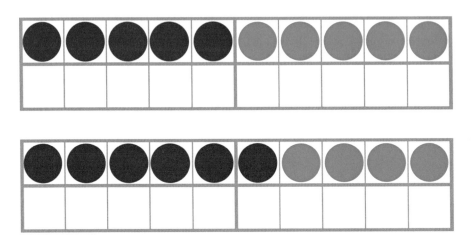

Abb. 6.27 Veränderung des Terms 5 + 5 in 6 + 4. (In Anlehnung an Wittmann & Müller, 2017, S. 73)

noch weggenommen werden. In der Darstellung wird deutlich, dass das umgedrehte Plättchen hinter der Fünferzäsur beim Term 5 + 5 zum zweiten Summanden, beim Term 6 + 4 hingegen zum ersten Summanden gezählt wird. Auf symbolischer Ebene entsteht begleitend mit Hilfe des Assoziativgesetzes die Umformung 5 + 5 = (6 − 1) + (4 + 1) = 6 + 4 − 1 + 1 = 6 + 4 + 0 = 6 + 4.

6.6.2 Konstanz der Differenz

Bei der Subtraktion bleibt die Differenz konstant, wenn Minuend und Subtrahend gleichsinnig um den gleichen Wert erhöht oder verringert werden. Analog zur Addition kommen hier mehrere Eigenschaften zum Tragen, vor allem wiederum die Besonderheit, dass die genutzten Rechenschritte $+c$ und $-c$ als Gegenoperationen eine Gesamtveränderung der Differenz um das neutrale Element 0 ergeben.

> **Konstanz der Differenz**
> Für alle natürlichen Zahlen a, b und c gilt:
> $(a + c) − (b + c) = a − b$ (mit a ≥ b)
> $(a − c) − (b − c) = a − b$ (mit a ≥ b ≥ c)

Für die Konstanz der Differenz lassen sich auf der Grundlage von verschiedenen Grundvorstellungen zur Subtraktion unterschiedliche Darstellungsweisen und Begründungen finden. Vorgestellt werden hier zwei Begründungen mit kardinaler Veranschaulichung. Am Rechenstrich oder am Zahlenstrahl lässt sich die Differenz in verschiedenen Grundvorstellungen auch ordinal darstellen. In der Schulbuchabbildung

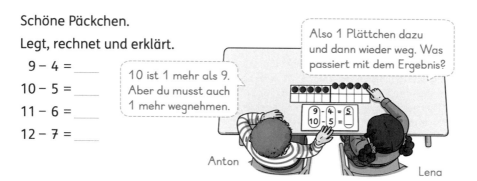

Abb. 6.28 Bildimpuls zur Konstanz der Differenz. (© Klett: Nührenbörger, M., Schwarzkopf, R., Bischoff, M., Götze, D. & Heß, B. (2022). *Das Zahlenbuch 1*. Klett, S. 95)

(Abb. 6.28) wird auf eine kardinale Vorstellung der Subtraktion als Abziehen (Padberg & Benz, 2021, S. 133) zurückgegriffen. Zur Lösung der Aufgabe 9 − 4 werden zunächst 9 Plättchen auf das Zwanzigerfeld gelegt und davon 4 subtrahiert, indem diese nach oben verschoben werden. Auf diese Weise bleibt auch der Subtrahend 4 weiterhin in der Darstellung sichtbar. Alternativ könnte auch mit einem transparenten Abdeckstreifen gearbeitet werden, der den Subtrahenden verdeckt und dennoch sichtbar lässt. Die Differenz 5 ist durch die auf dem Feld verbleibenden 5 Plättchen sichtbar. Auf symbolischer Ebene wird in der Termdarstellung nun aus der Aufgabe 9 − 4 durch Erhöhung des Minuenden und Subtrahenden die Aufgabe 10 − 5 entwickelt. Zugleich wird die Darstellung passend verändert, indem Lena in der Schulbuchabbildung ein weiteres Plättchen hinzufügt, welches durch diese Stelle, an der es angelegt wird, sowohl zum Minuenden (der Gesamtmenge der Plättchen auf dem Feld) als auch zum Subtrahenden (der nach oben geschobenen, abzuziehenden Plättchen) gehört. Nun kann argumentiert werden, dass die Differenz (die 5 linken Plättchen auf dem Feld) nicht verändert wird und sich weiterhin nicht verändern würde, wenn noch weitere Plättchen an der Stelle oben rechts hinzugefügt würden, die gleichzeitig auch wieder abgezogen werden. In Kap. 3 werden exemplarische Einblicke in Verallgemeinerungsprozesse von Lernenden zu dieser Schulbuchaufgabe gegeben.

Der folgende Transkriptausschnitt zeigt den Verallgemeinerungsprozess des Schülers Michel (M), der im Gespräch mit der Interviewerin (I) (StePs-Projekt, 2022 (Schulte-Weber)) durch das sukzessive Legen der Aufgaben (Abb. 6.28) mit den Plättchen selbstständig eine allgemeine Einsicht zur Konstanz über die verwendeten Beispiele hinaus generiert:

I   Kannst du jetzt mit den Plättchen erklären, warum das Ergebnis immer gleichbleibt, auch wenn die Aufgabe eine andere ist?

M   9 Plättchen sind das ja jetzt hier, genauso wie hier steht (*zeigt auf erste Subtraktionsaufgabe*). Jetzt muss man da 4 wegtun (*nimmt 4 Plättchen weg*). Das sind dann 5. … Jetzt hat man 10 Plättchen am Anfang (*legt 5 Plättchen wieder hin*). Und wenn man jetzt auch 5 wegtut (*nimmt 5 Plättchen weg*), sind das wieder 5. Jetzt sind das 11 Plättchen (*ergänzt bis*

zur 11, indem er ein Plättchen in die zweite Reihe legt). Jetzt tut man 6 weg (*nimmt 6 Plätt-*
chen weg), dann sind es wieder 5. Jetzt sind es 12 Plättchen (*ergänzt bis zur 12*) und dann,
wenn man dann 7 wegtut, sind es wieder 5. Das kann man jetzt immer so weiter machen.
Aber man kann jetzt so viele dabei tun, wie man Plättchen hat. Also man kann jetzt auch
20 Plättchen haben (*ergänzt bis zur 20*). So. Man hat jetzt 20 Plättchen. Weil es sich hier
ja auch immer hochzieht (*deutet auf das Aufgabenblatt*). Dann muss man 15 wegtun …
Dann bei 20 sind es minus 15. Weiter geht's ja auch gar nicht, weil mehr Plättchen hat man
ja gar nicht (*lacht, nimmt 15 Plättchen weg*).

I   Aber wenn man mehr Plättchen hätte, würde es weitergehen?

M   Ja, wenn man mehr Plättchen hätte, könnte man das immer weitermachen.

In Michels Äußerungen verdeutlicht er, dass Minuend und Subtrahend gleichsinnig erhöht
werden können und sich bei jeder Handlung des Hinlegens und anschließenden Wegnehmens von Plättchen stets das Ergebnis 5 einstellt. Auf Nachfrage gibt er an, dass dieses
Muster beliebig fortgesetzt werden könnte. Hier wird deutlich, wie sich anhand des Bild-
impulses und der Erfahrung aus den wiederholten Handlungen eine allgemeine Argumentation für die Konstanz im Unterricht entwickeln lässt.

Ebenso gut kann eine Begründung auch über die Subtraktionsgrundvorstellungen des
Ergänzens oder des Vergleichens (Padberg & Benz, 2021, S. 133) erfolgen. Werden in
Abb. 6.29 zunächst nur die roten Plättchen betrachtet, wird die Aufgabe 9 − 4 als Vergleich
der oberen und unteren roten Plättchenreihe gedeutet. Der Unterschied zwischen beiden
Anzahlen ist die Differenz: In der unteren Reihe sind es statisch betrachtet 5 Plättchen weniger bzw. es müssten dynamisch gedeutet noch 5 hinzugefügt werden, damit es gleich
viele sind. Die Differenz ist in Abb. 6.29 durch die noch leeren Felder dargestellt. Diese
Differenz bleibt unverändert, wenn nun an der linken Seite beide Plättchenreihen gleichsinnig verlängert oder verkürzt werden (hier dargestellt durch blaue Plättchen), um gleichzeitig Minuend und Subtrahend zu erhöhen bzw. zu verringern. Auch hier lässt sich gut
verallgemeinern, dass das gleichsinnige Hinzufügen von Plättchen auf der linken Seite beliebig fortgeführt werden kann, ohne die Differenz auf der rechten unberührten Seite zu
verändern.

In der Vergleichsvorstellung kann auch zusätzlich ein anschaulicher Kontext unterstützend sein und dabei Minuend und Subtrahend als zwei zu vergleichende Längen gedeutet werden. „Die Längendifferenz von zwei Kindern bleibt unverändert, egal ob die
beiden nebeneinander auf dem Klassenboden stehen oder aber beide je auf einem (gleich
hohen) Stuhl" (Steinweg, 2013, S. 156).

Abb. 6.29   Konstanz der Differenz in der Vergleichsvorstellung

6.6.3 Konstanz des Produkts

Bei der Multiplikation bleibt das Produkt konstant, wenn beide Faktoren gegensinnig verändert werden, der eine Faktor also mit einem Wert multipliziert und der andere Faktor durch eben diesen Wert dividiert wird.

> **Konstanz des Produkts**
> Für alle natürlichen Zahlen a, b und c gilt:
> $(a \cdot c) \cdot (b : c) = a \cdot b$ (mit c ist ein Teiler von b)
> $(a : c) \cdot (b \cdot c) = a \cdot b$ (mit c ist ein Teiler von a)

Für die Konstanz des Produkts spielt gleich eine ganze Reihe von Operationseigenschaften (im Bereich der rationalen Zahlen) eine Rolle (Padberg & Benz, 2021, S. 161). Grundlage hierfür bilden Kommutativität und Assoziativität der Multiplikation. Aus dem Term $(a \cdot c) \cdot \left(b \cdot \frac{1}{c} \right)$ kann durch Umstellen (Kommutativität) und Klammernversetzen (Assoziativität) der Term $(a \cdot b) \cdot \left(c \cdot \frac{1}{c} \right)$ gewonnen werden. Da $\frac{1}{c}$ das inverse Element von c bezüglich der Multiplikation in $\mathbb{Q}$ ist, kann der Term wiederum in $a \cdot b \cdot 1$ umgeformt werden. In der Gesamtbilanz wird mit Eins, d. h. dem neutralen Element der Multiplikation, multipliziert, sodass auf diese Weise der Term $a \cdot b$ nicht verändert wird. In der Grundschule, in der Bruchzahlen für Begründungen noch nicht zur Verfügung stehen, lässt sich an dieser Stelle über Multiplikation und Division als Gegenoperationen argumentieren.

Um die Konstanz in der Grundschule zu begründen, lässt sich eine flächige kardinale Veranschaulichung von Produkten als Rechtecksfelder nutzen (Abb. 6.30). Das umrandete Rechteck (links) stellt das Ausgangsprodukt 6 · 4 dar. Da der Faktor 6 durch 3 teilbar ist, kann das Rechteck horizontal gedrittelt, also in drei gleiche Rechtecke mit jeweils 2 · 4 Punkten zerlegt werden. Werden diese nun nebeneinandergelegt, so bildet die gedrittelte Seitenlänge nun die neue Seitenlänge 2 des neuen Rechtecks, während die Breite 4 durch das Aneinanderreihen verdreifacht wird. Auf diesem Weg entsteht das Rechteck 2 · 12. Da die Anzahl der Punkte durch das Verschieben der Rechtecke invariant ist, bleibt das Produkt konstant.

Besonderer Aufmerksamkeit bedarf der Unterschied des multiplikativen gegensinnigen Veränderns bei der Multiplikation im Vergleich zur additiven gegensinnigen Veränderung bei der Addition. Als naheliegender Analogieschluss kann von den Lernenden vermutet werden, dass auch die additive gegensinnige Veränderung, d. h. die Erhöhung eines Faktors um eins und die gleichzeitige Verringerung des anderen Faktors um eins (z. B. aus 5 · 5 wird 6 · 4) zur Konstanz führt. Es bietet sich an, dieses typische Missverständnis mit Hilfe von entsprechenden Mustern zu thematisieren, da sich auch hier spannende Entdeckungen für die Lernenden ergeben (vgl. Wittmann & Müller, 2017, S. 224) – aus-

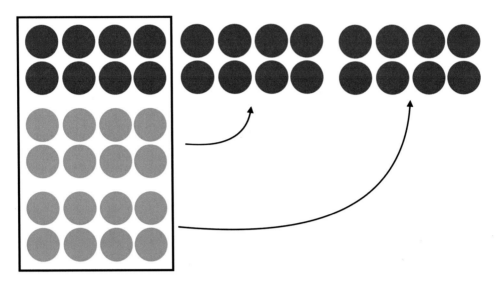

Abb. 6.30 Veranschaulichungen zur Konstanz des Produkts

gehend von einer Quadrataufgabe ist der Unterschied zwischen den beiden Aufgaben beispielsweise immer 1, was sich wunderbar an Punktefeldern veranschaulichen lässt.

6.6.4   Konstanz des Quotienten

Bei der Division werden Dividend und Divisor gleichsinnig verändert, indem beide mit
dem gleichen Wert multipliziert bzw. durch den gleichen Wert dividiert werden. Die Konstanz lässt sich mathematisch wiederum im Bereich der rationalen Zahlen über die inversen Elemente c und $\frac{1}{c}$ der Multiplikation bzw. grundschulgerecht über Multiplikation
und Division als Gegenoperationen erklären.

Konstanz des Quotienten
Für alle natürlichen Zahlen a, b und c gilt:
  $(a \cdot c) : (b \cdot c) = a : b$ (mit b ist ein Teiler von a)
  $(a : c) : (b : c) = a : b$ (mit c ist ein Teiler von a und von b; b ist ein Teiler von a)

Für die Begründung der Konstanz kann sowohl auf eine verteilende als auch eine aufteilende Divisionsvorstellung (Padberg & Benz, 2021, S. 174) zurückgegriffen werden
und diese durch Handlungen an kardinalen Anschauungsmitteln dargestellt werden. Im
Unterricht können die hier nur ikonisch dargestellten Handlungen auch mit Materialhandlungen (enaktiv) umgesetzt werden. In Abb. 6.31 wird die Ausgangsaufgabe 24 : 6 = 4 zunächst dargestellt, indem 24 Punkte in Teilmengen mit je 6 Punkten aufgeteilt werden, so-

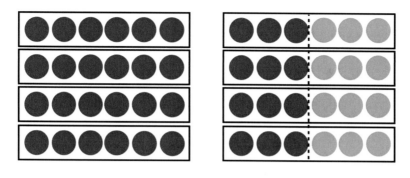

$$24 : 6 = 4 \qquad 12 : 3 = 4$$

Abb. 6.31 Veranschaulichung zur Konstanz des Quotienten in der Aufteilvorstellung

Abb. 6.32 Veranschaulichung zur Konstanz des Quotienten in der Verteilvorstellung

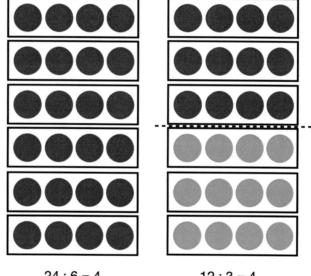

$$24 : 6 = 4 \qquad 12 : 3 = 4$$

dass als Quotient 4 (gleichmächtige) Teilmengen entstehen. Die vertikale Linie im rechten Bild halbiert nun gleichzeitig sowohl die Gesamtanzahl der Punkte (also den Dividenden) als auch die Punkte innerhalb einer Teilmenge (also den Divisor). Die so entstehende Divisionsaufgabe kann symbolisch als 12 : 3 = 4 notiert werden. Die Anzahl der Teilmengen, d. h. der Quotient, bleibt konstant. Dieses Vorgehen in der Veranschaulichung lässt sich verallgemeinern, indem die Teilmengen nicht nur halbiert werden, sondern analog durch einen weiteren Teiler des Divisors 6 geteilt (also beispielsweise gedrittelt 8 : 2 = 4) oder aber auch vervielfacht werden, z. B. 48 : 12 = 4).

Bei einer verteilenden Divisionsvorstellung sind die Gesamtmenge sowie die Anzahl der (gleichmächtigen) Teilmengen gegeben, anschließend ist nun die Anzahl an Elementen je Teilmenge gesucht (Padberg & Benz, 2021). Die Abb. 6.32 stellt so durch die Verteilung von 24 Punkten in 6 Teilmengen die Aufgabe 24 : 6 mit den Quotienten 4 als

(Punkte-)Anzahl an Elementen pro Teilmenge dar. Durch die horizontale Linie im rechten Bild wird nun gleichzeitig sowohl die Gesamtanzahl der Punkte wie auch die Anzahl der Teilmengen halbiert. Die Anzahl der Elemente pro Teilmenge (Quotient) bleibt dabei unverändert und konstant 4. Die neue Divisionsaufgabe heißt 12 : 3 = 4. Auch hier kann anstelle der Halbierung die Anzahl der Teilmengen (und damit natürlich gleichzeitig die Gesamtmenge) durch einen weiteren Teiler des Divisors 6 (hier beispielsweise gedrittelt: 8 : 2 = 4) geteilt oder aber beliebig vervielfacht werden (48 : 12 = 4).

Eine Verbindung der Darstellung mit einem anschaulichen Kontext kann die Einsicht in die Konstanz unterstützen.

- Für den Aufteilprozess passend zu Abb. 6.31): Im Sportunterricht werden Kinder in gleich große Teams aufgeteilt. Wenn nur halb so viele Kinder mitmachen und die Teams nur halb so groß werden, dann ändert sich die Anzahl an Teams nicht.
- Für den Verteilprozess passend zu Abb. 6.32): Im Sportunterricht werden Kinder in gleich große Teams verteilt. Wenn nur halb so viele Kinder mitmachen und es nur halb so viele Teams geben soll, dann verändert sich die Anzahl der Kinder pro Team nicht.

Gleichungen erforschen

„Das Gleichheitszeichen ist *das* mathematische Zeichen, man kann nicht beliebig mit ihm umspringen." (Winter, 1982, S. 210)

Spannende Muster können dazu einladen, Gleichungen und Gleichheitsbeziehungen in ihren strukturellen Zusammenhängen zu erforschen und die Strukturen als Begründungen für die Musterphänomene zu erkennen. Bewusstheit kann insbesondere dann entstehen, wenn Gleichheit und Gleichwertigkeit auf den ersten Blick überrascht (vgl. produktive Irritation nach Nührenbörger & Schwarzkopf, 2019; Kap. 4).

Jede Rechenaufgabe im Arithmetikunterricht kann als eine algebraische Gleichung aufgefasst werden. Üblicherweise wird nach einem Wert (Ergebnis) gesucht, der zu einem Term, z. B. 5 + 3 äquivalent (gleichwertig) ist, es soll also der Termwert bestimmt werden. Das Gleichheitszeichen, z. B. in der Gleichung 5 + 3 = 8, symbolisiert die Gleichwertigkeit von Aufgabe und Ergebnis (Aufgabe-Ergebnis-Deutung). Die Gleichung beschreibt damit also eine Beziehung (Äquivalenzrelation) zwischen den beiden Termen links (5 + 3) und rechts (8) des Zeichens. Gleichheiten sind in der Arithmetik vielfältiger zu verstehen als die Aufgabe-Ergebnis-Deutung. Schon kleine Variationen der Beispielgleichung in 8 = 5 + 3 oder 8 = 8 oder 5 + 3 = 3 + 5 oder 5 + 3 = 4 + 4 lassen direkt erahnen, dass mehrere Sichtweisen von Gleichheit bedeutsam sind. Die Vielfalt von Begriffen wie Gleichheit, Gleichwertigkeit oder Äquivalenz sowie gewisse begriffliche Unschärfen und Mehrdeutigkeiten werden im Abschn. 7.1 genauer diskutiert.

Eigenschaften von Gleichungen sind eng verwoben mit den Grundideen der Zahlen und Operationen und ihren jeweiligen Eigenschaften. Gleichungen setzen sich aus Zahlen und Operationszeichen in Termen zusammen, um bestimmte Beziehungen auszudrücken. Trotz dieser engen Beziehungen zu anderen Grundideen besitzen Gleichungen als eigenständige

K. Akinwunmi, A. S. Steinweg, *Algebraisches Denken im Arithmetikunterricht der Grundschule*, Mathematik Primarstufe und Sekundarstufe I + II, https://doi.org/10.1007/978-3-662-68701-7_7

mathematische Objekte auch spezifische Eigenschaften und Beziehungen (die Eigenschaften einer Äquivalenzrelation). Der Abschn. 7.2 klärt diese besonderen Eigenschaften.

Die oben kurz angedeuteten Mehrdeutigkeiten der Begriffe münden in mindestens zwei wichtigen Schwerpunkten der Erforschung von Gleichwertigkeiten. Zum einen die Äquivalenz von Zahlen (Abschn. 7.3) und zum anderen die Äquivalenz von Rechenhandlungen (Abschn. 7.4), die im jeweiligen Abschnitt genauer betrachtet und in möglichen unterrichtlichen Aktivitäten für Kinder der Grundschule dargelegt werden.

Algebra wird in der Sekundarstufe oft mit Gleichungslehre gleichgesetzt (Kap. 1). Vollrath und Weigand (2007) beschreiben enge Beziehungen zwischen Gleichungen und jeweiligen Themensträngen der Algebra bis hin zu Funktionen (Kap. 8). Im Sekundarbereich treten typischerweise symbolische Darstellungen von Variablen in Gleichungen in den Fokus (z. B. Weigand et al., 2022, S. 9). Bereits in der Grundschule spielen Variablen ebenso eine Rolle – hier noch nicht als Buchstabenvariablen (Kap. 3) – in Gleichungen und Aufgabentypen, wie z. B. Rechendreiecken, die Gleichungssysteme repräsentieren. Aktivitäten zur Grundidee Gleichungen mit mehreren Variablen und ihre Rolle für algebraisches Denken werden im Abschn. 7.5 angeboten.

Checkliste für die Thematisierung der Eigenschaften von Gleichungen
- Welche Eigenschaft der Grundidee *Gleichungen* soll im Mittelpunkt des Unterrichts stehen?
- Wie kann bei Gleichungen (u. a. mit Variablen als Unbekannten) angeregt werden, den Fokus weg vom Ausrechnen hin zur Betrachtung von Gleichheiten zu verändern?
- Welche Gleichheit (Gleichwertigkeit von Zahlen oder von Rechenhandlungen) soll in Mustern entdeckt werden?
- Welche Darstellungen (Repräsentationen, Materialen) bieten ein passendes Muster für Entdeckungen an?
- Welche Fragen und Impulse unterstützen das Entdecken, Beschreiben und Verallgemeinern der Regelmäßigkeiten auf Musterebene?
- Welche Fragen und Impulse unterstützen das Verstehen, Begründen und Verallgemeinern der Regelmäßigkeiten auf Strukturebene?

7.1   Gleichheit, Gleichwertigkeit und Äquivalenz: Eine Begriffsklärung

Nach Winter (1982) sollten für die von ihm geforderte „algebraische Durchdringung des Rechnens … Gleichheitsdeutungen aufgebaut werden" (S. 185), die sich insbesondere an Deutungen des Gleichheitszeichens „als Zeichen für Gleichheit, Gleichwertigkeit und wechselseitige Austauschbarkeit" (S. 197) festmachen lassen. Damit bringt er verschiedene Begriffe als Optionen der Deutung selbst einfacher Gleichungen ins Spiel. Auch die englischsprachige Literatur ringt mit diesen verschiedenen Begriffen und unterscheidet insbesondere zwischen „sameness" (Gleichheit) und „equivalence" (Äquivalenz/Gleichwertigkeit) (z. B. Kieran & Martínez-Hernández, 2022; Jones et al., 2012). In der Mathematik werden die Begriffe Gleichheit und Äquivalenz aus fachmathematischer und mathematikhistorischer Perspektive diskutiert, wie z. B. ausführlich von Felgner (2020) dargelegt wird. Im Folgenden werden mögliche Interpretationen der wesentlichen Begriffe im Kontext von Alltagserfahrungen und Inhaltsbereichen des Mathematikunterrichts der Grundschule genauer erläutert.

Gleichheit und Gleichwertigkeit im Alltag

Bei Entscheidungen über *Gleichheit* werden im Alltag Phänomene als gleich betrachtet, wenn sie nach Kriterien, die durch die phänomenologische Erscheinung offensichtlich sind, als gleich wahrgenommen werden können. Kieran und Martínez-Hernández (2022) sprechen von den gemeinsam geteilten („shared") Eigenschaften. Die Merkmale, auf die sich Gleichheit bezieht, müssen hierbei nicht zwingend mathematischer Natur sein. Gleichheit kann sich z. B. auf das Merkmal der Farbe oder des Materials von Objekten beziehen. Tätigkeiten des Sortierens und Ordnens („alle Blauen", "alle Dinge aus Holz" etc.) aus dem Alltag oder in der mathematischen Frühförderung nutzen diese Formen der Deutung von Gleichheit. Gleichheit bezieht sich hier auf sichtbare Phänomene oder Merkmale, auf die sich die (mathematische) Kommunikation in dieser bestimmten Situation bezieht: „Der Begriff der Gleichheit ist nur dann klar und exakt, wenn die Gesamtheit aller Merkmale, auf die es ankommt, angegeben wird" (Felgner, 2020, S. 113).

Im Alltag gibt es jedoch auch andere Erfahrungen der Gleichheit. Bei fairen Tauschhandlungen oder insbesondere in Einkaufssituationen werden Gegenstände als gleich betrachtet, weil ihnen ein bestimmter gleicher Wert zugewiesen wird. In diesen Fällen ist es nicht wichtig, wie die Objekte aussehen oder ob sie gleiche Oberflächenmerkmale besitzen. Die Gleichheit ist also nicht mehr ein sichtbares Merkmal, sondern eine den Objekten zugewiesene bzw. hineingedeutete *Gleichwertigkeit* bezüglich eines (materiellen) Werts. Diese Alltagserfahrung greift damit die wörtliche Übersetzung des lateinischen Ursprungs des Begriffs *Äquivalenz* auf, der sich aus *aequus* für *gleich* und *valere* für *wert sein* zusammensetzt.

Gleichheit und Gleichwertigkeit in der Geometrie

Die Geometrie ist ein Inhaltsbereich, der im Grundschulunterricht vielfach mit anschaulichen Materialhandlungen arbeitet. Erfahrungen zur Gleichheit können z. B. im direkten Vergleich von geometrischen Figuren gemacht werden: Zwei ebene Figuren werden als gleich erkannt, wenn sie exakt übereinandergelegt werden können und damit deckungsgleich (kongruent) sind. Wenn z. B. eine Einmaleinsaufgabe als Rechteck aus Kästchenpapier dargestellt wird, wie in Kap. 6 ausführlich diskutiert, so ist die Lage des Rechtecks (vgl. Abb. 6.5) nicht relevant, da es jeweils gedanklich oder materialgebunden exakt übereinandergelegt und als deckungsgleich erkannt werden kann.

Auch in der Geometrie gibt es Fälle, in denen Figuren als gleich bzgl. eines bestimmten Kriteriums angenommen werden, wenn sie verschieden aussehen und nicht kongruent (deckungsgleich) sind. Exemplarisch wird die Aktivität betrachtet, bei der aus allen Teilen eines Tangram-Puzzles vielfältige Figuren gelegt werden: Mathematisch betrachtet ist es nun so, dass all diese so zusammengesetzten Figuren gleich sind im Merkmal der sogenannten Zerlegungsgleichheit. Sie besitzen damit auch das gleiche Flächeninhaltsmaß. Die Maßzahl des Flächeninhalts als gleiches Merkmal vermittelt also in diesem Fall die Gleichwertigkeit als nicht direkt sichtbare Gleichheit.

Gleichheit und Gleichwertigkeit von Größen
Gleichheit als Gleichwertigkeit kann, wie beschrieben, vermittelt werden über Größen wie Geldwert, Flächeninhaltsmaß oder auch Längenmaße. Für das in Kap. 6 betrachtete Rechteck aus Kästchenpapier als Darstellung der Einmaleinsaufgabe $3 \cdot 5$ bzw. $5 \cdot 3$ ist das Flächeninhaltsmaß je 15 Kästchen groß und kann so als gleich erkannt werden.

Im Größenbereich der Längen wird in der anschaulichen Darstellung jeweils auch im direkten Vergleich von Längen das Merkmal des Längenmaßes sichtbar. Vergleiche von Längenmaßen ermöglichen somit vom Kindergarten an Grunderfahrungen in der Entdeckung von Gleichheit („gleich groß"). Der Größenbereich Längen scheint sich damit für Gleichheitsbetrachtungen anzubieten.

In der Forschungsliteratur gibt es verschiedene Projekte, die sich am Merkmal Maßzahl orientieren. Es wird hier versucht, algebraisches Denken (Kap. 2) durch Ordnungsübungen von Längen zu fördern. Volumina oder Massen (Gewicht) von realen Objekten werden in diesen Ansätzen in entsprechende Längenmaße übersetzt. So würden z. B. ein 1 kg und ein 10 g schweres Objekt als eine längere und kürze Strecke dargestellt. Die dargestellten Längenmaße werden somit zum Vermittler der Beziehungen und können miteinander verglichen bzw. auf Gleichheiten überprüft werden. Die Idee fußt auf didaktischen Vorschlägen von Davydov aus den späten 1960er- und frühen 1970er-Jahren (Davydov et al., 1997) und wird auch in aktuelleren Projekten immer wieder aufgegriffen (Dougherty, 2008; Gerhard, 2011) Das grundsätzliche Vorgehen beschreibt Otte (1976) in seiner kritischen Auseinandersetzung wie folgt:

1. Arbeit mit realen Objekten, die in Größenparametern verglichen werden
2. Beziehung der Größen als Längen repräsentieren (z. B. kleineres Volumen als kurze Strecke und größeres Volumen als längere Strecke)
3. Darstellung der Größen als Buchstaben $a = b$, $a < b$, $a > b$

In ihren Algebraprojekten folgt Dougherty (2008) den oben skizzierten Schritten des Vergleichs von Größen ohne jegliche numerische Interpretationen. Ganz in der Davydovschen Tradition nutzt ihr Projekt „Measure Up" dabei reale Objekte, Diagramme (Strecken) und symbolische Repräsentationen bei Messversuchen, die allen Aktivitäten des Projekts unterliegen (Dougherty, 2008, S. 411). Statt Maßzahlen werden Buchstaben für Maße an die jeweiligen Längen notiert, mit und an denen mathematische Beschreibungen und Begründungen vollzogen werden sollen. Insgesamt stellt sich bei diesem Maßzahlansatz, wenn er strikt verfolgt wird, die Frage, warum numerische Bezeichnungen der Größen gerade in der Grundschule kategorisch ausgeschlossen werden sollten.

Diese Kritik äußert auch bereits Zankov, der die Aufgabenvorschläge als ungeeignet bezeichnet, da sie nicht an die mathematischen Vorerfahrungen der Kinder bei Schulbeginn anknüpfen, die mit Zahlen und dem Zählen eng verbunden sind (vgl. Otte, 1976, S. 485). Freudenthal (1974) sieht in den sehr speziellen Aufgaben des Davydovschen Ansatzes gerade für algebraisches Denken keinen Gewinn, da der Sinn der Problemstellungen von den Kindern nicht erkannt werden kann: „But in the course of algebraization these problems become meaningless. Algebra is better applied in full swing and to algebraically meaningful problems" (Freudenthal, 1974, S. 412).

Unwidersprochen ist es Kindern möglich, Relationen zwischen Größen von Objekten zu erkennen und zu nutzen. Diese Grunderfahrungen von direkten Vergleichen sind wesentlich, um der Idee von Ordnungsrelationen auf die Spur zu kommen. Der Transfer der Erfahrungen mit Längenrelationen zu Erfahrungen im Bereich der Zahlen wird jedoch von den Kindern nicht automatisch hergestellt. Auch Carpenter et al. (2003) raten dazu, das Gleichheitszeichen für Relationen einzusetzen, die Zahlbeziehungen beschreiben.

> „Children's conception of how to use the equal sign tend to be fragile, and they continue to need experiences with number sentences that challenge them to think about the equal sign as signifying a relation rather than a signal to calculate an answer." (Carpenter et al., 2003, S. 21)[1]

Gleichheit als Gleichwertigkeit in der Arithmetik

Im Arithmetikunterricht können sichtbare Gleichheiten in einigen Sonderfällen erfahren werden. So kann die Gleichheit von Zahlen zu sich selbst ($7 = 7$ usw.) erkannt werden, da *dieselbe* bzw. die *identische* Zahl links und rechts vom Gleichheitszeichen steht. Ebenso können Terme (Abschn. 7.2) dann als gleich angesehen werden, wenn sie aus den gleichen Zahlen und Operationszeichen in genau gleicher Reihenfolge ($3 + 4 = 3 + 4$ usw.) bestehen, d. h. die Terme dasselbe Aussehen haben bzw. identisch sind. Die wechselseitige Austauschbarkeit der gleichen Ausdrücke versteht sich in diesen besonderen Fällen aus dem Muster der sichtbaren Gleichheit der *Identität* wie von selbst.

Typisch für den Arithmetikunterricht sind hingegen Gleichungen wie $3 + 4 = 7$, in denen durch das Gleichheitszeichen, *Gleichwertigkeit* zwischen einem Term und einer Zahl symbolisiert wird. Die Gleichheit ist in gewisser Weise unsichtbar, da erst durch die Rechenhandlung der Addition von 3 und 4 die Gleichwertigkeit zu 7 bestätigt werden kann. Für das Beispiel der Einmaleinsaufgaben aus Kap. 6 ergibt sich die Gleichheit $3 \cdot 5 = 5 \cdot 3$ aus dieser Perspektive nun auch durch die Gleichwertigkeit von 15.

---

[1] Übersetzung durch Autorinnen: „Die Konzepte der Kinder zur Verwendung des Gleichheitszeichens sind fragil. Die Kinder brauchen Erfahrungen mit Gleichungen, die dazu herausfordern, über das Gleichheitszeichen als Hinweis für eine Relation (Beziehung) nachzudenken anstatt es als Impuls zur Berechnungen zu betrachten."

Analog zu den anderen Inhaltsbereichen der Mathematik oder auch den Alltagserfahrungen gibt es in der Arithmetik etliche Fälle, in denen Zahlenausdrücke, die völlig unterschiedlich aussehen, dann als gleich erkannt werden können, wenn sie den gleichen Wert haben. Gleichwertigkeit erwartet die hier wiederum unterschiedlichen, sichtbaren Phänomene bzgl. eines (unsichtbaren) zugehörigen Werts als gleich zu erkennen. In der Gleichung $5 + 3 = 4 + 4$ wird im linken und rechten Term die gleiche Rechenoperation (Addition) genutzt, die beteiligten Zahlen (Summanden) sind hingegen sichtbar verschieden. Ein erster Zugriff kann darin liegen, die Summen jeweils auszurechnen. Hinter dem linken und dem rechten Term verbirgt sich die zunächst nicht direkt sichtbare Summe 8. Die Terme sind nicht identisch (dieselben), aber sie sind gleichwertig und beschreiben damit *das Gleiche*. Der gleiche Wert kann zur Beschreibung genutzt werden, *dass* eine Gleichwertigkeit (Äquivalenz) gegeben ist.

Die Berechnung klärt hingegen noch nicht, *warum* diese zwei offensichtlich verschiedenen Terme gleich sind. Die Gleichung muss also insgesamt als Beziehungsgefüge im relationalen Zusammenspiel der Eigenschaften der Zahlen und Operationen betrachtet werden (vgl. Konstanzeigenschaften Kap. 6). Werden die relationalen Beziehungen zueinander ausgenutzt, dann kann begründet werden, warum die Gleichwertigkeit gültig ist. Die algebraische Perspektive auf Gleichungen ermöglicht damit die Validierungen der Gleichheit.

Um Gleichheit oder Gleichwertigkeit einer Gleichung zu entdecken bzw. zu begründen, ist prinzipiell eine Vielzahl von Denk- und Handlungsweisen möglich (Kieran & Martínez-Hernández, 2022, S. 1217). In Sonderfällen liegen zwei Terme in einer Gleichung vor, in denen gleiche Zahlen durch die gleiche Operation verbunden sind, wie z. B. $6 + 6 = 6 + 6$ oder auch $7 - 5 = 7 - 5$. Die Gleichheit ergibt sich hier *sichtbar* und ebenso durch die Berechnung der je gleichen Summen bzw. Differenzen. In der Regel sind die in den Termen gegebenen Zahlwerte oder Operationen nicht gleich. Grundsätzlich ist es bei allen Gleichungen möglich, durch Berechnung der gegebenen Terme (links und rechts) und einen anschließenden Vergleich der berechneten Werte die Gleichung auf Gleichheit zu überprüfen. Das Kriterium der Gleichheit wird durch die berechnete und somit zunächst *unsichtbare* Gleichwertigkeit beider Seiten erfüllt. Die Ausführung der Rechenoperationen (arithmetisches Denken; Kap. 2) nutzt dabei zumeist unbewusst die Eigenschaft der Transitivität (Abschn. 7.2) und kann deshalb ein erster Schritt auf dem Weg zu algebraischen Denk- und Handlungsweisen sein. Die Deutung von Gleichungen aus algebraischer Perspektive wird insbesondere in den Fällen deutlich, in denen über mathematische Beziehungen zwischen Termen oder Teilen von Termen argumentiert und eine zunächst unsichtbare oder versteckte Gleichheit („invisible"/„hidden sameness") bewusst ausgenutzt wird. Kieran und Martínez-Hernández (2022) nennen hier z. B. die Gleichung $7 + 7 + 9 = 14 + 9$, bei der sich das Gleichheitsargument auf die Möglichkeit des wechselseitigen Ersetzens (Substitution) von $7 + 7$ und 14 stützen kann. Als weiteres Beispiel wird die Gleichung $78 - 49 + 49 = 78$ aufgelistet, bei der die Eigenschaft der Beziehung zwischen Operationen und Gegenoperationen für Argumentationen über Gleichheit ausgenutzt werden kann. Die strukturellen Argumente sind algebraische Denkweisen, da sie sich in den Beispielen auf Eigenschaften von Zahlen (Kap. 5) bzw. Operationen (Kap. 6) und damit auf mathematische Strukturen beziehen. Kieran und Martínez-Hernández (2022) sehen hier die Option, den Geist des wahrheitserhaltenden Austauschprozesses bei Äquivalenzumformungen (Abschn. 7.4.2) zu erfassen.

Gleichwertige Terme können sich wechselseitig ersetzen. Dieser Austausch wird in der Mathematik auch als *Substitution* bezeichnet. Die Substitution ist ein wirkkräftiges Instrument insbesondere in der Gleichungslehre der Sekundastufe. Grundlegend ist, die Herausforderung anzunehmen, auf den ersten Blick unterschiedlich aussehende mathematische Ausdrücke als gleich zu akzeptieren. Die Gleichheit begründet sich dabei z. B. durch die strukturelle Eigenschaft der *Gleichwertigkeit von Zahlen*. Diese durchaus anspruchsvolle Sicht wird insbesondere im Kontext der halbschriftlichen oder flexiblen Rechenstrategien auch bereits im Grundschulunterricht eingefordert. So gilt es bei solchen typischen Strategien z. B. darum, den Term 49 + 53 durch den Term 50 + 52 auszutauschen und beide Terme als gleichwertig zu erkennen. Gleichwertigkeit beschreibt in diesem Sinne eine faire Gegenleistung, den Austausch und Ersatz eines Terms oder einer Rechenhandlung, selbst dann, wenn Objekte phänomenologisch unterschiedlich sind.

Das strukturelle Merkmal der Gleichheit muss sich dabei nicht zwingend auf Zahlwerte beziehen, die als Ergebnis einer Aufgabe identifiziert werden können. Wesentlich sind im aktuellen Mathematikunterricht im Kontext des flexiblen Rechnens auch das Erkennen, Beschreiben und Begründen von *Gleichwertigkeiten der Rechenhandlungen*. Um z. B. die Gleichung 4 + 4 + 4 = 3 · 4 souverän zu nutzen, muss erkannt werden, dass derselbe Endzustand auf verschiedenen Wegen der Rechenhandlung erreicht werden kann.

Für Lehr-Lern-Situationen ist es hilfreich, wenn Lehrende sich der Unterschiede der Gleichheitsdeutungen bewusst sind und sie den Lernenden die Entdeckung von unsichtbaren oder versteckten Gleichheiten durch gezielte Anregungen ermöglichen helfen. Winter (1982) identifiziert zwei wesentliche Deutungen, die im Grundschulunterricht auftreten.

Algebraische Gleichheitssicht nach Winter (1982)
I. Gleichwertigkeit von *Zahlen*, die auf verschiedene Weisen ausgedrückt werden
II. Gleichwertigkeit von *Rechenhandlungen*
    (a) derselbe Endzustand wird auf verschiedene Weisen erreicht
    (b) dieselbe Wirkung wird auf verschiedene Weisen erzielt

---

Die Mehrdeutigkeit von Gleichheit greifen auch die Bildungsstandards (KMK, 2022) in Ansätzen auf und formulieren als Erwartung innerhalb der Leitidee Muster, Strukturen und funktionaler Zusammenhang: „Die Schülerinnen und Schüler … erkennen, stellen Gleichheit von mathematischen Ausdrücken dar und nutzen diese (z. B. Zahlen durch verschiedene Terme ausdrücken, Terme vergleichen)" (S. 16). Die Kinder sollen demnach Kompetenzen im Erkennen, Darstellen und Nutzen von Gleichheit mathematischer Ausdrücke erwerben. Der Aspekt der Gleichwertigkeit von Zahlen (Winter, 1982) wird in der

Beispielangabe in der Klammer benannt („Zahlen durch verschiedene Terme ausdrücken").
Die Gleichwertigkeit von Rechenhandlungen kann im Vergleich von Termen („Terme vergleichen") wiedererkannt werden.

Die von Winter (1982) gekennzeichneten Deutungen können für die Förderung algebraischen Denkens in verschiedenen Möglichkeiten von Unterrichtsaktivitäten, Fragen- und Aufgabenstellungen fruchtbar erschlossen werden. In zwei Abschnitten werden nachfolgend entsprechende unterrichtliche Möglichkeiten zur Gleichwertigkeit von Zahlen (Abschn. 7.3) und Gleichwertigkeit von Rechenhandlungen (Abschn. 7.4) ausführlich beleuchtet.

Unterrichtliche Aktivitäten zur Gleichwertigkeit nutzen nicht zwingend eine Notation, die Gleichungen und ein Gleichheitszeichen beinhaltet. Um Äquivalenz in umfänglicher Breite zu verstehen, ist es jedoch grundsätzlich wichtig, das Zeichen als Relationszeichen zu begreifen. Für unterrichtliche Umsetzungen ist es deshalb grundlegend, die mathematischen Eigenschaften dieser Äquivalenzrelation (Abschn. 7.2) zu kennen und geeignet in Kontexten des Arithmetikunterrichts wiederzuentdecken und dort gezielt zu fördern.

7.2   Gleichwertigkeit als mathematische Beziehung

Äquivalenz ist mathematisch betrachtet eine Relation, d. h. eine Beziehung zwischen mindestens zwei Objekten oder zwei Ausdrücken. Die Beziehung der Äquivalenz ist als mathematische Relation zunächst unabhängig von den betrachteten Objekten, also über Terme und die Arithmetik hinaus, definiert. Eine Relation auf einer Menge M ist genau dann eine Äquivalenzrelation, wenn sie die Eigenschaften *Reflexivität, Symmetrie* und *Transitivität* besitzt (vgl. z. B. Kirsch, 2004; Reiss & Schmieder, 2014), die im Folgenden genauer erläutert werden.

Eigenschaften der Äquivalenzrelation
Für alle a, b, c $\in \mathbb{N}$ gilt:

Reflexivität	a = a
Symmetrie	aus a = b folgt b = a
Transitivität	aus a = b und b = c folgt a = c

Diese Eigenschaften werden für Begründungen der Gleichheit bedeutsam. Je nach Aufgabenstellung kann die Entdeckung der Äquivalenzrelation durch Zahlen, Terme oder Größen vermittelt werden, d. h., diese Vermittler bieten eine Antwort auf die Frage, warum Gleichheit besteht (Abschn. 7.1).

Ein Zugang zu dieser sehr allgemeinen Idee der mathematischen Logik ist auch bereits Kindern möglich. In vielfältigen Situationen werden z. B. Realobjekte bzgl. einer gewissen Größe als gleich (äquivalent) geordnet. Ist z. B. ein Bleistift genauso lang wie ein Kugelschreiber und der Kugelschreiber genauso lang wie ein Filzstift, dann folgt daraus, dass auch der Bleistift genauso lang ist wie der Filzstift (Transitivität). Die Relation wird definiert durch eine Größe, hier die gleiche Länge der Objekte. Der Vermittler der Gleichwertigkeit ist eine Länge.

> „Die Relation der ‚Äquivalenz' ist demnach im ursprünglichen Wortsinne eine Relation der Gleichwertigkeit, also eine Relation der Gleichheit, die aber nur die Wertigkeit (oder die Größe) betrifft." (Felgner, 2020, S. 112)

Im Arithmetikunterricht der Grundschule treten die Eigenschaften der Äquivalenzbeziehung üblicherweise als Beziehung zwischen Termen auf. Gerade für Kinder am Schulanfang ist es eine nicht direkt selbstverständliche Erkenntnis, dass unterschiedlich aussehende Terme, z. B. 4 + 1 und 3 + 2, dennoch gleichwertig sind. Für Begründungen wird die Transitivität implizit ausgenutzt: Da 4 + 1 = 5 und 5 = 3 + 2, gilt ebenso 4 + 1 = 3 + 2. Die Äquivalenz der Terme wird transitiv vermittelt (übertragen) durch die Gleichwertigkeit der Summe (hier 5). Der Mittler der Äquivalenz ist somit ein numerischer Zahlwert.

Die Gleichheitsbetrachtung bezieht sich im Arithmetikunterricht durchgängig auf das Merkmal eines gleichen Werts. Damit ist hier die Transitivität gesichert: „Die Relation der Gleichheit ist auch nur dann transitiv, wenn sich die einzelnen Gleichheitsbeziehungen immer auf dieselben Merkmale beziehen" (Felgner, 2020, S. 113).

In der Forschung wird in diesem Zusammenhang die wechselseitige Austauschbarkeit (*Substitution*) als eine wesentliche Komponente eines vollständig ausgebildeten Verständnisses der Äquivalenzrelation bzw. des Gleichheitszeichens angenommen (Jones et al., 2012; Donovan et al., 2022). Die Substitution beruht wiederum auf den Eigenschaften der Symmetrie, Reflexivität und insbesondere Transitivität und wird vor allem bei Umformungen von Gleichungen wirksam (Abschn. 7.4.2). Der Fokus auf Substitution stellt heraus, dass die Gleichheit nur für ein bestimmtes Merkmal gilt und sich weder phänomenologisch sichtbar abbilden noch auf alle Merkmale der betrachteten Objekte beziehen muss. Wenn also die Summe 8 + 8 im Merkmal der Gleichwertigkeit (Äquivalenz) mit der Summe 4 + 4 + 4 + 4 übereinstimmt, dann kann die eine durch die andere ersetzt werden. Je nach Aufgabenkontext kann diese wechselseitige Ersetzung (Substitution) hilfreich sein, um strukturelle Zusammenhänge der Äquivalenz zu begründen.

Äquivalenz in Darstellungen sichtbar machen

Äquivalenz kann über Darstellungen begründet werden. Hier bieten sich oft konkrete Handlungsoptionen (Umbauen, Umlegen) und damit auch Möglichkeiten an, Beschreibungen der Muster und Begründungen der Gleichheit zu versprachlichen (Kap. 4). Darstellungen sind für eine nicht numerische Argumentation und damit für das algebraische Denken besonders wertvoll (Kap. 3). Relationen können in Darstellungen durch Größen (Flächeninhalte, Längen) anschaulich gemacht und durch die Größenvergleiche begründet werden.

Summen können beispielsweise als Türme von Würfeln repräsentiert werden. Ein Turm aus 4 und 1 Würfeln ist dabei genauso hoch wie ein Turm aus 3 und 2 Würfeln. Der Mittler der Äquivalenz ist hier eine Größe (Höhe des Turms). In der Darstellung in einem Punkte-

Abb. 7.1 Warum gilt die
Gleichung 2 + 3 = 1 + 4?

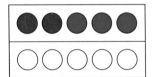 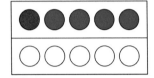

feld (10er- oder 20er-Feld), repräsentieren Wendeplättchen die beteiligten Summanden (Abb. 7.1). Hier vermittelt die kardinale Anzahl der Objekte oder auch (ohne zu zählen) das Merkmal der Länge der gelegten Zahlenstreifen die Entscheidung über Gleichheit.

Die Änderungen der beteiligten Zahlen kann auf der Oberflächenebene durch konkretes oder gedankliches Umdrehen von Wendeplättchen (bzw. durch Wegnehmen eines roten und Hinzufügens eines blauen Plättchens) realisiert werden. Diese Idee der Änderung nutzt das neutrale Element der Addition aus, da die Änderungen $+1$ und -1 sich zum neutralen Element 0 summieren und somit auf die Gesamtsumme nicht auswirken (vgl. Konstanzeigenschaften Kap. 6). Durch derartige Erfahrungen im Umgang mit Gleichwertigkeiten können Kinder zunehmend vermuten, dass die Idee auch für größere Zahlräume trägt und letztlich unabhängig von den genutzten Zahlen allgemeingültig ist. Das entdeckte Muster öffnet somit die Tür zur allgemeingültigen Struktur.

Zahlen, Terme, Gleichungen

Die Notationsweise von Gleichungen folgt festgelegten Konventionen. *Terme* beschreiben dabei mathematisch sinnvolle Verknüpfungen von Zahlen, Variablen und Operationszeichen, wie z. B. $3 + 8$ oder $27 \cdot (35 - x)$ oder auch 57. Klammersetzungen bestimmen ggf. die Reihenfolge der Berechnung der Operationen (vgl. z. B. Hefendehl-Hebeker & Rezat, 2023). Für alle Unterrichtsaktivitäten ist zu beachten, dass nicht alle deutschen Bundesländer die Nutzung von Klammern bereits in der Grundschule vorsehen. Die im Weiteren vorgestellten Vorschläge achten folglich darauf, immer auch Alternativen der Notation anzubieten, die auf Klammersetzungen verzichten können.

Terme tragen in sich keinen *Wahrheitsgehalt*, d. h., Terme können nicht wahr oder falsch sein. Es kann lediglich erkannt werden, ob die gewählten Verknüpfungen in einer nach mathematischen Konventionen sinnvollen Reihenfolge und Kombination erfolgen und ob z. B. Klammern gesetzt werden müssen oder können. Die Ordnung und Reihenfolge werden in Anlehnung an die Grammatik auch als Syntax des Terms bezeichnet (z. B. Weigand et al., 2022, S. 78; Vollrath & Weigand, 2007, S. 78).

Gleichungen und Ungleichungen verbinden Terme zu einem neuen Ganzen, d. h. zu einer Aussage. Durch ein Gleichheitszeichen oder ein anderes Relationszeichen (wie $<$, $>$) werden die Terme zueinander in eine Beziehung gestellt, die den gesamten Ausdruck, d. h. die Gleichung bzw. Ungleichung, auf den *Wahrheitsgehalt der Aussage* hin überprüfbar macht.

$$3 + 8 = 12 - 1 \qquad \text{ist eine wahre Aussage.}$$

$$3 + 8 > 27 \qquad \text{ist eine falsche Aussage.}$$

Eine Gleichung mit einem Platzhalter oder einer Variablen, z. B. 5 + __ = 13, wird als Aussageform bezeichnet, die durch Einsetzen von Werten in eine Aussage überführt werden kann. Die *Variable* tritt *als Unbekannte* auf, deren Wert zunächst nicht bekannt ist, aber prinzipiell bestimmt werden kann. Die Werte, die die Gleichung oder Ungleichung zu einer wahren Aussage werden lassen, bilden die sogenannte Lösungsmenge.

Für die Suche nach Lösungen ist das Probieren ein legitimer Ansatz. Gerade bei Zahlenrätseln oder auch weiteren, komplexen Gleichungen in der Sekundarstufe ist das Probieren bzw. systematische Probieren von möglichen Einsetzungen eine wichtige Strategie (für weitere Erläuterungen zu Lösungsstrategien von linearen Gleichungen vgl. Steinweg, 2013, S. 88–96).

Die Kernfrage im algebraischen Denken in der Grundidee der Gleichungen ist, ob Gleichungen wahre Aussagen sind, d. h., ob eine Äquivalenz der beteiligten Terme gegeben ist, ob sie durch Einsetzen geeigneter Zahlen hergestellt werden kann oder ob gewisse Variationen die Äquivalenz erhalten (Äquivalenzumformungen). Bei diesen mathematischen Denk- und Handlungsweisen sind numerische Argumente, die die beteiligten Terme schlicht berechnen und somit die gleiche Ergebniszahl feststellen, eher dem arithmetischen Denken zuzuordnen (Aufgabe-Ergebnis-Deutung nach Winter, 1982). Algebraisches Denken erwartet demgegenüber, die Beziehungen argumentativ zu nutzen und damit den strukturellen Zusammenhängen von Gleichungen nachzuspüren (Kap. 2). Diese zwei Denkweisen kristallisieren sich insbesondere an Deutungen des Gleichheitszeichens.

Deutungen des Gleichheitszeichens

Knuth et al. (2006, S. 301) unterteilen die Sicht auf das Gleichheitszeichen in *operational* und *relational* (vgl. auch z. B. Sfard, 1991 und Ausführungen in Kap. 1). Operational bedeutet hier, dass nach dem Gleichheitszeichen die Antwort (Summe, Produkt etc.) angezeigt wird, da das Gleichheitszeichen als eine Art Handlungsaufforderung zum Ausrechnen angesehen wird. Aus dieser Perspektive ist eine Gleichung die Niederschrift einer Prozedur von links nach rechts: 3 plus 8 muss zusammengerechnet werden und ergibt 11. Die operationale Sicht kann somit auch als prozedural bezeichnet werden. Die Gleichung 3 + 8 = 11 ist damit die Dokumentation dieser Handlung. Diese Sichtweise wird auch als asymmetrische Deutung (Prediger, 2010) bezeichnet, da die Terme links und rechts des Gleichheitszeichens nicht symmetrisch als gleichberechtigte Beziehung genutzt werden.

Die Gleichheit von Termen im algebraischen Verständnis stellt die Beziehungen in den Vordergrund. Dieser Fokus auf Relationen wird folglich als *relationale* Sichtweise gekennzeichnet. Das Gleichheitszeichen ist somit das Symbol einer bestimmten mathematischen Relation (Äquivalenz) zwischen den beiden gleichberechtigten Termen rechts und links des Gleichheitszeichens. Das Gleichheitszeichen verweist im algebraischen Denken auf das *relationale* Zusammenspiel des gesamten Gleichungsgefüges als neues Objekt des Denkens (Kap. 1). Algebraisches Denken fokussiert darauf, über die gegebene Gleichung nachzudenken und die Gleichung als Beispiel zu verstehen, an dem strukturelle, allgemeine Eigenschaften von Gleichheit deutlich werden können (Kap. 2).

Im Arithmetikunterricht wird das Gleichheitszeichen unterrichtlich und insbesondere sprachlich oft operational als Ergebniszeichen (es ergibt, es kommt heraus …) gedeutet und genutzt. Damit wird das Gleichheitszeichen zu einem Impulszeichen, das zu einer Berechnung auffordert. Die Entdeckung von Beziehungen zwischen den Termen wird durch diese Fokussierung auf die Bestimmung von numerischen Ergebnissen eingeschränkt. Verstärkt wird diese operational-prozedurale Deutung des Gleichheitszeichens noch durch die typischen Aufgabenstellungen bei Rechenaufgaben, die überwiegend eine Einsetzung auf der rechten Seite der Gleichung, also aufgrund der gewohnten Leserichtung damit nach dem Gleichheitszeichen, einfordern. In vielen Studien kann nachgewiesen werden, dass die operationale Sicht, die dem arithmetischen Denken (Kap. 2) zugeordnet werden kann, zunächst vorherrschend ist. Dies ist ein internationales Phänomen, dass seit vielen Jahrzehnten und bis in die heutige Zeit (z. B. Pang & Kim, 2018) immer wieder dokumentiert wird.

So macht z. B. Ginsburg bereits 1989 deutlich, dass insbesondere junge Kinder Zeichen wie + und = oft als Aktivitäten (prozedural) verstehen. Dieses Verständnis beruht auf subjektiven Erfahrungen der Kinder aus ihrem Alltag und auf entsprechend aufgebauten inneren Vorstellungen der Summenbildung (z. B. Zählen oder Zusammenfügen). Ginsburg stellt in seinen Interviews mit Erst- und Zweitklässlern fest, dass Aufgaben wie $3 + 4 = $ __ typischerweise kommentiert werden mit: „the equal sign means what it adds up to" (Ginsburg, 1989, S. 112). Es wundert dann nicht, dass viele der Erst- und Zweitklässler Aufgaben wie __ $ = 3 + 4$ zwar vorlesen können („Blank equals 3 plus 4"), dann aber feststellen, dass die Aufgabe „rückwärts" sei und sie die Gleichung in $4 + 3 = $ __ verändern. Manche Kinder fragen den Interviewer sogar direkt „Do you read backwards?" (Ginsburg, 1989, S. 112). Die arithmetische Perspektive und damit operational-prozedurale Interpretation von Gleichungen ist auch bei älteren Kindern durchaus noch ausgeprägt.

Falkner et al. (1999) beobachten in ihren Forschungen bei Dritt- und Viertklässlern beim Lösen der Aufgabe $8 + 4 = $ __ $ + 5$ oft die Antworten 12 oder 17. Manchmal werden sogar 12 und 17 gleichzeitig als zwei gültige Antworten genannt. Auch hier zeigt sich in den Antworten der Kinder ein Verständnis des Gleichheitszeichens als Aufforderung zur Handlung (linken Term addieren bzw. alle gegebenen Zahlen addieren) oder, wie Kieran (1981) es nennt, die Interpretation als „do something sign" (S. 319).

Behr et al. (1976; vgl. auch Kieran, 1981) legen in ihrer Studie Kindern unterschiedliche Gleichungen zur Beurteilung vor. Gleichungen wie $3 = 3$ werden von den beteiligten Kindern typischerweise durch Veränderungen in Gleichungen mit Rechentermen wie z. B. $6 - 3 = 3$ kommentiert (S. 4). Werden Gleichungen wie $4 + 5 = 3 + 6$ präsentiert, so bemängeln die Schülerinnen und Schüler, dass die Antwort fehle und die Aufgabe nicht zu Ende sei. Kieran erkennt hier den Bedarf, Terme als verschiedene „Namen" für eine Zahl einzuführen: „$4 + 5 = 3 + 6$ because both $4 + 5$ and $3 + 6$ are *other names for* 9" (Kieran, 1981, S. 319).

Behr et al. (1976) zeigen, dass diese Befunde nicht nur für Kinder in der Schulanfangsphase gelten (vgl. auch Kieran, 1981, S. 318). Sie untersuchen Schülerinnen und Schüler der Jahrgänge 1 bis 6 und stellen dabei fest, dass es kein Indiz dafür gibt, dass sich das Verständnis von Gleichungen und dem Gleichheitszeichen über die Schuljahre hinweg tatsächlich weiterentwickelt. Auch die Kinder aus der 6. Klasse haben vorwiegend den Aufforderungscharakter des Gleichheitszeichens im Blick. Dies zeigt sich auch in der Studie von Pang und Kim (2018), in der Kinder vom 3. bis zum 6. Schuljahr u. a. die Aufgabe 47 + __ = 48 + 76 vorgelegt wird. Die Lösung kann über die Berechnung der Summe (124) des rechten Terms, von der dann der gegebene Summand (47) des linken Terms subtrahiert wird, ermittelt werden. Diese Reaktion der Kinder wird als arithmetische Rechenstrategie kategorisiert. Eine relationale und damit algebraische Sicht auf die Äquivalenz ermittelt den fehlenden Summanden nicht über die Berechnung der Summe, sondern über die Betrachtung der Gleichung als Ganzes, d. h. als Beziehungsgefüge. Die Variation des ersten Summanden um 1 kann argumentativ genutzt werden, um den gesuchten zweiten Summanden in Beziehung zum gegebenen zweiten Summanden abzuleiten. Diese algebraische Perspektive auf die Gleichung kann jedoch auch bei den Kindern aus dem 6. Jahrgang nur bei knapp über der Hälfte nachgewiesen werden. Bei den jüngeren Kindern liegt der Anteil zwischen 30 % und 47 % (Pang & Kim, 2018, S. 151). Die Erweiterung der Studie für Kinder aus dem 2. Schuljahr sieht die Aufgabe 7 + __ = 8 + 6 vor. Hier gelingt nur knapp 4 % der Kinder eine relationale Antwort, die – ohne Berechnung der Summe – die Beziehungen der beteiligten Terme zueinander ausnutzt.

Gleichheit als Beziehung

Das Aus- und Berechnen („to do mathematics" (Thomas & Tall, 2001; Kap. 1) von Gleichungen ist im Arithmetikunterricht der Grundschule eine wichtige Kompetenz. Die Erstbegegnung mit Gleichungen in der Arithmetik zielt gerade auf die Entwicklung von Rechenfähigkeiten und damit die Berechnung und Lösung. Die Beschäftigung mit Gleichungen ermöglicht aber auch eine algebraische Denkhaltung („to think about mathematics", Thomas & Tall, 2001; Kap. 1), die von Anfang an gefördert werden kann. Wird in Gleichungen die Gleichheit als Beziehung entdeckt und genutzt, wird somit algebraisches und damit strukturell-relationales Denken verwendet (Kap. 2). Das Eingangszitat dieses Kapitels (Winter, 1982) verweist auf die besondere Bedeutung des Gleichheitszeichens. Genauer beschreibt Winter hier:

> „Wer ein begründetes und kreatives Rechnen in der Grundschule will, muß [sic!] sich darüber im klaren sein, daß [sic!] dies auch die Weiterentwicklung eines allzu alltäglichen Gebrauchs des Gleichheitszeichens erforderlich macht. Die algebraische Sicht stellt einen höheren Lernanspruch dar als die pure Aufgabe-Ergebnis-Deutung, die Common-sense-Deutung; aber sie verspricht auch höheren Lohn." (Winter, 1982, S. 210)

Der hier angesprochene höhere Lohn wird auch in der aktuellen Literatur betont (z. B. Kieran, 2018; Arcavi et al., 2017). Unterschiede der Herangehensweisen zeigen sich, wie im vorherigen Abschnitt an Beispielen aus Forschungsarbeiten aufgezeigt, im Lösungs- und Begründungsverhalten der Kinder. Wird die Antwort 7 zu 8 + 4 = __ + 5 durch Berechnungen ermittelt, so steht die operationale Deutung noch im Vordergrund. Dennoch beinhaltet dieser Lösungsansatz womöglich schon die Idee, dass beide Terme letztlich gleichwertig sein müssen. Es wird also die auf den ersten Blick versteckte Gleichheit der Summe 12 bei beiden sichtbar verschiedenen Termen beachtet.

In einem Projekt mit über 130 Grundschulkindern zeigen sich ganz unterschiedliche Herangehensweisen bei der Begründung der Gültigkeit von Gleichungen (Steinweg, 2013). Linda fokussiert die Unterschiede der gegebenen Zahlen bzw. Einerziffern der Zahlen in der Gleichung 4898 + 3 = 4897 + 4 und kommt so zu dem Schluss, dass die Terme nicht gleich sind (Abb. 7.2). Die Gleichheit der Terme begründet Canan über arithmetische bzw. operationale Berechnungen. Er gibt die von ihm ermittelten Summenwerte 4901 für beide Terme in getrennten Gleichungen an (Abb. 7.2). Die Argumentation der Kinder könnte sich in diesem Fall auch darauf beziehen, dass ihnen Gleichungen im Unterricht stets als wahre Aussagen begegnet sind und ihnen dieses Erfahrungswissen (empirisches Faktenwissen) Gewissheit gibt, dass nach dem fehlerfreien Ausrechnen immer Gleichheit vorliegt. Dieses Begründungsverhalten zeigt z. B. Orhan (Abb. 7.2). In der schriftlich formulierten Begründung der Gleichwertigkeit nutzt z. B. Lasse Pfeildarstellungen und Sprechblasen, die ausschließlich auf die Einerstellen eingehen (Abb. 7.2). Nur in diesen Einerstellen unterscheiden sich die in den Termen genutzten Zahlen, wohingegen der Rest auch auf der sichtbaren Ebene identisch ist. Das Denken kann sich somit (auf der Grundlage eines Verstehens des dezimalen Stellenwertsystems; Kap. 5) auf die Teilaufgabe 8 + 3 = 7 + 4 fokussieren und insgesamt die Konstanz der Summe (Kap. 6) für die Begründung heranziehen.

Wichtig ist also, im Unterricht dazu herauszufordern, die Gleichwertigkeit der gegebenen Terme nicht nur aus arithmetischer Perspektive operational zu berechnen oder als notwendige Bedingung zu beschreiben, sondern die Beziehungen als gemeinsames

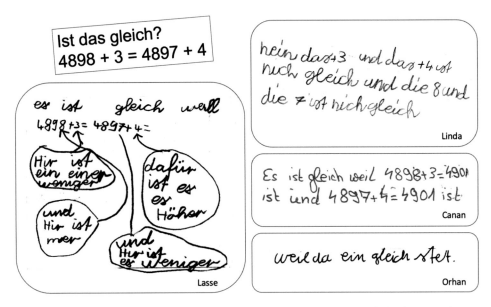

Abb. 7.2 Grundschulkinder begründen die Gültigkeit einer Gleichung. (© Springer: Steinweg, A. (2013). *Algebra in der Grundschule: Muster und Strukturen, Gleichungen, funktionale Beziehungen.* Springer Spektrum, S. 112 und S. 114)

Zusammenspiel der Zahlen und Operationen der Gleichung für Begründungen zu nutzen. Hierbei können durchaus auch Rechnungen im Sinne von sogenannten strukturellen Umrechnungen (Nührenbörger & Schwarzkopf, 2013) eine Rolle spielen. Kinder, die die Gleichwertigkeit der Zusammenhänge als Ganzes relational betrachten, können auch bei ganz einfachen Aufgabenbeispielen wie $8 + 4 = \underline{\quad} + 5$ argumentieren, dass 5 eins größer ist als 4 und deshalb die gesuchte Zahl eins kleiner sein muss als 8 (Arcavi et al., 2017, S. 56). Damit ist es möglich zu begründen, *warum* die Gleichwertigkeit dieser Terme gesichert ist. Die relationale Algebrabrille („Algebra spectacles") auf die Zusammenhänge der Terme ermöglicht es den Kindern, die Struktur zu suchen und die Bedeutung der in den Symbolen ausgedrückten Struktur zu lesen (Arcavi et al., 2017, S. 58). Diese Fähigkeit, Äquivalenzen relational zu erkennen und die Strukturen zu analysieren, ist eine wesentliche Voraussetzung auch für die spätere Arbeit mit algebraischen Gleichungen (Arcavi et al., 2017; vgl. auch Kap. 2).

Jones et al. (2012) hinterlegen ihren Forschungen ein Entwicklungsmodell, in dem sich das Denken vom operationalen zum relationalen Vorgehen erweitert. Ziel der Entwicklung der Sicht auf Gleichwertigkeit und das Gleichheitszeichen ist folglich, die Gleichwertigkeit nicht nur nutzen, sondern auch benennen und begründen zu können. Hierbei, so stellen sie heraus, können die Eigenschaften von Operationen (Kap. 6) wie Kommutativität, Assoziativität oder Gegenoperationen argumentativ genutzt werden (Jones et al., 2012, S. 167).

Eine Gleichung mit einer Variablen (Leerstelle), die beispielsweise die Operationseigenschaft der Kommutativität nutzt, ist $25 + 4 = \underline{\quad} + 25$. Der Zahlenraum übersteigt 20 nur gering, die Operation der Addition ist nicht besonders schwierig. Dennoch versteht die Mehrheit der Grundschulkinder in einem Unterrichtsprojekt zu algebraischem Denken (Steinweg, 2004; 2013) das Gleichheitszeichen als eine Aufforderung zum Rechnen und auch als Schlusszeichen einer Rechnung. So tragen bei der Erstbegegnung zwei Drittel der 135 am Projekt beteiligten Zweit- und Drittklässler bei der Aufgabe $25 + 4 = \underline{\quad} + 25$ die Summe des linken Terms (29) in die Lücke ein. Die Wirkkraft des Platzhalters direkt nach dem Gleichheitszeichen ist, wie bereits in der englischsprachigen Forschungsliteratur beschrieben, zunächst sehr groß. Wird die Gleichung in eine Aufgabenabfolge oder (untereinander notiert) in ein schönes Päckchen, d. h. in ein Muster aus Aufgaben eingebettet, angeboten,

$$25 + 4 = \underline{\quad} + 29 \qquad 25 + 4 = \underline{\quad} + 28 \quad \ldots \quad 25 + 4 = \underline{\quad} + 25,$$

so ändert sich jedoch der Fokus der Kinder. Steinweg (2004; 2013) berichtet, dass die Mehrheit der Kinder in dieser Aufgabenfolge bei der letzten Gleichung nun die passende Zahl 4 einsetzt. Gründet sich die Regelmäßigkeit des Musters wie hier auf die Gleichwertigkeit der Summe (hier je 29), so ist jedoch nicht ausgeschlossen, dass weiterhin operationale und prozedurale Berechnungen als maßgeblicher Lösungsansatz das Denken bestimmen. Dieses Muster bietet damit nicht zwingend einen Zugang zur zugrunde liegenden Struktur. Bei der letzten Gleichung begründet sich die strukturelle Gleichheit der Summe in der Vertauschung der Summanden (Kommutativität, Kap. 6). Um diese Entdeckung bewusst zu fördern, schlagen Blanton et al. (2021a, S. 69) für Kinder der 3. Jahrgangsstufe die folgende Impulsaufgabe vor:

$$28 + \_\_ = \_\_ + 28.$$

Der Clou dieser Aufgabe liegt darin, dass prinzipiell jede natürliche Zahl in der Lösungsmenge zu finden ist. Es gibt folglich verschiedene Möglichkeiten zur Diskussion der Aufgabe: Es können konkrete Zahlen eingesetzt und ggf. auch berechnet werden. Als Muster kann so entdeckt werden, dass die Gleichung immer dann zu einer wahren Aussage wird, wenn im linken und rechten Term die gleiche Zahl eingesetzt wird. Die vertauschte Reihenfolge der Summanden kann somit zur Entdeckung der strukturellen Eigenschaft der Kommutativität der Addition (Kap. 6) führen, die dann wiederum als strukturelle Begründung der Gleichwertigkeit der Gleichung dienen kann. Die Offenheit der möglichen Einsetzungen kann darüber hinaus zur Vermutung führen, dass die Aussage dieser Gleichung für alle Zahlen aus $\mathbb{N}$ wahr ist. Unterrichtlich kann diese Hypothesenbildung unterstützt werden z. B. durch Impulse wie:

- Finde eine Zahl, die man einsetzen darf. Darf man auch den Nachfolger der Zahl einsetzen? Geht das immer?
- Finde die kleinste Zahl, die man einsetzen darf.
- Finde die größte Zahl, die man einsetzen darf.

Kindern kann so die Unendlichkeit der Möglichkeiten zunehmend bewusst werden. Blanton et al. (2021a) sehen zudem eine Möglichkeit, bereits Buchstaben als Synonyme für diese beliebigen Zahlen einzuführen (zur Darstellung in Buchstaben und anderen Variablen Kap. 3).

Die Relation der Gleichheit ist, wie auch an allen oben genannten Beispielaufgaben zu sehen, immer eine Beziehung zwischen zwei mathematischen Ausdrücken, z. B. zwei Termen oder zwei Rechenwegen. Erst im Vergleich zeigen sich musterhafte Beziehungen, die auf die Eigenschaften mathematischer Strukturen wie Symmetrie oder Transitivität verweisen. Unterrichtliche Aktivitäten zu Gleichheiten beinhalten folglich immer (mindestens) zwei mathematische Objekte, d. h. zwei Gleichungen, Terme, Rechenketten etc., um im Vergleich der mathematischen Phänomene dazu zu verlocken, nicht sofort Zahlen zu berechnen, sondern innezuhalten und die Beziehungen aus relationaler Perspektive zu betrachten:

> „Bewusstheit entsteht in der Regel dann, wenn wir stutzig werden, und, anstatt sofort zu handeln, innehalten, um die verschiedenen Verhaltensmöglichkeiten im Geiste durchzugehen." (Donaldson, 1982, S. 105)

Momente des Stutzigwerdens können nur durch solche Aufgaben initiiert werden, bei denen es etwas zu entdecken gibt, bei denen versteckte Gleichheit aufgedeckt und bewusst erkannt wird oder auch überraschend auftritt und damit produktiv irritiert (Nührenbörger & Schwarzkopf, 2019).

Der Unterscheidung von Winter (1982) (Abschn. 7.1) folgend werden nachfolgend mögliche Aufgaben zur Gleichwertigkeit von Zahlen (Abschn. 7.3) und Rechenhandlungen (Abschn. 7.4) aufgezeigt. Anschließend werden Optionen diskutiert, Beziehungen zwischen Gleichungen mit mehr als einer Variablen in Gleichungssystemen (Abschn. 7.5) auch bereits im Mathematikunterricht in der Grundschule zu thematisieren.

7.3   Gleichwertigkeit von Zahlen

Zahlen können durch unterschiedliche Terme ausgedrückt werden. Die Terme sind damit verschiedene Repräsentanten oder „Namen" (Kieran, 1981) der gleichen Zahl. 12 ist die Summe aus 8 und 4, aber ebenso auch das Produkt von 3 und 4. Die Zahlwerte als gleich zu erkennen, kann operational durch rechnerische Lösungen erfolgen. Die Werte fungieren als Mittler der Gleichheit, d. h., es wird eine erste Beziehung der in den Termen ggf. zunächst unsichtbaren Gleichheit genutzt und erkannt. Geeignete Aufgabenstellungen ermöglichen darüber hinaus eine relational-algebraische Perspektive auf das Zusammenspiel der strukturellen Beziehungen zwischen den beteiligten Zahlen und Operationen. Wenn 8 nicht nur als Summand, sondern ebenso als das Doppelte von 4 gesehen wird, dann ergibt sich $8 + 4 = 4 + 4 + 4 = 3 \cdot 4$. Derartige Betrachtungen von Beziehungen ermöglichen einen relationalen und damit algebraischen Blick auf Terme und ihre Gleichwertigkeit.

Rechenaufgaben des Arithmetikunterrichts können auch als Gleichungen – meist mit einer Variablen – betrachtet werden. Die Platzierung der *Variablen als Unbekannte* in der Bedeutung als Ergebnis einer Rechenhandlung und auf der rechten Seite des Gleichheitszeichens (als rechter Term) verstärkt den Impuls des Ausrechnens, d. h. eine operationale, numerische und damit rein arithmetische Denk- und Handlungsweise. Eine Möglichkeit, den Impuls zu irritieren und ein Nachdenken über das Zusammenspiel der beteiligten Zahlen und Operationen anzustoßen, kann also darin liegen, die Position der Variablen bzw. die Beziehung der gesuchten Zahl zu den gegebenen Zahlen zu variieren. Auf diese Weise können die Kinder Erfahrungen darin sammeln, dass nicht zwingend ein isoliertes Ergebnis einer Rechenaufgabe, sondern auch beispielsweise einer der Summanden, ein Faktor usw. ermittelt werden soll (Abb. 7.3).

Finde die passende Zahl.

$$14 + 16 = 12 + \boxed{} \qquad\qquad 18 + \boxed{} = 19 + 14$$

$$15 + 17 = \boxed{} + 18 \qquad\qquad \boxed{} + 27 = 45 + 28$$

$$29 + 13 = 14 + \boxed{} \qquad\qquad 27 + \boxed{} = 35 + 28$$

$$45 + 24 = \boxed{} + 34 \qquad\qquad \boxed{} + 55 = 54 + 46$$

Abb. 7.3 Leerstellen (Variablen) an unterschiedlichen Stellen in Gleichungen. (© Oldenbourg: Balins, M., Dürr, R., Franzen-Stephan, N., Gerstner, P. Plötzer, U., Strothmann, A., Torke, M. & Verboom, L. (2014). *Fredo 2 Mathematik – Ausgabe Bayern*. Oldenbourg, S. 72)

Die hier im Schulbuch (Abb. 7.3) gewählten Gleichungen haben innerhalb des Päckchens keine musterhafte Beziehung untereinander. Jede Relation zwischen zwei Termen bietet jedoch Erfahrungen damit an, dass die gesuchte Zahl an unterschiedlichen Stellen der Gleichung auftreten kann. Die Beziehung der Äquivalenz als Gleichwertigkeit fokussiert die Gleichheit der Zahl bzw. des Endzustands der jeweiligen Terme (Mayer, 2019). Durch diese Erfahrung ist ein erster Schritt gemacht, Gleichungen als Relation der beteiligten Terme zu betrachten.

Im besten Fall kann bei der Suche der Belegung der unbekannten Stelle sogar ganz auf vollständige Berechnungen verzichtet werden. Jede Äquivalenzbeziehung zwischen den beiden Termen bietet eine solche Option, die gesuchte Zahl auch aus algebraischer und relationaler Perspektive (Abschn. 7.1) zu finden. So wird z. B. in der ersten Gleichung der erste Summand im rechten Term um 2 gegenüber dem ersten Summanden im linken Term verringert. Damit muss der zweite Summand, um eine Gleichwertigkeit beider Terme zu erhalten, um 2 erhöht werden. Diese Gleichung allein betrachtet könnte algebraische Begründungen für Gleichheit wie „hier 2 weniger und deshalb müssen da 2 mehr" anbahnen.

Die Gleichungen im Schulbuchbeispiel sind auf den ersten Blick in eine willkürliche Abfolge gestellt. Viele Gleichungen (wie z. B. die zweite und dritte Gleichung des rechten Päckchens) erlauben jedoch, diese Gleichungen in ihren Beziehungen zueinander als Aufgabenduett genauer zu thematisieren.

$$\_\_ + 27 = 45 + 28$$
$$27 + \_\_ = 35 + 28$$

In den linken Termen ist der gegebene Summand gleich, in den rechten Termen ist ein Summand gleich und der andere um 10 different. Durch die Entdeckung dieser Beziehungen ist klar, dass die gesuchten Summanden ebenfalls zueinander in dieser Differenzbeziehung stehen müssen.

Manche Beziehungen zwischen den Gleichungen werden erst im Laufe des Lösens sichtbar. Ist im linken Päckchen die erste Gleichung 14 + 16 = 12 + 18 vervollständigt, lässt sich aus dieser die nächste Gleichung ableiten, indem die Erhöhung der beiden Summanden 15 + 17 um jeweils eins im Vergleich zur ersten Gleichung auf die gesuchte Zahl aufgeschlagen und so leicht die Lösung 14 für die gesuchte Zahl bestimmt wird. Auf diese Weise lassen sich fast alle Gleichungen in diesem Beispiel ohne Rechnen durch das Ausnutzen von algebraischen Beziehungen innerhalb einer Gleichung oder aber über die Gleichungen hinweg lösen.

Die operativen Variationen zwischen den beteiligen Summanden in den Gleichungspaaren im Schulbuchbeispiel (Abb. 7.3) sind jeweils klein (1 oder 2) oder offensichtlich (10). Die bewusste Auseinandersetzung mit den Beziehungen und das Innehalten lohnt sich also, da der Zahlenwert schnell und einfach (im Kopf) ermittelt werden kann; während das Berechnen der Summen mehr Zeit in Anspruch nehmen würde. Die hier genutzten mathematischen Strukturen sind Kommutativität und Konstanz der Summe (Kap. 6). Selbstverständlich können analog auch zu anderen Operationen solche Termpaare in den Mittelpunkt gestellt werden. Die Idee der Aufgabenduette wird im Abschn. 7.4.1 genauer erläutert.

Begründungen – Gleichwertigkeit verstehen

Eine für das algebraische Denken lohnenswerte Aufgabe der Lehrkräfte ist es, nicht nur Einsetzungen auf Richtigkeit zu überprüfen, sondern Begründungen für Gleichheiten zu erfragen, Gleichungen aus Rechenpäckchen (wie in Abb. 7.3) auch einmal einzeln herauszugreifen und durch geeignete Impulsfragen Begründungen bewusst anzuregen (Wie hast du gedacht? Kann man es auch anders begründen? Warum ist das so?). Unterrichtlich sollte Zeit eingeplant werden, um die Argumente der Kinder zu hören und den Überlegungen Raum zu geben, damit Argumentationen und ggf. Verallgemeinerungen (Ist das immer so? bzw. Finde weitere Gleichungen, bei denen das der Fall ist!) möglich werden. Für algebraische Denkförderung sollte dabei darauf geachtet werden, dass die Verallgemeinerungen nicht auf Musterphänomene fokussieren, sondern die Eigenschaften der Zahlen und Operationen als Strukturen argumentativ für Begründungen der auftretenden Phänomene nutzen (Kap. 4).

Die bewusste Thematisierung der strukturellen Eigenschaften ist im aktuellen Mathematikunterricht an vielen Stellen möglich. Bereits bei der Erarbeitung des Einspluseins wird auf Herleitungen aus sogenannten Kernaufgaben (von einfachen zu schwierigeren Aufgaben) und somit auf strukturelle Zusammenhänge zwischen Termen und ihrer Gleichheit gesetzt. Soll z. B. $9 + 5$ berechnet werden, so kann das Ergebnis als „1 weniger als $10 + 5$" abgeleitet werden, da $10 + 5 - 1 = (10 - 1) + 5 = 9 + 5$.

Auch das Themenfeld der halbschriftlichen Strategien eröffnet Gesprächs- und Lernanlässe für algebraisches Denken durch Begründungen von Gleichwertigkeit. Halbschriftliche Strategien arbeiten bewusst nicht mit Gleichungsnotationen, sondern ermöglichen insbesondere auch individuelle Formen der Notation des eigenen Rechenwegs. In Schulbüchern wird als Notation für halbschriftliche Strategien meist vorgeschlagen, voneinander getrennte Gleichungen oder Terme unter einem Strich unter der Originalaufgabe zu notieren (links in Abb. 7.4). Diese Notation von Teilrechnungen ist für die Entdeckung von Gleichheiten der Terme als Gesamtgefüge weniger geeignet. Es gibt unterschiedliche Ideen, aus der Perspektive der Förderung des strukturellen und algebraischen Denkens, um die oft unsichtbare genutzte Gleichheit sichtbar und damit für die Unterrichtsdiskussion zugänglich zu machen. Die Notation von halbschriftlichen Strategien als Gleichung kann hier eine mögliche Idee für den Unterricht sein. Die Gleichungsdarstellung sollte dabei die übliche Notation (unterhalb eines Strichs) nicht ersetzen, sondern ergänzen bzw. zusätzlich von der Lehrkraft eingebracht werden (Abb. 7.4).

Abb. 7.4 Mathematische Begründung der Strategie Vereinfachen durch Darstellung in Gleichungen	Notation	*Mathematische Begründung dahinter …*
	$\underline{27 + 38 = 65}$	
	$25 + 40$	$27 + 38 = (27 - 2) + (38 + 2) = 25 + 40$
	$\underline{72 - 38 = 34}$	
	$74 - 40$	$72 - 38 = (72 + 2) - (38 + 2) = 74 - 40$

Zur Anregung algebraischer Gespräche bietet es sich an, die jeweils äquivalenten Terme (mit oder ohne erkennbare Zwischenschritte der Umformung) in der Notation als Gleichung vorzulegen (Abb. 7.4). Die Impulsfrage an die Kinder ist dann jeweils, ob und weshalb die Gleichheit erklärt werden kann. So liegt beispielsweise die Strategie der Vereinfachung der hier in der Abbildung genutzten Summe von 27 und 38 darin, einen der beiden Summanden in ein Vielfaches von 10 zu verändern, ohne dass sich die Summe ändert. Die Identifikation geeigneter Zahlen in der Gleichung kann bereits als algebraische Sicht angesehen werden, da die Orientierung an Vielfachen des Dezimalsystems eine allgemeine Idee ist, die über das konkrete Beispiel hinaus gültig ist (Mason & Pimm, 1984).

In der Gleichungsdarstellung wird der mathematische Hintergrund dieser Vorgehensweise offensichtlich. Die algebraische Perspektive auf die Aufgabe erlaubt es, die Terme so zu verändern, dass sich die Äquivalenz nicht ändert. $+2$ und -2 verdeutlichen Gegenoperationen oder auch, wenn die Zeichen nicht als Rechenzeichen, sondern zur Zahl zugehörige Vorzeichen gedeutet werden, Gegenzahlen, die in Summe 0 bilden, d. h. das neutrale Element der Addition. Durch „strukturelles Umrechnen" (Nührenbörger & Schwarzkopf, 2013) könnte die Gleichung auch so umgeschrieben werden, dass die sich aufhebenden Termelemente direkt nebeneinander stehen $(27 - 2) + (38 + 2) = 27 + 38 + 2 - 2$. Ganz analog nutzt die Strategie Vereinfachen bei einer Subtraktion diese sich neutral gegenüber der Operation verhaltende Veränderung des Terms.

Umformungen von Termen bzw. Gleichungen bieten dann einen vielfältigen Spielraum für algebraische Entdeckungen, wenn notwendige Klammer- und Vorzeichenregeln, die hier z. B. in den grau markierten vermittelnden Termen in Abb. 7.4 genutzt werden, verfügbar sind. Damit werden Grenzen dieser Unterrichtsidee für die Grundschule deutlich. Eine Notation der Zahlveränderungen ist ohne Klammersetzung nicht immer möglich. Hingegen ist es jedoch stets möglich, eine Gleichung aus der ursprünglichen und der veränderten Rechnung (also hier $72 - 38 = 74 - 40$) aufzustellen. Durch diese Notation als Gleichung kann die Gleichwertigkeit beider Ausdrücke bewusst in den Fokus gerückt und unterrichtlich thematisiert werden, da die vereinfachte Aufgabe so als äquivalenter Term und nicht nur als Zwischenrechnung auftritt.

Die Diskussion, warum bei der Addition die Summanden gegensinnig verändert und bei der Subtraktion jedoch Minuend und Subtrahend gleichmäßig erhöht oder verringert werden müssen bzw. dürfen, fördert algebraisches Denken (Kap. 6). Aus der Perspektive der Gleichungen könnte die direkte Gegenüberstellung zweier auf den ersten Blick nahezu gleicher Gleichungen, wie z. B.

$$432 + 198 = \underline{\hspace{1cm}} + 200 \qquad 432 - 198 = \underline{\hspace{1cm}} - 200,$$

diese Diskussion unterstützen. Passende Impulsfragen wären auch hier: Gibt es jeweils eine passende Zahl? Was fällt auf? Begründe.

Die Gegenüberstellung der Gleichungen versucht zu Beschreibungen und Vermutungen anzuregen, die über die gegebenen Zahlen und Gleichungen hinausgehen. Schifter (2018) schildert eindrücklich, dass die gezielte Diskussion von Erwartungen („Ich dachte, was für

Addition gilt, muss auch für Subtraktion gelten") und die gemeinsame Suche nach allgemeinen Regeln für beide Operationen anstatt Regeln vorzugeben, die Kinder in den Prozess der Strukturensuche einbeziehen. Die notwendigen Erfahrungen mit Gleichungen (Zahlensätzen) sollen die Kinder immer auch herausfordern, um durch das Entdecken von Mustern die Gleichungsbeziehungen zunehmend zu verstehen. Die hier thematisierte Struktur begründet sich aus den Konstanzeigenschaften von äquivalenten Gleichungen (s. o.). Es ist klar, dass Unterricht, der algebraische Kommunikations- und Argumentationsprozesse ernst nimmt und unterstützt, damit mehr Zeit beansprucht als ein Unterricht, der auf operationale Ergebnisermittlungen fokussiert (Kap. 4). Der höhere Lohn, den Winter (1982) beschreibt (Abschn. 7.1), rechtfertigt jedoch diesen nur scheinbaren Mehraufwand.

Begründungen an und mit Darstellungen

Wechsel innerhalb numerischer Darstellungen, wie z. B. zwischen der Notation von halbschriftlichen Strategien und der Notation als Gleichungen, fordern Kinder heraus, die Beziehungen relational und damit algebraisch zu deuten. Für Beschreibungen und Begründungen von Gleichwertigkeit sind weitere Darstellungen und ihre verschiedenen Deutungen, die sich jeweils an differenten Zahlaspekten orientieren, denkbar. Zum einen kann der entstandene oder beschriebene Wert als kardinale Anzahl, d. h. gleiche Mächtigkeit einer Menge (Abb. 7.1), dargestellt oder mental vorgestellt werden, zum anderen kann der Wert als ordinale Position, d. h. als gleicher Ort auf der Zahlengeraden oder dem Zahlenstrahl, interpretiert werden. Ebenso kann eine Zahl durch einen gewissen Abstand zwischen zwei Positionen auf dem Zahlenstrahl repräsentiert werden. Wird beispielsweise die oben beschriebene Differenz zwischen 72 und 38 als eine Länge (hier 34) einer Strecke oder eines Pfeils interpretiert, so ergeben sich andere Zahlenpaare, wie z. B. 74 und 40 oder 70 und 36, zwischen denen ebenso diese gleiche Differenz auf dem Zahlenstrahl liegt. Diese Deutung der Zahlenstrahldarstellung rekurriert damit auf den Maßzahlaspekt (Gaidoschik, 2020; Kap. 5).

Verstehen wird in der mathematikdidaktischen Literatur vielfach an der Kompetenz festgemacht, sogenannte „Darstellungswechsel" vollziehen zu können (Schulz & Wartha, 2021; Gerster & Schultz, 2004; Obersteiner, 2012; Kuntze, 2013). Eine mathematische Eigenschaft kann auf Ebene der sichtbaren Muster in verschiedenen Darstellungen unterschiedlich repräsentiert und dennoch strukturell gleich sein. Verstehen von Gleichwertigkeit bedeutet folglich in der von uns genutzten Allegorie der Mustertür (Kap. 1), den Schritt zum algebraischen Denken hinter die gegebene Musterebene zu vollziehen und die strukturelle Gemeinsamkeit (Äquivalenz) der Darstellungen zu entdecken.

Es ist dabei gar nicht zwingend, die Darstellungsoptionen auf Bruners (1971) Unterscheidung von symbolischen Termen, ikonischen Anschauungsrepräsentation oder enaktiven Handlungen mit Anschauungsmaterial zu beschränken. Vielmehr bieten sich neben intermodalen Darstellungswechseln auch Wechsel innerhalb von Darstellungen, d. h. intramodal, an (vgl. z. B. Rechtsteiner-Merz, 2013; Kuhnke, 2013).

- Zwei verschiedene Terme, die als symbolisch notierte Rechenterme dennoch eine einzige bestimmte Zahl darstellen, sind zwar phänomenologisch verschieden, können aber ineinander überführt werden (Abschn. 7.3.1).
- Denkbar sind selbstverständlich auch Wechsel zwischen verbalen Beschreibungen und numerischen Notationen als Terme und auch innerhalb verbaler Beschreibungen (Abschn. 7.3.2).
- Ebenso kann es innerhalb einer anschaulichen Darstellung, z. B. einem Punktmuster, Wechsel zwischen verschiedenen, aber gleichwertigen Deutungen der Darstellung geben. Die strukturelle Gleichwertigkeit einer beschriebenen Zahl kann zudem durch verschiedene, aber wechselseitig austauschbare Optionen einer anschaulichen Darstellung erkannt werden (Abschn. 7.3.3).

7.3.1   Eine Zahl in zwei verschiedenen Termdarstellungen

Die Gleichwertigkeit zweier mathematischer Darstellungen in Termen kann auf arithmetischer Ebene immer durch Berechnung des Ergebnisses der Terme erfolgen. Die Berechnung zeigt, dass Gleichwertigkeit besteht. Die numerische Entdeckung der Gleichwertigkeit ist ein erster Kommunikations- und Argumentationsanlass, um die Suche nach Begründungen für die Gleichwertigkeit zu beginnen. Die Ergebniszahl allein ist jedoch wenig aussagekräftig, warum die entdeckte Äquivalenz besteht. Im Unterricht bieten sich demnach Aufgaben an, die die Kinder herausfordern, Gleichwertigkeit gezielt auch ohne Berechnung einer Ergebniszahl zu entdecken, zu beschreiben und strukturell an Eigenschaften zu begründen. Livneh und Linchevski (2007) weisen nach, dass sich die Beschäftigung mit auf den ersten Blick rein arithmetischen Aufgaben zu Zahlentermvergleichen auf Kompetenzen in algebraischen Kontexten signifikant auswirkt.

Gegebene Gleichungen beurteilen
Rein numerische Berechnungen klären bei Termvergleichen die Warum-Frage der Äquivalenz nicht. Ein Anlass, um Gleichungen zu erforschen, kann also darin gesehen werden, Gleichungen bereits vollständig ausgerechnet ohne Leerstellen oder Platzhalter anzubieten. Die Aufgabe besteht nun darin zu begründen, ob und warum die Äquivalenz der Terme besteht. In ihrer Studie mit Kindern der 3. bis 6. Jahrgangsstufe nutzen Pang und Kim (2018) in einem entsprechenden Arbeitsauftrag den Zusatz: Entscheide ohne Auszurechnen. Trotz dieses direkten Verweises zeigt sich in ihrer Untersuchung jedoch, dass ein Großteil der Kinder dennoch arithmetische Berechnungen der gleichen Ergebniszahl als ausschließliche Begründung der Gleichheit anbietet. Allein der Verweis darauf, auf Berechnungen zu verzichten, ist damit kein hinreichender Impuls für Argumentationen über Relationen der Zahlen und Operationen.

Eine erprobte Idee ist es, Gleichungen, die den eigentlich aktuell im Unterricht behandelten Zahlenraum übersteigen und deshalb (vermutlich) nicht direkt ausgerechnet werden können, anzubieten, um relationale Argumentationen, die über numerische Antworten hinausgehen, zu initiieren (Steinweg, 2006, 2013). Konkret heißt dies, Aufgaben im Tausenderraum im Anfangsunterricht oder über den Tausender hinaus in Jahrgang 2 oder 3 einzusetzen. Es könnte in diesen Jahrgängen z. B. die Gültigkeit der Gleichung

$$4898 + 3 = 4897 + 4$$

hinterfragt werden. Mögliche Reaktionen der Kinder können, wie in Abb. 7.2 bereits deutlich wurde, von Verweisen auf die Verschiedenheit der Zahlenwerte (als Begründung der Ungleichheit), über rechnerische Überprüfungen bis hin zu Beschreibungen des wechselseitigen Ausgleichs und der damit zu begründenden Konstanz der Summe reichen. Für Begründungen der Gleichwertigkeit können die Kinder neben rein verbalen Beschreibungen durch Pfeildarstellungen und Sprechblasen (vgl. Lasse in Abb. 7.2), (farbige) Markierungen oder Einkreisungen ihre Entdeckungen kenntlich und für das Unterrichtsgespräch zugänglich machen.

Für solche Termpaare, die in einer Gleichung vorgelegt werden, eignen sich insbesondere alle Eigenschaften der Operationen. Hierzu zählen, wie in Kap. 6 ausführlich erläutert, die Konstanzeigenschaften wie auch Kommutativität, Assoziativität oder Distributivität. Mögliche weitere Beispiele:

- Konstanz der Differenz $4984 - 12 = 4982 - 10$
- Distributivität $3 \cdot 367 + 6 \cdot 367 = 9 \cdot 367$
- usw.

Die Herausforderung durch große Zahlen kann dazu anregen, die beteiligten Zahlen als Beispiele für allgemeine Zusammenhänge und damit als Quasivariable (Akinwunmi, 2012) zu deuten. Das Allgemeine in das konkrete Beispiel hineinzusehen und die Option der Verallgemeinerung wird gerade durch die nicht mehr (einfach) rechnerisch zu validierenden Gleichungen angeregt.

Denkbar ist es auch, eine Gleichung zunächst zu berechnen und erst danach die vollständige Gleichung zum Thema zu machen. In diesem Fall müssen die Operationen und der Zahlraum für die jeweilige Jahrgangsstufe passend gewählt werden. Diese Idee verfolgt der bereits dargelegte Vorschlag der Gegenüberstellung von halbschriftlichen Rechnungen und Notationen mit der entsprechenden Gleichung (Abb. 7.4). Die Berechnungen sind bereits erfolgt, sodass sich die weitere Herausforderung, die Warum-Frage der Gleichheit zu fokussieren, als logische und natürliche Fortführung im Unterricht ergeben kann.

Gestörte Gleichheit reparieren

Eine weitere Anregung liegt in Gleichungen, die keine wahre Aussage beinhalten. Der Auftrag an die Kinder lautet dann, die Aufgabe zu reparieren und damit die Gleichheit herzustellen.

Als Aufgabenfundus für Zahlbeziehungen, die in falschen Beziehungen vorgelegt werden können, eignen sich besonders die Konstanzeigenschaften, die mit beliebigen Beispielen gefüllt werden können. Die verschiedenen Operationen haben ihre eigenen Eigenschaften: Die bei Additionen gültige wechselseitige Veränderung der Summanden

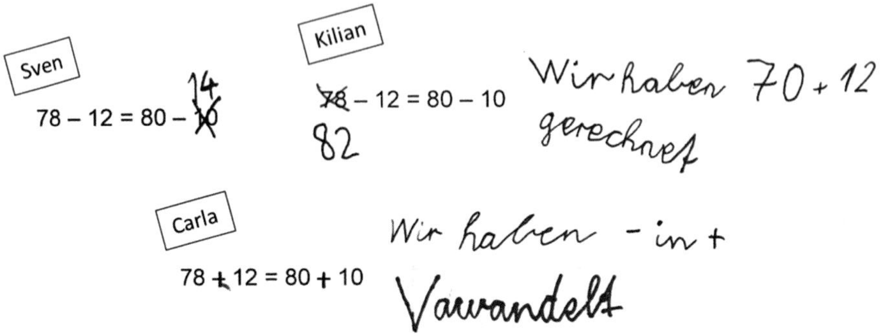

Sven

$78 - 12 = 80 - \cancel{10}$ $\overset{14}{\cancel{}}$

Kilian

$\cancel{78} - 12 = 80 - 10$

82

Wir haben $70 + 12$ gerechnet

Carla

$78 + 12 = 80 + 10$

Wir haben $-$ in $+$ Verwandelt

Abb. 7.5 Grundschulkinder reparieren die Gleichung $78 - 12 = 80 - 10$. (© Springer: Steinweg, A. (2013). *Algebra in der Grundschule: Muster und Strukturen, Gleichungen, funktionale Beziehungen.* Springer Spektrum, S. 118)

(Konstanz der Summe) ist bei Subtraktionen so nicht gültig. Die in Abb. 7.5 genutzte Gleichung $78 - 12 = 80 - 10$ muss zunächst als falsch erkannt und dann so verändert werden, dass die Gleichheit der Terme wieder gilt. Die Strategien zur Korrektur der Gleichung sind dabei höchst individuell und können ganz differente Aspekte in den Blick nehmen. Dabei greifen manchmal eher operationale Sichtweisen und bei anderen Vorgehensweisen auch algebraische Ideen (Abb. 7.5).

Die Differenz kann z. B. derart korrigiert werden, dass der Subtrahend des zweiten Terms zu 14 verändert wird (Konstanz der Differenz), so wie Sven korrigiert. Kilian hingegen vergrößert den Minuenden des ersten Terms und beschreibt sein Vorgehen: Er berechnet zunächst den rechten Term zu 70 und addiert dann 12. Die Addition der 12 entspricht der Strategie Gegenoperation (z. B. Vollrath & Weigand, 2007; Weigand et al., 2022, S. 259). Der Minuend des ersten Terms wird von ihm variiert und ist somit in Kilians Augen die gesuchte Variable oder Unbekannte. Carla verändert kreativ die Operation. Sie nutzt aus, dass die wechselseitige Veränderung zweier Zahlen bei Summen die Gleichheit bewahrt. Diese Erkenntnis kann Carla z. B. in anderen Unterrichtserfahrungen als Faktenwissen erworben haben oder aber sie hat bereits ein Verständnis zu den strukturellen Eigenschaften der Addition aufbauen können. Carla nimmt die Beziehungen der Zahlen und Operationen als Ganzes wahr. Die vielfältigen Korrekturvorschläge können auch im Unterrichtsgespräch wiederum thematisiert werden. Gleiches gilt auch für eine zweite Idee, rechnerisch falsche bzw. gestörte Gleichungen ins Gespräch zu bringen.

Gleichungslösungen anderer Kinder deuten

Wie oben beschrieben, wird das Gleichheitszeichen oft als Ergebniszeichen gedeutet. Dies führt z. B. bei Aufgaben des Typs $100 + 70 = \_\_ + 60$ konsequent zu numerisch unpassenden Lösungen. Diese individuellen, unpassenden Lösungen der eigenen Klasse (anonymisiert), von anderen Klassen oder auch fiktiv von der Lehrkraft erstellt, können zum Anlass werden, die Bedeutung von Gleichheit der Terme gemeinsam zu thematisieren. Der Arbeitsauftrag ist nun, die Vorgehensweisen der Kinder zu deuten und zu erklären (Abb. 7.6; vgl. auch Steinweg, 2006).

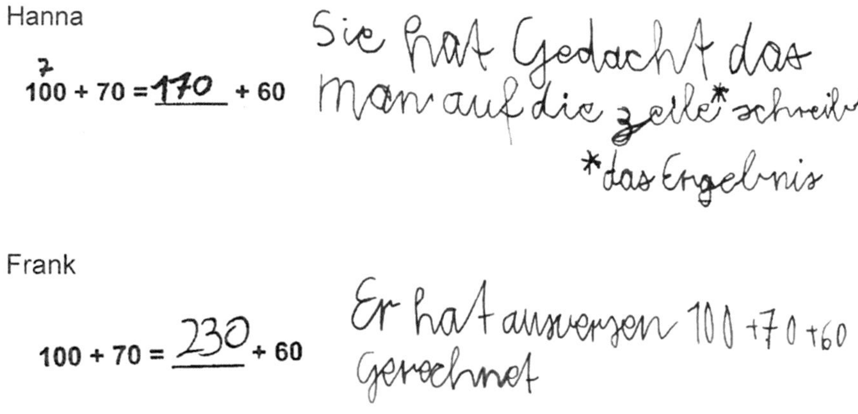

Hanna

$$100 + 70 = \underline{170} + 60$$

Sie hat Gedacht das man auf die Zeile schreibt

das Ergebnis

Frank

$$100 + 70 = \underline{230} + 60$$

Er hat ausversen 100 +70 +60 gerechnet

Abb. 7.6 Grundschulkinder deuten unpassende Gleichungslösungen. (© Springer: Steinweg, A. (2013). *Algebra in der Grundschule: Muster und Strukturen, Gleichungen, funktionale Beziehungen.* Springer Spektrum, S. 119 und S. 120)

Insgesamt beweisen Kinder meist ein sehr gutes Einfühlungsvermögen. Sie bewältigen den doppelten Arbeitsauftrag, zum einen mathematisch erklären zu können, wie es zu diesen Lösungen kommen konnte, und zum anderen aber auch einen Sinn für das Vorgehen zu entwickeln und diesen zu würdigen. Implizit muss bei diesem Arbeitsauftrag der Deutung anderer Vorgehensweisen die mathematisch passende Einsetzung (110), die hier wiederum mit Hilfe der Konstanzeigenschaft der Addition gefunden werden kann, gleichzeitig immer mit erkannt werden.

7.3.2 Eine Zahl in Term- und Verbaldarstellung

Die Notation in Termen ist eine verkürzte Schriftform der Beschreibung von Rechenhandlungen (aus operationaler Sichtweise) und gleichzeitig der Beziehungen zwischen Zahlen (aus relationaler Sichtweise). Genau diese Beziehungen zu betrachten und beschreiben zu können, ist ein Wesensmerkmal algebraischer Beschreibungen und Begründungen.

Gleichungen sind der mathematische Hintergrund des bekannten Aufgabenformats Zahlenrätsel. Im Gegensatz zu Rechenaufgaben in symbolischen Termnotationen werden die Beziehungen zwischen den beteiligten Zahlen hier meistens in verbalen Beschreibungen angegeben (Abb. 7.7). Die Verbalisierungen ermöglichen es, Terme in ihren Bausteinen gesondert und eigenständig zu erfahren und kennenzulernen. Hinweise auf Vielfache zeigen multiplikative Anteile des Terms an. Hingegen werden additive Anteile durch Aktionen des Hinzufügens oder Wegnehmens (addiere 5, nehme 2 weg usw.) oder als Unterschied gegenüber einer genannten Zahl (5 mehr als 20, 2 weniger als 100 usw.) dargestellt.

Um algebraisches Denken durch Zahlenrätsel zu fördern, steht also nicht die numerische Lösung als Finden der gesuchten Zahl im Vordergrund, sondern der Übersetzungsprozess in eine Gleichung. Die wechselseitigen Übersetzungen der verbalen Beschreibung und der Gleichungsschreibweise fokussieren also die Aufmerksamkeit auf diese wesent-

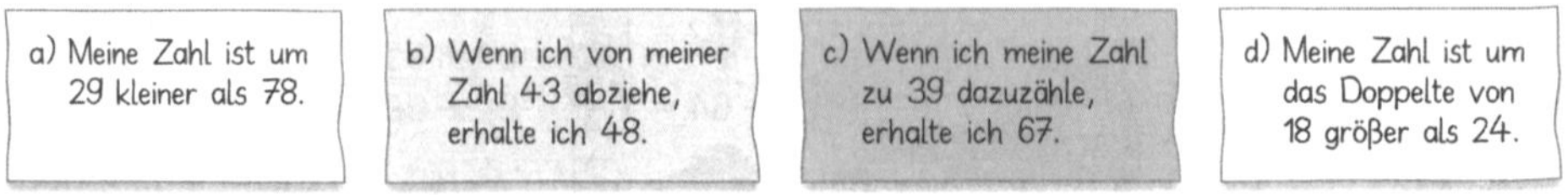

| a) Meine Zahl ist um 29 kleiner als 78. | b) Wenn ich von meiner Zahl 43 abziehe, erhalte ich 48. | c) Wenn ich meine Zahl zu 39 dazuzähle, erhalte ich 67. | d) Meine Zahl ist um das Doppelte von 18 größer als 24. |

Abb. 7.7 Verbale Darstellungen einer Zahl in einem Zahlenrätsel. (© Klett: Heinz, S., Herdegen, B., Landherr, K., Maier, P., Schoy-Lutz, M. & Schuhmann, R. (2014). *Nussknacker 2*. Klett, S. 94)

lichen Termbausteine. Die Schwierigkeiten liegen oft darin, dass die Reihenfolge der Beschreibung nicht immer exakt der der passenden Gleichung entspricht.

Während im Schulbuchbeispiel (Abb. 7.7) bei Aufgabe b) und c) der Text sukzessiv in die Gleichung $x - 43 = 48$ bzw. $x + 39 = 67$ übersetzt werden kann, ist dies bei a) gerade nicht der Fall. Wenn die gesuchte Zahl kleiner ist, dann muss also die 29 zu dieser Zahl addiert werden, um 78 zu erhalten ($x + 29 = 78$). Das Adjektiv suggeriert gedanklich eher eine Rechenhandlung der Subtraktion und müsste hier jedoch als Addition umgedeutet werden. Alternativ könnte das Adjektiv kleiner auch als Subtraktion der 29 verstanden werden, dann jedoch als Subtraktion von 78. Dies führt in der Denkhandlung zu einer völlig anderen Übersetzung: $78 - 29 = x$.

Die hier genutzten Zahlenwerte sind (für Jahrgang 2) nicht leicht im Kopf berechenbar. Die Anstrengung für die Berechnung bindet mutmaßlich die Aufmerksamkeit auf numerisch-operationale Denkhandlungen. Sollen die Beziehungen in den Vordergrund gestellt werden, sind Aufgaben mit kleinen oder leicht berechenbaren Zahlen sicherlich zu bevorzugen. Bereits ganz einfache Beziehungen, wie $12 = 10 + 2$, bieten eine Vielzahl von möglichen Verbalisierungen der Beziehungen der Zahlen zueinander:

- 12 ist um 2 größer als 10.
- 10 ist 2 kleiner als 12.
- Die Summe von 10 und 2 ist 12.
- 12 ist um 10 größer als 2.
- 2 ist um 10 kleiner als 12.
- Wenn ich zu 10 noch 2 addiere, erhalte ich 12.
- usw.

Gleichzeitig bieten Verbalisierungen Erfahrungen der begrifflichen Darstellung in einer üblichen Fachsprache. Dieser Fundus an Sprachbildern ist auch für die Beschreibung von Musterentdeckungen oder die Begründung von mathematischen Strukturen wertvoll. Kompetenzen mathematischer Kommunikation und Argumentation (Kap. 4) können gefördert werden, wenn diese Vielfalt an Versprachlichungen durch Aktivitäten, verschiedene Formulierungen zu finden und gemeinsam zu vergleichen, adressiert wird. Interessant ist es dabei, dass bereits die sprachliche Form Aufschluss darüber gibt, ob eher eine Handlung fokussiert wird, also die operationale Sichtweise im Zentrum steht („Wenn ich zu 10 noch 2 addiere, erhalte ich 12") oder aber eine eher relationale Formulierung die Zahleigenschaften (wie Teilbarkeitsbeziehungen oder Differenzbeziehungen „Die Zahl 10 ist zwei kleiner als die Zahl 12") nutzt. Insbesondere der Wechsel zwischen symbolisch notierten Gleichungen und Verbalisierungen, welche die Relationen als Eigenschaften formulieren, können deshalb das algebraische Denken fördern.

Der alltägliche Mathematikunterricht versucht oft, stringente Auflösungsoptionen für Zahlenrätsel anzubieten. Üblich ist es dabei, verbale Rätsel in Rechenketten mit Pfeiloperatoren zu übersetzen und die Kinder anzuleiten, die Gegenoperationen (Kap. 6) zu nutzen. Die im Arithmetikunterricht der Grundschule genutzten Zahlenrätsel sind durchweg durch eine solche arithmetische Rechenstrategie lösbar. Die rein numerische Lösung steht dabei oft im Mittelpunkt des Unterrichtsdiskurses. Beziehungen zwischen den genutzten Zahlen und Operationen müssen bei den Prozessen des Rückwärtsrechnens nicht thematisiert oder berücksichtigt werden; damit werden jedoch Lernchancen für algebraisches Denken, als Nachdenken über mathematische Beziehungen, im Themenkreis der Zahlenrätsel verschenkt.

Impulsfragen bei der Diskussion von Zahlenrätsel könnten sein

- Welche Zahlen werden genannt?
- Welche Rechenzeichen/Operationen werden genutzt?
- Entdeckst du Zusammenhänge/Beziehungen?

Auch für die Konstruktion von Zahlenrätseln durch die Kinder können diese Fragen genutzt werden. Die bewusste Auswahl von genutzten Zahlen und Operationen kann spannende Zusammenhänge aufzeigen; z. B.

Das Vierfache meiner Zahl ist 12 kleiner als das Vierfache von 7. $4 \cdot \underline{} + 12 = 4 \cdot 7$.

Der additive Anteil 12 steht mit dem multiplikativen Termbaustein, d. h. Vielfachen von 4, in Beziehung. 12 ist das Dreifache von 4. Die Beziehungen der Gleichung sind damit insgesamt also Beziehungen zwischen Vielfachen von 4. Gesucht wird ein Vielfaches von 4, welches sich vom Siebenfachen von 4 um das Dreifache von 4 (12) unterscheidet. Damit muss das gesuchte Vielfache von 4 das Vierfache sein. Ohne den rechten Term wirklich auszurechnen, d. h. ohne zu bestimmen, wie groß das Produkt aus 4 und 7 ist, und auch ohne Gegenoperationen auszuführen, kann aus den Beziehungen eine Lösung relational-algebraisch abgeleitet werden.

Im üblichen Mathematikunterricht – auch weit in die Sekundarstufe hinein – können Lösungen zu Schulbuchaufgaben immer gefunden werden. Anregend für die Entwicklung algebraischen Denkens ist jedoch, nicht nur lösbare, sondern bewusst auch unlösbare Rätsel (Gleichungen) unterrichtlich einzusetzen. Winter (1982) fordert daher, die Begegnung mit unlösbaren Gleichungen und Aufgaben von Anfang an zu ermöglichen. Er geht in seiner Forderung sogar so weit, dass er die Lösbarkeit grundsätzlich in Frage stellen würde, indem er vorschlägt, nicht „Wie heißt die Zahl?" zu fragen, sondern die Formulierung „Gibt es eine Zahl, für die ..." zu nutzen (Winter 1982, S. 196).

- Gibt es eine Zahl, für die das Sechsfache der Zahl gleich 23 ist?
- Gibt es eine Zahl, für die das Fünffache der Zahl um 1 größer ist als 20?
- Gibt es eine Zahl, für die das Sechsfache der Zahl um 3 kleiner ist als 32?

Bei Begründungen der Lösung bzw. der Erkenntnis, dass es keine Lösung (in den natürlichen Zahlen) geben kann, müssen Zahleigenschaften genutzt werden. Insbesondere
spielt bei diesen Beispielen die Teilbarkeitsrelation, d. h. das Verhältnis von Vielfachen
und Teilern, eine entscheidende Rolle. So ist 23 kein Vielfaches einer natürlichen Zahl,
keine Lösung für eine 1×1-Aufgabe, nicht darstellbar als Rechteck mit Zeilen und
Spalten größer 1 usw. 23 ist eine Primzahl und damit sicher kein Sechsfaches, egal welche Zahlen auch eingesetzt würden (Kap. 5). Analoge Argumente führen auch bei den
anderen Beispielen zu der sicheren Begründung, dass keine Lösungszahl gefunden
werden kann.

Die Lernchancen gehen über die des Rückwärtsrechnens hinaus. Die (vielleicht sogar
automatisierte) Nutzung von Gegenoperationen fördert arithmetisches Denken mit Fokus
auf numerische Lösungen. Gerade, weil es hier keine Lösung geben kann, werden durch
diese Zahlenrätsel die Beziehungen zwischen Zahlen und Operationen relevant und damit
mathematische Strukturen adressiert. Um Beziehungen in den Argumentationen nutzen zu
können, müssen solche Beziehungen natürlich zunächst immer gegeben sein und Zahlenrätsel in diesem Sinne geschickt gestaltet werden.

7.3.3   Eine Zahl in zwei verschiedenen anschaulichen Darstellungen

Symbolische Terme sind nur eine unter vielen Darstellungsmöglichkeiten für durch Operationen miteinander verknüpfte Zahlen. Terme lassen sich beispielsweise auch kardinal
durch spezifische Anordnungen von Material darstellen. Jede Zahl für sich stellt bereits
einen Term dar, d. h., dieser Term (Zahlwert) kann durch entsprechende Anordnungen von
Anzahlen dargestellt werden. Im Kap. 5 wird am Beispiel der Zahl 15 ausführlich erläutert, dass sich dieselbe Plättchenmenge auf unterschiedliche Weise legen lässt und wie
diese Anordnungen auf die mathematischen Eigenschaften der Zahl hinweisen können.

Im Folgenden werden je zwei solcher anschaulichen Darstellungen mit dem Fokus auf
Äquivalenz zwischen den verschiedenen Anordnungen verglichen. Spannende Einblicke
in solche Äquivalenzrelationen halten die sogenannten figurierten Zahlen (Dreiecks-,
Rechtecks- und Quadratzahlen, Kap. 5) ebenso wie auch Treppenzahlen, die aus Summen
von aufeinanderfolgenden Zahlen oder Zahlenreihen mit gleichbleibender Differenz gebildet werden, bereit. Die Namensgebungen der Zahlen weisen bereits auf eine geometrische Darstellung und damit Anordnungen hin. Die anschaulichen Darstellungen können mit Material (Plättchen, Würfeln) gebaut, aus Kästchenpapier ausgeschnitten oder gezeichnet werden. Gleichheiten können dann über konkrete, gezeichnete oder mentale
Handlungen durch Umbauen oder Umdeuten nachgewiesen werden.

Gleichheit durch Umbauen nachweisen
Werden die Werte einer Zahlenfolge addiert, so spricht man von Zahlenreihen. Wird
z. B. die Folge der ungeraden Zahlen (1, 3, 5, …) bis zu einer bestimmten Stelle summiert,
so ergibt sich stets eine Quadratzahl (Kap. 1). Quadratzahlen sind durch eine multiplikative
Verknüpfung gekennzeichnet (eine Zahl wird mit sich selbst multipliziert).

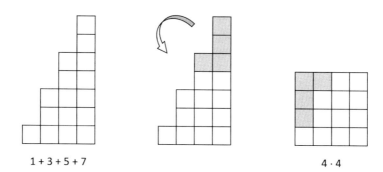

$$1 + 3 + 5 + 7 \qquad\qquad\qquad 4 \cdot 4$$

Abb. 7.8 Summe ungerader Zahlen in einer Darstellung umbauen zu einer Quadratzahldarstellung

Der additive Term der Zahlreihe bzw. der multiplikative Term der Quadratzahl sehen in einer Darstellung als geometrische Figur zunächst höchst unterschiedlich aus (Abb. 7.8). Auf der einen Seite bildet eine Treppe mit Stufen (Differenzen) von je 2 die Summe, auf der anderen Seite wird das Produkt als Quadrat deutlich. Auf Handlungs- und Denkebene ist es durch verlustfreies Umbauen möglich, die eine Darstellung in die andere zu überführen. Die Anzahl der Kästchen (Würfelchen, Plättchen) bleibt somit gleich und die beiden Terme sind als äquivalent nachgewiesen $1 + 3 + 5 + 7 = 4 \cdot 4$. Die Gleichheit muss nicht erst über das Abzählen oder Berechnen der Kästchen nachgewiesen werden, sondern ergibt sich aus der Invarianz, da beim Umlegen die Anzahl erhalten bleibt.

Der wesentliche Kern solcher handlungsorientierten, operativen Beweise liegt nun darin, das Beispiel als exemplarisch zu entdecken. Nicht nur bei dieser Treppe und einer entsprechenden Quadratzahl gelingt das Umbauen, sondern bei all diesen Treppen aus ungeraden Zahlen. Die grundsätzliche Idee ist also verallgemeinerbar und der Beweis für die gesamte Klasse bei gerade vielen Summanden möglich (bei ungerade vielen Summanden analog).

Werden nicht Quadratzahlen, sondern beliebige Rechtecke (zusammengesetzte Zahlen, vgl. Kap. 5) als Ausgangspunkt genommen, so gelingt solch ein Umbau von einer Treppe in ein Rechteck und umgekehrt nur unter bestimmten Bedingungen. Nach dem Satz von Sylvester (vgl. z. B. Steinbring & Scherer, 2004 oder https://adi.dzlm.de/node/160) gilt:

„Jede Zahl lässt sich auf so viele Arten als Summe mindestens zweier aufeinander folgender Zahlen darstellen, wie sie ungerade Teiler > 1 hat."

In die Sprache der anschaulichen Darstellungen übersetzt, heißt dies, dass stets genau dann der Umbau in Treppen aus aufeinanderfolgenden Zahlen (Differenz 1) gelingt, wenn die Gesamtsumme der Kästchen als Malaufgabe in Rechtecksdarstellung mit mindestens einer ungeraden Seitenlänge größer als 1 gelegt werden kann. So kann z. B. 28 als Produkt in ein $7 \cdot 4$ Rechteck gelegt werden, 24 als $3 \cdot 8$. 32 hingegen erlaubt keine Produktdarstellung mit einer ungeraden Zahl. Eine ungerade Seitenlänge ergibt sich also nur dann, wenn die Zahl mindestens einen ungeraden Teiler hat (vgl. Satz). Für genauere Ausführungen und weitere Anregungen zur Idee des Umbauens in diesem Sinne sowie zu Treppenzahlen als Summen von aufeinanderfolgenden Zahlen sei auf Steinbring und Scherer (2004) sowie Schwätzer (2000) verwiesen.

Gleichheit durch Umdeuten nachweisen

Die Äquivalenz von bestimmten Summen und Produkten wird bereits bei Darstellungen zum Einmaleins von den Kindern implizit genutzt und eingefordert. Eine einzige Rechtecksdarstellung kann als Produkt $3 \cdot 5$ und gleichzeitig zeilenweise oder spaltenweise als wiederholte Additionen von Dreien bzw. Fünfen gedeutet werden (Kap. 5).

Die geometrische Veranschaulichung ist also nur dann hilfreich, wenn entsprechende Deutungen hineingesehen werden können. Der Nachweis von der Gleichheit der Terme gelingt dann, wenn in eine einzige Darstellung beide Terme hineingesehen werden können. Um diese Sichtweisen einer Darstellung zu verdeutlichen und damit auch dem Austausch im Klassengespräch zugänglich zu machen, bietet sich das Einfärben bzw. Einkreisen an.

In der Abb. 7.9 verdeutlicht ein Kind zwei mögliche Sichtweisen und damit zwei Terme durch Färbungen. Wenn Wendeplättchen genutzt werden, könnten die beiden Färbungen auch durch entsprechendes Wenden der Plättchen erreicht werden.

Im Gegensatz zur Idee des Umbauens unterscheidet sich hier die geometrische Figur der Darstellung nicht. In beiden Fällen ist ein $4 \cdot 4$-Punktefeld gezeichnet (gelegt). Das Muster aus der Deutung in vier 4er-Spalten zur Verdeutlichung des Produkts bzw. in anwachsende Winkel für die Summe unterscheidet sich. Die Gleichwertigkeit wird durch das

Abb. 7.9 Summe ungerader Zahlen in eine Quadratzahldarstellung hineinsehen. (© Springer: Steinweg, A. (2013). *Algebra in der Grundschule: Muster und Strukturen, Gleichungen, funktionale Beziehungen.* Springer Spektrum, S. 69)

verlustfreie Umdeuten (keine Hinzu- oder Wegnahme von Punkten bzw. Plättchen) nachgewiesen. Der Wechsel der Deutung zeigt damit nicht nur das Verstehen der strukturellen Gleichheit, sondern wirkt hier im Sinne eines operativen Beweises (Kap. 3).

7.4 Gleichwertigkeit von Rechenhandlungen

Gleichwertigkeit von Rechenhandlungen kann einen *gleichen Endzustand* oder eine *gleiche Wirkung* fokussieren, der bzw. die je auf verschiedene Weisen erreicht wird (Winter, 1982).

Die *Gleichwertigkeit der Wirkung* von Rechenhandlungen entspricht der Äquivalenz der Hintereinanderausführung von Rechenhandlungen, die auf den ersten Blick unterschiedlich aussehen können. Die Gleichwertigkeit ist strukturell aufgrund von Zahl- oder Operationseigenschaften nachweisbar.

- Additive Operationen können als äquivalent zur Hintereinanderausführung von zwei (drei oder mehr) additiven Operationen genutzt, erkannt, beschrieben und begründet werden. So gilt z. B. $7 + 6 = 7 + 1 + 5 = 7 + 2 + 4$ usw. oder $7 - 6 = 7 - 1 - 5 = 7 - 2 - 4$ usw. oder auch $7 + 6 = 7 + 7 - 1 = 6 + 6 + 1$ usw. Die Zerlegung der additiven Rechenzahl in Teile entspricht den möglichen Partitionen (Kap. 5).
- Multiplikative Operationen und ihre Äquivalente, wie z. B. $7 \cdot 12 = 7 \cdot 2 \cdot 6 = 7 \cdot 4 \cdot 3$ usw., gründen auf Assoziativität und der Zerlegung des Faktors in Teilprodukte gemäß seinen Teilbarkeitseigenschaften, die an der Primfaktorzerlegung ablesbar sind (Kap. 5).
- Gleichwertige Rechenhandlungen können auch Operationsbeziehungen (Kap. 6) wie z. B. die Eigenschaft der Distributivität ausnutzen. So wird aus $7 \cdot 20 = 5 \cdot 20 + 2 \cdot 20 = 4 \cdot 20 + 3 \cdot 20$ usw. oder auch $7 \cdot 20 = 10 \cdot 20 - 3 \cdot 20 = 9 \cdot 20 - 2 \cdot 20$ usw.

Ableitungsstrategien im kleinen Einspluseins nutzen additive Partitionen. Distributive Aufspaltungen sind im aktuellen Arithmetikunterricht als Ableitungsstrategien von Einmaleinsaufgaben aus Kernaufgaben den Kindern bereits vielfach geläufig. Vom ersten Schuljahr an können diese Lerngelegenheiten also auch dazu genutzt werden, Gleichheiten zu thematisieren und die Gleichwertigkeit der Wirkung von Rechenhandlungen im Unterrichtsgespräch bewusst ins Wort zu holen.

Mathematisch und für die Kinder zudem spannend ist, dass eine Rechenoperation nahezu beliebig verkompliziert werden kann. Die Erhöhung einer Zahl um 10 kann durch Addition von 10, aber ebenso durch Addition von 500 und nachfolgender Subtraktion um 490 oder auch durch Multiplikation mit 5, Addition mit 50 und anschließender Division der Summe durch 5 usw. realisiert werden:

$$\underline{} + 10 = \underline{} + 500 - 490 = \left(\underline{} \cdot 5 + 50\right) : 5 = \cdots$$

In Diskussionen über diese und ähnliche verschiedene Möglichkeiten stehen nicht mehr elegante oder effektive Ableitungsstrategien im Vordergrund, sondern die Aufgabe verschiebt den Fokus auf die Gleichwertigkeit von Rechenhandlungen. Die Darstellung in Gleichungen kann dabei nicht immer auf Klammersetzungen verzichten. Diese Problematik kann umgangen werden, indem Operationspfeile in sogenannten Rechenketten eingesetzt werden. Gesucht sind dann Rechenketten, die die gleiche Wirkung (Gleichheit der Rechenhandlung) haben.

Die Darstellung in Termen und Gleichungen auf Ebene der Symbole fokussiert aus Sicht von Schwarzkopf et al. (2018) nicht umfassend alle Facetten der Konzeptidee der Gleichheit. Die Forschungsgruppe arbeitet heraus, dass algebraische Überlegungen, also das Erkennen und Begründen von Gleichungsbeziehungen, bei der geschickten Gegenüberstellung von anderen Aufgabenformaten stärker gefördert werden könnte (Schwarzkopf et al., 2018). Um das Augenmerk auf die Rechenhandlungen zu richten, haben aktuelle Forschungsprojekte Aufgabenformate entwickelt, die bewusst nicht von Gleichungen ausgehen und damit weitgehend auf das Gleichheitszeichen mit seinen oben geschilderten Schwierigkeiten der Deutung verzichten.

Um das Nachdenken über mathematische Beziehungen von Gleichungen anzuregen, sind auch solche Aufgaben interessant, die ggf. erst auf den zweiten Blick, also erst nachdem einige Berechnungen erfolgt sind, musterhafte Beziehungen aufweisen. Wittmann (1992a) kennzeichnet solche Übungsformate als reflexiv, da erst in der Reflexion Regelmäßigkeiten sichtbar werden und die Suche nach strukturellen Begründungen der Muster initiieren können. Nührenbörger und Schwarzkopf (2019) nennen diese Momente, wenn Erwartungshaltungen aufgebrochen oder Muster überraschend auftreten, produktive Irritationen.

7.4.1   Aufgabenduette

Die relationale Sicht auf Gleichheit bedingt, mindestens Paare von mathematischen Ausdrücken anzubieten, um so durch musterhafte Gleichheiten produktive Irritationen (Nührenbörger & Schwarzkopf, 2019) zu initiieren sowie Beschreiben und Begründen von Gleichheiten (der Rechenhandlungen) anzuregen. Im jahrgangsgemischten Unterricht sind sogenannte Rechenduette ein bekanntes Format, um analoge Aufgabenpärchen für verschiedene Jahrgangsstufen anzubieten und in einer nachfolgenden Diskussion einander gegenüberzustellen (Nührenbörger & Pust, 2006; Nührenbörger, 2006).

Die Unterrichtsidee der Umsetzung als Duette ist für Gleichheitsbetrachtungen dann besonders fruchtbar, wenn diese Gegenüberstellungen, Entdeckungen von strukturellen Gemeinsamkeiten ermöglichen. Wichtig ist natürlich auch hier, Verallgemeinerungen zu finden, die auf strukturelle Eigenschaften fokussieren und damit als algebraisches Denken ausgewiesen sind (Kap. 2). Forschungsprojekte im Feld des algebraischen Denkens bieten einige in der Interaktion mit Kindern erprobte Anregungen, die für entsprechende Aufgabenduette genutzt werden können. Im Folgenden werden Duette aus Paaren von Zahlenfolgen (Unteregge, 2018, 2022), Rechenketten (Mayer, 2019) und Gleichungen (Küchemann, 2019) genauer vorgestellt.

Zahlenfolgenduette

Arithmetische Zahlenfolgen werden durch eine Startzahl und eine konstante Zahl, die von einem Folgenglied zum nächsten fortlaufend addiert wird (Kap. 8), bestimmt. Unteregge (2018) bietet zwei Zahlenfolgen an, die die gleiche Startzahl besitzen. Die jeweilige konstante Additionszahl (Differenz der Folgenglieder) wird so gewählt, dass eine mathematische Beziehung besteht, z. B. 4 und 8 (Nührenbörger & Unteregge, 2017).

Durch diese mathematische Beziehung ergeben sich in den zwei Zahlenfolgen an einigen Stellen gleiche Folgenglieder (Abb. 7.10). Im gewählten Beispiel (Startzahl 10, Additionszahl 4 und 8) treten alle Folgeglieder der zweiten Folge auch in der ersten Folge mit jeweils gleichem Abstand auf. Mathematisch liegt dies daran, dass die Additionszahlen Teiler bzw. Vielfache voneinander sind.

Das hier genutzte Aufgabenformat der Zahlenfolgen nutzt bewusst keine Terme und Gleichungen. Die entstehenden Gleichheiten sind also zunächst vielleicht unerklärlich, da sie nicht auf direkt im Format sichtbaren Gleichheiten basieren. Um algebraische Begründungen über die Gleichheit der Rechenhandlungen anzustoßen, wird das Aufgabenformat in Forschungsprojekten von Unteregge (2018, 2022) um sogenannte Aufgabenkarten erweitert. Jedes Folgenglied wird dabei übersetzt in einen Summenterm aus Startzahl und Additionszahl (Abb. 7.10). Die Aufgabenkarten machen die versteckte Gleichheit (Kieran & Martínez-Hernández, 2022) sichtbar und damit für strukturelle Begründungen zugänglich. Die Kombination des Aufgabenformats und der Terme, so weist Unteregge (2022) in Analysen von Interviews mit Kindern nach, kann so dazu beitragen, ein flexibles Verständnis von Gleichheiten zu fördern.

Passende Aufgabenkarten zu sichtbar gleichen Folgengliedern (z. B. 18) stehen in einer zunächst unsichtbaren Äquivalenzbeziehung, die mit einer Gleichung beschrieben werden kann, wie z. B. $10 + 8 = 10 + 4 + 4$. Die Entdeckung der Beziehungen der Rechenhandlungen und auch die Übersetzung in eine Gleichung kann zu Begründungen der Gleichheit führen. Für die Begründung der Gleichwertigkeit wäre es müßig, die Terme zu berechnen, da die gleiche Ergebniszahl (hier 18) der Ausgangspunkt der Überlegungen ist. Vielmehr gilt es zu klären, warum diese Gleichwertigkeit auftritt. Im Vergleich der

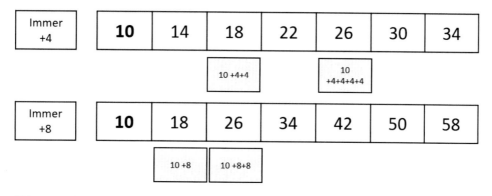

Abb. 7.10 Gleichheiten in Zahlenfolgen. (In Anlehnung an Unteregge, 2018)

Rechenhandlungen der Addition von 8 zur doppelten Addition von 4 können diese als gleich erkannt werden. Die Terme können also aufgrund des Merkmals der Gleichwertigkeit (Äquivalenz) wechselseitig füreinander ausgetauscht werden (Substitution; Abschn. 7.2). Wird diese Idee erkannt, so kann diese auch für Prognosen für Gleichheiten zu weiteren Zahlenfolgen (hier z. B. Startzahl 10 und Additionszahl 12) genutzt oder sogar verallgemeinert werden.

Bei gleicher Startzahl ergeben sich in unendlichen, arithmetischen Zahlenfolgen für jedwede Additionszahlenpaarung irgendwann gleiche Folgenglieder. Das Auftreten wird bestimmt durch das Verhältnis der Additionszahlen zueinander. Bei Additionszahlen 5 und 7 ergibt sich in den ersten Folgegliedern zunächst kein Muster. Werden jedoch fünf Siebenen in der einen Folge bzw. sieben Fünfen in der anderen Folge addiert, wird ein gleiches Folgenglied erreicht. Die mathematische Struktur, die hinter diesen Mustern der Gleichheit steht, wird durch das kleinste gemeinsame Vielfache der Additionszahlen bestimmt.

Rechenkettenduette

Das Aufgabenformat der Rechenketten (Abb. 7.11) ist im Unterricht durchaus bekannt. Insbesondere im Kontext von Zahlenrätseln werden Rechenketten als Möglichkeit der Repräsentation von nacheinander auszuführenden Rechenoperationen genutzt. In arithmetisch orientierter Sichtweise werden für die Suche von Startzahlen zumeist Umkehroperationen eingesetzt (s. o. Zahlenrätsel). Soll die Struktur von Gleichwertigkeit der Rechenhandlungen betrachtet werden, stehen jedoch diese Umkehrungen nicht im Vordergrund. Rechenketten können, wie oben bereits vorgeschlagen, eine Möglichkeit darstellen, die Gleichwertigkeit der Wirkung von unterschiedlichen Operatoren darzustellen. Im Gegensatz zu Gleichungsnotationen werden durch die Notation auf Pfeilen in Rechenketten die Rechenhandlungen augenfällig von Start- und Endzustand differenziert. Eine Diskussion über Äquivalenz der jeweils notierten Operationen kann so initiiert und erleichtert werden.

Die Darstellung der Rechenhandlungen auf Operatorpfeilen verweisen auf Handlungen im Sinne der operationalen Durchführung von Prozeduren. Wesentlich für eine relationale und damit algebraische Denkentwicklung ist, den Impuls der Durchführung von Berechnungen durch eine gezielte Reflexion über diese durchführbaren Handlungen zu ergänzen oder ganz zu ersetzen.

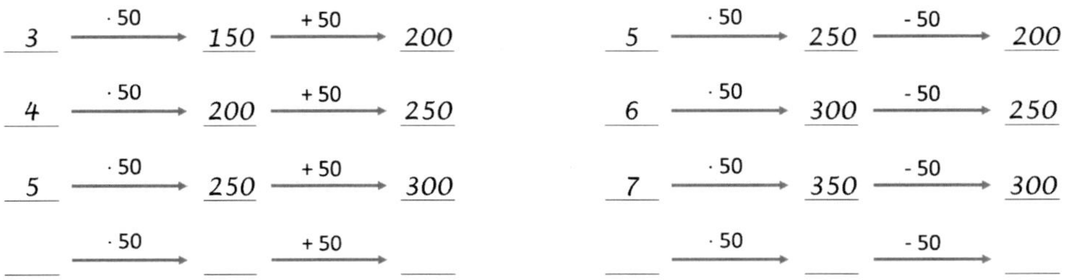

$$3 \xrightarrow{\cdot\,50} 150 \xrightarrow{+\,50} 200 \qquad\qquad 5 \xrightarrow{\cdot\,50} 250 \xrightarrow{-\,50} 200$$

$$4 \xrightarrow{\cdot\,50} 200 \xrightarrow{+\,50} 250 \qquad\qquad 6 \xrightarrow{\cdot\,50} 300 \xrightarrow{-\,50} 250$$

$$5 \xrightarrow{\cdot\,50} 250 \xrightarrow{+\,50} 300 \qquad\qquad 7 \xrightarrow{\cdot\,50} 350 \xrightarrow{-\,50} 300$$

$$\underline{} \xrightarrow{\cdot\,50} \xrightarrow{+\,50} \qquad\qquad \underline{} \xrightarrow{\cdot\,50} \xrightarrow{-\,50}$$

Abb. 7.11 Zwei besondere Rechenkettenpaare. (In Anlehnung an Mayer, 2019)

Das von Mayer (2019) eingesetzte Aufgabenformat nutzt die Gegenüberstellung von musterhaften Abfolgen von jeweils interessanten Paaren aus Rechenketten (Abb. 7.11). In diesem Format wird nicht die Gleichwertigkeit der Wirkung der Operationen, sondern die Gleichwertigkeit des je durch verschiedene Rechenhandlungen erzielten Endzustandes adressiert.

Die hier genutzten Rechenketten (Abb. 7.11) laden zunächst direkt ein, Muster zu entdecken und zu beschreiben: Die Startzahl erhöht sich immer, die Operationen nutzen bei Multiplikation und Addition (bzw. Subtraktion) jeweils die Zahl 50, der erste Operator ist immer eine Malaufgabe usw. Bei diesen Entdeckungen stehen noch nicht zwingend Gleichheitsbeziehungen im Mittelpunkt.

Die unterrichtliche Idee (Mayer, 2019) sieht vor, die beiden Päckchen zunächst getrennt an je zwei Kinder zu geben, die diese erst einmal in Einzelarbeit berechnen. Erst dann kommen die beiden Kinder zusammen und vergleichen ihre Aufgaben. In diesem Diskurs der Betrachtung als gemeinsames Rechenkettenduett können nun weitere Muster deutlich werden:

- Die Startzahlen erhöhen sich immer um 1.
- Die Startzahlen beginnen bei dem einen Kind bei 3 und bei dem anderen bei 5.
- In beiden Päckchen werden die Startzahlen mit 50 multipliziert.
- In einem Päckchen wird 50 addiert, im anderen 50 subtrahiert.

Die produktive Irritation kann darin bestehen, dass trotz der unterschiedlichen Startzahlen und der offensichtlichen Unterschiede im zweiten Rechenschritt in den jeweils entsprechenden Duettpartnern (innerhalb einer Zeile) links und rechts die gleiche Zielzahl erreicht wird. Der Endzustand ist gleich, obwohl die Startzahl und die Rechenhandlungen unterschiedlich sind. Die Begründung der Äquivalenz des Endzustandes ist zunächst nicht sichtbar am Muster abzulesen und verweist damit auf eine versteckte Gleichheit, die es zu entdecken und zu begründen gilt.

Die Startzahlen unterscheiden sich um 2 (n bzw. $n + 2$). Zunächst werden dann bei beiden Rechenketten Vielfache von 50 gebildet. Diese unterscheiden sich folglich um $2 \cdot 50 = 100$. Wird nun aber auf der linken Seite 50 addiert und auf der rechten 50 subtrahiert, so wird diese Differenz von 100 ausgeglichen. Auf der linken Seite ergibt sich somit immer nicht nur das 50-Fache der Startzahl (n), sondern durch die Addition 50 das 50-Fache des Nachfolgers der Startzahl ($n + 1$). Dies liegt daran, dass die 50 nicht der gewählte Summand ist, sondern ebenso dem vorher bereits genutzten Faktorwert entspricht.

Auf der rechten Seite bewirkt analog die Subtraktion von 50, dass letztlich der Vorgänger der hier rechts gewählten Startzahl mit 50 vervielfacht wird. Da die rechte Startzahl aber um 2 größer ist als die linke ($n + 2$), ergibt sich in beiden Fällen exakt das gleiche Vielfache von 50, d. h. $(n + 1) \cdot 50$. Mathematisch liegt dieses Muster begründet in der Distributivität (Kap. 6): $n \cdot 50 + 50 = (n + 1) \cdot 50 = (n + 2) \cdot 50 - 50$.

Die hier argumentativ zu nutzenden Zusammenhänge der Rechenhandlungen sind durchaus komplex. Es verwundert also nicht, dass die an der Studie von Mayer (2019) teilnehmenden Grundschulkinder eher auf empirischer Ebene mit den Zahlenwerten oder den sichtbaren Musterauffälligkeiten argumentieren und eine relational-allgemeingültige Begründung mit Fokus auf Strukturen den Lernenden nicht leicht fällt (S. 175). Dies entspricht vermutlich auch dem erlernten Verhalten im Mathematikunterricht zu derartigen Musterpäckchen. Die oben genannten Entdeckungen von sichtbaren Phänomenen werden im Alltagsunterricht von den Kindern und ebenso von den Lehrkräften oft als vollständig und ausreichend anerkannt. Dennoch rekonstruiert Mayer auch strukturelle Argumentationen (Kap. 4). Für algebraische Denkförderung sollte der Unterricht immer anregen, auch die Warum-Frage der Gleichheit des durch verschiedene Rechenhandlungen erreichten Endzustands zu klären. Hierbei muss nicht mit Variablen argumentiert werden. Vielmehr sind Begründungen am Beispiel begleitet von Verbaldarstellungen (Abschn. 7.3.2) und über Vielfache von 50, wie oben ausgeführt, ebenso beweiskräftig.

Die gegebenen Gleichungen können prinzipiell als Beispiele für allgemeine Äquivalenzbeziehungen gesehen werden. Mayer (2019) spricht deshalb von „Vermittlertermen" (S. 111). Für die Entdeckung algebraischer Beziehungen sind Beispiele notwendig. Konkretisierungen durch Beispiele bergen immer auch die Gefahr, Beschreibungen nur auf der Phänomenebene der Muster zu suchen bzw. einzufordern, anstatt relationale Gleichheiten in den Blick zu nehmen. Die hier im Aufgabenformat von Mayer (2019) vorgegebene, musterhafte Fortsetzung der jeweiligen Rechenkettenpaarungen ermöglicht und unterstützt ggf. diesen Verbleib auf der Ebene der Oberflächenmerkmale des Musters.

Es sind etliche (empirische) Beispiele gegeben, die in Argumentationen benutzt werden können. Damit wird jedoch auch der Fortsetzungsgedanke eher empirisch als konkrete Fortsetzung durch die nächste Rechenkette gedeutet. Die Hinführung zu einer allgemeinen Begründung der Gleichheit von Rechenhandlungen tritt in den Hintergrund. Um die algebraische Sichtweise stärker zu fokussieren, könnte eine für algebraisches Denken gewinnbringende Variation der Aufgabenstellung darin liegen, nur eines der Paare, z. B. das Paar aus der ersten Zeile, als Rechenkettenduett zur Verfügung zu stellen.

Nachdem in so einem Duett die Gleichheit der Zielzahl bei gleichzeitiger Verschiedenheit der Startzahlen sowie die Ähnlichkeiten und Unterschiede der eingesetzten Operationen auf Musterebene erkannt wurden, könnten folgende Impulse die allgemeinen Beziehungen adressieren und einen Zugang zu Strukturen öffnen:

- Warum ist das so? Stelle die Rechnungen an Punktefeldern dar.
- Geht es immer so weiter? Prüfe andere Startzahlen.
- Gilt das nur für 50? Verändere die Rechenzahl.

Aus anderen Studien kann abgeleitet werden, dass die Änderung der Darstellung von einer numerischen in eine bildliche Repräsentation dazu anregen kann, die Allgemeingültigkeit der Beziehung (hier Distributivität, Kap. 6) als strukturellen Zusammenhang zu sehen und für Begründungen nutzen zu können (Akinwunmi & Steinweg, 2022).

Die Anregung, eigene Fortsetzungen der Rechenkettenduette zu erfinden, kann dazu verlocken, nicht nur jeweils eine Erhöhung um 1 vorzusehen, sondern die Startzahlen beliebig zu erhöhen, um damit den Zusammenhängen (rechts zwei mehr als links) auf die Spur zu kommen.

Der dritte Impuls führt im besten Fall noch weiter weg von den gegebenen Zahlbespielen und variiert die Zahlwerte der Rechenoperationen. Die Äquivalenz der Duettrechenketten bleibt auch erhalten, wenn mit 20, 30, 40 usw. multipliziert und dann entsprechend 20, 30, 40 usw. addiert bzw. subtrahiert wird. Das gilt natürlich auch für einstellige Zahlen oder für zwei- oder mehrstellige Zahlen, die keine Vielfachen von 10 sind. Für diese letzten Fälle erhöht sich allerdings der Rechenaufwand erheblich, sodass die Gefahr besteht, dass die allgemeine Strukturbeziehung wieder aus den Augen verloren wird.

Gleichungsduette

Gleichungen bestehen aus Termen (s. o.). Die Terme wiederum können verschiedene sogenannte Bausteine, wie z. B. einen additiven (+5) oder einen multiplikativen Baustein (·3), enthalten (Kortenkamp, 2006, 2009; Larkin, 1989).

> „Das Können im Erkennen der Struktur von Termen ist eine Teilhandlung beim Arbeiten mit Termen, Gleichungen und Ungleichungen und damit eine notwendige Voraussetzung für das gesamte algebraische Können" (Kowaleczko et al., 2010, S. 19).

Für einen souveränen Umgang mit Gleichungen gilt es, die Bausteine des Terms zu erkennen und jeweilige Wirkungen der Termbausteine auf die Gleichung und ihre Lösungen (sofern es sie gibt) kennenzulernen. Nach dem operativen Prinzip (Wittmann, 1985) werden die Termbausteine selbst zu Objekten, die variiert und in der Wirkung der Variation beobachtet werden. Eine Gleichung bzw. ein Term kann dabei in seiner inneren Semantik (Kieran, 2006) aus verschiedenen Objekten bzw. Bausteinen bestehend gesehen werden.

Im Fokus auf Gleichungen wird die Idee der Duette aufgegriffen. Jeweils zwei Gleichungen, die sich z. B. musterhaft in den Oberflächenmerkmalen gleichen, werden gemeinsam im Duett zu einer ganz neuen Aufgabe (Abb. 7.12). Um die Relationen der beteiligten Zahlen und Operationen gezielt in den Fokus der Aufmerksamkeit zu rücken, ist es günstig, einfache Zahlbeispiele aus einem kleinen Zahlenraum oder Vielfache von Stufenzahlen zu nutzen. Dahinter steckt die Überlegung, dass der Rechenaufwand überschaubar oder sogar schnell im Kopf möglich gemacht wird. Die Herausforderung der Aufgabe steckt somit nicht in der Suche einer rechnerischen Lösung, sondern in der Begründung der Muster, d. h. in der strukturellen Eigenschaft der Äquivalenzbeziehungen. Arithmetisches Denken wird in den Hintergrund gerückt und die Möglichkeit für algebraisches Denken und Nachdenken wird über Gleichungen gegeben.

I	$3 \cdot \_\_ + 5 = 35$	II	$3 \cdot \_\_ + 5 = 35$	III	$3 \cdot \_\_ + 5 = 35$	IV	$3 \cdot \_\_ + 5 = 35$
	$3 \cdot \_\_ + 6 = 36$		$3 \cdot \_\_ + 8 = 35$		$6 \cdot \_\_ + 5 = 35$		$10 \cdot \_\_ + 5 = 35$

Abb. 7.12 Gleichungsduette

Zwei Gleichungen werden zu einem Gleichungsduett, wenn sie jeweils in einem Termbaustein geschickt variiert werden (in Anlehnung an Küchemann, 2019). Die Wirkung der
Veränderung liefert damit umgekehrt wichtige Hinweise auf den Termbaustein selbst. In
den Beispielen (Abb. 7.12) werden jeweils zwei Gleichungen (hier mit einem multiplikativen und einem additiven Baustein) zu einem Duett zusammengestellt.

Der gewählte Zahlenraum ist klein, die numerische Lösung ist für Kinder der 3. und 4.
Jahrgangsstufe leicht zu finden. Durch den bekannten Aufforderungscharakter der Leerstelle als Platzhalter für eine gesuchte Zahl steht für die Kinder ggf. zunächst die Suche
nach den passenden Lösungswerten im Fokus. Diese Lösung der Gleichung sollte jedoch
gar nicht im Mittelpunkt des Unterrichtsgesprächs stehen. Vielleicht greifen die Kinder
hierbei auf Strategien des Rückwärtsarbeitens (Umkehrungen nutzen), die sie von Zahlenrätseln oder Rechenketten kennen, zurück. Dieser erste Zugriff auf ein Gleichungsduett ist
rechnerisch-operational geprägt. Eine algebraische Antwort auf ein Duett hingegen untersucht, wie die Zahlen und Operationen miteinander in Beziehung stehen. Selbst wenn die
Kinder direkt Vorschläge für mögliche Einsetzungen präsentieren, kann durch die Lehrkraft dann im Nachgang angeregt werden, die Beziehungen zu diskutieren und so zunehmend eine relationale Sicht auf die Gleichheiten einzunehmen. Die numerische Lösung der vermeintlich gesuchten Zahl, die in manchen Duetten sogar selbst gleich ist, kann
also ein Ausgangspunkt für die vertiefte Analyse der Termbausteine sein.

Beim ersten Duett bleibt die Lösung gleich, da der additive Anteil und gleichzeitig die
Größe des rechten Terms je um 1 erhöht wird. Der Summand (5 bzw. 6) und die Einerstelle
der Zahl im rechten Term stimmen hier sogar auf Phänomenebene überein.

Im zweiten Duett erhöht sich der additive Termbaustein um 3. Da der multiplikative
Baustein jedoch in beiden Gleichungen Vielfache von 3 enthält, muss die gesuchte Zahl
genau um ein Vielfaches, das nun im additiven Term bereits enthalten ist, verringert werden. Natürlich ist es immer eine Option im Unterricht, die Lösungszahlen suchen zu lassen
und diese dann zu vergleichen. Im Duett ergibt sich oben eine 10 und unten eine 9. Wichtig ist dann jedoch zu erkunden, warum die eine gesuchte Zahl um 1 kleiner als die andere
ist. Denkbar sind im Unterrichtsdiskurs auch Übersetzungen in bildliche Darstellungen,
Materialhandlungen oder Verbalisierungen, um diese Gleichheit nachvollziehen zu können. Die Idee der verbalen Beschreibung des Produkts als 3er kann hier hilfreich sein. Eine
zunächst unbestimmte Anzahl 3er und 5 Einzelne werden zu 35 und in der zweiten Gleichung ist einer dieser 3er zu der Pluszahl 5 „gewechselt" und in die neue Pluszahl 8 eingegangen. Damit wird zwar die (vermeintlich gesuchte) Anzahl der 3er um eins kleiner,
aber an der Gleichheit ändert sich nichts.

Das dritte und vierte Paar fokussiert den multiplikativen Termbaustein. Im dritten Duett
werden aus Vielfachen von 3 in der zweiten Gleichung Vielfache von 6. Damit muss die
gesuchte Variable folglich halbiert werden, um wieder zum Term 35 gleich zu bleiben. Das
vierte Duett dreht die beteiligten Faktoren des multiplikativen Termbausteins um und
nutzt somit die Kommutativität der Multiplikation aus.

Bei der Diskussion der Variation der Termbausteine und ihrer jeweiligen Effekte wird
deutlich, dass auch hier erneut Strukturen aus Zahleigenschaften und Operationen genutzt

werden, um die Äquivalenz jeweils zu sichern. Das Variationsspiel fördert eine zunehmende Souveränität, Terme in ihrer Semantik zu überblicken, und legt damit auch Grundsteine für Umstellungen und Umformungen von Gleichungen.

7.4.2 Äquivalente Umformungen

Im Algebraunterricht der Sekundarstufe steht traditionell die Gleichungslehre im Mittelpunkt. Unterrichtlich wird viel Zeit investiert, Umformungen von Gleichungen als Äquivalenzumformungen zu thematisieren. Weigand et al. (2022) bezeichnen die Äquivalenz explizit als „Umformungsäquivalenz" (S. 245). Die Umformungen, die zwar das Erscheinungsbild der Gleichung verändern, gründen auf Äquivalenzeigenschaften, sodass die Lösungsmenge unverändert erhalten bleibt.

Äquivalenz erhalten	
Additionseigenschaft	aus $a = b$ folgt $a + c = b + c$
Subtraktionseigenschaft	aus $a = b$ folgt $a - c = b - c$
Multiplikationseigenschaft	aus $a = b$ folgt $a \cdot c = b \cdot c$
Divisionseigenschaft	aus $a = b$ und $c \neq 0$ folgt $a : c = b : c$

Im Grundschulunterricht sind Äquivalenzumformungen zur Bestimmung von Lösungsmengen weder vorgesehen noch notwendig. Die grundsätzliche Idee, Gleichungen ineinander zu überführen und als äquivalent anzuerkennen, kann jedoch wieder durch die Gegenüberstellung von Gleichungen, die aufgrund der Äquivalenz erhaltenden Beziehungen ineinander überführt werden können, angeregt werden. Dabei sind beide Richtungen denkbar: Gleichungen verkomplizieren sowie Gleichungen vereinfachen.

Gleichungen verkomplizieren
Im üblichen Sekundarstufenunterricht werden zunehmend komplexe Gleichungen angeboten, die nach Äquivalenz erhaltenden Regeln vereinfacht werden, um die Lösung (oder mehrere Lösungen) der vorliegenden Gleichung zu bestimmen. Äquivalenzumformungen sind jedoch nicht immer die eleganteste Option und mitunter auch gar nicht notwendig. Als Strategien kommen gedankliches Lösen, Termvergleiche, Gegenoperationen, systematisches Probieren in numerischen Näherungsverfahren, grafische Lösungen usw. neben Äquivalenzumformungen in Betracht (für weitere Erläuterungen zu Lösungsstrategien von linearen Gleichungen vgl. Steinweg, 2013, S. 88–96; Vollrath & Weigand, 2007).

Für die Förderung algebraischen Denkens sind solche Strategien besonders fruchtbar, die einen Gesprächsanlass bieten, über das Ausrechnen bzw. Bestimmen von Lösungen hinaus, über Gleichheiten nachzudenken. Aus dem Sekundarbereich stammt die Unterrichtsidee, das übliche Vorgehen des Vereinfachens komplexer Gleichungen umzukehren. Der Vorschlag „Zahlen verstecken – Zahlen suchen" aus dem Schweizer Zahlenbuch 6 (Affolter et al., 2000, S. 10) geht von einer Zahl aus, die durch Äquivalenzumformungen immer besser in einem Term (oder einer Gleichung) versteckt wird. Durch das Ziel, die eigene Zahl möglichst geschickt zu verstecken, werden die Umformungen bewusst und für die Lernenden sinnvoll genutzt.

Diese Grundidee wird im Unterrichtsvorschlag „Gleichungen verkomplizieren" für den Grundschulunterricht aufgegriffen. Aufgabe ist es, eine Ausgangsgleichung durch eine der strukturell möglichen Äquivalenz erhaltenden Umformungen zu verändern. Die vermeintlich neue Gleichung sieht auf der Phänomenebene völlig anders auf. Strukturell besteht jedoch weiterhin Äquivalenz der Terme, da die Rechenhandlungen auf beide Terme wirken (Abb. 7.13).

Blanton et al. (2021b) sehen dieses Aufgabenformat in ihren Unterrichtsvorschlägen für die 4. Jahrgangsstufe vor (S. 97). Sie nutzen dabei nicht nur die numerische Darstellung, sondern ergänzen jeweils eine verbale Beschreibung, die nach einer Kausalität fragt, z. B. „Wenn $38 + 10 = 48$ wahr ist, ist dann $38 + 10 - 7 = 48 - 7$ auch wahr? Woher weißt du das?" Denkbar ist auch eine Einbettung, die einem fiktiven Kind in den Mund legt, die Gleichungen als gleich zu erkennen, um damit Diskussionen anzuregen: „Maddie denkt, wenn $20 + 10 = 30$ wahr ist, dann ist $20 + 10 - 5 = 30 - 5$ wahr. Stimmst du Maddie zu? Warum?" (Blanton et al., 2021b, S. 145).

Unabhängig von der Form der Repräsentation sind die Herangehensweisen und Argumentationen der Kinder zu beachten. Obwohl arithmetische Berechnungen natürlich möglich sind, sollte zunehmend ein struktureller Zugang, der die Beziehungen der Rechenhandlungen im Sinne der Äquivalenz erhaltenden Umformungen fokussiert, gefördert werden (Blanton et al., 2021b, S. 146). Die Gleichungspaare a) und b) nutzen additive Veränderungen aufgrund der Additions- und Subtraktionseigenschaft von Äquivalenzen. Diese Paare können dazu anregen, weitere Variationen zu untersuchen:

- Welche Zahlen dürfen jeweils addiert werden?
- Gibt es eine größte Zahl, die addiert werden darf?
- Wie ist es bei der Subtraktion?
  (Im Grundschulunterricht ergeben sich bei der Subtraktion in beiden Termen Grenzen durch den Zahlbereich der natürlichen Zahlen.)
- Kann man auch für andere (für beliebige) Gleichungen ein Duett finden oder gilt das nur für $38 + 10 = 48$?

a)
$$38 + 10 = 48$$
$$38 + 10 + 15 = 48 + 15$$

b)
$$38 + 10 = 48$$
$$38 + 10 - 7 = 48 - 7$$

c)
$$38 + 10 = 48$$
$$38 + 10 + 38 + 10 = 48 + 48$$

Abb. 7.13 Gleichungen verkomplizieren. (In Anlehnung an Blanton et al., 2021b)

Das Gleichungspaar c) steht illustrativ für die Möglichkeit, beide Terme auch zu verdoppeln. Nicht alle deutschen Bundesländer sehen die Nutzung von Klammern bereits in der Grundschule vor (Abschn. 7.2), sodass hier eine Verdopplung als konkrete Dopplung der Notation (wiederholte Addition) ausgewählt wurde. Im Sekundarbereich wäre eine Notation mit Klammern $2 \cdot (38 + 10) = 2 \cdot 48$ üblich. Selbstverständlich ist die Notation mit Faktoren schlanker und ließe auch viele weitere Variationen des Faktors zu. Wesentlich für die Förderung des algebraischen Denkens ist bei der Entscheidung für die eine oder andere Notationsweise jedoch, dass die Kinder des eigenen Unterrichts diese auch verstehen und damit auch Begründungen finden können.

Der Clou der Diskussion der Duette ist, dass die Berechnung der Terme keine Rolle spielt, um Argumente für das Fortbestehen der Gleichheit zu finden. Falls gewünscht, können hier deshalb auch Leerstellen als gesuchte Unbekannte integriert werden (z. B. $38 + \_\_ = 48$ und $38 + \_\_ + 15 = 48 + 15$), um auch auf numerischer Ebene nachzuweisen, dass die gleiche Zahl, die Gleichung in eine wahre Aussage überführt, d. h. die gleiche Lösungsmenge erhalten bleibt.

Natürlich kann auch die Ausgangsgleichung variiert und damit als pars pro toto herausgearbeitet werden. Jede beliebige Gleichung kann in beiden Termen um 15 (16, 17, …) erhöht oder um 7 (8, 9, …) verringert werden und die Gleichheit bleibt stets erhalten. Im Projekt von Blanton et al. (2021b) werden statt Gleichungen mit Zahlwerten auch Gleichungen mit Buchstaben vorgeschlagen. Diese bringen jedoch nicht zwingend einen Mehrwert mit sich, sofern auch die konkreten Gleichungen so verstanden werden, dass sie strukturgleich beliebig variiert werden können.

Gleichungen vereinfachen

Im Grundschulunterricht werden Gleichungen mit Variablen (Leerstellen) zumeist in der Form angeboten, dass die Variable nur in einem der beiden Terme (entweder links oder rechts) vorhanden ist (Abschn. 7.3). In diesen Fällen ist die Bestimmung der gesuchten Zahl über Rückwärtsrechnen mit den gegebenen Zahlen möglich. Es gibt darüber hinaus jedoch auch erprobte Anregungen, Terme in Beziehung zu setzen, in denen auf beiden Seiten die Variable auftritt. Algebraisches Denken, so die Grundannahme, wird insbesondere dann angeregt, wenn Variablen nicht nur als Leerstelle erscheinen, sondern mit den Variablen operiert werden kann bzw. sogar muss (Radford, 2022a, b). Die Aktivität ist hierbei nicht, die Terme immer komplexer zu gestalten, sondern die Gleichung zu vereinfachen.

Radford (2022a, b) schlägt vor, die Variable als Briefumschläge zu materialisieren bzw. in Darstellungen aufzugreifen. Ausgangspunkt sind zwei Seiten (zwei Tische, zwei Tablets etc.), die gleichgesetzt werden (Abb. 7.14). In den Umschlägen sind jeweils gleich viele Karten (z. B. Sammelkarten). Auch außerhalb der Umschläge können sich gewisse Anzahlen von Karten befinden. Mit dieser Aufgabenidee können Gleichungen wie z. B. $2x + 1 = 6 + x$ dargestellt werden.

Um das Rätsel zu lösen, wie viele Karten sich in einem Umschlag befinden und um damit die Unbekannte zu bestimmen, kann unterschiedlich vorgegangen werden. Aller-

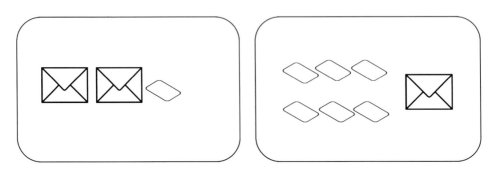

Abb. 7.14 Variablen als Briefumschläge. (In Anlehnung an Radford, 2022b)

dings muss jeweils beachtet werden, dass auf beiden Tischen (beiden Seiten der Gleichung) die gleiche Handlung erfolgen muss, um die Äquivalenz zu erhalten. Denkbar ist,
zunächst von beiden Seiten eine Karte wegzunehmen. Dieses Vorgehen dokumentiert auch
Radford (2022a, b) aus seinen Unterrichtserprobungen mit Kindern im Grundschulalter.
Nach dem Entfernen der einzelnen Karte auf der linken Seite entsprechen zwei unbekannte
Anzahlen in den Umschlägen links damit einem Umschlag und 5 Karten rechts (formal
notiert ergäbe sich als Gleichung $2x = 5 + x$). Da in allen Umschlägen gleich viele Karten
liegen, müssen also 5 Karten die Lösung sein. Die Lösung kann durch Vergleich der Dar-
stellungen und gedankliches Lösen ermittelt werden. Die symbolischen Notationen als
Gleichung und Äquivalenzumformungen sind nicht notwendig.

Ein anderer Weg ist es, auf beiden Seiten einen Umschlag zu entfernen. Es bleiben
damit ein Umschlag und eine Karte links und 6 Karten rechts ($x + 1 = 6$). Auch hier
ist ohne weitere Umformungen offensichtlich, dass im Umschlag 5 Karten enthalten
sein müssen.

Voraussetzung für diese Lösungsaktivitäten ist, dass die Lernenden die Bedingung berücksichtigen, dass in einem Umschlag immer die gleiche (wenngleich unbekannte) Anzahl von Karten enthalten ist. In der Unterrichtsdiskussion ist es hilfreich, dies vorab explizit zu machen (Radford, 2022b, S. 1165). Briefumschläge, Säckchen oder auch Boxen
als Darstellung für Variablen könnten dazu animieren, die vermeintlich gesuchte Anzahl
an Karten, Murmeln etc. im Unterricht mit unterstützender Materialhandlung tatsächlich
in diesen Containern vorzuhalten und nach der Bearbeitung die Inhalte zu überprüfen.
Dieses Vorgehen ist jedoch für das algebraische Denken nicht lernförderlich. Zum einen
sind numerische Nachweise der Gleichheit mathematisch oft nicht zielführend, zum anderen ist der Variablenaspekt der Unbekannten, d. h. des Platzhalters für eine spezifische
Zahl, nur eine eingeschränkte Deutung von Variablen. Günstiger ist es, auch bei unterrichtlichen Umsetzungen mit Material auf konkrete Inhalte der Briefumschläge, Säckchen
etc. zu verzichten, damit die Ideen der Variablen als Veränderliche und als Unbestimmte
ebenso thematisiert werden können (Kap. 3).

Der Unterrichtsaktivität nach Radford (2022a, b) liegt wesentlich die Idee zugrunde, die
Materialhandlung immer mit Sprach- und Denkhandlungen zu verknüpfen. Genau in dieser

Aushandlung der konkreten Handlung und der verbalen Beschreibung sowie der argumentativen Diskussion der Optionen mit anderen Kindern und der Lehrkraft liegt seiner Meinung nach der so durch Zeichen (Bilder, Gesten, Sprache) vermittelte Prozess, Äquivalenzumformungen als mathematische Struktur (und als Kulturgut) näherzukommen (Kap. 2).

7.5 Gleichheitsbeziehungen mit mehreren Variablen

Im Arithmetikunterricht der Grundschule werden Variablen als Leerstellen, leere Kästchen oder andere auszufüllende Platzhalter dargestellt. Hinter diesen Notationen steckt zumeist die Annahme, dass es eine Lösung der Gleichung gibt und diese zudem eindeutig ist. Variablen werden im Aspekt der Unbekannten betrachtet, die nach erfolgten Überlegungen oder Berechnungen bekannt werden kann (Kap. 3).

Die Darstellung von Variablen als Briefumschläge (Radford, 2022a, b), Säckchen (Kap. 3) oder Boxen (s. u.) bietet darüber hinaus die Option, mit der Variablen selbst zu operieren. So können Boxen verdoppelt oder von 7 Boxen 2 Boxen abgezogen werden usw. Jede dieser Darstellungen nutzt jeweils durchweg eine Art von Box, Säckchen oder Briefumschlag, die für genau eine (gleichwertige) Variable in der Gleichung steht.

Treten nun mehrere Variablen auf, so sind auch mehrere Gleichungen notwendig, um die Variablenbelegungen zu ermitteln. Strukturell liegen mathematische Gleichungssysteme zugrunde. Im Sekundarbereich werden verschiedene Verfahren, wie beispielsweise das Additions-, Subtraktions- oder Substitutionsverfahren, als Lösungsoptionen unterrichtet (Weigand et al., 2022, S. 295). Unabhängig von diesen Verfahren gibt es bereits in der Grundschule Aufgabenformate, die mehrere Variablen in den Blick nehmen und damit eine weitere Möglichkeit der Förderung des algebraischen Denkens aufzeigen.

Variablen in Kisten

Werden zwei Variablen betrachtet, so muss die Darstellung eine Differenzierung zwischen unterschiedlichen Variablen ermöglichen. Für den Sekundarbereich wurde die Idee der Boxen kreiert (Affolter et al., 2003; Wieland, 2006), die als Behälter für unbekannte oder unbestimmte Anzahlen von Murmeln, Streichhölzer o. Ä. zu verstehen sind. Boxen, Kisten oder Streichholzschachteln in unterschiedlichen Farben stellen je unterschiedliche Variablen dar. Boxen der gleichen Farbe verweisen auf die gleiche Variable.

Dass die Idee der Boxen auch im Grundschulbereich und sogar bereits teilweise im Kindergarten für algebraische Denkförderung eingesetzt werden kann, weist Lenz (2021, vgl. auch Lenz, 2017, 2022) nach. Auch sie nutzt Kisten in zwei Farben. In den Boxen sind Murmeln. Zudem können sich auch außerhalb der Boxen Murmeln befinden (Abb. 7.15). Die Kinder werden in Interviews nach Begründungen der Gleichheit der Mengen befragt. Die jeweils genutzten Konstellationen an Kisten und Murmeln stellen die Kinder vor unterschiedliche Herausforderungen.

Abb. 7.15 Kathrin und Murat haben gleich viele Murmeln. (In Anlehnung an Lenz, 2021)

Im Unterschied zu Gleichungssystemen, die zwei Gleichungen enthalten würden, werden hier nur zwei Terme mit zwei Variablen angeboten. Es ist folglich nicht möglich, anzugeben, wie groß die Anzahl an Murmeln je Kiste wirklich ist. Diese bewusste Setzung erwartet also von den Kindern, über Beziehungen von Gleichheit zu argumentieren.

Soll bei phänomenologisch gleichen Konstellationen (wie bei Aufgabe I) in Abb. 7.15) entschieden werden, ob zwei Kinder die gleiche Anzahl an Murmeln besitzen, ohne anzugeben, wie viele Murmeln in den Kisten sind, so gelingt allen Grundschulkindern die korrekte Antwort (Lenz, 2021, S. 96).

Die Aufgabe in I) scheint auf den ersten Blick trivial. Die Herausforderung liegt hier vor allem in der Begründung der offensichtlichen Gleichheit. Im Projekt von Lenz (2021) beziehen sich die Kinder in ihren Begründungen zu I) auf die Anzahl der Kisten und Murmeln (S. 96). Da die Anzahl der jeweiligen Kisten und Murmeln hier auch auf Phänomenebene vollständig gleich ist, bleibt offen, ob die Idee der Variablen als Unbestimmte hier eine Rolle spielt oder aber den Kisten gedanklich eine bestimmte (feste) Anzahl an Murmeln zugeordnet wird.

Ausgehend von der gegebenen Aufgabenstellung könnte man die Kistenanzahl oder auch die Anzahl der einzelnen Murmeln variieren, um neue Impulse zu setzen und Ideen der Kinder stärker ins Wort zu holen. Gedankenspiele, die zu Diskussionen von Gleichwertigkeit bzw. zum Erhalt der Äquivalenz anregen könnten, wären z. B.:

- Statt einer dunklen Kiste bekommen beide Kinder z. B. 3 Murmeln. Haben beide noch gleich viel? Warum?
- Was passiert, wenn sie statt 3 Murmeln jeder 300 Murmeln für eine dunkle Kiste bekommen?
- Beide Kinder verschenken die helle Kiste. Haben beide noch gleich viel? Warum?
- …

Diese Variationen entsprechen den mathematischen Eigenschaften, die bei Äquivalenzumformungen benutzt werden. Vermutlich werden derartige Variationen eher weniger als spontane Argumente der Kinder selbst auftreten. Wesentlich ist folglich die Anregung durch die Lehrperson als Was-wäre-wenn-Impulse. Diese Impulse bieten dann einen am Kontext orientierten und dennoch anspruchsvollen Zugang zu mentalem Operieren mit mehr algebraischer Qualität.

Die besondere Herausforderung liegt bei den Umformungen (Variationen) darin, mit den Variablen (Kisten) selbst gedanklich zu operieren wie beispielsweise in der Konstellation II) in Abb. 7.15. Hier wird den Kindern die Frage gestellt, wie viele Murmeln in der hellen Kiste sein müssen, damit beide gleich viele haben.

Der Erhalt der Äquivalenz muss auch bei dieser Fragestellung genutzt werden. Mathematisch gedeutet werden die Terme $a + b + 2$ und $a + 2b + 1$ miteinander verglichen. Da b als Inhalt der hellen Kiste gesucht wird, muss a in beiden Termen als nicht relevant erkannt werden bzw. in beiden Termen kann a und auch ein b subtrahiert werden, ohne dass sich die Lösungsmenge ändert.

Übersetzt in die Kistendarstellung heißt dies: Die dunkle Kiste sowie je eine der hellen Kisten können bei beiden Kindern (in beiden Termen) gedanklich ignoriert oder auch subtrahiert (weggenommen) werden. Sofern die Aufgabe materialgestützt angeboten wird, ist es möglich, die Wegnahme der dunklen (und einer hellen) Kiste auch konkret durchzuführen (vgl. Steinweg et al., 2018, S. 303). Bei dieser Art von Aufgaben zeigt sich in der Untersuchung von Lenz (2021) eine besondere Vielfalt der Vorgehensweisen. Dennoch ist es auch bei diesem Typ möglich, die konkreten Belegungen der Variablen, d. h. die Inhalte der Kisten, numerisch zu bestimmen. Der Inhalt einer hellen Kiste (b) ist eindeutig eine einzige Murmel. Der Inhalt der dunklen Kiste (a) hingegen ist eine beliebige, aber je feste (gleiche) Zahl. Mathematisch ausgedrückt, umfasst die Lösungsmenge hier alle natürlichen Zahlen.

Das Lösungs- und Begründungsverhalten ändert sich grundlegend bei Aufgaben des Typs III) in Abb. 7.15 (vgl. Lenz, 2017). Die Inhalte beider Kisten können durch die gegebene Konstellation nicht mehr bestimmt werden. Die Beziehung der Anzahl der Murmeln in den Kisten ($a + 3 = b$) steht damit im Mittelpunkt der gedanklichen Auseinandersetzung. Die Anzahl in der dunklen Kiste unterscheidet sich um 3 von der Anzahl in der hellen Kiste. Die Kinder, von denen Lenz (2021) berichtet, argumentieren teilweise über die 3 Murmeln, die „draußen" liegen (S. 174). Die allgemeine Beziehung zu beschreiben, fällt den jüngeren Kindern (Kindergarten und 2. Jahrgangsstufe) sehr schwer. Von den an dem Projekt von Lenz (2021) beteiligten älteren Kinder der 4. Jahrgangsstufe gelingt jedoch der Hälfte eine Beschreibung, die Lenz als „allgemeine Beschreibung" kategorisiert (S. 183).

Aus mathematischer Sicht spannend wären ergänzende Impulse, die dazu auffordern, die Beziehung der Kisten (Variablen) in Wortdarstellungen festzuhalten.

- In der hellen Kiste (rechts) müssen 3 mehr sein als in der dunklen (links).
- Hell ist 3 größer als dunkel.
- Dunkel ist 3 weniger als hell.
- …

Die Übersetzung der Materialdarstellung in eine Gleichung ist einfach [dunkel] + 3 = [hell]. Übersetzungen verbaler Beschreibungen in Terme und Gleichungen (und umgekehrt) sind herausfordernd. Obwohl die Beschreibung „Hell ist 3 größer als dunkel" korrekt ist, ist die Gleichung [hell] + 3 = [dunkel] nicht passend. Um den Widerspruch deutlich zu machen, können probeweise Belegungen der Kisten (gedanklich oder konkret) erfolgen.

- Wenn in hell 20 liegen, dürfen in die dunkle Kiste nur 17.
- 5 in hell bedeutet 2 in die dunkle.
- …

Als Rechenterme ergäben sich entsprechend 17 + 3 = 20, 2 + 3 = 5 usw. Die jeweils zugeordneten Zahlen könnten auch farbig gekennzeichnet oder umrandet werden. So kann
angebahnt werden, dass offensichtlich zur kleineren Zahl (dunkel) die 3 addiert werden
muss, um die größere (hell) zu erhalten und nicht umgekehrt. Die Aufgabe könnte also
schon in der Grundschule erste Diskussionen anregen, die die vielfach für den Sekundarbereich belegten Übersetzungsfehler von Beziehungen zwischen Variablen, die in Kontexten gegeben und in Gleichungen zu übertragen sind, ansprechen (z. B. Malle, 1993; Mac-
Gregor & Stacey, 1993).

Rechendreiecke

Die im aktuellen Mathematikunterricht der Grundschule weit verbreiteten Aufgabenformate Rechendreiecke sind, aus mathematischer Perspektive betrachtet, Gleichungssysteme aus drei linearen Gleichungen mit drei Variablen (Abb. 7.16).

Die von McIntosh und Quadling (1975) vorgestellte Idee von Aktivitäten zu Arithmogo-
nen wurde von Wittmann (1992b; 1995) in die heute übliche Darstellung der Rechendreiecke überführt. Die drei Variablen (a, b und c) werden innerhalb des Dreiecks als sogenannte Innenzahlen notiert. Jeweils zwei benachbarte Innenzahlen werden addiert und
die jeweilige Summe außen neben die entsprechende Dreiecksseite als sogenannte Außenzahl notiert. Die Gleichungen werden damit nicht als Gleichungen dargestellt, sondern die
Beziehungen der Variablen werden durch die Dreieckskonstellation und die beschriebene
additive Regel abgebildet.

Die Beziehungen der drei Gleichungen zueinander werden durch das Format der Drei-
ecksanordnung dargestellt. Durch diese besondere Notationsform wird die Aufgabenstellung zu diesem Gleichungssystem auch Grundschulkindern zugänglich. Zudem ist es
möglich, für die Belegungen der Innenzahlen mit Plättchen oder Würfelchen zu arbeiten,
die die Strategie des systematischen Probierens anregen (Wittmann, 2021, S. 22).

Rechendreiecke bieten eine Vielzahl an Optionen, Felder nicht mit Zahlen zu füllen,
sondern leer zu lassen und damit die Suche nach Variablen als Unbekannte für diese Leer-
stellen anzuregen. Bei genügend vielen Angaben von Innen- oder Außenzahlen können die
Variablen eindeutig numerisch bestimmt werden. In der unterrichtlichen Präsentation von
Aufgaben zu Rechendreiecken werden gewisse Innen- und Außenzahlen (als berechnete
Summe) vorgegeben. Dabei sind vielfältige Variationsmöglichkeiten gegeben, die die

Abb. 7.16 Rechendreiecke
als Gleichungssystem

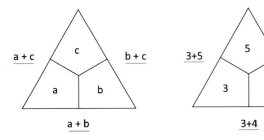

Aufgabenstellung bzw. die Bearbeitung unterschiedlich differenzieren. Rechendreiecke bieten aufgrund dieses großen Fundus ein Paradebeispiel für Differenzierungsangebote und insbesondere Optionen der natürlichen Differenzierung (vgl. z. B. Krauthausen & Scherer, 2010b). Im Fokus auf Entdeckungen von Zahleigenschaften können Partitionen und Paritäten adressiert werden (Kap. 5). Denkbar sind auch Entdeckungen zu Operationseigenschaften mit dem Schwerpunkt auf operative Variationen (Kap. 6).

Für Entdeckungen von Eigenschaften von Gleichungen ist die unterrichtlich übliche Angabe der Außenzahlen als bereits berechnete Zahlwerte weniger geeignet. Die algebraischen Beziehungen der Gleichungen werden so auf den ersten Blick nicht sichtbar. Um Beschreibungen und Begründungen der auftretenden Muster anzuregen, ist es eine Option, die Außenzahlen nicht berechnet, sondern als Summenterme anzugeben (Abb. 7.16).

Eine solche Notationsweise orientiert sich an den Forschungsergebnissen von Hewitt (2019), der als wesentlichen Aspekt algebraischen Denkens herausstellt, allgemeine Strukturen in gegebenen Beispielzahlen und Mustern hineinsehen zu können. Diese Struktur wird jedoch durch die Berechnung von Termen verdeckt (versteckte Gleichheit, s. o.) und ist somit der Beschreibung oder Begründung für Phänomene nicht mehr (so einfach) zugänglich (Kap. 4). Hewitt plädiert folglich dafür, wo immer möglich, auf das Ausrechnen zu verzichten, um die Relationen der beteiligten Zahlen sichtbar zu halten:

> „The principle of *never carrying out any arithmetic but just writing down what arithmetic you would do* can allow the structured way of seeing to be expressed within a written expression. Such expressions, and their associated ways of seeing, are a step towards seeing generality through a particular example (Mason, 1987). To aid this process of not carrying out any arithmetic and stressing structure instead, it is worth teachers considering offering just one example for learners to work on." (Hewitt, 2019, S. 564)[2]

Wie bereits bei anderen Aufgabenformaten (z. B. Zahlenfolgenduetten) vorgestellt, kann ein Zugang zur Struktur in der Notation von Termen statt Ergebniswerten liegen. Hewitt (2019) erinnert im Zitat zudem an ein wesentliches Prinzip: Der Fokus auf Strukturensuche kann dadurch erleichtert und unterstützt werden, indem im Unterricht nicht viele Aufgaben, sondern ein besonderes Beispiel be- und erarbeitet wird. Die Einschränkung auf ein Beispiel kann auch bedeuten, eine ganz bestimmte Entdeckung von strukturellen Zusammenhängen in den Mittelpunkt zu stellen anstatt viele verschiedene. Im Fokus der Gleichungen als Gleichungssysteme kann beispielsweise die Lösbarkeit thematisiert werden.

---

[2] Übersetzung durch Autorinnen: „Das Prinzip, niemals arithmetische Berechnungen auszuführen, sondern nur aufzuschreiben, welche Rechnung man durchführen würde, kann eine strukturierte Sichtweise ermöglichen, die in der schriftlichen Notation zum Ausdruck gebracht wird. Solche Ausdrucksformen und die damit verbundenen Sichtweisen sind ein erster Schritt, um das Allgemeine im besonderen Beispiel zu erkennen (Mason, 1987). Um diesen Prozess, Berechnungen nicht auszuführen, zu unterstützen und stattdessen Strukturen zu fokussieren, sollten Lehrkräfte erwägen, nur ein Beispiel zur Bearbeitung anzubieten."

Bei Rechendreiecken treten die Variablen der Innenzahlen in den Außenzahlen jeweils doppelt auf. Die Gesamtsumme der Außenzahlen muss folglich gerade sein. Diese Entdeckung der Beziehungen der Variablen kann als Forschungsauftrag an die Kinder gerichtet werden:

- 3, 5 und 7 sind die Außenzahlen. Kann man ein passendes Rechendreieck finden?
- Addiere alle Außenzahlen von verschiedenen Rechendreiecken, was fällt dir auf?

Die erste Anregung nutzt ein typisch mathematisches Vorgehen, indem ein Gegenbeispiel angegeben wird. Die Summe der Außenzahlen ist hier ungerade, sodass sicher kein passendes Dreieck gefunden werden kann. Die Zahlwerte aus dem Zahlenraum bis 10 ermöglichen hier auch systematisch probierende Lösungsversuche mit Plättchen. Die erfolglose Suche nach einer passenden Dreiecksbelegung kann in dieser Aufgabenstellung dazu anregen, über die Notwendigkeit einer geraden Summe der Außenzahlen zu reflektieren und Begründungen zu finden. Jede Innenzahl tritt doppelt in der Summe der Außenzahlen auf, somit muss die Summe der Außenzahlen ein Vielfaches von 2 bzw. immer gerade sein.

Die zweite Option der Fragestellung an die Kinder verweist direkt auf die Besonderheit der geraden Summe der Außenzahlen. Hier ist es wichtig, nicht nur bei dieser Entdeckung stehen zu bleiben, sondern wiederum Begründungen einzufordern, die z. B. durch die Termnotation (vgl. Hewitt, 2019) der Außenzahlen unterstützt werden können.

Rechenvielecke

Arithmogone (McIntosh & Quadling, 1975; Wittmann, 1982; 1984; 2021) sind nicht auf Dreiecksformate beschränkt. Es ist ebenso möglich, Rechenvierecke, -fünfecke usw. entsprechend als Gleichungssysteme mit vier, fünf und mehr Gleichungen anzubieten (Abb. 7.17). Die Regel bleibt gleich: Benachbarte Innenzahlen werden summiert zur Außenzahl an der entsprechenden Vieleecksseite. Wittmann konstatiert, dass Rechenvielecke „fit perfectly into a course on algebra for primary and secondary students" (Wittmann, 1984, S. 33 bzw. 2021, S. 32).

Betrachtet man die Lösbarkeit von Rechenvielecken, so kann zunächst die notwendige Bedingung der geraden Summe aller Außenzahlen für alle Rechenvielecke bestätigt wer-

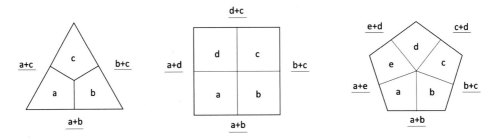

Abb. 7.17 Rechendreieck, Rechenviereck, Rechenfünfeck

den. Jede Innenzahl (a, b, c …) tritt in den Summen (Außenzahlen) doppelt auf (Abb. 7.17), sodass sich in der Summe der Außenzahlen immer ein Vielfaches von 2 ergibt.

Es mag also verwundern, warum diese Erweiterungen nicht zu den üblichen Aufgabenformaten im Grundschulunterricht gehören. Dies liegt an einem strukturellen Unterschied in der Lösbarkeit, der sich erst auf den zweiten Blick erschließt, wie im Folgenden erläutert wird. Interessant sind Rechenvielecke insbesondere dann, wenn die Variablen der Innenzahlen nicht gegeben sind und durch (systematisches) Probieren gefunden werden sollen (Abb. 7.18).

Mögliche Innenzahlen für das gegebene Rechendreieck sind 3, 4 und 5, da $7 = 3 + 4$, $9 = 4 + 5$ und $8 = 5 + 3$. Auch für das Rechenviereck und das Rechenfünfeck können geeignete Innenzahlen über systematisches Probieren gefunden werden. Wenn mehrere Kinder die Suche nach Innenzahlen starten und sich bei gefundenen Lösungen austauschen, so zeigt sich dann jedoch ein wesentlicher Unterschied zwischen den Rechenvielecken mit geraden Seitenzahlen (hier Viereck) gegenüber denen mit ungeraden Seitenzahlen (hier Dreieck und Fünfeck). Sofern es eine Lösung gibt, so ist diese bei Rechendreieck und Rechenfünfeck bzw. allgemein bei Rechenvielecken mit ungeraden Seitenzahlen eindeutig. Wesentlich anders verhält es sich beim Rechenviereck. Kinder können hier zu verschiedenen Lösungen für ein und dasselbe Rechenviereck gekommen sein. Die Gleichheit der Außenzahlen bleibt bestehen, obwohl verschiedene Innenzahlen gefunden werden können. Die unterschiedlichen Lösungen stehen immer zueinander in Beziehung: Sofern eine Lösung gefunden werden kann, können weitere durch operative Variationen der ersten Lösung erzeugt werden (Abb. 7.19).

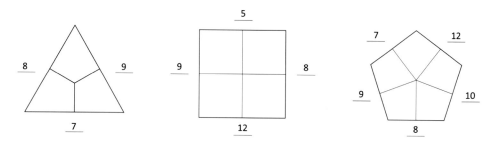

Abb. 7.18 Innenzahlen bei Rechenvielecken finden

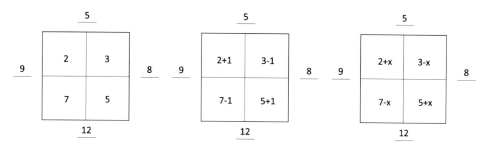

Abb. 7.19 Lösungsvariationen eines Rechenvierecks

Die Erhöhung einer der beteiligten Innenzahlen um 1 muss durch Verringerung der benachbarten Innenzahlen um 1 ausgeglichen werden. Dadurch muss die der erhöhten Zahl gegenüberliegende Innenzahl auch um 1 erhöht werden. Diese Variationen heben sich letztlich gegenseitig auf. In der Bilanz wird also, obwohl sich die Zahlen auf der Phänomenebene ändern, eine Gesamtänderung um 0 erzeugt. Dieses Spiel mit Variationen ist natürlich nicht auf Änderungen um 1 beschränkt, sondern kann beliebig (um x) erfolgen (Abb. 7.19).

Falls geradzahlig viele Innenzahlen vorliegen, ist gesichert, dass jede Erhöhung mit einer Verkleinerung korrespondiert und sich wechselseitig nivelliert. Damit hat dieses System unendlich viele Lösungen. Im Mathematikunterricht der Grundschule wird die Anzahl der möglichen Lösungen allerdings durch den Zahlbereich der natürlichen Zahlen begrenzt. Die genutzten bzw. durch entsprechende Erhöhungen notwendigen Verkleinerungen stoßen in $\mathbb{N}$ dann an eine Grenze, wenn an irgendeiner Stelle als Innenzahl 0 erreicht wird. Die Anzahl der Partitionen der kleinsten beteiligten Zahl (hier 5) in zwei Summanden (Kap. 5) bestimmt damit die Anzahl an Lösungen (hier 6 Lösungen). Ohne Beschränkung auf $\mathbb{N}$ gilt: „If the number of sides is odd, there is always a unique solution; if it is even, there are either no solutions or infinitely many" (McIntosh & Quadling, 1975, S. 20).

Für ungerade Seitenzahlen von Rechenvielecken erklärt sich die Eindeutigkeit einer Lösung (sofern es sie gibt) analog zu den Überlegungen zu geradzahligen Rechenvielecken: Der Kreislauf der sich gegenseitig aufgrund der Konstanz der Addition (Kap. 6) aufhebenden operativen Änderungen kann bei ungeraden Seitenzahlen bzw. ungerade vielen Innenzahlen nicht abgeschlossen werden, da nicht jede der Variablen einen entsprechenden ausgleichenden Partner finden kann.

7.6   Gleichungen und schöne Päckchen

Gleichungen als Rechenaufgaben stellen die Kinder vor die Aufgabe, nach Lösungswerten für die unbekannte Stelle zu suchen. Der aktuelle Arithmetikunterricht hat die besondere Bedeutung von Mustern erkannt und nutzt statt einzelner und isolierter Rechenaufgaben oft sogenannte schöne Päckchen, Päckchen mit Pfiff oder Päckchen zum Entdecken (z. B. Wittmann, 1990; https://pikas.dzlm.de/node/554; https://kira.dzlm.de/node/137). Die Idee dieser Päckchen ist, ausgewählte Gleichungen in einen Zusammenhang zu stellen und damit über numerische Einzellösungen hinaus, Entdeckungen und Beschreibungen von Mustern zu ermöglichen. Damit folgen die Päckchen der Idee der operativen Variation (Kap. 4), die dazu einlädt, Objekte, Operationen und Wirkungen zu analysieren und im mathematischen Zusammenspiel zu betrachten (Wittmann, 1985).

Alle in den vorangegangenen Abschnitten beschriebenen Ideen zur Entdeckung von Gleichheiten von Zahlen oder Rechenhandlungen können durch entsprechende, dem Muster folgende, weitere Aufgaben als operative Variationen oder auch als Analogien zu einem schönen Päckchen erweitert werden. Die Suche nach solchen passenden Musterfortsetzungen kann für die Lernenden eine eigene Aktivität darstellen (Kap. 4).

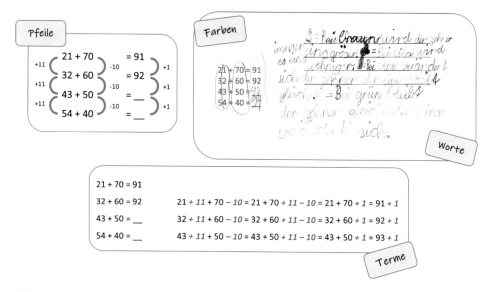

Abb. 7.20 Entdeckungen in schönen Päckchen darstellen

Algebraisches Denken beginnt dann, wenn die Zusammenhänge zwischen den Gleichungen des schönen Päckchens bzw. den beteiligten Zahlen und Operationen erkannt und für den gemeinsamen Austausch kenntlich gemacht werden (Abb. 7.20). Hier bieten sich vielfältige Möglichkeiten an, Beziehungen durch Pfeile oder Bögen, Farben oder verbale Wortbeschreibungen zu fassen (z. B. Link, 2012; 2013). Vor dem Hintergrund der Grundidee der Gleichwertigkeit oder der interessanten Variation von Gleichungen kommt darüber hinaus auch die Darstellung in Termen in Frage (z. B. Prediger & Götze, 2017).

Analysiert man die verbalen Beschreibungen zu den Einfärbungen in Abb. 7.20 etwas genauer, so fällt auf, dass hier der Fokus bei den sichtbaren Mustern bleibt. Das heißt, die Veränderungen werden z. B. bei der Summenfolge zwar dezidiert beschrieben („Bei grün bleibt der zehner gleich der einer verändert sich"), aber es wird in der Beschreibung kein Bezug zu den operativen Variationen der Summanden hergestellt. Die mathematische Wechselwirkung der Änderung von Summanden und die sich daraus strukturell zwingend ergebende Änderung der Summe wird zwar ggf. implizit erkannt, aber nicht dokumentiert. Ähnliche Beschreibungen sind im Unterricht auch bei Notation mit Pfeilen beobachtbar. Die Entdeckung der spezifischen Variation auf Musterebene ist ein wichtiger Schritt, sie erklärt jedoch noch nicht die mathematische Struktur. Im Unterricht ist es folglich wesentlich, genau diese Strukturen im Plenumsgespräch zu fokussieren und die Wirkungen $(+11 - 10 = 1)$ z. B. an Anschauungsmitteln zu verdeutlichen und damit explizit zu thematisieren.

Die Idee der Darstellung der Änderungen in Termen ist im Gegensatz zu den anderen Notationsformen im Mathematikunterricht der Grundschule weniger etabliert. Dies liegt auch daran, dass in einigen Bundesländern Klammerausdrücke nicht zur Verfügung stehen. Ein Nachteil der Termdarstellung ist, dass es notwendig ist, von der Lehrkraft eine

Gleichung auszuwählen, die ohne Klammersetzungen gültig ist. Der Vorteil einer ausführlichen Termdarstellung liegt demgegenüber darin, dass sich die wechselseitig beeinflussenden Wirkungen der operativen Variation von Aufgabe zu Aufgabe (sowie innerhalb der Aufgabe) zum einen explizit im Term darstellen und zum anderen direkt begründen lassen. Die Übersetzung eines ganzen Päckchens in Gleichungen (Abb. 7.20) ist sehr aufwendig und ungewohnt. Sie kann jedoch von der Lehrkraft für den einen oder anderen Schritt vorgestellt werden, um strukturelle Argumente zu unterstützen.

Die Gleichungen verdeutlichen das musterhafte Spiel mit Variationen der beteiligten Zahlen und sich gegenseitig beeinflussenden Operationen. Gleich ist in diesem Päckchen jeweils genau die je genutzte Differenz (der operative Variationsschritt) vom ersten bzw. zweiten Summanden zum nächsten. Die Gleichheit der Rechenhandlungen steht damit im Fokus. Die Entdeckung der Gleichheit der Rechenhandlungen kann auch an den Beschriftungen der Pfeile kenntlich werden. Allerdings müssen die Kinder bei den Pfeilen, wie oben skizziert, die Zusammenschau der Änderungen gedanklich leisten (versteckte Gleichheit). Die Übertragung der gegebenen Gleichungen samt Änderungen in Gleichungen in Termdarstellungen bietet hingegen eine explizit sichtbare Darstellung der Zusammenhänge an.

Gleichheiten durch Algorithmen im Dezimalsystem

Neben den oben beschriebenen Rechendreiecken gehören Palindrome wie ANNA-Zahlen wohl zu den bekanntesten Beispielen aus dem Themenfeld Muster. ANNA-Zahlen und ähnliche Aufgaben dieses Typs (MIMI, UHU etc.) sind bestimmte Rechenaufgaben und somit Gleichungen, die gewisse Muster produzieren oder zudem aus bestimmten musterhaften Zahlen gebildet werden. Auch diese Aufgabenformate firmieren oft unter dem Titel der schönen Päckchen. Der grundsätzliche Charakter der hinter den auftretenden Mustern liegenden Strukturen ist jedoch wesentlich anders. ANNA-Zahlen o. Ä. sind besondere Zahlen durch ihr Muster im Dezimalsystem (Kap. 5). Im Gegensatz zu allen anderen in diesem Kapitel aufgegriffenen Aufgaben basieren die entstehenden Muster damit nicht auf Eigenschaften der Äquivalenz von Gleichungen. Durch die Perspektive auf Eigenschaften von Gleichungen ergibt sich jedoch ein neuer Blick auf diese Aufgaben.

Üblich sind für die Erforschung von ANNA-Zahlen Subtraktionsaufgaben, bei denen neue Muster erzeugt werden, die sich darin zeigen, dass nur gewisse Differenzen überhaupt entstehen können. Das Verfahren der schriftlichen Subtraktion gibt wenig Hinweise, warum dieses Muster entsteht (Kap. 5). Die Gleichheit von Differenzen (Gleichwertigkeit der Rechenhandlung) kann ein Anlass sein, die Aufgaben unter der Perspektive von Gleichungen zu betrachten. Die Übersetzung in die Notationsform einer Gleichung, z. B. $4224 - 2442 = 1782$, deckt jedoch die strukturellen Zusammenhänge ebenso nicht auf.

Geeigneter ist, orientiert an der Grundvorstellung der Differenz als Ergänzen, Gleichungen wie in $2442 + \_\_ = 4224$ auf Muster und Beziehungen zu untersuchen. Wird hierbei nicht direkt ausgerechnet, sondern Stelle für Stelle überlegt, welche Ergänzung zum Ergebnis führt, könnte sich damit $2442\underline{+2-20-200+2000}=4224$ ergeben bzw., wenn die Ergänzungen von der Tausenderstelle aus gedacht werden, $2442\underline{+2000-200-20+2}=4224$. Nun können in solchen (nicht zu Ende berechneten) Gleichungen die notwendigen Ergänzungen (Differenzen) miteinander verglichen werden. Dabei zeigen sich neue Gleichheiten, die in der Gleichheit der Rechenhandlungen liegen. Ausgangspunkt können insbesondere solche ANNA-Zahl-Differenzen sein, die zu einem gleichen Ergebnis führen, obwohl die beteiligten ANNA-Zahlen unterschiedlich aussehen. Offensichtlich stehen z. B.

$$2442\underline{+2000-200-20+2}=4224$$

$$3553\underline{+2000-200-20+2}=5335$$

$$4664\underline{+2000-200-20+2}=6446$$

in Beziehung. Die Beziehung lässt sich an Eigenschaften der beteiligten Zahlen festmachen (Differenz der genutzten Ziffern A und N; Kap. 5). Üblich und für Grundschulkinder einsichtiger sind Darstellungen der Ausgangszahlen als Zahlen oder Plättchen in der Stellentafel (Kap. 5). Diese Verschiebungen sind vollständig analog zu den hier als denkbare Alternative vorgeschlagenen Termdarstellungen.

Funktionen erforschen

8

„The true mathematical wealth is created by the perspective of function." (Freudenthal, 1983, S. 511)[1]

Funktionales Denken ist ein wesentliches Denkverhalten in allen mathematischen Themenfeldern. Auch in vielen Alltagssituationen können funktionale Beziehungen auftreten, die entdeckt und beschrieben werden können (vgl. z. B. Weigand et al., 2022). Akinwunmi illustriert exemplarische Situationen:

> „Eine Pflanze zum Beispiel wächst kontinuierlich in Abhängigkeit von der Zeit. Eine Kerze hingegen schrumpft. Die Wartezeit beim Arzt wird länger in Abhängigkeit von den mit mir wartenden Personen. Die Arbeitszeit (beim Aufräumen etc.) wird hingegen kürzer, je mehr Personen mithelfen." (Akinwunmi, 2017, S. 10)

An etlichen Stellen wurden in den vorherigen Kapiteln funktionale Beziehungen aufgegriffen, ohne diese bereits als solche zu benennen: So ändern sich z. B. bestimmte Außenzahlen in Rechendreiecken, wenn eine Innenzahl um 1 (2, 3, …) erhöht wird (Kap. 6) oder analog lässt sich bei Zahlenmauern erforschen: „Was passiert mit dem Deckstein, wenn ich den mittleren Basisstein um 1 erhöhe?" Mit der Grundideenbrille *Funktionen* (Kap. 2) betrachtet, können diese operativen Variationen sowie auch operative Beweise (vgl. auch Kap. 3) als funktionale Beziehungen identifiziert werden. Funktionen stellen „universelle Modelle für die Beschreibung außer- oder innermathematischer funktionaler Zusammenhänge" dar (Büchter, 2011, S. 22).

---

[1] Übersetzung durch Autorinnen: „Der wahre mathematische Schatz wird durch die Perspektive auf Funktion erschaffen."

K. Akinwunmi, A. S. Steinweg, *Algebraisches Denken im Arithmetikunterricht der Grundschule*, Mathematik Primarstufe und Sekundarstufe I + II, https://doi.org/10.1007/978-3-662-68701-7_8

Abb. 8.1 L-Zahlen als Figurenfolge und Tabelle

In den aktuellen Bildungsstandards (KMK, 2022) werden Funktionen als besonders
eng mit Mustern und Strukturen verbunden gedeutet und in einer gemeinsamen Leitidee
„Muster, Strukturen und funktionaler Zusammenhang" ausgewiesen. Funktionales Denken bezieht sich auf solche Muster und Strukturen, die bei variierenden Größen auftreten
(vgl. z. B. Smith, 2008). Variierend heißt dabei, dass eine Menge von Zahlen sukzessiv
durchlaufen wird. Im Gegensatz zu Zahleigenschaften (Kap. 5) werden hier also Beziehungen betrachtet, die eine vollständige Menge von Zahlen, z. B. alle natürlichen Zahlen $\mathbb{N}$, betreffen.

Werden die beziehungshaft variierenden Größen geeignet dokumentiert und zugehörige
Werte z. B. in einer Tabelle (Abschn. 8.3) oder grafisch als Figurenfolge (Abschn. 8.4) dargestellt (Abb. 8.1), können Muster und die zugrunde liegende, funktionale Struktur auch
von Grundschulkindern entdeckt werden (Smith, 2008). Das Muster, d. h. die Art und
Weise der Beziehung zwischen den Größen, kann als funktionale Beziehung erkannt, genutzt und beschrieben werden (vgl. Kap. 2). Wird die musterhafte Beziehung als Struktur
verallgemeinert, dann erklärt und begründet sie die spezifische Beziehung der (mindestens) zwei Größen zueinander.

> „Funktionale Beziehungen richten den Fokus des Denkens zwingend von Einzellösungen
> weg auf die Beziehungen selbst. Die ‚Lösung' von Aktivitäten zu funktionalen Beziehungen
> beinhaltet meistens die Beschreibung eben dieser Beziehung in Form einer Gleichung, eines
> Terms, einer verbalen Regel." (Steinweg, 2013, S. 199)

Im Mathematikunterricht der Grundschule werden Funktionen nicht in ihrer symbolischen
Termdarstellung als Funktionsvorschrift mit Buchstabenvariablen thematisiert. Dennoch
sind, wie in den vorangegangenen Kapiteln, die Eigenschaften von Funktionen als mathematisches Hintergrundwissen für eine bewusste unterrichtliche Umsetzung relevant, um
Kinder dazu anregen zu können, Begründungen nicht nur auf Ebene der Muster, sondern
der Strukturen zu finden (Kap. 3).

Mathematischer Hintergrund

Eine Funktion definiert eine mathematische Beziehung (Relation) zwischen zwei Größen
oder Zahlen. Unterschieden werden dabei zwei Variablen: die *unabhängigen Zahlen*,
denen jeweils ihr zugehöriger *abhängiger Wert* nach einer bestimmten Zuordnungsvorschrift zugewiesen wird (Vollrath & Weigand, 2007; Steinweg, 2013). *Variablen* treten in
Funktionen nicht wie in Gleichungen als zu bestimmende Unbekannte (Kap. 7), sondern
als Veränderliche auf (siehe auch Kap. 3).

Für Funktionen in den natürlichen Zahlen wird damit jeder Zahl eine andere Zahl durch eine bestimmte Regel (*Zuordnungsvorschrift*) zugeordnet. Im Beispiel aus Abb. 8.1 wird der 2 die 5, der 3 die 7 usw. eindeutig zugeordnet. Die Zuordnungsvorschrift (hier: „eins mehr als das Doppelte") gilt durchgängig für alle betrachteten Zahlenpaare. Die grundsätzliche Idee einer Zuordnung tritt im Arithmetikunterricht bereits zu Schulbeginn bei Zählprozessen auf: Jedem Objekt wird genau ein Zahlwort zugeordnet.

Neben dem Aspekt der Zuordnung ist der Aspekt der Paarmengen für Funktionen definierend (Weigand et al., 2022; Abb. 8.2).

Eine Funktion ist als eine besondere Beziehung (Relation) genau dann gegeben, wenn sie die Eigenschaften der *Linkstotalität* und *Rechtseindeutigkeit* besitzt:

- Linkstotalität:
  Für alle Elemente der Menge A existiert ein Element der Menge B (Abb. 8.2). Diese Eigenschaft von Funktionen wird als *linkstotal* bezeichnet.

  Angenommen, die Menge A sei die Menge der natürlichen Zahlen $\mathbb{N}$, dann durchläuft die unabhängige Zahl n aus der Menge der natürlichen Zahlen $\mathbb{N}$ in einer sogenannten diskreten Zuordnung die Zählzahlfolge beginnend bei 0 oder 1, d. h. 1, 2, 3, … usw. (*Variable im Veränderlichenaspekt*). Dabei wird nicht eine Zahl ausgelassen und die gesamte Menge (*Definitionsmenge*) durchlaufen, wobei jeder dieser Zahlen ein Wert zugeordnet wird.

- Rechtseindeutigkeit:
  Die Abbildung von a der Menge A auf ein Element b der Menge B ist eindeutig (Abb. 8.2). Die Beziehung ist somit als *rechtseindeutig* ausgewiesen.

  Jeder einzelnen der unabhängigen Zahlen, z. B. aus $\mathbb{N}$, wird eindeutig ein Wert zugewiesen (*Wertemenge*). Da jeder Zahl aus dem betrachteten Zahlbereich (z. B. $\mathbb{N}$) genau eine andere Zahl zugeordnet wird, stiftet die funktionale Beziehung somit unendlich viele sogenannter Zahlenpaare (binäre Relation) in $\mathbb{N} \times \mathbb{N}$.

Diese Menge von so entstehenden Zahlenpaaren [a,b] oder [x,y] kann in Wertetabellen notiert, in Zahlen- und Figurenfolgen oder als Koordinaten interpretiert werden. Als Darstellung der Zahlenpaare im Koordinatensystem entsteht eine Punktreihe. In der Sekundarstufe werden aus diesen (diskreten) Punktreihen dann Geraden oder Kurven, da die Zahlbereiche nun auf die reellen Zahlen $\mathbb{R}$ erweitert werden.

Funktionen können in Termdarstellungen repräsentiert werden. Diese Deutungen haben sich im Laufe der Mathematikgeschichte entwickelt (vgl. Greefrath et al., 2016). Die ver-

Abb. 8.2 Die Eigenschaften Linkstotalität und Rechtseindeutigkeit einer funktionalen Beziehung

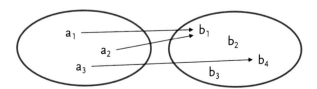

änderliche, unabhängige Variable wird in allgemeinen Formeln meist mit x gekennzeichnet. Die Funktionsvorschrift zur Ermittlung der je abhängigen Werte setzt die Variable x mit bestimmten Parametern (a, b, m etc.) in einem Term in Beziehung. Im Unterricht der Grundschule sind vor allem lineare Funktionen relevant. Es gibt jedoch auch tragfähige Kontexte für quadratische Funktionen und Sonderfälle für Exponentialfunktionen:

- *Lineare Funktionen* kennzeichnen in der üblichen Termdarstellung im Sekundarbereich die *Änderungsrate* mit dem Parameter m und die *Konstante* mit b: $x \rightarrow mx + b$ (mit x, m, $b \in \mathbb{R}$). Ist bei einer linearen Funktion $b = 0$, so handelt es sich um eine *proportionale Funktion*, die weitere besondere Eigenschaften besitzt, die in Abschn. 8.1 erläutert werden.
- *Quadratische Funktionen* lassen sich in ihrer allgemeinen Form durch die funktionale Zuordnung $x \rightarrow ax^2 + bx + c$ (mit x, a, b, $c \in \mathbb{R}$ und $a \neq 0$) ausdrücken.
- Die Zuordnungsvorschrift für *Exponentialfunktionen* in der Termdarstellung lautet $x \rightarrow a^x$ (mit x, $a \in \mathbb{R}$ und $a > 0 \land a \neq 1$). Eine feste Grundzahl a wird potenziert. Die unabhängige Variable bestimmt den jeweiligen Exponenten, wie in $\mathbb{N}$ z. B. bei der Folge der Zweierpotenzen (Abschn. 8.7). Kubische und weitere Funktionen (wie z. B. trigonometrische Funktionen oder Potenzfunktionen $x \rightarrow x^k$ mit $k \in \mathbb{N} \land k \geq 3$) spielen in der Grundschule keine Rolle.

Grundvorstellungen und Darstellungsformen

Für die Anregung und Förderung funktionalen Denkens müssen Funktionen nicht zwingend als abstrakte Objekte explizit zum Unterrichtsthema gemacht werden (Büchter, 2011; Malle, 1993). Damit eröffnen sich Möglichkeiten für den Grundschulunterricht, die nicht die oben beschriebenen Termdarstellungen in Buchstabenvariablen und mathematischen Definitionen oder eine Unterscheidung zwischen Funktionstypen in den Fokus rücken, sondern entsprechende Muster in den Mittelpunkt stellen, die erste Zugänge zu Funktionen und ihren Strukturen anbieten.

Charakteristisch für ein „Denken mit Funktionen" sind drei „Aspekte" (Vollrath, 1989), die aktuell als drei zentrale „Grundvorstellungen des Funktionsbegriffs" bezeichnet werden (Weigand et al., 2022; vgl. auch Büchter, 2011; Malle, 2000).

„(1) Durch Funktionen beschreibt oder stiftet man Zusammenhänge zwischen Größen: einer Größe ist dann eine andere zugeordnet, so daß [sic!] die eine Größe als abhängig gesehen wird von der anderen. …
(2) Durch Funktionen erfaßt [sic!] man, wie Änderungen einer Größe sich auf eine abhängige Größe auswirken. …
(3) Mit Funktionen betrachtet man einen gegebenen oder erzeugten Zusammenhang als Ganzes." (Vollrath, 1989, S. 8, 12 und 15)

Die Entwicklung funktionalen Denkens lässt sich daran erkennen, ob *Zuordnungen* und gegebene Abhängigkeiten (1) sowie das *Änderungsverhalten* (2) entdeckt werden. Für die

Betrachtung einer *Funktion als Ganzes* (3) kann z. B. die Menge aller Wertepaare in der entsprechenden Wertetabelle (Abb. 8.1) oder die Darstellung als Graph der Funktion erforscht werden.

Grafische Darstellungen ermöglichen einen Blick auf die Gesamtheit einer funktionalen Beziehung (z. B. Vollrath, 2014, S. 119; Vollrath & Weigand, 2007). In der Darstellung als Graphen sind z. B. lineare Funktionen Geraden, deren Ordinatenabschnitt (Schnitt mit der y-Achse) durch den Parameter b und die Steigung durch m bestimmt werden. Graphen quadratischer Funktionen hingegen sind Parabeln, bei denen der Parameter a die Weite (Streckung oder Stauchung gegenüber der Normalparabel bei $a = 1$) und die Öffnung nach oben bzw. unten sowie die Parameter b und c die Lage des Scheitelpunkts bestimmen. Graphen von Funktionen können also auf einen ersten Blick bereits als linear oder nicht, als steigend, fallend oder konstant etc. erkannt und typisiert werden. Dabei unterscheiden sich proportionale, lineare, quadratische und exponentielle Funktionen insbesondere im Wachstumsverhalten.

Im Grundschulbereich werden Koordinatensysteme üblicherweise nicht thematisiert. Zunehmend lernen Grundschulkinder im Bereich Daten jedoch z. B. Säulendiagramme kennen. Diese können für funktionale Beziehungen, wie das zu Beginn beschriebene Pflanzenwachstum oder das Abbrennen einer Kerze, eine Möglichkeit darstellen, entsprechende Säulen in ein Koordinatensystem einzuzeichnen und sich so der Datenreihe als Koordinatenpaare anzunähern. Akinwunmi und Lang (2017) zeigen, dass auch Kontextualisierungen (ein Wettrennen verschiedener Funktionen) ebenso einen Einstieg bieten. Es gibt international einige Ansätze, Koordinaten eines Graphen über technische Umsetzungen (z. B. Tabellenkalkulationsprogramme) auch für jüngere Kinder aufzuschließen (z. B. Rojano, 1996). Die Fortschritte auf dem Bereich der digitalen Anwendungen werden hier vermutlich in Zukunft weitere Optionen eröffnen, die auch Grundschulkindern ohne große Vorkenntnisse oder Programmierungen die Erforschung von Graphen von Funktionen ermöglichen.

Das Eingangsbeispiel aus Abb. 8.1 zeigt als weitere Möglichkeiten der Darstellung einer linearen Funktion Figurenfolgen und Wertetabellen. Die Änderungsrate kann bei solchen Funktionen in den natürlichen Zahlen $\mathbb{N}$ an der Differenzenfolge (Folge der Differenzen zwischen den Anzahlen an Quadraten benachbarter Figuren bzw. zwischen den entsprechenden Werten in der Tabelle) abgelesen werden. Es ergibt sich hier im Beispiel jeweils eine Differenz von 2 zwischen aufeinanderfolgenden Werten und damit die Änderungsrate 2.

In der Darstellung als Wertetabelle (vgl. Abb. 8.1) kann die additive Konstante (b) als „Startwert" bei Null bezeichnet werden: „Dies ist der Funktionswert zum Argument 0, der in allen weiteren Funktionswerten stets einmal enthalten ist" (Richter 2014, S. 49). Humenberger und Schuppar (2019) nutzen zudem den Begriff „Anfangswert" (S. 40). Für das Eingangsbeispiel aus Abb. 8.1 ergibt sich die Konstante 1. In Symbolsprache der Termdarstellung kann diese Funktion damit insgesamt als $x \rightarrow 2x + 1$ bzw. $n \rightarrow 2n + 1$ beschrieben werden.

Der additive Parameter (Ordinatenabschnitt, Startwert, Anfangswert, b, Konstante) kann auch im Grundschulbereich aus den ganzen Zahlen (mit Minuszahlen) gewählt werden, da Zuordnungsvorschriften auftreten können, bei denen die unabhängige Zahl zunächst vervielfacht und dann ein konstanter Betrag subtrahiert wird (Beispiele hierzu in Abschn. 8.3).

Bereits in der Grundschule können quadratische Funktionen in den natürlichen Zahlen $\mathbb{N}$ wie z. B. $n \rightarrow n^2$ in der Darstellung als Zahlenfolgen 1, 4, 9, 16, … betrachtet werden. Hier ergeben die Differenzen von einem Wert (Folgenglied) zum nächsten wieder eine lineare Folge (hier: 3, 5, 7, 9, …). Die Differenzenfolge ist damit nicht konstant. Erst die Differenzen der Differenzen bzw. die sogenannte 2. Differenzenfolge ist konstant (hier: 2). Quadratische Funktionen sind der mathematische Hintergrund des Grundschulthemas figurierte Zahlen (Abschn. 8.5).

Figurenfolgen (wie die L-Zahlen in Abb. 8.1) sind über figurierte Zahlen hinaus eine in vielen Forschungsprojekten (z. B. Radford, 2008; Twohill, 2018; Wilkie, 2015; Warren & Cooper, 2008) erprobte Darstellung, die auch Grundschulkindern Optionen bietet, das Zuordnungs- und Änderungsverhalten sowie die funktionale Beziehung als Ganzes zu erforschen (Abschn. 8.4).

Im Weiteren werden Aufgabenvorschläge und Umsetzungsoptionen für die Förderung algebraischen Denkens mit Funktionen für den Grundschulbereich vorgestellt. Es gibt dabei eine erstaunlich große Vielfalt an Optionen, Funktionen im Grundschulunterricht anzubieten, da sich ganz verschiedene Darstellungsformen eignen. Das Kapitel ist im Folgenden entlang dieser Darstellungsmöglichkeiten gegliedert.

Typisch sind tabellarische Darstellungen, die im Unterricht z. B. bei Menge-Preis-Zuordnungen aus dem Sachrechnen bekannt sind. Einen möglichen Zugang zu solchen proportionalen Funktionen (als besondere lineare Funktionen) im Arithmetikunterricht bieten *Einmaleinsreihen*, wie in Abschn. 8.1 genauer betrachtet wird. *Zahlenfolgen* sind eine interessante numerische Darstellungsmöglichkeit, die Denken mit Funktionen eröffnet (Abschn. 8.2). Darstellungen in Wertetabellen stellen Paare in Beziehung. Die Darstellung als *Zahlenpaare* aus Zahl und Partnerzahl fokussiert bewusst die Beziehung zwischen unabhängiger Zahl und der anhängigen Partnerzahl (Abschn. 8.3) und ermöglicht unterschiedliche Aktivitäten für Grundschulkinder. Über diese numerischen Darstellungen hinaus sind, wie oben bereits angedeutet, Darstellungen als *Figurenfolgen* eine spannende und für Entdeckungen reichhaltige Möglichkeit, die im Abschn. 8.4 adressiert werden. Als besondere Zahlfiguren gehören *figurierte Zahlen* (vgl. auch Kap. 5) in etlichen Schulbüchern und Klassenzimmern bereits zum üblichen Kanon. Im Abschn. 8.5 werden figurierte Zahlen aus der funktionalen Perspektive als besondere Figurenfolgen in den Blick genommen. Abschließend werden Unterrichtsideen zu sogenannten *sich wiederholenden Musterfolgen* (Abschn. 8.6) und zu *Sonderformen* wie Fibonacci-Folgen (Abschn. 8.7) in ihren Potenzialen für algebraisches Denken diskutiert.

> **Checkliste für die Thematisierung der Eigenschaften von Funktionen**
> - Welche Eigenschaft der Grundidee *Funktionen* soll im Mittelpunkt des Unterrichts stehen?
> - Welcher Funktionstyp bildet den mathematischen Hintergrund der Aufgabe?
> - Wie gelingt durch Muster die Anbahnung der Idee der Variablen als Veränderliche?
> - Wie können verschiedene funktionale Denkweisen (rekursiv, kovariativ, explizit) angeregt werden?
> - Welche Darstellungen (Repräsentationen, Materialen) bieten ein passendes Muster für Entdeckungen an?
> - Welche Fragen und Impulse unterstützen das Entdecken, Beschreiben und Verallgemeinern der Regelmäßigkeiten auf Musterebene?
> - Welche Fragen und Impulse unterstützen das Verstehen, Begründen und Verallgemeinern der Regelmäßigkeiten auf Strukturebene?

8.1 Einmaleinsreihen

Funktionen begegnen Kindern im Grundschulunterricht üblicherweise zunächst bei Zuordnungen zwischen Größen in Kontexten (Sachbezügen): So wird z. B. 1 kg Birnen der Preis 3 € zugeordnet. Gefragt wird dann nach dem Preis für 2 kg, 5 kg oder auch $\frac{1}{2}$ kg. Meist werden für diese funktionalen Zuordnungen tabellarische Darstellungen wie in Abb. 8.1 genutzt.

In der Darstellung als Zuordnungsvorschrift enthalten solche Menge-Preis-Zuordnungen keine Konstante, sondern nur eine Änderungsrate, d. h. $x \to mx$. Es handelt sich damit um proportionale Funktionen als besondere lineare Funktion mit der Konstanten Null. Das bedeutet, der Anfangswert bzw. der Wert an der Stelle Null ist immer 0. Daraus ergeben sich spezifische Eigenschaften, die bei der Berechnung von gesuchten Werten zu einer bestimmten (unabhängigen) Zahl ausgenutzt werden können.

Zur Lösung von Aufgaben zur proportionalen Menge-Preis-Relation kann der Preis entsprechend der Veränderung der Mengenangabe (z. B. in kg) multiplikativ (*Vervielfachungseigenschaft*) ermittelt werden, d. h., der Preis für 5 kg ist das Fünffache des Preises für 1 kg; $5 \cdot 3$ € = 15 €. Möglich ist auch eine additive Bestimmung (*Additionseigenschaft*): Der Preis für 7 kg entspricht der Summe der Preise für 2 kg und 5 kg; 6 € + 15 € = 21 €. Diese Vervielfachungs- und Additionseigenschaften sind charakteristisch für *proportionale Zuordnungen*.

Die Änderungsrate, auch *Proportionalitätsfaktor* genannt, kann durch Division des jeweiligen abhängigen Werts durch die unabhängige Zahl (Position in der Reihe) bestimmt werden. Diese Division kann an jeder beliebigen Stelle erfolgen und es ergibt sich immer der gleiche Quotient (*Quotientengleichheit*). Für proportionale Beziehungen in den natürlichen Zahlen sind dabei gar keine komplexen Divisionen notwendig: Der Quotient an der besonderen Stelle der Zahl 1 zeigt, dass hier direkt der Wert dem Proportionalitätsfaktor entspricht. Das heißt also folglich: Die Änderungsrate m ist bei proportionalen Funktionen gleich dem Wert an der Position 1. Damit ist die Änderungsrate direkt aus tabellarischen oder anderen Darstellungen bzw. entsprechenden Kontextangaben ohne Berechnungen auch für Grundschulkinder ablesbar.

In vielen Lehrplänen (Kap. 2) finden sich solche Zuordnungen zwischen Größen (Menge – Preis o. Ä.) als die (einzige) beispielhafte Konkretisierung für funktionale Beziehungen. Auch die Bildungsstandards (KMK, 2022, S. 16) verweisen insbesondere auf proportionale Funktionen und funktionale Beziehungen in Sachsituationen sowie auf tabellarische Darstellungen. Diese Zuweisung nimmt aus dem Blick, dass proportionale Funktionen ebenso im arithmetischen Bereich eine besondere Rolle spielen: Jede Einmaleinsreihe kann als proportionale Zuordnung aufgefasst werden und die Erarbeitung des Einmaleins über Kernaufgaben und Ableitungen nutzt – aus der Perspektive des Denkens mit Funktionen – die gerade beschriebenen spezifischen Eigenschaften proportionaler Funktionen aus. Für proportionale Funktionen gilt im Übrigen umgekehrt, dass die abhängigen Werte immer eine Einmaleinsreihe bilden, sofern die Änderungsrate aus den natürlichen Zahlen $\mathbb{N}$ stammt. Diese Umkehrung ist selbst im Grundschulunterricht nicht zwingend gegeben, da in Sachkontexten durchaus nicht ganzzahlige Geldwerte (Dezimalzahlen; Kommazahlen) für proportionale, funktionale Beziehungen genutzt werden.

Betrachtet man Einmaleinsreihen, wie z. B. die Viererreihe als proportionale Funktion, so wird der Zahl 1 der Wert 4, der Zahl 2 der Wert 8 usw. zugeordnet (Abb. 8.3). Die Änderungsrate ist damit 4.

In der Deutung der Einmaleinsreihe als Funktion gelingt die Ableitung von Aufgaben aus den Werten der kurzen Reihe oder Kernaufgaben (vgl. Distributivität Kap. 6) aufgrund der *Additionseigenschaft* von proportionalen Funktionen. So wird in dieser Sichtweise

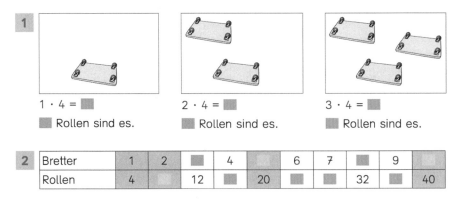

Abb. 8.3 Die Viererreihe als Funktion in tabellarischer Darstellung im Kontext Rollbretter mit je 4 Rollen. (© Westermann: Rottmann, T. & Träger, G. (2021). *Welt der Zahl 2*. Westermann, S. 98)

z. B. der unabhängigen Zahl 7 die Summe der abhängigen Werte der unabhängigen Zahlen 2 und 5 zugeordnet, $7 \rightarrow 8 + 20 = 28$. Wird der Wert für die Zahl 10 gesucht, so können die abhängigen Werte der unabhängigen Zahlen 4 und 6, 3 und 7 oder auch 5 und 5 addiert werden. Aufgrund der *Vervielfachungseigenschaft* können auch multiplikative Beziehungen ausgenutzt werden. Es kann also auch der Wert der unabhängigen Zahl 2 verfünffacht bzw. der von 5 verdoppelt werden, $10 \rightarrow 5 \cdot 8 = 40$ bzw. $10 \rightarrow 2 \cdot 20 = 40$.

Darstellungen in Tabellen (Abb. 8.3) ermöglichen die Entdeckung von entsprechenden Mustern zwischen den Zahlenpaaren. Diese sichtbaren Regelmäßigkeiten ermöglichen damit auch bereits Grundschulkindern, definierende Eigenschaften proportionaler Funktionen (Strukturen) an den konkreten Beispielen aufzudecken.

Für proportionale Funktionen und alle weiteren Funktionstypen liegen aus Unterrichtsprojekten und Forschungsstudien (z. B. Twohill, 2018; Steinweg et al., 2023; Wilkie, 2015) erprobte Impulsfragen vor, die sich für den Grundschulunterricht eignen und zu Entdeckungen der funktionalen Beziehungen einladen.

Funktionen erforschen - Typische Impulse

Nächstes	Finde die nächste Zahl/Figur.
	Finde die Zahl/Figur, die in die Lücken passt.
Nah	Finde die 9. Zahl/Figur.
Fern	Finde die 87. Zahl/Figur.
Regel	Beschreibe eine Regel.

Die Forschungsaufträge an die Kinder integrieren implizit die Eigenschaften von Funktionen. Dass jede Funktion beliebig weit fortgesetzt werden kann, liegt an der Linkstotalität. Dass je eindeutig ein passender Wert bestimmt werden kann, begründet sich durch die Rechtseindeutigkeit. Die Impulse regen an, konkrete nächste, nahe oder ferne abhängige Werte zu finden. Die Suche nach fernen Werten fordert dazu heraus, neben konkreten auch rein gedankliche Fortsetzungen zu versuchen. Diese ersten lokalen Verallgemeinerungen bieten damit einen ersten Zugang zur generellen Verallgemeinerung. Eine solche allgemeingültige Regel soll im letzten Impuls gefunden werden.

Einmaleinsreihen oder proportionale Sachkontexte bieten einen möglichen und für Grundschulkinder geeigneten Zugang zu funktionalen Strukturen. Durch die Besonderheit der Proportionalität sind Zuordnungen und Variationen einfach zu erfassen. Wird jedoch ausschließlich auf proportionale Funktionen fokussiert, so begründen sich Tendenzen der Übergeneralisierung proportionaler Zusammenhänge auch auf lineare oder sogar quadratische Funktionen. Richter (2014, S. 58) verweist auf vielfältige Forschungen, die bei Lernenden am Ende der Sekundarstufe I und sogar manchmal darüber hinaus, genau diese proportionalen Übergeneralisierungstendenzen nachweisen (z. B. De Bock et al., 2010; Dooren & Greer, 2010). Auch schon im Grundschulunterricht sollten demnach möglichst auch nicht proportionale Funktionen geeignet aufgegriffen werden. Hierzu gibt es vielfältige Möglichkeiten, die im Folgenden genauer betrachtet werden.

8.2   Zahlenfolgen

Zahlenfolgen begegnen Kindern als Muster bereits vor der Schule. Selbst die Zählzahlfolge ist eine solche Zahlenfolge. In operativen Päckchen finden sich Zahlenfolgen in den
beteiligten Zahlen oder Ergebnissen, die als Muster auf Besonderheiten aufmerksam machen und über strukturelle Eigenschaften der Operationen (Kap. 6) oder der Äquivalenz
(Kap. 7) begründet werden können.

Zahlenfolgen können jedoch auch in der Perspektive der algebraischen Grundidee
Funktionen (Kap. 2) als funktionale Struktur betrachtet und genauer analysiert werden.
Begegnungen sind in vielen arithmetischen Lehr-Lern-Situationen möglich, z. B. auch bei
den Einmaleinsreihen (Abschn. 8.1). Die Viererreihe (Abb. 8.3) ist ein Beispiel für
proportionale Funktionen und ebenso ein Beispiel für eine unendlich wachsende *Zahlenfolge* (4, 8, 12, …), bei der von einem Folgenglied zum nächsten 4 addiert werden.

Derartig wachsende Folgen werden als arithmetische Folgen bezeichnet. Ausgehend
von einem ersten Folgenglied als Startwert a, wird eine konstante Zahl d fortlaufend
addiert.

$$a, a+d, a+2 \cdot d, a+3 \cdot d, \ldots$$

Denkbar sind natürlich auch sogenannte fallende Zahlenfolgen, bei denen der Wert von
Zahl zu Zahl (Stelle zu Stelle) um eine gewisse Differenz abnimmt.

Neben allen Einmaleinsreihen sind viele weitere Beispiele von Zahlenfolgen im Grundschulunterricht denkbar und in vielen Unterrichtsmaterialen (Abb. 8.4) bereits üblich. In
der Regel werden der Startwert (a) an der ersten Stelle und der konstante Wert (d), der fortlaufend addiert wird, unabhängig voneinander ausgewählt. Damit sind solche arithmetischen Zahlenfolgen immer lineare Funktionen.

In Sonderfällen handelt es sich bei Zahlenfolgen sogar um proportionale Funktionen.
Der Beschreibung als Zahlenfolge im Schulbuchbeispiel (Abb. 8.4) in Aufgabe 2 gemäß

Abb. 8.4 Zahlenfolgen als
Zahlenraupen. (© Klett:
Nührenbörger, M.,
Schwarzkopf, R., Bischoff, M.,
Götze, D. & Heß, B. (2017).
Das Zahlenbuch 1.
Klett, S. 105)

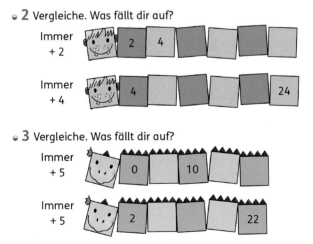

ist der Wert der Startzahl (a), d. h. an der ersten Stelle, in diesen Sonderfällen gleich zum jeweils addierten Zuwachs (d). Diese besonderen Folgen als proportionale, lineare Funktionen sind somit auch Einmaleinsreihen und können von den Kindern als solche identifiziert werden.

Um der funktionalen Struktur von Zahlenfolgen als lineare Funktionen auf die Spur zu kommen, gilt es also, die Bedeutung der Startzahl a und der gewählten Differenz d zu erkennen. Es ist deshalb günstig, zwei (oder mehrere) klug gewählte Zahlenfolgen gegenüberzustellen und Gemeinsamkeiten oder Unterschiede zu betrachten: So sind Zahlenfolgen interessant, die sich nur in der Startzahl a, aber nicht in dem gewählten Zuwachs d unterscheiden (vgl. Aufgabe 3 in Abb. 8.4; hier Startzahl 0 und 2 und Differenz jeweils 5).

Darüber hinaus bietet auch die gemeinsame Bearbeitung von zwei (oder mehreren) Zahlenfolgen mit gleichen Startzahlen a und verschiedenen Differenzen eine passende Aktivität, um die Startzahl in ihrer Wirkung für die gesamte Zahlenfolge zu fokussieren.

Weitere strukturelle Verbindungen zwischen Folgen sind denkbar, wenn die Folgen in einem gewissen Muster Gleichheiten aufweisen, da gleiche Werte auftreten (Kap. 7). In Aufgabe 2 in Abb. 8.4 werden durch geschickte Wahl der Startzahl und der Zuwächse die Zahlfolge der 2er-Reihe und die der 4er-Reihe miteinander verglichen: Jede zweite Stelle der 2er-Reihe ist gleich einer Stelle der 4er-Reihe (für nähere Betrachtungen zu Gleichheiten vgl. Kap. 7).

Rekursive Betrachtung

Kinder können bei der Erforschung von funktionalen Beziehungen in Zahlenfolgen und auch in anderen Kontexten *Differenzen zwischen benachbarten Werten* betrachten und als konstant entdecken. Sie entschlüsseln damit an einem Beispiel (lokal) eine Vorschrift, um vom Vorgänger zum nächsten Wert zu gelangen. Eine solche Vorschrift ist grundsätzlich verallgemeinerbar, d. h. eine strukturelle Eigenschaft. Diese Denkweise heißt *rekursiv*, da sie Rückbezug nimmt auf bereits vorliegende Werte. Um den Wert für die 8. Stelle zu berechnen, benötigt man den Wert der 7. Stelle, für die 78. Stelle den Wert der 77. usw.

Die rekursive Darstellung von Folgen ergibt sich damit wie folgt:

$$a_0, a_0 + d, a_1 + d, a_2 + d, \dots$$

Anders als in der obigen Darstellung wird der Startwert nicht für alle Folgenglieder mitgeführt, sondern jede Darstellung eines Folgenglieds a_n bezieht sich rekursiv auf den Vorgängerwert a_{n-1}, da $a_n = a_{n-1} + d$.

Das rekursive Schließen vom Vorgänger auf den direkten Nachfolger ist eine geeignete erste Zugangsweise zu vielen Zahlenfolgen oder funktionalen Beziehungen. Das Vorgehen stößt jedoch dann an Grenzen, wenn der jeweilige Vorgänger nicht mehr gegeben ist und z. B. die 100. Stelle der Zahlenfolge ermittelt werden soll, ohne vorab alle 99 Vorgänger anzugeben oder berechnen zu lassen.

Unterrichtlich unterstützt wird diese rekursive Strategie der Mustererforschung oft durch Bögen (Abb. 8.5), die von einem Folgenglied zum nächsten eingezeichnet werden

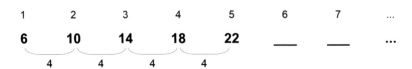

Abb. 8.5 Zahlenfolge und Differenzenfolge (immer 4) in der Darstellung mit Bögen

und an die die jeweils erkannte Differenz notiert wird. Die Mustersuche und die Beschreibung der Unterschiede betrachtet bei der rekursiven Sichtweise nur die (abhängigen) Werte der funktionalen Relation. Dabei rückt die *Differenzenfolge* in den Mittelpunkt. Werden die typischen Impulsfragen zu Funktionen (s. o.) an die Kinder gerichtet, so zeigt sich, dass nächste und nahe Folgenglieder durch die (wiederholte) Addition der Differenz ermittelt werden können. Schwieriger wird die Herleitung ferner Folgenglieder und einer allgemeinen Regel. Ein Bezug zur Position der Werte in der Folge, d. h. zur unabhängigen Variable, wird durch diese Darstellung und durch die rekursive Denkweise nicht gesucht oder hergestellt. Weigand et al. (2022) wenden deshalb ein, dass die Grundvorstellung der Variablen als Veränderliche in Aktivitäten zu Folgen oft nur implizit bleibt (S. 71).

Explizite Betrachtung
Unterrichtlich ist es wesentlich, gezielt anzuregen, die Vorgänger-Nachfolger-Perspektive zu erweitern und das strukturelle Zusammenspiel von Position (unabhängige Zahl) und Wert (abhängig) zunehmend in den Blick zu nehmen, zu entdecken und zu beschreiben. Wilkie (2015) gibt zu bedenken, dass Zahlenfolgen die Positionsnummer als die Variable, von der das Muster abhängt, verschleiern, sodass ihre Struktur als Funktion gut verborgen bleibt („keeping its structure as a function well-hidden", S. 251). Um die funktionale Sichtweise auf Folgen über die rekursive Betrachtung von direkten Differenzen hinaus unterrichtlich zu fördern, ist es günstig, diese entscheidende Variable sichtbar zu machen und die Folgenglieder zu nummerieren und damit die Stelle (Positionsnummer) in der Folge kenntlich zu machen (Abb. 8.5). Die Nummerierung durch Ziffernkarten oder durch die 1:1-Zuordnung der Zählzahlfolge macht die Variablen als Veränderliche und die Folge als Funktion sichtbar. Diese Idee greifen Weigand et al. (2022, S. 217) auch für den Algebraunterricht in der Sekundarstufe auf.

Die Zahl in der Zählzahlfolge als unabhängige Variable kann somit mit dem abhängigen Wert an einer bestimmten Stelle in Beziehung gesetzt werden. Das Verhältnis zwischen Positionszahl und Wert ermöglicht die Entdeckung einer sogenannten *expliziten* Regel der Funktion. Für die hier abgebildete Zahlenfolge könnte diese Regel in Symbolschreibweise z. B. als $n \rightarrow 4n + 2$ formuliert werden.

Auch Lannin (2005) unterscheidet in seinen Forschungen die rekursive Denkweise von einer expliziten. Explizite Beschreibungen formulieren eine *allgemeine Regel für alle Zahlen n* und erlauben die direkte Berechnung jeden Werts der funktionalen Beziehung durch Einsetzen der unabhängigen Variablen. In Abb. 8.5 ist die unabhängige Variable als Folge der natürlichen Zahlen jeweils oberhalb der gegebenen Werte der Zahlenfolge notiert. Diese Notation findet sich in Schulbuchbeispielen (Abb. 8.4) eher nicht. Üblicherweise wird nach einer Fortsetzung der Zahlenfolge und nach einer Regel gefragt. Mit dieser Regel ist hierbei im Unterricht also zunächst die Regelmäßigkeit bzw. das Muster der Differenzenfolge gemeint (immer +4, immer −2 usw.) und damit eine Verbalisierung der rekursiven Beziehung.

Die explizite Darstellung sucht hingegen einen *Term für jede beliebige Stelle n*. Wird in diesen expliziten Term für die 8. Stelle die Zahl 8, für die 97. Stelle die Zahl 97 usw. eingesetzt, ergibt sich je direkt der Wert der Zahlenfolge an dieser Stelle. Die explizite Denkweise nutzt die hinter dem Muster liegende mathematische Struktur (aus multiplikativem und additivem Anteil) und setzt jede Zahl, d. h. die Position in der Folge, mit ihrem Wert in Relation.

In einigen Denkentwicklungsmodellen (z. B. Stephens et al., 2017) wird die explizite Perspektive dem höchsten Entwicklungsniveau funktionalen-algebraischen Denkens zugeordnet (Kap. 1). Dies begründet sich dadurch, dass eine explizite Regel einerseits eine spezifische Darstellung für die vorliegende funktionale Beziehung angibt, andererseits aber auch die allgemeinen Eigenschaften der Linkstotalität und Rechtseindeutigkeit funktionaler Beziehungen immer mit betrachtet. In der Beziehung im situativen Beispiel sind die allgemeinen Eigenschaften verkörpert:

„We take mathematical structure to mean the identification of general properties which are instantiated in particular situations as relationships between elements." (Mason et al., 2009, S. 10)

Die Zahlenfolge (lineare Funktion) kann beliebig weit fortgesetzt werden. Die gesuchte Regel muss für *jede* beliebige Stelle und damit linkstotal gültig sein. Sie weist jeder dieser Positionen *genau einen* Wert zu und ist damit immer rechtseindeutig. In der Perspektive auf Lernprozesse heißt das, dass beide allgemeingültigen, strukturellen Eigenschaften von Funktionen bei der Suche nach einer expliziten Darstellung bewusst thematisiert werden können und mindestens implizit in den Verallgemeinerungsprozessen beachtet werden müssen.

Die *Verallgemeinerung* (Kap. 3) in einer expliziten Regel im angegebenen Beispiel (Abb. 8.5) ist mathematisch gar nicht so einfach. Nimmt man als Startzahl den Wert für die 1. Stelle als feste Ausgangszahl an, so ist z. B. an der dritten Stelle der Folge die Differenz 4 erst zweimal zur Startzahl 6 hinzugekommen. Für die dritte Stelle ist $n = 3$ und der Wert der dritten Stelle kann als $2 \cdot 4 + 6$ berechnet werden. Für die vierte Stelle als $3 \cdot 4 + 6$ usw. Die Änderung von Folgenglied zu Folgenglied wird bei einer direkten (expliziten) Berechnung also jeweils einmal weniger benötigt, als die Stelle (Positionsnummer) des Folgenglieds angibt. Dieser Betrachtung folgend lautet damit eine symbolische Beschreibung der Struktur dieser Folge in der üblichen Notation $n \rightarrow 4 \cdot (n - 1) + 6$.

Möglich ist bei der hier gegebenen funktionalen Beziehung (Abb. 8.5) auch, die Differenz 4 bereits an der ersten Stelle der Folge bzw. besser gesagt in diese vermeintliche Startzahl selbst hineinzudeuten. Damit ergibt sich für die hier gegebene Startzahl 6 an der ersten Stelle $1 \cdot 4 + 2$. Die als konstant betrachtete Zahl b, die den Startwert bei Null ausmachen würde, ist in diesem Fall somit die 2. Für die weiteren Stellen ergibt sich für die 2. Stelle $3 \cdot 4 + 2$, für die 3. Stelle $3 \cdot 4 + 2$ usw. und insgesamt als symbolische Darstellung $n \to 4 \cdot n + 2$.

Beide expliziten Terme sind natürlich mathematisch äquivalent, die Deutung der Zahlenfolge ist jedoch unterschiedlich. Obwohl die zweite explizite Beschreibung in der Termnotation einfacher ist, ist der Weg, diesen Term in der gegebenen Zahlenfolge zu entdecken, eher schwierig, da der erste Wert 6 direkt als Zusammensetzung von Konstante 2 und Änderungsrate 4 erkannt werden muss. Im Grundschulunterricht wird üblicherweise weder die eine noch die andere explizite Verallgemeinerung als Termdarstellung von den Kindern erwartet. Verbalsprachliche Beschreibungen sind jedoch durchaus möglich (Kap. 3). Möglichkeiten, diesen Termen als explizite Regeln dennoch auf die Spur zu kommen, bieten Figurenfolgen, die in Abschn. 8.4 genauer betrachtet werden.

Mathematisch bemerkenswert und für den Unterricht wichtig ist, dass sich die funktionale Beziehung dieses Beispiels wesentlich anders verhält als die rein multiplikative Beziehung der Viererreihe. Weder ist das Doppelte des Werts der 2. Stelle der Wert der 4. Stelle, noch ist die Summe der Werte der 2. und 3. Stelle der Wert der 5. Stelle. Die Additionseigenschaft und Vervielfachungseigenschaft gelten hier und für alle linearen, funktionalen Beziehungen mit einer Konstanten $b \neq 0$ also nicht. Fachdidaktisch ist es demnach hilfreich, die Grenzen der Eigenschaften von proportionalen Beziehungen direkt im Blick zu behalten, da sie bei *nicht proportionalen, funktionalen Beziehungen* nicht mehr greifen.

Angemerkt sei, dass Zahlenfolgen mit Differenz 0 zwischen je benachbarten Werten ebenso mathematisch möglich sind. Diese Zahlenfolgen, z. B. 5, 5, 5, … oder 17, 17, 17, …, sind konstant. In der Deutung als funktionale Beziehung ist also die Änderungsrate 0 und die Konstante b gibt für alle unabhängigen Variablen, d. h. an jeder Stelle der Folge, den entsprechenden, immer gleichen Wert an. Konstante Zahlenfolgen erscheinen für Entdeckungen auf den ersten Blick eher langweilig. Bei schönen Päckchen sind aber häufig gerade die konstanten Folgen von Ergebnissen oder anderen beteiligten Zahlen ein wesentliches Muster, das überrascht und auf die Frage nach der begründenden Struktur aufmerksam macht. Im Unterricht treten konstante Folgen ebenso im Aufgabenformat der sogenannten kombinierten Zahlenfolgen als interessante Komponente auf (Abschn. 8.7).

8.3   Zahlenpaare

Im Sekundarbereich werden Funktionen in der Darstellung als Wertetabellen (Abb. 8.1) genutzt, welche die unabhängige Variable und ihre zugeordneten Werte sichtbar machen. Es gibt eine erprobte Möglichkeit, auch im Grundschulunterricht, die funktionale Beziehung zwischen Zahl und Wert, d. h. die strukturelle Regel, die das Muster für alle Zahlenpaare erklärt, bewusst in den Mittelpunkt zu stellen. Diese unterrichtliche Unterstützung für eine zunehmend explizite Denkweise liegt in der Änderung der numerischen Darstellung: Die lineare Darstellung als Folge oder auch einer Tabelle wird aufgebrochen

Abb. 8.6 Funktion n → 4n + 2 in der Darstellung Zahl & Partnerzahl (Zahlenpaare)

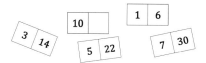

zugunsten der bewussten Darstellung als Paare im Aufgabenformat *Zahl & Partnerzahl* (Steinweg, 2000, 2002).

In der unterrichtlichen Umsetzung können z. B. im Sitzkreis DIN-A4-Blätter genutzt werden, die in der Mitte durch einen Strich geteilt werden. Nach und nach werden nun Zahlenpaare präsentiert und die Kinder zu Vermutungen angeregt, nach welcher Regel die Zahl zur Partnerzahl werden kann. Wird zunächst nur ein Zahlenpaar (vgl. Abb. 8.6) präsentiert, so könnte z. B. beim Paar bestehend aus Zahl 1 und Partnerzahl 6 vermutet werden, dass von der Zahl aus 5 addiert werden müssen, um den Partner zu erhalten, $1 → 1 + 5 = 6$. Diese funktionale Beziehung wäre rein additiver Natur. Erfahrungen mit diesem Aufgabenformat können bei einer nächsten Begegnung in einer nachfolgenden Stunde oder auch in einem späteren Schuljahr dazu führen, dass nicht nur eine erste Hypothese aufgestellt wird, sondern bereits beim ersten Zahlenpaar verschiedenen funktionale Strukturen vorgeschlagen werden, die zu diesem Zahlenpaar passen könnten. Möglich wäre passend zum Paar aus 1 und 6 auch eine rein multiplikative Beziehung $1 → 1 \cdot 6 = 6$. In diesem Fall läge eine proportionale Beziehung vor, da keine Konstante b als additives Element auftritt.

Natürlich werden nicht unendlich viele Hypothesen im Klassengespräch zu einem einzigen Paarbeispiel auftreten, die Vielfalt erhöht sich jedoch dann, wenn die Kinder bereits einige Zahl- & Partnerzahl-Erfahrungen gemacht haben und ihnen bewusst ist, dass die Beziehung als Kombinationen aus Multiplikation und Addition (bzw. Subtraktion) denkbar ist. Dann könnte 6 der Partner von 1 sein, weil $1 → 1 \cdot 10 - 4 = 6$ oder $1 → 1 \cdot 3 + 3 = 6$ usw.

Durch die Präsentation eines nächsten Paares, z. B. Zahl 5 und Partner 22, kann die aufgestellte Hypothese einer mutmaßlichen Regel überprüft werden. Es zeigt sich so direkt, dass die additive Regel „immer + 5" für diese Zahlenpaare nicht mehr richtig sein kann, da $5 → 5 + 5 \neq 22$. Auch die weiteren obigen Vorschläge müssen verworfen werden. Diese Erfahrung zeigt: Ein einziges *Gegenbeispiel* widerlegt die aufgestellte *Hypothese* über den strukturellen Zusammenhang.

Auch wenn es für die Kinder herausfordernd sein mag, die eigene Annahme als nicht korrekt zu erkennen, ist genau dieses Vorgehen des Wechsels aus Hypothesenbilden und Prüfen bzw. Widerlegen ein *typisch mathematisches Vorgehen*, das an diesem Format des funktionalen Zusammenhangs von Zahl & Partnerzahl erprobt und vielleicht erstmalig erfahren werden kann. Die Diskussion des Für und Wider von Regeln, der Abgleich mit weiteren Paaren, das Aufstellen neuer Hypothesen ist eine besonders fruchtbare Übung im Argumentieren (Kap. 3).

Lin et al. (2004) stellen in Studien zu Mustern in der Sekundarstufe fest: „disproof with only one counterexample is hard to know but easy to do" (S. 253). Dieser leichte Zugang ist auch bereits Grundschulkindern möglich. Zudem bietet der Kontext Zahl & Partnerzahl gleichzeitig die Option, zunehmend zu verstehen, dass dieses eine Gegenbeispiel ein mächtiges Instrument ist. Tatsächlich widerlegt es die mutmaßliche Regel für alle weiteren Paare dieser funktionalen Beziehung, da alle Paare einer gemeinsamen Regel folgen müssen.

Die Darstellung als Zahl & Partnerzahl bietet noch eine weitere Möglichkeit, Denkschulung zu betreiben. Kinder fasziniert die Erfahrung, dass Muster unendlich und auch für sehr große Zahlen fortgesetzt werden können. Aufgrund der Eigenschaft *Linkstotalität* ist es konkret oder gedanklich möglich, zu jeder natürlichen Zahl im linken Stein eindeutig einen Partner zu finden. Diese Eindeutigkeit ist strukturell bedingt durch die Eigenschaft der *Rechtseindeutigkeit*. Wird hingegen andersherum versucht, eine Partnerzahl (im rechten Stein) vorzugeben, zu der die Zahl gesucht werden soll, zeigt sich ein anderes Phänomen: Die Menge der Werte (Partnerzahlen) umfasst nicht alle natürlichen Zahlen. Im Beispiel Abb. 8.6 findet sich für die Partnerzahl 22 eine Zahl, für 20, 21 oder 23 aber nicht. Die Frage „Zu welcher Zahl gehört die Partnerzahl 21?" wäre nicht lösbar. In der Mathematik würde man sagen, die Funktionsvorschrift ist also nicht rechtstotal (surjektiv).

Die Erforschung von mutmaßlichen, funktionalen Zusammenhängen zwischen Zahl und Partnerzahl integriert darüber hinaus auf natürliche Weise das Üben von Rechenkompetenzen. Dieser weitere Lerneffekt des Aufgabenformats gibt fachdidaktisch auch Hinweise darauf, welche funktionalen Beziehungen angeboten werden können. Sofern das Einmaleins noch nicht als Rechenkompetenz erwartet werden kann, können additive Zuordnungsvorschriften genutzt werden (immer +4 usw.). Wenn die Kernaufgaben des Einmaleins bereits automatisiert sind, können diese als multiplikative Relationen genutzt werden (immer · 2 usw.) Ab diesem Zeitpunkt können dann auch bereits Kombinationen aus multiplikativen Änderungen und additiven Konstanten genutzt werden (immer · 5 minus 1 usw.)

Im 3. und 4. Schulbesuchsjahr können in der funktionalen Beziehung $n \rightarrow m \cdot x + b$ grundsätzlich beliebige Parameter m und b kombiniert werden (mit n, m $\in \mathbb{N}$ und b $\in \mathbb{Z}$). Beachtet werden sollte, dass die Beziehung für die Kinder zugänglich bleibt. Günstig sind deshalb Werte für den Parameter m, die zwischen 0 und 10 liegen (wobei auch 11 ein schönes Muster ergibt). Beim Parameter b ist darauf zu achten, dass negative Werte dazu führen können, dass es Zahlenpaare gäbe, die negative Partnerzahlen erhalten würden, z. B. $n \rightarrow 4n - 8$. Diese Herausforderung ist im Grundschulunterricht eher nicht üblich und die Erforschung der funktionalen Struktur bei größeren b-Werten grundsätzlich durchaus schwierig.

Denkbar sind selbstverständlich alle Funktionstypen für das Aufgabenformat Zahl & Partnerzahl. Im Grundschulbereich können so z. B. auch Zahlenpaare der einfachen quadratischen Funktion $n \rightarrow n^2$ angeboten werden. Die explizite Beschreibung dieser Beziehung weist Akinwunmi (2012) für die Darstellung als Zahl & Partnerzahl jedoch „als eine [für Kinder] sehr schwierig strukturell zu fassende Beziehung" (S. 253) nach. Andere Darstellungen, wie Figurenfolgen, bieten einen anschaulicheren Zugang zu quadratischen Funktionen (Abschn. 8.4).

Funktionale Denkweisen

Das Format Zahl & Partnerzahl fragt gezielt nach einer *expliziten Regel*, die einer (jeder) Zahl den richtigen Partner (Wert) zuweist. Aufgestellte Regeln und Entdeckungen müssen dabei nicht nur (subjektiv) plausibel sein, sondern dem Diskurs in der Klasse und dem Abgleich mit weiteren Beispielpaaren aus Zahl & Partnerzahl standhalten. Sie können so als allgemeine, definitive Argumente erfahren werden (Stylianidis & Silver, 2009). Funktionale Beziehungen öffnen gezielt diesen Blick von Einzelphänomenen (einem Paar) weg auf alle Paare und allgemeine Regeln und unterstützen damit dieses wichtige Ziel der mathematischen Denkentwicklung:

> „An important goal in mathematics education is to help students understand that not only it is important to find a pattern, but also to see why a generalization holds." (Stylianidis & Silver, 2009, S. 240)

Selbstverständlich sind rekursive Bearbeitungen und Beschreibungen aber dennoch möglich und treten im Unterricht auch immer wieder auf. Darüber hinaus kann eine dritte Denkweise auftreten, die als *kovariativ* bezeichnet wird.

In der Darstellung Zahl & Partnerzahl zur Funktion $n \rightarrow 7n + 1$ werden Kinder gebeten, die Partner (abhängige Werte) zu den Zahlen (unabhängige Zahlen) 7 und 11 zu suchen (oben in Abb. 8.7) und ihr Vorgehen zu erklären. Sven nutzt bei Suche nach fehlenden Partnerzahlen gezielt und bewusst bereits vorhandene Kenntnisse und Kompetenzen (Einmaleinsaufgaben). Diese ermöglichen es ihm, eine *explizite* Lösungsvorschrift zu finden, wie im Interviewausschnitt deutlich wird:

S (*Überlegt still*) Ich find immer nur komisch, dass es verschiedene Unterschiede gibt.
I Mhm.
S Das ist vielleicht … ehm … ein Moment … ach so jetzt weiß ich's. Das ist alles mal 7 genommen und dann plus 1 gerechnet.
I Hey, wie bist du denn da jetzt darauf gekommen?
S Weil ich gesehen hab', ich hab' mich früher 'mal für Mal interessiert und dann …
I Was?
S Mal hab' ich früher gern gemacht.
I Ach so.
S Und da ist mir aufgefallen, 36 das sind 7 mal 5 plus 1.
I Ah ja.
S Da müsste hier hin 11 mal 7 sind 77 … 78!
I Mhm.
S Und hier 7 mal 7 sind 49 … 50.

Zunächst bemerkt Sven, dass die Differenzen (Unterschiede) zwischen Zahlen und Partnerzahlen unterschiedlich sind. Die Bemerkung verdeutlich, dass er im ersten Ansatz eine additive Beziehung zwischen Zahl und Partnerzahl vermutet. Bei der Suche nach funktionalen Beziehungen fokussiert Sven nicht auf die Beziehungen zwischen Paaren, sondern sucht eine explizite Regelhaftigkeit, die Zahl und Partnerzahl, d. h. unabhängige

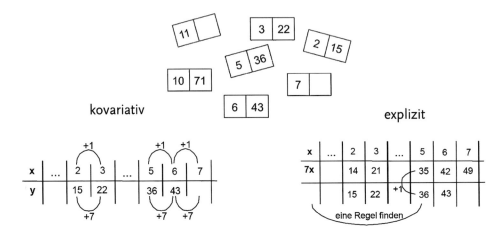

Abb. 8.7 Kovariative und explizite Denkweisen bei einer Zahl- & Partnerzahl-Aufgabe. (© Springer: Steinweg, A. (2013). *Algebra in der Grundschule: Muster und Strukturen, Gleichungen, funktionale Beziehungen*. Springer Spektrum, S. 208–210)

und abhängige Variable, direkt in Beziehung setzt (rechts unten in Abb. 8.7). Durch Vorwissen über Einmaleinsaufgaben erkennt er dann die funktionale Beziehung als Kombination aus Produkt und Addition (Änderungsrate und Konstante). Diese Beziehung zwischen unabhängiger Variable x und abhängiger Variable y wird von Sven in einer ersten Verallgemeinerung verbalisiert („alles mal 7 genommen und dann plus 1 gerechnet").

Anja hingegen nutzt bei der gleichen Aufgabe (Abb. 8.7) eine ganz andere Vorgehensweise. In der Aufgabe treten Paare auf, die in den gegebenen unabhängigen Zahlen (z. B. 5 und 6) je lokal Vorgänger und Nachfolger sind. Anja nutzt diese Beziehung und schließt jeweils lokal vom abhängigen Wert des Vorgängers auf gesuchte Werte (links unten in Abb. 8.7). Sie trägt zunächst die gesuchten Partnerzahlen unkommentiert ein und begründet dann auf Nachfrage:

A   Weil ich hab' jetzt erst mal geguckt. Die 2 und 3 und dann hab' ich ausgerechnet 15 plus wie viel sind 22. Das waren 7. Und dann hab' ich hier bei 5 und 6 auch nochmal geguckt. Das waren auch 7. Dann hab' ich hier bei der 10, 71 plus 7 gerechnet, dann hab' ich das bei der 11 als Partner hingeschrieben und bei der 6 hab' ich dann 43 plus 7 gerechnet, sind 50. Dann hab' ich das hier bei der 7 als Partner hingeschrieben.

Anja fokussiert paarweise Zusammenhänge zwischen den Zahlen der gegebenen Paare. Sie identifiziert Paare, die in den unabhängigen Variablen (links) in einer Vorgänger-Nachfolger-Beziehung stehen (Abb. 8.7). Sie kennzeichnet die Paare durch Nennung dieser unabhängigen Zahl („die 2 und 3" bzw. "bei der 6", "bei der 7"). Anja nutzt folglich geschickt die Zahl als Veränderliche, die der Zählzahlfolge entsprechend die natürlichen Zahlen durchläuft. In der lokalen Betrachtung zweier solch nachfolgenden Paare macht sie die Differenz der abhängigen Werte in der Ergänzungsvorstellung aus („plus wie viel sind"). Anja geht somit *kovariativ* vor.

Abb. 8.8 Kovariation: Anwachsen der Zahl in Beziehung zum Anwachsen des Werts

Kovariation zeigt im Begriff bereits an, dass die Variation der Zahl *gleichzeitig* mit der Variation der abhängigen Werte in Beziehung gebracht wird. Das Augenmerk richtet sich also einerseits auf die Veränderungen der Zahl und andererseits auf die Veränderung des Werts. Typische Beschreibungen lauten „Wenn die Zahl um 1 größer wird, wird der Wert um 4 größer" (Abb. 8.8).

Die kovariative Denkweise rekurriert zumeist, wie auch das rekursive Denken, auf benachbarte Objekte. Im Gegensatz zur rekursiven Deutung, in der nur die Folge der Werte betrachtet wird, werden nun aber die *benachbarten Paare* in beiden, miteinander zusammenhängenden Variationen von Zahl und Wert betrachtet (Wilkie, 2015, S. 252). Nach Stephens et al. (2017) stellt die *kovariative* Betrachtung von funktionalen Beziehungen einen Entwicklungsschritt auf ein höheres Niveau im funktionalen Denken dar. Die kovariative Sichtweise erlaubt die Entdeckung der sogenannten *Änderungsrate* („change") der funktionalen Beziehung:

> „Functional thinking relates to understanding the notion of change and how varying quantities (or variables) relate to one another." (Wilkie, 2015, S. 247)

Die im sichtbaren Muster der gegebenen Zahlen erkannte Beziehung wird in kovariativer Sichtweise an (mindestens) zwei benachbarten Paaren als Einzelfall wahrgenommen. Die so erkannte Struktur beschreibt also zunächst eine spezifische Relation an Einzelereignissen (Smith, 2008; vgl. auch Blanton & Kaput, 2011) und damit eine *lokale Regel* (Mason, 1996). Die Beschreibungen beziehen sich auf das Änderungsverhalten der (abhängigen) Werte bei Änderung der (unabhängigen) Zahl. Die Änderungsrate ist ein wesentlicher Baustein für die verallgemeinerte explizite Darstellung. Die spezifische Struktur, die lokalen Mustern zugrunde liegt, bietet Chancen, Verallgemeinerungen (vgl. Kap. 3) zu erproben. Die Herausforderung ist jedoch nachfolgend, den Schritt von der lokalen Beziehung zur allgemeinen Beziehung zu gehen (Venkat et al., 2019).

Funktionales Denken am Beispiel von Zahlen- und Figurenfolgen

Rekursiv   Benachbarte Werte werden in der *Differenz der Werte* von einer Stelle/ einer Figur zur nächsten betrachtet (Differenzenfolge).
Die Ermittlung von nächsten Werten (Nachbarwerten) ist möglich.
Ein Zusammenhang zur jeweiligen Position in der Folge wird nicht hergestellt.

Kovariativ	Mindestens zwei benachbarte *Paare* werden in beiden Änderungen, d. h. Variation der unabhängigen Position in der Folge und gleichzeitiger, abhängiger Kovariation der Werte betrachtet.
	Die *Änderungsrate* liegt im Fokus der Beschreibung.
	Es wird lokal ein funktionaler Zusammenhang der betrachteten Paare hergestellt.
Explizit	Die allgemeine Beziehung *aller Paare*, die die Identifikation einer Konstanten (falls gegeben) im Zusammenspiel mit kovariativer Änderung betrachtet.
	Die allgemeine Beziehung *aller Paare* zwischen unabhängiger Position und abhängigen Werte wird damit in *Änderungsrate und Konstante* beschrieben.
	Die direkte Ermittlung von Werten an beliebigen Stellen ist möglich.
	Die Verallgemeinerung (verbal oder symbolisch) der spezifischen funktionalen Beziehung beinhaltet damit die allgemeingültigen (globalen) strukturellen Eigenschaften von Funktionen.

Beschreibungen und Begründungen formulieren

Grundschulkindern stehen für Beschreibungen und Begründungen funktionaler Beziehungen keine Termdarstellungen und Funktionsgleichungen zur Verfügung. Dennoch ist es möglich, die Kinder aufzufordern, eine allgemeine (explizite) Regel aufzustellen. Wenn Kinder die entdeckte Regel versprachlichen, nutzen sie dabei ganz unterschiedliche Arten der Formalisierung (Abb. 8.9). Eine Mischung aus Rechenzeichen und Schriftsprache ist dabei typisch. Die Nutzung des Adverbs „immer", entspricht dem Sprachgebrauch der Kinder und verdeutlicht gleichzeitig die Verallgemeinerung für alle denkbaren Zahlenpaare (Kap. 3). In der Literatur (z. B. Kaput, 2008; Twohill, 2018; Wilkie, 2015) werden explizite Verallgemeinerungen in Symbolsprache als letztlich angestrebtes Ziel geschildert. Eine symbolische Formalisierung in einer Termdarstellung ($n \rightarrow 6n - 1$) würde den Informationsgehalt und auch den Abstraktionsgrad der gefundenen allgemeinen Regel nicht erweitern und ist deshalb im Bereich der Grundschule nicht notwendig. Die explizite Beschreibung beinhaltet aber dennoch auch auf verbaler Ebene stets die allgemeinen Eigenschaften der funktionalen Struktur.

Die rein verbale Beschreibung der Struktur ist ohne die Nutzung von Variablen oder Buchstabenvariablen durchaus anspruchsvoll. So ist z. B. die Funktion der Viererreihe durch Symbolsprache als $4n$ leicht fassbar, hingegen werden für sprachliche Beschreibungen längliche Satzkonstruktion benötigt, die festhalten, welche Zahl genau viermal auftritt. Die unabhängige Variable, die aufgrund der Linkstotalität jede Zahl aus den natürlichen Zahlen einnehmen kann, muss in der expliziten Regel aufgegriffen werden. Implizit gelingt dies über das Adverb „immer" (Abb. 8.9). Für eine explizite Beschreibung

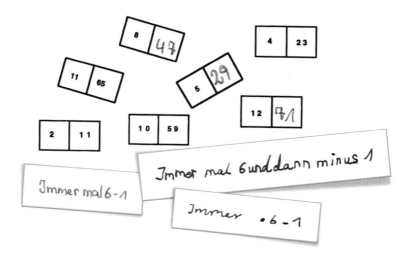

Abb. 8.9 Verschiedene Notationsformen der von Grundschulkindern entdeckten Regel zur Funktion n → 6n − 1. (© Springer: Steinweg, A. (2013). *Algebra in der Grundschule: Muster und Strukturen, Gleichungen, funktionale Beziehungen.* Springer Spektrum, S. 212)

müsste ein Begriff für n oder die Position der Folge der unabhängigen Zahlen gefunden werden (vgl. hierzu Hinweise in Abschn. 8.4). Für die exakte Klärung der funktionalen Beziehung müssen darüber hinaus ggf. neue Begriffe wie Vervierfachung oder das Vierfache genutzt bzw. erlernt werden.

Kinder müssen in der verbalen Darstellung die phänomenologisch erkannten Muster sprachlich so einbetten, dass einem Gegenüber bewusst werden kann, dass dieses Muster einer allgemein gültigen Struktur folgt (Kap. 3). Akinwunmi (2012, 2013) deckt u. a. die *Angabe eines repräsentativen Beispiels* („Das ist z. B. drei mal drei."), *Quasivariablen* („Ich rechne immer drei mal drei.") oder *Wörter oder Zeichen mit Variablencharakter* („Man muss die Zahl mal die gleiche Zahl rechnen.") als Möglichkeiten auf, die Kinder bei ihren sprachlichen Verallgemeinerungen (Kap. 3) nutzen. Diese Sprachmittel treten grundsätzlich in entsprechenden Adaptionen auch bei Verallgemeinerungen von Mustern in Zahlenfolgen (Abschn. 8.2) oder bei Figurenfolgen (Abschn. 8.4) und anderen Grundideen (Kap. 5, 6 und 7) auf. Für eine detaillierte Analyse der verschiedenen Kommunikations- und Argumentationsweisen von Kindern sei verwiesen auf Akinwunmi (2012).

Ausgangspunkt, um eine allgemeine, explizite Funktionsvorschrift zu finden, ist stets die jeweils spontan genutzte Denkweise. Von der rein rekursiven Betrachtung der Differenzen der Werte muss also eine Erweiterung erfolgen, die die Beziehung zwischen Zahl und Wert (Partnerzahl) in den Blick nimmt. Entdeckungen im Sinne der Kovariation sind dabei ein möglicher Zwischenschritt. Es ist aber auch möglich, dass Kinder direkt eine explizite Regel finden.

Werden Kinder ermutigt, die an zwei Paaren entdeckte Kovariation direkt in eine explizite Regel für alle Paare zu überführen, gelingt das nicht zwingend. Wird z. B. bei einer linearen Funktion von Kindern erkannt, dass eine Änderung der unabhängigen Zahl um 1 eine Erhöhung um 4 im Wert mit sich bringt (Abb. 8.8), so ist damit zunächst diese kovariative Beziehung und die Änderungsrate 4 entdeckt. In Forschung und Unterrichtspraxis ist eine Tendenz von Lernenden nachweisbar, diese erkannte Änderung um 4 dominant in einer erwarteten, allgemeinen Regel zu nutzen und damit als Strukturen „viermal die Zahl" ($n \rightarrow 4n$) oder „immer 4 mehr" ($n \rightarrow n + 4$) abzuleiten. Die Änderungsrate 4 wird also in eine (inkorrekte) Beziehung zu der Variablen n gebracht. Bei der Frage nach dem 87. Wert würden folglich $91 = 87 + 4$ oder $348 = 87 \cdot 4$ angeboten.

Wird jedes Zahlenpaar als unabhängige Ganzheit („whole-object" El Mouhayar & Jurdak, 2016, S. 203) betrachtet, kann diese Perspektive ebenfalls zu logischen Schlüssen verleiten, die die explizite, allgemeine Regel nicht aufdecken. Ausgehend von einer einzigen lokalen Beziehung zwischen Zahl und Partner (Wert) werden gesuchte Werte bestimmt. Wird z. B. die Struktur des lokalen Paares $4 \rightarrow 18$ für die Suche nach dem Wert an der 40. Stelle übertragen, so könnte $40 \rightarrow 180$ gefolgert werden. Die Verzehnfachung der unabhängigen Zahl führt durch eine solche Übergeneralisierung fälschlich zur Verzehnfachung des Werts. Bei dieser Denkweise tritt es auch auf, dass je nach gesuchten Werten andere „Ausgangspaare" in ihren Einzelbeziehungen genutzt werden. Es werden also nicht nur die Vervielfachungs- oder Additionseigenschaft proportionaler Funktionen fälschlich übernommen, sondern auch innerhalb einer einzigen Funktion zwischen verschiedenen vermeintlichen Regeln gewechselt.

In der kovariativen Deutung als lokale Regel besteht somit die Gefahr der *Übergeneralisierung* (Richter, 2014) der für zwei Paare entdeckten Beziehung auf alle Paare. Die lokale Regel wird ggf. ungeprüft in eine allgemeine Regel überführt. So kann es z. B. passieren, dass fälschlich davon ausgegangen wird, dass der entdeckte Zusammenhang wie bei proportionalen Strukturen additiv oder multiplikativ übertragen werden kann. Auch bei nicht linearen und quadratischen Funktionen führt eine so vereinfachte Verallgemeinerung u. U. zu falschen Schlussfolgerungen.

Unterrichtlich sollten solche Missverständnisse, wie die Proportionalitätsannahme, durch passende Impulse aufgegriffen werden. In den Kinderantworten auf die typischen Fragen nach nahen oder fernen nächsten Paaren oder Folgengliedern kann die Lehrkraft erkennen, ob die lineare Funktion in ihren Eigenschaften genutzt wird oder nicht. Falls als Zuordnungsvorschlag für die 40 die 180 genannt wird, kann z. B. gemeinsam an bereits gegebenen oder nahen Zahlenpaaren geprüft werden, ob diese Strukturidee stimmen kann (Abb. 8.8). So müsste in dieser (fälschlichen) Denkweise der Wert der Zahl 2 die Hälfte des Werts der Zahl 4 betragen: Tatsächlich hat die Zahl 2 allerdings als Partnerzahl nicht 9, sondern 10. Der Wert der Zahl 8 müsste das Doppelte des Werts der Zahl 4 sein usw. Durch diese produktiven Irritationen, die die Erwartungshaltungen der Kinder aufbrechen (Nührenbörger & Schwarzkopf, 2013, 2019), kann die erkannte Regel bewusst hinterfragt und die Suche nach einer allgemeingültigen Struktur neu angestoßen werden.

Die unabhängige Variable, die der Zähzahlfolge folgt, sich also einerseits stets verändert und andererseits als Positionsnummer jedes Paares (lokal) doch einen bestimmten Wert annimmt, geeignet in einer allgemeinen Regel abzubilden, ist eine große Herausforderung. Die Entdeckung des Musters der Kovariation kann unterrichtlich als

Ausgangspunkt für fruchtbare Diskussionen genommen werden, um geeignete Folgefragen zu stellen:

- Gilt das immer?
- Stimmt deine Entdeckung für andere Paare?
- Wie passt dein Muster zum allerersten Paar?

Wie auch bei rekursiven Denkwegen steht bei der Kovariation die Konstante der linearen,
funktionalen Beziehung nicht im Fokus der Argumentation. Das bedeutet, dass ein möglicher konstanter Anteil im Nachhinein bzw. über die kovariative Änderung hinaus erkannt
und in die erkannten Muster und ihre Struktur hineingedeutet werden müsste. Dies gelingt
bei Darstellungen, die rein numerisch sind, auf phänomenologischer Ebene nur schwer.
Unterrichts- und Forschungsbeispiele setzen jedoch vielfältig auf Aktivitäten an solch numerischen Mustern, die im Folgenden kurz ergänzend betrachtet werden.

Weitere numerische Darstellungen
Zahlenfolgen, Tabellen und Zahl & Partnerzahl stellen funktionale Beziehungen zwischen
natürlichen Zahlen auf numerischer Ebene dar. In internationalen Projekten und Unter-
richtsmaterialien treten funktionale Beziehungen zwischen Zahlen und ihrem abhängigen
Wert auch als Darstellungen von sogenannten Maschinen (Funktionsmaschinen, Rechen-
Robotern etc.) mit einem gewissen Input (Zahl) und Output (Wert) auf (z. B. Ng, 2018;
Moss & London McNab, 2011).

In diesen Ideen verändern gezeichnete Kästen (Maschinen) oder Roboter in ihrem Inneren wie in einer Blackbox gemäß einer gewissen Regel die Zahlen, die eingegeben werden. Die Darstellung nutzt also wieder eine rein numerische Ebene und stiftet analog zum
Format Zahl & Partnerzahl Zahlenpaare. Aufgabe der Kinder ist es auch bei Input-Output-
Robotern, die Regel zu entschlüsseln, die die Maschine benutzt. Für die Kinder ist der Roboter eventuell ansprechend. Für die Entschlüsselung der mathematischen Struktur der
Funktion ist jedoch eine zu starke Personifizierung eventuell sogar hinderlich, da der Maschine ein eigner Wille oder ein Zaubertrick unterstellt werden könnte, der sich einer Entschlüsselung entzieht. Zudem stellt Ng (2018) in ihren Studien fest, dass die Gedanken
und Ideen der Kinder rein mentaler Natur und damit kaum zugänglich für Lehrkräfte sind,
da die Maschinen kein Material anbieten, an dem die Lernenden ihr Vorgehen verdeutlichen können. Weiter verweist Ng (2018) darauf, dass den Kindern Begriffe (wie
z. B. Input, Output) angeboten werden müssen, damit sie ihre Überlegungen in Sprache
fassen und damit greifbar machen können. Gleiches gilt natürlich auch für die numerische
Darstellung als Zahlenpaare, die hier notwendigen Begriffe (Zahl und Partnerzahl) müssen durch die Aufgabenstellung unterrichtlich für die Kommunikation bereitgestellt und
sollten von der Lehrperson durchgängig genutzt werden (vgl. auch Kap. 3).

Auch Pfeildiagramme bzw. Rechenketten (vgl. Abbildungen und Ausführungen in
Kap. 7), die im deutschsprachigen Unterricht gebräuchlich sind, stiften auf numerischer

Ebene funktionale Beziehungen zwischen der Startzahl und der Ergebniszahl (vgl. auch „arrow diagrams" in Cooper & Warren, 2008). Bei proportionalen Funktionen ist nur ein Pfeil notwendig, auf den ein Faktor als multiplikative Änderungsrate notiert wird. Auch bei rein additiven Beziehungen besteht die Rechenkette aus nur einem Pfeil. Funktionale Beziehungen mit einer multiplikativen Änderungsrate und einer additiven Konstanten hingegen werden durch zwei Pfeile repräsentiert. So entsteht zunächst ein Zwischenergebnis. Dieses Zwischenergebnis entspricht immer einer proportionalen Relation und in den natürlichen Zahlen einer Einmaleinsreihe. Die Konstante als nachfolgende Addition oder Subtraktion bewirkt eine entsprechende Abweichung von der Einmaleinsreihe (vgl. Argumentation von Sven Abb. 8.7). Die Funktion kann somit in ihren zwei wesentlichen Argumenten erforscht werden, die in den Formaten Zahl & Partnerzahl, bei Input-Output-Maschinen, Zahlenfolgen oder Tabellen implizit vorliegen und hineingedeutet werden müssen.

Im Unterschied zu der hier aufgeführten Möglichkeit, Funktionen in Rechenketten sichtbar zu machen, wird im Unterricht zu Rechenketten oft nicht nach einer Regel der Relation gesucht, sondern die verknüpften Rechenoperationen sind in Pfeildarstellungen als Beschriftungen auf den Pfeilen zumeist direkt gegeben. Spannend sind bei diesen Rechenketten dann Entdeckungen zu Zusammenhängen der genutzten Operationen, z. B. auch in ihrem Verhältnis zu Gegenoperationen (Kap. 6).

Funktionen in Zahldarstellungen in Tabellen oder in Paarkärtchen fordern die Lernenden heraus, eigenständig einen Unterschied zwischen der Laufvariablen (unabhängigen Variablen) und den Werten zu machen. In *Darstellungen auf numerischer Ebene* können hierfür Anordnungen (z. B. links die Zahl, rechts der Wert), verschiedene Schriftgrößen (vgl. Abb. 8.8), Ziffernkarten oder auch farbliche Differenzierungen genutzt werden. Die Differenzenfolge, die Kovariation und die Änderungsrate der funktionalen Beziehung können in diesen numerischen Darstellungen unterrichtlich zugänglich gemacht werden. Entdeckungen des additiven Anteils als konstantes Element – falls vorhanden – sind in der numerischen Darstellung nicht direkt ablesbar. Die Konstante b muss als Abweichung von proportionalen Beziehungen (Einmaleinsreihen) in die Beziehung hineingedeutet werden. Dies ist besonders anspruchsvoll. Die Darstellung als nacheinander ausgeführte Operationen in Rechenketten bietet einen möglichen Zugang. Geeignet sind insbesondere aber Darstellungen in Figurenfolgen (Abschn. 8.4), die die rein numerische Ebene durch gezeichnete oder konkret gelegte Objekte erweitern.

8.4   Figurenfolgen

Bei Figurenfolgen wird der Zuordnungscharakter von Funktionen zugänglich, indem die unabhängige Variable weiterhin numerisch angegeben wird, während der abhängige Wert nun in eine Objektdarstellung einer Figur überführt wird. Die abhängige Variable (Wert) wird in eine grafische Repräsentation der entsprechenden Anzahl an Objekten in eine passende Anordnung (Figur) übersetzt. Damit sind nun auch auf der phänomenologischen Ebene unabhängige Zahlen und abhängige Werte eindeutig unterschieden (Abb. 8.10).

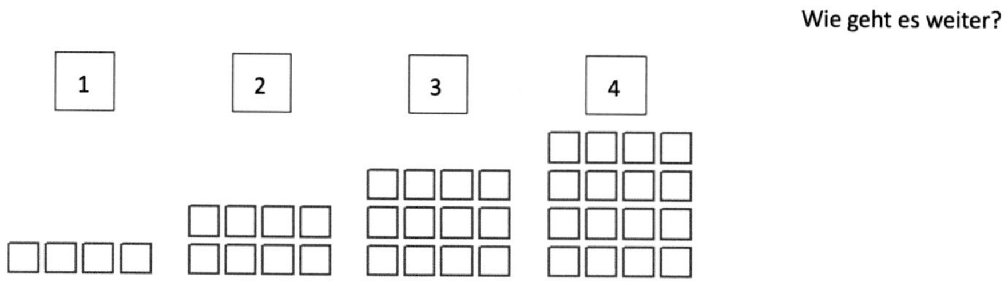

Wie geht es weiter?

Abb. 8.10 Die Viererreihe als Funktion in Darstellung als Figurenfolge

Die Position der Figur ist jeweils die unabhängige Variable, die in der Darstellung nach der Idee von Warren und Cooper (2008) mit Ziffernkarten symbolisiert wird (Abb. 8.10). Forschungen zeigen, dass diese Form der Darstellung den Lernenden hilft, die funktionale Zuordnung (*Zahl → Wert*) zu erkennen, nach musterhaften Beziehungen zwischen der auf den Ziffernkarten benannten Zahl (Position) und der davon abhängigen Anzahl an Objekten der Figuren (Werte) und damit letztlich nach Verallgemeinerungen zu suchen (Warren & Cooper, 2008).

Figurenfolgen unterstützen die Kinder darin, die Regelmäßigkeit in zwei Beziehungen zu erkennen: in der räumlichen Anordnung der Objekte in Figuren und in der numerischen Folge der unabhängigen Zahlen (Positionsnummern) und der abhängigen Werte (Radford, 2011, S. 19). Sie ermöglichen also, die funktionale Struktur zwischen der Position und der Anzahl zu erforschen (Strømskag, 2015, S. 475). Die hier diskutierten Figurenfolgen sind damit abzugrenzen von sich wiederholenden Mustern wie die „block pattern" nach Smith (2008), welche in Abschn. 8.6 thematisiert werden.

Das oben genutzte Beispiel (Abb. 8.3) einer Einmaleinsreihe kann im Grundschulunterricht als Figurenfolge in der Anordnung von Punkten, Quadrate etc. in einem Rechteck dargestellt werden (Abb. 8.10). Hierbei wird der abhängige Wert als Anzahl von Objekten interpretiert. Eine geschickte, figurale Anordnung der Objekte vereinfacht den Zugang zur Zuordnungsvorschrift bzw. Regel des Musters: Die Figur des Rechtecks entspricht in einer Seitenlänge der unabhängigen Variable und in der anderen der Änderungsrate (hier 4) (vgl. auch Zahleigenschaften Kap. 5). Die unabhängige Zahl wird, wie beschrieben, als fortlaufende Variable durch Ziffernkärtchen symbolisiert.

Im Grundschulunterricht sind Graphen einer funktionalen Beziehung im deutschsprachigen Raum nicht üblich. Darstellungen als *Figurenfolge* bieten Kindern die Möglichkeit, funktionale Beziehungen in allen charakteristischen Eigenschaften zu erforschen und so das zu Beginn des Kapitels beschriebene *Denken mit Funktionen* (Zuordnungs- und Änderungsverhalten und die Sicht als Ganzes) zu fördern. Die Darstellung ermöglicht neben der oben beschriebenen Entdeckung der Zuordnung (*Ziffernkarte → Anzahl der Objekte in der Figur*) auch die Betrachtung des Änderungsverhaltens sowie in gewisser Weise zudem eine erste Sicht als Ganzes in der Objektvorstellung (Weigand et al., 2022, S. 145).

- Figurenfolgen veranschaulichen direkt, ob die Änderungsrate steigend oder fallend ist. Schacht (2012) bezeichnet Figurenfolgen als dynamische Bildmusterfolgen und verweist mit dem Adjektiv auf den Fokus des Änderungsverhaltens.
- In Figurenfolgen kann bei geeigneter figuraler Darstellung eine mögliche Konstante phänomenologisch identifiziert werden.
- Die Figuren in den Folgen geben bei geeigneter figuraler Darstellung durch ihre Form Hinweise, ob die funktionale Beziehung linearer oder quadratischer Natur ist.

Bei der Thematisierung der Funktion in der Sicht als Ganzes werden im Sekundarbereich Graphen von Funktionen als Darstellungen genutzt und es ist ein unterrichtlicher Standardkatalog etabliert, der Aufgaben zum Schnittpunkt mit der Ordinate, Steigungsdreieck etc. anbietet. Entdeckungen an Figurenfolgen haben aktuell weder im Sekundar- noch im Grundschulbereich einen solchen festen Aufgabenpool an die Kinder. Zudem ist die Übersetzung einer funktionalen Beziehung in eine Figurenfolge, im Gegensatz zur Darstellung als Graph, nicht mathematisch festgelegt, d. h., zu einer Funktion kann es verschiedene Darstellungen als Figurenfolgen geben (Steinweg, 2023). Diese Offenheit kann jedoch auch produktiv genutzt werden, wenn verschiedene Figurenfolgen als Darstellung ein und derselben Funktion gesucht oder erkannt werden sollen.

Die vielen Optionen der Thematisierung wesentlicher Eigenschaften funktionaler Beziehungen macht Figurenfolgen für beide Schulstufen interessant. Mielicki et al. (2021) weisen in Studien mit Kindern der unteren Sekundarstufe nach, dass Figurenfolgen gegenüber rein numerischen Darstellungen (Zahlenfolgen, Tabellen) positive Effekte auf Lösungsraten von Aufgaben zu nicht proportionalen Funktionen haben. Fruchtbare Herangehensweisen zu Figurenfolgen können ab dem Grundschulunterricht durch die typischen Impulsfragen zu Funktionen (s. o.) und entsprechende Diskussionen der Antworten unterrichtlich etabliert werden. Neben diesen Impulsfragen zur Erforschung von Funktionen können bei Figurenfolgen auch gezielt Entdeckungen des wesentlichen Zusammenhangs zwischen Anzahl und Position durch entsprechende Fragen herausgefordert werden:

- Kannst du die Zahl (auf der Karte) jeweils in der Figur wiederfinden?
- Steckt die Zahl (auf der Karte) jeweils in der Figur? Wie oft?
- Erkennst du einen Zusammenhang zwischen der Zahl (auf der Karte) und der Figur?

Anregend können auch Impulse sein, die die Denkrichtung umdrehen und von der Anzahl gewisser Objekte ausgehend nach der Position in der Folge fragen, wie z. B.

- Gibt es eine Figur, die 84 Quadrate hat? Bei welcher Zahl steht sie?

Figurendarstellungen geschickt nutzen
Möglich sind in Figurenfolgen Markierungen durch Pfeile oder durch Beschriftungen. Bei der Figurenfolge aus L-Zahlen (Abb. 8.1) kann Akinwunmi (2012) verschiedene Beschreibungen dieser Art festhalten (Abb. 8.11).

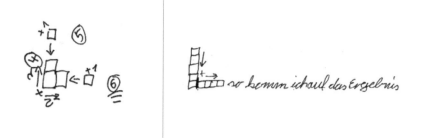

Abb. 8.11 Pfeilmarkierungen der Entdeckungen in der L-Figurenfolge. (Timo links und Lars rechts; © Springer: Akinwunmi, K. (2012). *Zur Entwicklung von Variablenkonzepten beim Verallgemeinern mathematischer Muster.* Vieweg + Teubner, S. 95)

Diese Beschreibungen versuchen, der allgemeinen funktionalen Beziehung auf die Spur zu kommen, ohne eine mögliche Konstante auszumachen. In einer symbolsprachlichen Übersetzung in einen Funktionsterm ergäbe sich somit bei Lars' Beschreibung $n \rightarrow (n+1) + n$. Die Kinder deuten in der L-Figur beide Summanden (horizontal und vertikal) als sich jeweils ändernde Anteile des Terms. Timo verdeutlicht die Änderung durch ein je hinzukommendes Quadrat. Er ermittelt also (eingekreiste Zahlen) zunächst 4 Quadrate $(2 + 2)$ und für die nächste Figur 6 Elemente als $(2 + 1) + (2 + 1)$. Das Quadrat in der Ecke unten links wird hierbei doppelt betrachtet. In seiner Darstellung verdeutlicht Timo die Korrektur seiner Zwischenrechnung und gibt letztlich 5 als Lösungswert (in der Darstellung oben rechts) an (vgl. auch Akinwunmi, 2012, S. 195).

Figuren geschickt einfärben

Die Auseinandersetzung mit der Darstellung in Figurenfolgen kann dadurch gestärkt werden, Einfärbungen oder Schattierungen zu nutzen. Nilsson und Eckert (2019) weisen in einer Studie nach, dass ein passendes „colour-coding" Kinder in der Jahrgangsstufe 8 unterstützen kann, durch das visuelle Muster eine funktionale (algebraische) Struktur zu erkennen. Figurenfolgen laden nicht nur zur verbalen Beschreibung, sondern ganz natürlich zum Zeichnen und Einfärben ein. So könnte in der Viererreihe (Abb. 8.10) die auf der Zahlenkarte angegebene 3 in der dritten Figur als Spaltenlänge identifiziert werden. Diese 3er-Spalten liegen viermal im Muster vor. In der zweiten Figur können analog vier 2er-Spalten und in der vierten Figur vier 4er-Spalten entdeckt und gekennzeichnet werden. Die strukturgebende Regel der Funktion (Das Vierfache der Zahl./Viermal die Zahl auf der Karte./Die Nummer mal vier.) zu erkennen, wird durch die Objektdarstellung und Anordnung nahegelegt und unterstützt.

Der Impuls, die Entdeckungen in den Figuren aus Objekten (hier Quadraten) zu kennzeichnen, ist auch eine besondere Unterstützung für die Kommunikation über Entdeckungen mit anderen Kindern in der Lerngruppe. Darüber hinaus können die Einfärbungen oder Einkreisungen helfen, allgemeine und damit verallgemeinerbare

Argumente für die Struktur des Musters darzustellen. Die verbale Begründung der Struktur kann durch ikonische Elemente und deren ganz konkrete Einteilung und Analyse wesentlich bereichert werden und fördert so die individuelle Entwicklung funktionalen Denkens und die erfolgreiche Bearbeitung solcher Aufgaben, wie Lannin (2005), Cooper und Warren (2011) und auch Moss und London McNab (2011) berichten:

> „When visual representations are prioritized, and students are supported to focus on the figural patterns as a way of discerning general rules, they are better able to find, express and justify functional rules." (Moss & London McNab, 2011, S. 297)

Etliche vorliegende Studien nutzen Figurenfolgen mit vorgegebenen, musterhaften Einfärbungen (z. B. Warren & Cooper, 2008; Wilkie, 2015). Es ist darauf zu achten, dass Schattierungen und Einfärbungen nicht einfach nur ästhetisch ansprechend gewählt werden, sondern den mathematisch-strukturellen Aufbau der Funktion widerspiegeln. Mielicki et al. (2021) dokumentieren, dass willkürliche Schattierungen durchaus als Hindernisse negative Effekte auf Lösungen haben.

Änderungsrate und Konstante einfärben

Das Argumentieren über visuelle Muster beinhaltet nach Nilsson und Eckert (2019) die Einteilung der gegebenen Figuren in mathematisch passende Teile, die je im Zusammenhang zur Positionsnummer der Figuren stehen. Einfärbungen geben damit nicht (nur) eine individuelle Gliederung der Figurenfolge wieder, sondern veranschaulichen gezielt *Änderungsrate* und *Konstante* als die wesentlichen Elemente einer linearen Funktion.

Die Entdeckung der Änderungsrate der funktionalen Beziehung gelingt auch bei rein numerischen Darstellungen wie z. B. dem Format Zahl & Partnerzahl (Abschn. 8.3). Um eine funktionale Beziehung vollständig zu erfassen, ist es aber hilfreich, auch die Konstante b zu entdecken und in eine Verallgemeinerung einzubeziehen. Radford (2008) beschreibt den Denkprozess dabei wie folgt: Zunächst wird eine lokale Gemeinsamkeit bei einigen Paaren oder Figuren erkannt. Dieser Schritt erfordert bereits, eine Entscheidung zu treffen, welche Elemente als gleich und welche als verschieden bzw. sich ändernd angenommen werden („make a choice between what counts as the same and the different" Radford, 2008, S. 84). In einem zweiten Schritt kann dann diese erkannte Regelmäßigkeit auf alle Paare und Figuren verallgemeinert werden (Radford, 2008).

Die funktionale Struktur eines wachsenden Musters beinhaltet typischerweise eine Konstante b und eine gewisse Änderungsrate (Steigung m). Die Konstante in einem Muster aus geometrischen Objekten muss folglich eine Teilfigur der jeweiligen Figuren sein, die von einer Figur zur nächsten in der räumlichen Anordnung und Anzahl an Objekten gleich – also konstant – bleibt. Diese Idee unter der Aufgabenstellung „Was bleibt immer gleich?" ist auch bereits Grundschulkindern zugänglich. Markierungen oder Färbungen können dabei visuell die Beziehungen im Muster aus geometrischen Objekten verdeutlichen (Steinweg et al., 2023).

Wird wie im Beispiel (Abb. 8.12) ein komplexes wachsendes Muster geschickt und mathematisch passend eingefärbt, so erschließen sich rein phänomenologisch direkt diese zwei Komponenten des Musters: die gleichbleibenden Elemente und die sich verändernden Elemente.

- Die gefärbten und von Figur zu Figur gleichbleibenden Objekte des Musters stellen die additive Komponente (Konstante b) dar.
- Die ungefärbte, von Figur zu Figur wachsende Anzahl an Objekten bilden im Zusammenspiel mit der Positionsnummer das Änderungsverhalten der funktionalen Beziehung und des jeweiligen Terms (multiplikative Komponente $m \cdot x$ des Funktionsterms).

Muster aus geometrischen Objekten in Figurenfolgen können auch für funktionale Beziehungen mit negativen Konstanten, z. B. $n \rightarrow 3n - 1$, genutzt werden (Abb. 8.13). Es bietet sich hier eine Anordnung der Objekte an, die möglichst einfach gedanklich zu einer vollständigen Figur (Rechteck, Quadrat) ergänzt werden kann.

Der Vorteil der grafischen Darstellung ist, dass das fehlende Objekt in der Darstellung tatsächlich durch ein Kreuz oder ein gestricheltes Element ergänzt werden kann. Somit komplettiert sich jede Figur des wachsenden Musters hier im Beispiel (Abb. 8.13) zu einem Rechteck mit der Seitenlänge 3 und der anderen Seitenlänge gemäß der unabhängigen Variablen (Positionsnummer). Eine verbalisierte, explizite Regel könnte lauten „immer einer weniger als die Zahl mal 3".

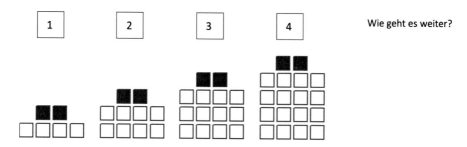

Abb. 8.12 Funktion n $\rightarrow$ 4n + 2 in der Darstellung als wachsende Figurenfolge

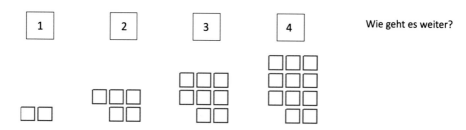

Abb. 8.13 Funktion n $\rightarrow$ 3n − 1 in der Darstellung als wachsende Figurenfolge

Einfärbungen und Markierungen in den Figuren unterstützen Argumentationen, die Bezug auf figurale Aspekte nehmen. Dieser Zugang über die Figuren, so zeigen auch El Mouhayar und Jurdak (2016), ist dem numerischen Zugang für die Entdeckung der allgemeinen, algebraischen Strukturen überlegen. Aus ihrer groß angelegten Studie mit über 1000 Kindern aus Jahrgang 4 bis 11 können sie schlussfolgern, dass numerische Argumentationen eher zu rekursiven Strategien führen, wohingegen figurale Argumentationen *funktional-explizite Strategien* fördern (El Mouhayar & Jurdak, 2016, S. 213–214). Diese letztgenannten Strategien bieten verbal oder in Termen die explizite Funktionsregel an und greifen damit die strukturellen Eigenschaften der Linkstotalität und Rechtseindeutigkeit auf (Abschn. 8.2). El Mouhayar und Jurdak (2016) charakterisieren diese Strategie bei einem Zugang über Figurenfolgen als: „Identifies the growing components of the pattern as well as the constant components and relates them with each other and with the figural step number" (S. 203). Sie verweisen damit auf die besondere Einteilung (Färbung) der Figuren, die Konstante und Änderungsrate sichtbar macht.

Es erscheint zunächst paradox, aber die Konkretisierung unterstützt die Abstraktion: Der bewusste Rückverweis auf die konkrete, visuelle Ebene fördert den Sprung auf diese höhere Stufe der Verallgemeinerung. Besonders lernförderlich ist es, diese Entdeckungen nicht vorzugeben, sondern die individuellen Denkweisen der Kinder aufzugreifen. Anstatt also Einfärbungen einfach vorzugeben, sollten die Kinder durch gezielte Aufgabenstellungen angeregt werden, die erkannten Elemente der Figuren selbst einzufärben. Das Einfärben als strukturierende und damit die funktionale Struktur entdeckende Handlung wird somit in seiner besonderen Wirksamkeit in den Mittelpunkt gestellt.

Figurenfolgen erforschen
- Was bleibt gleich? Färbe diese Quadrate (Punkte etc.).
- Entdeckst du einen Zusammenhang zwischen der Positionsnummer (Nummer auf der Karte) und den ungefärbten Quadraten (Punkten etc.)? Erkläre.
- Kannst du eine Regel für dieses Muster finden? Zeige und erkläre, wie deine Regel funktioniert.

Die Identifikation konstanter Elemente in allen Figuren der Folge wird durch Färbung gekennzeichnet. Damit werden die restlichen Elemente und ihre spezifische Anordnung gleichzeitig als ungefärbt sichtbar (Abb. 8.14). Gleichbleibendes und Wachsendes als die strukturellen Elemente der linearen Funktion werden durch den Unterschied der Färbung offensichtlich. Die Beziehung zwischen den ungefärbten, wachsenden Elementen und der Positionsnummer verdeutlicht die Änderungsrate. Natürlich könnten die Kinder diese Entdeckungen auch noch ganz individuell durch weitere Markierungen, Pfeile, Einkreisungen oder Kommentierungen verdeutlichen.

Mathematisch kann eine funktionale Beziehung durch verschiedene, zueinander äquivalente Terme erfasst werden. Das bedeutet für die Suche nach der Konstanten, dass sich für die Kinder verschiedene Möglichkeiten eröffnen. Die eigene, individuelle

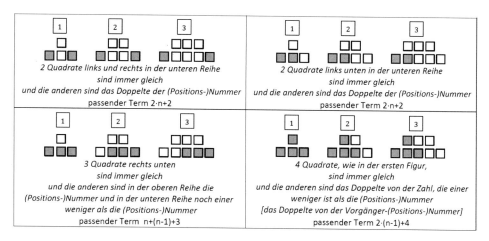

Abb. 8.14 Verschiedene Möglichkeiten der Identifikation der Konstanten in einer wachsenden Figurenfolge

Auseinandersetzung und die visuelle Strukturierung werden durch die Muster nicht verhindert, sondern im Gegenteil unterstützt. Am Beispiel der funktionalen Beziehung $n \rightarrow 2n + 2$ zeigt Abb. 8.14 verschiedene Färbemöglichkeiten und damit unterschiedliche, individuelle Sichtweisen auf das Muster aus geometrischen Objekten.

Bereits an den Einfärbungen der Objekte können Lehrpersonen direkt erkennen, ob die Kinder die strukturelle Idee einer Konstanten erfassen und tatsächlich von Figur zu Figur jeweils gleiche Anzahlen und gleiche Anordnungen der Objekte als Teilfiguren färben. In Unterrichtsprojekten gibt es immer einzelne Kinder, die eine Färbung nicht konsequent auf beide Aspekte beziehen und z. B. womöglich immer die gleichbleibende Anzahl (4 Quadrate) einfärben, aber die Anordnung ignorieren.

In der Kommunikation mit dem einzelnen Kind kann es gebeten werden, seine Idee zu verbalisieren (Woher hast du gewusst, wie man einfärbt?), um ggf. selbst zu erkennen, dass zwar die Anzahl der Objekte, aber nicht die Anordnung beachtet wird. Möglich ist auch durch produktive Irritation durch eine strukturgleiche, aber konsequente Einfärbung eines anderen Kindes oder der Lehrkraft selbst, die Idee der Konstanten gemeinsam zu diskutieren (Kann man auch so einfärben? Was ist hier gleich? Was ist anders?) und somit zu erläutern.

In eigenen Forschungsprojekten mit über 200 Kindern (Steinweg et al., 2023) zeigt sich, dass Kinder als ersten Zugriff die Gleichsetzung von Konstante und erster Figur mitunter bevorzugen (unten rechts in Abb. 8.14). Dies mag auch daran liegen, dass sie von Zahlenfolgen den Fokus auf den direkten, lokalen Zuwachs (von einem zum nächsten) aus dem Unterricht bereits kennen und den Vergleich zweier Nachbarfiguren auch jetzt zum Ausgangspunkt der Überlegungen machen. Grundsätzlich ist jede Figur stets ein Teil der darauffolgenden Figur. Dieses eher rekursiv orientierte Vorgehen ist deshalb immer möglich. Es sollte dennoch nicht als bevorzugte, routinehafte Reaktion aus Figurenfolgen eingeübt werden. Der Schritt von der Identifikation der ersten Figur als Konstanten zu einer expliziten Beschreibung der funktionalen Beziehung ist nämlich häufig eher schwierig (Abb. 8.15).

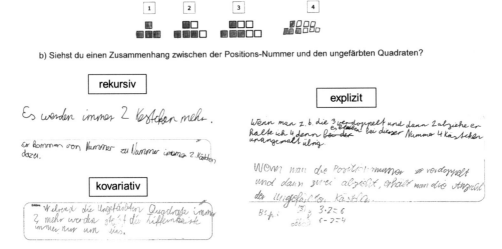

b) Siehst du einen Zusammenhang zwischen der Positions-Nummer und den ungefärbten Quadraten?

Abb. 8.15 Grundschulkinder beschreiben das Änderungsverhalten einer Figurenfolge

Funktionale Denkweisen an Figurenfolgen

Figurenfolgen sind geeignet, um sich kontextgebunden in algebraischen Denk- und Ausdrucksweisen zu erproben. „Der Variablenbegriff [als Veränderliche] bildet sich in diesem Zusammenhang über das Herstellen neuartiger Wechselbeziehungen zwischen der zu beschreibenden Struktur und den in der Kommunikation verwendeten Zeichen heraus" (Hefendehl-Hebeker & Rezat, 2023, S. 138). Kinder im Grundschulalter nutzen in der Regel verbale Beschreibungen, so wie sie jeweils exemplarisch in Abb. 8.15 angegeben sind. Alle hier gezeigten Antworten haben die erste Figur als konstant angenommen (und eingefärbt) und versuchen nun, die Anzahl der sich ändernden Quadrate in einer Regel zu fassen. Dabei variieren die Ausdrucksweisen natürlich stark, da ein komplexer Sachverhalt in Worte gefasst werden soll. Von Figur zu Figur kann die Änderung als ein Wachstum durch das Hinzukommen von (ungefärbten) Elementen erkannt werden (rekursives Denken). Auch die kovariative Denkweise beschreibt die lokale Änderung von einer Figur zur nächsten („immer 2 mehr"), allerdings wird ebenso ein gleichzeitiger („während") Bezug zur Position der Figur, d. h. zur Ziffernkarte, hergestellt („immer nur um eins").

Wie am Beispiel (Abb. 8.15) zu erkennen, kann die Änderungsrate bei Färbung und Setzung der ersten Figur als Konstante immer erst ab der zweiten Figur identifiziert werden. Dies führt auch bei einfachen Figuren oft zur Notwendigkeit, nicht direkt die unabhängige Zahl (auf der Ziffernkarte), sondern die vorangehende Zahl („einer weniger als die Zahl (auf der Karte)", „die Zahl (auf der Karte) minus 1" usw.) als Bezugspunkt in allgemeinen Regeln aufzunehmen.

In den hier zitierten expliziten Beschreibungen (Abb. 8.15) nutzen die Kinder diesen Bezug zur Vorgänger-Ziffernkarte nicht explizit, sondern sie finden eine Regelmäßigkeit, die die multiplikative Beziehung zur Zahl der Positionsnummer mit einer Subtraktion verknüpft. Neben dieser Gemeinsamkeit werden hier zwei typische Argumentationsweisen deutlich: In der oberen expliziten Beschreibung wird exemplarisch für den Fall der 3. Position die Berechnung vorgestellt. Das Beispiel steht also repräsentativ für alle Fälle (Abschn. 8.3; vgl. Akinwunmi, 2012; 2013). In der unteren expliziten Beschreibung wird ebenfalls eine Beispielberechnung angeführt, die verbale Beschreibung hingegen argumentiert mit dem neu erlernten Begriff der Positionsnummer. Die Positionsnummer nimmt in der Beschreibung die Rolle der allgemeinen Variablen ein.

Neben der Beschreibung der Änderungsrate ist für eine allgemeine Regel der funktionalen Beziehung nun die Konstante (gefärbte Quadrate) mit der Änderungsrate (ungefärbte Quadrate) zusammenzustellen. Es können hier im Unterricht insbesondere Beschreibungen auftreten, die unvollständig sind. Unvollständige Beschreibungen adressieren z. B. nur die gefärbten Objekte und damit die gefundene Konstante oder aber sie ignorieren die selbst eingefärbten Objekte (hier Quadrate) und beschreiben für die übrigen Objekte eine erste Regelhaftigkeit. Um solche Beschreibungen der Lernenden weiterzuentwickeln, ist der Austausch im Klassengespräch über die verschiedenen Sichtweisen und Beschreibungen grundsätzlich sehr wichtig und mathematisch fruchtbar.

Eine Funktion – verschiedene äquivalente Terme

Die Aufgabenstellung, eine Beschreibung für eine Figurenfolge zu finden, ist eine besondere Gelegenheit, um im Mathematikunterricht eine Problemstellung kennenzulernen, die verschiedene richtige Antworten hat. Grundsätzlich sind alle validen Sichtweisen (vgl. Färbungen und Beschreibungen in Abb. 8.14) immer zueinander äquivalent. In der Darstellung als Termnotationen sind in Jahrgängen der Sekundarstufe wechselseitige Umformungen der von den Lernenden gefundenen Terme möglich:

$$4 + 2 \cdot n - 2 = 2 \cdot n + 2$$

$$n + (n-1) + 3 = n + n - 1 + 3 = 2 \cdot n + 2$$

$$2 \cdot (n-1) + 4 = 2 \cdot n - 2 + 4 = 2 \cdot n + 2$$

Der umgeformte Term spiegelt dann jedoch nicht mehr zwingend den Bezug zur gewählten Einfärbung wider (Abb. 8.14). Die eingefärbten drei oder vier Elemente – und damit die identifizierte Konstante – verschwinden quasi durch die Umformung. Die Rückführung zur Figurenfolge als konkreter Kontext des Musters aus geometrischen Objekten wird damit erschwert bzw. sogar für manche Lernenden eventuell unmöglich. Eine explorative Studie mit Kindern aus dem 3. bzw. 4. Schulbesuchsjahr (N = 96) zeigt, dass die Deutung von Termen in Symbolsprache auch den Kindern schwerfällt, die eine am Figurenkontext orientierte, verallgemeinerte Beschreibung für die 100. Stelle finden können (Steinweg, 2019; weitere Hinweise zu Variablensymbolen auch in Kap. 3). Die gedanklichen Verallgemeinerungen (ferne Figuren) sind also nur ein erster Schritt dahin, die Variable (Positionsnummer auf der Ziffernkarte) auch in Symbolsprache zu akzeptieren. Der Bezug zur Figurenfolge ist für ein echtes Verständnis einer symbolischen Notation wesentlich.

Die Bezugnahme zum Kontext wird z. B. auch von Lannin (2005) als besonders fruchtbar gekennzeichnet, da die Beziehung zwischen der gefundenen Regel und dem Kontext
die Lernenden in ihrem funktionalen Denken fördert. Nicht die Äquivalenzumformung ist
also besonders hilfreich (und für Grundschulkinder auch noch nicht zugänglich), sondern
die wechselseitigen Argumentationen an den Figurenfolgen mit den Einfärbungen und
Verbalbeschreibungen. Mit diesen Diskussionen wird konsequent die prozessbezogene
Kompetenz des mathematischen Argumentierens (Kap. 3) in all ihren Facetten gefördert:

> „Beim mathematischen Argumentieren in der Primarstufe entwickeln Schülerinnen und
> Schüler ein Bewusstsein für strittige Fragen zu mathematischen Gegenständen und ein Be-
> dürfnis, diese überzeugend aufzuklären. Hierzu hinterfragen und prüfen sie Aussagen ebenso
> wie sie Vermutungen und Begründungen zu mathematischen Zusammenhängen aufstellen.
> Das Spektrum reicht dabei vom beispielgebundenen Prüfen und Widerlegen von Vermutungen
> bis hin zum Nachvollziehen und Entwickeln von verallgemeinernden inhaltlich-anschaulichen
> Überlegungen zu mathematischen Zusammenhängen." (KMK, 2022, S. 10)

Ähnlich fordert auch Schifter (2018) von den Lehrpersonen, im Unterricht zu gewähr-
leisten, dass die Kinder nicht nur die additiven und multiplikativen Komponenten finden,
sondern die Überstimmungen der Beziehungen zwischen diesen konkreten, visuell gegebenen Elementen und den Zahlwerten oder Regeln wahrnehmen. So wird nicht nur das
Kommunizieren der eigenen Sichtweise, sondern auch das Argumentieren gefördert. Die
gemeinsame Diskussion unterschiedlicher Sichtweisen (und damit, wenngleich nicht
zwingend formalisiert, unterschiedlicher Terme) ist gewinnbringend auch über die Grundschule hinaus. Lin et al. (2004) stellen fest: „Das Argumentieren mit Zahlenmustern unterstützt das Beweisen mit Zahlenmustern, und das Argumentieren mit Zahlenmustern und
das Beweisen in der Algebra sollten als sich ergänzende Aktivitäten zur Entwicklung des
algebraischen Denkens konzipiert werden" (S. 254; übersetzt durch Autorinnen). Die Einfärbungen und Sichtweisen anderer Kinder und die damit verschiedenen Konstanten als je
gültig anzuerkennen und ggf. sogar Terme bzw. entsprechende explizite Darstellungen als
äquivalent nachzuweisen (Kap. 7), ist eine anspruchsvolle, aber lohnende Aufgabe.

Figurenfolgen, Kontexte und Tabellen
In einigen Studien werden Muster aus geometrischen Objekten begleitet von einer Ein-
kleidung in eine entsprechende Sachsituation. Der Sachkontext schildert z. B. die Konstante als ein gewisses Startguthaben in einem Sparschwein und die Änderungsrate als täg-
liche oder wöchentliche Spareinlage (z. B. Schifter, 2018). Vorgeschlagen wird zudem
manchmal, das Wachstum für die Lernenden dadurch zu illustrieren, die Figuren aus geometrischen Objekten zu personifizieren und ihnen ein zunehmendes Alter (als Wachstum
von Stelle zu Stelle) zuzuschreiben (Cuevas & Yeatts, 2001). Die erste Figur wäre in dieser
Sacheinkleidung also einen Tag alt, die zweite zwei Tage usw.

Kontextualisierung ist nach Ott (2016) der Strukturerkennung nicht hinderlich, sondern
kann ggf. zu Argumentationen bewusst genutzt bzw. von den Kindern absichtlich ergänzt

werden, um Sprachbilder für Verallgemeinerungen zu finden. Der Kontext darf dabei jedoch nicht die mathematischen Strukturen überlagern. Zudem kann es durch den Kontext durchaus schwieriger sein, Zeitangaben mit Ordnungszahlen je Figur (1. Tag, 2. Tag etc.) als unabhängige Variable 1, 2, … umzudeuten und in eine explizite Regel zu übersetzen. Aufgrund dieser zusätzlichen Herausforderungen sind solche Sachkontexte gegenüber Figurenfolgen im oben beschriebenen Format nicht überlegen.

Im englischsprachigen Raum ist es unterrichtlich vielfach üblich, die Figurenfolgen in eine Wertetabelle zu übersetzen bzw. eine solche begleitend anzubieten. Im Sekundarbereich werden die Darstellungsformen Term – Graph – Wertetabelle und der Wechsel zwischen ihnen unterrichtlich gefördert, da jede Darstellung ihre Vor-, aber auch Nachteile mit sich bringt (Weigand et al., 2022, S. 132).

> „Zeichnet ein Lernender z. B. den Graph einer Funktion, so wird der Verlauf – und damit lokale, aber auch globale Veränderungen – stark betont, wohingegen das Ablesen einzelner Wertepaare mit Ungenauigkeiten behaftet sein kann (vgl. Hußmann & Laakmann, 2011). Stellen Lernende einen Funktionsterm auf, so können sie sich durch Einsetzen eines bestimmten Arguments auf einen Funktionswert festlegen, während eine Rekonstruktion von Verlaufseigenschaften aus den Elementen des Terms ein hohes Abstraktionsniveau erfordert. Visualisieren Lernende einen funktionalen Zusammenhang mithilfe einer Tabelle, tritt ebenfalls der Zusammenhang zwischen dem einzelnen Argument und Funktionswert hervor. Lokale Veränderungen lassen sich dagegen erst in Verbindung mit weiterem Rechenaufwand herausfiltern." (Richter, 2014, S. 37)

Im Grundschulunterricht der Early Algebra berichten Blanton und Kaput (2011) von der Wirksamkeit der Nutzung von Tabellen, um Entdeckungen von visuellen Mustern zu dokumentieren. Für beide Darstellungen (Tabellen und Muster in Figurenfolgen) kann nachgewiesen werden, dass auch junge Kinder passende Funktionsregeln (sogar mit Buchstabensymbolen) bestimmen können (Warren, 2005b; Warren & Cooper, 2007). Tabellen gelten als einfacher zu unterrichten. Hingegen bieten grafisch-visuelle Muster mehr individuelle Bearbeitungsmöglichkeiten (Warren & Cooper, 2006) und Argumentationsanlässe, wie oben bereits deutlich werden konnte.

Hewitt spricht sich ausdrücklich gegen die (forcierte) Nutzung von Tabellen aus und warnt, dass Lernende durch die Werte in Tabellen nicht sicher sein können, ob die gefundenen Regeln für eine Figurenfolge oder einen entsprechenden Kontext gültig ist (Hewitt, 2019). Wertetabellen verleiten dazu, Teilrechnungen auszurechnen und z. B. die Anzahl von Objekten aus konstanten und wachsenden Objekten insgesamt zu berechnen. Damit, so Hewitt (2019), gehe aber jegliche Einsicht in die mathematische Struktur verloren.

Tabellen können dann hilfreich sein, wenn sie als Protokolle der individuellen Entdeckungen von Figur zu Figur dienen (Steinweg et al., 2023). Im Gegensatz zu Wertetabellen wird also nicht ausschließlich die Anzahl von Objekten wiedergeben, sondern es werden entdeckte Terme dokumentiert (Abb. 8.16). Terme meint hier numerische Rechenterme mit Zahlen oder auch verbale Beschreibungen der Rechenhandlungen. Die Zeilen müssen dabei nicht vollständig in allen Spalten ausgefüllt werden. Das tabellarische Protokoll kann z. B. erst bei der dritten Figur beginnen, die Entdeckungen als Rechenterm

1	2	3	4	...	n
1+2·1+1	1+2·2+1	1+2·3+1	1+2·4+1		1+2·n+1
	...	2 mal die Drei (auf der Karte) und je einer links und rechts	...		2 mal die Positionsnummer und zwei mehr
1+3	2+1+3	3+2+3	4+3+3		n+(n-1)+3
...	Die Zwei (auf der Karte) und einer weniger als die Zwei und dann noch Drei	...			Die Positionsnummer und einer weniger als diese Zahl und noch 3
4	4+2	4+2·2	4+3·2		4+(n-1)·2
...					

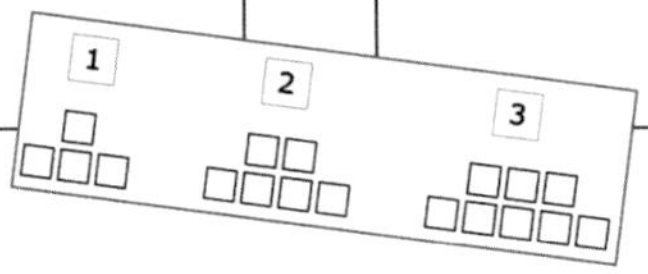

Abb. 8.16 Tabelle als Protokoll-Tableau zur Notation von Entdeckungen an Figurenfolgen

aufzulisten. Die Tabelle in Abb. 8.16 ist eine Zusammenschau verschiedener Entdeckungen unterschiedlicher Kinder einer Klasse. Solch eine Tabelle mit mehreren Zeilen kann im Plenum im Klassengespräch entstehen.

Jede Zeile der Tabelle (Abb. 8.16) steht für eine spezifische Sichtweise auf die angegebene Figurenfolge (vgl. zu den Sichtweisen auch Abb. 8.14).

- Die erste Zeile dokumentiert mögliche Terme, die sich ergaben, wenn in der Figurenfolge die Quadrate links und rechts eingefärbt werden (vgl. verbale Beschreibung in der 3. Spalte). Die restlichen Quadrate (in der Mitte) werden hier als Verdopplung der 3 auf der Ziffernkarte erkannt. Diese Entdeckung kann dann an den vorangehenden und nachfolgenden Figuren überprüft und dort als Färbung und in symbolischer Notation festgehalten werden.
- In der zweiten Zeile sind Optionen angegeben, die ein Kind (verbal oder symbolisch) geben könnte, das 3 Elemente als konstant markiert hat.
- Die dritte Zeile symbolisiert als Rechnungen die Idee, die ein Kind protokollieren könnte, das die gesamte erste Figur als konstant erkennt.

Die letzte Spalte, die hier mit n eine beliebige Stelle symbolisiert, ist kein direktes Protokoll der Bearbeitung an der Figurenfolge, sondern eine Anregung zur Verallgemeinerung auf beliebige Stellen. Diese Spalte kann im Plenumsgespräch von der Lehrkraft eingeführt werden. Statt der Variablen n kann diese Spalte im Unterricht auch mit einer beliebigen, aber festen Variablen vorbereitet werden. Möglich ist es anzuregen, den konkreten Fortsetzungen und Einfärbungen analoge Berechnung für 100 oder 1000 zu notieren.

Durch die gemeinsame Darstellung in einer sich nach und nach füllenden Tabelle können die Kinder darauf aufmerksam werden, dass verschiedene Sichtweisen möglich sind und alle gleichsam gültig sein können. Auf konkret numerischer Ebene wird es nachweisbar, dass die gefundenen Terme äquivalent sind (Kap. 7). Durch den Rückbezug auf die unterschiedlich gefärbten Quadrate der gleichen Figurenfolge wird diese Gleichheit zusätzlich einsichtig.

Angemerkt sei, dass auch umgekehrt unterschiedliche Figurenfolgen passend zu einem Funktionsterm gefunden werden können. Die L-Figuren aus Abb. 8.1 bzw. Abb. 8.11 sind nur eine mögliche Figurenfolge für die Folge der ungeraden Zahlen (Steinweg, 2023). Denkbar wären auch Figuren, die die ungeraden Zahlen als Doppelreihen plus eins repräsentieren (Kap. 5).

Figurenfolgen mit Quadraten

Der mathematische Hintergrund der bisher betrachteten Figurenfolgen ist je eine lineare Funktion. Natürlich bieten auch einfache, quadratische funktionale Beziehungen vielfältige Möglichkeiten der Darstellung in Figurenfolgen. Ein bekanntes Beispiel ist die Folge der Quadratzahlen, die zu den figurierten Zahlen zählt (Abschn. 8.5). Auch Variationen der Quadratzahlen, die z. B. entsprechend sichtbar auf Musterebene weitere Elemente den Quadratfiguren hinzufügen (links in Abb. 8.17), sind möglich. Die hinzugefügten Objekte stellen die additive Konstante dar. Eine Konstante kann, wie bei linearen Figurenfolgen, auch als nicht gegebene, rein gedankliche Ergänzung der Figuren in einer Folge auftreten (rechts in Abb. 8.17). Erst durch die Entdeckung des jeweils fehlenden (subtrahierten) kleinen Kästchens (je Figur links unten in der Ecke) erschließt sich hier eine Beziehung zur Folge der Quadratzahlen.

Quadratische Funktionen können als Figurenfolgen also insbesondere dann fruchtbar für Entdeckungen werden, wenn in Aktivitäten eine Einschränkung der Parameter (auf $a = 1$ und $b = 0$) erfolgt und somit insbesondere Funktionen des Typs $n \rightarrow 1n^2 + c$ genutzt werden.

Kinder im Grundschulunterricht beschreiben diese Beziehungen natürlich nicht über formale Terme, sondern auf verbaler Ebene. Der quadratische Anteil wird durch die Darstellung als Quadratfigur sichtbar und steht den Lernenden zudem als bekannter Begriff (Quadrat bzw. Quadratzahl) für allgemeine, explizite Beschreibungen der funktionalen Beziehung zur

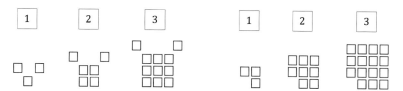

Abb. 8.17 Quadratische Funktionen als Figurenfolgen (links $n \rightarrow n^2 + 2$ und rechts $n \rightarrow (n+1)^2 - 1$)

Verfügung. Bei diesen Funktionen sind somit alle Typen der Herangehensweisen (rekursiv, kovariativ, explizit) und Facetten der Verallgemeinerung (Abschn. 8.3) über Beispiele, Bedingungssätze oder unter Nutzung der Ziffernkarte als Synonym für die Variable sowie auch explizite Beschreibungen ganz analog zu linearen Funktionen denkbar.

Lineare und quadratische Funktionen in Figurenfolgen erlauben durch die grafische Darstellung, Regelmäßigkeiten des Musters und damit Strukturen der funktionalen Beziehung zu erkennen und für sich und andere durch Färbungen oder Einkreisungen kenntlich zu machen. Damit wird die Kompetenz des Darstellens angesprochen. Ebenso wird auch das Kommunizieren über die eigene Sichtweise gefördert. Die besondere Effektivität der Aktivität zu Figurenfolgen liegt in der Förderung der Kompetenz des Argumentierens. Die Gültigkeit (Validation) der erkannten Struktur aus Änderungsrate und Konstante kann anhand der Einfärbungen einerseits konkret auf Musterebene für alle sichtbar gemacht werden. Andererseits können Lernende dabei ihre Fähigkeiten im Verallgemeinern entwickeln, um über rekursive, kovariativ-lokale bis hin zu allgemeinen, expliziten Argumenten die strukturellen Eigenschaften zu fassen (Cooper & Warren, 2008; Warren & Cooper, 2007; Warren, 2005a).

8.5   Figurierte Zahlen als besondere Figurenfolgen

Figurierte Zahlen werden als spannendes mathematisches Erbe aus der Zeit der Pythagoreer (z. B. Conway & Guy, 1997; Ziegenbalg, 2018) als sogenannte Dreieckszahlen, Rechteckszahlen, Quadratzahlen in vielen Unterrichtswerken der Grundschule aufgegriffen (zu den besonderen Zahleigenschaften vgl. auch Kap. 5). Werden figurierte Zahlen als wachsende Figurenfolgen dargestellt (Abb. 8.18), besticht die Schönheit dieser Muster.

Quadratzahlen 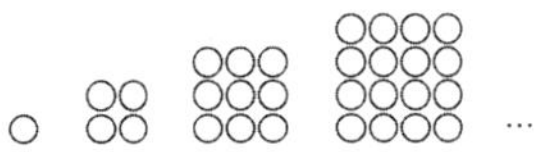	Rechteckszahlen 	Dreieckszahlen 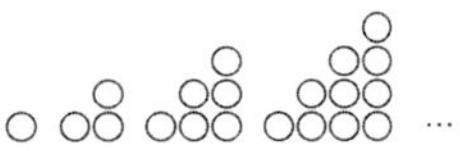

Rekursive Betrachtung
Die n-te Quadratzahl
ist die Summe der ersten n
ungeraden natürlichen Zahlen,
also $1 + 3 + \ldots + (2n-1)$.

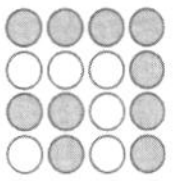

4. Quadratzahl:
$1 + 3 + 5 + 7$

Rekursive Betrachtung
Die n-te Rechteckszahl
ist die Summe der ersten n
geraden natürlichen Zahlen,
also $2 + 4 + \ldots + 2n$.

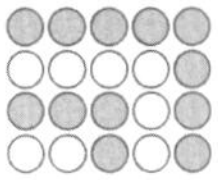

4. Rechteckszahl:
$2 + 4 + 6 + 8$

Rekursive Betrachtung
Die n-te Dreieckszahl
ist die Summe der ersten n
natürlichen Zahlen,
also $1 + 2 + \ldots + n$.

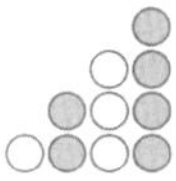

4. Dreieckszahl:
$1 + 2 + 3 + 4$

Abb. 8.18 Figurierte Zahlen als wachsende Figurenfolgen rekursiv betrachtet

Die schönen Muster von Figurenfolgen aus figurierten Zahlen werden in ihren mathematischen Ansprüchen jedoch leicht unterschätzt. Die hinter den Mustern liegenden Strukturen bringen neue Herausforderungen mit sich: Die Differenzen von einer Figur zur nächsten sind bei figurierten Zahlen nicht konstant und unterscheiden sich somit wesentlich von linearen Figurenfolgen: Die Differenzenfolge ist selbst eine (linear) wachsende Zahlenfolge. Erst die Differenzen der Differenzen, also die zweite Differenzenfolge, ist konstant. Diese strukturellen Eigenschaften verweisen darauf, dass Figurenfolgen aus figurierten Zahlen Beispiele für quadratische Funktionen sind.

Eine für den Grundschulbereich typische figurierte Zahlenfolge sind *Rechteckszahlen*. Zur Ermittlung einer gesuchten figurierten Zahl wird im Grundschulunterricht die *rekursive* Betrachtung der Figurenfolgen genutzt. Hierbei begegnen Kindern in Schulbuchbeispielen oft Einfärbungen, die nun nicht wie bei linearen Figurenfolgen eine Konstante kennzeichnen, sondern es werden hier die jeweils sukzessiv hinzukommenden Elemente farblich dargestellt (Abb. 8.18). Die Darstellung erwartet also eine andere Interpretation der Färbungen, die im Unterricht bewusst aufgegriffen werden sollte: Geschickte Einfärbungen der Figuren richten die Aufmerksamkeit auf das Wachstum von Figur zu Figur.

Bei den Rechteckszahlen zeigt sich durch solche Färbungen die Folge der geraden Zahlen, die die Anzahl der Objekte bestimmt, die jeweils als Winkel (Gnomon) von Figur zu Figur angelegt wird. Die Differenzen selbst bilden also eine linear wachsende Zahlenfolge, die im Schulbuchbeispiel als Änderungsraten in Pfeildarstellung aufgegriffen werden (Abb. 8.19). Mathematisch zeigt diese Eigenschaft, dass die funktionale Beziehungsstruktur keine lineare, sondern eine quadratische Funktion ist. Quadratische Funktionen verhalten sich also strukturell wesentlich anders als lineare Funktionen, bei denen die erste Differenzenfolge immer konstant ist.

Im Beispiel der Rechteckszahlen (Abb. 8.19) ist die erste Differenzenfolge (2), 4,6, 8, … und damit erst die zweite Differenzenfolge konstant 2. Schul-, Seminar- und Fortbildungserfahrungen zeigen, dass Kinder und auch Studierende oder Erwachsene tendenziell dazu neigen, in Beschreibungen von Musterentdeckungen zu Rechtecks- oder Quadratzahlenzahlen direkt auf diese zweite Differenzenfolge als konstante Wachstumsrate („immer 2 mehr") hinzuweisen. Eine Beschreibung der Figuren als jeweils durch eine Summe der Differenzen entstandenen Anzahl fällt oft nicht so leicht. Die konkrete oder zeichnerische Fortsetzung der Figurenfolge gelingt hingegen auch Grundschulkindern.

 a) Zeichne die Figuren ab.
   Zeichne noch zwei weitere Figuren.
b) Aus wie vielen Kästchen besteht Figur 4,
   aus wie vielen Figur 5?
c) Aus wie vielen Kästchen besteht Figur 7?

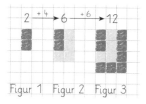

Abb. 8.19 Rechteckszahlen als Summe der geraden Zahlen. (© Westermann: Rottmann, T. & Träger, G. (2021). *Welt der Zahl 3*. Westermann, S. 122)

Mathematisch wird die Summe der Folgenglieder (der geraden Zahlen) als eine arithmetische Reihe (2 + 4 + 6 + …) bezeichnet. Die Anzahl der Summanden stimmt mit der Position der Figur in der Figurenfolge überein, d. h., die 3. Rechteckszahl entspricht der Summe R_3 = 2 + 4 + 6, die 7. Rechteckszahl damit der Summe R_7 = 2 + 4 + 6 + 8 + 10 + 12 + 14. Über diesen Zusammenhang ist es möglich, die jeweiligen Rechteckzahlen additiv zu bestimmen.

Wird die Folge der *Quadratzahlen* als Figurenfolge angeboten, so kann die passende Färbung wiederum durch die Lehrkräfte oder das Schulbuch vorgegeben werden oder aber die Färbung wird als Aktivität an die Kinder gerichtet (Abb. 8.18). Dafür ist es günstig, die Kreise oder Plättchen in der Figurenfolge ungefärbt vorzulegen, um nicht nur Einkreisungen, sondern auch Einfärbungen durch die Kinder zu ermöglichen (vgl. auch Abb. 8.18). Quadratzahlen sind jeweils wieder eine arithmetische Reihe, d. h. die Summe der ersten Folgenglieder der ungeraden Zahlen: 1 + 3 + 5 + … Die 5. Quadratzahl kann als Summe der ersten fünf Folgenglieder der Folge der ungeraden Zahlen ermittelt werden: Q_5 = 1 + 3 + 5 + 7 + 9. Die Anzahl der Summanden entspricht wieder der Position der Figur in der Figurenfolge.

Neben Quadrat- und Rechteckszahlen werden auch *Dreieckszahlen* in fast allen aktuellen Schulbüchern thematisiert (Abb. 8.20). Auch hier können ganz analog phänomenologische Zugänge über Figurenfolgen und Färbungen der Zuwächse, d. h. über die rekursive Betrachtung, gesucht werden (Abb. 8.18). Die durch die Einfärbungen von sichtbaren Differenzen von einer Figur zur nächsten folgen der natürlichen Zählzahlfolge. Die Differenzen der Differenzen sind somit konstant 1. Diese simple Differenzenstruktur lässt die Dreieckszahlen als günstigen Zugang erscheinen. Die mathematische Struktur ist jedoch eine quadratische, wie die Konstanz der zweiten Differenzenfolge deutlich macht. Die Verallgemeinerung einer expliziten Regel in rein verbaler Darstellung ist damit durchaus anspruchsvoll (Kap. 5).

Die Summenterme der Dreiecksfiguren als arithmetische Reihe (z. B. D_3 = 1 + 2 + 3) verdeutlichen wieder einen Zusammenhang zwischen der Position (Stelle) in der Folge und der Anzahl der Summanden der arithmetischen Reihe. Die 100. Dreieckszahl entspricht damit der Summe der ersten hundert natürlichen Zahlen.

Abb. 8.20 Dreieckszahlen mit farbig gekennzeichneten Zuwächsen. (© Oldenbourg: Balins, M., Dürr, R., Franzen-Stephan, N., Gerstner, P. Plötzer, U., Strothmann, A., Torke, M. & Verboom, L. (2014). *Fredo 2 Mathematik – Ausgabe Bayern.* Oldenbourg, S. 69)

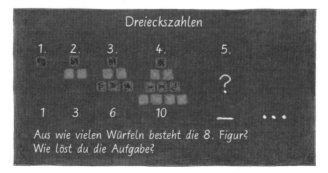

Figurierte Zahlen explizit beschreiben

Bei Quadrat- und Rechteckszahlen können auch von Kindern Beziehungen zwischen Seitenlängen der Figuren und der jeweiligen Stelle (Positionsnummer) entdeckt werden. Bei den Quadratzahlen kann die funktionale Beziehung durch den Term $Q_n : n \rightarrow n^2$ explizit beschrieben werden. Bereits die Figuren (Quadrate) deuten darauf hin, dass eine quadratische Funktion vorliegt. Kinder können diese Beziehung aus den Figuren ablesen und den Begriff Quadrat auch explizit in Beschreibungen nutzen (Kap. 5; Abschn. 8.4). Bei Rechteckszahlen können Kinder in verbalen Beschreibungen einer expliziten Termdarstellung die Beziehung der Längen der Rechtecksseiten (z. B. „die Zahl mal die nächste"), d. h. die Funktion $n \rightarrow n \cdot (n + 1)$, nutzen. Somit stehen auch Grundschulkindern neben der additiven Ermittlung durch die arithmetischen Reihen ($R_3 = 2 + 4 + 6$) ebenso multiplikative Optionen ($R_3 = 3 \cdot 4$) zur Verfügung. Dieser Term passt zum phänomenologischen Muster. Er ist damit aber selbst für Lehrkräfte kaum als quadratische Funktion kenntlich, da üblicherweise auf die weitere Umformung des Terms $n \rightarrow n \cdot (n + 1) = n^2 + n$ für die explizite Berechnung von Rechteckszahlen (Abb. 8.19) an einer bestimmten Stelle n der Folge verzichtet wird. Diese expliziten Darstellungen in Symbolform werden in der Grundschule unterrichtlich nicht erwartet. Die Berechnung bestimmter Stellen (dritte Rechteckszahl etc.) hingegen schon.

Die direkte, explizite Termdarstellung von Figuren der Dreieckszahlen ist komplex. Es muss hierbei auf einen Zusammenhang der Dreieckszahlen z. B. zu Rechteckszahlen zurückgegriffen werden $D_n : n \rightarrow \frac{1}{2}(n^2 + n)$ (vgl. expliziter Term Dreieckszahlen Kap. 5). In der Perspektive auf figurierte Zahlen als Funktion sei angemerkt, dass in der allgemeinen, quadratischen Funktion $n \rightarrow an^2 + bn + c$ hier bei diesen Beispielen keine additive Konstante c vorliegt, aber die Parameter a und b durchaus nicht nur den Wert 1 annehmen. Hinweise, wie ganz im Sinne des funktionalen Denkens, explizite Beschreibungen in der Grundschule ermöglicht werden können, bietet Kap. 5.

Der rekursive Blick auf Differenzen ist bei figurierten Zahlen als Figurenfolgen unterrichtlich verständlich, da die explizite Notation sehr herausfordernd sein kann. Da, wie oben beschrieben, das algebraische Denken jedoch rekursive Betrachtungen zunehmend erweitern sollte, sind figurierte Zahlen zwar ein wunderbarer Kontext für Entdeckungen auf Musterebene, die auch erste strukturelle Eigenschaften quadratischer Funktionen aufdecken, jedoch können fruchtbare Annäherungen an Strukturen quadratischer Funktionen nur dann gelingen, wenn den Lehrkräften dieser mathematische Hintergrund bewusst ist.

8.6   Sich wiederholende Musterfolgen

Sich wiederholende Musterfolgen (Abb. 8.21) nutzen Einfärbungen und Formen geometrischer Figuren nicht zur Kennzeichnung von Teilelementen der funktionalen Beziehung, sondern die Farbe oder Form selbst ist ein wesentliches Kriterium jedes Teil-

Würfelschlange: Fredo hat 50 Würfel.

Er legt die drei Farben immer in der gleichen Reihenfolge:

a) Welche Farbe hat der 15. Würfel?

b) Wie viele blaue Würfel sind es bis zum 22. Würfel?

c) Kann es sein, dass der 50. Würfel rot ist?

Abb. 8.21 Sich wiederholendes Muster aus farbigen Würfeln. (© Oldenbourg: Balins, M., Dürr, R., Franzen-Stephan, N., Gerstner, P. Plötzer, U., Strothmann, A., Torke, M. & Verboom, L. (2014). *Fredo 2 Mathematik – Ausgabe Bayern.* Oldenbourg, S. 68)

elements in der Folge. Die Teileelemente gestalten ein Motiv bzw. eine *Einheit* („unit"), das bzw. die fortlaufend und unendlich wiederholt wird. In der Geometrie werden diese sich wiederholenden Muster als Ornamente bezeichnet.

> „The identification and application of the unit of repeat was found to be fundamental to the children's recognition of the pattern structure." (Papic et al., 2011, S. 263)[2]

Sich wiederholende Musterfolgen sind damit nicht endlich, aber dennoch keine wachsenden Muster. Sie folgen einer gewissen Periodizität, die z. B. auch bei trigonometrischen Funktionen (sin, cos, tan) auftritt.

Für algebraisches Denken sind bei diesen Mustern die *Einheit* und die *Periodizität*, d. h. die Rhythmen der Wiederholung und der Aufbau der je genutzten Einheit, als strukturelle Eigenschaften relevant. Hierbei ist es mathematisch irrelevant, ob die sich wiederholenden Elemente der Periode aus Zahlen oder geometrischen Figuren oder Farben bestehen.

In der Regel werden die *Einheiten* („unit of repeat") mit Großbuchstaben typisiert. So nutzt z. B. eine solch typische AB-Struktur eine zweistellige *Periodizität* aus zwei Farben, Formen, Größen oder Ziffern: 2, 5, 2, 5, … ist damit mathematisch strukturgleich zu rot-blau-rot-blau-rot-blau… oder auch zu ○□○□○□ …

Nach Lüken (2012) können mindestens sechs typische Aktivitäten zu sich wiederholenden Mustern identifiziert werden (Kap. 4):

• Nachmachen
• Fortsetzen
• Ergänzen/Ausfüllen von Lücken
• Erfinden
• Einheit erkennen
• Übersetzen

---

[2] Übersetzung durch Autorinnen: „Die Identifikation und Anwendung der sich wiederholenden Einheit erwies sich als fundamental für das Erkennen der Struktur der Muster durch die Kinder."

Die ersten drei Aktivitäten arbeiten auf der konkreten Ebene des gegebenen Musters und sind auch nonverbal durch entsprechende Fortsetzungen zeichnerisch oder konkret (Mosaiksteine, Steckwürfel etc.) zu leisten. Auch die Aktivität des kreativen Erfindens kann nonverbal, zeichnerisch oder durch Materialhandlungen erfolgen. So erklärt sich, warum diese Aktivitäten auch bereits in der Frühförderung im Kindergarten eingesetzt werden.

Die beiden letztgenannten Aktivitäten (*Einheit erkennen* und *Übersetzen*) zielen auf den Blick hinter die Mustertür und erwarten eine Analyse der Regelmäßigkeit des Musters und damit Einsicht in die Struktur. Die *Einheit*, die sich unendlich wiederholt, ist das wesentliche Element dieser Struktur (vgl. auch Threlfall, 2005). Die *Länge der Periode* kann dabei beliebig gewählt sein. Typischerweise werden sich wiederholende Muster jedoch mit Längen von bis zu vier Elementen angeboten.

Die Aktivität *Übersetzen* ist eine besondere Herausforderung bei der Arbeit mit sich wiederholenden Mustern: Wie oben exemplarisch aufgezeigt, sollen hier Analogien in Mustern aus Zahlen, Formen, Farben erkannt oder auch selbst gefunden werden. Die Übersetzung erwartet die Deutung des konkret gegebenen Musters in die zugrunde liegende abstrakte Struktur, die dann wieder in einer neuen Kontextualisierung konkretisiert werden kann. Diese Aktivität trifft damit den algebraischen Kern der Identifikation mathematischer Strukturen.

> „Die Struktur eines Musters kann nicht durch einfaches Hinschauen erfasst, kann nicht einfach ‚abgelesen‘ werden. Wenn Kinder mit Mustern und Strukturen umgehen, wenn sie Muster und Strukturen erkennen, ist dies immer eine aktive, konstruktive Tätigkeit des einzelnen Individuums." (Lüken, 2012, S. 206)

Die Bereitschaft und Fähigkeit, sich wiederholende Muster ineinander zu übersetzen, d. h. Analogien zu erkennen, ist auch in Studien bei jungen Kindern nachzuweisen und tritt teilweise sogar ungefragt auf (Papic et al., 2011). Die Herausforderung ist jedoch nicht zu unterschätzen. Auch Sarama und Clements (2009) ordnen die Übersetzung als fortgeschrittene Kompetenz gegenüber der Fortsetzung eines Musters ein.

Aufgrund der im ersten Zugriff gegebenen Anschaulichkeit oder Materialität werden sich wiederholende Muster vielfach auch bereits im Kindergarten genutzt und es liegen vielfältige Forschungen vor. So können Rittle-Johnson et al. (2015) in ihren Untersuchungen nachweisen, dass bereits 4-jährige Kinder Muster nachmachen und fortsetzen können. Einige zeigen, so die Forschungsgruppe, auch bereits tieferes Verständnis der abstrakten Struktur und können gegebene Muster in analoge Muster mit anderen Materialien übersetzen. Für einen kleinen Anteil der Kinder kann explizites Wissen über die Einheiten nachgewiesen werden. Die Einheit bzw. das Wissen, dass es Einheiten gibt und man diese suchen und erkennen kann, bezeichnen Mulligan et al. (2010) als „crucial aspect" im Unterricht.

Position	1	2	3	4	5	6	...	10	11	12	...
Einheit							...				...
Farbe	blau	weiß	rot	blau	weiß	rot	...	blau	weiß	rot	...

Abb. 8.22 ABC-Einheit eines sich wiederholenden Musters

Das sich wiederholende Muster aus dem Schulbuch (Abb. 8.21) besitzt eine ABC-Struktur. Die Frage nach der Farbe des 15. Elements kann über Fortsetzung des Musters bis zur gefragten Stelle zeichnerisch oder handelnd erfolgen. Ebenso könnte eine Tabelle (Abb. 8.22) soweit wie angefragt fortgesetzt werden.

Sobald die Einheit als dreigliedrige ABC-Einheit erkannt wird, kann sich die Strategie zur Lösung der Aufgabe wesentlich ändern. Es kann dann überlegt werden, wie viele Einheiten bis zur 15. Stelle gelegt werden und ob die 15. Stelle am Anfang, in der Mitte oder am Ende der ABC-Struktur liegt. Mit dieser Kenntnis kann eine Strategie darin liegen, die Positionsnummer der angefragten Stelle durch die Länge der Periode (Einheit) zu dividieren, d. h. hier 15 durch 3 zu dividieren. Die 15. Stelle trägt somit die Farbe Rot. Selbst dann, wenn diese Division einen Rest ergeben würde, könnte aus dem Ergebnis die gesuchte Farbe abgeleitet werden. Für die 17. Stelle ergäbe sich bei Division durch 3 der Rest 2 und damit die Farbe Weiß.

Aus der Perspektive von Funktionen betrachtet, kann ein sich wiederholendes Muster als kombinierte Folge betrachtet werden (Abschn. 8.7). Bei einer Einheit der Länge 3 sind drei Folgen kombiniert. Jede dieser einzelnen Folgen ist konstant. Um diese Kombination zu beschreiben, liegt eine Möglichkeit darin, *Fallunterscheidungen* der Positionsnummern (der unabhängigen Variable) vorzunehmen. Im Beispiel (Abb. 8.22) ergibt sich somit:

- Für alle Fälle, in denen n ein Vielfaches von 3 ist ($n = 3k$), ist der (Farb-)Wert rot.
- Für die Vorgänger der Vielfachen von 3 ($n = 3k - 1$) ist der (Farb-)Wert weiß.
- Für die Fälle, die 2 vor den Vielfachen von 3 ($n = 3k - 2$) liegen, ist der (Farb-)Wert blau.

Die Menge der natürlichen Zahlen, die hier als unabhängige Variablen durchlaufen werden, wird damit in die sogenannten Restklassen von 3 (modulo 3) eingeteilt (Kap. 5). Alle natürlichen Zahlen werden durchlaufen (*Linkstotalität*). Jedes Element der Wertemenge tritt jeweils unendlich auf, die Zuordnungen sind jedoch jeweils eindeutig (*Rechtseindeutigkeit*).

Durch die Kombination der konstanten Folgen ist die Frage nach „der" Position eines roten Würfels nicht sinnvoll. Vielmehr kann die Suche nach der Antwort nach allen Positionen, die rot sind, dazu führen, zunächst diese konstante Funktion für die Stellen der unabhängigen Variablen (Zählzahlfolge), die Vielfache von 3 sind, zu entdecken. Aus dieser Entdeckung kann sich dann die Entdeckung der konstanten Folge an den Positionen der Vorgänger bzw. Nachfolger der Vielfachen von 3 entwickeln.

Die im Schulbuchbeispiel gestellten Fragen (Abb. 8.21) nach der Anzahl der blauen Würfel bis zur Position 22 oder die nach der Farbe des 50. Würfels sind nur über die Verknüpfung der Zählzahlfolge mit der Dreigliedrigkeit der Einheit (und damit der Dreierreihe) und gleichsam wiederum mit den Farben des Motivs der hier gewählten ABC-Einheit lösbar. Möglich ist auch eine Lösung über die Entdeckung der drei kombinierten, konstanten Folgen und ihren Positionen (Abb. 8.22). Die Bearbeitung ist also, wenn man die strukturellen Hintergründe solcher Funktionen ernst nimmt, für Kinder der 2. Jahrgangsstufe durchaus nicht trivial.

Aktivitäten zu sich wiederholenden Mustern können auch bereits bei der scheinbar einfachsten Frage nach Fortsetzungen komplex werden. Die Komplexität unterscheidet sich je nachdem, ob das vorgegebene Muster in der letzten Einheit vollständig abschließt oder mitten innerhalb einer Einheit abbricht. Tsamir et al. (2015) halten fest, dass Kindergartenkindern die Fortsetzung leichter fällt, wenn die Mustervorgabe der Aufgabenstellung bei einer kompletten Einheit endet.

Tirosh et al. (2018) erinnern nachdrücklich daran, dass die Auswahl der Darstellung, die Formulierung der Aufgabenstellung und natürlich auch die Aufgabenauswahl selbst, d. h. Nachmachen, Fortsetzen, Übersetzen etc., maßgeblich die Lernchancen der Kinder beeinflusst. Bedacht werden sollten dabei im Vorfeld die mögliche Vielfalt von Antworten und gleichzeitig die Äquivalenz von Antwortoptionen. Studien verweisen zudem darauf, dass Muster und sich wiederholende Muster unterrichtlich oft nur als Zusatzangebote und Auflockerungen eingesetzt werden (Zazkis & Liljedahl, 2002, 2006). Einige Lehrkräfte sind schon zufrieden, wenn die Kinder Freude haben oder miteinander kooperieren (Tirosh et al., 2018). Damit wird der Unterricht dem algebraischen Potenzial der Aktivitäten jedoch nicht gerecht, das sich insbesondere bei der Suche nach der Einheit und der Übersetzung von Mustern in analoge andere Muster, bei der Nutzung neuer Begriffe in der Kommunikation (Stelle, Einheit, AB-Muster, …) und in Argumentationen über Analogien und Unterschiede entfalten kann.

8.7 Besondere Zahlenfolgen: Fibonacci & Co.

An dieser Stelle werden kurz drei besondere, im Grundschulunterricht aber durchaus übliche Zahlenfolgen mit der Grundideenbrille Funktionen betrachtet.

Kombinierte Zahlenfolgen

Im Grundschulunterricht und in manchen Schulbüchern treten sogenannte Kombinationen aus Zahlenfolgen auf (vgl. z. B. Wittmann & Müller, 2016; Selter, 1999). Hierbei wechseln die mathematischen Regeln (Strukturen) jeweils von Folgeglied zu Folgeglied ab, z. B. 5, 11, 5, 22, 5, 33, 5, … Die Kombination erwartet hier also bei der Suche nach der mathematischen Struktur eine *Fallunterscheidung* zwischen den geraden und ungeraden Stellen (Positionsnummern). Alle Verallgemeinerungsversuche müssen folglich zunächst nur eine der Zahlenfolgen und ihre funktionale Beziehung in den Blick nehmen und die

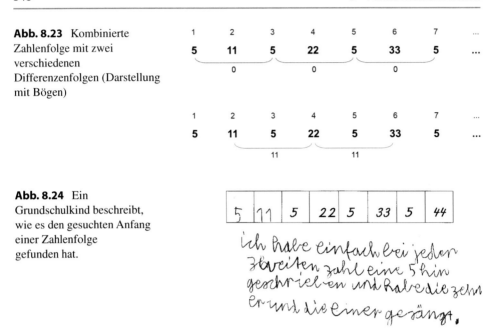

Abb. 8.23 Kombinierte Zahlenfolge mit zwei verschiedenen Differenzenfolgen (Darstellung mit Bögen)

Abb. 8.24 Ein Grundschulkind beschreibt, wie es den gesuchten Anfang einer Zahlenfolge gefunden hat.

andere gedanklich ausblenden. Danach kann dann eine Beschreibung und strukturelle Begründung der ausgeblendeten zweiten Zahlenfolge erfolgen.

Gerade für solch kombinierte Zahlenfolgen wird in der Abb. 8.23 deutlich, dass es günstig sein kann, die Positionsnummern als Zählzahlfolge der unabhängigen Variablen geeignet in der Darstellung mit anzubieten, um sie als mögliches Kommunikations- und Argumentationsmittel zur Verfügung zu stellen. Durch diesen Bezug können die geraden und ungeraden Stellen als voneinander unabhängige Folgen erkannt und in expliziten Beschreibungen dargelegt werden.

Es ergeben sich folglich zwei Beschreibungen und strukturelle Begründungen je nach Fall der Positionsnummer (Stelle). Die Folge der geraden Stellen zeigt von geradem zu geradem Folgeglied jeweils die Differenz 11 (Abb. 8.23), die ungeraden Stellen sind eine konstante Folge, d. h., die Differenzen sind jeweils 0. Die gleichzeitige Betrachtung beider Folgen kann unterrichtlich durch Einfärbungen unterstützt werden. Die Kinder können so ihre Entdeckungen, welche Folgenglieder betrachtet werden, mit Markierungen kenntlich machen, z. B. die ungeraden Stellen rot einkreisen und auch die Differenzenbögen rot einzeichnen. Für Beschreibungen der Regeln schlagen Wittmann und Müller (2016) das Adverb „abwechselnd" vor. Kinder nutzen auch Angaben wie „jede zweite Zahl" (Abb. 8.24).

Bei allen Zahlenfolgen (ebenso auch bei Figurenfolgen) können in Aktivitäten nicht nur nahe und ferne Folgeglieder (Fortsetzungen) erfragt werden, sondern als alternative Variation auch einmal die Anfangszahlen (vgl. Selter, 1999). Zur Bestimmung der Anfangszahlen sind die erkannten Differenzen dann in der Gegenoperation auszunutzen. Die Bearbeitung in Abb. 8.24 verdeutlicht in der Beschreibung das Vorgehen: Zum einen werden die zwei kombinierten Folgen getrennt betrachtet und zunächst die konstante Folge

(„bei jeder zweiten Zahl eine 5") für die gesuchten Anfangszahlen ausgenutzt. Zum anderen wird die Änderungsrate (hier: immer plus 11) der zweiten Folge von rechts nach links betrachtet und direkt als Gegenoperation bzw. in der Sprache des Kindes als Senken der Zehner und Einerstelle („die zehner und die einer gesängt") beschrieben.

Fibonacci

Eine außergewöhnliche Konstruktionsidee von Folgen haben sogenannte Fibonacci-Folgen (vgl. Steinweg, 2013, S. 41). Aus zwei beliebig ausgewählten Startzahlen wird der Wert der dritten Stelle als Summe berechnet, der Wert der vierten Stelle als Summe aus dem Wert an Stelle 2 und 3 usw. Werden als Startzahlen 1 und 1 gewählt, so entsteht die Zahlenfolge 1, 1, 2, 3, 5, 8, 13 … Eine explizite Beschreibung der Struktur ist möglich, aber aufgrund der mathematischen Komplexität selbst in der Sekundarstufe nicht üblich.

Variationen der Startzahl(en) wirken sich wegen der additiven Struktur der Fibonacci-Folge natürlich direkt auf die Folgezahlen aus. Unterrichtlich gebräuchlich sind Betrachtungen von Teilen der Folge, z. B. bis zur 5. Stelle (Fibonacci-Five bzw. Zahlenketten, vgl. Scherer, 1996), oder unter einem Zielfokus, eine bestimmte Zahl an der 5./10. Stelle durch geschickte Wahl der Startzahlen zu erreichen. Die Erforschungen argumentieren über Zusammenhänge der additiven Aufbaustruktur (vgl. auch Steinweg, 2013, S. 45).

Zahlenfolgen mit einer Aufbaustruktur nach Fibonacci sind grundsätzlich zu unterscheiden von sogenannten Zahlenreihen. Bei Zahlenreihen wird die Summe aller Folgelieder bis zu einer bestimmten Stelle gebildet (vgl. rekursiver Aufbau der figurierten Zahlen Abschn. 8.5). Im Aufgabenformat „Wer trifft die 50?" (Steinbring, 1995) gilt es, eine solche (arithmetische) Zahlenfolge (mit Startzahl und Additionszahl) zu finden (Abschn. 8.2), deren ersten fünf Folgenglieder summiert, also als Zahlreihe, 50 ergeben.

Zahlenfolgen mit multiplikativem Zuwachs

Folgen mit additivem Zuwachs können als lineare Funktionen interpretiert werden. Folgen mit multiplikativem Zuwachs q sind sogenannte geometrische Folgen (vgl. Steinweg, 2013, S. 41). So ergibt sich beispielsweise für den Anfangswert (Startzahl a) 2 und den Faktor $q = 3$ die Folge 2, 6, 18, 54, … Diese Folgen haben keine konstante Differenzenfolge und auch die Differenzen der Differenzen sind nicht konstant. Es handelt sich also weder um lineare noch um quadratische Funktionen. Das Wachstum der Folgen ist exponentiell.

Jedes Folgenglied ergibt sich durch erneute Multiplikation mit dem gewählten Wachstumsfaktor q. Diese nacheinander durchgeführten Multiplikationen können als Potenz von q zusammengefasst werden. An der vierten Stelle der Folge wurde der Anfangswert 2 bereits dreimal mit 3 multipliziert, d. h. $2 \cdot 3 \cdot 3 \cdot 3 = 2 \cdot 3^3$. Eine explizite Beschreibung muss also berücksichtigen, dass die nacheinander durchgeführten Multiplikationen nicht der Positionsnummer (n) in der Folge entsprechen, sondern allgemein eins weniger sind ($n - 1$).

Sind Anfangswert und Faktor jeweils gleich, so ergibt sich z. B. für $a = q = 2$ die Folge 2, 4, 8, 16, 32, …, d. h. die Folge der Zweierpotenzen. In der Verallgemeinerung dieser exponentiellen Funktionen treten die Positionsnummern (unabhängige Variable) als jeweiliger Exponent auf: $n \rightarrow a^n$. Der Wert der Stelle n berechnet sich als n-te Potenz der Startzahl a (Basis). Wird die Potenz aufgelöst in ein Produkt aus gleichen Faktoren a, so könnten auch Kinder schon die mathematische Struktur beschreiben, dass die Stelle (Positionsnummer) angibt, wie oft man die Zahl mit sich selbst multiplizieren muss, um den Wert zu erhalten.

Exponentielle Funktionen werden als Folgen im Grundschulunterricht eher nicht oder höchst selten genutzt, da sie nach relativ wenigen Werte in sehr große Höhen schnellen. So nimmt die Folge der Potenzen von 5 bereits an der sechsten Stelle den Wert $5^6 = 15625$ ein. Zudem können derartige Folgen nicht mehr als Figuren als Anordnung aus geometrischen Objekten visualisiert werden, da in einer Grafik höchstens drei Dimensionen genutzt werden können.

Eine geeignete Darstellung, die auch Grundschulkindern einen Zugang ermöglicht, ist das Baumdiagramm. Diese Darstellung wird in der Kombinatorik genutzt. Ein Beispiel aus der Kombinatorik wäre die Hintereinanderausführung von Münzwürfen (Folge der Zweierpotenzen) oder Würfen mit dem Spielwürfel (Folge der Sechserpotenzen). Die Darstellung in einem Baumdiagramm, bei dem in jeder Stufe eine Versechsfachung, Verdoppelung etc. an den Ästen genutzt wird, ist eine Option für exponentielle Funktionen (Wittmann & Müller, 2016). Dennoch übersteigt auch ein Baum ebenfalls recht schnell die konkrete Möglichkeit des Zeichnens in der Darstellung.

Spannend kann ein direkter Vergleich von exponentiellen und linearen Zahlenfolgen über Graphen sein. Da im Grundschulunterricht die Übersetzung von Funktionen in Graphen im Koordinatensystem als Erstzugang nicht üblich sind, schlagen Akinwunmi und Lang (2017) vor, das höchst unterschiedliche Verhalten der Folgen auf einem Zahlenstrahl und in Tabellen zu vergleichen. Sie dokumentieren bei Unterrichtsversuchen zu diesen Darstellungen das große Erstaunen der Kinder, dass die Folge der Zweierpotenzen im Vergleich zu linearen Funktionstypen wider Erwarten das Wettrennen der Werte auf dem Zahlenstrahl gewinnt. Begründungen können in diesem Kontext dann auch über Hinführungen zur Darstellung der Datenreihen im Koordinatensystem gesucht werden. Somit kann auch hier durchaus eine erste Sicht der Funktion als Ganzes im Verhalten des Graphen erfolgen.

Literatur

Aebli, H. (1980). *Denken: Das Ordnen des Tuns: Band I: Kognitive Aspekte der Handlungstheorie.* Klett-Cotta.

Aebli, H. (1983). *Zwölf Grundformen des Lehrens.* Klett.

Aebli, H. (1985). Das operative Prinzip. *mathematik lehren, 11,* 4–6.

Affolter, W., Amstad, H., Doebeli, M., & Wieland, G. (2000). *Das Zahlenbuch: Mathematik im 6. Schuljahr.* Klett & Balmer.

Affolter, W., Beerli, G., Hurschler, H., Jaggi, B., Jundt, W., Krummenacher, R., Nydegger, A., Wälti, B., & Wieland, G. (2003). *mathbu.ch 7 – Mathematik im 7. Schuljahr für die Sekundarstufe I.* Klett & Balmer, schulverlag blmv.

Affolter, W., Amstad, H., Doebeli, M., & Wieland, G. (2008). *Das Mathematikbuch 5.* Klett.

Affolter, W., Beerli, G., Hurschler, H., Jaggi, B., Jundt, W., Krummenacher, R., Nydegger, A., Wälti, B., & Wieland, G. (2010). *Das Mathematikbuch 7.* Klett.

Akinwunmi, K. (2012). *Zur Entwicklung von Variablenkonzepten beim Verallgemeinern mathematischer Muster.* Vieweg + Teubner. https://doi.org/10.1007/978-3-8348-2545-2

Akinwunmi, K. (2013). Mathematische Muster verallgemeinern in der Grundschule. In G. Greefrath, F. Käpnick, & M. Stein (Hrsg.), *Beiträge zum Mathematikunterricht* (S. 80–83). WTM. https://doi.org/10.17877/DE290R-13935

Akinwunmi, K. (2015). Wie viele Plättchen brauchst du für mein Muster? *Praxis Grundschule, 2,* 24–27.

Akinwunmi, K. (2016). „Das geht auch mit Hundertirgendwas." Zaubertricks regen Kinder zum Verallgemeinern von Entdeckungen an. *Mathematik differenziert, 4,* 18–21.

Akinwunmi, K. (2017). Algebraisch denken – Arithmetik erforschen. *Die Grundschulzeitschrift, 306,* 6–11.

Akinwunmi, K., & Deutscher, T. (2014). „5:5=0, fünf Bonbons verteilt an 5 Kinder, da bleibt keins übrig" – Operationsverständnis diagnostizieren und fördern. *Praxis der Mathematik in der Schule, 56*(56), 9–15.

Akinwunmi, K., & Lang, S. (2017). Wettrennen am Zahlenstrahl: Ideen zur Anbahnung funktionalen Denkens in der Grundschule. *Die Grundschulzeitschrift, 306,* 24–29.

Akinwunmi, K., & Lüken, M. (2021). Muster und Strukturen: Empirische Forschung zu einem schillernden Inhaltsbereich?! In A. Steinweg (Hrsg.), *Mathematikdidaktik Grundschule – Band 10: Blick auf Schulcurricula Mathematik: Empirische Fundierung?* (S. 9–24). University of Bamberg Press. https://doi.org/10.20378/irb-51936

K. Akinwunmi, A. S. Steinweg, *Algebraisches Denken im Arithmetikunterricht der Grundschule*, Mathematik Primarstufe und Sekundarstufe I + II, https://doi.org/10.1007/978-3-662-68701-7

Akinwunmi, K., & Steinweg, A. (2022). Analysis of children's generalisations with a focus on patterns and with a focus on structures. In J. Hodgen, E. Geraniou, G. Bolondi, & F. Ferretti (Hrsg.), *Proceedings of the twelfth congress of the European Society for research in mathematics education (CERME12)* (S. 465–472). Free University of Bozen-Bolzano and ERME. https://hal.science/hal-03744472. Zugegriffen am 25.03.2024.

Alten, H., Naini, A., Folkerts, M., Schlosser, H., Schlote, K., & Wußing, H. (2003). *4000 Jahre Algebra: Geschichte, Kulturen, Menschen.* Springer.

van Ameron, B. (2002). *Reinvention of Early Algebra. Developmental research on the transition from arithmetic to algebra.* CD-ß Press.

Anders, K. (2015). Knackpunkt im ersten Schuljahr: Das Teil-Ganzes-Konzept mit Hilfe von Schüttelboxen erarbeiten. *Grundschule Mathematik, 44,* 10–15.

Arcavi, A. (1994). Symbol sense: Informal sense-making in formal mathematics. *For the Learning of Mathematics, 3*(14), 24–35. https://flm-journal.org/Articles/BFBFB3A8A2A03CF606513A05A22B.pdf. Zugegriffen am 25.03.2024.

Arcavi, A., Drijvers, P., & Stacey, K. (2017). *The learning and teaching of algebra: Ideas, insights, and activities.* Routledge. https://doi.org/10.4324/9781315545189

Baden-Württemberg [Ministerium für Kultus, Jugend und Sport]. (2016). *Bildungsplan der Grundschule: Mathematik.* Bildungspläne BW. http://www.bildungsplaene-bw.de/site/bildungsplan/get/documents/lsbw/export-pdf/depot-pdf/ALLG/BP2016BW_ALLG_GS_M.pdf. Zugegriffen am 25.03.2024.

Bayern [Bayerisches Staatsministerium für Bildung und Kultus, Wissenschaft und Kunst]. (2014). *LehrplanPLUS Grundschule: Lehrplan für die bayerische Grundschule.* LehrplanPlus Bayern. https://www.lehrplanplus.bayern.de/schulart/grundschule. Zugegriffen am 25.03.2024.

Bednarz, N., Kieran, C., & Lee, L. (1996). *Approaches to algebra: Perspectives for research and teaching.* Kluwer. https://doi.org/10.1007/978-94-009-1732-3

Behr, M., Erlwanger, S., & Nichols, E. (1976). *How children view equality sentences* (PMDC technical report no. 3), Florida State University. Files Eric Ed. https://files.eric.ed.gov/fulltext/ED144802.pdf. Zugegriffen am 25.03.2024.

Benz, C. (2018). Den Blick schärfen: Grundlage für arithmetische Kompetenzen. In A. Steinweg (Hrsg.), *Mathematikdidaktik Grundschule – Band 8: Inhalte im Fokus: Mathematische Strategien entwickeln* (S. 9–24). University of Bamberg Press. https://fis.uni-bamberg.de/handle/uniba/44712. Zugegriffen am 25.03.2024.

Benz, C., Peter-Koop, A., & Grüßing, M. (2015). *Frühe mathematische Bildung.* Springer. https://doi.org/10.1007/978-3-8274-2633-8

Berlin-Brandenburg [Senatsverwaltung für Bildung, Jugend und Familie Berlin, Ministerium für Bildung, Jugend und Sport des Landes Brandenburg]. (o.J.). *Rahmenlehrplan: Teil C Mathematik Jahrgangsstufe 1–10.* Bildungsserver Berlin-Brandenburg. https://bildungsserver.berlin-brandenburg.de/fileadmin/bbb/unterricht/rahmenlehrplaene/Rahmenlehrplanprojekt/amtliche_Fassung/Teil_C_Mathematik_2015_11_10_WEB.pdf. Zugegriffen am 25.03.2024.

Bertalan, D. (2007). Buchstabenrechnen? In B. Barzel, T. Berlin, D. Bertalan, & A. Fischer (Hrsg.), *Algebraisches Denken. Festschrift für Lisa Hefendehl-Hebeker* (S. 27–34). Franzbecker.

Bezold, A. (2009). *Förderung von Argumentationskompetenzen durch selbstdifferenzierende Lernangebote – Eine Studie im Mathematikunterricht der Grundschule.* Kovač.

Bezold, A. (2010). *Mathematisches Argumentieren in der Grundschule fördern. Sinus-Transfer Grundschule.* IPN Leibniz-Institut. http://www.sinus-an-grundschulen.de/fileadmin/uploads/Material_aus_SGS/Handreichung_Mathe_Bezold.pdf. Zugegriffen am 25.03.2024.

Biehler, R., & Kempen, L. (2016). Didaktisch orientierte Beweiskonzepte: Eine Analyse zur mathematikdidaktischen Ideenentwicklung. *Journal für Mathematikdidaktik, 37*(1), 141–179. https://doi.org/10.1007/s13138-016-0097-1

Bills, L., Ainley, J., & Wilson, K. (2003). Particular and general in early symbolic manipulation, In N. Paterman, B. J. Dougherty, & J. Ziliox (Hrsg.), *Proceedings of the 27th conference of the international group for the psychology of mathematics education* (Bd. 2, S. 105–112).

Blanton, M., & Kaput, J. (2002). Design principles for tasks that support algebraic reasoning in elementary classrooms. In A. Cockburn & E. Nardi (Hrsg.), *Proceedings of the 26th conference of the international group for the psychology of mathematics education* (S. 105–112). University of East Anglia.

Blanton, M., & Kaput, J. (2011). Functional thinking as a route into algebra in the elementary grades. In J. Cai & E. Knuth (Hrsg.), *Early algebraization: A global dialogue from multiple perspectives* (S. 5–23). Springer. https://doi.org/10.1007/978-3-642-17735-4

Blanton, M., Stephens, A., Knuth, E., Murphy Gardiner, A., Isler, I., & Kim, J.-S. (2015). The development of children's algebraic thinking: The impact of a comprehensive early algebra intervention in third grade. *Journal for Research in Mathematics Education, 46*(1), 39–87. https://doi.org/10.5951/jresematheduc.46.1.0039

Blanton, M., Brizuela, B., Stephens, A., Knuth, E., Isler, I., Murphy Gardiner, A., Stroud, R., Fonger, N., & Stylianou, D. (2018). Implementing a framework for early algebra. In C. Kieran (Hrsg.), *Teaching and learning algebraic thinking with 5- to 12-year-olds: The global evolution of an emerging field of research and practice* (S. 27–49). Springer. https://doi.org/10.1007/978-3-319-68351-5_2

Blanton, M., Isler-Baykal, I., Stroud, R., Stephens, A., Knuth, E., & Murphy Gardiner, A. (2019). Growth in children's understanding of generalizing and representing mathematical structure and relationships. *Educational Studies in Mathematics, 102*(2), 193–219. https://doi.org/10.1007/s10649-019-09894-7

Blanton, M., Murphy Gardiner, A., Stephens, A., & Knuth, E. (2021a). *LEAP: Learning through an early algebra progression: Grade 3*. Didax.

Blanton, M., Murphy Gardiner, A., Stephens, A., & Knuth, E. (2021b). *LEAP: Learning through an early algebra progression: Grade 4*. Didax.

Blanton, M., Murphy Gardiner, A., Stephens, A., & Knuth, E. (2021c). *LEAP: Learning through an early algebra progression: Grade 5*. Didax.

Britt, M., & Irwin, K. (2008). Algebraic thinking with and without algebraic representation: A three-year longitudinal study. *ZDM Mathematics Education, 40*(1), 39–53. https://doi.org/10.1007/s11858-007-0064-x

Brizuela, B., & Schliemann, A. (2004). Ten-year-old students solving linear equations. *For the Learning of Mathematics, 24*(2), 33–40. https://flm-journal.org/Articles/1B12DE724121000F472E47A-F244AE3.pdf. Zugegriffen am 25.03.2024.

Brownell, J., Chen, J., & Ginet, L. (2014). *Big ideas of early mathematics*. Pearson.

Bruner, J. (1974). *Entwurf einer Unterrichtstheorie*. Berlin-Verlag.

Brunner, E. (2014). *Mathematisches Argumentieren, Begründen und Beweisen*. Springer. https://doi.org/10.1007/978-3-642-41864-8

Brunner, E. (2019). Wie lassen sich schriftliche Begründungen von Schülerinnen und Schülern des 5. und 6. Schuljahrs beschreiben? In A. Frank, S. Krauss, & K. Binder (Hrsg.), *Beiträge zum Mathematikunterricht* (S. 1131–1134). WTM. https://doi.org/10.17877/DE290R-20770

Büchter, A. (2011). Funktionales Denken entwickeln – von der Grundschule bis zum Abitur. In A. Steinweg (Hrsg.), *Mathematikdidaktik Grundschule – Band 1: Medien und Materialien* (S. 9–24). University of Bamberg Press. https://fis.uni-bamberg.de/handle/uniba/352. Zugegriffen am 25.03.2024.

Büchter, A., & Padberg, F. (2019). *Einführung in die Arithmetik: Primarstufe und Sekundarstufe*. Springer Spektrum.

Büchter, A., & Padberg, F. (2020). *Arithmetik und Zahlentheorie*. Springer Spektrum.

Cai, J., & Knuth, E. (2011). *Early algebraization: A global dialogue from multiple perspectives.* Springer. https://doi.org/10.1007/978-3-642-17735-4

Cai, J., Lew, H., Morris, A., Moyer, J., Ng, S. F., & Schmittau, J. (2005). The development of students' algebraic thinking in earlier grades: A cross-cultural comparative perspective. *Zentralblatt für Didaktik der Mathematik, 37*(1), 5–15. https://doi.org/10.1007/BF02655892

Carpenter, T., Franke, M., & Levi, L. (2003). *Thinking mathematically: Integrating arithmetic and algebra in elementary school.* Heinemann.

Carpenter, T., Levi, L., Franke, M., & Zeringue, J. (2005). Algebra in elementary school: Developing relational thinking. *Zentralblatt für Didaktik der Mathematik, 37*(1), 53–59. https://doi.org/10.1007/BF02655897

Carraher, D., Schliemann, A., & Brizuela, B. (2001). Can young students operate on unknowns? In M. van den Heuvel-Panhuizen (Hrsg.), *Proceedings of the 25th annual conference of the international group for the psychology of mathematics education* (S. 130–140). PME.

CCSSO [Council of Chief State School Officers]. (2021). *Common Core State Standards for Mathematics.* CCSSO. https://ccsso.org/sites/default/files/2017-12/ADA%20Compliant%20Math%20Standards.pdf. Zugegriffen am 25.03.2024.

Cerulli, M., & Mariotti, M. (2001). Arithmetic and algebra, continuity or cognitive break? The case of Francesca. In M. van den Heuvel-Panhuizen (Hrsg.), *Proceedings of the 25th annual conference of the international group for the psychology of mathematics education* (Bd. 2, S. 225–232). PME.

Chimoni, M., Hewitt, D., Oldenburg, R., & Strømskag, H. (2019). Title of paper/poster. In U. T. Jankvist, M. van den Heuvel-Panhuizen, & M. Veldhuis (Hrsg.), *Proceedings of the eleventh congress of the European society for research in mathematics education* (S. 528–531). Freudenthal Group & Freudenthal Institute, Utrecht University and ERME.

Conway, J., & Guy, R. (1997). *Zahlenzauber: Von natürlichen, imaginären und anderen Zahlen.* Birkhäuser.

Cooper, T., & Warren, E. (2008). The effect of different representations on Years 3 to 5 students' ability to generalise. *ZDM Mathematics Education, 40*(1), 23–37. https://doi.org/10.1007/s11858-007-0066-8

Cooper, T., & Warren, E. (2011). Year 2 to 6 students' ability to generalise: Models, representations and theory for teaching and learning. In J. Cai & E. Knuth (Hrsg.), *Early algebraization: A global dialogue from multiple perspectives* (S. 187–214). Springer. https://doi.org/10.1007/978-3-642-17735-4

Cuevas, G., & Yeatts, K. (2001). *Navigating through algebra in grades 3–5.* National Council of Teachers of Mathematics.

Damerow, P., & Lefèvre, W. (1981). *Rechenstein, Experiment, Sprache: Historische Fallstudien zur Entstehung der exakten Wissenschaften.* Klett-Cotta.

Damerow, P., & Schmidt, S. (2004). Arithmetik im historischen Prozess: Wie „natürlich" sind die „natürlichen Zahlen"? In G. Müller, H. Steinbring, & E. Wittmann (Hrsg.), *Arithmetik als Prozess* (S. 133–182). Kallmeyer.

Davis, P., & Hersh, R. (1994). *Erfahrung Mathematik.* Birkhäuser Verlag.

Davydov, W., Gorbow, S., Midulina, G., & Saweiwewa, O. (1997). *Mathematika: 1 Klass.* Miros-Argus.

De Bock, D., van Dooren, W., & Verschaffel, L. (2010). Students' overuse of linearity: An exploration in physics. *Research in Science Education, 41*(3), 389–412. https://doi.org/10.1007/s11165-010-9171-8

Deutscher, T. (2012). *Arithmetische und geometrische Fähigkeiten von Schulanfängern.* Vieweg + Teubner.

Devlin, K. (1997). *Mathematics – The science of patterns: The search for order in life, mind, and the universe.* Scientific American Library.

Devlin, K. (1998). *Muster der Mathematik: Ordnungsgesetze des Geistes und der Natur.* Spektrum Akademischer.

Donaldson, M. (1982). *Wie Kinder denken.* Huber.

Donovan, A., Stephens, A., Alapala, B., Monday, A., Szkudlarek, E., Alibali, M., & Matthews, P. (2022). Is a substitute the same? Learning from lessons centering different relational conceptions of the equal sign. *ZDM Mathematics Education, 54*(6), 1199–1213. https://doi.org/10.1007/s11858-022-01405-y

Dörfler, W. (2015). Abstrakte Objekte in der Mathematik. In G. Kadunz (Hrsg.), *Semiotische Perspektiven auf das Lernen von Mathematik* (S. 33–49). Springer Spektrum.

Dougherty, B. (2008). Measure up: A quantitative view of early algebra. In J. Kaput, D. Carraher, & M. Blanton (Hrsg.), *Algebra in the early grades* (S. 389–412). Lawrence Erlbaum Associates.

Dougherty, B., & Slovin, H. (2004). Generalized diagrams as a tool for young children's problem solving. In M. Hoines & A. Fuglestad (Hrsg.), *Proceedings of the 28th annual conference of the international group for the psychology of mathematics education* (S. 295–302). PME.

Drijvers, P., Goddijn, A., & Kindt, M. (2011). Algebra education: Exploring topics and themes. In P. Drijvers (Hrsg.), *Secondary algebra education: Revisiting topics and themes and exploring the unknown* (S. 5–26). Sense Publishers.

Duval, R. (1999). Representation, vision and visualization: Cognitive functions in mathematical thinking. Basic issues for learning. In O. Zaslavsky (Hrsg.), *Proceedings of the 21st annual meeting of the North American chapter of the international group for the psychology of mathematics education* (S. 3–26). PME-NA.

Duval, R. (2000). Basic issues for research in mathematics education. In T. Nakahara & M. Koyama (Hrsg.), *Proceedings of the 24th annual conference of the international group for the psychology of mathematics education* (S. 55–69). Hiroshima University.

Duval, R. (2006). The cognitive analysis of problems of comprehension in a learning of mathematics. *Educational Studies in Mathematics, 61*(1–2), 103–131. https://doi.org/10.1007/s10649-006-0400-z

DZLM. (2017). *Zahlverständnis. Entwicklung von Zahlvorstellungen im inklusiven Mathematikunterricht.* Deutsches Zentrum für Lehrkräftebildung Mathematik. https://dzlm.de/node/2215. Zugriff: 25.03.2024

El Mouhayar, R., & Jurdak, M. (2016). Variation of student numerical and figural reasoning approaches by pattern generalization type, strategy use and grade level. *International Journal of Mathematical Education in Science and Technology, 47*(2), 197–215. https://doi.org/10.1080/0020739X.2015.1068391

Falkner, K., Levi, L., & Carpenter, T. (1999). Children's understanding of equality: A foundation for algebra. *Teaching Children Mathematics, 6*(4), 232–236. https://doi.org/10.5951/TCM.6.4.0232

Felgner, U. (2020). Die Begriffe der Äquivalenz, der Gleichheit und der Identität. *Jahresbericht der Deutschen Mathematiker Vereinigung, 122*(2), 109–129. https://doi.org/10.1365/s13291-020-00214-0

Fischer, A., Hefendehl-Hebeker, L., & Prediger, S. (2010). Mehr als Umformen: Reichhaltige algebraische Denkhandlungen im Lernprozess sichtbar machen. *Praxis der Mathematik in der Schule, 52*(33), 1–7.

Franke, M., & Wynands, A. (1991). Zum Verständnis von Variablen – Testergebnisse in 9. Klassen Deutschlands. *Mathematik in der Schule, 29*(10), 674–691.

Freudenthal, H. (1973). *Mathematik als pädagogische Aufgabe* (Bd. 1 und 2). Klett.

Freudenthal, H. (1974). Soviet research on teaching algebra at the lower grades of the elementary school. *Educational Studies in Mathematics, 5*(4), 391–412. https://doi.org/10.1007/BF01420653

Freudenthal, H. (1977). What is algebra and what has it been in history? *Archive for History of Exact Sciences, 16*(3), 189–200. http://www.jstor.org/stable/41133469. Zugegriffen am 25.03.2024.

Freudenthal, H. (1982). Mathematik – eine Geisteshaltung. *Grundschule, 4*, 140–142.

Freudenthal, H. (1983). *Didactical phenomenology of mathematical structures.* Kluwer.

Freudenthal, H. (1991). *Revisiting mathematics education: China lectures.* Kluwer.

Fricke, A. (1970). Operatives Denken im Rechenunterricht als Anwendung der Psychologie von Piaget. In A. Fricke & H. Besuden (Hrsg.), *Mathematik – Elemente einer Didaktik und Methodik* (S. 5–30). Klett.

Fritz, A., & Ricken, G. (2008). *Rechenschwäche.* Reinhardt.

Fromme, M. (2017). *Stellenwertverständnis im Zahlenraum bis 100: Theoretische und empirische Analysen.* Springer Spektrum. https://doi.org/10.1007/978-3-658-14775-4

Fujii, T. (2003). Probing students' understanding of variables through cognitive conflict problems: Is the concept of a variable so difficult for students to understand? In N. Pateman, B. Dougherty, & J. Zilliox (Hrsg.), *Proceedings of the 27th annual conference of the international group for the psychology of mathematics education held jointly with the 25th PME-NA conference* (S. 49–65). PME.

Gaidoschik, M. (2010). *Wie Kinder rechnen lernen – oder auch nicht: Eine empirische Studie zur Entwicklung von Rechenstrategien im ersten Schuljahr.* Lang.

Gaidoschik, M. (2012). First-graders' development of calculation strategies: How deriving facts helps automatize facts. *Journal für Mathematik-Didaktik, 33*(2), 287–315. https://doi.org/10.1007/s13138-012-0038-6

Gaidoschik, M. (2014). *Einmaleins verstehen, vernetzen, merken. Strategien gegen Lernschwierigkeiten.* Friedrich.

Gaidoschik, M. (2020). Ist der Zahlenstrahl eine ordinale Darstellung? Besser nicht! In H. Siller, W. Weigel, & J. Wörler (Hrsg.), *Beiträge zum Mathematikunterricht* (S. 313–316). WTM. https://doi.org/10.17877/DE290R-21314

Gaidoschik, M., Moser Opitz, E., Nührenbörger, M., & Rathgeb-Schnierer, E. (2021). *Mitteilungen der Gesellschaft für Didaktik der Mathematik – Sonderausgabe: Besondere Schwierigkeiten beim Mathematiklernen, 47*(111S). ojs[Open Journal System].Didaktik der Mathematik. https://ojs.didaktik-der-mathematik.de/?journal=mgdm&page=issue&op=view&path%5B%5D=46. Zugegriffen am 25.03.2024.

Gallin, P., & Ruf, U. (2011). Kernidee: biografisch, provokativ, sachzentriert. *Lerndialoge.* https://www.lerndialoge.ch/kernidee.html. Zugegriffen am 25.03.2024.

Gattegno, C. (1987). *What we owe children: The subordination of teaching to learning.* Educational Solutions Worldwide Inc.

Gelman, R., & Gallistel, C. (1986). *The Child's understanding of number.* Harvard University Press.

Gerhard, S. (2011). Ein handlungsorientierter Zugang zur algebraischen Symbolsprache – geeignet für Klasse 1–6. *Der Mathematikunterricht, 57*(2), 23–33.

Gerster, H., & Schultz, R. (2004). *Schwierigkeiten beim Erwerb mathematischer Konzepte im Anfangsunterricht: Bericht zum Forschungsprojekt Rechenschwäche – Erkennen, Beheben, Vorbeugen.* Pädagogische Hochschule Freiburg. https://phfr.bsz-bw.de/files/16/gerster.pdf. Zugegriffen am 25.03.2024.

Ginsburg, H. (1989). *Children's arithmetic: How they learn it and how you teach it.* pro-ed.

von Glasersfeld, E. (1991). *Radical constructivism in mathematics education.* Kluwer.

Götze, D. (2007). *Mathematische Gespräche unter Kindern.* Franzbecker.

Götze, D. (2015). *Sprachförderung im Mathematikunterricht.* Cornelsen. PIKAS. Deutsches Zentrum für Lehrkräftebildung Mathematik. https://pikas.dzlm.de/node/1248. Zugegriffen am 25.03.2024.

Götze, D. (2019). Schriftliches Erklären operativer Muster fördern. *Journal für Mathematikdidaktik, 40*(1), 95–121. https://doi.org/10.1007/s13138-018-00138-4

Götze, D. (2021). Geometrische Muster verstehen lernen. *Mathematik differenziert, 4,* 30–34.

Götze, D., & Baiker, A. (2021). Language-responsive support for multiplicative thinking as unitizing: Results of an intervention study in the second grade. *ZDM Mathematics Education, 53*(2), 263–275. https://doi.org/10.1007/s11858-020-01206-1

Greefrath, G., Oldenburg, R., Siller, H., Ulm, V., & Weigand, H. (2016). *Didaktik der Analysis: Aspekte und Grundvorstellungen zentraler Begriffe.* Springer Spektrum.

Hamburg [Behörde für Schule und Berufsbildung]. (2022). *Bildungsplan Grundschule: Mathematik.* https://www.hamburg.de/contentblob/16762720/b7907bc07ede0d6718a1589d29ec89cb/data/mathematik-gs-2022.pdf. Zugegriffen am 25.03.2024.

Harper, E. (1987). Ghosts of diophantus. *Educational Studies in Mathematics, 18*(1), 75–90. https://doi.org/10.1007/BF00367915

Häsel-Weide, U. (2013). Strukturen in „schönen Päckchen". Eine kooperative Lernumgebung zur Ablösung vom zählenden Rechnen. *Grundschulunterricht Mathematik, 60*(1), 24–27.

Häsel-Weide, U. (2016). *Vom Zählen zum Rechnen: Strukturfokussierende Deutungen in kooperativen Lernumbungen.* Springer Spektrum. https://doi.org/10.1007/978-3-658-10694-2

Häsel-Weide, U., & Nührenbörger, M. (2012). *Individuell fördern – Kompetenzen stärken: Fördern im Mathematikunterricht.* Grundschulverband.

Hasemann, K., & Gasteiger, H. (2020). *Anfangsunterricht Mathematik.* Springer Spektrum. https://doi.org/10.1007/978-3-662-61360-3

Hefendehl-Hebeker, L. (2001). Die Wissensform des Formelwissens. In W. Weiser & B. Wollring (Hrsg.), *Beiträge zur Didaktik der Mathematik für die Primarstufe: Festschrift für Siegbert Schmidt* (S. 83–98). Kovač.

Hefendehl-Hebeker, L. (2003). Das Zusammenspiel von Form und Inhalt in der Mathematik. In L. Hefendehl-Hebeker & S. Hußmann (Hrsg.), *Mathematikdidaktik zwischen Empirie und Fachorientierung: Festschrift für Norbert Knoche* (S. 65–71). Franzbecker.

Hefendehl-Hebeker, L. (2007). Algebraisches Denken – was ist das? In J. Kramer (Hrsg.), *Beiträge zum Mathematikunterricht* (S. 148–151). WTM.

Hefendehl-Hebeker, L., & Rezat, S. (2023). Algebra: Leitidee Symbol und Formalisierung. In R. Bruder, A. Büchter, H. Gasteiger, B. Schmidt-Thieme, & H. Weigand (Hrsg.), *Handbuch der Mathematikdidaktik* (S. 123–158). Springer Spektrum. https://doi.org/10.1007/978-3-662-66604-3

Hewitt, D. (2016). Designing educational software: The case of grid algebra. *Digital Experiences in Mathematics Education, 2*(2), 167–198. https://doi.org/10.1007/s40751-016-0018-4

Hewitt, D. (2019). Never carry out any arithmetic: The importance of structure in developing algebraic thinking. In U. Jankvist, M. van den Heuvel-Panhuizen, & M. Veldhuis (Hrsg.), *Proceedings of the eleventh congress of the European society for research in mathematics education (CERME11)* (S. 558–565). Freudenthal Group & Freudenthal Institute, Utrecht University and ERME.

Hischer, H. (2021). *Grundlegende Begriffe der Mathematik: Entstehung und Entwicklung. Struktur – Funktion – Zahl.* Springer Spektrum. https://doi.org/10.1007/978-3-662-62233-9

Höveler, K., & Akinwunmi, K. (2017). Lernstände im Unterrichtsalltag erfassen mit dem Mathe-Briefkasten. In C. Selter (Hrsg.), *Guter Mathematikunterricht: Konzeptionelles und Beispiele aus dem Projekt PIK AS* (S. 145–149). Cornelsen.

Huethorst, L. (2022). *Überzeugungen und Begründungen fachfremd Mathematiklehrender: Entwicklung und Erforschung einer Fortbildungsmaßnahme für Grundschullehrkräfte.* Springer Spektrum. https://doi.org/10.1007/978-3-658-40546-5

Humenberger, H., & Schuppar, B. (2019). *Mit Funktionen Zusammenhänge und Veränderungen beschreiben.* Springer Spektrum. https://doi.org/10.1007/978-3-662-58062-2

Hunter, J., Anthony, G., & Burghes, D. (2018). Scaffolding teacher practice to develop early algebraic reasoning. In C. Kieran (Hrsg.), *Teaching and learning algebraic thinking with 5- to 12-year-olds: The global evolution of an emerging field of research and practice* (S. 379–401). Springer. https://doi.org/10.1007/978-3-319-68351-5_16

Hußmann, S., & Laakmann, H. (2011). Eine Funktion – viele Gesichter. *Praxis der Mathematik in der Schule, 53*(38), 2–13.

Jones, I., Inglis, M., Gilmore, C., & Dowens, M. (2012). Substitution and sameness: Two components of a relational conception of the equals sign. *Journal of Experimental Child Psychology, 113*(1), 166–176. https://doi.org/10.1016/j.jecp.2012.05.003

Kaput, J. (2000). *Transforming algebra from an engine of inequity to an engine of mathematical power by "algebrafying" the K-12 curriculum.* National Center for Improving Student Learning and Achievement in Mathematics and Science. https://eric.ed.gov/?id=ED441664. Zugegriffen am 25.03.2024.

Kaput, J. (2008). What is algebra? What is algebraic reasoning? In J. Kaput, D. Carraher, & M. Blanton (Hrsg.), *Algebra in the early grades* (S. 5–17). Lawrence Erlbaum Associates.

Kaput, J., & Blanton, M. (1999). *Enabling elementary teachers to achieve generalization and progressively systematic expression of generality in math classrooms: The role of their authentic mathematical experience.* National Center for Improving Student Learning and Achievement in Mathematics and Science.

Kaput, J., & Blanton, M. (2001). Algebrafying the elementary mathematics experience. Part I: Transforming task structures. In H. Chick, K. Stacey, J. Vincent, & J. Vincent (Hrsg.), *Proceedings of the 12th ICMI study conference: The future of the teaching and learning of algebra* (S. 344–351). University of Melbourne.

Kaput, J., Blanton, M., & Moreno, L. (2008). Algebra from a symbolization point of view. In J. Kaput, D. Carraher, & M. Blanton (Hrsg.), *Algebra in the early grades* (S. 19–55). Lawrence Erlbaum Associates.

Kieran, C. (1981). Concepts associated with the equality symbol. *Educational Studies in Mathematics, 12*(3), 317–326. https://doi.org/10.1007/BF00311062

Kieran, C. (1989). The early learning of algebra: A structural perspective. In S. Wagner & C. Kieran (Hrsg.), *Research issues in the learning and teaching of algebra* (S. 33–56). Lawrence Erlbaum Association.

Kieran, C. (1992). The learning and teaching of school algebra. In D. Grouws (Hrsg.), *Handbook of research on mathematics teaching and learning* (S. 390–419). Macmillan Publishing Company.

Kieran, C. (2006). Research on the learning and teaching of algebra. In A. Guitérrez & P. Boero (Hrsg.), *Handbook of research on the psychology of mathematics education* (S. 11–49). Sense Publishers.

Kieran, C. (2018). *Teaching and learning algebraic thinking with 5- to 12-year-olds: The global evolution of an emerging field of research and practice.* Springer. https://doi.org/10.1007/978-3-319-68351-5

Kieran, C., & Martínez-Hernández, C. (2022). Coordinating invisible and visible sameness within equivalence transformations of numerical equalities by 10- to 12-year-olds in their movement from computational to structural approaches. *ZDM Mathematics Education, 54*(6), 1215–1227. https://doi.org/10.1007/s11858-022-01355-5

Kieran, C., Pang, J., Schifter, D., & Ng, S. F. (2016). *Early algebra: Research into its nature, its learning, its teaching.* Springer. https://doi.org/10.1007/978-3-319-32258-2

Kieran, C., Pang, J., Ng, S. F., Schifter, D., & Steinweg, A. (2017). Topic study group no. 10: Teaching and learning of early algebra. In G. Kaiser (Hrsg.), *The proceedings of the 13th international congress on mathematics education* (S. 421–424). Springer. https://doi.org/10.1007/978-3-319-62597-3_37

Kirsch, A. (2004). *Mathematik wirklich verstehen.* Aulis.

Klein, J. (2009). Erklären-Was, Erklären-Wie, Erklären-Warum. In R. Vogt (Hrsg.), *Erklären. Gesprächsanalytische und fachdidaktische Perspektiven* (S. 25–36). Stauffenburg.

KMK Kultusministerkonferenz. (2005). *Bildungsstandards im Fach Mathematik für die Primarstufe, Beschluss vom 15.10.2004.* Luchterhand, Wolter Kluwers Deutschland.

KMK Kultusministerkonferenz. (2022). *Bildungsstandards im Fach Mathematik Primarbereich, (Beschluss der Kultusministerkonferenz vom 15.10.2004, i.d.F. vom 23.06.2022).* KMK. https://www.kmk.org/themen/qualitaetssicherung-in-schulen/bildungsstandards.html. Zugegriffen am 25.03.2024.

Knuth, E., Stephens, A., McNeil, N., & Alibali, M. (2006). Does understanding the equal sign matter? Evidence from solving equations. *Journal for Research in Mathematics Education, 37*(4), 297–312. https://doi.org/10.2307/30034852

Kopp, M. (2001). Algebra mit Zahlenmauern. *mathematik lehren, 105*, 16–19.

Kortenkamp, U. (2006). Terme erklimmen. Klammergebirge als Strukturierungshilfe. *mathematik lehren, 136*, 13.

Kortenkamp, U. (2009). *Lernbausteine Klammergebirge: 206 Noppenbausteine mit Praxisbuch*. Terzio.

Kowaleczko, E., Leye, D., Lindstädt, M., Pietsch, E., Roscher, M., Sikora, C., & Sill, H.-D. (2010). *Sicheres Wissen und Können – Arbeiten mit Variablen, Termen, Gleichungen und Ungleichungen Sekundarstufe I*. Institut für Qualitätsentwicklung Mecklenburg-Vorpommern. Mathematik. Universität Rostock. http://www.math.uni-rostock.de/~sill/Publikationen/Curriculumforschung/SWK%20Algebra%20Endfassung.pdf. Zugegriffen am 25.03.2024.

Krajewski, K., & Ennemoser, M. (2013). Entwicklung und Diagnostik der Zahl-Größen-Verknüpfung zwischen 3 und 8 Jahren. In M. Hasselhorn, A. Heinze, W. Schneider, & U. Trautwein (Hrsg.), *Diagnostik mathematischer Kompetenzen, Test und Trends* (S. 39–65). Hogrefe.

Krauthausen, G. (2018). *Einführung in die Mathematikdidaktik*. Springer. https://doi.org/10.1007/978-3-662-54692-5

Krauthausen, G., & Scherer, P. (2007). *Einführung in die Mathematikdidaktik*. Springer Spektrum.

Krauthausen, G., & Scherer, P. (2010a). Natürliche Differenzierung im Mathematikunterricht der Grundschule: Theoretische Analyse und Potential ausgewählter Lernumgebungen. In C. Böttinger, K. Bräuning, M. Nührenbörger, R. Schwarzkopf, & E. Söbbeke (Hrsg.), *Mathematik im Denken der Kinder* (S. 53–59). Kallmeyer.

Krauthausen, G., & Scherer, P. (2010b). *Umgang mit Heterogenität*. SINUS. http://www.sinus-an-grundschulen.de/fileadmin/uploads/Material_aus_SGS/Handreichung_Krauthausen-Scherer.pdf. Zugegriffen am 25.03.2024.

Krauthausen, G., & Scherer, P. (2014). *Natürliche Differenzierung im Mathematikunterricht: Konzepte und Praxisbeispiele aus der Grundschule*. Klett Kallmeyer.

Krumsdorf, J. (2017). *Beispielgebundes Beweisen*. WTM.

Küchemann, D. (1978). Children's understanding of numerical variables. *Mathematics in School, 7*(4), 23–26. https://www.jstor.org/stable/30213397. Zugegriffen am 25.03.2024.

Küchemann, D. (2019). *Algebradabra! Developing a better feel for school algebra*. Association of Teachers of Mathematics (ATM).

Küchemann, D. (2020). *Algeburble: Encounter with early algebra*. Association of Teachers of Mathematics (ATM).

Kuhnke, K. (2013). *Vorgehensweisen von Grundschulkindern beim Darstellungswechsel: Eine Untersuchung am Beispiel der Multiplikation im 2. Schuljahr*. Springer Spektrum. https://doi.org/10.1007/978-3-658-01509-1

Kunsteller, J. (2021). Entdeckungs- und Erklärprozesse bei der Erstellung von Erklärvideos im Mathematikunterricht. In C. Schreiber & R. Klose (Hrsg.), *Lernen, Lehren und Forschen mit digitalen Medien – Band 7: Mathematik, Sprache und Medien* (S. 37–59). WTM. https://doi.org/10.37626/GA9783959871969.0.03

Kuntze, S. (2013). Vielfältige Darstellungen nutzen im Mathematikunterricht. In J. Sprenger, A. Wagner, & M. Zimmermann (Hrsg.), *Mathematik lernen, darstellen, deuten, verstehen. Didaktische Sichtweisen vom Kindergarten bis zur Hochschule* (S. 17–33). Springer.

Lamprecht, X. (2020). *Multiplikatives Verständnis fördern: Entwicklung und Evaluation eines Förderkonzepts in differenten Rahmenbedingungen*. University of Bamberg Press. https://fis.uni-bamberg.de/handle/uniba/48574. Zugegriffen am 25.03.2024.

Lamprecht, X., & Steinweg, A. (2017). Multiplikatives Verständnis fördern: Vorstellungen nutzen und aufbauen helfen. In U. Häsel-Weide & M. Nührenbörger (Hrsg.), *Gemeinsam Mathematik lernen – mit allen Kindern rechnen* (S. 185–194). Grundschulverband.

Langhorst, P. (2014). *Tragfähige arithmetische Fähigkeiten beim Erwerb des Rechnen Lernens und Möglichkeiten der vorschulischen Förderung*. Universität Duisburg-Essen. https://d-nb.info/1046502808/34. Zugegriffen am 25.03.2024.

Lannin, J. (2005). Generalization and justification: The challenge of introducing algebraic reasoning through patterning activities. *Mathematical Thinking and Learning, 7*(3), 231–258. https://doi.org/10.1207/s15327833mtl0703_3

Larkin, J. (1989). Robust performance in algebra: The role of the problem representation. In S. Wagner & C. Kieran (Hrsg.), *Research issues in the learning and teaching of algebra* (S. 120–134). Lawrence Erlbaum Association.

Lenz, D. (2017). Variablen von Anfang an: Entdecken von Beziehungen zwischen Unbekannten. *Die Grundschulzeitschrift, 306*, 12–17.

Lenz, D. (2021). *Relationales Denken und frühe Konzeptionalisierungen von Variablen: Eine Interviewstudie mit Kindergarten- und Grundschulkindern.* WTM. https://doi.org/10.37626/GA9783959871563.0

Lenz, D. (2022). The role of variables in relational thinking: An interview study with kindergarten and primary school children. *ZDM Mathematics Education, 54*(6), 1181–1197. https://doi.org/10.1007/s11858-022-01419-6

Lergenmüller, A., & Schmidt, G. (2001). *Mathematik Neue Wege 6.* Schroedel.

Leuders, J. (2016a). Inklusives Mathematiklernen bei Sehbeeinträchtigung und Blindheit: Herausforderungen und Konzepte. In A. Steinweg (Hrsg.), *Mathematikdidaktik Grundschule – Band 6: Inklusiver Mathematikunterricht* (S. 41–56). University of Bamberg Press. https://fis.uni-bamberg.de/handle/uniba/41146. Zugegriffen am 25.03.2024.

Leuders, T. (2016b). *Erlebnis Algebra zum aktiven Entdecken und selbstständigen Erarbeiten.* Springer. https://doi.org/10.1007/978-3-662-46297-3

Lin, F., Yang, K., & Chen, C. (2004). The features and relationships of reasoning, proving and understanding proof in number patterns. *International Journal of Science and Mathematics Education, 2*(2), 227–256. https://doi.org/10.1007/s10763-004-3413-z

Linchevski, L., & Livneh, D. (1999). Structure sense: The relationship between algebraic and numerical contexts. *Educational Studies in Mathematics, 40*(2), 173–196. https://doi.org/10.1023/A:1003606308064

Link, M. (2012). *Grundschulkinder beschreiben operative Zahlenmuster.* Springer Spektrum. https://doi.org/10.1007/978-3-8348-2417-2

Link, M. (2013). Zahlenmuster beschreiben. *Die Grundschulzeitschrift, 268/269*, 42–46.

Lorenz, J. (1992). *Anschauung und Veranschaulichungsmittel im Mathematikunterricht.* Hogrefe.

Lorenz, J. (2007). Anschauungsmittel als Kommunikationsmittel. *Die Grundschulzeitschrift, 201*, 14–16.

Lorenz, J. (2011). Anschauungsmittel und Zahlenrepräsentationen. In A. Steinweg (Hrsg.), *Mathematikdidaktik Grundschule – Band 11: Medien und Materialien* (S. 39–54). University of Bamberg Press. https://fis.uni-bamberg.de/handle/uniba/352. Zugegriffen am 25.03.2024.

Lorenz, J. (2012). *Kinder begreifen Mathematik: Frühe mathematische Bildung und Förderung.* Kohlhammer.

Luhmann, N. (1997). *Die Gesellschaft der Gesellschaft.* Suhrkamp.

Lüken, M. (2010). Ohne „Struktursinn" kein erfolgreiches Mathematiklernen – Ergebnisse einer empirischen Studie zur Bedeutung von Mustern und Strukturen am Schulanfang. In A. Lindmeier & S. Ufer (Hrsg.), *Beiträge zum Mathematikunterricht* (S. 573–576). WTM. https://doi.org/10.17877/DE290R-762

Lüken, M. (2012). *Muster und Strukturen im mathematischen Anfangsunterricht: Grundlegung und empirische Forschung zum Struktursinn von Schulanfängern.* Waxmann.

Lüken, M., & Sauzet, O. (2021). Patterning strategies in early childhood: a mixed methods study examining 3- to 5-year-old children's patterning competencies. *Mathematical Thinking and Learning, 23*(1), 28–48. https://doi.org/10.1080/10986065.2020.1719452

MacGregor, M., & Stacey, K. (1993). Cognitive models underlying students' formulation of simple linear equations. *Journal for Research in Mathematics Education, 24*(3), 217–232. https://doi.org/10.2307/749345

Maisano, M. (2019). *Beschreiben und Erklären beim Lernen von Mathematik.* Springer Spektrum. https://doi.org/10.1007/978-3-658-25370-7

Malara, N., & Iaderosa, R. (1999). The interweaving of arithmetic and algebra: Some questions about syntactic and structural aspects and their teaching and learning. In I. Schwank (Hrsg.), *Proceedings of the 1st conference of the European society for research in mathematics education (CERME 1)* (S. 159–171). ERME.

Malara, N., & Navarra, G. (2003). *ArAl project: Arithmetic pathways towards favouring pre-algebraic thinking.* Pitagora Editrice.

Malle, G. (1986). Variable. *mathematik lehren, 15,* 2–8.

Malle, G. (1993). *Didaktische Probleme der elementaren Algebra.* Vieweg.

Malle, G. (2000). Zwei Aspekte von Funktionen: Zuordnung und Kovariation. *mathematik lehren, 103,* 8–11.

Mason, J. (1987). Erziehung kann nur auf die Bewusstheit Einfluss nehmen. *mathematik lehren, 21,* 4–5.

Mason, J. (1989). Mathematical abstraction as the result of a delicate shift of attention. *For the Learning of Mathematics, 9*(2), 2–8. https://www.jstor.org/stable/40247947. Zugegriffen am 25.03.2024.

Mason, J. (1996). Expressing generality and roots of algebra. In N. Bednarz, C. Kieran, & L. Lee (Hrsg.), *Approaches to algebra: Perspectives for research and teaching* (S. 65–86). Kluwer. https://doi.org/10.1007/978-94-009-1732-3_5

Mason, J. (2008). Making use of children's powers to produce algebraic thinking. In J. Kaput, D. Carraher, & M. Blanton (Hrsg.), *Algebra in the early grades* (S. 57–94). Lawrence Erlbaum.

Mason, J. (2016). In conversation with John Mason: Laurinda Brown interviews John Mason, who directed the Centre for Mathematics Education at Open University. *Mathematics Teaching, 254,* 42–45.

Mason, J., & Pimm, D. (1984). Generic examples: Seeing the general in the particular. *Educational Studies in Mathematics, 15*(3), 277–289. https://doi.org/10.1007/BF00312078

Mason, J., Graham, A., Pimm, D., & Gowar, N. (1985). *Routes to algebra, roots of algebra.* Open University Press.

Mason, J., Graham, A., & Johnston-Wilder, S. (2005). *Developing thinking in slgebra.* Sage Publications.

Mason, J., Stephens, M., & Watson, A. (2009). Appreciating mathematical structure for all. *Mathematics Education Research Journal, 21*(2), 10–32. https://doi.org/10.1007/BF03217543

Mason, J., Burton, L., & Stacey, K. (2010). *Thinking mathematically.* Pearson.

Mayer, C. (2019). *Zum algebraischen Gleichheitsverständnis von Grundschulkindern: Konstruktive und rekonstruktive Erforschung von Lernchancen.* Springer Spektrum. https://doi.org/10.1007/978-3-658-23662-5

Mayer, C., & Nührenbörger, M. (2016). Gleichheiten ohne Gleichheitszeichen. *Mathematik differenziert, 4,* 24–29.

McIntosh, A., & Quadling, D. (1975). Arithmogons. *Mathematics Teaching, 70,* 18–23.

Mecklenburg-Vorpommern [Ministerium für Bildung, Wissenschaft und Kultur des Landes]. (o.J.). *Rahmenplan Grundschule Mathematik.* Bildung Mecklenburg-Vorpommern (MV). https://www.bildung-mv.de/export/sites/bildungsserver/downloads/unterricht/rahmenplaene_allgemeinbildende_schulen/Mathematik/rp-mathe-gs.pdf. Zugegriffen am 25.03.2024.

Meyer, M., & Prediger, S. (2009). Warum? Argumentieren, Begründen, Beweisen. *Praxis der Mathematik in der Schule, 51*(30), 1–7.

Mielicki, M., Fitzsimmons, C., Woodbury, H., Zhang, D., Rivera, F., & Thompson, C. (2021). Effects of figural and numerical presentation formats on growing pattern performance. *Journal of Numerical Cognition, 7*(2), 125–155. https://doi.org/10.5964/jnc.6945

Miller, M. (1986). *Kollektive Lernprozesse.* Suhrkamp.

Ministerium für Schule und Bildung NRW. (2020). *Rechenschwierigkeiten vermeiden Hintergrundwissen und Unterrichtsanregungen für die Schuleingangsphase.* Tannhäuser. PIKAS. Deutsches Zentrum für Lehrkräftebildung Mathematik. https://pikas.dzlm.de/999. Zugegriffen am 25.03.2024.

Morris, A. (2009). Representations that enable children to engage in deductive arguments. In D. Stylianou, M. Blanton, & E. Knuth (Hrsg.), *Teaching and learning proof across the grades: A K–16 perspective* (S. 87–101). Routledge. https://doi.org/10.4324/9780203882009

Moss, J., & London McNab, S. (2011). An approach to geometric and numeric patterning that fosters second grade students' reasoning and generalizing about functions and co-variation. In J. Cai & E. Knuth (Hrsg.), *Early algebraization: A global dialogue from multiple perspectives* (S. 277–301). Springer. https://doi.org/10.1007/978-3-642-17735-4

Müller, G., & Wittmann, E. (1984). *Der Mathematikunterricht in der Primarstufe.* Vieweg.

Müller-Hill, E. (2015). Mathematisches Erklären und substantielle Argumentation im Sinne von Toulmin. In F. Caluori, H. Linnweber-Lammerskitten, & C. Streit (Hrsg.), *Beiträge zum Mathematikunterricht* (S. 640–643). WTM. https://doi.org/10.17877/DE290R-16729

Mulligan, J., & Mitchelmore, M. (2009). Awareness of pattern and structure in early mathematical development. *Mathematics Education Research Journal, 21*(2), 33–49. https://doi.org/10.1007/BF03217544

Mulligan, J., & Mitchelmore, M. (2013). Early awareness of pattern and structure. In L. English & J. Mulligan (Hrsg.), *Reconceptualizing early mathematics learning* (S. 29–46). Springer. https://doi.org/10.1007/978-94-007-6440-8_3

Mulligan, J., & Mitchelmore, M. (2017). *Pattern and structure mathematics awareness program (PASMAP): Book two: tear 1 and 2.* Australian Council for Educational Research (ACER).

Mulligan, J., English, L., Mitchelmore, M., & Robertson, G. (2010). Implementing a pattern and structure Mathematics awareness program (PASMAP) in kindergarten. In L. Sparrow, B. Kissane, & C. Hurst (Hrsg.), *Shaping the future of mathematics education* (Proceedings of the 33rd annual conference of the Mathematics Education Research Group of Australasia, Fremantle, Western Australia, July 3–7, 2010) (S. 796–803). https://eric.ed.gov/?id=ED521029. Zugegriffen am 25.03.2024.

Mullis, I. V. S., Martin, M. O., Goh, S., & Cotter, K. (2015). *Enzyklopädie TIMSS 2015.* TIMMS & PIRLS. https://timssandpirls.bc.edu/timss2015/encyclopedia/. Zugegriffen am 25.03.2024.

NCCA [National Council for Curriculum and Assessment, Ireland]. (2020). *Draft primary curriculum framework: For consultation.* NCCA. https://ncca.ie/media/4456/ncca-primary-curriculum-framework-2020.pdf. Zugegriffen am 25.03.2024.

NCCA [National Council for Curriculum and Assessment, Ireland]. (2022). *Primary mathematics curriculum: Draft specification for consultation.* NCCA. https://ncca.ie/media/5370/draft_primary_mathematics_curriculum_specification.pdf. Zugegriffen am 25.03.2024.

NCTM [National Council of Teachers of Mathematics, USA]. (2016). *Principles and standards: Algebra.* NCTM. https://www.nctm.org/Standards-and-Positions/Principles-and-Standards/Algebra/. Zugegriffen am 25.03.2024.

Neubrand, M., & Möller, M. (1999). *Einführung in die elementare Arithmetik.* Franzbecker.

Ng, S. (2018). Function tasks, input, output, and the predictive rule: How some Singapore primary children construct the rule. In C. Kieran (Hrsg.), *Teaching and learning algebraic thinking with 5- to 12-year-olds: The global evolution of an emerging field of research and practice* (S. 167–193). Springer. https://doi.org/10.1007/978-3-319-68351-5_7

Nilsson, P., & Eckert, A. (2019). Color-coding as a means to support flexibility in pattern generalization tasks. In U. Jankvist, M. van den Heuvel-Panhuizen, & M. Veldhuis (Hrsg.), *Proceedings of the eleventh congress of the European society for research in mathematics education (CERME 11)* (S. 614–621). Utrecht, the Netherlands: Freudenthal Group & Freudenthal Institute, Utrecht University and ERME.

NRW [Ministerium für Schule und Bildung des Landes Nordrhein-Westfalen]. (2021). *Lehrpläne für die Primarstufe in Nordrhein-Westfalen.* Schulentwicklung NRW. https://www.schulentwicklung.nrw.de/lehrplaene/upload/klp_PS/ps_lp_sammelband_2021_08_02.pdf. Zugegriffen am 25.03.2024.

Nührenbörger, M. (2006). Rechenduette. *Die Grundschulzeitschrift, 20*(195/196), 62–65.

Nührenbörger, M. (2009). Interaktive Konstruktionen mathematischen Wissens – Epistemologische Analysen zum Diskurs von Kindern im jahrgangsgemischten Anfangsunterricht. *Journal für Mathematikdidaktik, 30*(2), 147–172. https://doi.org/10.1007/BF03339371

Nührenbörger, M., & Pust, S. (2006). *Mit Unterschieden rechnen: Lernumgebungen und Materialien für einen differenzierten Anfangsunterricht Mathematik.* Klett Kallmeyer.

Nührenbörger, M., & Schwarzkopf, R. (2010). Diskurse über mathematische Zusammenhänge. In I. C. Böttinger, K. Bräunung, M. Nührenbörger, R. Schwarzkopf, & E. Söbbeke (Hrsg.), *Mathematik im Denken der Kinder* (S. 169–215). Klett Kallmeyer.

Nührenbörger, M., & Schwarzkopf, R. (2013). Gleichungen zwischen „Ausrechnen" und „Umrechnen". In G. Greefrath, F. Käpnick, & M. Stein (Hrsg.), *Beiträge zum Mathematikunterricht* (S. 716–719). WTM. https://doi.org/10.17877/DE290R-14030

Nührenbörger, M., & Schwarzkopf, R. (2014). Vermittleraufgaben. Wechselspiele zwischen Symbolik und Veranschaulichung. *Mathematik differenziert, 5*(4), 20–26.

Nührenbörger, M., & Schwarzkopf, R. (2016). Processes of mathematical reasoning of equations in primary mathematics lessons. In N. Vondrová (Hrsg.), *Proceedings of the ninth congress of the European society for research in mathematics education (CERME 9)* (S. 316–323). ERME. https://hal.archives-ouvertes.fr/hal-01281852. Zugegriffen am 25.03.2024.

Nührenbörger, M., & Schwarzkopf, R. (2017a). *Das Zahlenbuch 1.* Klett.

Nührenbörger, M., & Schwarzkopf, R. (2017b). *Das Zahlenbuch 1 Lehrerband.* Klett.

Nührenbörger, M., & Schwarzkopf, R. (2017c). *Das Zahlenbuch 4 Lehrerband.* Klett.

Nührenbörger, M., & Schwarzkopf, R. (2019). Argumentierendes Rechnen: Algebraische Lernchancen im Arithmetikunterricht der Grundschule. In B. Brandt & K. Tiedemann (Hrsg.), *Mathematiklernen aus interpretativer Perspektive I: Aktuelle Themen, Arbeiten und Fragen* (S. 15–35). Waxmann.

Nührenbörger, M., & Tubach, D. (2012). Mathematische Lernumgebungen. Komplementäre Lerngelegenheiten in Kita und Grundschule. *Die Grundschulzeitschrift, 26*(255/256), 87–89.

Nührenbörger, M., & Unteregge, S. (2017). Von Zahlenfolgen zu Aufgabenbeziehungen: Algebraische Gleichheitsbeziehungen im Kontext der Arithmetik. *Die Grundschulzeitschrift, 31*(306), 30–35.

Oaks, J., & Alkhateeb, H. (2007). Simplifying equations in Arabic algebra. *Historia Mathematica, 34*(1), 45–61. https://doi.org/10.1016/j.hm.2006.02.006

Obersteiner, A. (2012). *Mentale Repräsentationen von Zahlen und der Erwerb arithmetischer Fähigkeiten.* Waxmann.

Ott, B. (2015). Qualitative Analyse grafischer Darstellungen zu Textaufgaben; Eine Untersuchung von Kinderzeichnungen in der Primarstufe. In G. Kadunz (Hrsg.), *Semiotische Perspektiven auf das Lernen von Mathematik* (S. 163–182). Springer. https://doi.org/10.1007/978-3-642-55177-2_10

Ott, B. (2016). *Textaufgaben grafisch darstellen: Entwicklung eines Analyseinstruments und Evaluation einer Interventionsmaßnahme.* Waxmann.

Otte, M. (1976). Die Didaktischen Systeme von V. V. Davidov/D. B. Elkonin einerseits und L. V. Zankov andererseits, Skizze einer kritischen Auseinandersetzung. *Educational Studies in Mathematics, 6*(4), 475–497. https://doi.org/10.1007/BF00411093

Padberg, F., & Benz, C. (2021). *Didaktik der Arithmetik*. Springer Spektrum.

Padberg, F., & Büchter, A. (2015). *Vertiefung Mathematik Primarstufe: Arithmetik/Zahlentheorie*. Springer Spektrum. https://doi.org/10.1007/978-3-662-45987-4

Padberg, F., & Büchter, A. (2018). *Elementare Zahlentheorie*. Springer Spektrum.

Padberg, F., & Büchter, A. (2019). *Einführung Mathematik Primarstufe – Arithmetik*. Springer Spektrum. https://doi.org/10.1007/978-3-662-43449-9

Pang, J., & Kim, J. (2018). Characteristics of Korean students' early algebraic thinking: A generalized arithmetic perspective. In C. Kieran (Hrsg.), *Teaching and learning algebraic thinking with 5- to 12-year-olds: The global evolution of an emerging field of research and practice* (S. 141–165). Springer. https://doi.org/10.1007/978-3-319-68351-5_6

Papic, M., Mulligan, J., & Mitchelmore, M. (2011). Assessing the development of preschoolers' mathematical patterning. *Journal for Research in Mathematics Education, 42*(3), 237–269. https://doi.org/10.5951/jresematheduc.42.3.0237

Piaget, J. (1971). *Psychologie der Intelligenz*. Walter.

Pitta-Pantazi, D., Christou, C., & Chimoni, M. (2022). The role of generalized arithmetic in the development of early algebraic thinking. In J. Hodgen, E. Geraniou, G. Bolondi, & F. Ferretti (Hrsg.), *Proceedings of the twelfth congress of the European society for research in mathematics education (CERME12)* (S. 572–579). Free University of Bozen-Bolzano and ERME. https://hal.science/hal-03745397. Zugriff: 25.03.2024.

Pöhls-Stöwesand, A. (2021). Erklären, begründen, hinterfragen. *Grundschule Mathematik, 68*, 2–3.

Prediger, S. (2010). How to develop mathematics-for-teaching and for understanding: The case of meanings of the equal sign. *Journal of Mathematics Teacher Education, 13*(1), 73–93. https://doi.org/10.1007/s10857-009-9119-y

Prediger, S. (2020). *Sprachbildender Mathematikunterricht in der Sekundarstufe*. Cornelsen.

Prediger, S., & Götze, D. (2017). Sprachbildung im Mathematikunterricht als langfristige Entwicklungsaufgabe: Praktische Ansätze und ihre empirische Fundierung. In A. Steinweg (Hrsg.), *Mathematikdidaktik Grundschule – Band 7: Sprache und Mathematik* (S. 9–24). University of Bamberg Press. https://fis.uni-bamberg.de/handle/uniba/42675. Zugegriffen am 25.03.2024.

Prediger, S., Dirks, T., & Kersting, J. (2009). Wer zerlegt zuletzt? Spielend die Primfaktorzerlegung erkunden. *Praxis der Mathematik in der Schule, 25*(51), 10–14.

Radford, L. (1996). Some reflections on teaching algebra through generalization. In N. Bednarz, C. Kieran, & L. Lee (Hrsg.), *Approaches to algebra: Perspectives for research and teaching* (S. 107–111). Kluwer. https://doi.org/10.1007/978-94-009-1732-3_7

Radford, L. (1999). The rhetoric of generalization. In O. Zaslavsky (Hrsg.), *Proceedings of the 23rd conference of the international group for the psychology of mathematics education* (Bd. 4, S. 89–96). Technion – Israel Institute of Technology.

Radford, L. (2001). Of course they can! In M. van den Heuvel-Panhuizen (Hrsg.), *Proceedings of the 25th conference of the international group for the psychology of mathematics education* (S. 145–148). PME.

Radford, L. (2002). The seen, the spoken and the written: a semiotic approach to the problem of objectification of mathematical knowledge. *For the Learning of Mathematics, 22*(2), 14–23. https://flm-journal.org/Articles/398E76599C1D8C9B14ED63F9BA0B3C.pdf. Zugegriffen am 25.03.2024.

Radford, L. (2003). Gestures, speech, and the sprouting of signs. A semiotic-cultural approach to students' types of generalization. *Mathematical Thinking and Learning, 5*(1), 37–70. https://doi.org/10.1207/S15327833MTL0501_02

Radford, L. (2006). Algebraic thinking and the generalization of patterns: A semiotic perspective. In S. Alatorre, J. L. Cortina, M. Sáiz, & A. Méndez (Hrsg.), *Proceedings of the 28th annual meeting of the North American chapter of the international group for the psychology of mathematics education* (S. 2–21). PME-NA.

Radford, L. (2008). Iconicity and contraction: A semiotic investigation of forms of algebraic generalizations of patterns in different contexts. *ZDM Mathematics Education, 40*(1), 83–96. https://doi.org/10.1007/s11858-007-0061-0

Radford, L. (2010a). Algebraic thinking from a cultural semiotic perspective. *Research in Mathematics Education, 12*(1), 1–19. https://doi.org/10.1080/14794800903569741

Radford, L. (2010b). Layers of generality and types of generalization in pattern activities. *PNA, 4*(2), 37–62.

Radford, L. (2011). Grade 2 students' non-symbolic algebraic thinking. In J. Cai, E. Knuth, & E. (Hrsg.), *Early algebraization: A global dialogue from multiple perspectives* (S. 303–322). Springer. https://doi.org/10.1007/978-3-642-17735-4

Radford, L. (2012). Early algebraic thinking: Epistemological, semiotic, and developmental issues. *Regular lecture presented at the 12th international congress on mathematical education.* Luis Radford. http://www.luisradford.ca/pub/5_2012ICME12RL312.pdf. Zugegriffen am 25.03.2024.

Radford, L. (2021). *The theory of objectification: A Vygotskian perspective on knowing and becoming in mathematics teaching and learning.* Brill Sense.

Radford, L. (2022a). Early algebra: Simplifying equations. In J. Hodgen, E. Geraniou, G. Bolondi, & F. Ferretti (Hrsg.), *Proceedings of the twelfth congress of the European society for research in mathematics education (CERME12)* (S. 588–595). Free University of Bozen-Bolzano and ERME. https://hal.science/hal-03745187. Zugegriffen am 25.03.2024.

Radford, L. (2022b). Introducing equations in early algebra. *ZDM Mathematics Education, 54*(6), 1115–1167. https://doi.org/10.1007/s11858-022-01422-x

Rasch, R., & Schütte, S. (2008). Zahlen und Operationen. In G. Walther, M. van den Heuvel-Panhuizen, D. Granzer, & O. Köller (Hrsg.), *Bildungsstandards für die Grundschule: Mathematik konkret* (S. 66–88). Cornelsen Scriptor. https://edoc.hu-berlin.de/bitstream/handle/18452/3775/3.pdf. Zugegriffen am 25.03.2024.

Rathgeb-Schnierer, E. (2007). Kinder erforschen arithmetische Muster. *Grundschulunterricht, 54*(2), 11–19.

Rechtsteiner-Merz, C. (2013). *Flexibles Rechnen und Zahlenblickschulung.* Waxmann.

Reiss, K., & Schmieder, G. (2014). *Basiswissen Zahlentheorie: Eine Einführung in Zahlen und Zahlbereiche.* Springer Spektrum. https://doi.org/10.1007/978-3-642-39773-8

Resnick, L. (1983). A developmental theory of number understanding. In H. Ginsburg (Hrsg.), *The development of mathematical thinking* (S. 109–151). Academic. https://eric.ed.gov/?id=ED251328. Zugegriffen am 25.03.2024.

Resnick, L. (1989). Developing mathematical knowledge. *American Psychologist, 44*(2), 162–169. https://doi.org/10.1037/0003-066X.44.2.162

Richter, V. (2014). *Routen zum Begriff der linearen Funktion: Entwicklung und Beforschung eines kontextgestützten und darstellungsreichen Unterrichtsdesigns.* Springer Spektrum. https://doi.org/10.1007/978-3-658-06181-4

Rittle-Johnson, B., Fyfe, E., Loehr, A., & Miller, M. (2015). Beyond numeracy in preschool: Adding patterns to the equation. *Early Childhood Research Quarterly, 31*, 101–112. https://doi.org/10.1016/j.ecresq.2015.01.005

Rojano, T. (1996). Developing algebraic aspects of problem solving with spreadsheet environments. In N. Bednarz, C. Kieran, & L. Lee (Hrsg.), *Approaches to algebra: Perspectives for research and teaching* (S. 137–145). Kluwer. https://doi.org/10.1007/978-94-009-1732-3_9

Rosen, F. (1831; Nachdruck 1986). *The Algebra of Mohammed ben Musa Al-Kitāb al-muḫtaṣar fī ḥisāb al-ǧabr wal-muqābala.* Georg Olms.

Ross, S. (1989). Parts, wholes, and place value: A developmental view. *Arithmetic Teacher, 36*, 47–51. https://doi.org/10.5951/AT.36.6.0047

Russel, S., Schifter, D., & Bastable, V. (2011). Developing algebraic thinking in the context of arithmetic. In J. Cai & E. Knuth (Hrsg.), *Early algebraization: A global dialogue from multiple perspectives* (S. 43–69). Springer. https://doi.org/10.1007/978-3-642-17735-4

Ruwisch, S. (2003). Gute Aufgaben im Mathematikunterricht der Grundschule – Einführung. In S. Ruwisch & A. Peter-Koop (Hrsg.), *Gute Aufgaben im Mathematikunterricht der Grundschule* (S. 5–14). Mildenberger.

Ruwisch, S. (2015). Wie die Zahlen im Kopf wirksam werden. Merkmale tragfähiger Zahlvorstellungen. *Grundschule Mathematik, 44*, 4–5.

Sachsen [Landesamt für Schule und Bildung]. (2019). *Lehrplan Grundschule: Mathematik.* LPDP Schule-Sachsen. https://www.schulportal.sachsen.de/lplandb/index.php?lplanid=68&lplansc=nv0hYG3s-QEQY1EYQ2Ykx&token=ef6dfa804e51d7c7dd1a36f6d6d88eab. Zugegriffen am 25.03.2024.

Sarama, J., & Clements, D. (2009). *Early childhood mathematics education research: Learning trajectories for young children.* Routledge.

Sawyer, W. (1955). *Prelude to mathematics.* Penguin Books.

Sawyer, W. (1964). *Vision in elementary mathematics.* Penguin Books.

Schacht, F. (2012). *Mathematische Begriffsbildung zwischen Implizitem und Explizitem: Individuelle Begriffsbildungsprozesse zum Muster- und Variablenbegriff.* Vieweg + Teubner. https://doi.org/10.1007/978-3-8348-8680-4

Schäfer, J. (2005). *Rechenschwäche in der Eingangsstufe der Hauptschule: Lernstand, Einstellungen und Wahrnehmungsleistungen; eine empirische Studie.* Kovač.

Schäfer, J. (2013). „Die gehören doch zur Fünf!" Teil-Ganzes-Verständnis und seine Bedeutung für die Entwicklung mathematischen Verständnisses. In J. Sprenger, A. Wagner, & M. Zimmermann (Hrsg.), *Mathematik lernen, darstellen, deuten, verstehen* (S. 79–97). Springer Spektrum. https://doi.org/10.1007/978-3-658-01038-6_6

Scherer, P. (1996). Zahlenketten. *Die Grundschulzeitschrift, 96*, 20–23.

Scherer, P. (1997). Substantielle Aufgabenformate – jahrgangsübergreifende Beispiele für den Mathematikunterricht, Teil I–III. *Grundschulunterricht, 44*(6), 54–56.

Scherer, P., & Moser Opitz, E. (2010). *Fördern im Mathematikunterricht der Primarstufe.* Springer Spektrum. https://doi.org/10.1007/978-3-8274-2693-2

Scherer, P., & Selter, C. (1996). Zahlenketten – ein Unterrichtsbeispiel für natürliche Differenzierung. *Mathematische Unterrichtspraxis, 17*(2), 21–28.

Schifter, D. (2009). Representation-based proof in the elementary grades. In D. Stylianou, M. Blanton, & E. Knuth (Hrsg.), *Teaching and learning proof across the grades. A K-16 perspective* (S. 71–86). Taylor & Francis Group. https://doi.org/10.4324/9780203882009

Schifter, D. (2016). Bringing early algebra into elementary classrooms. In C. Kieran, J. Pang, D. Schifter, & S. Ng (Hrsg.), *Early algebra. Research into its nature, its learning, its teaching* (S. 16–22). Springer Open. https://doi.org/10.1007/978-3-319-32258-2_2

Schifter, D. (2018). Early algebra as analysis of structure: A focus on operations. In C. Kieran (Hrsg.), *Teaching and learning algebraic thinking with 5- to 12-year-olds: The global evolution of an emerging field of research and practice* (S. 309–327). Springer. https://doi.org/10.1007/978-3-319-68351-5_13

Schipper, W. (2005). Übungen zur Prävention von Rechenstörungen. *Die Grundschulzeitschrift, 182*, 21–22.

Schipper, W. (2009). *Handbuch für den Mathematikunterricht an Grundschulen.* Schroedel.

Schipper, W., & Hülshoff, A. (1984). Wie anschaulich sind Veranschaulichungshilfen? *Grundschule, 16*(4), 54–56.

Schleswig-Holstein [Ministerium für Bildung, Wissenschaft und Kultur]. (2018). *Fachanforderungen Mathematik Primarstufe/Grundschule.* Fachportal Lernnetz. https://fachportal.lernnetz.de/sh/fachanforderungen/mathematik.html. Zugegriffen am 25.03.2024.

Schliemann, A., Carraher, D., & Brizuela, B. (2007). *Bringing out the algebraic character of arithmetic: From children's ideas to classroom practice.* Routledge.

Schmidt-Thieme, B. (2009). „Definition, Satz, Beweis": Erklärgewohnheiten im Fach Mathematik. In R. Vogt (Hrsg.), *Erklären. Gesprächsanalytische und fachdidaktische Perspektiven* (S. 123–131). Stauffenburg.

Schoenfeld, A. (2008). Early algebra as mathematical sense making. In J. Kaput, D. Carraher, & M. Blanton (Hrsg.), *Algebra in the early grades* (S. 479–510). Lawrence Erlbaum Associates.

Schulz, A. (2014). *Fachdidaktisches Wissen von Grundschullehrkräften.* Springer Spektrum. https://doi.org/10.1007/978-3-658-08693-0

Schulz, A., & Wartha, S. (2021). *Zahlen und Operationen am Übergang Primar-/Sekundarstufe: Grundvorstellungen aufbauen, festigen, vernetzen.* Springer Spektrum. https://doi.org/10.1007/978-3-662-62096-0

Schwarzkopf, R. (2001). Argumentationsanalysen im Unterricht der frühen Jahrgangsstufen: eigenständiges Schließen mit Ausnahmen. *Journal für Mathematik-Didaktik, 22*(3/4), 253–276. https://doi.org/10.1007/BF03338938

Schwarzkopf, R. (2003). Begründungen und neues Wissen: Die Spanne zwischen empirischen und strukturellen Argumenten in mathematischen Lernprozessen der Grundschule. *Journal für Mathematikdidaktik, 24*(3/4), 211–235. https://doi.org/10.1007/BF03338982

Schwarzkopf, R. (2017). Erst einmal Rechnen lernen? Von der Notwendigkeit algebraischen Denkens im Arithmetikunterricht. *Die Grundschulzeitschrift, 306,* 18–22.

Schwarzkopf, R. (2019). Produktive Kommunikationsanlässe im Mathematikunterricht der Grundschule: Zur lerntheoretischen Funktion des Argumentierens. In A. Steinweg (Hrsg.), *Mathematikdidaktik Grundschule – Band 9: Darstellen und Kommunizieren* (S. 55–68). University of Bamberg Press. https://fis.uni-bamberg.de/handle/uniba/46675. Zugegriffen am 25.03.2024.

Schwarzkopf, R., Nührenbörger, M., & Mayer, C. (2018). Algebraic understanding of equalities in primary classes. In C. Kieran (Hrsg.), *Teaching and learning algebraic thinking with 5- to 12-year-olds: The global evolution of an emerging field of research and practice* (S. 105–212). Springer. https://doi.org/10.1007/978-3-319-68351-5_8

Schwätzer, U. (2000). Zahlentreppen: Grundschüler erkunden ein arithmetisch substantielles Problemfeld. *Die Grundschulzeitschrift, 14*(133), 14–17.

Schwätzer, U. (2013). *Zur Komplementbildung bei der halbschriftlichen Subtraktion: Analyse der Ergebnisse einer Unterrichtsreihe im dritten Schuljahr.* Technische Universität Dortmund. https://doi.org/10.17877/DE290R-13430

Schweden [Sverige Skolverket]. (2018). *Curriculum for the compulsory school, preschool class and school-age educare.* Skolverket. https://www.skolverket.se/download/18.31c292d516e74 45866a218f/1576654682907/pdf3984.pdf. Zugegriffen am 25.03.2024.

Selter, C. (1999). Folgen – bereits in der Grundschule! *mathematik lehren, 96,* 10–14.

Selter, C. (2001). „1/2 Bus heißt: ein halbvoller Bus!" – Zu Vorgehensweisen von Grundschülern bei einer Textaufgabe zur Division mit Rest. In C. Selter & G. Walther (Hrsg.), *Mathematik lernen und gesunder Menschenverstand: Festschrift für Gerhard Norbert Müller* (S. 162–173). Klett.

Selter, C. (2004). Zahlengitter: Eine Aufgabe, viele Variationen. *Die Grundschulzeitschrift, 18*(177), 42–45.

Selter, C. (2017). *Guter Mathematikunterricht. Konzeptionelles und Beispiele aus dem Projekt PIKAS.* Cornelsen.

Selter, C., & Scherer, P. (1996). Zahlenketten: Ein Unterrichtsbeispiel für Grundschüler und Lehrerstudenten. *Mathematica didactica, 1,* 54–66.

Selter, C., & Spiegel, H. (2004). Zählen ohne zu zählen. In G. Müller, H. Steinbring, & E. Wittmann (Hrsg.), *Arithmetik als Prozess* (S. 71–90). Kallmeyer.

Selter, C., Prediger, S., Nührenbörger, M., & Hußmann, S. (2014). *Mathe sicher können. Förderbausteine zur Sicherung mathematischer Basiskompetenzen. Natürliche Zahlen.* Cornelsen.

Sfard, A. (1991). On the dual nature of mathematical conceptions: Reflections on processes and objects as different sides of the same coin. *Educational Studies in Mathematics, 22*(1), 1–36. https://doi.org/10.1007/BF00302715

Sfard, A. (1995). The development of algebra: Confronting historical and psychological perspectives. *The Journal of Mathematical Behavior, 14*(1), 15–39. https://doi.org/10.1016/0732-3123(95)90022-5

Sfard, A. (2008). *Thinking as communicating: Human development, the growth of discourse, and mathematizing.* Cambridge University Press.

Sfard, A., & Linchevski, L. (1994). The gains and the pitfalls of reification: The case of algebra. *Educational Studies in Mathematics, 26*(2/3), 191–228. https://doi.org/10.1007/BF01273663

Smith, E. (2008). Representational thinking as a framework for introducing functions in the elementary curriculum. In J. Kaput, D. Carraher, & M. Blanton (Hrsg.), *Algebra in the early grades* (S. 133–160). Lawrence Erlbaum Associates.

Söbbeke, E. (2005). *Zur visuellen Strukturierungsfähigkeit von Grundschulkindern.* Franzbecker.

Söbbeke, E., & Welsing, F. (2017). Allgemein denken mit konkretem Material? Erforschen und Verallgemeinern mithilfe von Anschauungsmitteln. *Die Grundschulzeitschrift, 306*, 36–41.

Sommerlatte, A., Lux, M., Meiering, G., & Führlich, S. (2009). *Lerndokumentation Mathematik: Anregungsmaterialien.* Senatsverwaltung für Bildung, Wissenschaft und Forschung. https://doi.org/10.25656/01:2999

Specht, B. (2009). *Variablenverständnis und Variablen verstehen.* Franzbecker.

Spiegel, H., & Selter, C. (2003). *Kinder und Mathematik. Was Erwachsene wissen sollten.* Kallmeyer.

Sprenger, P. (2021). *Prozesse bei der strukturierenden Mengenwahrnehmung und strukturnutzenden Anzahlbestimmung von Kindern im Elementarbereich.* Springer Spektrum. https://doi.org/10.1007/978-3-658-33102-3

St. Gallen. (2017). *Lehrplan Volksschule Mathematik: basierend auf Lehrplan 21.* SG Lehrplan. https://sg.lehrplan.ch/container/SG_DE_Fachbereich_MA.pdf. Zugegriffen am 25.03.2024.

Steffe, L., von Glasersfeld, E., Richards, J., & Cobb, P. (1983). *Children's counting types: Philosophy, theory, and application.* Praeger.

Steffe, L., Cobb, P., & von Glasersfeld, E. (1988). *Construction of arithmetical meanings and strategies.* Springer. https://doi.org/10.1007/978-1-4612-3844-7

Steger, A. (2007). *Diskrete Strukturen: Band 1: Kombinatorik, Graphentheorie Algebra.* Springer. https://doi.org/10.1007/978-3-540-46664-2

Steinbring, H. (1993). „Kann man auch ein Meter mit Komma schreiben?" Konkrete Erfahrungen und theoretisches Denken im Mathematikunterricht der Grundschule. *Mathematica didactica, 16*(2), 30–55.

Steinbring, H. (1994). Die Verwendung strukturierter Diagramme im Arithmetikunterricht der Grundschule. Zum Unterschied zwischen empirischer und theoretischer Mehrdeutigkeit mathematischer Zeichen. *Mathematische Unterrichtspraxis, 15*(4), 7–19.

Steinbring, H. (1995). Zahlen sind nicht nur zum Rechnen da. In E. Wittmann & G. Müller (Hrsg.), *Mit Kindern rechnen* (S. 225–139). Arbeitskreis Grundschule.

Steinbring, H. (2000a). *Epistemologische und sozial-interaktive Bedingungen der Konstruktion mathematischer Wissensstrukturen (im Unterricht der Grundschule). Abschlussbericht zum DFG-Projekt – Band I.* Universität Dortmund.

Steinbring, H. (2000b). Mathematische Bedeutung als eine soziale Konstruktion: Grundzuge der epistemologisch orientierten mathematischen Interaktionsforschung. *Journal für Mathematikdidaktik, 21*(1), 28–49. https://doi.org/10.1007/BF03338905

Steinbring, H. (2005). *The construction of new mathematical knowledge in classroom interaction.* Springer. https://doi.org/10.1007/b104944

Steinbring, H. (2017). Von Dingen, Worten und mathematischen Symbolen. In A. Steinweg (Hrsg.), *Mathematikdidaktik Grundschule – Band 7: Mathematik und Sprache* (S. 25–40). University of Bamberg Press. https://fis.uni-bamberg.de/handle/uniba/42675. Zugegriffen am 25.03.2024.

Steinbring, H., & Scherer, P. (2004). Summenformeln. In G. Müller, H. Steinbring, & E. Wittmann (Hrsg.), *Arithmetik als Prozess* (S. 237–254). Kallmeyer.

Steinweg, A. (1997). Die 7, 3 und 5 und dann ist das ganz umgekehrt! – Beschreiben und Begründen von Zahlenmustern mit Umkehrzahlen. *Die Grundschulzeitschrift, 11*(110), 22 & 43–44.

Steinweg, A. (2000). Wie heißt die Partnerzahl? Ein Übungsformat für alle Schuljahre. *Die Grundschulzeitschrift, 14*(133), 18–20.

Steinweg, A. (2001). *Zur Entwicklung des Zahlenmusterverständnisses bei Kindern: Epistemologisch-pädagogische Grundlegung.* LIT. https://fis.uni-bamberg.de/handle/uniba/1984. Zugegriffen am 25.03.2024.

Steinweg, A. (2002a). Ich glaub, da hab ich was: Deutungen zu funktionalen Beziehungen durch Grundschulkinder. In W. Peschek (Hrsg.), *Beiträge zum Mathematikunterricht* (S. 483–486). Franzbecker.

Steinweg, A. (2002b). Zu Bedeutung und Möglichkeiten von Aufgaben zu figurierten Zahlen: Eine Analyse von Deutungen durch Grundschulkinde. *Journal für Mathematikdidaktik, 23*(2), 129–151. https://doi.org/10.1007/BF03338952

Steinweg, A. (2004). Vom Reiz des Ausrechnen-Wollens oder Warum 25 + 4 auch 54 sein kann …. In A. Heinze & S. Kuntze (Hrsg.), *Beiträge zum Mathematikunterricht* (S. 573–576). Franzbecker.

Steinweg, A. (2005). Stein für Stein: Zahlen als Figuren. *Die Grundschulzeitschrift, 19*(187), 48–54.

Steinweg, A. (2006). Mathematikunterricht einmal „ohne" Rechnen – Kinder bewerten und beschreiben ausgerechnete Aufgaben. *Die Grundschulzeitschrift, 20*(191), 22–27.

Steinweg, A. (2013). *Algebra in der Grundschule: Muster und Strukturen, Gleichungen, funktionale Beziehungen.* Springer Spektrum. https://doi.org/10.1007/978-3-8274-2738-0

Steinweg, A. (2014). Muster und Strukturen zwischen überall und nirgends: Eine Spurensuche. In A. Steinweg (Hrsg.), *Mathematikdidaktik Grundschule – Band 4: 10 Jahre Bildungsstandards* (S. 51–66). University of Bamberg Press. https://fis.uni-bamberg.de/handle/uniba/21023. Zugegriffen am 25.03.2024.

Steinweg, A. (2016). Grundideen algebraischen Denkens in der Grundschule. In Institut für Mathematik und Informatik Heidelberg (Hrsg.), *Beiträge zum Mathematikunterricht, Band 2* (S. 931–934). WTM.

Steinweg, A. (2017). Key ideas as guiding principles to support algebraic thinking in German primary schools. In T. Dooley & G. Gueudet (Hrsg.), *Proceedings of the tenth congress of the European society for research in mathematics education (CERME10)* (S. 512–519). DCU Institute of Education and ERME. https://hal.science/hal-01914648v1. Zugriff: 25.03.2024.

Steinweg, A. (2018). Variablen im Fokus: Notation, Repräsentation, Vorstellung. In Fachgruppe Didaktik der Mathematik der Universität Paderborn (Hrsg.), *Beiträge zum Mathematikunterricht* (S. 1735–1738). WTM. https://doi.org/10.17877/DE290R-19706

Steinweg, A. (2019). Short note on algebraic notations: First encounter with letter variables in primary school. In U. Jankvist, M. van den Heuvel-Panhuizen, & M. Veldhuis (Hrsg.), *Proceedings of the eleventh congress of the European society for research in mathematics education (CERME 11)* (S. 682–689). Utrecht, the Netherlands: Freudenthal Group & Freudenthal Institute, Utrecht University and ERME. https://hal.archives-ouvertes.fr/hal-02416474. Zugegriffen am 25.03.2024.

Steinweg, A. (2020a). Muster und Strukturen: Anschlussfähige Mathematik von Anfang an. In H. Siller, W. Weigel, & J. Wörler (Hrsg.), *Beiträge zum Mathematikunterricht* (S. 39–46). WTM. https://doi.org/10.17877/DE290R-21577

Steinweg, A. (2020b). Zukunftsmathematik: Muster und mathematische Strukturen als Tür zu wesentlichen Fähigkeiten. *Grundschulmagazin, 88*(1), 7–11.

Steinweg, A. (2023). Über der Ecke ist die Anzahl der Nummer: Muster in Zahlenfolgen als Türöffner zur Mathematik. *Grundschule Mathematik, 76*, 8–11.

Steinweg, A., & Benz, C. (2007). Unterwegs in Musterlandschaften – Rechnen mit dem Pascalschen Dreieck. *Praxis Förderschule, 2*(2), 31–37.

Steinweg, A., & Schuppar, B. (2004). Mit Zahlen spielen. In G. Müller, H. Steinbring, & E. Wittmann (Hrsg.), *Arithmetik als Prozess* (S. 21–35). Kallmeyer.

Steinweg, A., Akinwunmi, K., & Lenz, D. (2018). Making implicit algebraic thinking explicit: Exploiting national characteristics of German approaches. In C. Kieran (Hrsg.), *Teaching and learning algebraic thinking with 5- to 12-year-olds: The global evolution of an emerging field of research and practice* (S. 283–307). Springer. https://doi.org/10.1007/978-3-319-68351-5_12

Steinweg, A., Twohill, A., & McAuliffe, S. (2023). *ZADIE functional thinking through patterning: Teacher manual*. CASTeL. https://castel.ie/resource/zadie-functional-thinking-through-patterning/. Zugegriffen am 25.03.2024.

Stephens, A., Fonger, N., Strachota, S., Isler, I., Blanton, M., Knuth, E., & Murphy Gardiner, A. (2017). A learning progression for elementary students' functional thinking. *Mathematical Teaching and Learning, 19*(3), 143–166. https://doi.org/10.1080/10986065.2017.1328636

StePs-Projekt. (2022). Diverse Masterarbeiten TU Dortmund, vgl. *Quellennachweis StePs-Projekt* nach Literaturliste.

Strømskag, H. (2011). *Factors constraining students' establishment of algebraic generality in shape patterns: A case study of didactical situations in mathematics at a university college*. University of Agder.

Strømskag, H. (2015). A pattern-based approach to elementary algebra. In K. Krainer & N. Vondrova (Hrsg.), *Proceedings of the ninth congress of the European society for research in mathematics education* (S. 474–480). ERME. https://hal.science/hal-01286944/document. Zugegriffen am 25.03.2024.

Stylianidis, G., & Silver, E. (2009). Reasoning-and-proving in school mathematics: The case of pattern identification. In D. Stylianou, M. Blanton, & E. Knuth (Hrsg.), *Teaching and learning proof across the grades: A K-16 perspective* (S. 235–249). Routledge.

Subramaniam, K., & Banerjee, R. (2011). The arithmetic-algbera connection: A historical-pedagogical perspective. In J. Cai & E. Knuth (Hrsg.), *Early algebraization: A global dialogue from multiple perspectives* (S. 87–107). Springer. https://doi.org/10.1007/978-3-642-17735-4

Südafrika [Department of Basic Education]. (2011a). *Curriculum and assessment policy statement: Grades 1–3 mathematics*. Education Gov. https://www.education.gov.za/Portals/0/CD/National%20Curriculum%20Statements%20and%20Vocational/CAPS%20MATHS%20%20ENGLISH%20GR%201-3%20FS.pdf?ver=2015-01-27-160947-800. Zugegriffen am 25.03.2024.

Südafrika [Department of Basic Education]. (2011b). *Curriculum and assessment policy statement: Grades 4–6 mathematics*. Education Gov. https://www.education.gov.za/Portals/0/CD/National%20Curriculum%20Statements%20and%20Vocational/CAPS%20IP%20%20MATHEMATICS%20GR%204-6%20web.pdf?ver=2015-01-27-161430-553. Zugegriffen am 25.03.2024.

Sundermann, B., & Selter, C. (2006). *Beurteilen und Fördern im Mathematikunterricht*. Cornelsen. https://proprima.dzlm.de/node/52. Zugegriffen am 25.03.2024.

Tall, D. (2001). Reflections on early algebra. In M. van den Heuvel-Panhuizen (Hrsg.), *Proceedings of the 25th conference of the international group for the psychology of mathematics education* (S. 149–152). PME.

Tall, D., & Vinner, S. (1981). Concept image and concept definition in mathematics with particular reference to limits and continuity. *Educational Studies in Mathematics, 12*(2), 151–169. https://doi.org/10.1007/BF00305619

Tall, D., Gray, E., Ali, M., Crowley, L., DeMarois, P., McGowen, M., Pitta, D., Pinto, M., Thomas, M., & Yusof, Y. (2001). Symbols and the bifurcation between procedural and conceptual thinking. *Canadian Journal of Science, Mathematics & Technology Education, 1*(1), 81–104. https://doi.org/10.1080/14926150109556452

Teppo, A. (2001). Unknowns or place holders? In M. van den Heuvel-Panhuizen (Hrsg.), *Proceedings of the 25th conference of the international group for the psychology of mathematics education* (S. 153–155). PME.

Thomas, M., & Tall, D. (2001). The long-term cognitive development of symbolic algebra. In H. Chick, K. Stacey, & J. Vincent (Hrsg.), *Proceedings of the 12th ICMI study conference: The future of the teaching and learning of algebra, Volume 2* (S. 590–597). University of Melbourne.

Threlfall, J. (2005). Repeating patterns in the early primary years. In A. Orton (Hrsg.), *Pattern in the teaching and learning of mathematics* (S. 18–30). Continuum.

Tirosh, D., Tsamir, P., Barkai, R., & Levenson, E. (2018). Using children's patterning tasks during professional development for preschool teachers. In C. Benz, A. S. Steinweg, H. Gasteiger, P. Schöner, H. Vollmuth, & J. Zöllner (Hrsg.), *Mathematics education in the early years: Results from the POEM3 conference 2016* (S. 47–67). Springer. https://doi.org/10.1007/978-3-319-78220-1_3

Toulmin, S. (1975). *Der Gebrauch von Argumenten*. Scriptor.

Transchel, S. (2020). *Gemeinsames Lernen multiplikativer Zusammenhänge: Struktur-fokussierende Deutungen bei Kindern mit Schwierigkeiten im Fach Mathematik*. Springer Spektrum. https://doi.org/10.1007/978-3-658-29237-9

Tsamir, P., Tirosh, D., Barkai, R., Levenson, E., & Tabach, M. (2015). Which continuation is appropriate? Kindergarten children's knowledge of repeating patterns. In K. Beswick, T. Muir, & J. Wells (Hrsg.), *Proceedings of the 39th international conference for the psychology of mathematics education* (Bd. 4, S. 249–256). PME.

Tubach, D. (2019). *Relationales Zahlverständnis im Übergang von der Kita zur Grundschule*. Springer Spektrum. https://doi.org/10.1007/978-3-658-25083-6

Twohill, A. (2013). Algebraic reasoning in primary school: developing a framework of growth points. C. Smith (Hrsg.), *Proceedings of the British Society for Research into Learning Mathematics, 33*(2), 55–60.

Twohill, A. (2018). *The construction of general terms for shape patterns: Strategies adopted by children attending fourth class in two Irish primary*. PhD thesis, Dublin City University. https://doras.dcu.ie/22206/. Zugegriffen am 25.03.2024.

Twohill, A. (2020). *Algebra in the senior primary classes*. NCCA. https://ncca.ie/media/4619/primary_maths_research_algebra_seniorclasses.pdf. Zugegriffen am 25.03.2024.

Umierski, A. (2020). „Unterwegs zur Regel" Zum Verallgemeinern von distributiven Zusammenhängen. In H.-S. Siller, W. Weigel, & J. Wörler (Hrsg.), *Beiträge zum Mathematikunterricht* (S. 949–952). WTM. https://doi.org/10.17877/DE290R-21599

Unteregge, S. (2018). Gleichheitsbeziehungen durch Terme entdecken und begründen: Entwicklung und Erforschung von Lernchancen in der Grundschule. In A. Steinweg (Hrsg.), *Mathematikdidaktik Grundschule – Band 8: Inhalte im Fokus: Mathematische Strategien entwickeln* (S. 77–80). University of Bamberg Press. https://fis.uni-bamberg.de/handle/uniba/44712. Zugegriffen am 25.03.2024.

Unteregge, S. (2022). Primary school children's justifications of equalities. In J. Hodgen, E. Geraniou, G. Bolondi, & F. Ferretti (Hrsg.), *Proceedings of the twelfth congress of the European society for research in mathematics education (CERME12)* (S. 638–645). Free University of Bozen-Bolzano and ERME. https://hal.science/hal-03745452. Zugegriffen am 25.03.2024.

Ursini, S., & Trigueros, M. (2001). A model for the use of variable in elementary algebra. In M. van den Heuvel-Panhuizen (Hrsg.), *Proceedings of the 25th conference of the international group for the psychology of mathematics education* (S. 327–334). PME.

Usiskin, Z. (1979). *The first-year algebra via applications development project. Summary of activities and results*. Chicago University.

Usiskin, Z. (1988). Conceptions of school algebra and uses of variables. In A. Coxford & A. Shulte (Hrsg.), *The idea of algebra, K-12, 1988 yearbook* (S. 8–19). National Council of Teacher of Mathematics.

Valls-Busch, B. (2004). Rechnen und entdecken am Mal-Plus-Haus. *Die Grundschulzeitschrift, 18*(177), 22–23.

Van Dooren, W., & Greer, B. (2010). Students' behaviour in linear and non-linear situations. *Mathematical Thinking and Learning, 12*(1), 1–3. https://doi.org/10.1080/10986060903465749

Venkat, H., Askew, M., Watson, A., & Mason, J. (2019). Architecture of mathematical structure. *For the Learning of Mathematics, 39*(1), 13–17. https://www.jstor.org/stable/e26742000. Zugegriffen am 25.03.2024.

Verboom, L. (2002). Aufgabenformate zum multiplikativen Rechnen. *Praxis Grundschule, 25*(2), 14–15.

Verboom, L. (2008). Mit dem Rhombus nach Rom. Aufbau einer fachgebundenen Sprache im Mathematikunterricht der Grundschule. In C. Bainski & M. Krüger-Potratz (Hrsg.), *Handbuch Sprachförderung* (S. 95–112). Neue deutsche Schule.

Verboom, L. (2017). Fachbezogene Sprachförderung im Mathematikunterricht. Das WEGE-Konzept: ein übersichtlicher Weg durch den Sprachförder-Dschungel. *Grundschule aktuell, 137*, 25–28.

Vester, F. (2021). *Denken, Lernen, Vergessen: Was geht in unserem Kopf vor, wie lernt das Gehirn, und wann lässt es uns im Stich?* dtv Verlag.

Voigt, J. (1993). Unterschiedliche Deutungen bildlicher Darstellungen zwischen Lehrerin und Schülern. In J.-H. Lorenz (Hrsg.), *Mathematik und Anschauung. Untersuchungen zum Mathematikunterricht* (S. 147–166). Aulis.

Vollrath, H. (1989). Funktionales Denken. *Journal für Mathematikdidaktik, 10*(1), 3–37.

Vollrath, H. (2014). Funktionale Zusammenhänge. In H. Linneweber-Lammerskitten (Hrsg.), *Fachdidaktik Mathematik: Grundbildung und Kompetenzaufbau im Unterricht der Sek. I und II* (S. 112–125). Kallmeyer.

Vollrath, H., & Weigand, H. (2007). *Algebra in der Sekundarstufe*. Springer Spektrum.

Voßmeier, J. (2012). *Schriftliche Standortbestimmungen im Arithmetikunterricht*. Vieweg + Teubner. https://doi.org/10.1007/978-3-8348-2405-9

Walther, G. (2004). *Gute Aufgaben Sinus-Transfer Grundschule*. IPN Leibniz-Institut Sinus. http://www.sinus-an-grundschulen.de/fileadmin/uploads/Material_aus_STG/Mathe-Module/Mathe1.pdf. Zugegriffen am 25.03.2024.

Walther, G., & Wittmann, E. (2004). Begründung der Arithmetik: Rechengesetze und Zahlbegriff. In G. Müller, H. Steinbring, & E. Wittmann (Hrsg.), *Arithmetik als Prozess* (S. 365–399). Kallmeyer.

Walther, G., Selter, C., & Neubrand, J. (2008). Die Bildungsstandards Mathematik. In G. Walther, M. van den Heuvel-Panhuizen, D. Granzer, & O. Köller (Hrsg.), *Bildungsstandards für die Grundschule: Mathematik konkret* (S. 16–41). Cornelsen. https://edoc.hu-berlin.de/bitstream/handle/18452/3775/3.pdf. Zugegriffen am 25.03.2024.

Warren, E. (2002). Unknowns, arithmetic to algebra: Two exemplars. In A. Cockburn & E. Nardi (Hrsg.), *Proceedings of the 26th conference of the international group for the psychology of mathematics education* (S. 361–368). PME.

Warren, E. (2003a). Young children's understanding of equals: A longitudinal study. In N. A. Pateman, B. J. Dougherty, & J. T. Zilliox (Hrsg.), *Proceedings of the 27th conference of the international group for the psychology of mathematics education* (S. 379–386). PME.

Warren, E. (2003b). The role of arithmetic structure in the transition from arithmetic to algebra. *Mathematics Education Research Journal, 15*(2), 122–137. https://doi.org/10.1007/BF03217374

Warren, E. (2005a). Young children's ability to generalize the pattern rule for growing patterns. In H. Chick & J. Vincent (Hrsg.), *Proceedings of the 29th conference of the international group for the psychology of mathematics education* (Bd. 4, S. 305–312). PME.

Warren, E. (2005b). Patterns supporting the development of early algebraic thinking. In P. Clarkson, A. Downton, D. Gronn, M. Horne, A. McDonough, R. Pierce, & A. Roche (Hrsg.), *Building connections: Theory, research and practice* (Proceedings of the annual conference of the Mathematics Education Research Group of Australasia, held at RMIT, Melbourne, 7th–9th July, 2005) (S. 759–766). MERGA net. https://merga.net.au/Public/Public/Publications/Annual_Conference_Proceedings/2005_MERGA_CP.aspx. Zugegriffen am 25.03.2024.

Warren, E., & Cooper, T. (2006). Using repeating patterns to explore functional thinking. *Australian Primary Mathematics Classroom, 11*(1), 9–14.

Warren, E., & Cooper, T. (2007). Repeating patterns and multiplicative thinking: Analysis of classroom interactions with 9 year old students that support the transition from known to the novel. *Journal of Classroom Interaction, 41*(2), 7–17.

Warren, E., & Cooper, T. (2008). Generalising the pattern rule for visual growth patterns: Actions that support 8 year olds' thinking. *Educational Studies in Mathematics, 67*(2), 171–185. https://doi.org/10.1007/s10649-007-9092-2

Wartha, S., & Schulz, A. (2011). *Aufbau von Grundvorstellungen (nicht nur) bei besonderen Schwierigkeiten im Rechnen. Handreichungen des Programms SINUS an Grundschulen.* IPN. http://www.sinus-an-grundschulen.de/fileadmin/uploads/Material_aus_SGS/Handreichung_WarthaSchulz.pdf. Zugegriffen am 25.03.2024.

Weigand, H. (o.J.). *Didaktische Prinzipien.* Mathematik Uni Würzburg. https://www.mathematik.uni-wuerzburg.de/fileadmin/10040500/dokumente/Texte_zu_Grundfragen/weigand_didaktische_prinzipien.pdf. Zugegriffen am 25.03.2024.

Weigand, H., Schüler-Meyer, A., & Pinkernell, G. (2022). *Didaktik der Algebra.* Springer Spektrum. https://doi.org/10.1007/978-3-662-64660-1

Welsing, F. (2019). *Kinder argumentieren mit Anschauungsmitteln: Eine epistemologisch orientierte Analyse von Argumentationsprozessen im Kontext anschaulich dargestellter struktureller Zahleigenschaften.* Elektronische Publikationen Universitätsbibliothek Wuppertal. https://d-nb.info/1214390439/34. Zugegriffen am 25.03.2024.

Whitehead, A. (1929). *The aims of education and other essays.* Macmillan.

Wieland, G. (2006). Terme bauen: Impulse für mehr Anschaulichkeit in der elementaren Algebra. *mathematik lehren, 136*, 22 und 39–43.

Wijns, N., Torbeyns, J., De Smedt, B., & Verschaffel, L. (2019). Young children's patterning competencies and mathematical development: A review. In K. Robinson, H. Osana, & D. Kotsopoulos (Hrsg.), *Mathematical learning and cognition in early childhood: Integrating interdisciplinary research into practice* (S. 139–160). Springer. https://doi.org/10.1007/978-3-030-12895-1_9

Wilkie, K. (2015). Learning to teach upper primary school algebra: changes to teachers' mathematical knowledge for teaching functional thinking. *Mathematics Education Research Journal, 28*(2), 245–275. https://doi.org/10.1007/s13394-015-0151-1

Winter, H. (1975). Allgemeine Lernziele für den Mathematikunterricht. *Zentralblatt für Didaktik der Mathematik, 7*(3), 106–116.

Winter, H. (1982). Das Gleichheitszeichen im Mathematikunterricht der Primarstufe. *mathematica didactica, 5*(4), 185–211.

Winter, H. (1984a). Begriff und Bedeutung des Übens im Mathematikunterricht. *Mathematik lehren, 2*, 4–16.

Winter, H. (1984b). Entdeckendes Lernen im Mathematikunterricht. *Grundschule, 4*, 26–29.

Winter, H. (1987). *Mathematik entdecken.* Cornelsen Scriptor.

Winter, H. (1995). Mathematikunterricht und Allgemeinbildung. *Mitteilungen der Gesellschaft für Didaktik der Mathematik, 61*, 37–46.

Wittmann, E. (1976). Eine Erweiterung des operativen Prinzips. In H. Winter & E. Wittmann (Hrsg.), *Beiträge zur Mathematikdidaktik: Festschrift für Wilhelm Oehl* (S. 167–178). Schrödel.

Wittmann, E. (1982). Unterrichtsbeispiele als integrierender Kern der Mathematikdidaktik. *Journal für Mathematik-Didaktik, 3*(1), 1–18. https://doi.org/10.1007/BF03338657

Wittmann, E. (1984). Teaching units as the integrating core of mathematics education. *Educational Studies in Mathematics, 15*(1), 25–36. https://doi.org/10.1007/BF00380437

Wittmann, E. (1985). Objekte – Operationen – Wirkungen: Das operative Prinzip in der Mathematik-didaktik. *mathematik lehren, 11*, 7–11.

Wittmann, E. (1990). Wider die Flut der ‚bunten Hunde' und der ‚grauen Päckchen': Die Konzep-tion des aktiv-entdeckenden Lernens und des produktiven Übens. In E. Wittmann & G. Müller (Hrsg.), *Handbuch produktiver Rechenübungen: Band 1* (S. 157–171). Klett.

Wittmann, E. (1992a). Üben im Lernprozeß. In E. Wittmann & G. Müller (Hrsg.), *Handbuch pro-duktiver Rechenübungen. Band 2: Vom halbschriftlichen zum schriftlichen Rechnen* (S. 175–182). Klett.

Wittmann, E. (1992b). Mathematikdidaktik als ‚design science'. *Journal für Mathematik-Didaktik, 13*(1), 55–70. https://doi.org/10.1007/BF03339377

Wittmann, E. (1993). „Weniger ist mehr": Anschauungsmittel im Mathematikunterricht der Grund-schule. In *Beiträge zum Mathematikunterricht* (S. 394–397). Franzbecker.

Wittmann, E. (1995). Mathematics education as a 'design science'. *Educational Studies in Mathe-matics, 29*(4), 355–374. https://doi.org/10.1007/BF01273911

Wittmann, E. (1996). Offener Mathematikunterricht in der Grundschule – vom FACH aus. *Grund-schulunterricht, 43*(6), 3–7.

Wittmann, E. (1998). Standard Number Representations in the Teaching of Arithmetic. *Journal für Mathematikdidaktik, 19*(2/3), 149–178. https://doi.org/10.1007/BF03338866

Wittmann, E. (2001). Drawing on the richness of elementary mathematics in designing substantial learning environments. In M. van den Heuvel-Panhuizen (Hrsg.), *Proceedings of the 25th confe-rence of the international group for the psychology of mathematics education* (S. 193–197). PME.

Wittmann, E. (2003). Was ist Mathematik und welche Bedeutung hat das wohlverstandene Fach auch für den Mathematikunterricht der Grundschule? In M. Baum & H. Wielpütz (Hrsg.), *Ma-thematik in der Grundschule* (S. 18–48). Kallmeyer.

Wittmann, E. (2004). Mathematik als Wissenschaft von Mustern – von Anfang an. Kurzfassung des Impulsreferats im Rahmen der Auftakt- und ersten Fortbildungsveranstaltung des BLK-Programms SINUS Transfer Grundschule, 30.09.–02.10.2004, Verwaltungsakademie Bordes-holm. SINUS Transfer Uni Bayreuth. http://www.sinus-transfer-grundschule.de/fileadmin/Mate-rialien/Kurzf_SINUS-Ref.pdf. Zugegriffen am 25.03.2024.

Wittmann, E. (2014). Operative Beweise in der Schul- und Elementarmathematik. *mathematica di-dactica, 37*(2), 213–232. https://doi.org/10.18716/ojs/md/2014.1127

Wittmann, E. (2021). *Connecting mathematics and mathematics education: Collected papers on mathematics education as a design science.* Springer. https://doi.org/10.1007/978-3-030-61570-3

Wittmann, E., & Müller, G. (1988). Wann ist ein Beweis ein Beweis? In P. Bender (Hrsg.), *Mathematikdidaktik: Theorie und Praxis. Festschrift für Heinrich Winter* (S. 237–258). Cornelsen.

Wittmann, E., & Müller, G. (1990). *Handbuch produktiver Rechenübungen Band 1: Vom Einsplu-seins zum Einmaleins.* Klett.

Wittmann, E., & Müller, G. (1992). *Handbuch produktiver Rechenübungen Band 2: Vom halb-schriftlichen zum schriftlichen Rechnen.* Klett.

Wittmann, E., & Müller, G. (2007). Muster und Strukturen als fachliches Grundkonzept. In G. Walther, M. van den Heuvel-Panhuizen, D. Granzer, & O. Köller (Hrsg.), *Bildungsstandards für die Grundschule: Mathematik konkret* (S. 42–65). Cornelsen.

Wittmann, E., & Müller, G. (2016). *Das Zahlenbuch 4 – Bayern.* Klett.

Wittmann, E., & Müller, G. (2017). *Handbuch produktiver Rechenübungen Band 1: Vom Einspluseins zum Einmaleins.* Klett Kallmeyer.

Wittmann, E., & Müller, G. (2018). *Handbuch produktiver Rechenübungen Band 2: Halbschriftliches und schriftliches Rechnen.* Klett Kallmeyer.

Wittmann, E., & Ziegenbalg, J. (2004). Sich Zahl um Zahl hochangeln. In G. Müller, H. Steinbring, & E. Wittmann (Hrsg.), *Arithmetik als Prozess* (S. 35–53). Kallmeyer.

Wittmann, E., Müller, G., Nührenbörger, M., & Schwarzkopf, R. (2021). *Das Zahlenbuch 2: Lehrerband Bayern.* Ernst Klett Verlag.

Wygostki, L. (1987). Unterricht und geistige Entwicklung im Schulalter. In J. Lompscher (Hrsg.), *Ausgewählte Schriften Band 2: Arbeiten zur psychischen Entwicklung und Persönlichkeit* (S. 287–306). Pahl-Rugenstein Verlag.

Zankov, L. (1973). *Didaktik und Leben.* Schroedel.

Zazkis, R., & Liljedahl, P. (2002). Generalization of patterns: The tension between algebraic thinking and algebraic notation. *Educational Studies in Mathematics, 49*(3), 379–402. https://doi.org/10.1023/A:1020291317178

Zazkis, R., & Liljedahl, P. (2006). On the path to number theory: Repeating patterns as a gateway. In R. Zazkis & S. Campbell (Hrsg.), *Number theory in mathematics education: Perspectives and prospects* (S. 99–114). Erlbaum.

Ziegenbalg, J. (2018). *Figurierte Zahlen: Veranschaulichung als heuristische Strategie.* Springer Spektrum. https://doi.org/10.1007/978-3-658-20935-3

Quellennachweis StePs-Projekt

Im Zeitraum von März 2021 bis März 2022 wurden im Projekt *Structures explain Patterns* (StePs) 35 Masterarbeiten an der Technischen Universität Dortmund vergeben, in denen Studierende algebraisches Denken von Grundschulkindern untersuchten. Ausgewählte Daten wurden zusätzlich durch die beiden Autorinnen ausgewertet und Ergebnisse in wissenschaftlichen Publikationen (vgl. u. a. Akinwunmi & Steinweg, 2022) veröffentlicht. Unser Dank gilt allen Verfasser:innen der Masterarbeiten, da alle Arbeiten eine große Bereicherung für das Projekt darstellten. Aufgeführt werden im Folgenden als Quellennachweise die Arbeiten, auf die im vorliegenden Buch explizit, z. B. in Form von Abbildungen, Bezug genommen wird.

Eckey, S. (2022). *Entdeckungen an Rechendreiecken als Impuls zur Entwicklung eines strukturellen Verständnisses der Parität als Zahleigenschaft in der Grundschule.* [unveröffentlichte Masterarbeit] TU Dortmund.

Hansen, N. (2022). *Algebraische Denkweisen von Kindern der Primarstufe im Bereich der Zahleigenschaften mit Fokus auf die additive Zerlegbarkeit.* [unveröffentlichte Masterarbeit] TU Dortmund.

Lizan, K. (2022). *Eine empirische Untersuchung zur multiplikativen Zerlegbarkeit von Zahlen in der Primarstufe.* [unveröffentlichte Masterarbeit] TU Dortmund.

Löffler, C. (2022). *Das Verständnis von Zahleigenschaften in der Grundschule: Zur Sichtweise von Kindern auf die additive Zerlegbarkeit von Zahlen.* [unveröffentlichte Masterarbeit]. TU Dortmund.

Lohrmann, V. (2022). *Untersuchung zum Verständnis von Zahleigenschaften bei Schülerinnen und Schülern der Primarstufe.* [unveröffentlichte Masterarbeit] TU Dortmund.

Melcher, A. (2022). *Eine empirische Untersuchung zur multiplikativen Zerlegbarkeit von Zahlen in der Primarstufe.* [unveröffentlichte Masterarbeit] TU Dortmund.

Rohloff, M. (2021). *Algebraisches Denken im Arithmetikunterricht der Primarstufe: Eine empirische Untersuchung zur Erfassung der Kommutativität der Multiplikation durch Grundschüler_innen.* [unveröffentlichte Masterarbeit] TU Dortmund.

Schulte-Weber, E. (2021). *Konstanzgesetze in der Grundschule: Eine Analyse von Verständnis und Umgang in der dritten und vierten Klasse.* [unveröffentlichte Masterarbeit] TU Dortmund.

Schüssler, K. (2022). *Algebraische Denkweisen von Kindern der Primarstufe im Bereich der Zahleigenschaften mit Fokus auf die additive Zerlegbarkeit.* [unveröffentlichte Masterarbeit] TU Dortmund.

Soboczynski, K. (2021). *Algebraisches Denken im Arithmetikunterricht der Primarstufe: Eine empirische Untersuchung zur Erfassung der Kommutativität der Multiplikation durch Grundschüler_innen.* [unveröffentlichte Masterarbeit] TU Dortmund.

Printed in the United States
by Baker & Taylor Publisher Services